普通高等教育"十一五"国家级规划教材

建筑混凝土结构设计

顾祥林　主编

同濟大學出版社
TONGJI UNIVERSITY PRESS
·上海·

内容提要

建筑混凝土结构设计是土木工程专业本科生的一门主要专业课，是力学知识、混凝土结构基本原理以及荷载与设计方法等专业基础知识在建筑混凝土结构设计中的应用。

全书内容包括绪论、梁板结构、单层厂房排架结构、多层建筑框架结构、高层建筑结构和基础。考虑到学生在学习混凝土结构基本原理课程时可能对混凝土结构设计规范理解不够系统，专门按GB 50010规范编写了“混凝土结构基本构件设计”一章作为教材的附录之一。同时，为了系统地进行设计训练，附录中还详细列出了建筑混凝土结构课程设计的内容与要求。

本书适合高等教育土木工程及相关专业师生使用，也可供有关工程技术人员参考。

第3次印刷说明：本次印刷除更正了书稿中发现的个别文字错误外，主要对梁抗剪承载力的计算方法作了必要的调整，以便和现行规范相协调。

图书在版编目(CIP)数据

建筑混凝土结构设计/顾祥林主编. —上海：同济大学出版社，2011.6(2024.1重印)

(土木工程系列丛书)

普通高等教育“十一五”国家级规划教材

ISBN 978-7-5608-4557-9

Ⅰ.①建… Ⅱ.①顾… Ⅲ.①混凝土结构—结构设计—高等学校—教材 Ⅳ.①TU370.4

中国版本图书馆CIP数据核字(2011)第063358号

普通高等教育“十一五”国家级规划教材

建筑混凝土结构设计

顾祥林　主编

责任编辑　马继兰　　责任校对　杨江淮　　封面设计　陈益平

出版发行　同济大学出版社　　www.tongjipress.com.cn

(地址：上海市四平路1239号　邮编：200092　电话：021－65985622)

经　　销　全国各地新华书店

印　　刷　江苏句容市排印厂

开　　本　787mm×1092mm　1/16

印　　张　26.75

印　　数　19701—20800

字　　数　667000

版　　次　2011年6月第1版

印　　次　2024年1月第8次印刷

书　　号　ISBN 978-7-5608-4557-9

定　　价　48.00元

《建筑混凝土结构设计》编著人员

主　　编：顾祥林

参编人员：周克荣

苏小卒

赵　鸣

李镜培

林　峰

前　言

2001 年，为了反映宽口径、厚基础的专业特色，作为混凝土结构基本原理的后续专业课程之一，同济大学土木工程学院周克荣、顾祥林和苏小卒三位教授编写了教材《混凝土结构设计》。该教材面向土木工程专业建筑工程方向的本科生，主要按照国家标准《混凝土结构设计规范》(GB 50010)进行编写。全书共分 6 章，内容包括混凝土建筑结构设计概论、梁板结构、单层厂房排架结构、多层框架结构、高层建筑结构、基础。考虑到学生在学习混凝土结构基本原理课程时对混凝土结构设计规范的了解可能不够系统，专门按 GB 50010 规范编写了“混凝土结构基本构件设计”一章作为教材的附录 A。

在编写体系上，《混凝土结构设计》教材注意吸收原建筑工程专业中同类教材的长处，编排顺序符合教学特点，并采用模块化的章节划分以便针对不同的教学要求合理取舍相应的教学内容。在教学内容上，该教材扩大了在建筑工程方向的知识覆盖面，并适当反映工程发展的新动向。在叙述方法上，教材力求专业内容在总体上相对完整，而在局部范围内不追求理论体系的完整，并尽可能减少解释性的文字描述。

《混凝土结构设计》教材已在同济大学土木工程专业本科生中连续使用了 10 次，并被很多兄弟院校选为本科生教材，取得了很好的效果。2010 年，《混凝土结构设计规范》(GB 50010)和《高层建筑混凝土结构技术规程》(JGJ 3)进行了再次修订。为反映最新的研究成果，并与新修订的规范相衔接，由顾祥林主持对《混凝土结构设计》一书进行了全面的修改和补充，作为普通高等教育“十一五”国家级规划教材《建筑混凝土结构设计》出版。

《建筑混凝土结构设计》继承了《混凝土结构设计》教材的传统和特色，且在如下方面有所创新：

(1) 为使学生尽快掌握专业课的学习方法，在第 1 章绪论中增设了课程特点和学习方法介绍；

(2) 为使学生全面了解多层框架结构的设计过程，在第 4 章中增设了多层框架结构的完整的设计例题；

(3) 为反映高层建筑的应用现状，在第 5 章中增加了框架-剪力墙结构和筒体结构的设计内容；

(4) 为锻炼学生的实践能力、规范课程设计工作，每章均附有思考题和练习题，另外，附录 B 中还详细列出了建筑混凝土结构课程设计的内容与要求；

(5) 为使教材趋于立体化，本书还配有电子文件，内含顾祥林在 2010 年授课时使用的电子讲稿和全程授课录像。

顾祥林负责第 1 章、第 2 章和第 3 章的修改和补充以及附录 B 的编写，苏小卒完成第 4 章的修改与补充，赵鸣完成第 5 章的修改与补充，李镜培完成第 6 章的修改与补充，林峰完成附录 A 的修改与补充，结构工程专业博士研究生余倩倩、周彬彬、洪丽，硕士研究生冯展磊、郭宝花协助完成了第 2 章、第 3 章中例题的修改与计算，部分图形的绘制及文字的处理工作，最后由顾祥林统稿。在此，向他们表示衷心感谢！感谢周克荣教授在《混凝土结构设计》教材策划、编写、统稿和出版过程中作出的贡献！感谢《混凝土结构设计》教材的所有作者！感谢中国建筑科学研究院徐有邻教授以及《混凝土结构设计规范》(GB 50010)和《高层建筑混凝土结构技术规程》(JGJ 3)编制组的大力支持！感谢同济大学出版社的支持！

本书参考了大量国内外文献，在书末已集中列出，若有遗漏，敬请鉴谅！

限于编者水平，书中定有不当甚至错误之处，敬请读者批评指正！

顾祥林

2011年5月于同济大学

目　录

电子文件说明及下载地址

为使教材立体化，本书配有电子文件，电子文件部分的内容包括：

（1）顾祥林教授“建筑混凝土结构设计”课程时使用的电子讲稿（PPT 文件）。

（2）顾祥林教授“建筑混凝土结构设计”课程时全程授课录像（54 个视频文件）。

* * * * * * * * * * * * * * * * * * * *

（1）电子文件下载地址：http://press. tongji. edu. cn/download/show/155

（2）微信二维码扫码：

微信扫码→点击按钮手机直接下载或者微信扫码二维码→打开链接→将链接发送至微信电脑板→在电脑上打开链接直接下载。

1 绪论

1.1 引 言

结构是建筑物的主要“骨架”，它承担着建筑在施工和使用过程中可能出现的各种荷载和作用，如建筑物的自重、人和家具等的重力荷载、风雪荷载以及地震作用等。结构设计就是在对这些未来可能出现的各种荷载和作用进行定量描述的基础上，应用力学和结构知识，设计出既安全又能满足使用要求且能长期使用的结构。合理的结构设计是建筑物安全、适用和耐久的重要保证。

我国古代已有专门掌管建筑工程的工官制度。在战国初，最早的一部科学技术著作《考工记》中，称工官为匠人，唐朝则称为大匠，主要工匠也都称为都科匠，他们从事设计绘图并主持施工等技术性工作。汉朝初期，我国的建筑设计已有了图样。7 世纪初，隋朝使用了 1∶100 的图样，并配合模型进行建筑设计。

新的结构概念和近代力学理论的引入和发展，使我国的建筑结构设计从依赖传统法式的经验设计水平飞跃到依靠科学分析和定量计算进行结构设计的新阶段。近 20 年来，随着计算机技术的发展以及在土木工程中的应用，广大结构工程师从过去繁杂的手工计算和手工绘图中解放出来。另外，随着设计软件的不断智能化，设计效率不断提高。伴随着大尺寸、大比例、多维复杂结构试验技术的发展，结构新颖、体形各异的建筑拔地而起、遍布全国。目前我国的建筑结构设计已处于世界领先水平。

根据建筑结构所使用的主要建筑材料，可将其划分为混凝土结构、砌体结构、钢结构、木结构和组合结构等。虽然混凝土结构有着广泛的应用，但它还是一种新兴的结构，迄今只有一百多年的历史，还有巨大的发展潜力。本课程主要讲授建筑混凝土结构的设计。

1.2 建筑混凝土结构形式

根据建筑物的层数，建筑混凝土结构主要分为单层建筑结构(图 1-1)、多层及高层建筑结构(图 1-2 和图 1-3)。根据建筑物的用途，建筑混凝土结构又可分为工业厂房结构和民用建筑结构。工业厂房一般采用单层结构，而民用建筑一般则为多层或高层结构。

建筑结构并不一定由一种材料建造。由砌体内、外墙和钢筋混凝土楼(屋)盖组成的混合结构也常被应用。混合结构还泛指设有内柱，并与楼(屋)盖中的肋梁形成框架，但外墙仍采用砌体的“内框架结构”以及底层采用钢筋混凝土框架，二层以上仍为砌体的“底层框架砌体结构”。混合结构适用于建造 10 层以下的房屋；采用配筋砌体后，其适用高度可达 20 层。

在高层和超高层建筑中，采用钢-混凝土组合结构已成为一种趋势，以充分发挥混凝土和钢两种材料各自的长处。如上海金茂大厦(88 层，高 420m)和上海环球金融中心(101 层，高 492m)均是由钢筋混凝土核心内筒、外框钢骨混凝土柱及钢柱组成的混合结构。

单层工业厂房中也可采用混凝土、砖、钢材、木材等材料建造形成“混合结构”。

图 1-1　钢筋混凝土结构单层工业厂房

图 1-3　上海浦东陆家嘴高层建筑群

(a) 上海市长海医院飞机楼

(b) 旧上海博物馆

(c) 上海邮政大楼

图 1-2　多层建筑混凝土结构房屋实例

1.3　建筑混凝土结构组成

建筑混凝土结构系由不同的混凝土结构构件组合而成的、能满足建筑和结构功能要求的结构体系。这些结构构件主要由板、梁、柱、墙和基础等组成。

以钢筋混凝土结构的多层房屋为例(图 1-4),其中的主要结构构件为:

(1) 钢筋混凝土楼板——主要承担楼板面的荷载和楼板的自重;

(2) 钢筋混凝土楼梯——主要承担楼梯面的荷载和楼梯段的自重;

(3) 钢筋混凝土梁——主要承担楼板传来的荷载及梁的自重;

(4) 钢筋混凝土柱——主要承担梁传来的荷载及柱的自重;

(5) 钢筋混凝土墙——主要承担楼板、梁、楼梯传来的荷载,墙体的自重及土的侧向压力;

(6) 钢筋混凝土墙下基础——主要承担墙传来的荷载并将其传给地基;

(7) 钢筋混凝土柱下基础——主要承担柱传来的荷载并将其传给地基。

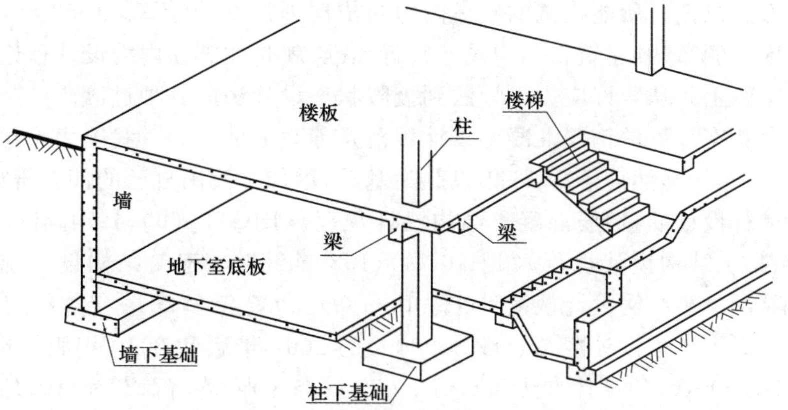

图 1-4　多层钢筋混凝土结构房屋

1.4　建筑混凝土结构设计准则

1.4.1　规范及设计理论

结构工程师进行建筑结构设计时,应当遵循国家和地方的有关设计法规、规范、规程和设计标准中的相关规定。若遇到特殊的、复杂的结构形式,规范中暂无相关的规定,又无类似的工程作参考,应作专门的试验研究和理论分析。

建筑混凝土结构设计中常用到的规范有《混凝土结构设计规范》、《建筑结构荷载规范》、《建筑地基基础设计规范》、《建筑抗震设计规范》、《高层建筑混凝土结构技术规程》等。其中,《混凝土结构设计规范》是建筑混凝土结构设计所依据的最基本的规范。规范条文是对已有设计理论和工程经验的总结。作为实例,本书附录 A 给出了《混凝土结构设计规范》(GB 50010)中关于混凝土结构基本构件的设计规定。随着科学技术的发展和工程实际的需要,一般每隔若干年需对规范进行修订。

1894 年 Coignet (François Coigent 之子)和 de Tedeskko 在他们提供给法国土木工程师协会的论文中拓展了 Koenen 的理论,提出了钢筋混凝土构件的容许应力设计法。由于该方法以弹性力学为基础，在数学处理上比较简单，一经提出便很快为工程界所接受。尽管混凝土的弹塑性性能以及钢筋混凝土结构的极限强度理论早已被人们所认识，却很难动摇容许应力设计法在工程设计中的应用。直到 1976 年美国和英国的房屋结构设计规范仍以容许应力法为主。1995 年出版的美国混凝土结构房屋规范（ACI318-95）还将容许应力设计法作为可供选择的设计方法之一而列入附录中。

虽然容许应力法在一定条件下也可用于极限设计，但以弹性理论为基础的容许应力法认为截面应力分布是线性的。这就很难考虑钢筋混凝土结构的一个基本特征：钢筋与混凝土之间以及超静定结构各截面之间的应力或内力重分布，也无法深入考虑抗震设计所必须考虑的延性。钢筋混凝土结构的极限状态实际上是一个很广泛的概念，它除了承载能力的极限状态外，还包括其他的极限状态，容许应力法无法涵盖极限状态的所有内容。另外，容许应力法只能在构件的强度上打一个折扣，很难用统计数学的方法来分析结构的可靠度。这些原因使得混凝土结构从容许应力设计法发展到极限状态设计法成为必然。

1932 年，苏联的 Полейт 提出了按破损阶段的计算方法。1939 年苏联据此制定了相应的设计规范。该方法以截面所能抵抗的破坏内力为依据进行设计计算。1952 年，我国前东北人民政府工业部率先颁布的《建筑物结构设计暂行标准》就是按破损内力设计理论而制定的。破损内力设计法实际上是从容许应力设计法到极限状态设计法的一种过渡。

最早按极限状态计算的钢筋混凝土设计规范是苏联 Нnту123。我国房屋建筑工程领域先直接引用 Нnту123－55，然后于 1966 年以此为基础，增加了我国自己的部分研究成果，颁布了按极限状态法进行设计的《钢筋混凝土结构设计规范》（BJG 21-66），1974 年对此进行了修订出版了《钢筋混凝土结构设计规范》（TJ 10-74），1989 年根据《建筑结构设计统一标准》（GBJ 68—84）制定了《混凝土结构设计规范》（GBJ 10—89），2002 年和 2010 年连续对其进行了两次修订，形成了《混凝土结构设计规范》（GB 50010）的 2002 年版和 2010 年版。现行《混凝土结构设计规范》（GB 50010）的设计方法和 GBJ 10-89 没有区别，均将荷载和材料的强度看成是随机变量，采用基于近似概率的极限状态设计法。

1.4.2　结构的功能要求、可靠性和可靠度

任何建筑结构都是为了完成所要求的某些功能而设计的。从结构的观点来考虑，建筑结构应满足下列功能要求：

(1) 安全性：在正常施工、正常使用的情况下，结构需能承受可能出现的各种荷载和变形，在偶然事件（如冲击、局部爆炸）发生时及发生后，结构仍能保持整体稳定，不发生倒塌。

(2) 适用性：结构在正常使用期间应具有良好的工作性能。例如，不发生过大的变形和振幅，以免影响使用；也不发生足以使用户不安的过宽的裂缝。

(3) 耐久性：结构在正常维护的条件下具有足够长的使用寿命。例如，混凝土不发生严重的剥离、脱落；钢筋不发生严重的锈蚀，以免影响结构安全或正常使用。

结构的可靠性是结构安全性、适用性和耐久性的统称。

结构可靠度是结构可靠性的概率量度，即结构可靠度是指结构在规定的时间内、在规定的条件下完成预定功能的概率。

1.4.3　极限状态

从是否可靠的角度，结构或者处于有效状态，或者处于失效状态。有效状态和失效状态的分界称为极限状态。《建筑结构设计统一标准》对极限状态的定义是："整个结构或结构的一部分超过某一特定状态就不能满足设计规定的某一功能要求，此特定状态就称为该功能的极限

状态。”

极限状态可分为承载能力极限状态和正常使用极限状态两类。前者主要是使结构满足安全要求;后者则是使结构满足使用性能的要求。早期的混凝土结构的材料强度较低,钢筋在使用阶段的应力也较低。故在一定的尺寸比例范围内,主要由承载力极限状态控制设计。近年来,由于混凝土和钢筋的材料强度都有大幅度提高,正常使用极限状态的挠度和裂缝问题越来越起到控制作用了。

1.4.4 基于概率理论的极限状态设计法

所有能使结构产生内力或变形的原因统称为“作用”。荷载属于作用的一部分,为叙述方便以下将作用均称为荷载。荷载具有不确定性,常将其看成是随机变量。“作用”引起的内力和变形等称为荷载效应,用 S 表示。S 也具有不确定性,也可将其看做是一随机变量。

结构抵抗荷载效应的能力称为结构的抗力,用 R 表示。R 也具有不确定性,也可看做是一随机变量。

荷载效应可由作用在结构上的荷载值,通过结构分析求得。作用在结构上的荷载标准值是根据大量荷载统计资料、运用数理统计方法确定的具有一定保证率(例如 95%)的统计特征值。

结构的抗力(承载力、抗变形和抗开裂能力)依赖于材料的强度。材料的强度标准值也是通过数理统计按一定的保证率来确定的。如钢筋的强度标准值是按保证率为 97.73%确定的,而混凝土的强度标准值则是按保证率为 95%确定的。

根据极限状态的定义,可得

$$Z=R-S\begin{cases}<0 & \text{结构处于失效状态}\\ =0 & \text{结构处于极限状态}\\ >0 & \text{结构处于可靠状态}\end{cases} \tag{1-1}$$

式中,$Z=R-S=0$ 称为极限状态方程。

实际上影响结构荷载效应和抗力的因素很多。若将这些因素计为 $X_i(i=1,2,\cdots,n)$,则极限状态方程的一般形式可表示为

$$Z=g(X_1,X_2,\cdots,X_n)=0 \tag{1-2}$$

$Z=g(X_1,X_2,\cdots,X_n)$称为结构的功能函数。

设 S 和 R 均符合正态分布,则 Z 也符合正态分布,如图 1-5 所示。结构设计的目的就是在结构的基准使用期内,使结构的失效概率足够小。结构的失效概率 P_f 按下式计算

$$P_f=\int_{-\infty}^{0} f(Z)\mathrm{d}Z=P(Z<0) \tag{1-3}$$

式(1-3)需要积分运算,比较麻烦。为此,引入可靠指标 β(图 1-5):

$$\beta=\frac{\mu_Z}{\sigma_Z}=\frac{\mu_R-\mu_S}{\sqrt{\sigma_R^2+\sigma_S^2}} \tag{1-4}$$

式中 μ_Z,μ_R,μ_S——随机变量 Z,R,S 的平均值;

$\sigma_Z,\sigma_R,\sigma_S$——随机变量 Z,R,S 的标准差(或称均方差)。

于是有

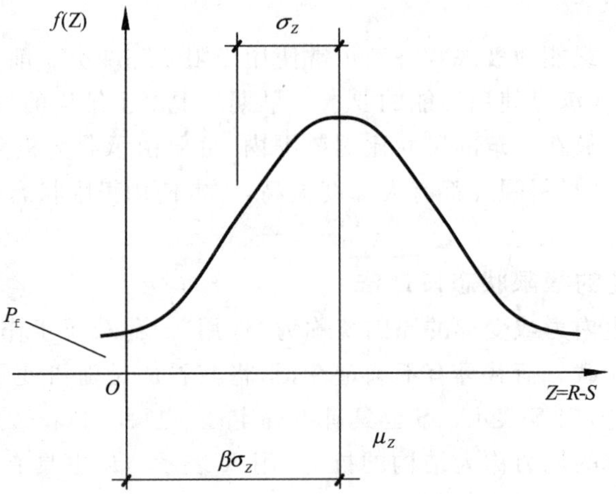

图 1-5　Z 的分布曲线和可靠指标的定义

$$P_f = P(Z<0) = P\left(Z-\frac{\mu_Z}{\sigma_Z} < -\frac{\mu_Z}{\sigma_Z}\right) = \frac{1}{\sqrt{2\pi}}\int_{-\infty}^{-\frac{\mu_Z}{\sigma_Z}} \exp\left(-\frac{x^2}{2}\right)dx$$

$$= \Phi\left(-\frac{\mu_Z}{\sigma_Z}\right) = \Phi(-\beta) = 1-\Phi(\beta) \tag{1-5}$$

显然，β 越大，P_f 越小；反之，P_f 则越大。β 可以作为衡量结构可靠性的定量指标。

为了使结构安全合理，《建筑结构设计统一标准》根据结构的安全等级和破坏类型，规定了按承载力极限状态设计时的目标可靠指标 β 值，如表 1-1 所示。

表 1-1　目标可靠指标

安全等级	一级	二级	三级
延性破坏	3.7	3.2	2.7
脆性破坏	4.2	3.7	3.2

按表 1-1 所示的目标可靠指标，根据荷载效应和结构抗力的统计特征参数，可以用式(1-5)按承载力极限状态进行结构设计或结构复核。与承载力极限状态相比，正常使用极限状态处于相对次要的地位。因此，按正常使用极限状态设计时，目标可靠指标 β 值应小于表 1-1 中相应的数值。确定了目标可靠指标，同样可以用式(1-5)按正常使用极限状态进行结构设计或结构复核，在此不予赘述。

1.4.5　实用设计表达式

直接用可靠指标进行结构设计需要大量的统计数据，比较复杂。对一般建筑结构也无此必要，通常采用以荷载和材料强度的标准值以及相应的“分项系数”与组合系数来表达的实用设计表达式。分项系数是按照可靠指标 β 并考虑工程经验确定的，它使得按实用的设计表达式设计的结构和按式(1-5)设计的结构具有相同或相近的可靠性。

1. 承载能力极限状态设计表达式

对于承载能力极限状态，应按荷载效应的基本组合或偶然组合进行荷载效应组合，并按式(1-6)进行设计。

$$\gamma_0 S_d \leqslant R_d = R\left(\frac{f_{sk}}{\gamma_s},\ \frac{f_{ck}}{\gamma_c}, a_k, \cdots\right) = R(f_s,\ f_c, a_k, \cdots) \tag{1-6}$$

式中 γ_0——结构的重要性系数，对于安全等级为一级、二级、三级的结构，其值分别为 1.1，1.0 和 0.9；

R_d——结构构件抗力的设计值，可按《混凝土结构设计规范》(GB 50010)的相关规定由材料强度设计值和构件的几何尺寸标准值计算获得；

f_{sk}，f_{ck}——分别为钢筋和混凝土材料强度的标准值；

f_s，f_c——分别为钢筋和混凝土材料强度的设计值；

γ_s，γ_c——分别为钢筋和混凝土材料强度分项系数，分别取 1.1 和 1.4；

a_k——几何尺寸标准值；

S_d——荷载效应组合的设计值。

对于基本组合，荷载效应组合的设计值 S_d 应按由可变荷载效应控制的组合(式(1-7))和由永久荷载效应控制的组合(式(1-8))中的最不利值确定。

$$S_d = \sum_{j=1}^{m} \gamma_{G_j} C_{G_j} G_{jk} + \gamma_{Q_1} C_{Q_1} Q_{1k} + \sum_{i=2}^{n} \gamma_{Q_i} C_{Q_i} \psi_{C_i} Q_{ik} \tag{1-7}$$

$$S_d = \sum_{j=1}^{m} \gamma_{G_j} C_{G_j} G_{jk} + \sum_{i=1}^{n} \gamma_{Q_i} C_{Q_i} \psi_{C_i} Q_{ik} \tag{1-8}$$

式中 G_{jk}——第 j 个永久荷载标准值；

Q_{1k}——影响最大的可变荷载标准值；

Q_{ik}——其余的可变荷载标准值；

γ_{G_j}——永久荷载分项系数，当其效应对结构不利时，对由可变荷载效应控制的组合，取 1.2；对由永久荷载效应控制的组合，取 1.35，当其效应对结构有利时，一般情况下取 1.0；对结构的倾覆、滑移或漂移验算可取 0.9 或参照相关结构设计规范的规定取值；

γ_{Q_1}，γ_{Q_i}——相应的可变荷载分项系数，一般情况下取 1.4，对标准值大于 4kN/m^2 的工业房屋楼面结构的活荷载取 1.3；

C_{G_j}，C_{Q_1}，C_{Q_i}——荷载效应系数，即由荷载求出荷载效应(如荷载引起的弯矩、剪力、轴力或变形等)需乘的系数；

ψ_{C_i}——荷载组合系数，具体可见《建筑结构荷载规范》(GB 50009)的相关规定。

对于偶然组合，荷载效应组合的设计值 S_d 的计算方法可参见《建筑结构荷载规范》(GB 50009)，不再赘述。

2. 正常使用极限状态设计表达式

对于正常使用极限状态，可根据不同的设计要求，采用荷载的标准组合、频遇组合或准永久组合，并按式(1-9)进行设计。

$$S_d \leqslant C \tag{1-9}$$

式中，C 为结构或结构构件达到正常使用要求的规定限值，例如变形、裂缝、振幅、加速度、应力等的限值，按《混凝土结构设计规范》(GB 50010)的规定采用。

对于标准组合、频遇组合和准永久组合，荷载效应组合的设计值 S_d 分别按式(1-10)、式

(1-11)和式(1-12)计算。

$$S_{\mathrm{d}}=\sum_{j=1}^{m} G_{G_j} G_{jk}+C_{Q_1} Q_{1k}+\sum_{i=2}^{n} C_{Q_i} \psi_{C_i} Q_{ik} \tag{1-10}$$

$$S_{\mathrm{d}}=\sum_{j=1}^{m} C_{G_j} G_{jk}+\psi_{f_1} C_{Q_1} Q_{1k}+\sum_{i=2}^{n} C_{Q_i} \psi_{q_i} Q_{ik} \tag{1-11}$$

$$S_{\mathrm{d}}=\sum_{j=1}^{m} C_{G_j} G_{jk}+\sum_{i=1}^{n} C_{Q_i} \psi_{q_i} Q_{ik} \tag{1-12}$$

式中，ψ_{f_1}，ψ_{q_i} 分别为可变荷载 Q_1 的频遇值系数和可变荷载 Q_i 的准永久值系数，具体可见《建筑结构荷载规范》(GB 50009)的相关规定。

需要说明的是：《建筑结构荷载规范》(GB 50009)给出的楼(屋)面活荷载、基本风压和基本雪压的重现期(设计基准期)为 50 年；若设计使用年限与设计基准期不同，可参照《工程结构可靠性设计统一标准》(GB 50153—2008)的规定，对可变荷载的标准值进行调整。

1.5　建筑混凝土结构设计步骤

一幢建筑物从设计到落成，需要建筑师、结构工程师、设备工程师、施工工程师共同合作才能完成。建筑物的结构设计由结构工程师负责，它与建筑设计、设备设计、施工等方面的工作是关联的。建筑混凝土结构的设计主要分准备工作、确定结构方案、结构布置和结构计算简图的确定以及结构分析和设计计算四个步骤，如图 1-6 所示。

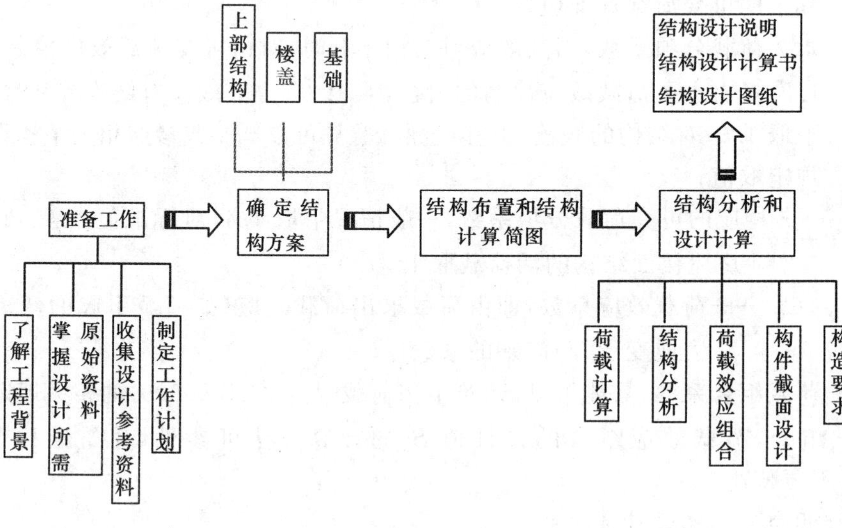

图 1-6　建筑混凝土结构设计步骤

1.5.1　准备工作

1. 了解工程背景

了解工程项目来源、投资规模；了解工程项目的规模、用途及使用要求；了解项目中建筑、结构、水、暖、电设计与施工程序、内容、要求；了解与项目建设有关的各单位的相互关系及合作方式，等等。这些对于结构工程师圆满完成建筑结构设计都是有利的。

结构工程师应尽可能在初步设计阶段就参与对初步设计方案的讨论，并在扩大初步设计、施工图设计阶段发挥积极的作用，还应参加工程交底、验槽、质量检查等实践活动。

2. 掌握结构设计所需的原始资料

(1) 建筑物层数与层高

(2) 工程地质条件

建筑物的位置及周围环境，建筑所在位置的地形、地貌，建筑物范围内的土质构成、最高地下水位、水质有无侵蚀性，场地类别、地震设防烈度，等等。

(3) 环境条件

气温条件，如季节温差、昼夜温差等；降水，如平均年降水量、雨量集中期；基本雪压；主导风向、基本风压；侵蚀介质，等等。

(4) 设备条件

电力、供水、排水、供热系统的情况，消防设施，网络设置情况，电梯设置情况，等等。

(5) 其他技术条件

当地施工队伍的素质与水平，建筑材料、建筑配件及半成品供应条件，施工机械设备及大型工具供应条件，场地及运输条件，水电动力供应条件，劳动力供应及生活条件，工期要求，等等。

3. 收集设计参考资料

应收集现行的国家和地方标准，如各种设计规范、规程等，有时甚至要参考国外的标准；常用设计手册、指南、图表；结构设计构造图集，建筑产品定型图集；国内外各种参考文献；以往相近工程的经验；为项目开展的一些专题研究获得的理论或试验成果；结构分析和设计所需要的计算软件及用户手册，等等。

4. 制订工作计划

结构设计的具体工作内容，工作进度，结构设计统一技术规定、措施，等等。

1.5.2 确定结构方案

结构方案的确定是整幢房屋结构设计是否合理的关键。结构方案应在确定建筑方案和初步设计阶段即着手考虑，提出初步设想；进入结构设计阶段后，经分析比较加以确定。

确定结构方案的原则是：满足使用要求，受力合理，技术上可行，尽可能达到综合经济技术指标先进。

结构方案的选择包括两方面的内容：结构形式和结构体系。在方案阶段，宜先提出两种以上的方案作为结构方案的初步设想，然后进行方案比较(可酌情作原则性比较或深入的经济技术指标比较)，综合考虑，择其较优者。

建筑混凝土结构设计方案主要包括上部主要承重结构方案与布置、楼(屋)盖结构方案与布置、基础方案与布置、结构主要构造措施及特殊部位的处理等。

1.5.3 结构布置和结构计算简图的确定

结构布置就是在结构方案的基础上，确定各结构构件之间的相关关系，确定结构的传力途径，初步定出结构的全部尺寸。

确定结构的传力途径，就是使所有荷载都有唯一的传递路径。至少，设计者应在结构力学模型(即结构计算简图)这一层次上确定各种荷载的唯一的传递路径。这就要求合理地确定结构的计算简图。计算简图是对实际结构的简化，突出实际结构的主要受力特征。对建筑混凝土结构进行结构分析时，所采用的计算简图应符合下列要求：

(1) 能够反映结构的实际体形、尺度、边界条件、截面尺寸、材料性能及连接方式等；

(2) 能够反映结构的实际受力情况，便于进行结构分析；

(3) 能够考虑施工偏差、初始应力及变形位移状况等对结构的影响。

计算简图确定后，结构所承受的荷载的传力路径就唯一确定了。

结构布置所面临的问题之一是可供选择的结构传力途径一般不是唯一的，故需要人为指定结构的传力途径。例如，框架主梁的布置可以沿房屋的横向，也可以沿房屋的纵向；板的荷载可以单向传递，也可双向传递，等等。结构传力路径的确定，对结构的力学性能影响很大。

结构布置所面临的问题之二是结构构件的尺寸也不是唯一的，也需要人为指定。可以用一些经验的方法预估结构的尺寸，但最终还需通过计算确认。

结构布置中所面临的这些选择一般要凭经验确定，有一定的技巧性，选择时可参照有关规范、手册或指南。在没有任何经验可供借鉴的情况下，这种选择依赖设计者的直觉判断，带有一定的尝试性。

1.5.4 结构分析和设计计算

1. 建筑结构上的作用计算

按照结构尺寸和建筑构造计算永久荷载的标准值，按照《建筑结构荷载规范》(GB 50009)计算可变荷载的标准值。一般从结构的上部至下部依次计算。

直接施加于结构上的荷载有：结构构件的自身重力荷载以及构件上建筑构造层(地面、顶棚、装饰面层等)的重力荷载，施加在屋面上的雪荷载或施工荷载，施加在楼面上的人群、家具、设备等使用荷载，施加在外墙面上的风荷载，等等。

能够使结构产生效应的作用还有：基础间发生的不均匀沉降，在温度变化的环境中结构材料的热胀冷缩，地震造成的地面运动使结构产生加速度反应和外加变形，等等。

2. 结构分析

1) 基本原则

结构分析应符合下列要求：

(1) 结构整体及各部分必须满足力学平衡条件；

(2) 在不同程度上符合变形协调和边界约束条件；

(3) 采用合理的材料和构件单元的应力-应变本构关系。

结构分析时，根据结构或构件的受力特点，可以采用具有理论或试验依据的简化和假定。应对结构进行整体分析，必要时还应对其特殊部位进行详细的力学分析。计算结果的精确度应符合工程设计的要求。

2) 结构分析方法

宜根据结构类型、构件布置和受力特点选择下列分析方法进行结构分析。

(1) 线弹性分析方法

一般情况下，建筑混凝土结构的承载力极限状态及正常使用极限状态的内力和变形计算都采用线弹性分析方法。

对于杆系混凝土结构，用线弹性分析方法时，可按下列原则对计算进行简化：体系规则的空间杆系结构可分解为若干平面结构，分别进行力学分析，然后将相应的效应合成，但宜考虑各平面结构间的空间协调受力的影响；杆件的轴线取截面几何中心的连线，其计算跨度及计算高度按两端支承的中心距或净距并考虑连接的刚性和支承力的位置确定；现浇结构和装配整体式结构的节点可视为刚性连接，梁、板与支承结构非整浇时可视为铰支座；杆件的刚度按毛截面计算，T形截面应考虑翼缘宽度的影响，在不同受力状态的计算时还应考虑混凝土开裂、混凝土徐变等因素对刚度的影响。

非杆系的二维或三维混凝土结构可采用弹性力学分析方法、有限元分析方法或试验分析方法获得弹性应力分布，再根据其主拉应力方向及数值进行配筋设计，并按多轴应力状态验算混凝土的强度。混凝土在多轴应力状态下的强度准则可见《混凝土结构设计规范》(GB 50010)中的相关规定。

(2) 塑性内力重分布分析方法

考虑钢筋混凝土结构塑性内力重分布的分析方法适用于下列情况：房屋结构中的连续梁和连续单向板可按弯矩调幅方法进行承载能力极限状态计算，但应满足正常使用极限状态验算并应有专门的构造措施；框架及框架-剪力墙结构在采用专门的构造措施后，可按弯矩调幅方法进行设计计算；周边嵌固的双向板可对弹性分析的内力在支座处进行弯矩调幅，并确定相应的跨中弯矩。对于直接承受动力荷载作用的结构、不允许出现裂缝的结构、配置延性较差的受力钢筋的结构和处于严重侵蚀环境中的结构，不得采用塑性内力重分布的分析方法。

(3) 塑性极限分析方法

周边嵌固且承受均布荷载作用的双向矩形板可采用塑性铰线法或条带法等塑性极限分析方法计算承载力极限状态时的内力，但还应对正常使用极限状态进行验算。

承受均布荷载的板柱体系，可根据结构布置形式的不同，采用弯矩系数法或等代框架法计算承载力极限状态的弯矩值。

(4) 非线性分析方法

非线性分析方法适用于对二维、三维结构及重要的、受力特殊的大型杆系结构进行整体或局部的受力全过程分析。进行非线性分析时，结构形状、尺寸、边界条件、截面尺寸、材料性能应根据结构的受力特点事先设定；材料的本构关系宜由试验测定，也可采用经标定的系数值或已经验证的模式，如GB 50010规范中给定的混凝土和钢筋材料的本构关系；非线性分析宜取材料强度和变形模量的平均值进行计算。

(5) 试验分析方法

体形复杂、受力特殊的混凝土结构或构件可采用试验方法对结构的正常使用极限状态和承载能力极限状态进行复核。试验模型应采用能够模拟实际结构受力性能的材料制作。

3. 荷载效应组合及最不利的荷载位置

在时间轴上，结构上的永久荷载是一直作用在结构上的，而可变荷载可能出现、也可能不出现，不同类型的可变荷载的出现情况有多种不同的组合。根据规范和经验，可确定应计算的不同荷载组合，见式(1-7)、式(1-8)及式(1-10)—式(1-12)。例如，对于无抗震要求的框架结构，应计算的荷载组合为：永久荷载＋可变荷载，永久荷载＋风载，永久荷载＋0.9×(可变荷载＋风载)等。若采用线弹性分析，荷载组合可以通过荷载效应组合来实现；若采用非线性分析，则应对荷载效应的组合值进行相应的修正。

可变荷载除了在出现时间上是变化的，在空间位置上也是变化的。可变荷载(如楼面活荷载)在结构上出现的位置不同，在结构中产生的效应亦不同。因此，为得到结构某处的最不利的荷载效应，应在空间上对可变荷载进行多种布置，找出最不利的可变荷载布置和相应的荷载效应。

4. 构件截面设计

根据上面算出的最不利内力对控制截面处进行配筋设计以及必要的尺寸修改。如果尺寸修改较大，则应重新进行上述分析。

5. 构造设计

构造设计（也可称为概念设计）主要是指配置除计算所需之外的钢筋（分布钢筋、架立钢筋等）、钢筋的锚固、钢筋的弯起与截断、构件的支承条件的正确实现以及腋角等细部尺寸确定等。构造设计一般可参考构造手册进行。目前，混凝土结构设计的相当一部分内容不能通过计算确定，只能通过构造来确定，且每项构造措施都有其原理。因此，构造设计也是混凝土结构设计的重要内容之一。

1.5.5 结构设计的主要成果

结构设计的成果主要有以下形式：

1. 结构设计说明

对结构设计中不能用图纸表示的，且非常重要的事项要详细地加以说明，并阐释理由。实际工程中，结构设计说明一般放于结构设计图纸的前面。

2. 结构设计计算书

结构设计计算书对结构计算简图的选取、结构所受的荷载、结构分析方法及结果、结构构件主要截面的配筋计算等，都应给予明确的说明。如果结构计算采用商业化软件，应说明具体的软件名称，并应对计算结果作必要的校核。结构设计计算书一般作为独立的设计成果。

3. 结构设计图纸

所有设计结果，最终必须以施工图的形式反映出来。在设计的各个阶段，都要进行设计图的绘制。

一部分图纸可按初步设计（或扩大初步设计）的要求绘制，如总平面图，主体工程的平、立、剖面，结构布置等。这类图纸应能反映设计的主要意图，对细部的要求则可放松一些。

另一部分图纸应按施工详图要求绘制，如结构构件施工详图、节点构造、大样等。这部分图纸要求完全反映设计意图，包括正确选用材料、构件具体尺寸规格、各构件间的相关关系、施工方法、采用的有关标准（或通用）图集编号等，要达到不作任何附加说明即可施工的要求。

目前，所有结构设计图纸基本由计算机绘制。

1.6 本课程的特点与学习方法

本课程是土木工程专业本科生的一门主要专业课，是力学知识、混凝土结构基本原理以及荷载与设计方法等专业基础知识在建筑混凝土结构设计中的应用。其目的是使学生通过本课程的学习，熟悉建筑混凝土结构的基本体系，掌握建筑混凝土结构的设计理论和设计方法，获得依据规范与标准进行创造性的建筑混凝土结构设计的能力。为此，提出如下建议，以便能更有效地学习：

(1) 注意本课程与相关先修课程之间的关系，正确运用已有的力学知识、结构设计知识、混凝土结构构件的基本原理以及地基基础方面的相关知识，解决实际工程问题。

(2) 熟悉国家、地方的相关标准与规范。建筑混凝土结构设计是依据规范与标准而进行的创造性的工作。要做好设计，必须熟悉规范。

(3) 注意形象思维能力的培养，注意图形表达能力的培养。好的形象思维能力将有助于使蓝图变为现实，好的图形表达能力将有助于别人更好地理解设计意图。

(4) 注意理论分析和构造措施相结合。理论分析是结构设计的基础，但理论分析不能涵盖结构设计的所有内容，必须由构造设计来弥补。

(5) 正确处理学习过程中计算机辅助设计与手工设计之间的关系。随着计算机技术和软件工程技术的发展，建筑混凝土结构设计中的结构分析、结构设计和绘图等技术工作均可由计算机来辅助完成。为了深入了解建筑混凝土结构的设计原理，锻炼自己的设计能力，为今后的设计工作打下良好的理论和技术基础，建议在学习过程中以手工分析、手工设计和手工绘图为主。

(6) 充分认识结构试验技术在建筑混凝土结构设计中的作用。借助结构试验可认识复杂结构的受力性能，验证已有的理论模型，检验构造措施的合理性。

(7) 用发展的眼光进行学习。建筑混凝土结构从其诞生至今的100多年来一直处在不断的发展过程中。各种新材料的应用以及混凝土和钢筋材料本身的改进，是结构设计发展的根本推动力。从线性到非线性、从侧重安全到全面地侧重性能、从侧重使用阶段到结构“生命”全过程的发展，丰富了结构设计理论。房屋与机械的结合、结构与现代控制理论和技术的结合、结构与网络技术等的结合为建筑混凝土结构带来了广阔的发展空间。用发展的眼光进行学习，可以不断更新已有的知识、不断丰富自己的知识。

(8) 注意理论联系实际，积累一定的感性认识、进行一定量的设计训练对学习本课程十分有益。

思考题

【1-1】 建筑混凝土结构的形式有哪些？

【1-2】 建筑混凝土结构是如何组成的？

【1-3】 什么是结构的可靠度？极限状态分几类？

【1-4】 如何理解基于概率的极限状态设计法和实用的结构设计表达式间的关系？

【1-5】 建筑混凝土结构的设计步骤是怎样的？

【1-6】 混凝土结构的分析方法有哪些？

【1-7】 结构的设计成果主要有哪些？

【1-8】 如何理解构造设计？

【1-9】 如何理解规范与标准在结构设计中的作用？

2 梁板结构

2.1 概述

梁板结构是土木工程中常见的结构形式，除了在建筑楼盖或屋盖中得到广泛应用外，还被用于桥梁的桥面结构，水池的顶盖、池壁、底板，挡土墙，筏式基础等。因此，其设计原理具有普遍的意义。本章着重讲述建筑结构中的楼(屋)盖设计。

2.1.1 楼盖类型

楼盖是建筑结构中的重要组成部分，对于保证建筑物的承载力、刚度、耐久性以及抗风、抗震性能具有重要的作用，对于建筑效果和建筑隔声、隔热也有直接的影响。

混凝土楼盖在整个房屋的材料用量和造价方面所占的比例是很大的，选择适当的楼盖形式，并正确、合理地进行设计计算，对整个房屋的使用和技术经济指标至关重要。

常见的楼盖结构形式有肋梁楼盖、井式楼盖、无梁楼盖、密肋楼盖和扁梁楼盖等(图 2-1)。其中，肋梁楼盖又分为单向板肋梁楼盖(图 2-1(a))和双向板肋梁楼盖(图 2-1(b))。

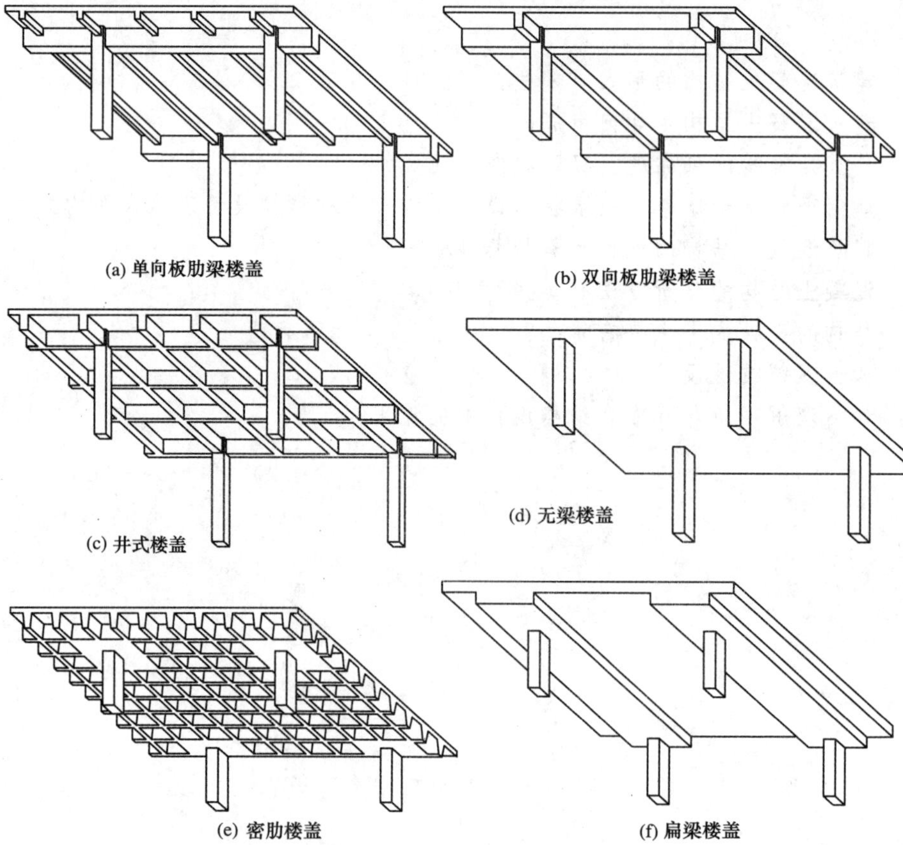

(a) 单向板肋梁楼盖　(b) 双向板肋梁楼盖

(c) 井式楼盖　(d) 无梁楼盖

(e) 密肋楼盖　(f) 扁梁楼盖

图 2-1　常用的楼盖形式

肋梁楼盖每一区格板的四边均有梁或墙支承，板上的荷载主要通过板的受弯作用传到四边支承的构件上。根据弹性薄板理论的分析结果，当区格板的长边与短边之比超过一定数值时，荷载主要是通过沿板的短边方向的弯曲（及剪切）作用传递的，沿长边方向传递的荷载可以忽略不计，这时可称其为“单向板”。双向板的受力特征不同于单向板，它在两个方向的横截面上均作用有弯矩和剪力，另外还有扭矩。

我国的《混凝土结构设计规范》(GB 50010)规定：沿两对边支承的板应按单向板计算；对于四边支承的板，当长边与短边比值大于或等于 3 时，宜按沿短边方向的单向板计算；当长边与短边比值介于 2 与 3 之间时，亦可按沿短边方向的单向板计算，但应沿长边方向布置足够数量的构造钢筋；当长边与短边比值小于或等于 2 时，应按双向板计算。

根据建筑上的要求，楼盖还可以设计成各种不同的形式。图 2-2 所示的是位于美国芝加哥 North State 街上“玉米楼”(Marina City)底部车库的楼盖，柱上放射状伸出曲梁，楼板支撑在曲梁上，结构新颖，曲线流畅，堪称美景。

图 2-2　美国芝加哥 North State 街“玉米楼”的新型楼盖

按施工方法，可将楼盖分为现浇式、装配式和装配整体式 3 种。混凝土现场浇筑的楼盖称现浇楼盖，采用混凝土预制板（或预制梁板）现场装配而成的楼盖为装配式楼盖，混凝土预制板现场装配完成后采用一些附加的连接措施（如在板面浇筑钢筋混凝土整浇层，图 2-3）而形成的楼盖为装配整体式楼盖。现浇楼盖整体刚度好，并能适应平面形状、设备管道、荷载或施工条件比较特殊的情况，其缺点是费工、费模板、工期长。采用装配式楼盖可以克服现浇楼盖的缺点，而装配整体式楼盖则兼具现浇楼盖和装配式楼盖的优点。

在具体的实际工程中究竟采用何种楼盖形式，应根据建筑的性质、用途、平面尺寸、荷载大小、采光以及技术经济等因素进行综合考虑。

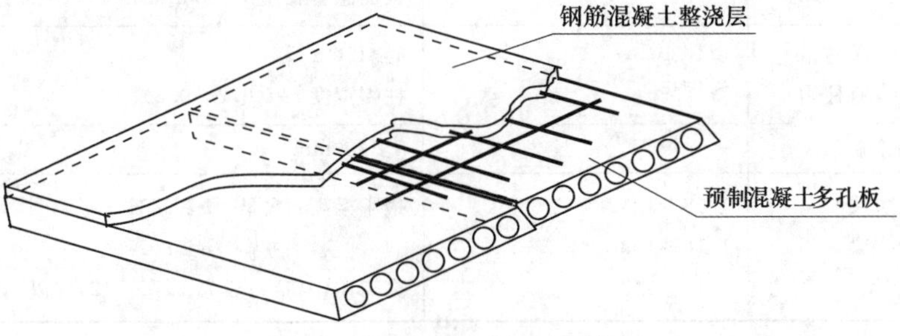

图 2-3　装配整体式楼盖示意图

2.1.2 楼盖上的荷载

作用在板和梁上的荷载有两种：

(1) 永久荷载亦称恒载，它是在结构使用期间基本不变的荷载，如结构自重、构造层重量等。

(2) 可变荷载也称活荷载，它是在结构使用期间，时有时无可变作用的荷载，如楼面活荷载(包括人群、家具及可移动的设备)、屋面活荷载、积灰荷载和雪荷载等。

永久荷载一般为均布荷载，如结构自重，其标准值可根据梁板几何尺寸求得；而可变荷载的分布通常是不规则的，一般均折合成等效均布荷载计算，其标准值可由《建筑结构荷载规范》(GB 50009)查得。

在设计民用建筑楼盖梁时，应注意楼面活荷载折减问题，因为当梁的负荷面积较大时，全部满载的可能性较小，所以适当降低其荷载值更符合实际情况，具体计算在此后相关章节中会予以介绍，也可遵照《建筑结构荷载规范》(GB 50009)。

2.1.3 楼盖尺寸

对于板、梁等结构，在计算前可参考已有经验或有关资料(表 2-1)预先估算确定其截面尺寸。若计算结果所得的截面尺寸与原估算的尺寸相差很大时，需重新估算，直至满足要求为止。

表 2-1　　混凝土梁、板截面的常规尺寸

构件种类		高跨比(h/l)	备　注
单向板	简支 两端连续	≥1/30 ≥1/35	最小板厚： 屋面板　当 $l<1.5$ m　$h\geqslant 50$ mm 　　　　当 $l\geqslant 1.5$ m　$h\geqslant 60$ mm 民用建筑楼板　$h\geqslant 60$ mm 工业建筑楼板　$h\geqslant 70$ mm 行车道下的楼板　$h\geqslant 80$ mm
双向板	单跨简支 多跨连续	≥1/40 ≥1/45 (按短向跨度)	板厚一般取　80 mm $\leqslant h\leqslant$ 160 mm
密肋板	单跨简支 多跨连续	≥1/20 ≥1/25 (h 为肋高)	板厚 $h\geqslant 50$mm 肋高 $h\geqslant 250$mm
悬臂板(固定端)		≥1/12	板的悬臂长度≤500 mm　$h\geqslant 60$ mm 板的悬臂长度>500 mm　$h\geqslant 80$ mm
无梁楼板	无柱帽 有柱帽	≥1/30 ≥1/35	$h\geqslant 150$ mm 柱帽宽度 $c=(0.2\sim 0.3)l$
现浇空心楼盖		—	$h\geqslant 200$mm
多跨连续次梁 多跨连续主梁 单跨简支梁		1/18～1/12 1/14～1/8 1/14～1/8	最小梁高：次梁　$h\geqslant l/25$ 　　　　　主梁　$h\geqslant l/15$ 宽高比(b/h)一般为 1/3～1/2，并以 50 mm 为模数

2.2 整体式单向板肋梁楼盖

2.2.1 单向板肋梁楼盖结构布置

单向板肋梁楼盖由板、次梁、主梁组成,支承在竖向承重的柱或墙上。

单向板肋梁楼盖的主梁宜布置在整个结构刚度较弱的方向(即垂直于纵墙的方向),这样可使截面较大、抗弯刚度较好的主梁与柱形成一片片的框架,以加强承受水平作用力时的侧向刚度,并由次梁将各片框架连接起来。当柱的横向间距大于纵向间距时,主梁沿纵向布置可以减小主梁的截面高度,增大室内净高。

梁格布置应综合考虑房屋的使用要求和梁的合理跨度,与柱网布置统一考虑。梁格及柱网布置应力求简单、规整、统一,以减少构件类型,方便设计与施工。

通常单向板的跨度取值范围 1.7～2.5m,不宜超过 3m;次梁的跨度取值范围 4～6m;主梁的跨度取值范围 5～8m 为宜。

楼盖的平面布置还应考虑建筑效果和使用方面的要求。图 2-4 为肋梁楼盖布置的几个实例。结构布置完成后,可按表 2-1 建议的数据初步确定各种结构构件的尺寸。

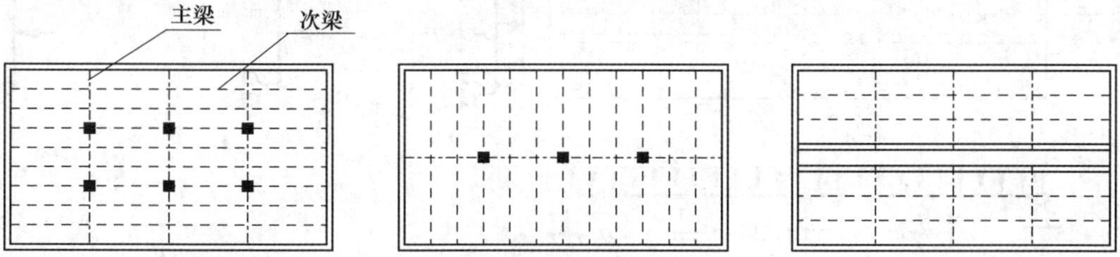

(a) 主梁沿横向布置 (b) 主梁沿纵向布置 (c) 有中间走廊

图 2-4 单向板肋梁楼盖结构布置实例

2.2.2 单向板肋梁楼盖的计算简图

在进行结构分析之前,应先对实际结构受力情况进行分析。通常忽略一些次要因素,对实际结构加以简化,抽象为某一计算简图,据此进行内力计算。

单向板肋梁楼盖的板、次梁、主梁和柱均整浇在一起,形成一个复杂体系(图 2-5(a))。由于板的刚度最小,次梁的刚度又比主梁的刚度小很多,则整个楼盖体系可以分解为板、次梁、主梁三类构件单独进行计算。作用在板上的荷载传递路线为:板→次梁→主梁→墙或柱→基础,或板(次梁或主梁)→墙体→基础。

根据各构件的刚度以及荷载的传递路线,可作如下简化:

(1) 板的计算简图可取以次梁为铰支座的“连续梁”(图 2-5(b))。通常取宽 1m 的板带进行计算,此时板上单位面积荷载值 q 也就是计算板带上的线荷载值。

(2) 次梁的计算简图可取以主梁为铰支座的“连续梁”(图 2-5(c)),其荷载包括楼板传来的荷载和次梁的自重,均按均布荷载考虑。

(3) 当主梁与柱的混凝土为整体浇筑时,梁与柱组成一个整体,其内力可按刚架计算(图 2-5(d));如果梁的抗弯刚度比柱的抗弯刚度大很多时(如主梁与柱的线刚度比大于 3～4 范围内的值),可将主梁视为铰支于柱上的连续梁计算(图 2-5(e))。主梁承受次梁传来的集中力及主梁的自重。通常主梁自重较次梁传来的荷载小很多,为简化计算,可将其换算成集中荷载一并计算。

楼板传给次梁以及次梁传给主梁的荷载分别是楼板和次梁的支座反力。但为了简化计算，在确定次梁和主梁所承受的荷载时，可不考虑构件的连续性，按简支构件分别计算楼板传给次梁以及次梁传给主梁的荷载(图 2-5(a))。

单向板肋梁楼盖的计算简图中，两相邻支座中心线间的距离 l_0 称为计算跨度，即计算弯矩时所应取用的跨间长度，理论上应取该跨两端支座处转动点之间的距离。在设计中，当按弹性理论计算时，计算跨度一般取两支座反力作用点之间的距离；当按塑性理论计算时，计算跨度则由塑性铰位置确定。计算跨度的取值方法如表 2-2 所示。

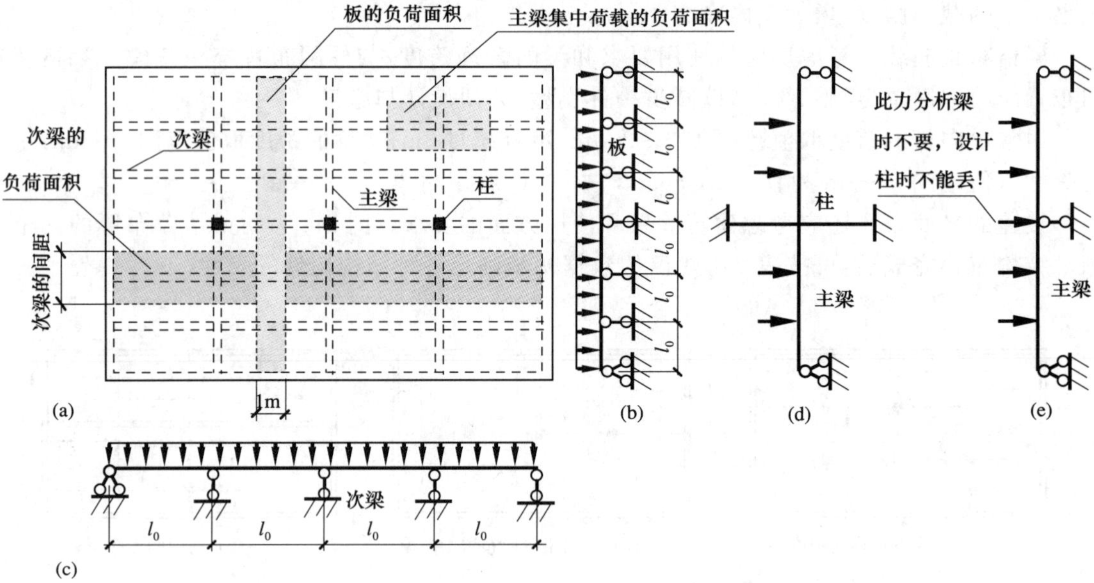

图 2-5 单向板肋梁楼盖的计算简图

表 2-2 **梁、板的计算跨度**

计算方法	梁、板构件		计算跨度
按弹性理论计算	单跨	两端搁置	$l_0=l_n+a$ 且 $l_0\leqslant l_n+h$ （板） $l_0\leqslant 1.05l_n$ （梁）
		一端搁置、一端与支承构件整浇	$l_0=l_n+a/2$ 且 $l_0\leqslant l_n+h/2$ （板） $l_0\leqslant 1.025l_n$ （梁）
		两端与支承构件整浇	$l_0=l_n$
	多跨	边跨	$l_0=l_n+a/2+b/2$ 且 $l_0\leqslant l_n+h/2+b/2$ （板） $l_0\leqslant 1.025l_n+b/2$ （梁）
		中间跨	$l_0=l_c$ 且 $l_0\leqslant 1.1l_n$ （板） $l_0\leqslant 1.05l_n$ （梁）

续表

计算方法	梁、板构件	计算跨度
按塑性理论计算	两端搁置	且 $l_0=l_n+a$ $l_0\leqslant l_n+h$ （板） $l_0\leqslant 1.05l_n$ （梁）
	一端搁置、一端与支承构件整浇	且 $l_0=l_n+a/2$ $l_0\leqslant l_n+h/2$ （板） $l_0\leqslant 1.025l_n$ （梁）
	两端与支承构件整浇	$l_0=l_n$

注：l_0—板、梁的计算跨度；l_c—支座中心线间距离；l_n—板、梁的净跨；h—板厚；a—板、梁端支承长度；b—中间支座宽度。

2.2.3 按弹性理论方法计算钢筋混凝土连续梁板的内力

1. 等截面等跨连续梁板的内力系数表

按弹性理论方法计算内力，即假定梁、板为理想弹性体系，根据前述方法选取的计算简图，按结构力学中所述的方法进行内力计算。

设计时为了减轻计算工作量，更多地采用查表法进行计算。对于在各种不同布置的荷载作用下的等跨连续梁和连续单向板，先从有关设计手册的计算表格中直接查得内力系数，即可方便地算得各截面的弯矩和剪力值。

本书的附录C1给出了2～5跨连续梁的内力系数。对于跨数多于5跨的连续梁或板，可近似地按5跨计算；在配筋计算时，中间各跨的跨中内力可取与第3跨的内力相同。

当查用内力系数表时，应注意其适用条件。若连续板、梁的各跨跨度不等，但相差不超过10%时，仍可近似地按等跨用内力系数表进行计算。当求支座负弯矩时，计算跨度可取相邻两跨的平均值（或取较大值）；而求跨中弯矩时，则取相应跨的计算跨度。若各跨板厚、梁截面尺寸不同，但其惯性矩之比不大于1.5时，可不考虑构件刚度的变化对内力的影响，仍可用上述内力系数表计算内力。

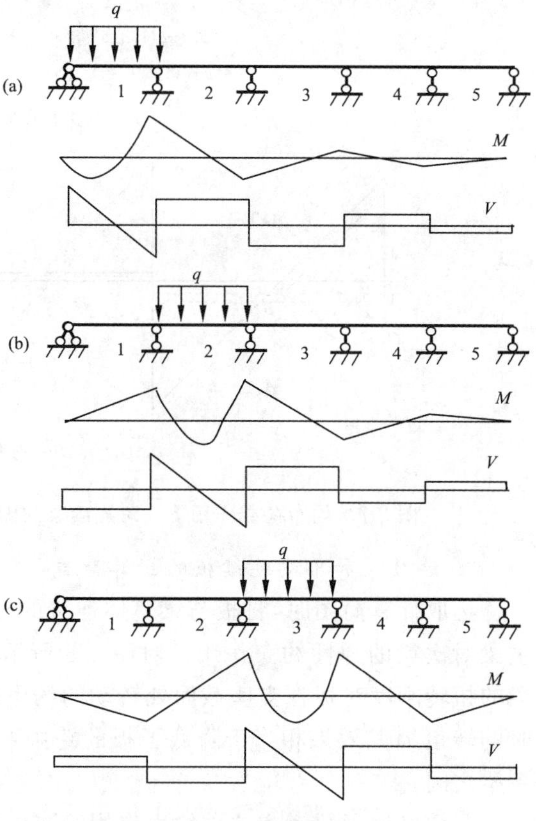

图2-6 荷载不同跨间布置时连续梁的内力图

2. 连续梁和单向连续板的可变荷载最不利位置及内力包络图

楼盖所受荷载包括永久荷载和可变荷载两部分，其中可变荷载（或称活荷载）的位置是变化的。

对于单跨梁（板），显然是全部永久荷载和可变荷载同时作用时将产生最大内力；但对于多跨连续梁（板）的某一指定截面而言，当所有荷载同时布满梁（板）上各跨时引起的内力未必最大。欲使设计的连续梁（板）在各种可能的荷载布置下都能可靠使用，就必须求出在各截面上可能产生的最不利内力,即必须考虑可变荷载的最不利布置。

图 2-6 所示为 5 跨连续梁在不同跨间布置荷载时梁的弯矩图和剪力图,从中可以看出一些变化规律。如当可变荷载作用在某跨时,该跨跨中为正弯矩,邻跨跨中弯矩为负弯矩,然后正负弯矩相间。由此,不难总结出确定连续梁(板)可变荷载最不利布置的原则如下:

(1) 欲求某跨跨中最大正弯矩时,应在该跨布置可变荷载,然后向两侧隔跨布置。

(2) 欲求某跨跨中最小弯矩时,其可变荷载布置与求跨中最大正弯矩时的布置完全相反。

(3) 欲求某支座截面最大负弯矩时,应在该支座相邻两跨布置可变荷载,然后向两侧隔跨布置。

(4) 欲求某支座截面最大剪力时,其可变荷载布置与求该截面最大负弯矩时的布置相同。

根据以上原则可以确定可变荷载最不利布置的各种情况,它们分别与永久荷载(布满各跨)组合在一起,就得到荷载的最不利组合。

将同一结构在各种荷载组合作用下的内力图(弯矩图或剪力图)叠画在同一张图上,其外包线所形成的图形称为包络图。它反映出各截面可能产生的最大内力值,是设计时选择截面和布置钢筋的依据。图 2-7 所示为上述承受均布荷载的 5 跨连续梁的弯矩包络图和剪力包络图。

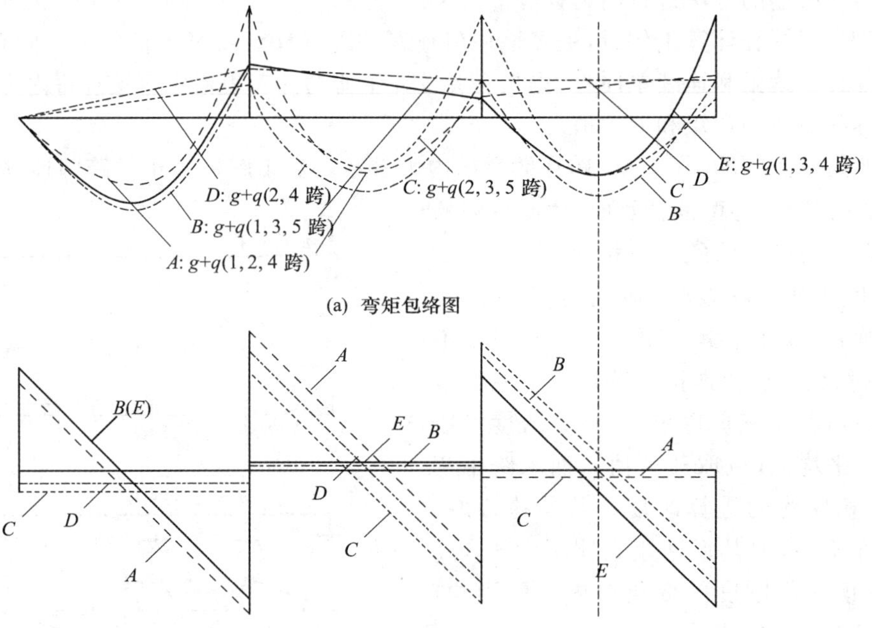

(b) 剪力包络图

图 2-7 均布荷载作用下 5 跨连续梁的内力图(图中 g 表示永久荷载,q 表示可变荷载)

3. 连续梁和单向连续板的折算荷载

选取计算简图时,将板与梁整体连接的支承假定为铰支座,这其实是忽略了次梁对板以及主梁对次梁的弹性约束作用。对图 2-8 所示承受隔跨布置的可变荷载作用的板,如果考虑次梁的扭转刚度对板在支座截面处转动的约束作用,其转角 θ' 将小于计算简图中简化为铰支座时的转角 θ,其效果相当于降低了板的跨中弯矩值。类似的情况也不同程度地发生在次梁与主梁之间。

要精确地了解考虑这种约束作用时与采用铰支座假定时算得的变形间的差异是比较复杂的,实用上可近似地采取减小可变荷载、加大永久荷载的方法,即以折算荷载代替实际的计算

荷载。对于板和次梁，折算荷载取为

板 $$g'=g+\frac{q}{2},\quad q'=\frac{q}{2} \tag{2-1a}$$

次梁 $$g'=g+\frac{q}{4},\quad q'=\frac{3}{4}q \tag{2-1b}$$

式中 g,q——实际作用的永久荷载和可变荷载；

g',q'——折算永久荷载和折算可变荷载。

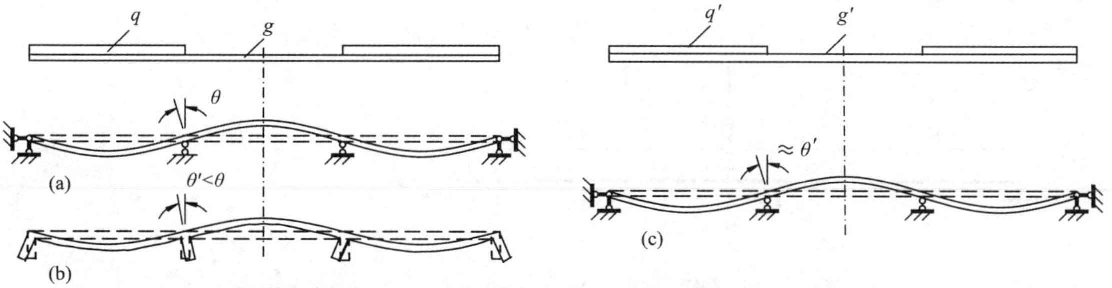

(a) 理想铰支座的变形 (b) 支座弹性约束时的变形 (c) 采用折算荷载时的变形

图 2-8 连续梁和单向连续板的折算荷载

当板或梁支承在砖墙(或砖柱或钢结构)上时，不需要对荷载进行调整；主梁按连续梁计算时，当柱的刚度较小时，荷载也不折算。

4. 支座处内力的计算值

连续梁、板按弹性理论计算时，计算跨度是取入支座宽度的内部，虽然在支座中心线处求得的内力可能是最大的，但此处的截面高度由于与其整体连接的支承梁(或柱)的存在而明显增大，通常并非最危险截面。因此，实际计算时采用支座边缘截面的内力 M_{cal}，V_{cal} 较为合理(图 2-9)。

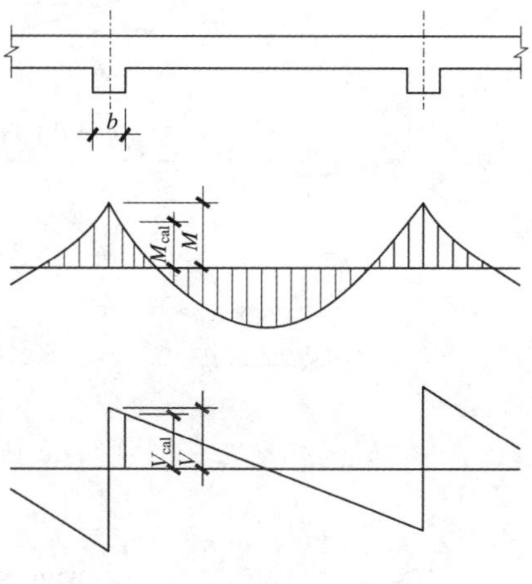

图 2-9 支座处的内力计算值

均布荷载下：$M_{cal}\approx M-Vb/2$，$V_{cal}=V-(g+q)b/2$ (2-2a)

集中荷载下：$M_{cal}=M-Vb/2$，$V_{cal}=V$ (2-2b)

2.2.4 按塑性理论方法计算钢筋混凝土连续梁板的内力

1. 钢筋混凝土受弯构件中的塑性铰

试验表明，无论是钢筋混凝土材料还是在不同加载阶段的钢筋混凝土结构，均具有非弹性性质。按弹性理论计算其内力，不能反映结构的刚度随荷载而改变的特点，与已考虑材料塑性性质的截面承载力计算理论也不协调。

对一适度配筋的钢筋混凝土简支梁(图 2-10)，在跨中施加集中荷载 P，在加载初期，跨中截面的弯矩-曲率关系呈直线关系。随着裂缝出现，弯矩-曲率关系渐呈曲线关系；当受拉纵筋达到屈服(A 点)后，弯矩-曲率曲线的斜率急剧减小，这意味着在截面弯矩增加很少的情况下截面相对转角激增，构件中塑性变形较集中的区域(相应于图 2-10 中 $M>M_y$ 的部分)表现得犹如一个能够转动的“铰”，称之塑性铰。可以认为这是受弯构件“屈服”现象。

塑性铰区处于梁跨中最大截面($M=M_u$)两侧 $l_y/2$ 的范围内,l_y称为塑性铰长度。图 2-10 中实线为曲率的实际分布,虚线为计算时假定的曲率分布。曲率可分为弹性部分和塑性部分(图中的阴影部分)。塑性铰的转角 θ 理论上可由塑性曲率的积分来计算,若将其分布用等效矩形来代替,其高度为塑性曲率($\phi_u-\phi_y$),宽度(或等效区域长度)为 $\bar{l}_y<l_y$,塑性铰的转角 θ 为

$$\theta=(\phi_u-\phi_y)\bar{l}_y \tag{2-3}$$

式中 ϕ_y——截面钢筋屈服时曲率;

ϕ_u——截面的极限曲率。

影响 $\bar{l}_y$ 的因素很多,要得到实用而足够准确的计算公式,还要做进一步的工作。

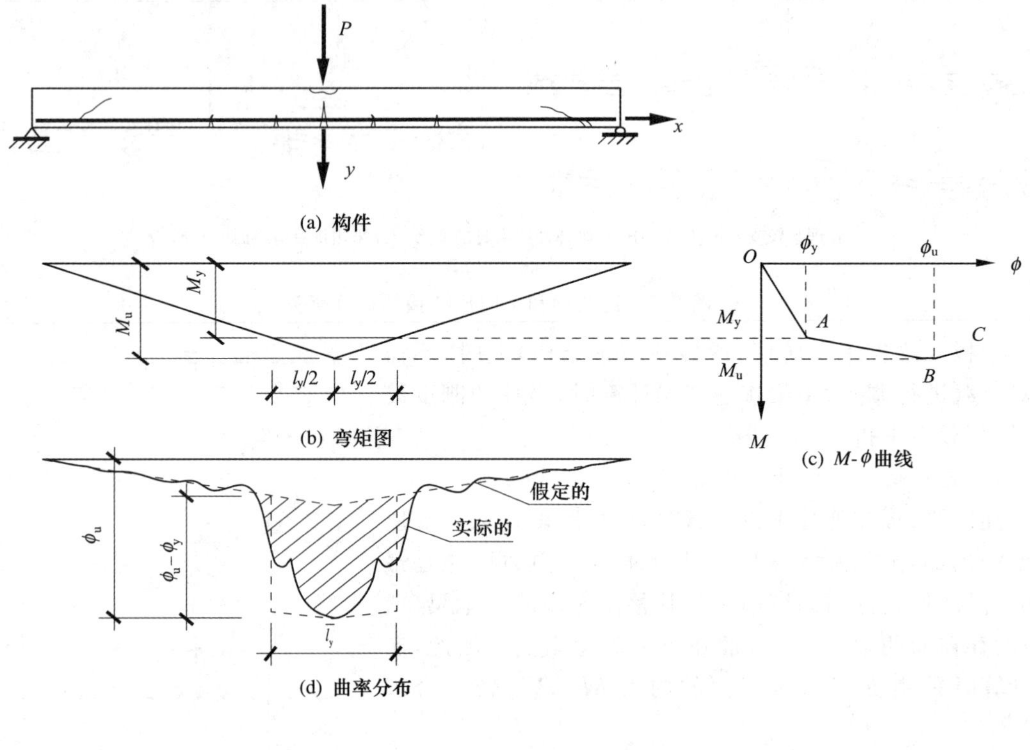

图 2-10 钢筋混凝土受弯构件的塑性铰

式(2-3)实际上反映了塑性铰的转动能力。由混凝土结构基本原理课程中介绍的相关内容可知:在其他条件不变的前提下,随着配筋率的增加,受弯构件正截面的屈服曲率变化不大,极限曲率 ϕ_u 却不断减小,如图 2-11 所示。再由式(2-3)可以得出如下结论:即随着配筋率 ρ_s 的提高,或随着截面受压区相对计算高度 $\xi=x/h_0$ 的提高,塑性铰的转动能力不断下降。

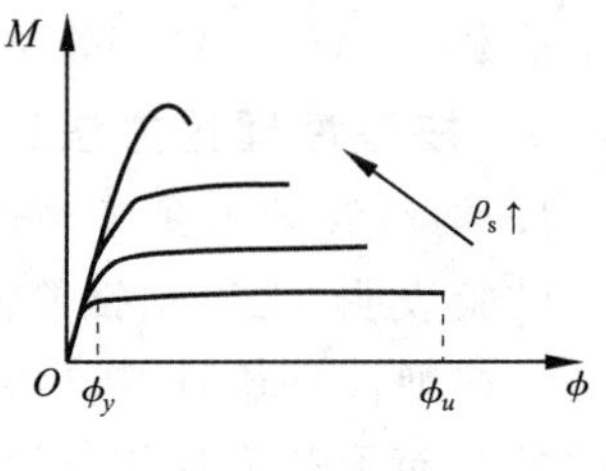

图 2-11 不同配筋率截面的 M-ϕ 关系示意图

塑性铰和理想铰的区别在于:理想铰不能承担弯矩,塑性铰可以承担弯矩;理想铰为双向铰,塑性铰为单向铰;理想铰集中于一点,塑性铰分布在一定的长度内。

2. 连续梁和连续单向板的塑性内力重分布

对于静定结构,在任一截面出现塑性铰后,即可使其变成几何可变体系而丧失承载力。对

于超静定结构，由于存在多余约束，构件某一截面出现塑性铰，并不能使其立即成为可变体系，仍能继续承受增加的荷载，直到其他截面也出现塑性铰使结构成为几何可变体系为止。

在钢筋混凝土超静定结构中，由于构件出现裂缝后引起的刚度变化以及塑性铰的出现，其内力和变形与按不变刚度的弹性体系分析的结果是不一致的，即在构件各截面间产生了塑性内力重分布。下面举例来说明这一问题。

【例 2-1】有一两跨的钢筋混凝土连续梁，计算跨度均为 l_0，每跨的跨中作用有集中荷载 P，试分析中间支座截面上及荷载截面处弯矩随荷载变化的情况。

【解】(1)塑性铰形成前

用结构力学方法可得到如图 2-12(a)所示的该两跨连续梁的弯矩图，以中间支座截面 B 处弯矩的数值为最大。假定中间支座截面在荷载 P_1 下首先达到受弯承载力 M_{By} 而形成塑性铰，则 P_1 可由下式确定：

$$M_{By}=\frac{3}{16}P_1 l_0$$

与此同时，荷载作用点 1 截面的弯矩为

$$M_{11}=\frac{5}{32}P_1 l_0$$

此时该梁并未丧失承载能力，如果设截面 1 的受弯承载力为 M_y，则该截面的受弯承载力还有 (M_y-M_{11}) 的余量。

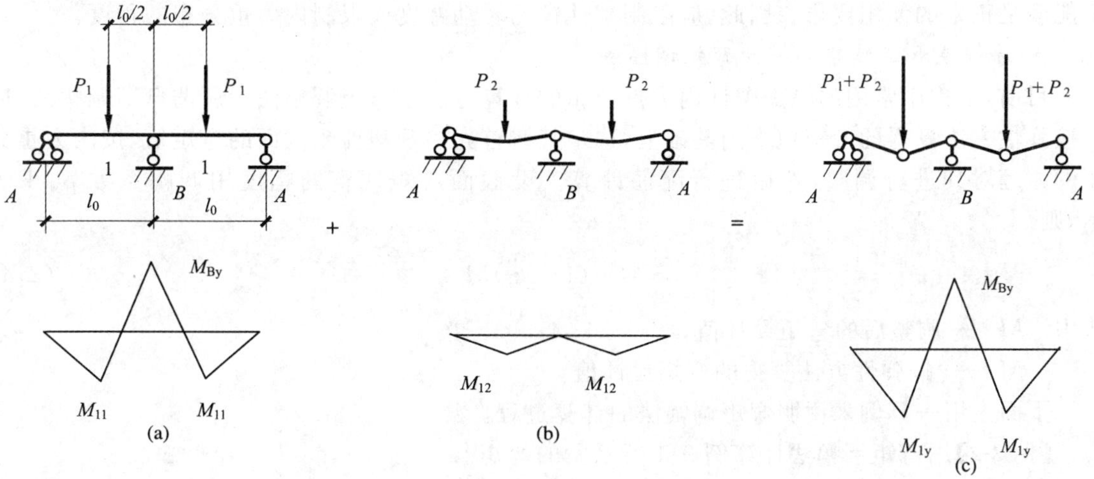

图 2-12　两跨连续梁弯矩随荷载的变化过程(例 2-1)

(2) 塑性铰形成后

在中间支座截面 B 处形成塑性铰后，两跨连续梁变成两个简支梁(图 2-12(b))。若继续增加荷载，在增量荷载 P_2 的作用下，截面 1 处引起的增量弯矩为

$$M_{12}=\frac{1}{4}P_2 l_0$$

当荷载作用点 1 处也达到受弯承载力 M_{1y}，整个结构形成几何可变体系破坏。令 $M_{11}+M_{12}=M_{1y}$，可以求得相应的 P_2。所以，该连续梁所能承受的跨中集中荷载应为 P_1+P_2。

例 2-1 的分析表明：弹性分析时，随着集中荷载 P 的变化，M_B/M_1 保持常量；塑性分析时，随着集中荷载 P 的变化，M_B/M_1 不断变化，内力在支座和跨中截面之间不断重新分配。

同样是图 2-10 所示的梁，若采用弹性分析，则梁的承载力为 P_1；若采用塑性内力重分布法分析，则梁的承载力为 P_1+P_2，说明弹性方法未充分发挥结构的潜力。反过来说，在同样的外荷载下，按内力重分布法可降低支座处的内力进行设计，此即后面将要介绍的弯矩调幅法。

3. 影响连续梁和连续单向板塑性内力重分布的因素

根据前面介绍的钢筋混凝土连续梁和连续单向板的塑性内力重分布过程，可以看出影响塑性内力重分布的主要因素有如下三个：

(1) 塑性铰的转动能力

若塑性铰有足够的转动能力，保证结构按预期的顺序先后形成塑性铰使结构成为可变体而破坏(如例 2-1 所示)，则结构在破坏过程中能充分进行内力重分布。若塑性铰的转动能力有限，其他截面尚未形成塑性铰，该塑性铰已“过早”地发生混凝土压碎使结构破坏，则结构在破坏过程中不能充分进行内力重分布。如例 2-1 中支座 B 的塑性铰转动能力有限，则梁的承载力小于 P_1+P_2，支座 B 和跨中截面 1 间不能充分进行内力重分布。

(2) 斜截面的抗剪承载力

若要保证内力重分布达到预期的目标，结构不能发生因斜截面抗剪承载力不足而引起的破坏。

(3) 结构的变形和裂缝宽度

若最先出现的塑性铰转动幅度过大，则结构的变形会较大，塑性铰附近的裂缝会过宽，而不能满足正常的使用要求。因此，应限制塑性铰的转动幅度或限制内力重分布的程度。

4. 连续梁和连续单向板的弯矩调幅法

目前，工程中常用的考虑塑性内力重分布的计算方法是弯矩调幅法。所谓弯矩调幅法，即在按弹性方法算得的弯矩包络图基础上，选定某些首先出现塑性铰截面的弯矩值，按内力重分布的原理对其进行调整，然后进行配筋计算。设截面弯矩调整的幅度用调幅系数 β_M 来表示，则

$$M=(1-\beta_M)M_e \tag{2-4}$$

式中　M——调整后的弯矩设计值；

　　M_e——按弹性方法算得的弯矩设计值。

下面先用一算例来说明弯矩调幅法的计算过程。

【例 2-2】用弯矩调幅法计算例 2-1 所示梁的弯矩。

【解】由例 2-1 的计算结果可知图 2-13(a)所示的两跨连续梁按弹性理论方法计算的弯矩图如图 2-13(b)所示。

由于 M_B 的弯矩最大，因此对 M_B 进行调幅。为了使得调幅后仍能满足力的平衡关系，在弹性弯矩图上叠加一倒三角形的弯矩图如图 2-13(c)所示。结果获得调幅后的弯矩图如图 2-13(d)所示。

由图 2-13(d)可知：

$$\beta_M=\frac{M_B-M'_B}{M_B}=\frac{0.038}{0.188}=0.2$$

$|0.5M'_B|+M'_1=0.075Pl_0+0.175Pl_0=0.250Pl_0=\frac{1}{4}Pl_0=M_0$，满足力的平衡条件。

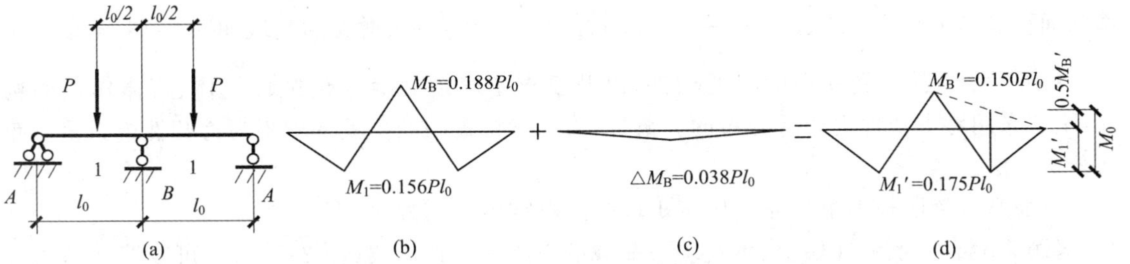

图 2-13　用弯矩调幅法计算两跨连续梁的弯矩(例 2-2)

根据例 2-2 的算例以及上一节的讨论结果,可以总结出弯矩调幅法应遵循的基本原则如下:

(1) 必须保证塑性铰具有足够的转动能力,使整个结构或局部形成机动可变体系后才丧失承载力。按照弯矩调幅法设计的结构,受力钢筋宜采用 HRB335 级、HRB400 级热轧钢筋;混凝土强度等级宜在 C20～C45 范围内;截面的相对受压区高度系数 ξ 不应超过 0.35,也不宜小于 0.10。

(2) 为了避免塑性铰出现过早、转动幅度过大,致使梁板的裂缝宽度及变形过大,应控制支座截面的弯矩调整幅度。钢筋混凝土梁支座或节点边缘截面的弯矩调幅系数 β_M 不宜大于 0.25,钢筋混凝土板的弯矩调幅系数 β_M 值以不超过 0.20 为宜。

(3) 调幅后应满足力的平衡条件。对单一荷载下的连续梁板,只要在支座处叠加图 2-13(c)所示的倒三角形分布的弯矩图,调幅后力的平衡条件可以自动满足(图 2-13(d))。如对连续梁、板的弯矩包络图进行调幅,同样可以叠加类似图 2-13(c)所示的倒三角形分布的弯矩图,但调幅后除了要考虑力的平衡外,尚应考虑包络图的限制。如图 2-14 所示,对支座 B 的弯矩进行调幅后,由平衡关系求得控制支座最大弯矩荷载组合下的弯矩图为图 2-14 中的虚线。此时,AB 跨中点处的弯矩 M_1' 为:

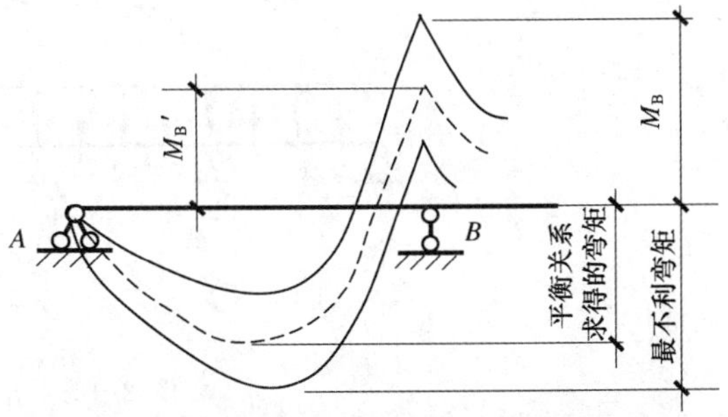

图 2-14　对弯矩包络图进行调幅

$$M_1' = M_0 - \frac{|M_A| + |M_B|}{2} \tag{2-5}$$

式中　$|M_A|$,$|M_B|$——分别为支座 A、支座 B 弯矩的绝对值;

M_0——AB 跨按简支梁计算的跨中弯矩。

若由式(2-5)算得的 M_1' 超过了弯矩包络图中的跨中弯矩最大值,则取 M_1',否则应取 M_1' 等于包络图中的跨中弯矩最大值。实际应用中可偏于安全地按式(2-6)来计算 M_1'。

$$M_1' = \max\begin{cases}\text{弹性分析得出的最不利弯矩} \\ 1.02M_0 - \dfrac{|M_A| + |M_B|}{2}\end{cases} \tag{2-6}$$

(4) 按荷载最不利位置和调幅弯矩由平衡关系计算的满足斜截面抗剪承载力要求所需的

箍筋面积应增大 20%，且 $\rho_{sv,min}=\frac{A_{sv}}{bs}\geqslant 0.34f_t/f_{yv}$。箍筋面积增大的区域如图 2-15 所示。

(5) 对于直接承受动力荷载的构件，以及要求不出现裂缝或侵蚀性气体、液体作用的构件，不应采用考虑塑性内力重分布的分析方法；肋梁楼盖中的主梁一般不考虑塑性内力重分布的分析方法。

下面举例阐明根据上述原则用弯矩调幅法求算内力的方法。

【例 2-3】有一搁置在墙上、承受均布荷载的 5 跨等跨连续梁(图 2-16)，其可变荷载与永久荷载之比 $q/g=0.3$，用调幅法确定各跨的跨中和支座截面的弯矩设计值。

【解】(1) 支座 B 弯矩

连续梁按弹性体系计算，当支座 B 产生最大负弯矩时，可变荷载应布置在 1,2,4 跨，故

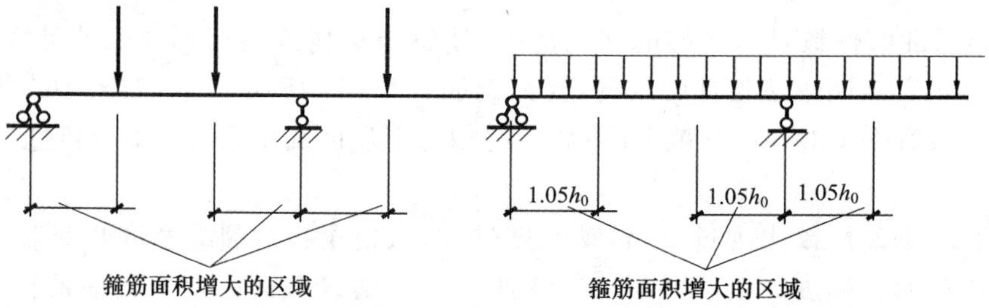

图 2-15　箍筋面积增大的区域

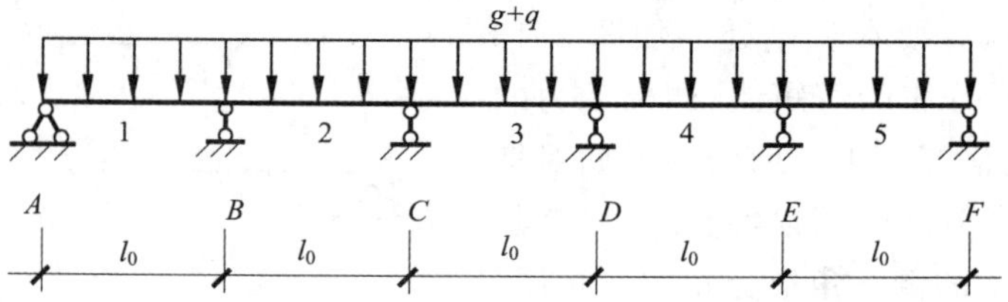

图 2-16　五跨连续梁(例 2-3)

$$\begin{aligned}M_{B,\max}&=-0.105gl_0^2-0.119ql_0^2\\&=-0.105gl_0^2-0.119\times 0.3gl_0^2\\&=-0.141gl_0^2\end{aligned}$$

考虑调幅 20%(即 $\beta_M=0.2$)，则

$$M_B=0.8M_{B,\max}=0.8\times(-0.141gl_0^2)=-0.113gl_0^2$$

实际取　$M_B=-\frac{1}{11}(g+q)l_0^2=-0.091(g+q)l_0^2=-0.118gl_0^2$

(2) 边跨跨中弯矩

应用式(2-6)中的公式计算有：

$$M_1'=1.02M_0-\frac{|M_A|+|M_B|}{2}=1.02\times\frac{1}{8}(g+q)l_0^2-\frac{1}{2}\left[0+\frac{1}{11}(g+q)l_0^2\right]$$

$$=0.128(g+q)l_0^2-0.045(g+q)l_0^2=0.083(g+q)l_0^2=0.108gl_0^2$$

按弹性体系计算，当可变荷载布置在 1,3,5 跨时，其支座负弯矩 $M_B=-0.105gl_0^2-$

$0.053ql_0^2$，最大跨中弯矩发生在距离 A 支座 $x=0.408l$ 处，则

$$M_{1\max}=\frac{1}{2}\times0.408(g+q)l_0\times0.408l_0=0.0832(g+q)l_0^2=0.1082gl_0^2\approx M_1'$$

说明按 $M_1'=0.083(g+q)l_0^2$ 计算是可行的。为便于记忆及计算，取

$$M_1'=\frac{1}{11}(g+q)l_0^2=0.091(g+q)l_0^2$$

其余截面的弯矩值可按类似方法求得，不赘述。

为了便于计算，对工程中常用的承受均布荷载的等跨连续梁或连续单向板，把用调幅法推出的内力系数制成表格，设计时可直接查用并计算内力。以下是建议的计算方法。

各跨的跨中和支座截面的弯矩设计值和支座边缘的剪力设计值，按下列公式计算：

$$M=\alpha_M(g+q)l_0^2 \tag{2-7a}$$

$$V=\alpha_V(g+q)l_n \tag{2-7b}$$

式中 α_M——考虑塑性内力重分布的弯矩系数，按表 2-3 取值；

α_V——考虑塑性内力重分布的剪力系数，按表 2-4 取值；

g,q——均布永久荷载与可变荷载设计值；

l_0——计算跨度，按塑性理论方法计算时的计算跨度见表 2-2；

l_n——净跨。

表 2-3　　连续梁和连续单向板的弯矩计算系数 α_M

<table>
<tr><th colspan="2" rowspan="2">支承情况</th><th colspan="5">截面位置</th></tr>
<tr><th>端支座</th><th>边跨跨中</th><th>离端第二支座</th><th>中间支座</th><th>中间跨跨中</th></tr>
<tr><td colspan="2">梁、板搁置在墙上</td><td>0</td><td>$\frac{1}{11}$</td><td rowspan="4">两跨连续：
$-\frac{1}{10}$
三跨以上连续：
$-\frac{1}{11}$</td><td rowspan="4">$-\frac{1}{14}$</td><td rowspan="4">$\frac{1}{16}$</td></tr>
<tr><td>板</td><td rowspan="2">与梁整浇连接</td><td>$-\frac{1}{16}$</td><td rowspan="2">$\frac{1}{14}$</td></tr>
<tr><td>梁</td><td>$-\frac{1}{24}$</td></tr>
<tr><td colspan="2">梁与柱整浇连接</td><td>$-\frac{1}{16}$</td><td>$\frac{1}{14}$</td></tr>
</table>

注：(1) 表中系数适用于荷载比 $q/g>0.3$ 的等跨连续梁和连续单向板；

(2) 连续梁或连续单向板的各跨长度不等，但相邻两跨的长跨与短跨的比值小于 1.10 时，仍可采用表中弯矩系数值；计算支座弯矩时，应取相邻两跨中的较大值，计算跨中弯矩时，应取本跨长度。

表 2-4　　连续梁的剪力计算系数 α_V

<table>
<tr><th rowspan="3">支承情况</th><th colspan="5">截面位置</th></tr>
<tr><th rowspan="2">端支座内侧</th><th colspan="2">离端第二支座</th><th colspan="2">中间支座</th></tr>
<tr><th>外侧</th><th>内侧</th><th>外侧</th><th>内侧</th></tr>
<tr><td>搁置在墙上</td><td>0.45</td><td>0.60</td><td rowspan="2">0.55</td><td rowspan="2">0.55</td><td rowspan="2">0.55</td></tr>
<tr><td>与梁或柱整体连接</td><td>0.50</td><td>0.55</td></tr>
</table>

2.2.5 单向板肋梁楼盖的截面设计与配筋构造

当求得肋梁楼盖中梁、板的内力以后，即可据此进行截面承载力及配筋计算。在一般情况下，如果构件尺寸满足了表 2-1 的构造要求，可不进行变形和裂缝验算。下面介绍整体式肋梁楼盖中连续梁、板的截面计算及构造要求。

1. 板的截面设计

1）连续板的弯矩折减

对与梁整体连接的连续板，在正弯矩作用下跨中截面在下部开裂，在负弯矩作用下支座截面在上部开裂，板中未开裂部分形如拱状（图 2-17），由于梁在水平方向对板的约束而在板跨内形成拱作用，板中弯矩值也因而降低。

为了考虑这种有利的影响，对与梁整体连接的单向连续板，按考虑内力重分布计算得到的弯矩值，可根据梁对板的约束情况而予以折减。具体折减系数如图 2-18 所示。

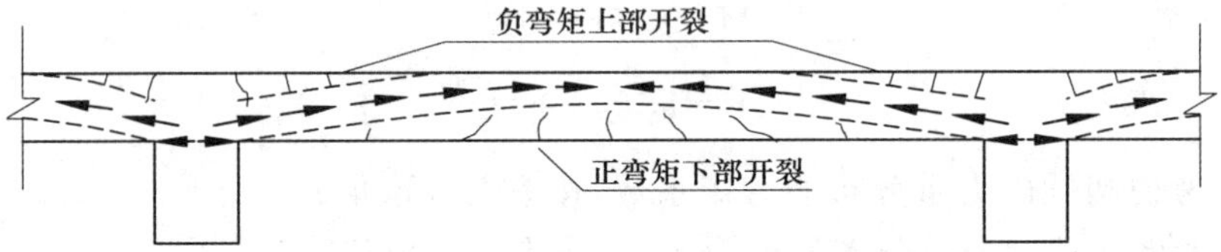

图 2-17 单向连续板的拱作用

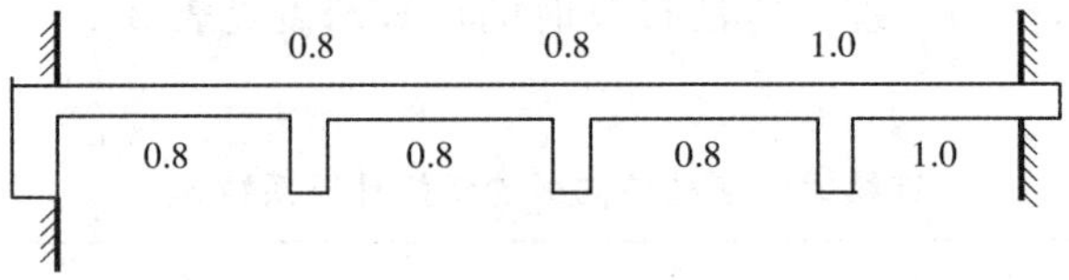

图 2-18 单向连续板的弯矩折减系数

2）配筋计算

在求得板各跨跨中及各支座截面的弯矩设计值后，可根据正截面受弯承载力的计算来确定配筋。对单向板，短跨方向的配筋由计算确定，长跨方向的配筋按构造要求即可。

板的计算宽度可取为 1m，按单筋矩形截面设计。求截面配筋时，内力臂系数可近似地取 $\gamma_0=0.90\sim0.95$。

板在一般情况下均能满足斜截面受剪承载力要求，设计时可不进行受剪承载力计算。

2. 板的构造要求

1）板厚

板厚 h 应满足表 2-1 的规定。板在楼盖中是最大面积的构件，为了节省材料、减轻结构自重，板不宜过厚。

2）板的支承长度

板在砖墙上的支承长度一般不小于板厚及 120mm，且应满足其受力钢筋在支座内的锚固长度的要求。

3）板中受力钢筋

(1) 受力钢筋一般采用 HPB300 级钢筋（Ⅰ级钢），直径通常采用 6mm，8mm，10mm，12mm；支座负弯矩钢筋直径不宜太小。选用的受力钢筋，直径不宜多于两种。

(2) 受力钢筋间距不应小于 70mm；当板厚 $h\leqslant150$mm 时，不应大于 200mm；当 $h>$

150mm 时，不宜大于 1.5h，且不宜大于 250mm。

(3) 连续单向板的配筋可采用弯起式配筋方式和分离式配筋方式。

弯起式配筋(图 2-19(a)，(b))是将一部分跨中正弯矩钢筋在适当位置向上弯起，并伸过支座后作负弯矩钢筋使用。所余伸入支座的跨中正弯矩钢筋，间距不得大于 400mm，截面面积不应小于该方向跨中正弯矩钢筋截面面积的 1/3。弯起钢筋的弯起角度一般为 30°，当板厚 $h>120$mm 时可为 45°。

分离式配筋(图 2-19(c))是将全部跨中正弯矩钢筋伸入支座，支座上负弯矩钢筋另外设置。

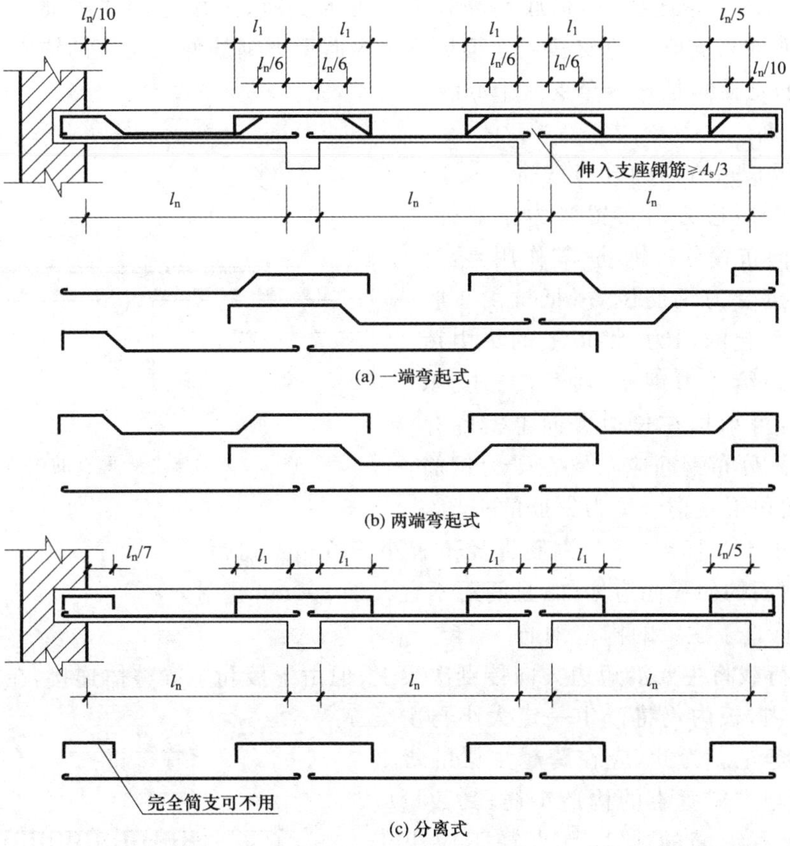

图 2-19　连续板的配筋

对弯起式配筋，钢筋的弯起位置应满足覆盖正、负弯矩图的要求。对弯起式配筋和分离式配筋，支座负弯矩钢筋的延伸长度应满足覆盖负弯矩图和钢筋锚固的要求。

弯起式配筋锚固好，并可节省钢筋，但施工较复杂；分离式配筋锚固稍差，钢筋用量也略大，但设计、施工都较方便而经常采用。当板厚超过 120mm 且承受的动荷载较大时，不宜采用分离式配筋。

(4) 根据具体的配筋方式，连续板跨中截面和支座截面的钢筋间距应相互配合，使钢筋间距有规律地变化。

(5) 对连续单向板，受力钢筋的弯起和切断的位置一般可按图 2-19 直接确定。当相邻跨的跨度之差超过 20%，或各跨荷载相差悬殊时，受力钢筋的弯起和切断的位置则应根据弯矩包络图来确定。

采用弯起式配筋时，跨中正弯矩钢筋可在距支座边 $l_n/6$ 处弯起 1/2～2/3，以承受支座上的负弯矩，如数量不足，可另加直钢筋。

支座处的负弯矩钢筋，可在距支座边不小于 l_1 的距离处切断，其取值如下：

$$当\ q/g\leqslant 3\ 时，l_1=l_n/4;$$

$$当\ q/g>3\ 时，l_1=l_n/3;$$

式中　g，q——永久荷载及可变荷载；

l_n——板的净跨度。

为保证在施工时不致改变有效高度，板的支座负弯矩钢筋，可做成直钩，使其抵在模板上。采用分离式配筋的多跨连续板，板底钢筋宜全部伸入支座；采用弯起式配筋时应保证不少于1/3 的板底钢筋伸入支座。简支板或连续板下部纵向受力钢筋伸入支座的锚固长度 l_{as} 不应小于 $5d$（d 为钢筋直径），且宜伸至支座中心线。

4）构造钢筋

（1）单向板长边方向的分布钢筋

单向板除沿短边方向布置受力钢筋外，还应沿长边方向布置分布钢筋，其作用是：浇筑混凝土时固定受力钢筋位置；抵抗由于收缩或温度变化引起的内力；将板上的集中荷载更均匀地传递给受力钢筋；对于四边支承的单向板而言，可承担在长边方向上实际存在的一些弯矩。分布钢筋应布置在受力钢筋内侧，其配筋面积不宜小于受力钢筋的 15%，且配筋率不宜小于0.15%。分布钢筋直径不宜小于 6mm，间距不宜大于 250mm；当集中荷载较大时，分布钢筋的面积尚应增加，且间距不宜大于 200mm。

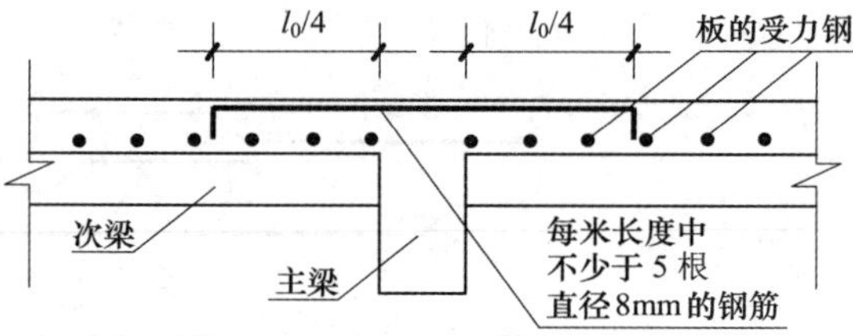

图 2-20　与主梁垂直的构造钢筋

（2）板中垂直于主梁的构造钢筋

单向板上荷载将主要沿短边方向传到次梁上，但由于板和主梁整体连接，在靠近主梁两侧一定宽度范围内，板内仍将产生一定大小与主梁方向垂直的负弯矩。为此，应在跨越主梁的板上部配置附加的与主梁垂直的构造钢筋，其数量应不少于板中受力钢筋的 1/3，且直径不应小于 8mm，间距不应大于 200mm，伸出主梁边缘的长度不应小于计算跨度 l_0 的 1/4（图 2-20）。

（3）嵌固在承重墙内板上部的构造钢筋

嵌固在承重墙内的板端，计算简图是按简支考虑的，而实际上由于墙的约束而产生负弯矩。因此对嵌固在承重砖墙内的现浇板，在板的上部应配置构造钢筋，其直径不应小于 8mm，钢筋间距不应大于 200mm，其伸出墙边的长度不应小于短跨跨度 l_y 的 1/7（图 2-21）。对两边嵌固在墙内的板角部分，应在板的上部双向配置上述构造钢筋，其伸出墙边的长度不应小于 $l_y/4$（图 2-21）。

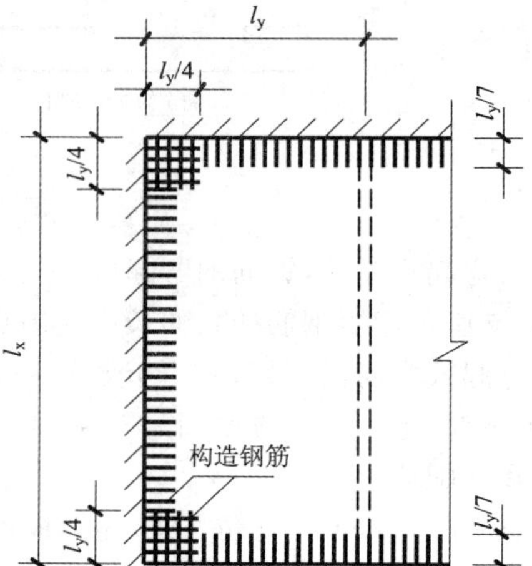

图 2-21　嵌固在承重墙内板顶的构造钢筋

嵌固在承重墙内的现浇板，在受力方向配置的上部构造钢筋（包括弯起钢筋）的截面面积不宜小于跨中受力钢筋的1/3。

3. 梁的截面设计

对整体式单向板肋梁楼盖中的梁，应根据所求的内力进行正截面和斜截面承载力及配筋计算。由于板和梁是整体连接，板可作为梁的翼缘而参加工作，故对承受正弯矩的跨中截面按宽度为 b_f' 的T形截面计算，b_f' 的取值按GB 50010规范的规定。对承受负弯矩的支座截面，根据梁的截面宽度 b 按矩形截面计算。

梁中的纵向受力钢筋一般采用HRB335级和HRB400级。梁中的箍筋一般采用HPB300级。在主梁支座处，由于板、次梁及主梁的负弯矩钢筋相互交叉重叠，主梁钢筋一般均在次梁钢筋下面。因此，在进行主梁支座截面承载力计算时，应根据主梁负弯矩钢筋的实际位置来确定截面的有效高度 h_0（图2-22），一般取值为

单排钢筋 $h_0=h-(50\sim60\text{mm})$；

双排钢筋 $h_0=h-(70\sim80\text{mm})$。

其中，h 为梁截面高度（mm）。

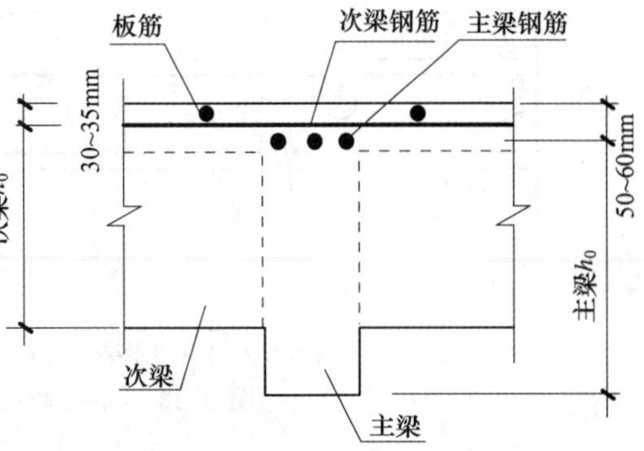

图2-22 主梁支座处截面的有效高度

当主、次梁的支座截面需按双筋截面考虑时，可用伸入支座的正钢筋作为受压钢筋，但其锚固长度应符合GB 50010规范对受压钢筋的规定。

4. 梁的构造要求

梁的截面尺寸可参照表2-1初步估算。梁中纵向受力钢筋的直径、间距、最小配筋率、在支座处的锚固长度、弯起点位置、切断点位置、箍筋的直径、间距以及最小配箍率等要求可参见GB 50010规范的相关规定，详见附录A。

次梁受力钢筋的弯起和截断，原则上应按弯矩包络图确定。但当各跨跨度相差不超过20%，可变荷载与永久荷载的比值 $q/g\leqslant3$ 时，可不必画抵抗弯矩图，而按图2-23的构造规定确定钢筋的截断和弯起的位置。图2-23中的 l_{ab} 为受拉钢筋的基本锚固长度。

主梁受力钢筋的弯起和截断，应通过在弯矩包络图上作抵抗弯矩图来确定。钢筋弯起、截断的基本原则和构造要求可参见本书的附录A。梁中弯起钢筋的弯起角宜取45°或60°。

在次梁和主梁相交处，在负弯矩作用下次梁顶部将产生裂缝（图2-24(a)）。次梁传来的集中荷载将通过其受压区的剪切传至主梁截面高度的中、下部，使其下部混凝土可能产生斜裂缝。为了防止斜裂缝的发生而引起局部破坏，应在次梁传来的集中力处设置附加横向钢筋。附加横向钢筋的形式有箍筋和吊筋，一般宜优先采用箍筋。附加横向钢筋所需的总截面面积应按下式计算：

$$A_{sv}=\frac{P}{f_{yv}\sin\theta} \tag{2-8}$$

式中 A_{sv}——承受集中荷载所需附加横向钢筋的总截面面积；当采用附加吊筋时，A_{sv} 应为左、右弯起段钢筋截面面积之和；

P——次梁传给主梁的集中荷载设计值；

f_{yv}——钢筋的抗拉强度设计值；

θ——附加横向钢筋与梁轴线间的夹角。

计算所得的附加横向钢筋应布置在图 2-24(b)所示的 $l_s=2h_1+3b$ 的范围内。

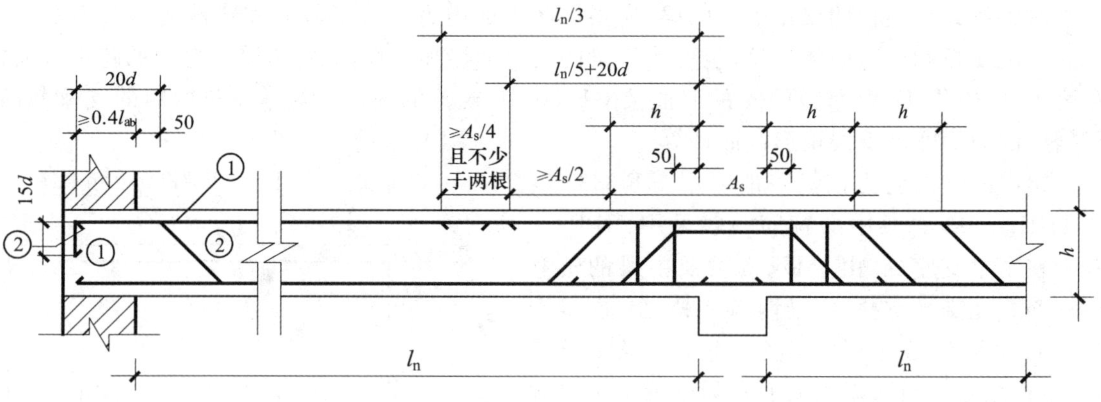

（当伸入墙内的梁端能完全自由转动时，①号钢筋只需伸入梁端即可）

图 2-23　不必画抵抗弯矩图的次梁配筋构造规定

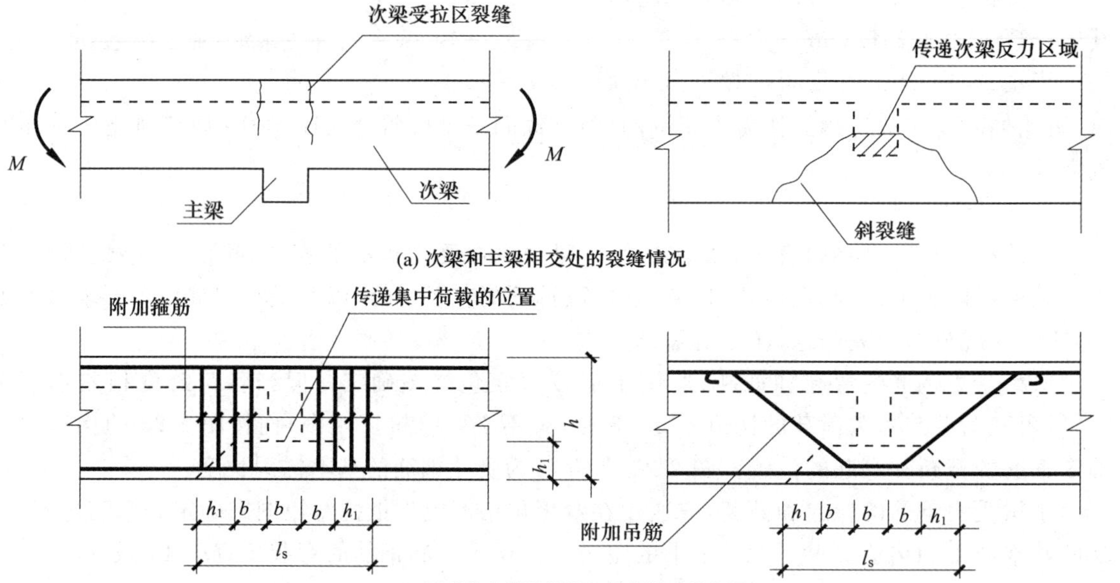

图 2-24　附加横向钢筋的布置

2.2.6　单向板肋梁楼盖设计例题

【例 2-4】某多层工业厂房采用整体式钢筋混凝土结构单向板肋梁楼盖，结构平面布置如图 2-25 所示。试按照 GB 50010 规范设计此肋梁楼盖。

【解】　1. 设计资料

(1) 楼面构造做法：20mm 厚水泥砂浆面层，20mm 厚混合砂浆天棚抹灰。

(2) 楼面可变荷载标准值为 $6\mathrm{kN/m^2}$。

(3) 材料选用

混凝土：采用 C30($f_c=14.3\mathrm{N/mm^2}$，$f_t=1.43\mathrm{N/mm^2}$)；

钢筋：梁中受力纵筋采用 HRB400 钢筋（Ⅲ级钢，$f_y=360\text{N/mm}^2$）；

其他钢筋均采用 HPB300 钢筋（Ⅰ级钢，$f_y=270\text{N/mm}^2$）。

2. 截面尺寸选择

柱：　500mm×500mm。

板：　$h\geqslant l/35=2\,200/35=63\text{mm}$，按构造规定取板厚 $h=70\text{mm}$。

次梁：$h=(1/18\sim1/12)l=6\,000/18\sim6\,000/12=333\sim500\text{mm}$，取 $h=400\text{mm}$；

　　$b=(1/3\sim1/2)h=400/3\sim400/2=133\sim200\text{mm}$，取 $b=200\text{mm}$。

主梁：$h=(1/14\sim1/8)l=6\,600/14\sim6\,600/8=471\sim825\text{mm}$，取 $h=600\text{mm}$；

　　$b=(1/3\sim1/2)h=600/3\sim600/2=200\sim300\text{mm}$，取 $b=250\text{mm}$。

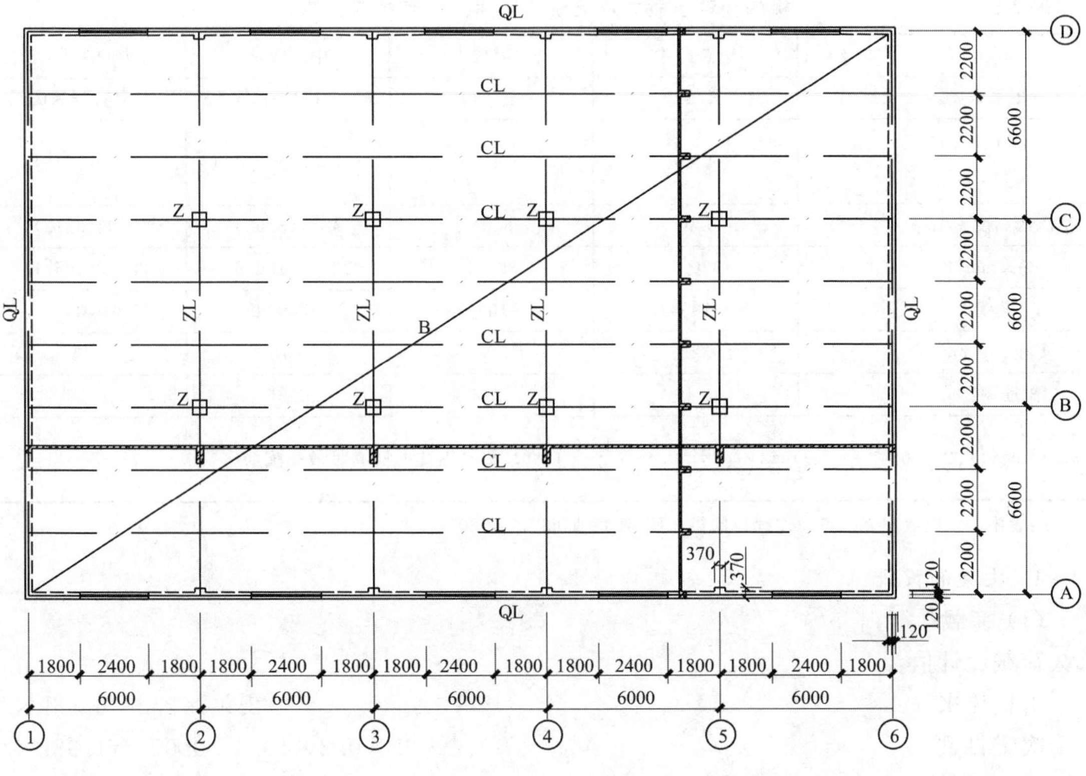

图 2-25　单向板肋梁楼盖结构平面布置图（例 2-4）

3. 板的设计（考虑塑性内力重分布方法计算）

(1) 荷载

永久荷载标准值：

20mm 水泥砂浆面层	$0.02\times20=0.4\text{kN/m}^2$
70mm 钢筋混凝土板	$0.07\times25=1.75\text{kN/m}^2$
20mm 混合砂浆天棚抹灰	$0.02\times17=0.34\text{kN/m}^2$
	2.49kN/m^2
永久荷载设计值：	$g=1.2\times2.49=2.99\text{kN/m}^2$
可变荷载设计值：	$q=1.3\times6.0=7.80\text{kN/m}^2$
合计	10.79kN/m^2

(2) 正截面受弯承载力计算及配筋

计算跨度:取1m宽板按连续梁进行计算,由于中间跨板与次梁固接;而边跨搁置在承重墙上,可以视为铰接,故板的计算长度为:

中间跨:$l_0=l_n=2.2-0.2=2.0\text{m}$

边跨: $l_0=l_n+a/2=2.0+0.12/2=2.06\text{m}$

且 $l_0 \leqslant l_n+h/2=2.0+0.07/2=2.035\text{m}$,取 $l_0=2.035\text{m}$。

截面内力及配筋计算:

$$b=1\,000\text{mm},\quad h=70\text{mm},\quad h_0=70-20=50\text{mm}$$

计算结果见表2-5所示。板的配筋图如图2-26所示。

表2-5　板的受弯承载力及配筋计算(取1m宽板带计算)

截面	端支座	边跨跨中	离端第二支座	中间支座	中间跨跨中
弯矩系数 α_M	0	1/11	−1/11	−1/14(−1/14×0.8)	1/16(1/16×0.8)
$M=\alpha_M(g+q)l_0^2$ /(kN·m)	—	4.06	−4.06	−3.09(−2.47)	2.70(2.16)
受压区高度 x/mm	—	6.04	6.04	4.53(3.58)	3.93(3.12)
A_s/mm^2	—	320.1	320.1	239.7(189.8)	208.2(165.1)
选配	—	ϕ8/ϕ10@200	ϕ8/ϕ10@200	ϕ8@200	ϕ8@200
实际 A_s/mm^2	—	322	322	251	251
配筋率/%	—	0.46	0.46	0.36	0.36
$\rho_{\min}=\max\left(0.2\%,0.45\dfrac{f_t}{f_y}\right)=\max\left(0.2\%,0.45\times\dfrac{1.43}{270}\right)=0.23\%$,因此配筋满足最小配筋率要求					

注:表中( )内数据表示考虑连续板的拱作用,弯矩值可以折减20%。

4. 次梁的设计

(1) 荷载

永久荷载设计值:

由板传来　$2.99\times2.2=6.58\text{kN/m}$

次梁自重　$1.2\times25\times0.2\times(0.4-0.07)=1.98\text{kN/m}$

梁侧抹灰　$1.2\times17\times0.02\times(0.4-0.07)\times2=0.27\text{kN/m}$

$g=8.83\text{kN/m}$

可变荷载设计值:

由板传来　$q=7.8\times2.2=17.16\text{kN/m}$

合计　$g+q=25.99\ \text{kN/m}$

(2) 正截面受弯承载力计算及配筋

计算跨度:次梁与主梁整浇,故中间跨次梁计算跨度取净跨;边跨次梁搁置在承重墙上,视为铰支,故计算跨度计算为:

中间跨:$l_0=l_n=6.00-0.25=5.75\text{m}$

边跨:$l_0=l_n+a/2=5.75+0.24/2=5.87\text{m}\leqslant1.025l_n=5.89\text{m}$,取 $l_0=5.87\text{m}$

次梁的计算结果见表2-6。

(3) 斜截面受剪承载力及箍筋计算

计算结果见表 2-7 所示，次梁的配筋图如图 2-27 所示。

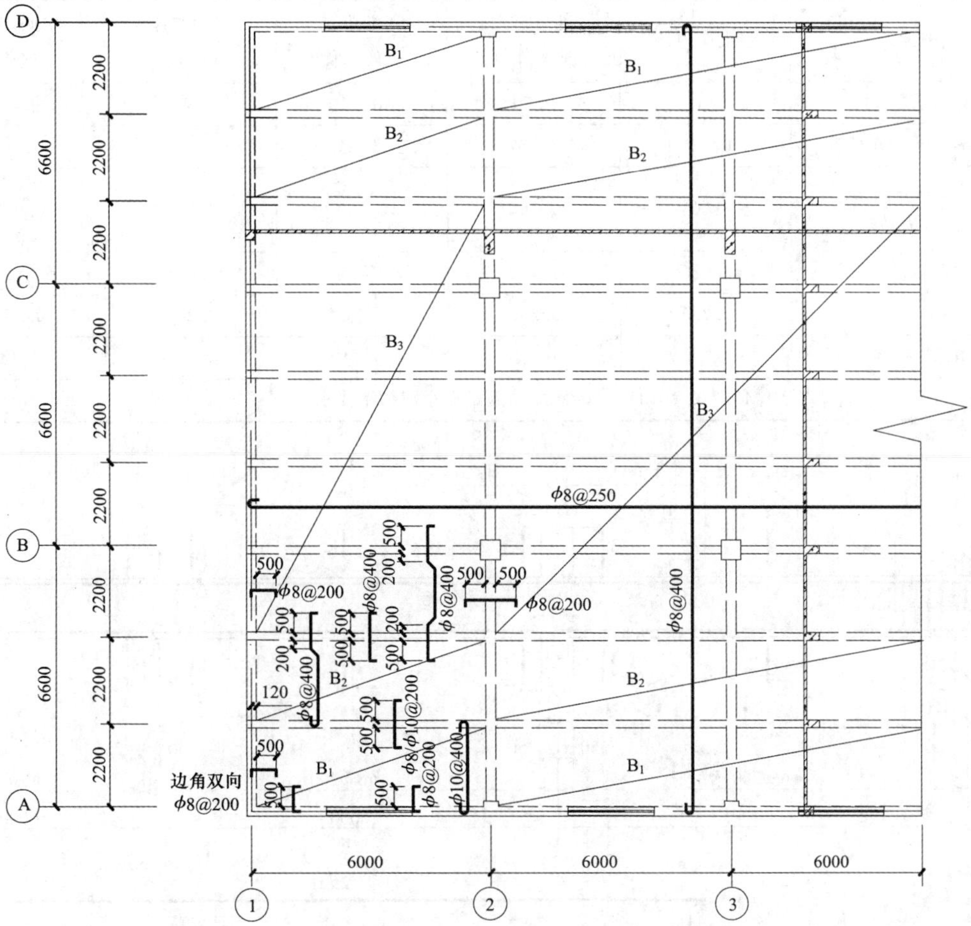

图 2-26 板 B1～B3 的配筋图

表 2-6 **次梁的受弯承载力及配筋计算**

截面	端支座	边跨跨中	离端第二支座	中间支座	中间跨跨中
弯矩系数 α_M	0	1/11	－1/11	－1/14	1/16
$M=\alpha_M(g+q)l_0^2/(\text{kN}\cdot\text{m})$	—	81.41	－81.41	－61.38	53.71
受压区高度 x/mm	—	15.32	88.78	64.50	10.03
A_s/mm^2	—	632.9	705.3	512.4	414.4
选配	—	2 Φ 18＋1 Φ 14	3 Φ 18	2 Φ 18	2 Φ 18
实际 A_s/mm^2	—	663	763	509	509
$b\times h_0$ 或 $b_f'\times h_0$/(mm×mm)	—	1040×365	200×365	200×365	1040×365
配筋率/%	—	0.91	1.05	0.70	0.70

$\rho_{\min}=\max\left(0.2\%,0.45\dfrac{f_t}{f_y}\right)=\max\left(0.2\%,0.45\times\dfrac{1.43}{360}\right)=0.2\%$，因此配筋满足最小配筋率要求

说明：次梁中间支座实际配筋略小于理论计算所需配筋，但相对误差小于 5%，故仍选用此配筋。

表 2-7 次梁的斜截面承载力计算及配筋

截面	端支座内侧	离端第二支座外侧	离端第二支座内侧	中间支座外侧	中间支座内侧
剪力系数 α_V	0.45	0.60	0.55	0.55	0.55
$V=\alpha_V(g+q)l_n$/kN	67.25	89.67	82.19	82.19	82.19
$\frac{A_{sv}}{s}=\frac{V-0.7f_tbh_0}{f_{yv}h_0}$	<0	0.169	0.093	0.093	0.093
选配(双肢箍)	ϕ6@200	ϕ6@200	ϕ6@200	ϕ6@200	ϕ6@200
实际 A_{sv}/s	0.283	0.283	0.283	0.283	0.283
配箍率/%	0.14	0.14	0.14	0.14	0.14
$\rho_{sv,min}=0.24f_t/f_{yv}=0.24\times1.43/270=0.13\%$,因此配筋满足最小配箍率要求					

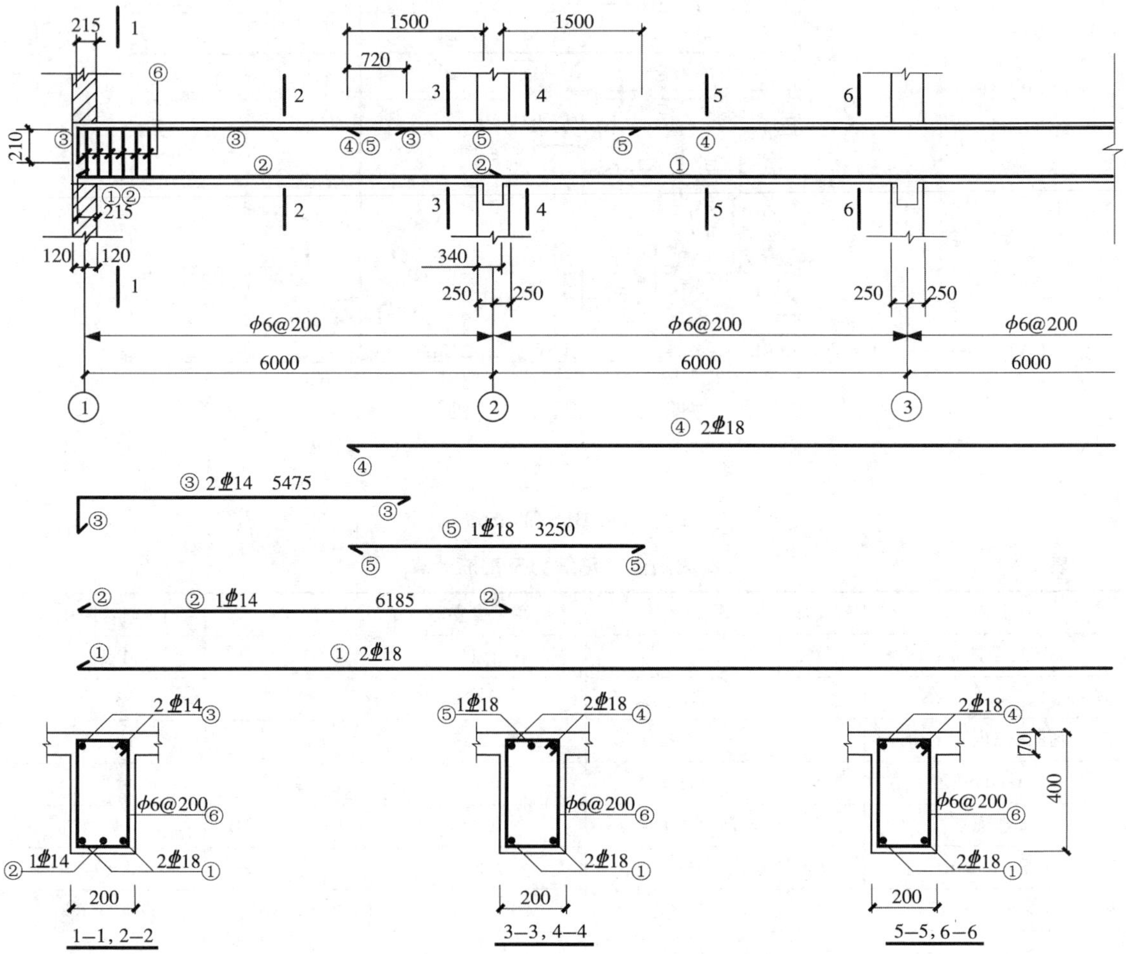

图 2-27 次梁 CL 的配筋图

5. 主梁的设计(按弹性理论计算)

(1) 荷载

永久荷载设计值：

由次梁传来 $8.83\times6.0=52.98\text{kN}$

主梁自重(折算为集中荷载) $1.2\times25\times0.25\times(0.6-0.07)\times2.2=8.75\text{kN}$

梁侧抹灰(折算为集中荷载) $1.2\times17\times0.02\times(0.6-0.07)\times2.2\times2=0.95\text{kN}$

$G=62.68\text{kN}$

可变荷载设计值:

由次梁传来 $Q=17.16\times6.0=103.0\text{kN}$

合计 $G+Q=165.7\text{kN}$

(2) 内力计算

由于主梁与柱整浇,故中间跨主梁的计算长度取两端柱中距;而主梁两端搁置在承重墙上,按照简支梁算。故计算长度为:

中间跨:$l_0=l_c=6.60\text{m}\leqslant1.05l_n=6.72\text{m}$,取 $l_0=6.60\text{m}$

边跨:$l_0=l_n+a/2+b/2=6.60-0.5/2-0.25+0.37/2+0.5/2=6.54\text{m}$

且 $l_0\geqslant1.025l_n+b/2=1.025\times6.10+0.5/2=6.50\text{m}$

所以取 $l_0=6.50\text{m}$。

主梁搁置在壁柱上,按端支座简支的等截面连续梁,用查表法进行计算,求中间支座截面的最大负弯矩的计算简图如图 2-28 所示。

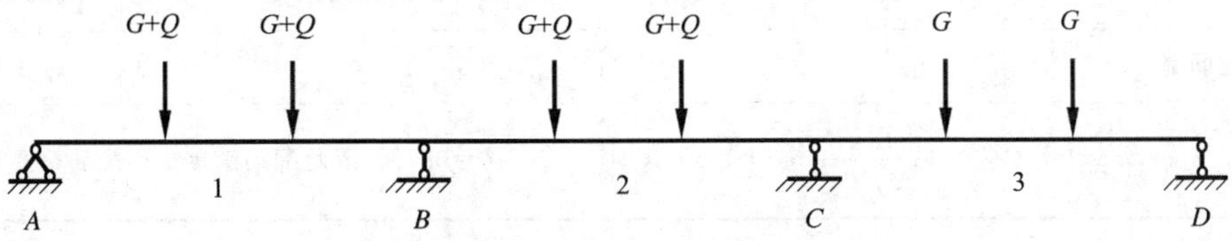

图 2-28 中间支座 B 截面最大弯矩计算简图

在此种组合下,内支座 B 的负弯矩最大。由于 1 跨与 2 跨的跨度不一样,但相差不超过 10%,仍然可以近似地按等跨用内力系数表进行计算。计算跨度取其中的较大值 $l_0=6\,600\text{mm}$。

$$M_B=M_G+M_Q=-0.267Gl_0-0.311Ql_0=-317.00\text{kN}\cdot\text{m}$$

$$M_C=-0.267Gl_0-0.089Ql_0=-168.37\text{kN}\cdot\text{m}$$

$$V_{B,\max}^l=-1.267G-1.311Q=-214.45\text{kN}$$

$$V_{B,\max}^r=1.000G+1.222Q=188.55\text{kN}$$

类似地,可以求出各种最不利组合,如表 2-8 所示。

表 2-8 最不利内力组合

可变荷载作用跨	M_B/(kN·m)	M_C/(kN·m)	备注
1 跨,2 跨	−317.00	−168.37	$M_{B,\max}=-317.00\text{kN}\cdot\text{m}$ $V_{B,\max}^l=-214.45\text{kN}$ $V_{B,\max}^r=188.55\text{kN}$
2 跨,3 跨	−168.37	−317.00	$M_{B,\max}=-317.00\text{kN}\cdot\text{m}$ $V_{C,\max}^l=-188.55\text{kN}$ $V_{C,\max}^r=214.45\text{kN}$
1 跨,3 跨	−197.82	−197.82	$M_{1\max}=M_{3\max}=292.90\text{kN}\cdot\text{m}$ $V_{A,\max}=135.14\text{kN}$
2 跨	−197.82	−197.82	$M_{2\max}=161.20\text{kN}\cdot\text{m}$

注:永久荷载满布置在各跨。

(3) 正截面受弯承载力及配筋

支座负弯矩按支座边取值。正截面受弯承载力及配筋计算,如表 2-9 所示。

(4) 斜截面承载力计算及配筋

$$h_0/b<4,\quad V\leqslant 0.25f_cbh_0=0.25\times 14.3\times 250\times 565=505.0\text{kN}$$

截面满足要求

主梁斜截面承载力及配筋计算见表 2-10 所示,不需弯起钢筋。

表 2-9　　主梁的正截面受弯承载力及配筋计算

截面	端支座	边跨跨中	内支座	中间跨跨中
$M/(\text{kN}\cdot\text{m})$	0	292.90	$-317.00+188.55\times 0.25=-269.86$	161.20
受压区高度 x/mm	—	34.30	164.99	18.61
A_s/mm^2	—	1485.1	1638.5	805.8
选配	—	3 ⌀ 25	2 ⌀ 25+2 ⌀ 22	2 ⌀ 25
实际 A_s/mm^2	—	1472	1742	982
$b\times h_0$ 或 $b'_f\times h_0/(\text{mm}\times\text{mm})$	—	1090×565	250×540	1090×565
配筋率/%		0.98	1.29	0.70
$\rho_{\min}=\max\left(0.2\%,0.45\frac{f_t}{f_y}\right)=\max\left(0.2\%,0.45\times\frac{1.43}{360}\right)=0.2\%$,因此配筋满足最小配筋率要求				

表 2-10　　主梁的斜截面承载力及配筋计算

截面	端支座内侧	内支座端跨侧	内支座中间跨侧
V/kN	135.14	-214.45	188.55
$\frac{A_{sv}}{s}=\frac{V-0.7f_tbh_0}{f_{yv}h_0}$	<0	0.479	0.309
选配(双肢箍)	ϕ6@200	ϕ8@150	ϕ8@150
实际 A_{sv}/s	0.283	0.670	0.670
配箍率/%	0.11	0.27	0.27
$\rho_{sv,\min}=0.24f_t/f_{yv}=0.24\times 1.43/270=0.13\%$,因此,端支座内侧配箍调整为 ϕ6@150,验算后符合要求			

(5) 集中荷载两侧附加箍筋面积

$$A_{sv}=\frac{F}{f_{yv}}=\frac{165\,700}{270}=614\text{mm}^2$$

每侧各配 4 根 ϕ8 双肢箍(实际 $A_{sv}=16\times 50.3=804.8\text{mm}^2$)。

主梁的配筋图如图 2-29 所示。

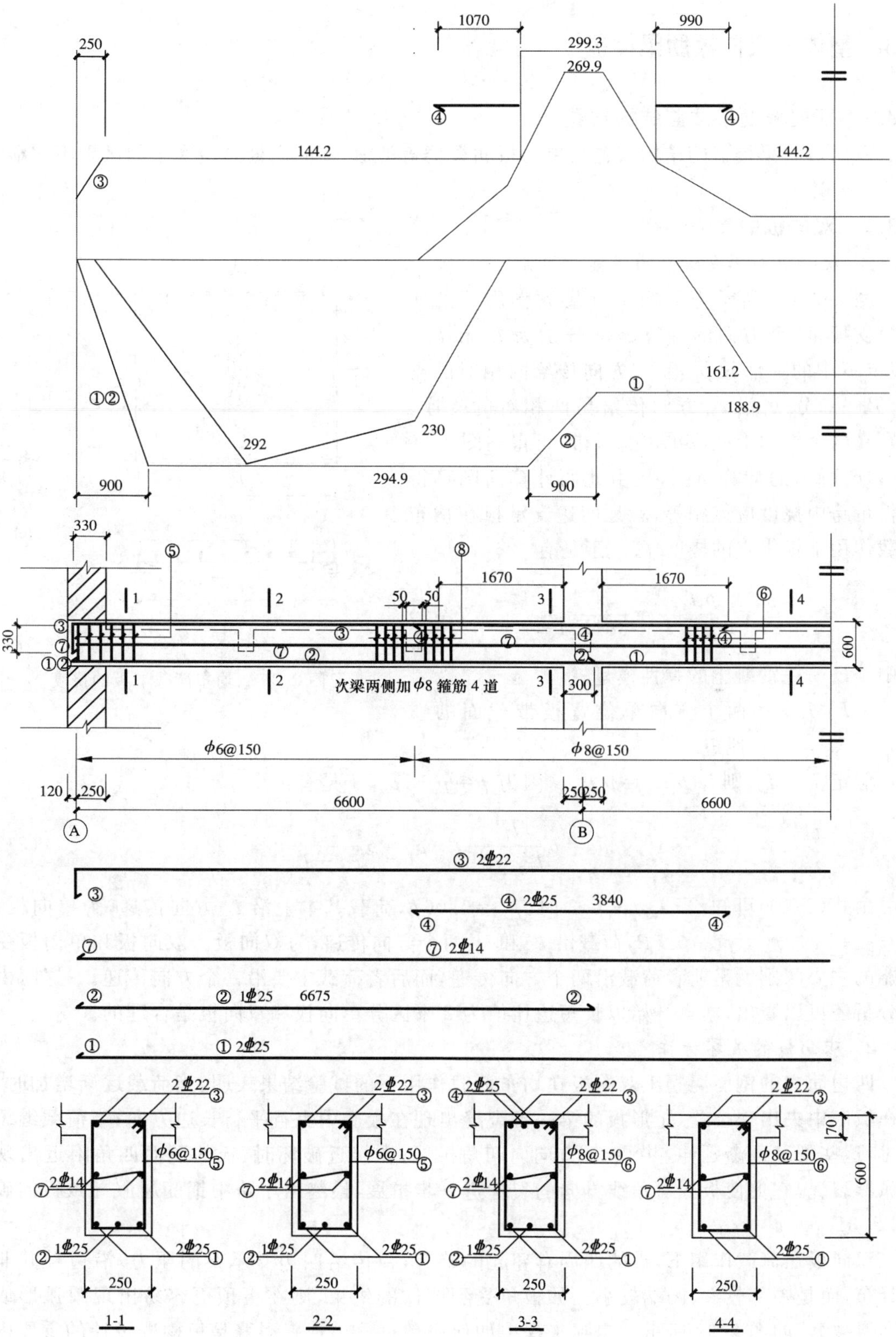

图 2-29 主梁 ZL 的配筋图

2.3 整体式双向板肋梁楼盖

2.3.1 双向板肋梁楼盖结构布置

双向板肋梁楼盖的结构布置与单向板肋梁楼盖类似，不同之处是主次梁的区别不明显，在此不再赘述。

2.3.2 双向板的受力特征

1. 双向板与单向板受力性能的区别

图 2-30(a)所示为一均布荷载 p 作用下的四边简支板，两个方向的计算跨度分别为 l_{0x} 和 l_{0y}。假定 p 中的一部分 p_x 沿 l_{0x} 方向传给两相对的支座，另一部分 p_y 沿 l_{0y} 方向传给另两相对的支座。分别在两个方向上截取单位宽板带，可得到图 2-30(b)，(c)所示的计算简图，且由此两计算简图算得的板带跨中挠度应该相等，就是四边支承板在均布荷载作用下板中点的挠度 f_A。于是有

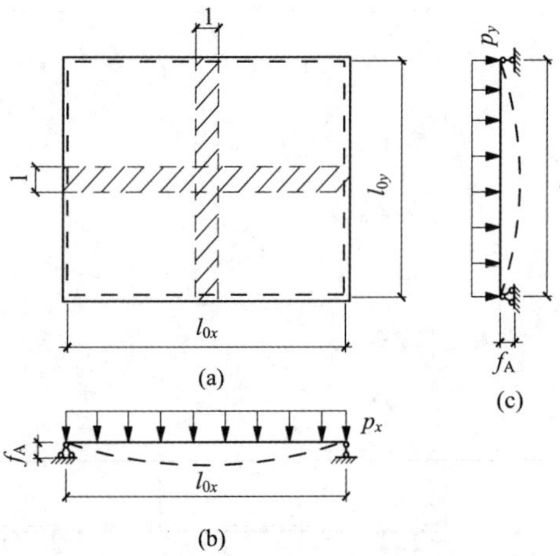

图 2-30　均布荷载下板的挠度

$$f_A=\frac{p_x l_{0x}^4}{384E_c I_x}=\frac{p_y l_{0y}^4}{384E_c I_y} \tag{2-9}$$

式中　E_c——混凝土的弹性模量；

I_x，I_y——两个方向单位宽板带截面的惯性矩。

假定 $I_x=I_y$，则有 $p_x l_{0x}^4=p_y l_{0y}^4$。因为 $p=p_x+p_y$，于是有：

$$p_x=p\frac{l_{0y}^4}{l_{0y}^4+l_{0x}^4},\quad p_y=p\frac{l_{0x}^4}{l_{0x}^4+l_{0y}^4} \tag{2-10}$$

由式(2-10)可知，当 $l_{0x}/l_{0y}=2$ 时，$p_x=0.06p$，荷载基本上沿 l_{0y} 方向传递，为单向板；当 $l_{0x}/l_{0y}=1$ 时，$p_x=p_y=0.5P$，荷载沿 l_{0x} 和 l_{0y} 两个方向传递，为双向板。双向板和单向板受力性能的主要区别就是前者荷载沿两个方向传递，而后者荷载主要沿一个方向传递。另外，由上述分析还可以看出，本章开始以长短边比值为 2 来区分单向板和双向板是合理的。

2. 双向板的破坏特征

四边简支的钢筋混凝土双向板在均布荷载作用下的试验结果表明：当荷载逐渐增加时，首先在板底中央出现裂缝，矩形板的第一批裂缝出现在板底中央且平行长边方向；当荷载继续增加时，这些裂缝逐渐延伸，并沿 45°方向向四角扩展；在接近破坏时，板的顶面四角附近出现了圆弧形裂缝，它促使板底对角线方向的裂缝进一步扩展，最终由于跨中钢筋屈服导致板的破坏(图 2-31)。

双向板在荷载作用下，板的四周有翘起的趋势，板传给四边支承梁的压力，沿边长并非均匀分布，而是中部较大，两端较小。如板角受到墙体的约束，则在板顶更容易出现圆弧形或直线形斜裂缝，如图 2-32 所示。实际工程中如何避免过早出现斜裂缝是板构造设计的重要内容之一。单向板设计中板角垂直方向布置的板面分布筋也是防止类似裂缝出现的构造措施(图 2-21)。

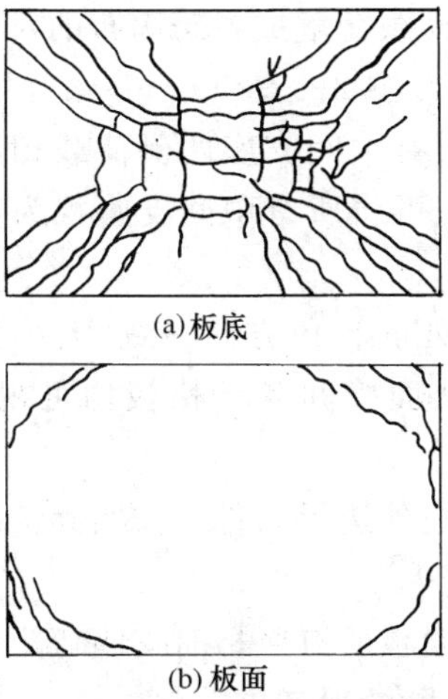

图 2-31 四边简支双向板的破坏特征

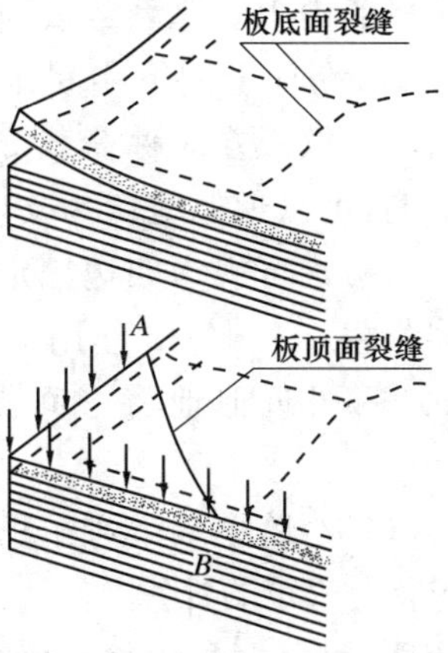

图 2-32 双向板角部开裂情况

2.3.3 按弹性理论方法计算双向板的内力

1. 单区格双向板的内力和挠度计算表

双向板按弹性方法计算属于弹性理论小挠度薄板的弯曲问题。由于其内力分析很复杂，在实际设计工作中，为了简化计算，通常直接应用根据弹性理论分析结果编制的计算用表进行内力计算。在本书的附录 C2 中，对六种边界条件的单区格双向板，分别给出了在均布荷载作用下的跨内弯矩系数(当泊松比 $\nu=0$)、支座弯矩系数和挠度系数，据此可算出有关弯矩和挠度。考虑到泊松比的影响，跨中弯矩可按下式计算：

$$m_x^\nu = m_x + \nu m_y \tag{2-11a}$$

$$m_y^\nu = m_y + \nu m_x \tag{2-11b}$$

式中 m_x^ν, m_y^ν——考虑 ν 的影响时，l_{0x} 及 l_{0y} 方向的跨中弯矩；

m_x, m_y——$\nu=0$ 时，l_{0x} 及 l_{0y} 方向的跨中弯矩；

ν——泊松比，对于钢筋混凝土 $\nu=0.2$。

2. 连续双向板的内力计算

精确计算连续双向板内力是相当复杂的，为了满足实用要求，可通过对双向板上可变荷载的最不利布置以及支承情况等的合理简化，将多区格连续板转化为单区格板并查用单区格双向板的内力系数表进行计算。该法假定支承梁的抗弯刚度很大，其竖向变形可忽略不计，同时假定抗扭刚度很小，可以转动。当同一方向的相邻最大跨度之差不大于 20%时，一般均可按下述方法计算：

(1) 各区格板跨中最大弯矩的计算

当求某区格板跨中最大弯矩时，应在该区格及其左右前后分别隔跨布置可变荷载，即所谓的棋盘形荷载布置(图 2-33(a))。为了能利

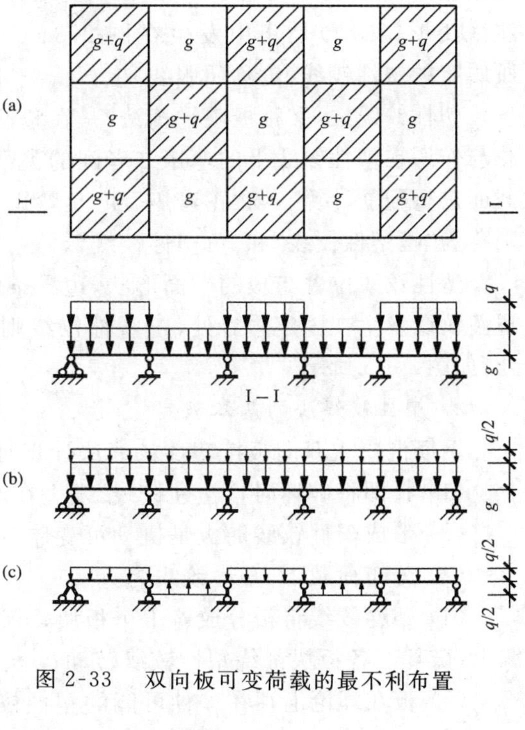

图 2-33 双向板可变荷载的最不利布置

用单区格双向板的内力计算系数表，将棋盘形布置的可变荷载分解成各跨满布的对称荷载$q/2$（图 2-33(b)）和各跨向上向下相间作用的反对称荷载$\pm q/2$（图 2-33(c)）。

多区格双向连续板在对称荷载 $g'=g+q/2$ 作用下，所有中间支座两侧荷载相同，若忽略远跨荷载的影响，可以近似地认为支座截面处转角为零，即可将所有中间支座视为固定支座，从而所有中间区格均可视为四边固定的双向板。

在反对称荷载 $q'=\pm q/2$ 作用下，相邻区格板在支座处的转角方向一致，大小相同，中间支座的弯矩为零，可近似地将中间支座视为简支支座，从而中间各区格板均可视为四边简支板。

对边、角区格板，跨中最大弯矩仍采用上述方法计算，但外边界条件应按实际情况确定。

(2) 支座最大弯矩的计算

为简化计算，假定永久荷载和可变荷载满布在连续双向板所有区格时支座弯矩最大，中间支座均视为固定支座。至于边、角区格，外边界条件应按实际情况考虑。

对中间支座，由相邻两个区格求出的支座弯矩值常常并不相等，在进行配筋计算时可近似地取其平均值。

2.3.4 按塑性理论方法计算双向板的内力

1. 塑性铰线的概念及其位置的确定方法

图 2-10 中当梁跨中截面的受拉钢筋屈服时，认为在梁中出现了塑性铰。如果简支的是钢筋混凝土平板，则当受拉钢筋屈服时，就会在跨中截面形成一条塑性铰线。图 2-31所示的四边简支的钢筋混凝土双向板破坏时，最大裂缝开展处的受拉钢筋达到屈服强度，反映出一定的塑性性质。根据板的典型破坏特征，可以认为板的塑性变形（转动）是集中发生在图 2-34 所假定的塑性铰线（也称屈服线）上。

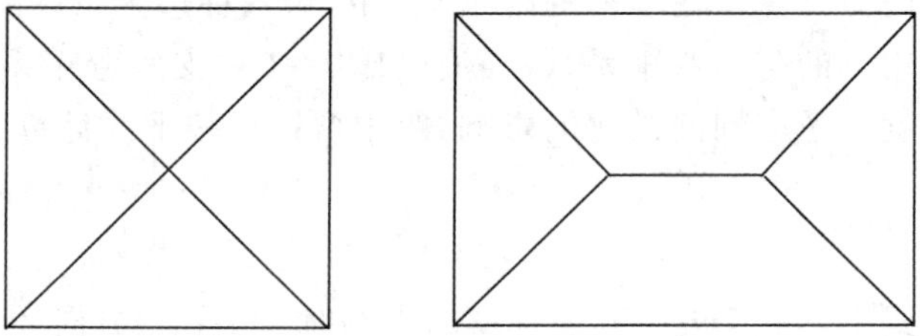

图 2-34 四边简支双向板的塑性铰线

塑性铰线法，又称极限平衡法，是在塑性铰线位置确定的前提下，利用虚功原理建立外荷载与作用在塑性铰线上的弯矩二者间的关系式，从而求出各塑性铰线上的弯矩值，并依此对各截面进行配筋计算。与“正弯矩”和“负弯矩”的名称相对应，将位于板底和板面的塑性铰线分别称为“正塑性铰线”和“负塑性铰线”。

塑性铰线位置与板的平面形状、边界条件、荷载形式、配筋情况等多种因素有关。通常负塑性铰线发生在固定边界处，正塑性铰线则通过相邻板块转动轴的交点，且出现在弯矩最大处，如图 2-35 所示。

2. 塑性铰线法的基本假定

钢筋混凝土双向板按塑性铰线法计算时，需作如下基本假定：

(1) 板即将破坏时，“塑性铰线”发生在弯矩最大处；

(2) 形成塑性铰线的板是机动可变体系（破坏机构）；

(3) 分布荷载下，塑性铰线为直线；

(4) 塑性铰线将板分成若干个板块，可将各板块视为刚性，整个板的变形都集中在塑性铰线上，破坏时各板块都绕塑性铰线转动；

(5) 板在理论上存在多种可能的塑性铰线形式，但只有相应于极限荷载为最小的塑性铰

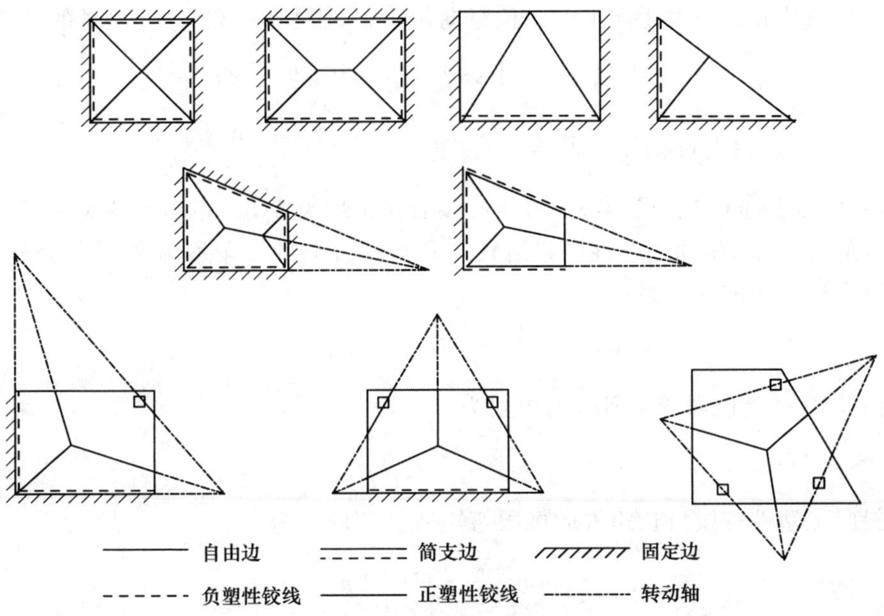

图 2-35 板的塑性铰线

线形式才是真实的；

(6) 塑性铰线上只存在一定值的极限弯矩，其扭矩和剪力可认为等于零。

3. 均布荷载下单块双向板按塑性铰线法的内力计算

对一长向和短向计算跨度分别为 l_{0x} 和 l_{0y} 承受永久均布荷载 g 和可变均布荷载 q 作用的四边固定双向板，假定其破坏时形成如图 2-36 所示的倒锥形机构，其中在四周固定边处产生负塑性铰线，跨内产生正塑性铰线。为简化起见，假定正塑性铰线与板边的夹角为 45°。

设板内配筋沿两个方向均为等间距布置，沿短跨和长跨方向单位板宽的跨中极限弯矩分别为 m_x 和 m_y，支座弯矩分别为 m'_x，m''_x 和 m'_y，m''_y。

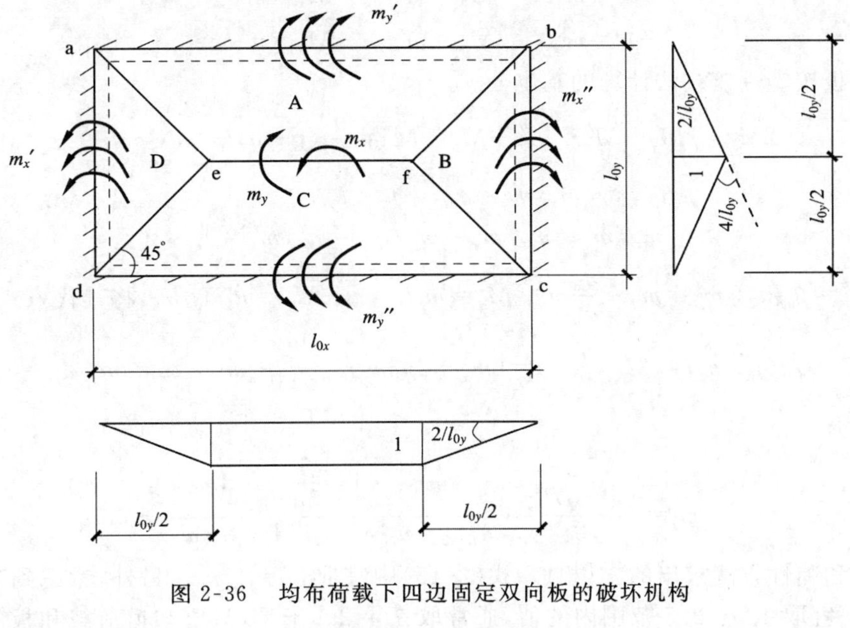

图 2-36 均布荷载下四边固定双向板的破坏机构

如果破坏机构在跨中发生向下的单位竖向位移1，则均布荷载 $g+q$ 所做的外功为

$$W_{ex}=(g+q)\left[\frac{1}{2}\times l_{0y}\times 1\times(l_{0x}-l_{0y})+2\times\frac{1}{3}\times l_{0y}\times\frac{l_{0y}}{2}\times 1\right]$$

$$=(g+q)\frac{l_{0y}}{6}(3l_{0x}-l_{0y})$$

根据图2-36所示的几何关系，负塑性铰线的转角均为 $2/l_{0y}$；正塑性铰线ef上，板块A与C的相对转角为 $4/l_{0y}$；斜向正塑性铰线沿长跨和短跨方向的转角均为 $2/l_{0y}$。因此，由负塑性铰线上极限弯矩所做的内功为

$$[(m'_x+m''_x)l_{0y}+(m'_y+m''_y)l_{0x}]\frac{2}{l_{0y}}$$

正塑性铰线ef上极限弯矩所做的内功为

$$m_y(l_{0x}-l_{0y})\frac{4}{l_{0y}}$$

四条斜向正塑性铰线沿长跨方向极限弯矩所做的内功为

$$4m_x\frac{l_{0y}}{2}\cdot\frac{2}{l_{0y}}=4m_x$$

这四条斜向正塑性铰线沿短跨方向极限弯矩所做的内功为

$$4m_y\frac{l_{0y}}{2}\cdot\frac{2}{l_{0y}}=4m_y$$

故由塑性铰线上极限弯矩所做的总内功为

$$W_{in}=[(m'_x+m''_x)l_{0y}+(m'_y+m''_y)l_{0x}]\frac{2}{l_{0y}}+m_y(l_{0x}-l_{0y})\frac{4}{l_{0y}}+4(m_x+m_y)$$

$$=[2(m_xl_{0y}+m_yl_{0x})+(m'_xl_{0y}+m''_xl_{0y})+(m'_yl_{0x}+m''_yl_{0x})]\frac{2}{l_{0y}}$$

根据虚功原理，当形成破坏机构时，由极限均布荷载 $g+q$ 所做的外功应等于由塑性铰上的极限弯矩所做的内功。令

$$M_x=m_xl_{0y}\quad M'_x=m'_xl_{0y}\quad M''_x=m''_xl_{0y}$$
$$M_y=m_yl_{0x}\quad M'_y=m'_yl_{0x}\quad M''_y=m''_yl_{0x}\tag{2-12}$$

则可得双向板按塑性铰线法计算的基本公式

$$2M_x+2M_y+M'_x+M''_x+M'_y+M''_y=\frac{1}{12}(g+q)l_{0y}^2(3l_{0x}-l_{0y})\tag{2-13}$$

令

$$m_x/m_y=\alpha_m,\quad n_l=l_{0x}/l_{0y}$$
$$m'_x/m_x=m''_x/m_x=m'_y/m_y=m''_y/m_y=\beta_m$$

则 $m'_x=m''_x=\beta_m m_x$，$m'_y=m''_y=\dfrac{\beta_m}{\alpha_m}m_x$，$M_x=m_xl_{0x}/n_l$，$M_y=m_xl_{0x}/\alpha_m$，将其代入式(2-13)，有

$$\frac{1}{12}(g+q)l_{0y}(3l_{0x}-l_{0y})=2m_x+2n_lm_x/\alpha_m+2\beta_m m_x+2n_l\beta_m m_x/\alpha_m\tag{2-14}$$

解式(2-14)有

$$m_x=\frac{(g+q)l_{0x}^2}{8}\cdot\frac{1-\dfrac{1}{3n_l}}{n_l(1+n_l/\alpha_m+\beta_m+\beta_m n_l/\alpha_m)}\tag{2-15}$$

考虑到和弹性方法求出的 α_m 相似，式(2-15)中宜取 $\alpha_m=1/n_l^2$。另外，考虑到节约钢材和配筋方便，β_m 宜取1.5～2.5范围内的值，通常取 $\beta_m=2$。于是，只要知道荷载和板的几何尺寸

便可由式(2-15)求出 m_x,进而相继求出 m'_x,m''_x,m_y,m'_y 和 m''_y。

不同支承条件下的双向板,只要按实际情况在式(2-13)中代入不同的 M'_x,M''_x,M'_y 和 M''_y,即可求出 m_x 和相应的其他弯矩。

4. 均布荷载下连续双向板按塑性铰线法的内力计算

对连续双向板,可以认为可变荷载满布,首先从中间区格板开始,按四边固定的单区格板进行计算。中间区格计算完毕后,可将中间区格板计算得出的各支座弯矩值,作为计算相邻区格板支座的已知弯矩值。这样,依次由内向外可一一解出各区格的内力(图 2-37)。对边、角区格板,按边界的实际支承情况进行计算。

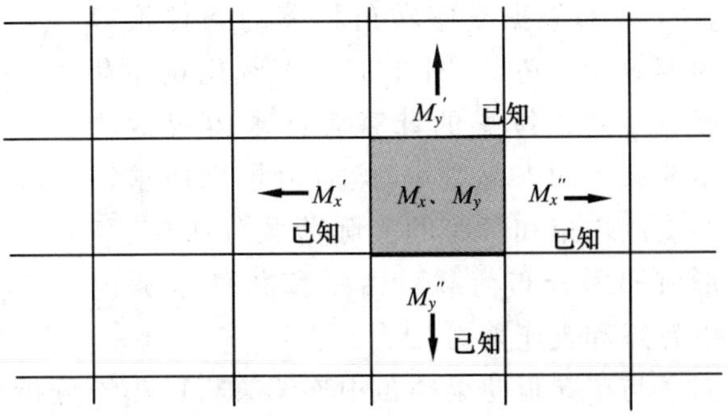

图 2-37 连续双向板按塑性铰线法计算内力示意图

与弹性理论计算方法相比,用塑性铰线方法计算双向板一般可省钢筋 20%~30%。塑性铰线法,在理论上属于上限解,即偏于"不安全"方面,但实际上由于穹顶作用(图 2-17 中的双向拱作用)等的有利影响,所求得的值并非真的"上限值"。试验结果亦表明,板的实际破坏荷载都超过按塑性铰线法算得的值。

2.3.5 双向板支承梁的内力分析

双向板肋梁楼盖与单向板肋梁楼盖的主要区别是:双向板上的荷载除了传给次梁外,还有一部分直接传给主梁。

双向板传给支承梁的荷载通常采用下述方法来近似地确定(图 2-38):从每一区格的四角作 45°线与平行于长边的中线相交,将整块板分成四个板块,每个板块的荷载传至相邻的支承

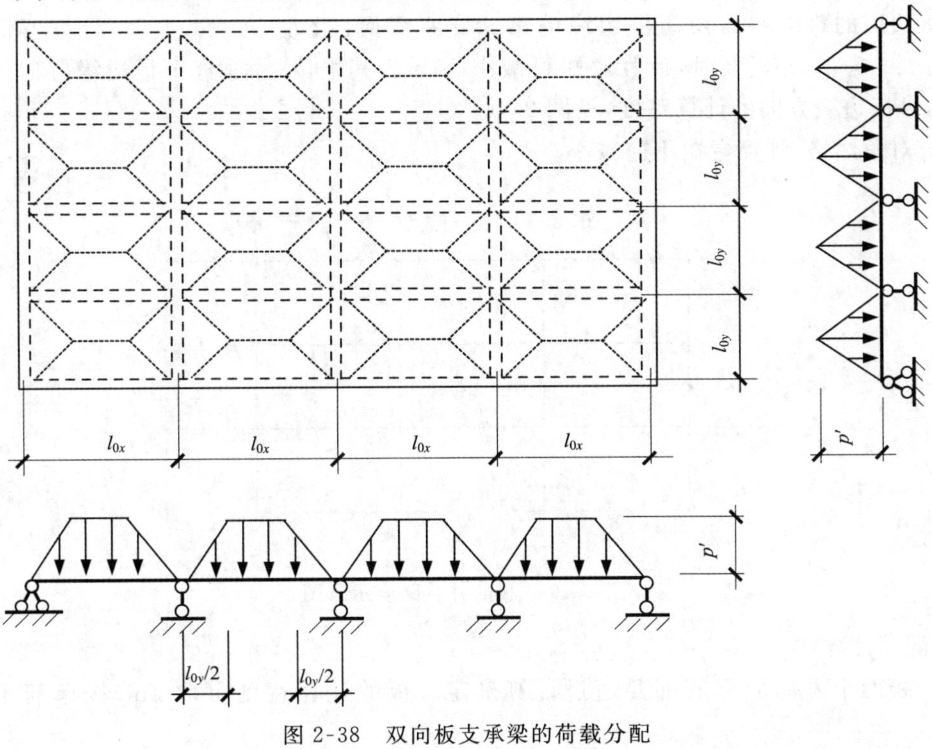

图 2-38 双向板支承梁的荷载分配

梁上。因此,作用在双向板支承梁上的荷载不是均匀分布的,长跨梁上荷载呈梯形分布,短跨梁上荷载呈三角形分布。梁的内力可按弹性理论方法或按考虑塑性内力重分布的方法进行分析计算。

按弹性理论方法计算双向板支承梁内力时,可先将梁上的梯形或三角形荷载(图 2-38)根据支座转角相等的条件换算为等效均布荷载(图 2-39),再利用均布荷载下等跨连续梁的计算表格求得等效均布荷载下的支座弯矩,然后再根据所求得的支座弯矩和每跨的实际荷载分布(三角形或梯形分布荷载),由平衡条件求得跨中弯矩和支座剪力。

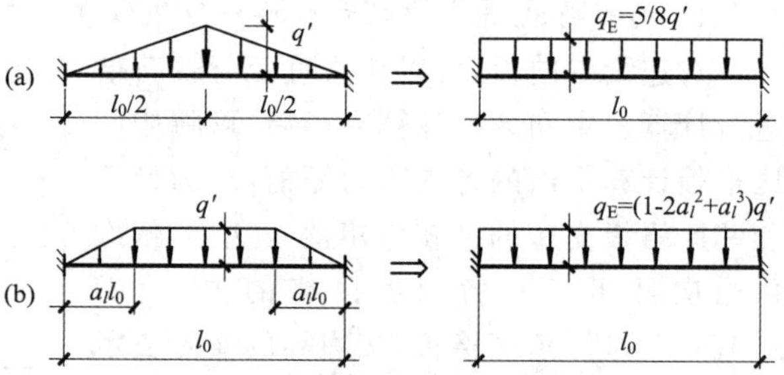

图 2-39 换算的等效均布荷载

与单向板肋梁楼盖中连续梁板的内力分析方法类似,双向板肋梁楼盖塑性理论方法是以形成塑性铰或塑性铰线为前提的,因此,并不是在任何情况下都能适用。通常在下列情况下,应按弹性理论方法进行设计:①直接承受动力和重复荷载的结构;②在使用阶段不允许出现裂缝或对裂缝开展有较严格限制的结构。

2.3.6 双向板肋梁楼盖的截面设计与配筋构造

1. 板的截面设计

1) 连续板的弯矩折减

与图 2-17 所示的单向板类似,若支座有可靠的约束,则开裂后板在两个方向上均有拱作用,进而形成"穹顶"作用。于是可以按下列原则对弯矩进行折减:

(1) 中间跨的跨中截面及中间支座截面,计算弯矩可减小 20%。

(2) 边跨的跨中截面及离板边缘的第二支座截面:当 $l_{0b}/l_0<1.5$ 时,计算弯矩可减小 20%;当 $1.5\leqslant l_{0b}/l_0\leqslant 2$ 时,计算弯矩可减小 10%。其中,l_0 为垂直于板边缘方向的计算跨度,l_{0b} 为沿板边缘方向的计算跨度,见图 2-40。

(3) 对角区格,计算弯矩不应减小。

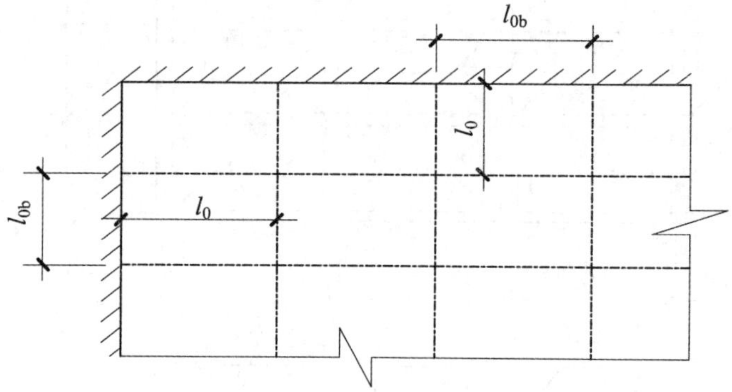

图 2-40 板的计算跨度示意图

2) 配筋计算

双向板两个方向的配筋都要通过计算确定。板的计算宽度可取 1m,按单筋矩形截面设计。

3）截面有效高度

由于短跨方向弯矩比长跨方向弯矩大，因此，短跨方向的受力钢筋应放在长跨方向受力钢筋的外侧，以充分利用板的有效高度。截面计算时，h_0的取值通常为：

$$\text{短向}\qquad h_0 = h - 20\text{mm}$$

$$\text{长向}\qquad h_0 = h - 30\text{mm}$$

式中，h 为板厚(mm)。

2. 板的构造要求

双向板的配筋也可采用弯起式或分离式，其钢筋的弯起点、截断点的位置，钢筋在支座处的锚固长度，钢筋的直径、间距的要求，分布筋和构造筋的布置等同单向板肋梁楼盖。但也有下列特殊之处：

(1) 双向板的受力钢筋按弹性理论计算时，板底钢筋数量是根据跨中最大弯矩求得的，而分析表明，跨中弯矩是沿板宽向两边逐渐减小的(图 2-41)，故配筋亦应向两边逐渐减少。考虑到施工方便，可将板在两个方向各划分成 3 个板带(图 2-42)，边缘板带的宽度为较小跨度的 1/4，其余为中间板带。在中间板带内按最大弯矩配筋，而边缘板带配筋则减少一半，但钢筋的间距不宜大于 250mm。对于支座处板顶的负弯矩钢筋，亦按各支座的最大负弯矩求得，则在全部板宽内均匀布置，而不在边缘板带内减少。

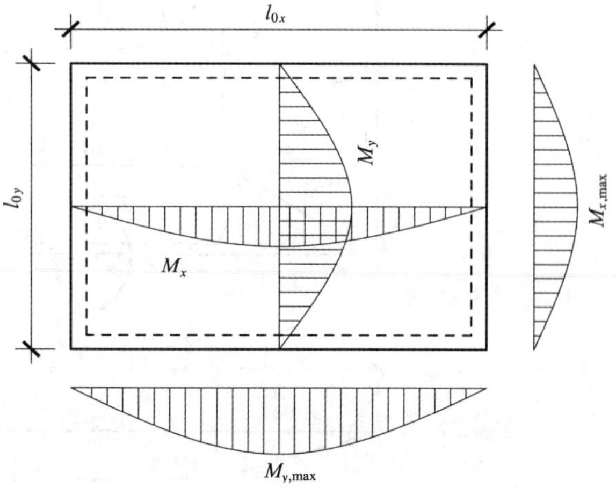

图 2-41　四边简支双向板的弯矩分布

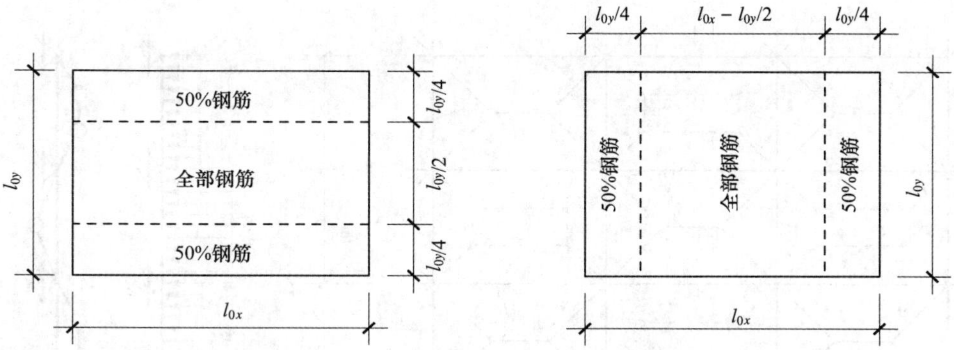

图 2-42　按弹性理论计算正弯矩配筋板带

(2) 双向板按塑性理论计算时，其配筋应符合内力计算的假定，通常跨中及支座钢筋皆均匀布置。

(3) 按塑性理论计算的双向板应避免发生以下两种破坏情况：一种是“倒幕形破坏”(图 2-43)，另一种是“正幕形破坏”(图 2-44)。

当两个方向的跨中正弯矩钢筋不全伸入支座，而过早地在某处弯起或切断时，剩下的钢筋可能不足以承受该处的正弯矩，因而发生图 2-43 所示的“倒幕形破坏”。对于钢筋按常规计算和配置的双向板，即如前述配筋方式，取 $\alpha_m=1/n_l^2$，$\beta_m=1.5\sim2.5$，跨中两个方向的钢筋在板边不大于 $l_{0y}/4$ 范围内切断(注：遇到简支边不能切断)或弯起一半时，可不对这种情况进行验算。

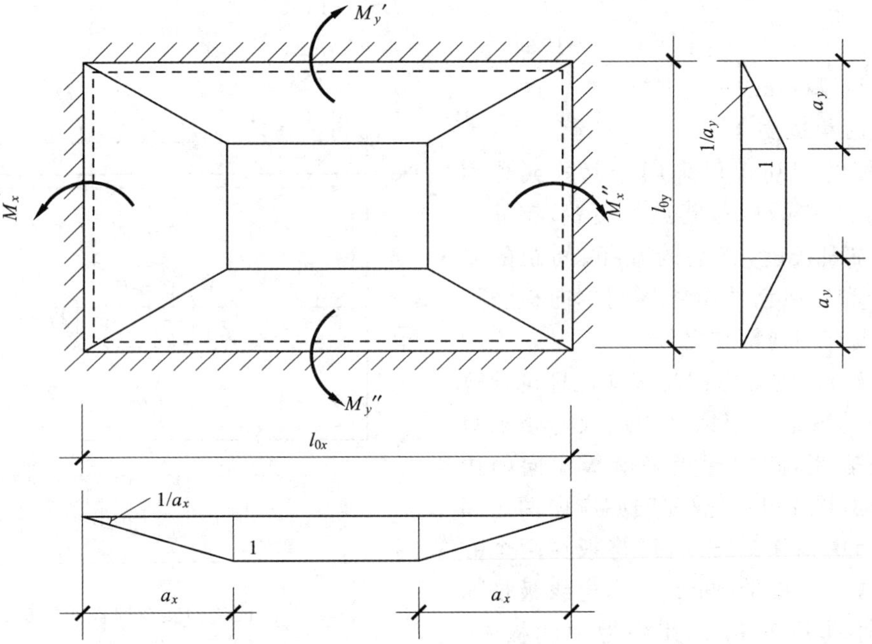

图 2-43 倒幕形破坏机构

当双向板肋梁楼盖的可变荷载相对较大且按棋盘形布置时，如果支座上负弯矩钢筋伸出长度不够，即过早切断或弯下时，就可能造成图 2-44 所示的“正幕形破坏”。对这种破坏一般可不进行验算而采取构造措施来防止，工程设计中通常要求负钢筋伸出支座不小于 $l_{0y}/4$。

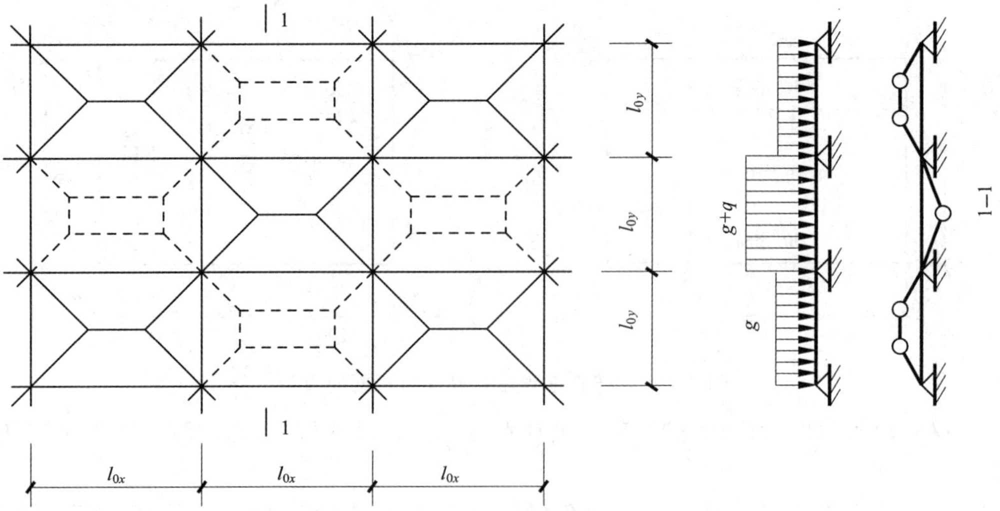

图 2-44 正幕形破坏机构

(4) 在简支的双向板中，考虑到支座的实际约束情况，应将每个方向的跨中钢筋弯起 1/3 伸入至支座内，以承受可能产生的负弯矩。

3. 双向板支承梁的截面设计与构造要求

双向板支承梁的截面设计与构造要求与单向板肋梁楼盖中的主次梁类似，此处不再赘述。

2.3.7 双向板肋梁楼盖设计例题

【例 2-5】某厂房双向板肋梁楼盖的结构平面布置图如图 2-45 所示，试计算板的内力和截面配筋（按 GB 50010 规范设计）。

【解】1. 设计资料

（1）楼面构造层做法：20mm 厚水泥砂浆面层，15mm 厚混合砂浆天棚抹灰。

（2）楼面可变荷载标准值为 6.0 kN/m^2。

（3）材料选用

混凝土：采用 C30（$f_c=14.3N/mm^2$，$f_t=1.43N/mm^2$）；

钢筋：采用 HPB300 钢筋（Ⅰ级钢，$f_y=270N/mm^2$）。

（4）截面尺寸

柱：400mm×400mm，梁：两个方向的梁宽均为 $b=200$mm，板：板厚 $h=100$mm。

2. 荷载计算

20mm 水泥砂浆面层	$0.02\times20=0.40\ kN/m^2$
100mm 钢筋混凝土板	$0.10\times25=2.50\ kN/m^2$
15mm 混合砂浆天棚抹灰	$0.015\times17=0.26\ kN/m^2$
	$3.16\ kN/m^2$
永久荷载设计值	$g=1.2\times3.16=3.79\ kN/m^2$
可变荷载设计值	$q=1.3\times6.0=7.8\ kN/m^2$
合计	$11.59\ kN/m^2$

3. 按弹性理论计算

跨中最大正弯矩发生在可变荷载为棋盘形布置时，简化为当内支座固定时 $g'=g+\frac{q}{2}$ 作用下的跨中弯矩与当内支座铰支时 $q'=\frac{q}{2}$ 作用下的跨中弯矩之和。支座最大负弯矩按可变荷载满布时求得，即内支座固定时 $g+q$ 作用下的支座弯矩。在上述各种情况下，本例将周边梁对板的作用均视为固定支座。

$$g'=g+\frac{q}{2}=3.79+\frac{7.8}{2}=7.69kN/m^2$$

$$q'=\frac{q}{2}=\frac{7.8}{2}=3.9kN/m^2$$

计算跨度

纵向：中间跨 $l_{0x}=\min\{l_c,1.1l_n\}=\min\{5.4,1.1\times(5.4-0.2)\}=5.4m$

边 跨

$$l_{0x}=\min\left\{l_n+\frac{a}{2}+\frac{b}{2},\ l_n+\frac{h}{2}+\frac{b}{2}\right\}=\min\{5.3+0.1+0.1,5.3+0.05+0.1\}=5.45m$$

横向：中间跨 $l_{0y}=\min\{l_c,1.1l_n\}=\min\{4.5,1.1\times(4.5-0.2)\}=4.5m$

边 跨

$$l_{0y}=\min\left\{l_n+\frac{a}{2}+\frac{b}{2},\ l_n+\frac{h}{2}+\frac{b}{2}\right\}=\min\{4.4+0.1+0.1,4.4+0.05+0.1\}=4.55m$$

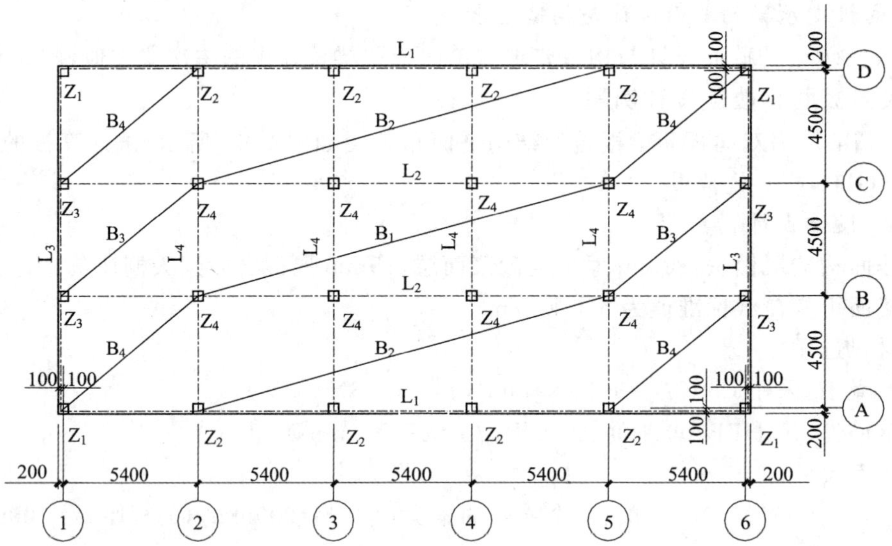

图 2-45　双向板肋梁楼盖结构平面布置图(例 2-5)

按弹性理论算得的弯矩汇总于表 2-11。板间支座弯矩不平衡时，实际应用时可近似地取相邻两区格板支座弯矩的平均值。

计算配筋时有效高度 h_0 的取值，对跨中截面：纵向 $h_0=70\text{mm}$，横向 $h_0=80\text{mm}$；对支座截面均取 $h_0=80\text{mm}$。配筋计算结果略。

表 2-11　　**按弹性理论计算弯矩**　　**kN · m**

计算内容		B_1	B_2	B_3	B_4
l_{0x}/l_{0y}		5.4/4.5	5.4/4.55	5.45/4.5	5.45/4.55
$\nu=0$	m_x	$0.0152\times7.69\times4.5^2$ $+0.0343\times3.9\times4.5^2$ $=5.078$	$0.0154\times7.69\times4.55^2$ $+0.0201\times3.9\times4.55^2$ $=4.075$	$0.0150\times7.69\times4.5^2$ $+0.0328\times3.9\times4.5^2$ $=4.926$	$0.0152\times7.69\times4.55^2$ $+0.0212\times3.9\times4.55^2$ $=4.132$
	m_y	$0.0254\times7.69\times4.5^2$ $+0.0524\times3.9\times4.5^2$ $=8.101$	$0.0250\times7.69\times4.55^2$ $+0.0404\times3.9\times4.55^2$ $=7.242$	$0.0258\times7.69\times4.5^2$ $+0.0396\times3.9\times4.5^2$ $=7.145$	$0.0254\times7.69\times4.55^2$ $+0.0332\times3.9\times4.55^2$ $=6.724$
$\nu=0.2$	m_x^{ν}	6.699	5.523	6.355	5.477
	m_y^{ν}	9.117	8.057	8.130	7.550
m_x'		$-0.0554\times11.59\times4.5^2$ $=-12.99$	$-0.0552\times11.59\times4.55^2$ $=-13.245$	$-0.0555\times11.59\times4.5^2$ $=-13.026$	$-0.0553\times11.59\times4.55^2$ $=-13.269$
m_y'		$-0.0639\times11.59\times4.5^2$ $=-14.99$	$-0.0632\times11.59\times4.55^2$ $=-15.164$	$-0.0644\times11.59\times4.5^2$ $=-15.115$	$-0.0638\times11.59\times4.55^2$ $=-15.308$

4. 按塑性铰线法设计

荷载设计值　　$g+q=11.59\text{kN/m}^2$

板的配筋方式和塑性铰线上极限弯矩的计算均按前述。首先从中间区格 B_1 开始计算，弯矩的计算结果见表 2-12。配筋计算结果见表 2-13 和图 2-46。

表 2-12 按塑性铰线法计算弯矩

计算内容	B_1	B_2	B_3	B_4
l_{0x}/m	5.2	5.2	5.3	5.3
l_{0y}/m	4.3	4.4	4.3	4.4
M_x/(kN·m)	$4.300m_x$	$4.400m_x$	$4.300m_x$	$4.400m_x$
M_y/(kN·m)	$7.605m_x$	$7.263m_x$	$8.052m_x$	$7.690m_x$
M'_x/(kN·m)	$8.600m_x$	$8.800m_x$	$8.600m_x$(边)	$8.800m_x$(边)
M'_y/(kN·m)	$15.210m_x$	8.264×5.2=42.973	$16.104m_x$	8.480×5.3=44.944
M''_x/(kN·m)	$8.600m_x$	$8.800m_x$	5.650×4.3=24.295	6.004×4.4=26.418
M''_y/(kN·m)	$15.210m_x$	$14.526m_x$(边)	$16.104m_x$	$15.380m_x$(边)
m_x/(kN·m/m)	2.825	3.002	2.791	2.971
m_y/(kN·m/m)	4.132	4.192	4.240	4.311
m'_x/(kN·m/m)	5.650	6.004	5.582	5.942
m'_y/(kN·m/m)	8.264	8.264	8.480	8.480
m''_x/(kN·m/m)	5.650	6.004	5.650	6.004
m''_y/(kN·m/m)	8.264	8.384	8.480	8.622

表 2-13 按塑性铰线法计算配筋

截面			h_0/mm	M/(kN·m)	A_s/mm²	选配	实际 A_s/mm²
跨中	B_1	l_{0x}向	70	2.825×0.8=2.260	121.57	ϕ6@150	188.50
		l_{0y}向	80	4.132×0.8=3.306	155.92	ϕ6@150	188.50
	B_2	l_{0x}向	70	3.002×0.8=2.402	129.35	ϕ6@150	188.50
		l_{0y}向	80	4.192×0.8=3.354	158.23	ϕ6@150	188.50
	B_3	l_{0x}向	70	2.791×0.8=2.233	120.09	ϕ6@150	188.50
		l_{0y}向	80	4.240×0.8=3.392	160.06	ϕ6@150	188.50
	B_4	l_{0x}向	70	2.971	160.68	ϕ6@150	188.50
		l_{0y}向	80	4.311	204.52	ϕ8@150	335.10
支座	B1—B1		80	−5.650×0.8=−4.520	214.70	ϕ8@150	335.10
	B1—B2		80	−8.264×0.8=−6.611	318.00	ϕ10@150	523.60
	B1—B3		80	−5.650×0.8=−4.520	214.70	ϕ10@150	523.60
	B2—B2		80	−6.004×0.8=−4.803	228.52	ϕ10@150	523.60
	B2—B4		80	−6.004	287.73	ϕ10@150	523.60
	B3—B4		80	−8.480	412.69	ϕ10@150	523.60
	B2 边支座		80	−8.384	407.77	ϕ10@150	523.60
	B3 边支座		80	−5.582	266.83	ϕ10@150	523.60
	B4 边支座(l_{0x}向)		80	−5.942	284.65	ϕ10@150	523.60
	B4 边支座(l_{0y}向)		80	−8.622	419.98	ϕ10@150	523.60

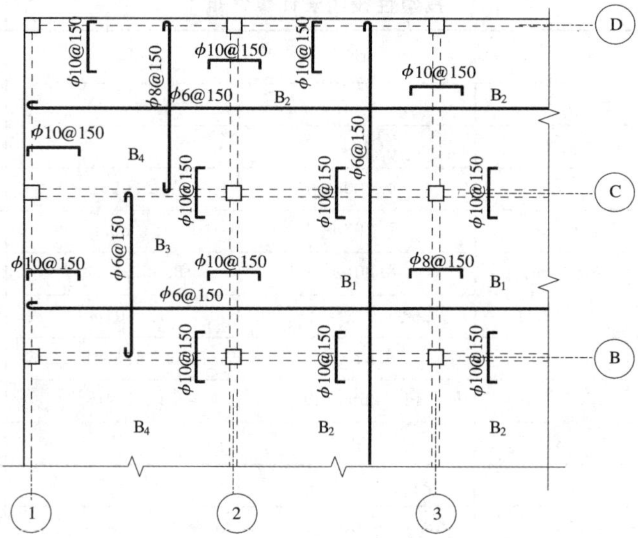

图 2-46　按塑性铰线法设计的配筋(例 2-5)

2.4　无梁楼盖

2.4.1　概述

所谓无梁楼盖,就是在楼盖中不设肋梁,而将板直接支承在柱上。

无梁楼盖的主要优点是结构高度小、板底平整、构造简单、施工方便。根据经验,当楼面可变荷载标准值在 5 kN/m^2 以上、跨度在 6 m 以内时,无梁楼盖较肋梁楼盖经济。因而无梁楼盖常用于多层厂房、商场、车库等建筑。

无梁楼盖结构的主要缺点是由于取消了肋梁,楼盖的抗弯刚度减小、挠度增大;柱子周边的剪应力高度集中,可能会引起局部板的冲切破坏。

通过在柱的上端设置柱帽、托板(图 2-47)可以减小板的挠度,提高板柱连接处的冲切承载力;当不设置柱帽、托板时,一般需在板柱连接处配置剪切钢筋来满足受冲切承载力的要求。通过施加预应力或采用密肋板也能有效地增加刚度、减小板的挠度,而不增加自重。

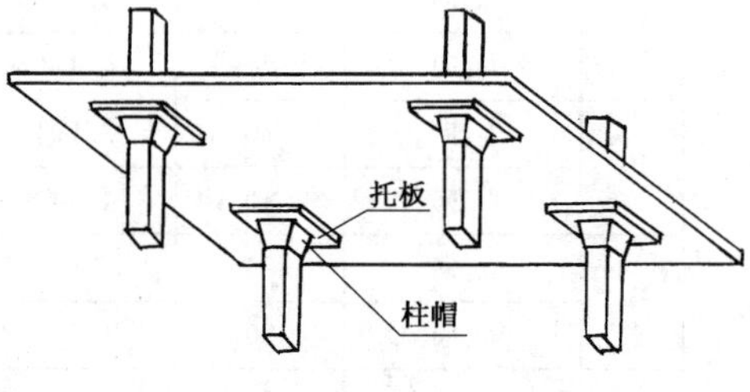

图 2-47　设置柱帽、托板的无梁楼盖

无梁板与柱构成的板柱结构体系,由于侧向刚度较差,只有在层数较少的建筑中才靠板柱结构本身来抵抗水平荷载。当层数较多或要求抗震时,一般需设剪力墙、筒体等来增加侧向刚度。

无梁楼盖的柱网通常布置成正方形或矩形,以正方形最为经济。楼盖的四周可支承在墙上或边梁上,或悬臂伸出边柱以外。悬臂板挑出适当的距离,能减小边跨的跨中弯矩。无梁楼板的厚度可参考表 2-1 中的数据选取。

无梁楼盖可以是整浇的,也可以是预制装配的。

2.4.2　无梁楼盖的内力计算

1. 破坏特征

图 2-48 所示为有柱帽无梁楼盖在破坏时的裂缝分布。试验中观察到,在均布荷载作用

下，第一批裂缝出现于柱帽顶面上；继续加载，在板顶出现沿柱列轴线的裂缝。随着荷载的不断增加，板顶裂缝不断发展，在板底跨中约 1/3 跨度内成批地出现相互垂直且平行于柱列轴线的裂缝。当即将破坏时，在柱帽顶面上和柱列轴线的板顶以及跨中板底的裂缝中出现一些特别大的主裂缝。在这些裂缝处，受拉钢筋达到屈服，受压区混凝土被压碎，此时楼板即告破坏。

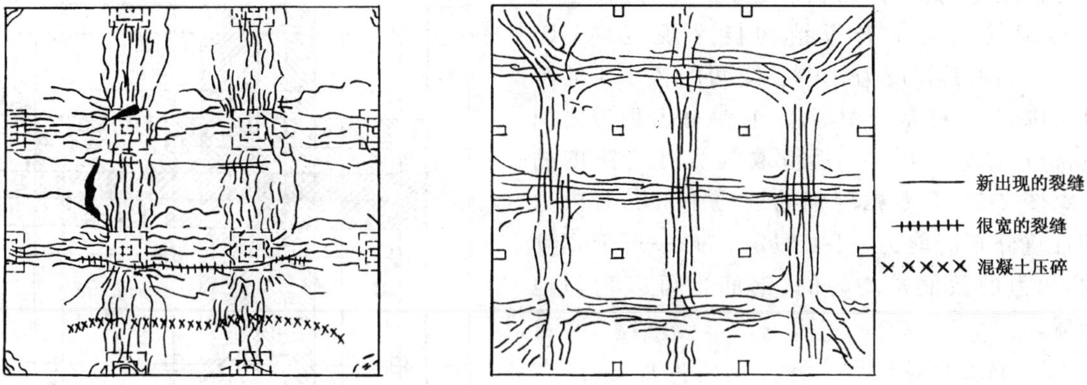

(a) 板顶　　(b) 板底

图 2-48　无梁楼盖的破坏裂缝

2. 受力特点

毫无疑问，直接支承于柱的无梁板（亦称平板）是双向受力的。为了更清楚地了解无梁板的受力特点，不妨先将其与前面介绍过的单向板、双向板做个比较。图 2-49 中的正方形无梁板、单向板和双向板都是在四个角点用柱支承。如果板上的面荷载为 q，不难知道，单向板跨中弯矩与柱支承平板的跨中弯矩一样，都等于$\frac{1}{8}ql_{0y}l_{0x}^2$。双向板两侧边有梁支承，梁的反力在板内引起的弯矩与荷载引起的弯矩抵消一部分，使得板的跨中弯矩要小于$\frac{1}{8}ql_{0y}l_{0x}^2$。于是，可

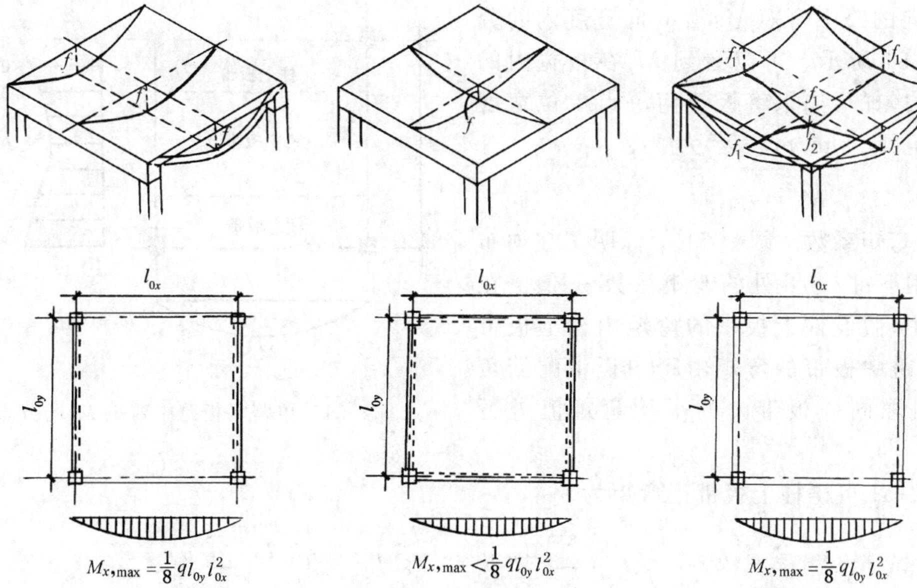

(a) 单向板　　(b) 双向板　　(c) 无梁板

图 2-49　单向板、双向板和无梁楼盖的比较

以得到一个有趣的结论：无梁板虽然是双向受力，但其受力特点却更接近于单向板，只不过单向板是一个方向由板受弯、另一个方向由梁受弯；而无梁板在两个方向都是由板受弯。与单向板不同的是，在无梁板计算跨度内的任一截面，内力与变形沿宽度方向是处处不同的。

在工程实际中，通常将无梁楼盖在纵横两个方向划分为两种假想的板带：一种是柱上板带，《钢筋混凝土升板结构技术规范》（GBJ 130—90）取其宽度为柱中心线两侧各 1/4 的跨度范围；另一种是跨中板带，它是柱上板带之间的部分，GBJ 130—90 规范取其宽度为跨度的 1/2（图 2-50）。考虑到钢筋混凝土板具有内力塑性重分布的能力，可以假定在同一板带宽度内，内力的数值是均匀的，钢筋也可以均匀地布置。

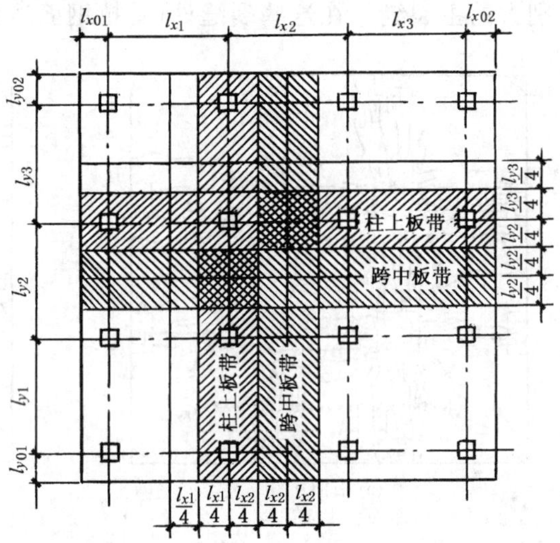

图 2-50　无梁楼盖板带的划分

3. 内力计算

无梁楼盖既可按弹性理论计算，也可按塑性理论计算。下面介绍的是两种应用比较广的弹性理论计算方法：弯矩系数法和等代框架法。

（1）弯矩系数法

弯矩系数法是在弹性薄板理论的分析基础上，给出柱上板带和跨中板带在跨中截面、支座截面上的弯矩计算系数；计算时，先算出总弯矩，再乘以相应的弯矩计算系数，即可得到各截面的弯矩。

对单跨的柱支承平板，按弹性薄板理论可分析得 x 向的跨中弯矩 M_x 沿 y 向宽度内的分布，如图 2-51 所示。可以看到 M_x 在板宽内的分布是不均匀的，如果将板任何一点单位宽度的跨中弯矩（kg · m/m）表示为

$$M_x = \alpha_x q l_{0x}^2$$

式中，α_x 为弯矩系数。图 2-51 中标明了在均布荷载 q 作用下每 $l_{0y}/8$ 处的弯矩系数 α_x 值。在实际工程中，假设柱上板带的弯矩由柱上板带配筋负担，跨中板带的弯矩由跨中板带配筋负担，设计时取同一板带内的平均弯矩值进行计算。

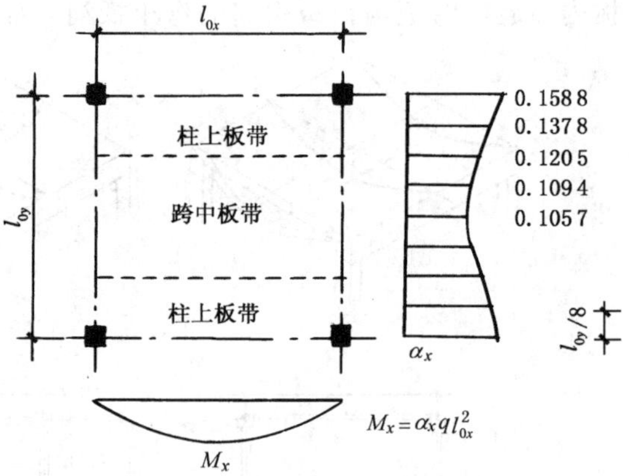

图 2-51　单跨平板跨中弯矩 M_x 的分布

由图 2-51 可得柱上板带正弯矩为

$$\sum \left(m_x \cdot \frac{l_{0y}}{8}\right) = \sum \left(\alpha_x q l_{0x}^2 \cdot \frac{l_{0y}}{8}\right) = \frac{1}{8} q l_{0y} l_{0x}^2 \sum \alpha_x$$

$$= \frac{1}{8} q l_{0y} l_{0x}^2 (0.158\,8 + 2 \times 0.137\,8 + 0.120\,5)$$

$$=0.555\times\frac{1}{8}ql_{0y}l_{0x}^2\approx0.55M_0$$

式中，$M_0=\frac{1}{8}ql_{0y}l_{0x}^2$，是简支梁跨中弯矩，或称总弯矩；0.55 是柱上板带跨中正弯矩计算系数，类似地可得跨中板带正弯矩计算系数为 0.45。

表 2-14 汇总了无梁板在不同截面的弯矩计算系数，它可用于承受均布荷载的钢筋混凝土连续平板的计算。

采用弯矩系数法时，必须符合下列条件：①每个方向至少有 3 个连续跨；②任一区格板的长跨与短跨之比值不大于 1.5；③同方向相邻跨度的差值不超过较长跨度的 1/3；④可变荷载和永久荷载设计值的比值 $q/g\leqslant3$。

表 2-14 无梁板的弯矩计算系数

截面位置	端跨			内跨	
	边支座	跨中	内支座	跨中	支座
柱上板带	−0.48	0.22	−0.50	0.18	−0.50
跨中板带	−0.05	0.18	−0.17	0.15	−0.17

注：(1) 表中系数可用于长跨和短跨之比小于 1.5；

(2) 端跨外有悬臂板，且悬臂板端部的负弯矩大于端跨边支座弯矩时，需考虑悬臂弯矩对边支座和内跨弯矩的影响。

在一个区格板中，两个方向的总弯矩设计值分别为

$$M_{0x}=\frac{1}{8}(g+q)l_{0y}\left(l_{0x}-\frac{2}{3}c\right)^2$$
$$M_{0y}=\frac{1}{8}(g+q)l_{0x}\left(l_{0y}-\frac{2}{3}c\right)^2 \tag{2-16}$$

式中 g,q——板面永久荷载和可变荷载设计值（kN/m^2）；

l_{0x},l_{0y}——取纵、横两个方向的柱网轴线尺寸；

c——柱帽计算宽度，按图 2-52 确定，图中的 l 为相应方向的柱距。

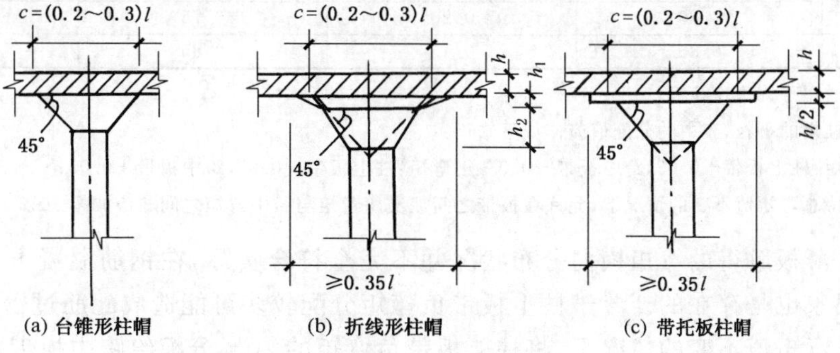

图 2-52 各种形式柱帽和柱帽计算宽度

(2) 等代框架法

当无梁板结构不符合弯矩系数法的应用条件时，可采用等代框架法计算结构的内力（当然，等代框架法也能用于符合弯矩系数法应用条件的场合），即将整个无梁板结构分别沿纵横柱列方向划分为具有“等代柱”和“等代梁”的纵向和横向框架。等代柱的截面即原柱的截面。等代柱的计算高度为：对底层，取为基础顶面至楼板底面的高度减去柱帽的高度；对于其他各楼层，取为层高减去柱帽的高度。等代梁的高度取为板的厚度。等代框架梁的跨度，在两个方

向分别取为 $l_{0x}-2c/3$ 和 $l_{0y}-2c/3$。对竖向荷载作用下的无梁板结构用等代框架法确定其内力时，等代梁的宽度取为板跨中心线间的距离（l_{0x} 或 l_{0y}）。

当仅有竖向荷载作用时，框架可按分层法简化计算，即所计算的上、下层楼板均视作上层柱与下层柱的固定远端。这样，就将复杂的多层等代框架的计算转化为简单的两层或单层（顶层）框架的计算，见图 2-53。分层法的详细计算步骤将在第 4 章中讨论。

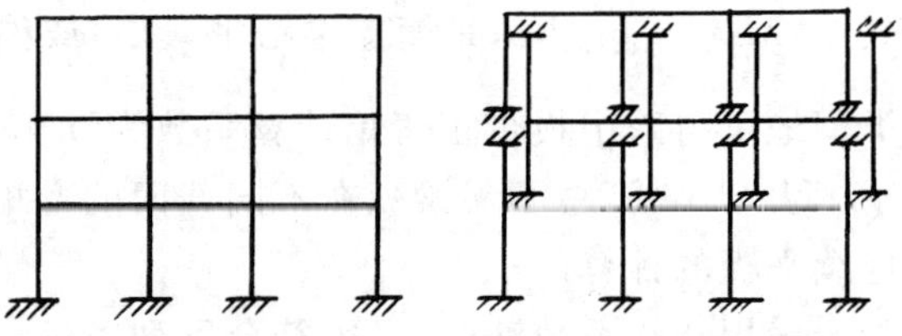

(a) 等效框架　(b) 分层框架

图 2-53　竖向荷载作用下等代框架计算——分层法

按等代框架计算时，应考虑可变荷载的最不利布置。但当可变荷载值不超过永久荷载值的 75%时，可变荷载可按各跨满布考虑。

当区格板的边长比 $l_{0x}/l_{0y}\leqslant 1.5$ 时，可将计算所得的等代框架梁中各截面的弯矩值按表 2-15所列的分配比值分配给柱上板带和跨中板带。但严格地说，当 $l_{0x}/l_{0y}\neq 1$ 时，就应采用表 2-16所列的分配比值。

表 2-15　　**等代框架计算的弯矩分配比值**

项　目	端　跨			内　跨	
	边支座	跨　中	内支座	跨　中	支　座
柱上板带	0.90	0.55	0.75	0.55	0.75
跨中板带	0.10	0.45	0.25	0.45	0.25

注：本表适用于周边连续板。

表 2-16　　**不同边长比时柱上板带和跨中板带弯矩分配比值**

l_{0x}/l_{0y}	负　弯　矩		正　弯　矩	
	柱上板带	跨中板带	柱上板带	跨中板带
0.5～0.6	0.55	0.45	0.50	0.50
0.6～0.75	0.65	0.35	0.55	0.45
0.75～1.33	0.70	0.30	0.60	0.40
1.33～1.67	0.80	0.20	0.75	0.25
1.67～2.0	0.85	0.15	0.85	0.15

注：(1) 本表适用于周边连续板；
(2) 对有柱帽的平板，表中的分配值应作如下修正：
负弯矩：柱上板带+0.05，跨中板带−0.05；正弯矩：柱上板带−0.05，跨中板带+0.05；
(3) 在保持总弯矩值不变的情况下，允许在板带之间或支座弯矩与跨中弯矩之间相应调幅 10%。

按照弹性薄板解得的弯矩横向分布状况并不完全符合实际，在钢筋混凝土平板中内力的塑性重分布现象也是存在的。鉴于柱上板带负弯矩分配较多可能造成配筋过密、不便于施工，允许在保持总弯矩值不变的情况下，将柱上板带负弯矩的 10%分配给跨中板带负弯矩。

对设置柱帽的无梁楼盖，考虑到楼盖中存在的穹顶作用（拱作用），可参照前述对肋梁楼盖中与梁整体连接的板的规定，对计算所得的弯矩值予以折减。

水平荷载下无梁板结构的内力值也可用等代框架法确定。在无梁板结构中，板的刚度实际上要比取板跨中心线间的全宽计算所得的刚度小得多。对水平荷载作用的情况，等代梁的刚度取值对计算结果影响很大。国内外规范大都取等代梁的宽度小于板跨中心线间的全宽，如我国《钢筋混凝土升板结构技术规范》（GBJ 130—90）对无柱帽板，取其为板跨中心线距离的 3/4；英国《混凝土的结构应用（第一部分）：设计和施工实用规范 BS8110》则取为板跨中心线距离的 1/2。

2.4.3　板柱节点设计

1. 冲切破坏特征

国内外已对混凝土板的冲切问题进行过大量的试验研究。在图 2-54 所示的板柱连接试件中，在集中的柱反力作用下，柱子面积内的板面向内凹陷，而板的另面则向外隆起。当达到极限承载力时，隆起部分的边界形成环状的裂缝，仿佛板的局部被“冲”出，通常将这种局部破坏称作冲切破坏，“冲出”部分则称作冲切破坏锥。对于平板，实测的冲切破坏锥斜面的倾角(简称冲切角)为 20°～30°。但事实上冲切破坏面是比较复杂的、呈凹形的曲面，冲切角沿板的厚度是处处不同的，在靠近柱根处冲切角约为 45°。

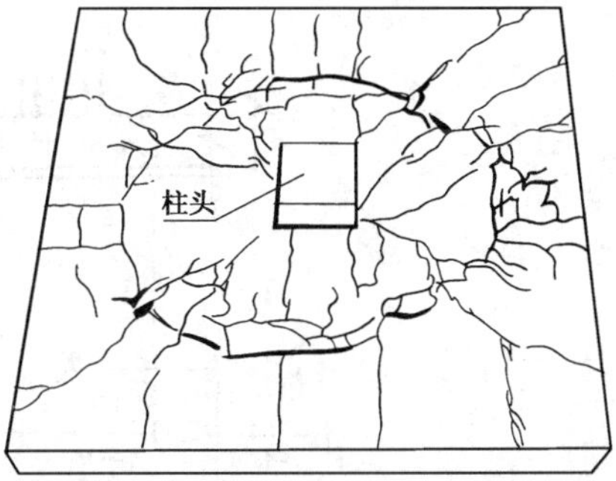

图 2-54　板柱节点冲切破坏形态

2. 受冲切承载力计算公式

在局部荷载或集中反力作用下的混凝土板可能会发生冲切破坏，根据混凝土板中心冲切的试验结果并参考国外的有关资料，我国《混凝土结构设计规范》(GB 50010)对混凝土板的受冲切承载力计算作出了如下规定：

(1) 对不配置受冲切箍筋或弯起钢筋的混凝土板，其受冲切承载力可按下列公式计算：

$$F_l \leqslant (0.7\beta_h f_t + 0.25\sigma_{pc,m})\eta u_m h_0 \tag{2-17a}$$

$$\eta = \min\begin{cases} \eta_1 = 0.4 + \dfrac{1.2}{\beta_s} \\ \eta_2 = 0.5 + \dfrac{\alpha_s h_0}{4u_m} \end{cases} \tag{2-17b}$$

式中　F_l——局部荷载设计值或集中荷载设计值(当计算无梁楼盖柱帽处的受冲切承载力时，取柱所受的轴向力设计值减去柱顶冲切破坏锥体范围内的荷载设计值)；

f_t——混凝土抗拉强度设计值；

$\sigma_{pc,m}$——计算截面周长上两个方向混凝土有效预压应力按长度的加权平均值，其值宜控制在 1.0～3.5N/mm² 范围内；对于非预应力混凝土板，取 $\sigma_{pc,m}=0$；

u_m——计算截面周长，即距局部荷载或集中反力作用面积周边 $h_0/2$ 处板垂直截面的最不利周长(图 2-55)；当板中开孔位于距集中荷载或反力作用面积边缘的距离不大于 6 倍板有效高度时，从集中荷载或反力作用面积中心至开孔外边上、下两条切线之间所包含的计算截面周长应予以扣除(图 2-56)；当 $l_1>l_2$ 时，孔洞边长 l_2 应用 $\sqrt{l_1 l_2}$ 代替；当单个孔洞中心靠近柱边且孔洞最大宽度小于 1/4 柱宽或 1/2 板厚中的较小者时，该孔洞对周长 u_m 的影响可略去不计；

h_0——截面有效高度；

β_h——截面高度影响系数，当 $h\leqslant 800$mm 时，取 $\beta_h=1.0$；当 $h\geqslant 2\,000$mm 时，取 $\beta_h=0.9$，其间按直线内插法取用；

η_1——局部荷载或集中反力作用面积形状的影响系数；

η_2——计算截面周长与板截面有效高度之比的影响系数；

β_s——局部荷载或集中反力作用面积为矩形时的长边与短边尺寸的比值，β_s 不宜大于4；当 β_s 小于2时取2；对圆形冲切面，β_s 取2；

α_s——柱位置影响系数：中柱，α_s 取40；边柱，α_s 取30；角柱，α_s 取20。

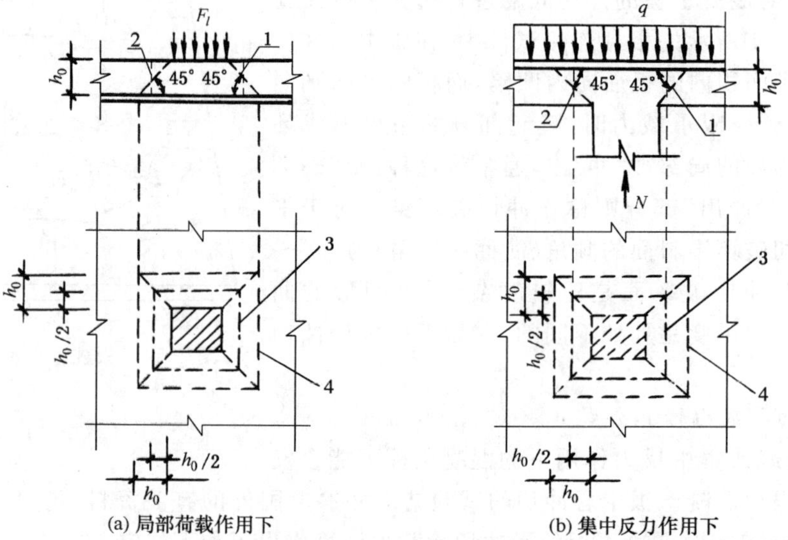

1—冲切破坏锥体的斜截面；2—计算截面；3—计算截面的周长；4—冲切破坏锥体的底面线

图 2-55　GB 50010 规范采用的假想冲切锥

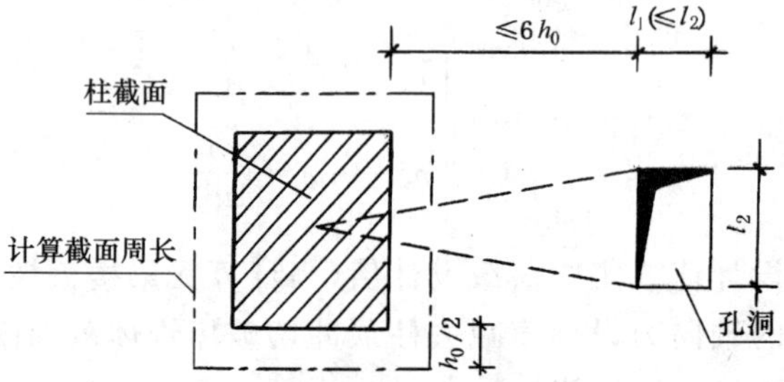

图 2-56　邻近开孔的临界周长

(2) 对配置受冲切箍筋或弯起钢筋的混凝土板，受冲切承载力可按下列公式计算：

当配置箍筋时

$$F_l \leqslant (0.5f_t + 0.25\sigma_{pc,m})\eta u_m h_0 + 0.8f_{yv}A_{sv,u} \tag{2-18}$$

当配置弯起钢筋时

$$F_l \leqslant (0.5f_t + 0.25\sigma_{pc,m})\eta u_m h_0 + 0.8f_y A_{sb,u}\sin\theta \tag{2-19}$$

式中　$A_{sv,u}$——与成45°冲切破坏锥体斜截面相交的全部箍筋截面面积；

$A_{sb,u}$——与成45°冲切破坏锥体斜截面相交的全部弯起钢筋截面面积；

f_{yv}——箍筋抗拉强度设计值，取值不应大于360N/mm²；

f_y——弯起钢筋抗拉强度设计值；

θ——弯起钢筋与板底面的夹角。

配置受冲切箍筋或弯起钢筋的混凝土板的截面尺寸，应符合式(2-20)的要求。

$$F_l \leqslant 1.2f_t\eta u_m h_0 \tag{2-20}$$

3. 冲切钢筋

根据 GB 50010 规范，配置受冲切箍筋或弯起钢筋的混凝土板，应符合下列构造要求：

(1) 板的厚度不应小于 200mm；

(2) 按计算所需的箍筋及相应的架立钢筋应布置在冲切破坏锥体范围内，并布置在从柱边向外不小于 $1.5h_0$ 的范围内(图 2-57(a))；箍筋宜为封闭式，直径不应小于 6mm，间距不应大于 $h_0/3$，且不应大于 100mm；

(3) 按计算所需的弯起钢筋应配置在冲切破坏锥体范围内，弯起角度可根据板的厚度在 30°～45°之间选取(图 2-57(b))；弯起钢筋的倾斜段应与冲切破坏斜截面相交，其交点应在离柱边以外(1/2～2/3)h 的范围内，弯起钢筋直径不应小于 12mm，且每一方向不应少于 3 根。

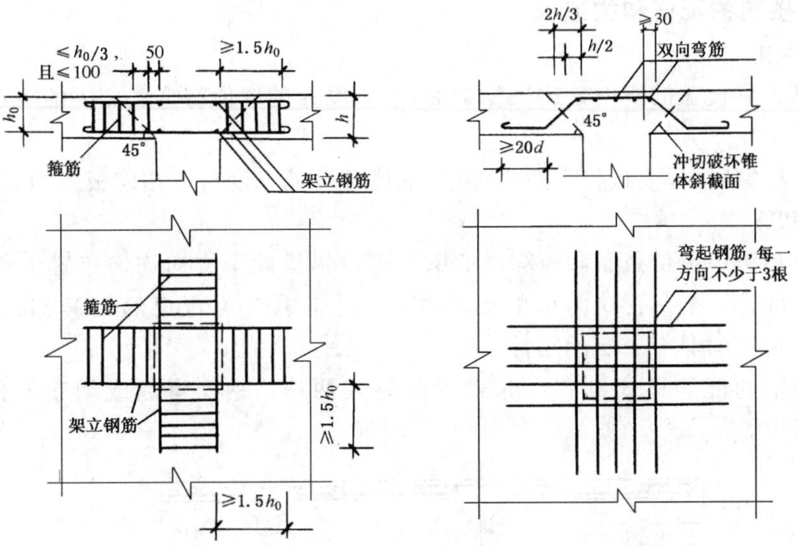

(a) 箍筋　　(b) 弯起钢筋

图 2-57　板中受冲切钢筋布置

研究与工程实践表明，在混凝土板内配置抗剪锚栓、扁钢 U 形箍、型钢(如工字钢、槽钢)等也能有效地提高受冲切承载力。

对配置受冲切钢筋的板，冲切破坏锥体很可能在已配置受冲切钢筋区域以外的板内形成。此时，可以将受冲切钢筋在底部锚固范围内的面积视作局部荷载或集中反力作用面积，并取该面积以外 $0.5h_0$ 处最不利的计算截面周长，按不配置受冲切钢筋的情况，用式(2-17)进行受冲切承载力验算。

4. 柱帽

在无梁板下层柱的顶端设置柱帽，可以增大板柱连接面积，提高板的冲切承载力。设置柱帽还可以减小板的计算跨度和柱的计算长度。但是设置柱帽可能会减小室内的有效空间，给施工也带来诸多不便。

常用柱帽有三种形式(图 2-52)：①台锥形柱帽；②折线形柱帽；③带托板柱帽。还可将柱帽做成各种艺术形式。柱帽的计算宽度按 45°压力线确定，一般取 $c=(0.2\sim0.3)l$，l 为板区格相应方向的边长；托板宽度一般不小于 $0.35l$，托板厚度一般取板厚的一半。

柱帽内的应力值通常很小，钢筋按构造要求配置即可(图 2-58)。

对设置柱帽的板，按式(2-17)计算受冲切承载力时，将集中荷载的边长取为柱帽计算宽度 c。

由于集中荷载面积成倍放大，通常不配置受冲切钢筋即可满足受冲切承载力的要求。

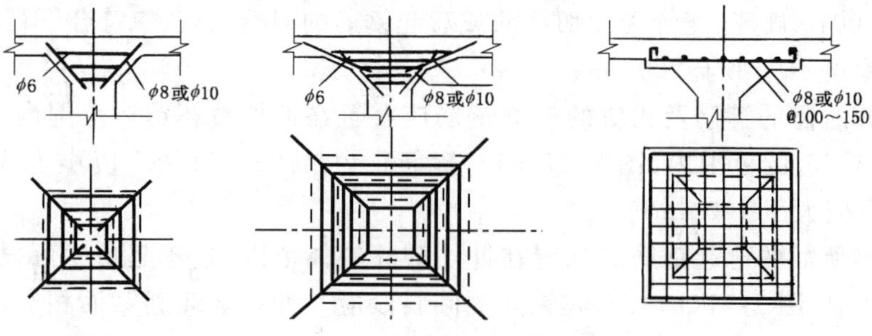

图 2-58　柱帽的钢筋配置

2.4.4　无梁楼盖的配筋和构造

1. *板的厚度*

精确计算无梁楼盖的挠度是比较复杂的，当板厚 h 的取值符合表 2-1 的规定时，一般可不予计算。

当采用无柱帽时，柱上板带可适当加厚，加厚部分的宽度可取相应板跨的 0.3 倍左右。

2. *板的配筋*

根据柱上和跨中板带截面弯矩算得的钢筋可沿纵横两个方向均匀布置于各自的板带上。钢筋的直径和间距，与一般双向板的要求相同，对于承受负弯矩的钢筋，其直径不宜小于 12mm，以保证施工时具有一定的刚性。

无梁楼盖中的配筋形式也有弯起式和分离式两种。钢筋弯起或切断的位置应满足图 2-59所示的要求。

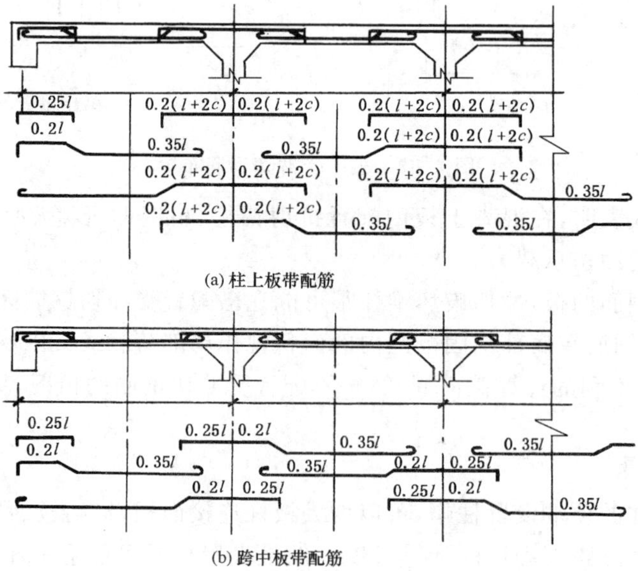

(a) 柱上板带配筋

(b) 跨中板带配筋

图 2-59　无梁楼盖的配筋构造

如果将柱网轴线上一定数量的钢筋连通起来，对于防止因整块板掉落而引起的结构连续性倒塌是有利的。

3. *边梁*

无梁楼盖的周边应设置边梁，其截面高度应不小于板厚的 2.5 倍，与板形成倒 L 形截面。边梁除了与边柱上的板带一起承受弯矩外，还有承受垂直于边梁轴线方向的扭矩，所以应配置必要的抗扭构造钢筋。

2.4.5 无梁楼盖设计例题

【例 2-6】某无梁楼盖的平面布置如图 2-60 所示。承受均布荷载,其永久荷载标准值为 4.5kN/m^2,可变荷载标准值为 6kN/m^2。柱截面为 500mm×500mm,且设置柱帽。已知基础顶标高为−2.20 m,第二层楼面标高为+4.40 m,第二至第五层的层高均为 3.80 m。试分别用弯矩系数法和等代框架法设计之(按 GB 50010 规范设计)。

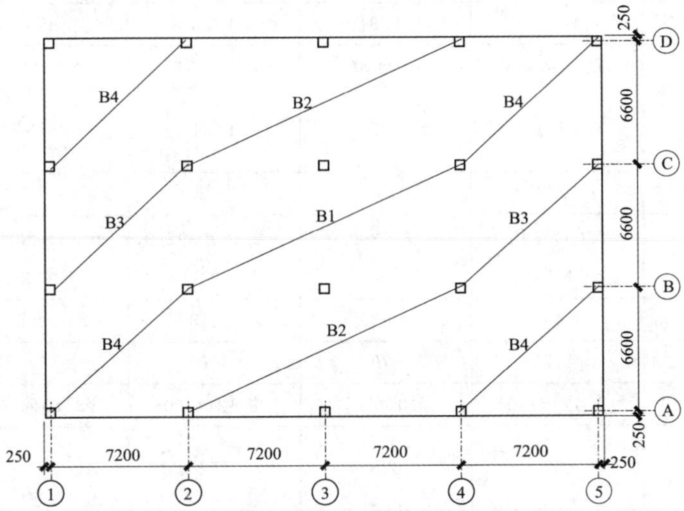

图 2-60 无梁楼盖平面布置(例 2-6)

【解】1. 截面尺寸选择

板厚:$h \geqslant \frac{1}{35} = \frac{6\,600}{35} = 188.6\text{mm}$ 且 $h \geqslant 150\text{mm}$,取 $h = 190\text{mm}$

柱帽宽度:$c = (0.2 \sim 0.3)l = 0.2 \times 7\,200 \sim 0.3 \times 7\,200 = (1\,440 \sim 2\,160)\text{mm}$,取 $c = 1\,800\text{mm}$

2. 荷载

永久荷载设计值	$g = 1.2 \times 4.5 = 5.4\text{kN/m}^2$
可变荷载设计值	$q = 1.3 \times 6.0 = 7.8\text{kN/m}^2$
合计	13.2kN/m^2

3. 用弯矩系数法设计

(1) 总弯矩设计值

两个方向的总弯矩设计值分别为

$$x\text{方向}\quad M_{0x} = \frac{1}{8}(g+q)l_{0y}\left(l_{0x} - \frac{2}{3}c\right)^2 = \frac{1}{8} \times 13.2 \times 6.6 \times \left(7.2 - \frac{2}{3} \times 1.8\right)^2 = 392.0\text{kN}\cdot\text{m}$$

$$y\text{方向}\quad M_{0y} = \frac{1}{8}(g+q)l_{0x}\left(l_{0y} - \frac{2}{3}c\right)^2 = \frac{1}{8} \times 13.2 \times 7.2 \times \left(6.6 - \frac{2}{3} \times 1.8\right)^2 = 346.4\text{kN}\cdot\text{m}$$

(2) 受弯承载力及配筋计算

板的有效高度:横向 $h_0 = 190 - 20 = 170\text{mm}$,纵向 $h_0 = 190 - 30 = 160\text{mm}$

钢筋:正弯矩钢筋采用 HPB300 级钢(Ⅰ级钢,$f_y = 270\text{N/mm}^2$)

负弯矩钢筋采用 HRB335 级钢(Ⅱ级钢,$f_y = 300\text{N/mm}^2$)

计算结果见表 2-17 和图 2-61。

表 2-17 弯矩设计值及配筋计算

计算内容			端跨			内跨	
			边支座	跨中	内支座	跨中	支座
x方向	柱上板带	$M/(\mathrm{kN\cdot m})$	$-0.48\times392.0=-188.2$	$0.22\times392.0=86.24$	$-0.50\times392.0=-196.0$	$0.18\times392.0=70.56$	$-0.50\times392.0=-196.0$
		受压区高度/mm	25.35	11.11	26.49	9.035	26.49
		$A_s/(\mathrm{mm^2\cdot m^{-1}})$	1 208	589	1 263	479	1 263
		选配	Φ14@125	ϕ10@100	Φ14@125	ϕ10@125	Φ14@125
		实际 $A_s/(\mathrm{mm^2\cdot m^{-1}})$	1 231	785	1 231	628	1 231
		配筋率/%	0.72	0.46	0.72	0.37	0.72
	跨中板带	$M/(\mathrm{kN\cdot m})$	$-0.05\times392.0=-19.60$	$0.18\times392.0=70.56$	$-0.17\times392.0=-66.64$	$0.15\times392.0=58.80$	$-0.17\times392.0=-66.64$
		受压区高度/mm	2.461	9.035	8.519	7.496	8.519
		$A_s/(\mathrm{mm^2\cdot m^{-1}})$	117	479	406	397	406
		选配	Φ12@250	ϕ10@125	Φ12@250	ϕ8/10@125	Φ12@250
		实际 $A_s/(\mathrm{mm^2\cdot m^{-1}})$	452	628	452	515	452
		配筋率/%	0.27	0.37	0.27	0.30	0.27
y方向	柱上板带	$M/(\mathrm{kN\cdot m})$	$-0.48\times346.4=-166.3$	$0.22\times346.4=76.21$	$-0.50\times346.4=-173.2$	$0.18\times346.4=62.35$	$-0.50\times346.4=-173.2$
		受压区高度/mm	21.66	9.54	22.63	7.76	22.63
		$A_s/(\mathrm{mm^2\cdot m^{-1}})$	1 032	505	1 079	411	1 079
		选配	Φ14@125	ϕ10@100	Φ14@125	ϕ10@125	Φ14@125
		实际 $A_s/(\mathrm{mm^2\cdot m^{-1}})$	1 231	785	1 231	628	1 231
		配筋率/%	0.77	0.49	0.77	0.49	0.77
	跨中板带	$M/(\mathrm{kN\cdot m})$	$-0.05\times346.4=-17.32$	$0.18\times346.4=62.35$	$-0.17\times346.4=-58.89$	$0.15\times346.4=51.96$	$-0.17\times346.4=-58.89$
		受压区高度/mm	2.12	7.76	7.32	6.44	7.32
		$A_s/(\mathrm{mm^2\cdot m^{-1}})$	101	411	349	341	349
		选配	Φ12@250	ϕ10@125	Φ12@250	ϕ8/10@125	Φ12@250
		实际 $A_s/(\mathrm{mm^2\cdot m^{-1}})$	452	628	452	515	452
		配筋率/%	0.28	0.39	0.28	0.32	0.28

Ⅰ级钢：$\rho_{min}=\min(0.2,45f_t/f_y)=\min(0.2,45\times1.43/270)=0.24\%$

Ⅱ级钢：$\rho_{min}=\min(0.2,45f_t/f_y)=\min(0.2,45\times1.43/300)=0.21\%$

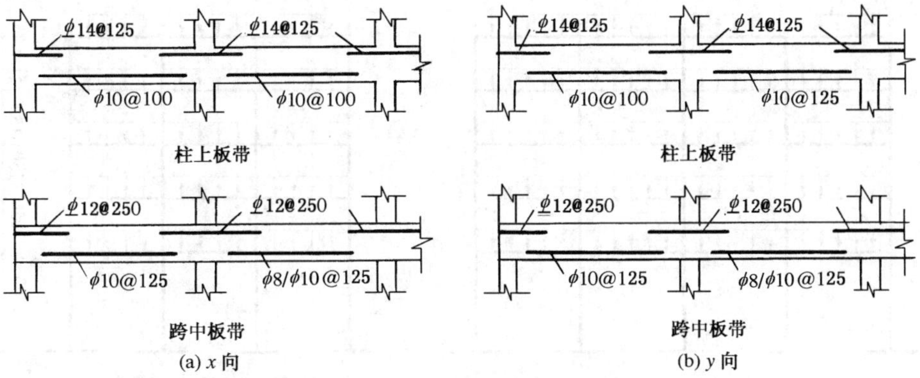

图 2-61 按弯矩系数法板的配筋示意图(2-6)

4. 用等代框架法设计

1) 等代框架构件尺寸确定

(1) 等代梁

计算跨度 x 向 $l_{0x}-\frac{2}{3}c=7\,200-\frac{2}{3}\times1\,800=6\,000\text{mm}$

y 向 $l_{0y}-\frac{2}{3}c=6\,600-\frac{2}{3}\times1\,800=5\,400\text{mm}$

截面惯性矩 x 向 $I_{bx}=\frac{1}{12}\times6.6\times0.19^3=3.772\times10^{-3}\text{m}^4$

y 向 $I_{by}=\frac{1}{12}\times7.2\times0.19^3=4.115\times10^{-3}\text{m}^4$

柱帽高度 (1 800 －500)/2＝650mm

(2) 等代柱

计算高度 底层 4.40 ＋ 2.20－0.19－0.65＝5.76m

其他层 3.80－0.65＝3.15m

截面惯性矩 x 向 $I_{cx}=I_{cy}=\frac{1}{12}\times0.5\times0.5^3=5.208\times10^{-3}\text{m}^4$

2) 等代框架计算简图

可变荷载按满布考虑，等代梁上均布荷载为

x 向 13.2×6.6＝87.12kN/m

y 向 13.2×7.2＝95.04kN/m

两个方向的等代框架计算简图如图 2-62 所示。

3) 内力计算

竖向荷载下的框架分析采用分层法。x 向等代框架的计算结果见表 2-18。y 向等代框架的计算过程与 x 向相类似，此处略。

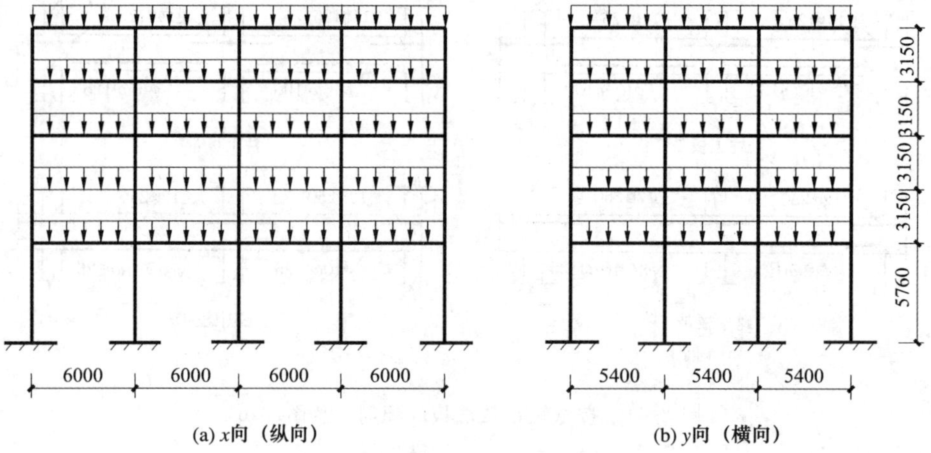

图 2-62 等效框架计算简图

表 2-18 **x 向等代框架分层法内力计算结果** kN · m

计算内容		边跨			中间跨		
		边支座	跨中	第一内支座	第一内支座	跨中	中间支座
顶层	等代梁	−186.9	152.7	−291.8	−270.4	128.4	−256.9
	柱上板带	−0.90×186.9 =−168.2	0.55×152.7 =83.99	−0.75×291.8 =−218.9	−0.75×270.4 =−202.8	0.55×128.4 =70.62	−0.75×256.9 =−192.7
	跨中板带	−0.10×186.9 =−18.69	0.45×152.7 =68.72	−0.25×291.8 =−72.95	−0.25×270.4 =−67.60	0.45×128.4 =57.78	−0.25×256.9 =−64.23
一般层	等代梁	−217.2	143.0	−280.8	−264.8	129.8	−259.7
	柱上板带	−195.5	78.65	−210.6	−198.6	71.39	−194.8
	跨中板带	−21.72	64.35	−70.20	−66.20	58.41	−64.93
底层	等代梁	−208.9	145.6	−283.9	−266.1	129.4	−259.1
	柱上板带	−188.0	80.08	−212.9	−199.6	71.17	−194.3
	跨中板带	−20.89	65.52	−70.98	−66.53	58.23	−64.78

注：对除底层各柱以外的其他各层立柱，线刚度均乘以折减系数 0.9，传递系数取为 1/3。

4）配筋计算（略）

5. 板的受冲切承载力计算

由于无梁楼盖一般均要求设边梁，故只对中柱进行抗冲切验算。

$$g+q=13.2\text{kN/m}^2,\quad h_0=190-25=165\text{mm}$$

$\beta_s=1.0$，对中柱 $\alpha_s=40$，

$$\eta_1=0.4+1.2=1.6,\quad \eta_2=0.5+\frac{40\times165}{4\times(1\,800+165)}=1.340$$

冲切荷载设计值

$$\begin{aligned}F_l&=(g+q)[l_{0x}l_{0y}-(c+2h_0)^2]\\&=13.2\times[7.2\times6.6-(1.8+2\times0.165)^2]\\&=567.4\text{kN}\end{aligned}$$

$$
\begin{aligned}
0.7f_t\eta u_m h_0 &= 0.7\times1.43\times1.340\times[4\times(1\,800+165)]\times165 \\
&= 1.739\times10^6\mathrm{N}=1\,739\mathrm{kN}>F_l
\end{aligned}
$$

受冲切承载力满足要求。

2.5 密肋楼盖和井式楼盖

2.5.1 密肋楼盖和井式楼盖形式

在前述的肋梁楼盖或无梁楼盖中，如果用模壳在板底形成规则的“挖空”部分，没有挖空的部分在两个方向形成高度相同的肋（梁），视肋（梁）的间距大小，可将这种形式的楼盖称作密肋楼盖或井式楼盖。

密肋楼盖中肋的间距一般不大于1.5m，而在井式楼盖中则通常采用边长为2～3m的网格。

与普通的肋梁楼盖或无梁楼盖相比，采用密肋楼盖或井式楼盖可以在不增加结构自重的前提下，增加板的结构高度，从而增大结构跨度。而且，密肋楼盖和井式楼盖的建筑效果也较好。

工程中采用的密肋楼盖，虽然形式多样，但大多是从普通的无梁楼盖演变而来（图2-63）。为了保证受冲切承载力，柱顶附近部分范围内的板一般不挖空而保持为实心区（图2-63(d)，图2-63(c)）。也可以在柱网轴线上保留一定宽度的实心板带而形成与密肋板等厚的“暗梁”（图2-63(a)，(b)），使荷载从板传递到柱的路线更加明确。对预应力密肋楼盖，可采用图2-63(d)所示的形式，其中一个方向的预应力钢筋集中布置在柱上板带，而另一个方向的预应力钢筋则分散布置在全部板宽内。

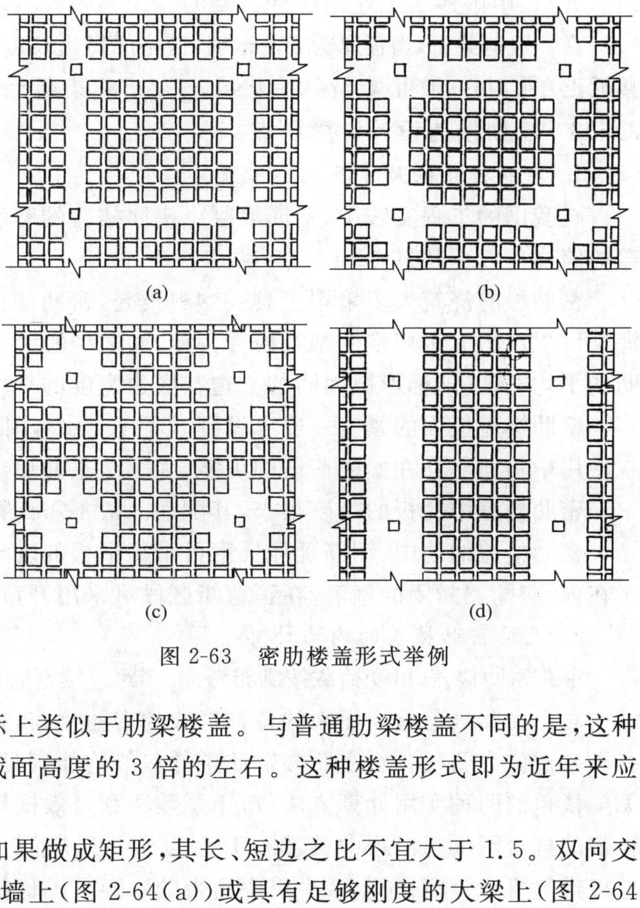

图2-63 密肋楼盖形式举例

有时，由于预应力钢筋布置的需要，密肋楼盖柱网轴线上实心板带的高度大于密肋板而从板底凸出，相当于与柱相连的肋梁，这时的密肋楼盖实际上类似于肋梁楼盖。与普通肋梁楼盖不同的是，这种肋梁的截面呈扁平状，截面的宽度可达截面高度的3倍的左右。这种楼盖形式即为近年来应用日益广泛的扁梁楼盖结构。

井式楼盖在平面上宜做成正方形，如果做成矩形，其长、短边之比不宜大于1.5。双向交叉（一般为正交）的井字梁可直接支撑在墙上（图2-64(a)）或具有足够刚度的大梁上（图2-64(c)）；井字梁亦可采用沿45°方向布置（图2-64(b)，(d)）。

2.5.2 井式楼盖设计计算要点

井式楼盖中的板可按双向板设计，可以不考虑梁的挠度影响。在井字梁中很难区分主、次梁，由两个方向的梁共同直接承受由板传来的荷载。

在一个跨度范围内，当格数多于5×5格时，可近似地按“拟板法”进行计算。所谓拟板法，

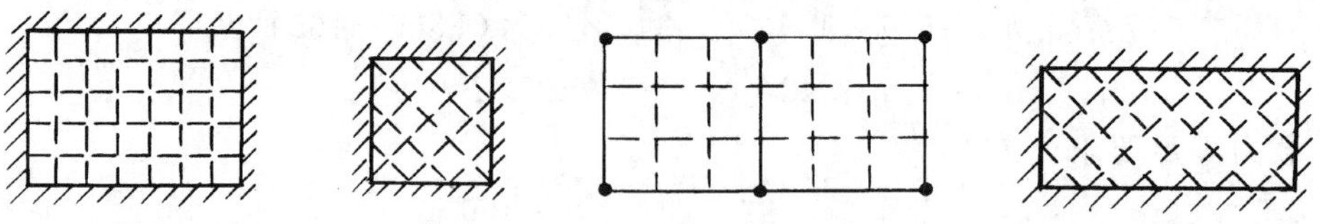

图 2-64　井式楼盖的平面布置

就是按截面抗弯刚度等价(按弹性分析即为截面惯性矩等价)的原则,将井字梁及其板面比拟为等厚的板来进行计算的方法。

当格数少于 5×5 格时,可以忽略井字梁交叉点处的扭矩,按交叉梁系进行计算。当板的区格为正方形时,井字梁上的荷载在两个方向都是三角形分布。当板的区格为矩形时,则一个方向荷载为三角形分布,另一个方向为梯形分布。

单跨井式楼盖,可变荷载按满布考虑;多跨连续井式楼盖,通常要考虑可变荷载的不利布置。井字梁的内力计算可以利用已有的计算手册,如由包福廷编著的《井字梁结构静力计算手册》(北京:中国建筑工业出版社,1989)。

在一般荷载下,当板厚为 80mm 时,区格的短边长度可控制在 3.6m 左右。当平面为正方形或接近正方形时,一般可取梁高 $h=(1/16\sim1/18)l$,梁宽 $b=(1/3\sim1/4)h$,l 为房间平面的短边长度。

2.5.3　密肋楼盖设计计算要点

1. 密肋楼盖的尺寸及构造

在我国的工程实践中,钢筋混凝土密肋楼盖的跨度一般不超过 9m,预应力混凝土密肋楼盖的跨度一般不超过 12m。

密肋板的浇筑大多采用工具式塑料模壳,密肋的网格尺寸及肋的尺寸由模壳决定。以上海某厂生产的五种规格的塑料模壳为例,肋的中心距为 600～1 150mm,肋高为 190～350mm,肋的平均宽度(即梯形截面肋的上边与底边宽度的平均值)为 120～160mm。

密肋楼盖板面的厚度一般可做到 60～130mm,国内有些工程甚至做到 40mm 厚。考虑到在使用中板面上存在集中荷载的可能,为了防止冲切破坏的发生,板面不宜做得过薄。

密肋楼盖中的板的跨度很小,其配筋一般不需计算,按构造要求配置即可。

密肋楼盖的肋中,钢筋延伸长度可采用平板的规定。对配置负弯矩钢筋的区段(包括实心区在内)应配置封闭的箍筋,在正弯矩区段可采用开口箍筋。

2. 无梁密肋楼盖的内力计算

单跨密肋楼盖,可变荷载按满布考虑;多跨连续密肋楼盖,通常要考虑可变荷载的不利布置。

对由无梁楼盖演变而来的各种形式的密肋楼盖,如果柱上板带和跨中板带的宽度内均含有不少于三个肋(注:对密肋楼盖此条件一般均能满足),可认为其近似于平板,可以采用前述无梁楼盖的两种实用计算方法(弯矩系数法和等效框架法)进行设计计算。如果密肋楼盖柱上板带的抗弯刚度超出跨中板带的 10%以上,可以近似地按两者刚度的比例变化,相应增加柱上板带的弯矩分配比例,减少跨中板带的弯矩分配比例。

将按实用计算方法得到的柱上板带和跨中板带的弯矩,按肋间距的大小分配到各个肋,据此确定肋的截面配筋。正弯矩作用时,肋按 T 形截面计算,肋宽取为肋顶与肋底宽度的平均值;如果翼缘的高度不大于肋板总高度的 1/10 时,可忽略翼缘的作用,按矩形截面计算。负弯矩作用时,肋按矩形截面计算,肋宽取为肋底的宽度。

对柱端附近的实心区板,应验算其受冲切承载力,并且,实心区四周与密肋相连处的斜截面受冲切承载力之和应不小于冲切荷载。

3. 有梁密肋楼盖的内力计算

对柱网轴线上有梁的密肋楼盖，目前有两种计算方法：一种是按肋梁楼盖进行计算，假定密肋板完全支承在这些通过柱网轴线的梁上。另一种则仍按无梁楼盖进行计算，将梁视为柱上板带的组成部分，根据梁与板抗弯刚度比值计算内力。下面对后一种方法作简要的介绍。

《美国钢筋混凝土房屋建筑规范》(ACI 318)允许将无梁楼盖的实用计算方法用于柱网轴线上含梁的情况，表 2-19 为 ACI 318 规范建议的柱上板带的弯矩分配比值。表中 $\alpha_x l_{0y}/l_{0x}$ 为梁的抗弯线刚度与单位宽度板的抗弯刚度之比，推导如下：

$$\frac{\dfrac{E_{cb}I_b}{l_{0x}}}{\dfrac{E_{cs}h_f^3}{12}}=\frac{\dfrac{E_{cb}I_b}{l_{0x}}}{\dfrac{E_{cs}}{l_{0y}}\dfrac{l_{0y}h_f^3}{12}}=\frac{\dfrac{E_{cb}I_b}{l_{0x}}}{\dfrac{E_{cs}I_s}{l_{0y}}}=\alpha_x\frac{l_{0x}}{l_{0y}}$$

式中，α_x 为梁的截面抗弯刚度与板的截面抗弯刚度之比：

$$\alpha_x=\frac{E_{cb}I_b}{E_{cs}I_s}$$

梁的截面惯性矩 I_b 和板的截面惯性矩 I_s 按图 2-65 所示的阴影面积计算。

在柱上板带中梁应承担的弯矩、剪力比值按表 2-20 的规定取用。

扣除梁承担的内力份额，余下的自然是柱上板带应承担的内力份额。

计算柱上板带中梁的剪力时，梁上荷载的取法与双向板肋梁楼盖相同，为三角形或梯形分布荷载。扣除梁承担的剪力份额之后，余下的剪力是混凝土板冲切抵抗应承担的剪力份额。

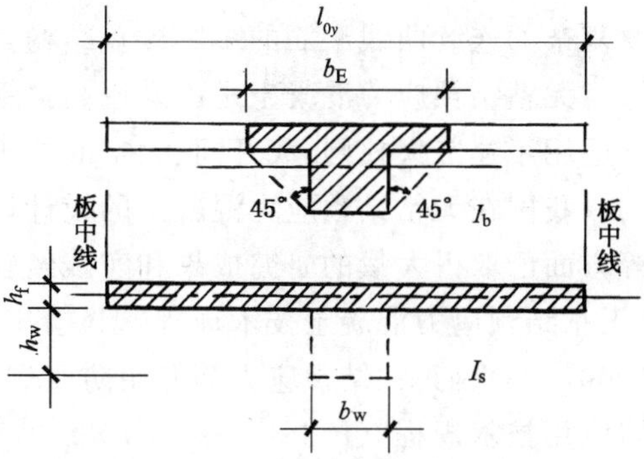

图 2-65 I_b 和 I_s 的计算截面

需要指出，ACI 318 规范对无梁楼盖柱上板带和跨中板带的划分方法与我国的规范有所不同。在 ACI 318 规范中，两个方向的柱上板带宽度都是只与网格的短边长度相联系，在柱网轴线每侧取为相应网格短边长度的 1/4。

表 2-19 ACI 318 规范建议的柱上板带的弯矩分配比值

l_{0y}/l_{0x}			0.5	1	1.5
外支座截面负弯矩	$\alpha_x l_{0y}/l_{0x}=0$	$\beta_T=0$	1	1	1
		$\beta_T\geqslant 2.5$	0.75	0.75	0.75
	$\alpha_x l_{0y}/l_{0x}\geqslant 1.0$	$\beta_T=0$	1	1	1
		$\beta_T\geqslant 2.5$	0.9	0.75	0.45
内支座截面负弯矩	$\alpha_x l_{0y}/l_{0x}=0$		0.75	0.75	0.75
	$\alpha_x l_{0y}/l_{0x}\geqslant 1.0$		0.9	0.75	0.45
跨中截面负弯矩	$\alpha_x l_{0y}/l_{0x}=0$		0.6	0.6	0.6
	$\alpha_x l_{0y}/l_{0x}\geqslant 1.0$		0.9	0.75	0.45

注：(1) x 方向为计算方向；

(2) 对于中间值可用直线插入法求得；

(3) β_T 为边梁的截面抗扭刚度与板的截面抗弯刚度之比：$\beta_T=\dfrac{E_{cb}I_{bt}}{2E_{cs}I_s}$，其中 I_{bt} 为边梁截面受扭惯性矩。

表 2-20 柱上板带中梁承担的弯矩、剪力比值

项目	弯矩	剪力
$\alpha_x l_{0y}/l_{0x}=0$	0	0
$\alpha_x l_{0y}/l_{0x}\geqslant 1.0$	0.85	1

注：(1) x 方向为计算方向；(2) 对于中间值可用直线插入法求得。

2.6 无粘结预应力混凝土楼盖

2.6.1 材料和工艺

在无粘结预应力混凝土中，允许配置的预应力筋在张拉后与周围混凝土产生相对滑动。无粘结预应力筋一般由钢丝束或钢绞线涂上润滑油脂，外加注塑成型的聚乙烯塑料套管而构成。施工时，将无粘结预应力筋像普通的钢筋一样，浇筑在混凝土内，当混凝土达到规定强度后，用千斤顶张拉，两端用锚具锚固。无粘结预应力混凝土不需预留孔道、穿筋和灌浆，简化了施工工艺。无粘结预应力筋易于形成连续的多波形状，受到的摩擦力也很小，因此特别适合需要复杂的连续曲线配筋的多跨楼盖结构。

无粘结预应力混凝土是以采用高强钢材、先进的预应力工艺和现代的设计方法为特征，非常适用于建造大柱网、大开间、大空间的多、高层及超高层建筑楼盖。

我国在无粘结预应力混凝土的设计计算理论、材料加工、锚具系统和工艺设备、施工操作等方面已取得大量的研究成果和实践经验，还专门制定颁布了一系列技术规程和产品标准，如《无粘结预应力混凝土技术规程》(JGJ/T 92—2004)、《钢绞线、钢丝束无粘结预应力筋》(JGJ 3006—93)、《无粘结预应力筋专用防腐润滑脂》(JG 3007—93)、《预应力筋用锚具、夹具和联结器应用技术规程》(JGJ 85—2010)等。

预应力混凝土楼盖宜选用较高强度等级的混凝土，通常不低于 C35。

2.6.2 等效荷载法

将预应力筋对楼盖的作用用一组等效荷载代替，原来的预应力楼盖视作同时受到外荷载和等效荷载作用的非预应力结构，从而运用通常的方法计算之，这就是“等效荷载法”。

1. 预应力简支梁的等效荷载

(1) 抛物线配筋

图 2-66(a)所示的抛物线配筋的预应力简支梁，坐标原点 O 设在二次抛物线预应力筋的中点，预应力筋的曲线方程为

$$y=Cx^2$$

当 $x=l_0/2$ 时，$y=e$，可定出上式中的常数

$$C=\frac{4e}{l_0^2}$$

曲线任一点的倾角为

$$\theta=\frac{\mathrm{d}y}{\mathrm{d}x}=\frac{8e}{l_0^2}x$$

在梁端 $x=l_0/2$ 处，$\theta=4e/l_0$。

由预应力筋引起的任一点弯矩为

$$M_p = N_p(e-y) = N_p e\left(1-\frac{4x^2}{l_0^2}\right)$$

在跨中 $x=0, M_{p0}=N_p e$。

任一点的剪力为

$$V_p = N_p \sin\theta \approx N_p\theta = N_p\frac{dy}{dx} = N_p\frac{8e}{l_0^2}x$$

由材料力学的概念可知,抛物线预应力筋的竖向分力体现为如下的分布荷载:

$$q_p = \frac{dV_p}{dx} = N_p\frac{8e}{l_0^2} \tag{2-21}$$

此处 q_p 的方向朝上。将式(2-21)变换一下形式,可得

$$N_p e = \frac{1}{8}q_p l_0^2 = M_{p0} \tag{2-22}$$

由此可知,就抛物线配筋的预应力简支梁的截面弯矩而言,预应力的作用与竖向分布荷载 q_p 的作用是等效的。

一般民用建筑中,预应力筋提供的 q_p 值可取为永久荷载标准值或永久荷载标准值加不超过50%的可变荷载标准值。由此根据式(2-22)就可以求出所需的预加力 N_p。

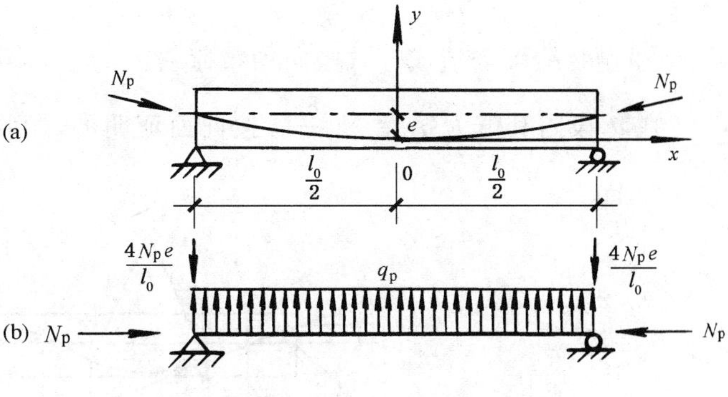

图 2-66　抛物线配筋的简支梁及等效荷载

抛物线预应力筋的水平分力为

$$N_{px} = N_p\cos\theta \approx N_p \tag{2-23}$$

图 2-66(b)所示为抛物线配筋的预应力简支梁在等效荷载作用下的计算简图。

(2) 直线配筋

图 2-67(a)所示的直线配筋的预应力简支梁,因为

$$y=0, \quad \frac{dy}{dx} = \frac{d^2y}{dx^2} = 0$$

故 $q_p=0$,仅端部有 $M_p=N_p e$,梁上有轴向压力 N_p(图 2-67(b))。

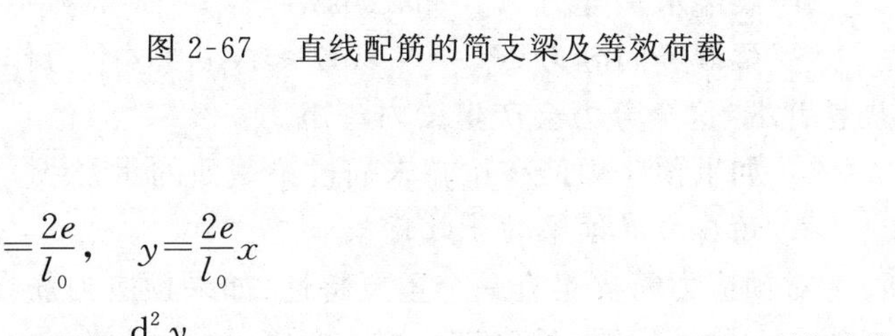

图 2-67　直线配筋的简支梁及等效荷载

(3) 折线配筋

图 2-68(a)所示的折线配筋的预应力简支梁,预应力筋的转折点位于跨中,将该转折点设为坐标原点。

$$\theta = \frac{2e}{l_0}, \quad y = \frac{2e}{l_0}x$$

显然

$$q_p = N_p\frac{d^2y}{dx^2} = 0 \tag{2-24}$$

在突变处
$$P_p=N_p\times 2\theta=N_p\frac{4e}{l_0} \tag{2-25}$$

跨中
$$M_{p0}=N_pe=\frac{1}{4}P_pl_0 \tag{2-26}$$

图 2-68(b)所示为折线配筋的预应力简支梁在等效荷载作用下的计算简图。

(4) 组合曲线配筋

在图 2-69 所示的简支梁中，预应力筋包含了各种常见的形式。用与上述例子相似的方法，求得其等效荷载，从中可以归纳出一下规律：

① 直线段配筋不论是平行还是倾斜于构件的轴线方向，都不会造成等效竖向荷载。

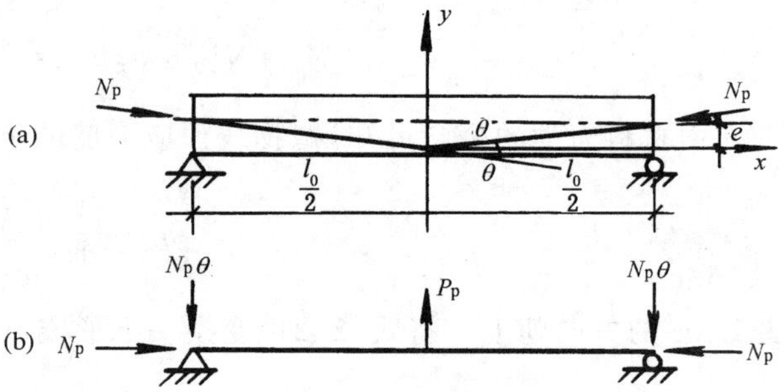

图 2-68　折线配筋的简支梁及等效荷载

② 抛物线配筋造成等效竖向均布荷载。

在 a_2 段内其值为 $q_{p2}=N_p\,\frac{8e_2}{a_2^2}$，按前面证明的，抛物线端部的倾角 $\frac{\theta_2}{2}=\frac{4e_2}{a_2}$，故 $q_{p2}=\frac{N_p\theta_2}{a_2}$，方向向上。

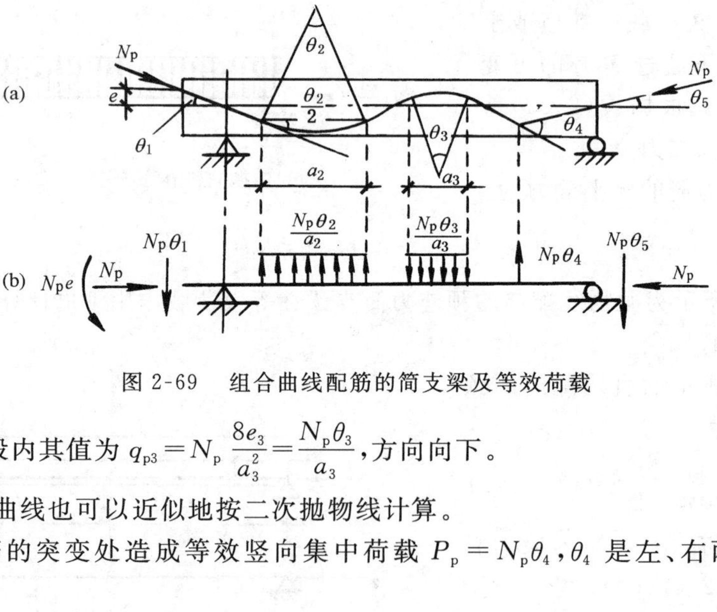

图 2-69　组合曲线配筋的简支梁及等效荷载

同理，在 a_3 段内其值为 $q_{p3}=N_p\,\frac{8e_3}{a_3^2}=\frac{N_p\theta_3}{a_3}$，方向向下。

平坦的圆弧曲线也可以近似地按二次抛物线计算。

③ 折线配筋的突变处造成等效竖向集中荷载 $P_p=N_p\theta_4$，θ_4 是左、右两端直线的倾角之和。

④ 梁端水平分力 $N_{px}=N_p\cos\theta_1\approx N_p\times 1=N_p$，不造成弯矩。

⑤ 梁端竖向分力 $N_{py}=N_p\sin\theta_1\approx N_p\theta_1$，这个力作用在支座处就与剪力相互平衡，若梁端是悬臂端，这个分力会产生梁内弯矩。

⑥ 如果预应力筋在梁端未通过梁截面的重心线，梁端有弯矩 N_pe。

2. 预应力连续梁的等效荷载

对预应力简支梁有一个重要特性：如果预应力筋在跨内的形状保持不变，而在支座处被竖直地上下移动位置，只改变梁端的弯矩，对其他部分的等效荷载没有影响。

对预应力连续梁可以得出另一个重要特性：如果预应力筋在各跨内的形状保持不变，而在中间支座处被竖直地上下移动位置，对梁的等效荷载没有影响。但在端支座上改变预应力筋的位置会改变梁端弯矩。

弄清连续梁中预应力配筋的特性后，可以很方便地求出等效荷载。实际上，连续梁与简支梁的等效荷载没有区别。

3. 双向预应力板的等效荷载

如果板的两个方向都配有预应力筋，等效荷载折算成面积分布荷载并进行叠加，得

$$q_{ps}=\frac{q_{px}}{b_y}+\frac{q_{py}}{b_x}=\frac{8N_{px}e_x}{l_x^2b_y}+\frac{8N_{py}e_y}{l_y^2b_x} \tag{2-27}$$

式中 q_{px}，q_{py}——x 方向，y 方向的等效线形分布荷载；

b_x，b_y——x 方向，y 方向的预应力筋作用的板的宽度；

N_{px}，N_{py}——x 方向，y 方向的预加力；

l_x，l_y——x 方向，y 方向抛物线的跨度；

e_x，e_y——x 方向，y 方向抛物线的矢高。

4. 等效荷载法的计算步骤

预应力连续梁板的计算步骤可简单归纳如下：

① 求主弯矩 M_1，即预应力的合力对折算截面重心的力矩。

② 求预应力作用的等效荷载。

③ 求综合弯矩，即综合考虑了预应力和超静定影响的弯矩。把等效荷载加在连续梁板上，用结构力学方法解出的弯矩即为综合弯矩 M_P。

④ 求次弯矩 M_2，即预应力作用在超静定的连续梁板中引起的附加力矩。从综合弯矩中扣除主弯矩，余下的即为次弯矩，$M_2=M_P-M_1$。每跨的次弯矩为直线分布。

预应力配筋曲线给定的连续梁，在求得主弯矩、综合弯矩和次弯矩后，其在预应力作用下的内力分析即告完成。

在进行正截面承载力计算时，应将次弯矩叠加到设计弯矩中去。在抗裂计算时，应考虑综合弯矩的影响。

2.6.3 预应力楼盖的截面设计与构造

1. 预应力楼盖的尺寸

预应力楼盖的截面高度与其跨度、形式和荷载情况等有关，同时必须满足各种截面承载能力、挠度、裂缝、防火及钢筋防腐蚀等方面的要求。根据我国的工程经验，预应力楼盖的跨高比和跨度可参照表 2-21 取用。

表 2-21 预应力混凝土梁板的跨高比及经济跨度

结构形式	跨高比	经济跨度/m	结构形式	跨高比	经济跨度/m
单向梁	16～25	8～15	单向板	35～45	6～9
扁梁	20～25	9～18	双向板	40～50	7～10
框架梁	12～18	15～25	密肋板	30～35	10～15
井字梁	20～25	16～32	悬臂板	≤16	—
悬臂梁	≤10	—			

2. 无粘结预应力筋应力设计值

《无粘结预应力混凝土结构技术规程》(JGJ/T 92—2004)规定，在受弯承载力极限状态下无粘结筋的应力设计值 σ_p 按下列公式计算：

当跨高比≤35 时 $$\sigma_P=\frac{1}{\gamma_s}[\sigma_{Pe}+(500-770\beta_0)] \tag{2-28a}$$

当跨高比>35 时 $$\sigma_P=\frac{1}{\gamma_s}[\sigma_{Pe}+(250-380\beta_0)] \tag{2-28b}$$

式中 σ_{Pe}——无粘结预应力筋扣除全部预应力损失后的有效预应力；

β_0——综合配筋指标，$\beta_0=\frac{\rho_P\sigma_{Pe}}{1.1f_c}+\frac{\rho_s f_y}{1.1f_c}$，且 $\beta_0\leqslant0.45$；

ρ_P，ρ_s——预应力筋、非预应力筋的配筋率；

f_y——非预应力筋的抗拉强度设计值；

f_c——混凝土轴心抗压强度设计值；

γ_s——材料分项系数，取 1.2。

同时，σ_p 不应大于无粘结预应力筋的抗拉强度设计值 f_{py}，且不小于其有效预应力 σ_{pe}。

3. 无梁板内预应力筋的布置

无梁板两个方向的预应力筋用量确定之后，可采用以下两种布置方式：

(1) 在两个方向按柱上板带和跨中板带布置(图 2-70a)，其中柱上板带占 60%～75%，相应地跨中板带占 40%～25%。这种布置方式比较符合板的受力状态，缺点是要将两个方向的抛物线形预应力筋交织成网，施工上诸多不便。

(2) 无粘结预应力筋在一向集中布置，在另一向均匀布置(图 2-70(b))。集中布置的无粘结预应力筋宜分布在柱两边各 1.5 倍板厚的范围内；均匀布置的无粘结预应力筋的间距不得超过 6 倍的板厚，且不宜大于 1 m。这种布置方式易于保证无粘结筋的曲线形状。以上两种布置方式中，每一方向穿过柱子的无粘结预应力筋不得少于 2 根。

4. 非预应力筋的配置

现代预应力混凝土结构中通常都配置适当数量的有粘结的非预应力钢筋，这样能防止受拉区混凝土突然开裂，而且能使裂缝分布均匀，破坏时有预兆。

如果配置的预应力筋数量不能满足承载力要求，可用非预应力钢筋予以补充。

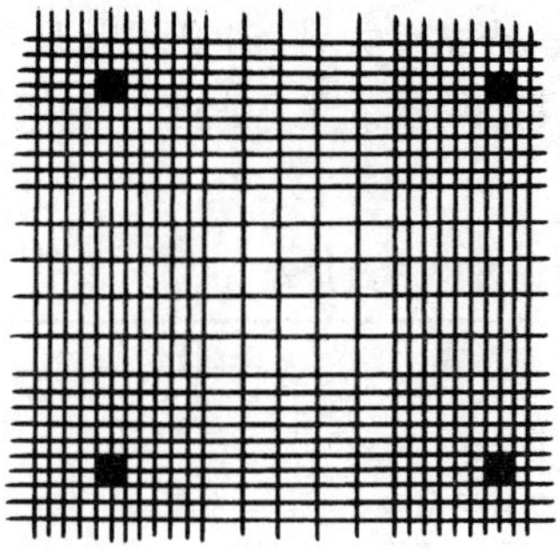

(a)

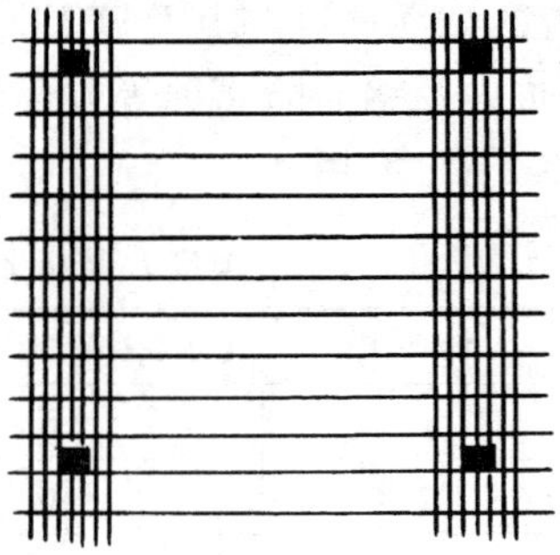

(b)

图 2-70 无梁楼板中无粘结预应力筋的布置

截面中最大配筋率与最小配筋率应符合有关规范的要求。

对采用无粘结预应力筋作主筋的受弯截面，在尚无充足的试验依据之前，非预应力筋的最小配筋量应满足

$$A_s \geqslant 0.004A_t \tag{2-29}$$

式中，A_t为受弯截面中受拉区域的面积。

对于地震区的主梁，普通钢筋的相对含量应满足下式要求

$$\frac{f_y A_s}{f_y A_s + \sigma_p A_p} \geqslant 0.25 \tag{2-30}$$

2.7　装配式楼盖

在工业与民用建筑中装配式楼盖得到广泛应用。装配式楼盖有铺板式、无梁式和密肋式多种形式，其中以铺板式楼盖的应用最为广泛。

现代装配式楼盖中，一部分构件采用预制，另一部分采用现浇，并可利用预制部分作为现浇部分的模板支承，或直接作为现浇部分的模板。这样能够大量节省模板，减少现场工作量，结构的整体性也可与整浇式楼盖相媲美。

2.7.1　铺板式楼盖

铺板式楼盖是将预制楼板铺设在支承梁或承重墙上而构成(图 2-3)。

预制楼板多为单跨简支布置，铺板宽度应视施工条件而定，可从 300mm 到整个房间宽度，长度一般为 2～6 m。

预制楼板一般采用当地的通用定型构件，由当地预制构件厂供应。它可以是预应力的，也可以是非预应力的。

1. 预制板形式

(1) 实心板

实心板(图 2-71(a))上、下表面平整，制作方便。但用料多、自重大，且刚度小，适用于刚度不大、跨度较小的场合。常用跨度 l 在 1.2～2.4m 范围内取值，板厚可取 $h \geqslant l/30$，常用板厚 h 在 50～100mm 范围内取值。常用板宽(标志尺寸)B 在 500～1 000mm 范围内取值。

(2) 空心板

空心板孔洞的形状有圆形、矩形和长圆形等(图 2-71(b))，其中圆孔板因制作比较简单而较为常用。

空心板材料用量省、自重轻、隔音效果好、上下板面平整，并且刚度大、受力性能好。但板面不能任意开洞。

普通钢筋混凝土空心板常用跨度 l 在 2.4～4.8m 范围内取值；预应力混凝土空心板常用跨度 l 在 2.4～7.5m 范围内取值。普通钢筋混凝土空心板厚 h 在(1/20～1/25)l 范围内取值；预应力混凝土空心板厚 h 在 (1/30～1/35)l 范围内取值。空心板厚通常有 h=110mm(或 120mm)，180mm 或 240mm。常用板宽 B=600mm，900mm 或 1 200mm。

(3) 槽形板

槽形板由板面、纵肋和横肋组成，横肋除在板的两端设置外，在板的中部也可设置数道，以提高板的整体刚度。根据肋的方向是向下或向上，槽形板又可分为正槽形板和倒槽形板两种(图 2-71(c))。

正槽形板受力合理，并且用料省、自重轻、便于开洞。但它不能提供平整天棚，隔音、隔热效果差。

槽形板的常用跨度 l 在 1.5～5.6m 范围内取值，而板面厚度 δ 在 25～30mm 范围内取值，

纵肋高 h 在(1/17～1/22)l 范围内取值，一般有 h=120mm，180mm 或 240mm，肋宽 b 在 50～80mm 范围内取值，常用板宽 B=500mm，600mm，900mm 或 1 200mm。

(4) T 形板

T 形板有单 T 形板和双 T 形板两种(图 2-71(d))。T 形板受力性能较好，能跨越较大跨度。但整体刚度稍逊于其他形式的预制楼板。

单 T 形板和双 T 形板常用跨度 l 在 6～12m 范围内取值，肋高 h 在 300～500mm 范围内取值，板面厚度 δ 在 40～50mm 范围内取值，板宽 B 在 1500～2100mm 范围内取值。

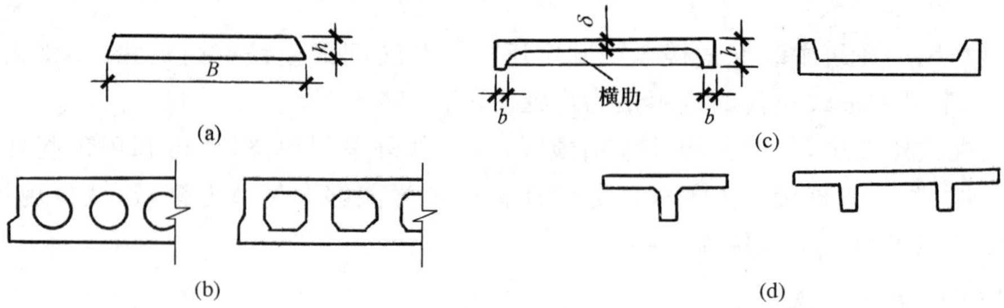

图 2-71　常用预制板形式

2. 预制梁形式

预制混凝土梁一般多为单跨，可以是简支梁或伸臂梁，有时也采用连续梁。梁的截面形式有矩形、T 形、倒 T 形、十字形及花篮形等(图 2-72)。当梁截面较高时，采用十字形梁或花篮形梁，可增加房屋净空高度。梁的跨高比一般为 1/14～1/8。

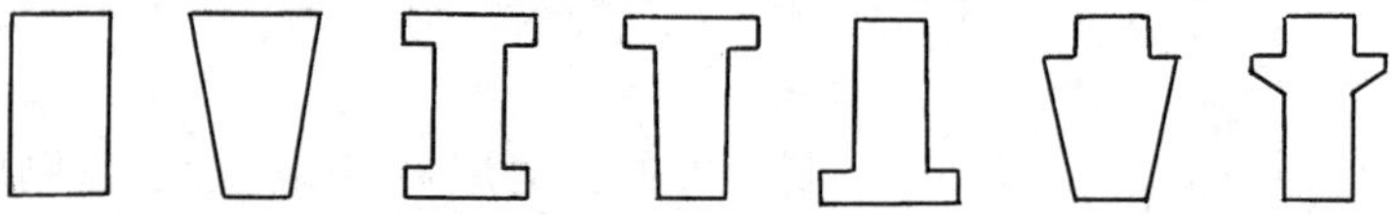

图 2-72　预制梁截面形式

3. 铺板式楼盖的布置

铺板式楼盖的结构布置，应根据建筑平面尺寸、墙体承重方案及施工吊装能力等要求综合考虑。在混合结构房屋中，一般有下列几种布置方案：

(1) 纵向布置。当房屋开间不大、横墙较多时，通常可将预制楼板沿房屋纵向直接搁置于横墙上。在横墙间距较大的情况下，也可通过在纵墙上架设横梁，将预制楼板沿纵向搁置在横墙或横梁上。

(2) 横向布置。当横墙间距较大且层高又受到限制时，可将板沿横向直接搁置在纵墙上。

(3) 混合布置。楼盖中部分预制板沿纵向布置，部分预制板沿横向布置。

结构布置方案确定后，即可根据建筑平面尺寸从定型图集中选择合适的预制板。如果预制板铺排后还剩有空隙时，可采用下列措施加以处理：

① 采用调缝板。调缝板的宽度一般为 400mm，以它替换标准板，可调整宽度为 100mm 倍数的空隙。

② 扩大板缝。预制板的实际宽度比标志宽度一般要小 10mm 左右，当排板所剩空隙不大时，可适当调整板缝宽度使空隙匀开，每缝调整不宜超过±10mm。

③ 挑砖。当排板剩下的空隙不大于半砖(120mm)时，可通过自墙面将砖挑出的办法来填补缝隙(图 2-73(a))。

④ 局部现浇。当上述方法均不合适时，可采用现浇混凝土板带以填补缝隙(图 2-73(b))。

4．装配式楼盖的连接

为了加强结构的整体性，保证各个预制构件有效地发挥作用，设计时应处理好构件间的连接构造问题。

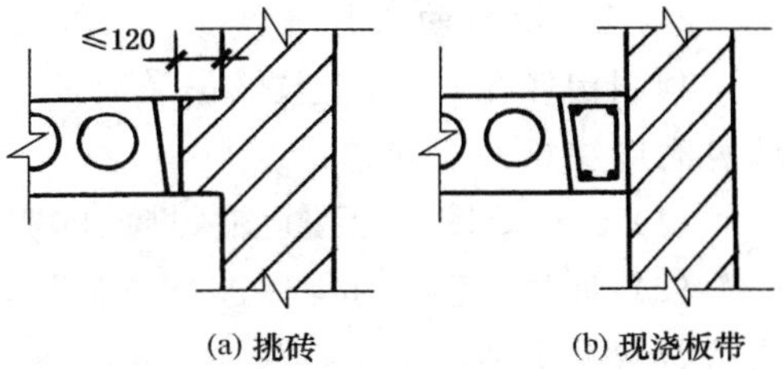

图 2-73　排板缝隙的处理

(1) 板与板的连接

板与板的连接一般可采用灌缝的办法(图 2-74(a))，灌缝材料应为强度不低于 C30 的细石混凝土。当板面有振动荷载或房屋有抗震设防要求时，可在板缝内加设纵横向拉结钢筋以加强整体刚性。必要时可在预制板上现浇配有钢筋网的混凝土面层(图 2-74(b))。

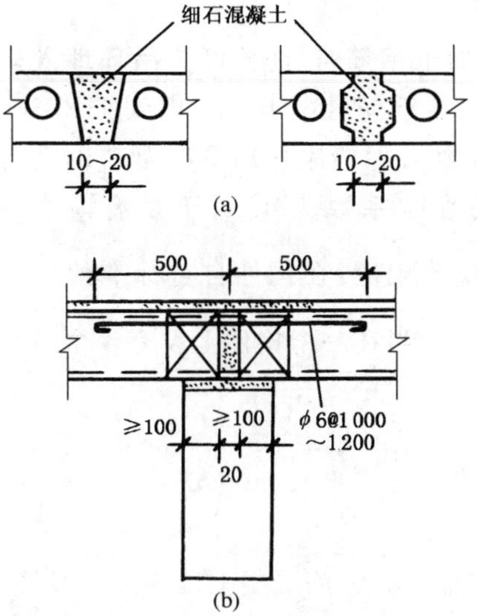

图 2-74　板与板的连接构造

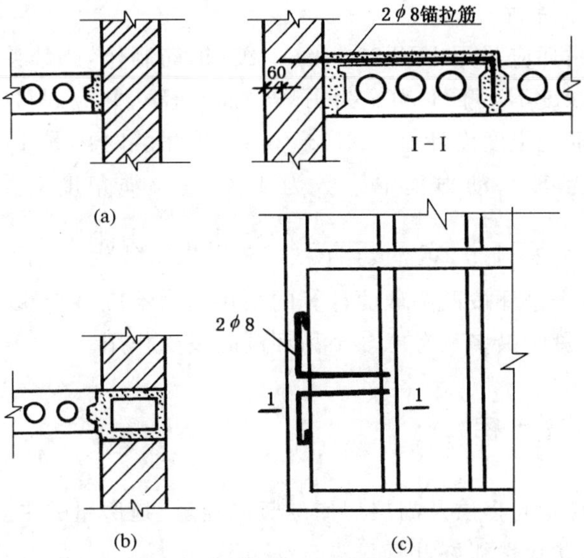

图 2-75　板与墙的连接构造

(2) 板与墙、梁的连接

预制板搁置于墙、梁上时，板底应坐浆 10～20mm 厚。板在墙上支承长度应≥100mm，板在梁上的支承长度应≥80mm。

板与非支承墙的连接，一般可采用细石混凝土灌缝(图 2-75(a))。当板跨≥4.8m 时，应配置锚拉筋以加强与墙体的连接(图 2-75(c))；或将圈梁设置于楼盖平面处(图 2-75(b))。

(3) 梁与墙的连接

梁在墙上的支承长度应满足梁内受力钢筋在支座处的锚固要求，并满足支座处砌体局部受压承载力要求。预制梁在墙上的支承长度应不小于 180mm，在支承处应坐浆 10～20mm。

2.7.2　装配式楼盖构件的计算特点

装配式楼盖的主要构件是梁和板，它们的计算原理与现浇楼盖相同，计算特点是应分使用阶段的计算和施工阶段的验算两个方面。

1．使用阶段的计算

对使用阶段的装配式楼盖，按一般梁、板的计算原理进行承载力计算和变形、裂缝宽度验算。

2. 施工阶段的验算

预制构件在运输、堆放及吊装时的受力状况与使用阶段不同，应按其实际情况进行验算。验算时应注意一下问题：

(1) 计算简图。应按运输、堆放的实际情况和吊点位置确定计算简图。

(2) 动力系数。对构件进行吊装验算时，构件的自重应乘以动力系数1.5，临时固定时动力系数取为1.2。

(3) 结构的重要性系数。因施工阶段的承载力是属临时性的，验算时结构的重要性系数应较使用阶段计算降低一级使用，但亦不得低于三级。

(4) 施工或检修集中荷载。对预制板、檩条、预制小梁、挑檐和雨篷，应按在最不利位置上作用1kN的施工或检修集中荷载进行验算，但此集中荷载不与使用可变荷载同时考虑。

3. 吊环计算

吊环应采用HPB300级（Ⅰ级）钢筋制作，严禁使用冷加工钢筋，以防脆断。吊环埋入构件的深度不小于$30d$（d为吊环钢筋直径），并应焊接或绑扎在钢筋骨架上。考虑到HPB300级钢筋的强度设计值为270N/mm^2，取吊装时自重分项系数为1.2，吸附作用系数为1.2，动力系数为1.5，动力集中系数为1.4，钢丝绳角度对吊环的影响系数为1.4，于是有$[\sigma_s]=\dfrac{270}{1.2\times1.2\times1.5\times1.4\times1.4}=64\text{N/mm}^2$。因此，GB 50010规范规定：在构件自重标准值作用下，每个吊环按两个截面计算的吊环应力不应大于65N/mm^2。当在一个构件上设有4个吊环时，计算时最多只考虑3个吊环同时发生作用。

2.8 楼 梯

楼梯是多层及高层房屋的竖向通道，是房屋的主要组成部分。钢筋混凝土楼梯由于经济、耐用、防火性能好，因而被广泛采用。

通常采用的楼梯结构形式主要有板式和梁式两种。有时也采用一些结构形式比较特殊的楼梯，如悬挑式（剪刀式）楼梯、螺旋式楼梯等。

楼梯可以是现浇的或预制装配的。

楼梯上的永久荷载和可变荷载，都以水平投影面上的均布荷载来计算。楼梯的栏杆或栏板梁应考虑作用于其顶部的水平线荷载约1kN/m。

2.8.1 板式楼梯的计算与构造

板式楼梯由梯段斜板、平台板和平台梁组成（图2-76），梯段斜板的两端支承在平台梁及楼层梁上（底层下端支承在地垄墙上）。其优点是下表面平整，施工时支模方便。缺点是梯段跨度较大时，斜板较厚、材料用量较多。因此，板式楼梯宜用于可变荷载较小、梯段跨度不大于3 m的情况。

1. 梯段斜板

计算梯段斜板时，可取出1m宽板带或以整个梯段板作为计算单元。计算简图假定为如图2-77所示的简支斜板，简支斜板可再化作水平板进行计算，两者间存在如下的关系

$$l_0'=\frac{l_0}{\cos\theta}\quad g_v'+q_v'=(g'+q')\cos\theta\quad g'+q'=(g+q)\cos\theta \tag{2-31}$$

式中　l_0'——板的斜向计算跨度；

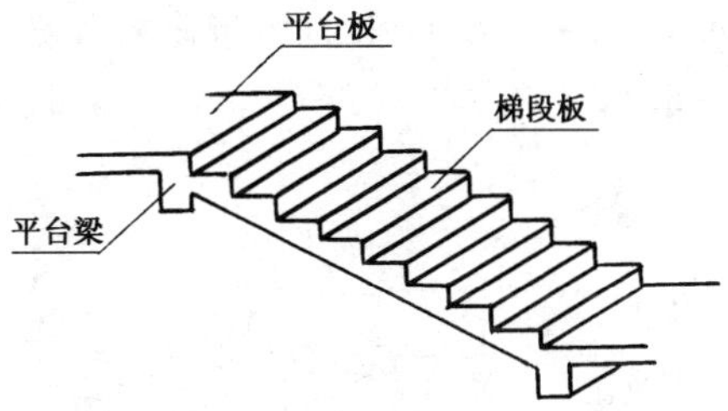

图 2-76 板式楼梯

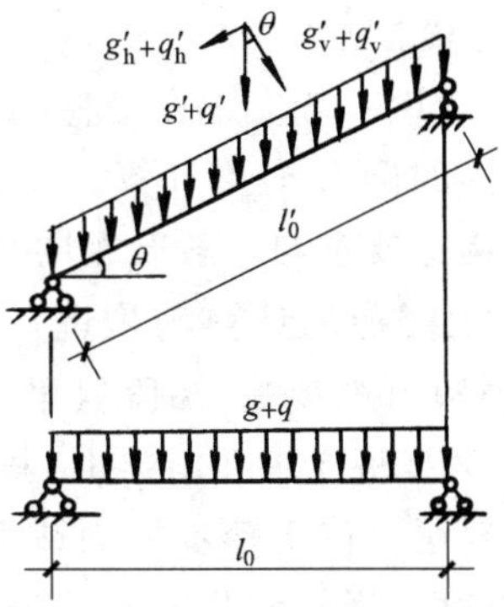

图 2-77 梯段斜板的计算简图

l_0——板的水平计算跨度；

θ——梯段板的倾角；

g，q——作用于梯段板上沿水平投影方向的永久荷载及可变荷载的设计值。

斜板的跨中最大弯矩为

$$M_{\max}=\frac{1}{8}(g'_v+q'_v)l'^2_0=\frac{1}{8}(g+q)\cos\theta\cos\theta\frac{l_0^2}{\cos^2\theta}=\frac{1}{8}(g+q)l_0^2 \tag{2-32}$$

考虑到与梯段斜板整浇的平台梁的弹性约束作用，计算时斜板的跨中最大弯矩可近似取

$$M_{\max}=\frac{1}{10}(g+q)l_0^2 \tag{2-33}$$

通常将斜板板底法向的最小厚度取作板的计算厚度 t，一般取作 $t=(1/35\sim1/25)l_0$。

梯段斜板中受力钢筋按跨中弯矩计算求得，沿板长方向布置于板底。配筋方式可采用弯起式或分离式。在垂直受力钢筋方向仍可按构造配置分布钢筋，并要求每个踏步板内至少放置一根钢筋(图 2-78)。

梯段斜板和一般板的计算一样，可不必进行斜截面受剪承载力计算。

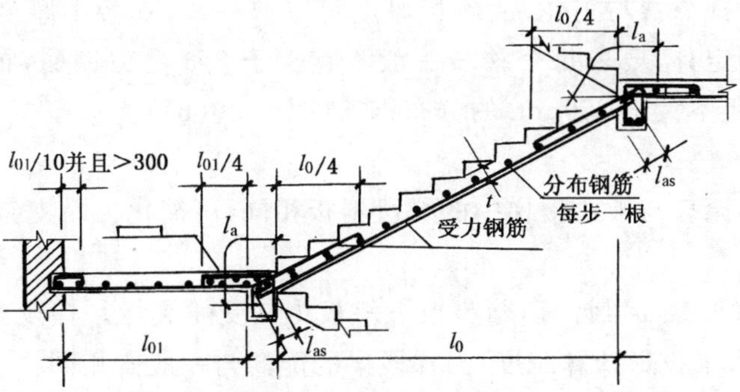

图 2-78 板式楼梯的配筋

2. 平台板

平台板一般可视为单向板。当板的两端均与梁整体连接时，考虑梁对板的弹性约束，板的跨中弯矩可按 $M=\frac{1}{10}(g+q)l_{01}^2$ 计算。当板的一端与梁整体连接而另一端支承在墙上时，板的跨中弯矩则应按 $M=\frac{1}{8}(g+q)l_{01}^2$ 计算，式中，l_{01} 为平台板的计算跨度。

3. 平台梁

平台梁两端一般支承在楼梯间承重墙上，承受梯段板、平台板传来的均布荷载和平台梁自重，可按简支的倒 L 形梁计算。平台梁截面高度，一般取为 $h \geqslant l_0/12$（l_0为平台梁的计算跨度）。其他构造要求与一般梁相同。

2.8.2　梁式楼梯的计算与构造

梁式楼梯由踏步板、梯段斜梁、平台板和平台梁组成（图 2-79），踏步板支承在斜梁上，斜梁再支承在平台梁及楼层梁上，斜梁可位于踏步下面或上面，也可以用现浇栏杆板兼作斜梁。当梯段跨度大于 3m 时，采用梁式楼梯较为经济。梁式楼梯的缺点是施工时支模比较复杂，外观也显得不够轻巧。

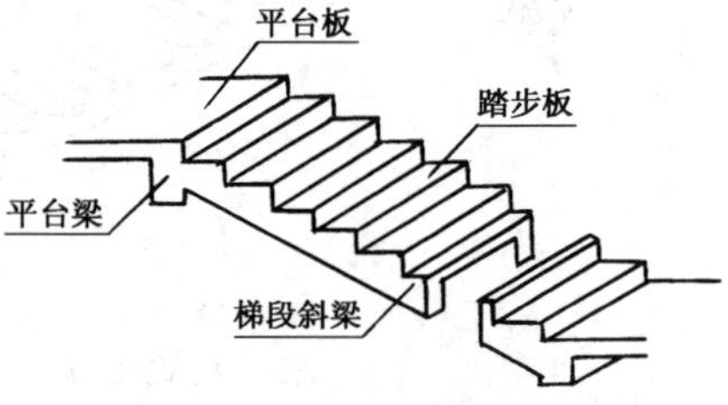

图 2-79　梁式楼梯

1. 踏步板

梁式楼梯的踏步板为两端各支承在梯段斜梁上的单向板，由于每个踏步的受力情况是相同的，计算时可在竖向切出一个踏步作为计算单元，计算截面简图见图 2-80(a)。其跨中弯矩为 $M=\frac{1}{8}(g+q)l_0^2$；当踏步板的两端与梯段斜梁整体连接时，考虑支座的嵌固作用，其跨中弯矩可取为 $M=\frac{1}{10}(g+q)l_0^2$。

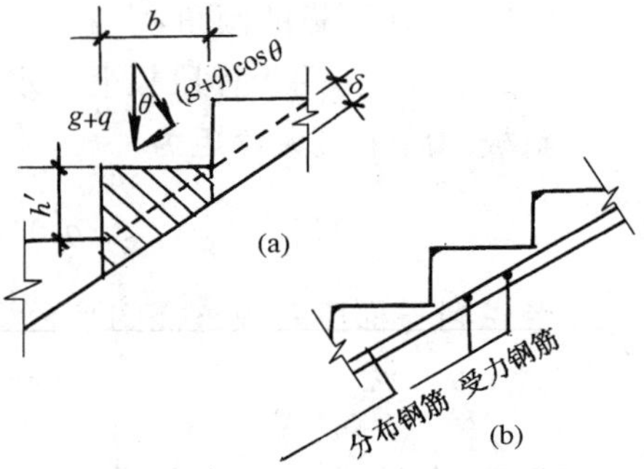

图 2-80　踏步板的截面计算简图及配筋

踏步板的截面为梯形，可按截面面积相等的原则折算为同宽度的矩形截面的简支梁计算，截面折算高度为 $h_1=\frac{h'}{2}+\frac{\delta}{\cos\theta}$。

由于三角形踏步部分参与工作，故斜板厚度可以薄一些，其最小厚度可取 $\delta=40$mm。踏步板配筋除按计算确定外，要求每个踏步一般不宜少于 2ϕ6 受力钢筋，布置在踏步下面斜板中，并沿梯段布置间距不大于 250mm 的分布钢筋（图 2-80(b)）。

2. 梯段斜梁

梯段斜梁的计算原理与板式楼梯中的梯段斜板相同，可简化为简支斜梁，再将其化作水平梁计算。

梯段斜梁按倒 L 形截面梁计算，踏步板下斜板为其受压翼缘。梯段梁的截面高度一般取 $h \geqslant l_0/20$（l_0为斜梁水平投影计算跨度）。梯段梁的配筋与一般梁相同。

当楼梯不宽时，可以采用单根斜梁并放置在楼梯宽度的中央，成为单梁式楼梯。这时，踏步板按双悬臂板设计；斜中梁应按 T 形截面的弯剪扭构件设计，扭矩是由可变荷载偏于一侧时所产生。

3. 平台梁与平台板

梁式楼梯的平台梁、平台板计算与板式楼梯基本相同，其不同处仅在于梁式楼梯中的平台梁除承受平台板传来的均布荷载和平台梁自重外，还承受梯段斜梁传来的集中荷载。

2.8.3　特种楼梯

特种楼梯通常指明显具有空间受力特点的楼梯，诸如悬挑式（剪刀式）楼梯、螺旋式楼梯，等等。特种楼梯受力情况复杂、应用有限，以下只对其内力分析方法作概念性的介绍，具体的分析过程及结果不做赘述。

1. 悬挑式楼梯

悬挑式楼梯(图 2-81)不设中间平台梁和柱，支座直接设在上下楼层处。悬挑式楼梯的分析计算目前主要有空间刚架法和板的相互作用法两种。

(1) 空间刚架法

空间刚架法，是把上、下跑楼梯都用一根经过它们形心的直线杆件来代替，平台则用半圆形的水平曲杆来代替，计算简图即为由两根斜杆和半圆形曲杆连成的空间刚架，如图 2-82 中的粗实线所示。

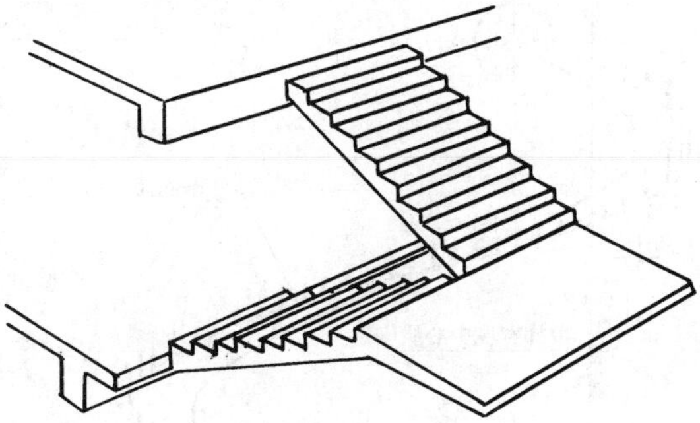

图 2-81 悬挑式楼梯

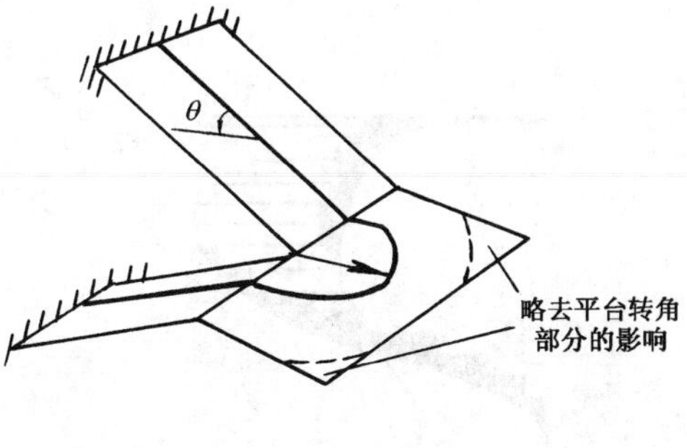

图 2-82 空间刚架法计算简图

(2) 板的相互作用法

板的相互作用法，包括求解基本内力和附加内力。

基本内力可以按以下两个步骤求得：首先在板间交线(图 2-83)3—4，9—10 处虚设不动铰支座，则得图 2-83(a)所示的上、下跑楼梯的计算简图，由此求出虚支座单位长度上的均布线反力 R；然后撤销虚支座使其恢复到实际情况，即把虚支座反力加到交线 3—4，9—10 上，由静力平衡条件求得上跑楼梯承担的偏心拉力 V_{os} 及下跑楼梯承担的偏心压力 V_{ox}(图 2-83(b))。合成上述两个步骤所得的内力就是上、下跑楼梯中的基本内力。

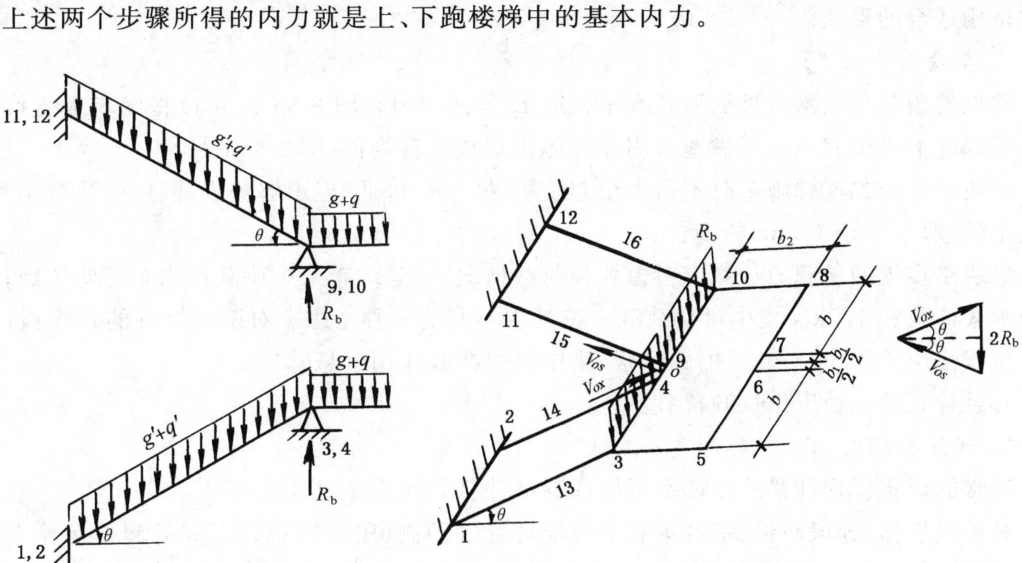

图 2-83 板的相互作用法基本内力计算简图

在基本内力作用下，上跑伸长、下跑压缩，楼梯总体下垂。附加内力是指考虑上、下跑楼梯在它们的交线处的相互作用及其变形协调条件而求得的次要内力，是对上述基本内力的修正。

2. 螺旋式楼梯

螺旋式楼梯(图 2-84(a))，一般多在不设置平台的场合，或者在需要有特殊建筑造型时才采用。

由于楼层支承梁和底层地板的柔性，在实用上螺旋式楼梯的上、下支承端可假定为简支端。这样，螺旋式楼梯的计算简图即为以楼梯宽度中心线为计算轴线的两端简支的旋梁(图 2-84(b))。

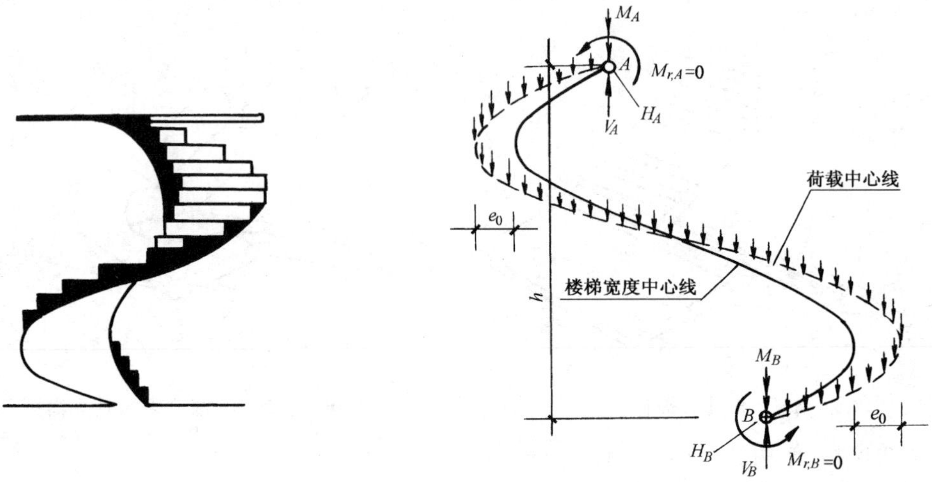

(a)　　(b)

图 2-84　螺旋式楼梯及计算简图

2.8.4　装配式楼梯

常用的装配式楼梯有下列几种形式，设计时可根据预制加工条件、运输吊装能力等综合考虑并选用适合的形式。

1. 单块踏步板式

常见的预制单块踏步板的形式有平板或 L 形、倒 L 形(图 2-85)。可以将踏步板直接搁置在两端墙体上或将其一端可靠地嵌固在墙体内形成悬臂构件(图 2-86)。

单块踏步板式楼梯施工时不需大型起重机械，虽造价低，但不够美观，限用于荷载不大、跨度较小(一般不大于 1.5m)的场合。

单块踏步板的承载力计算应考虑两种荷载情况，一是均布永久荷载和均布可变荷载；二是均布永久荷载和 1.5kN 集中可变荷载。按其中不利的一种考虑。对两端搁置的踏步板，集中可变荷载作用于跨中；对悬臂的踏步板，集中可变荷载作用于悬臂端。

对悬臂式踏步板应作抗倾覆验算。

2. 部件装配式

通常的板式楼梯和梁式楼梯都可用预制部件拼装而成。

对板式楼梯，梯段斜板、平台梁和平台板可分别预制(图 2-87(a))。如果起重运输设备的能力受到限制，可将预制梯段板沿宽度方向划分为 2～3 条较窄的条板；为了减轻自重，其截面可做成各种空心形状(图 2-87(b))。

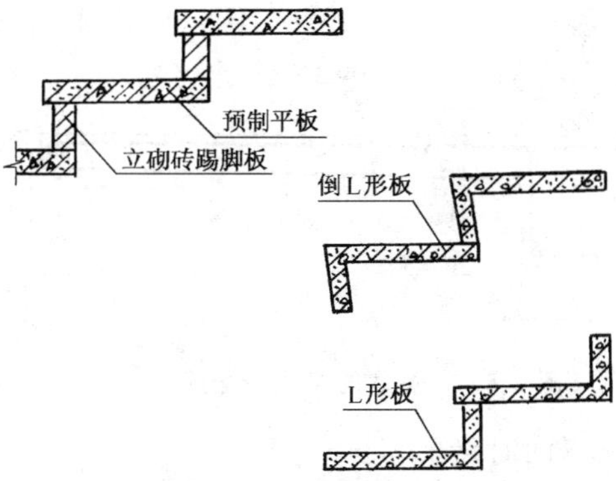

图 2-85 预制单块踏步板式楼梯

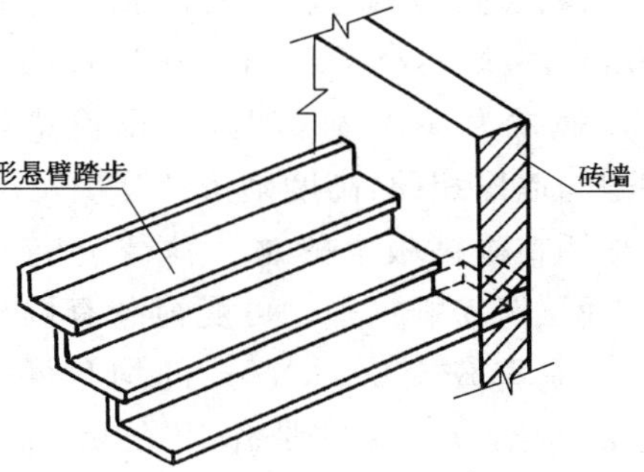

图 2-86 悬臂式楼梯

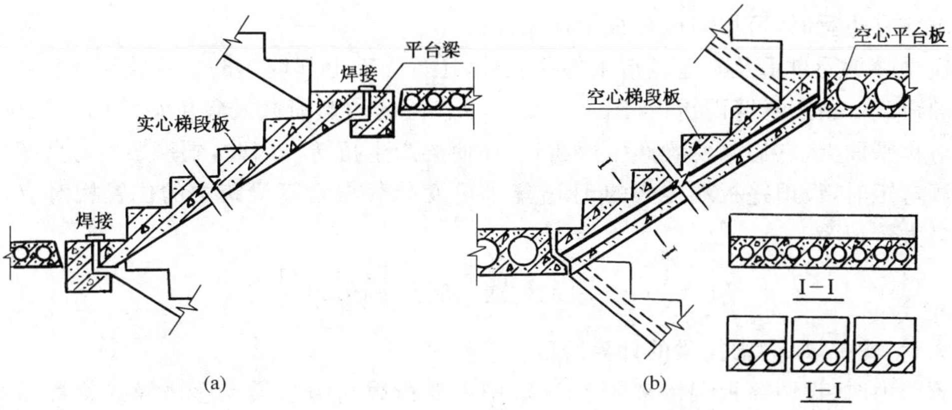

图 2-87 板式装配楼梯

梁式楼梯,也可将踏步板、楼梯斜梁、平台梁和平台板分别预制。斜梁与平台梁应用预埋件进行焊接。

以上各部件按简支计算。在平台梁的单侧由斜板(或斜梁)传来的荷载在梁内将引起扭矩,梁应按弯剪扭构件设计。

3. 大型装配式

大型装配式楼梯是将梯段和楼梯平台分别预制成整块的大型构件,然后进行现场拼装。梯段可以是由踏步板和边梁整合而成的梁式楼梯,亦可是板式楼梯。楼梯平台可做成平台梁与平台板结合在一起的槽形平台板或空心平台板。梯段与平台板边肋间用预埋件进行焊接。

大型装配式楼梯减少了构件数量,安装速度快,但对其中运输能力要求高。

2.9 雨篷等悬挑构件

建筑工程中常见的悬挑构件有雨篷、挑檐、外阳台、挑廊等,这些悬挑构件除了按一般悬臂板、梁进行截面设计外,还应对其进行抗倾覆验算。

2.9.1 内力计算及截面设计

以雨篷的设计计算为例。

图 2-88 所示的雨篷由雨篷板和雨篷梁两部分组成,雨篷梁除支承雨篷板外,还可兼作过

梁。雨篷板通常都做成变厚度，根部不小于70mm，板端不小于50mm；雨篷板的悬挑长度通常为600～1 000mm。雨篷梁宽度一般与墙厚相同，高度则按计算确定。

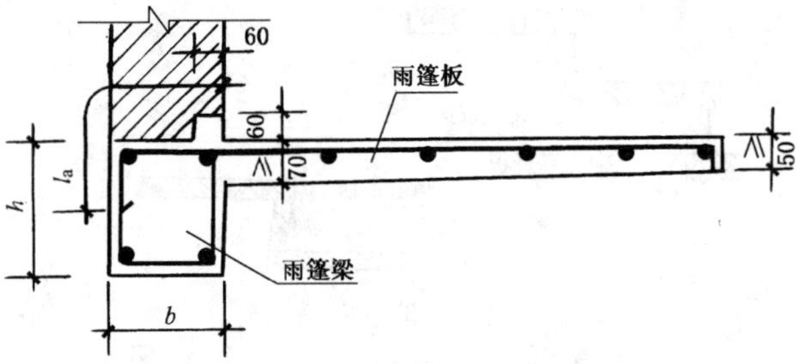

图 2-88　雨篷的组成与配筋

作用在雨篷板上的永久荷载 g 包括自重、面层及粉刷重等。可变荷载有两种情况：一是雪载或 0.7kN/m² 的均布可变荷载 q，取较大值；二是作用在板端的1.0kN施工或检修集中荷载 Q。可变荷载的两种情况不同时考虑。

根据雨篷板的固端负弯矩值，取根部板厚进行截面设计。受力钢筋应布置在板顶，钢筋伸入雨篷梁的长度应满足受拉钢筋锚固长度 l_a 的要求（图 2-88）。

当雨篷有边梁时，可按一般梁板结构设计。

雨篷梁除承受自重及雨篷板传来的荷载外，还承受着上部墙体的重量及楼（屋）面梁、板可能传来的荷载。由于悬臂雨篷板（图 2-89(a)）上作用的均布荷载及集中荷载的作用点不在梁的竖向对称平面上，它们除使梁产生弯曲外，还使梁产生扭转。因此，雨篷梁属弯剪扭构件。

计算弯矩时，设雨篷板端传来的 1kN 集中可变荷载与雨篷梁跨中的位置相对应，则雨篷梁跨中最大弯矩为

$$M=\frac{1}{8}(g+q)L_0^2 \quad 或 \quad M=\frac{1}{8}gL_0^2+\frac{1}{4}QL_0 \tag{2-34}$$

取其较大者，式中，L_0 为雨篷梁的计算跨度。

计算剪力时，设雨篷板端传来的 1kN 集中可变荷载与雨篷梁支座边缘的位置相对应，其支座边缘剪力为

$$V=\frac{1}{2}(g+q)L_n \quad 或 \quad V=\frac{1}{2}gL_n+Q \tag{2-35}$$

取其较大者，式中 L_n 为雨篷梁的净跨。

设在均布永久荷载 g 和均布可变荷载 q 作用下，在单位长度的雨篷梁上引起的力矩分别为 $m_{Tg}=gl\frac{l+b}{2}$，$m_{Tq}=ql\frac{l+b}{2}$，雨篷梁的扭矩在支座处达最大值（图 2-89(b)），为

$$T=\frac{1}{2}(m_{Tg}+m_{Tq})L_n \quad 或 \quad T=\frac{1}{2}m_{Tg}L_n+Q\left(l+\frac{b}{2}\right) \tag{2-36}$$

取其大者。式中，l 为雨篷板悬臂长度；b 为雨篷梁宽。

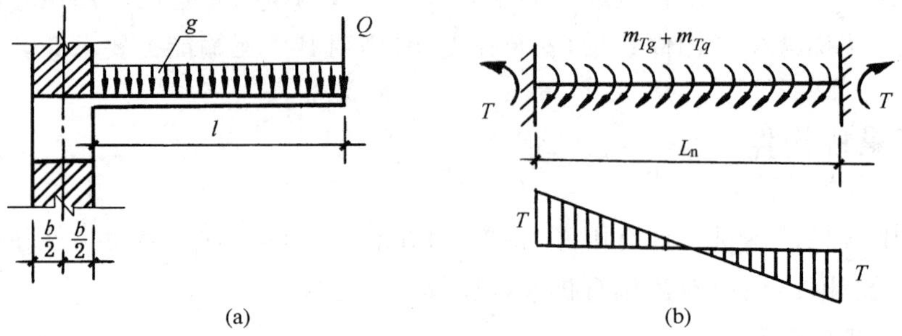

图 2-89　雨篷的扭矩计算

2.9.2　抗倾覆验算

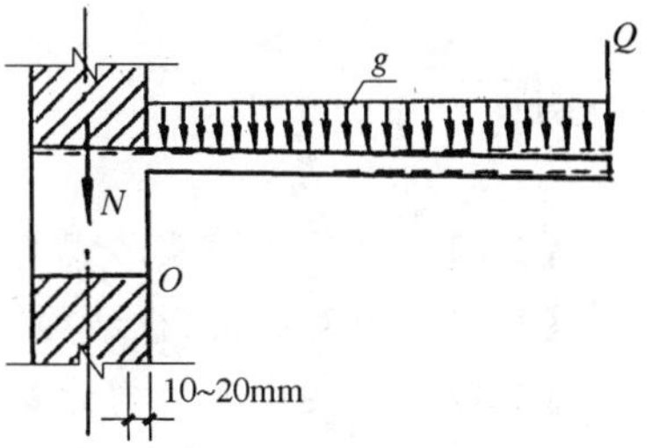

图 2-90　雨篷梁的倾覆

设在雨篷板上作用的永久荷载和可变荷载对雨篷梁底外缘 O 点产生倾覆力矩 M_S，雨篷梁的自重、梁上的砌体自重以及其他梁、板传来的荷载(只考虑永久荷载)产生抵抗倾覆力矩 M_R。从理论上说，当 $M_R<M_S$ 时，雨篷将绕梁底外缘 O 点转动而导致倾覆(图 2-90)。在进行实际的抗倾覆验算时，为了保证一定的安全储备，要求

$$\frac{M_R}{M_S}\geqslant 1.5 \tag{2-37}$$

此外，考虑到砖墙边缘(O 点处)可能在极限状态时因压应力较大而局部压碎，故验算倾覆时应将力矩点内移 10～20mm。

2.9.3　抗倾覆构造措施

当抗倾覆要求不满足时，应采取其他的有效措施予以保证。例如，对雨篷梁可增加其嵌入墙内的长度，以加大梁上的抗倾覆荷载；或者是雨篷梁与周围的结构拉结等。

对于阳台，为满足抗倾覆要求，可采取以下做法：当阳台宽度与房屋开间相同时，可于横隔墙内伸出悬臂梁以支承阳台的预制板，通过调整悬臂梁伸入墙内的长度来满足抗倾覆验算要求(图 2-91(a))。若为预制阳台，可紧贴阳台设置一现浇板带，承受阳台的倾覆荷载，并将其传给横墙(图 2-91(b))。

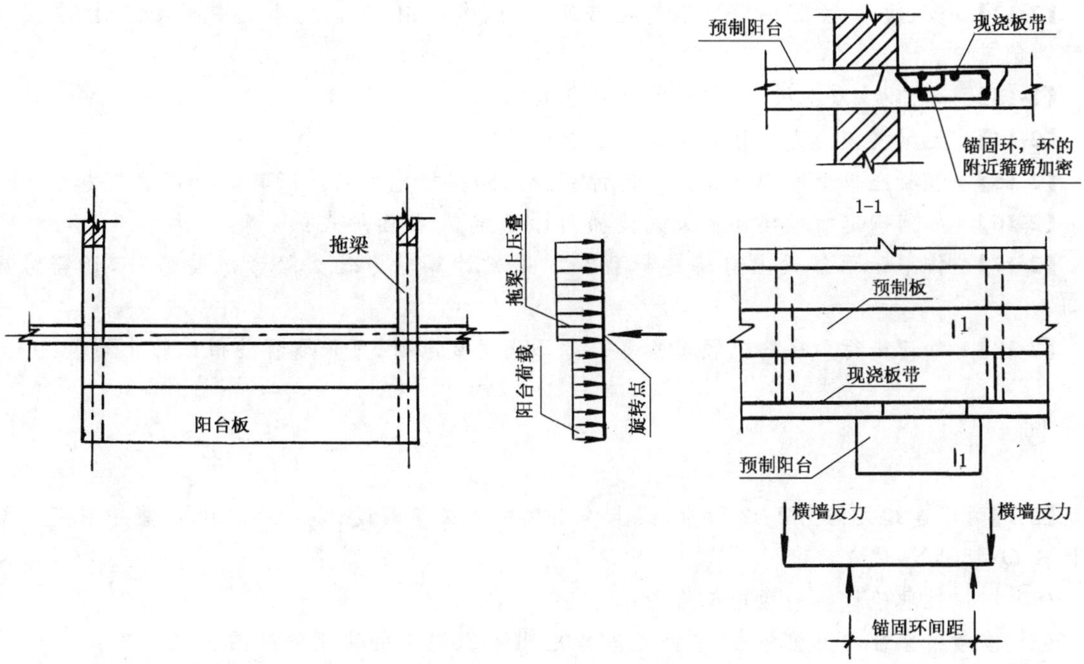

(a)　　　　　　　　　　(b)

图 2-91　阳台的抗倾覆构造措施

思考题

【2-1】 常见的楼盖形式有哪些？

【2-2】 楼面的梁、板结构布置应考虑哪些问题？

【2-3】 肋梁楼盖结构计算简图如何确定？梁、板的计算跨度如何确定？

【2-4】 双向板支承梁上的荷载是怎样算得的？当荷载简图已确定后，又怎样进一步确定梁上的弯矩分布？

【2-5】 求连续梁各跨跨中最大正弯矩、支座截面最大负弯矩、支座边截面最大剪力时，荷载应如何布置？

【2-6】 连续双向板的内力计算，如何利用附录C2中的单区格双向板计算系数表？

【2-7】 什么是塑性铰？什么是塑性铰线？什么是塑性内力重分布？

【2-8】 钢筋混凝土连续梁和单向连续板考虑塑性内力重分布的弯矩调幅法，应遵循什么原则？

【2-9】 钢筋混凝土双向板按塑性铰线法计算时，需作哪些基本假定？

【2-10】 周边与梁整体连接的板，在什么情况下，可以对其算得的弯矩值予以折减？

【2-11】 板、次梁、主梁设计中各自有哪些受力钢筋、哪些构造钢筋？这些钢筋在构件中各起什么作用？

【2-12】 板、次梁、主梁的受力钢筋在跨间切断、弯起、伸入边支座及中间支座时，各要考虑哪些因素？

【2-13】 单向板、双向板、无梁板的区别何在？

【2-14】 无梁楼盖内力计算的主要方法有哪些？

【2-15】 混凝土板受冲切承载力如何计算？用哪些措施可以提高其受冲切承载力？

【2-16】 如何确定板式楼梯及梁式楼梯的计算简图、截面形式？

【2-17】 作用于雨篷梁上有哪些荷载？雨篷梁计算时为什么除考虑受弯外，还需考虑受扭？

【2-18】 如何进行雨篷的抗倾覆验算？如不满足要求时，可采取哪些措施防止倾覆？

习　题

【2-1】两跨连续梁如图2-92所示，梁上作用集中永久荷载设计值 $G=40\text{kN}$，集中可变荷载设计值 $Q=80\text{kN}$，试求：

(1) 按弹性理论计算的弯矩包络图；

(2) 按考虑塑性内力重分布，中间支座弯矩调幅20%后的弯矩包络图。

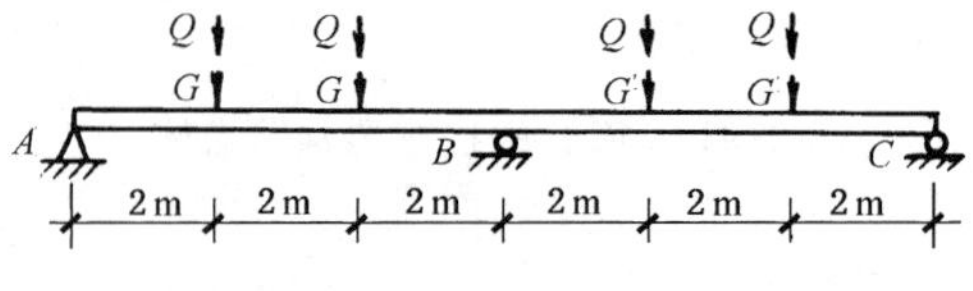

图 2-92　题 2-1 图

【2-2】 设习题 2-1 梁的截面尺寸为 $h=600\text{mm}$，$b=250\text{mm}$，混凝土强度等级为 C30，纵筋为 HRB335 级（Ⅱ级钢，$f_y=300\text{N/mm}^2$），若中间支座截面负弯矩和跨中正弯矩配筋均为 4 Φ 25，且 $G=Q/2$，试求：

（1）按弹性理论计算梁所能承受的 G 和 Q；

（2）按考虑塑性内力重分布计算梁所能承受的 G 和 Q。

【2-3】 某双向板肋梁楼盖如图 2-93 所示，混凝土强度等级为 C25，梁沿柱网轴线设置，板厚 $h=110\text{mm}$，柱网尺寸为 5.7m×5.7m。楼面永久荷载（包括板自重）标准值为 3kN/m^2，可变荷载标准值为 4.0kN/m^2。梁与板整浇，截面尺寸为 300mm×600mm。试用弹性理论确定 B_1，B_2 和 B_3 的内力并计算配筋。

【2-4】 某矩形双向板如图 2-94 所示，$l_{0x}=4\text{m}$，$l_{0y}=6\text{m}$，已知板上永久荷载和可变荷载的设计值为 $g+q=10\text{kN/m}^2$，设 $m_y/m_x=(l_{0x}/l_{0y})^2$，$m'_x/m_x=m''_x/m_x=m'_y/m_y=m''_y/m_y=2$，用塑性铰线法求板中的极限弯矩值。

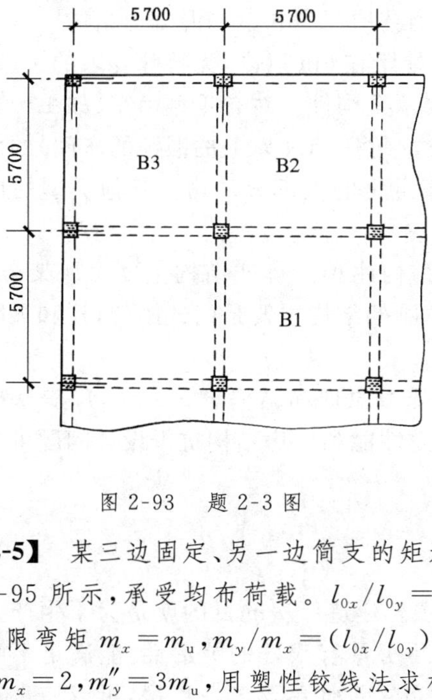

图 2-93 题 2-3 图

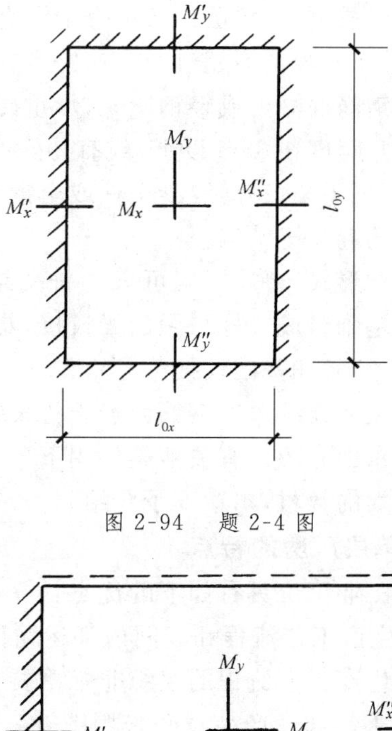

图 2-94 题 2-4 图

【2-5】 某三边固定、另一边简支的矩形双向板如图 2-95 所示，承受均布荷载。$l_{0x}/l_{0y}=1.25$，设跨中极限弯矩 $m_x=m_u$，$m_y/m_x=(l_{0x}/l_{0y})^2$，$m'_x/m_x=m''_x/m_x=2$，$m''_y=3m_u$，用塑性铰线法求板的极限均布荷载。

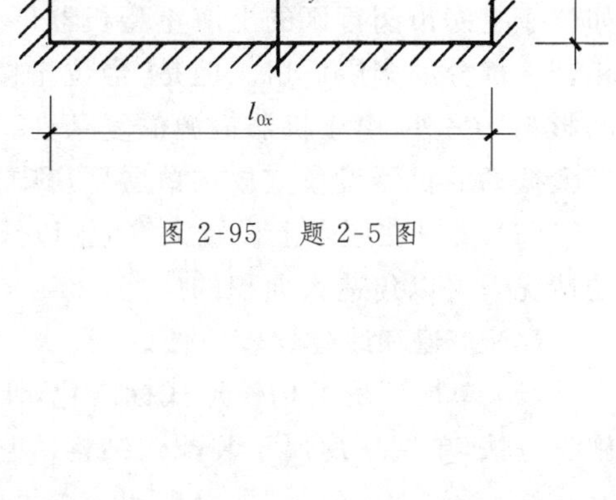

图 2-95 题 2-5 图

【2-6】 某无梁楼盖，纵向为 5 跨，柱中心距均为 6.9m；横向为 3 跨，柱中心距均为 6.4m，永久荷载标准值（包括板自重）$g_k=5\text{kN/m}^2$，可变荷载标准值 $q_k=3\text{kN/m}^2$。柱帽尺寸为 1.8m×1.8m，柱截面尺寸为 450mm×450mm。用弯矩系数法计算板的内力。

3 单层厂房排架结构

3.1 概述

3.1.1 单层厂房的应用和类型

单层工业厂房能够提供一个大的室内生产空间，且厂房中一般装配有水平和竖直运输工具(吊车)，因此，在工业建筑中得到了广泛的应用。如重工业生产中的炼钢、铸造、装配、机修、金工，轻工业生产中的纺织等车间的厂房大多数均采用单层工业厂房。

依据其生产规模，单层厂房可分成大、中、小型厂房。

依据组成材料，单层厂房可分为混合结构厂房、钢结构厂房和钢筋混凝土结构厂房。对无吊车，或吊车的吨位不超过 50kN，跨度在 15m 以内，柱距在 6m 以内，无特殊要求的小型厂房，一般采用钢筋混凝土或轻钢屋架，承重砖柱作为主要承重构件。对有重型吊车(如 1 500kN 以上的吊车)，跨度在 36m 以上，或有特殊的工艺要求(如有 100kN 以上的锻锤的车间)的大型厂房，常选用钢屋架，钢筋混凝土柱或全钢结构，如上海宝钢的大部分厂房。其他类型的厂房一般采用钢筋混凝土结构。

按结构形式，单层厂房可分为排架结构和刚架结构两种。排架结构主要由屋架(或屋面梁)、柱和基础组成。柱与屋面梁铰接，与基础刚接。刚架结构主要是门式刚架，柱和梁刚接成一个构件，柱常和基础铰接。

本章主要介绍单层钢筋混凝土排架结构厂房的受力原理和结构设计方法，厂房基础部分将在第 6 章中介绍。有关地震作用下厂房结构的受力性能和厂房结构抗震设计问题可参阅有关抗震方面的教材，本章不予介绍。

3.1.2 单层厂房的特点

单层工业厂房具有如下的优点：

(1) 生产工艺流程和车间内部运输比较容易组织。建造厂房的目的就是为了生产，因此，厂房内部生产工艺流程的组织非常重要。单层工业厂房具有很好的灵活性，能满足不同的生产工艺要求。如一产品车间采用图 3-1 所示的平面布置设计单层工业厂房，可以使生产工艺线路最短而又不互相干扰。

(2) 可以充分利用地基承载力，在地面上放置较重的、产生较大振动的机器设备和产品。如位于上海市闵行区的上海重型机器厂的万吨水压机车间。由于用地紧张，在大城市中建有相当一部分的多层厂房。但是，当位于楼面的机器产生过大的振动时，就会对结构产生很不利的影响。另外，由于机器振源的复杂性，机器上楼引起的振动问题目前还未真正弄清楚。故有较大振动的机器设备宜放在单层厂房中。

(3) 可以在屋盖上设置天窗，用以天然采光和自然通风。在不采用人工照明和机械通风的情况下可以建造大面积的厂房。

(4) 扩建和改建比较方便。

(5) 单层厂房的构件形式标准化，便于定型设计和工业化施工，缩短设计和施工时间。按施工方法，单层厂房属于装配式结构。它除了具有本身一些特点外，还具有装配式结构房屋的一些共性。学习本章时应予以注意。

单层工业厂房的主要缺点就是占地面积大,对于用地极为紧张的大中城市不利。

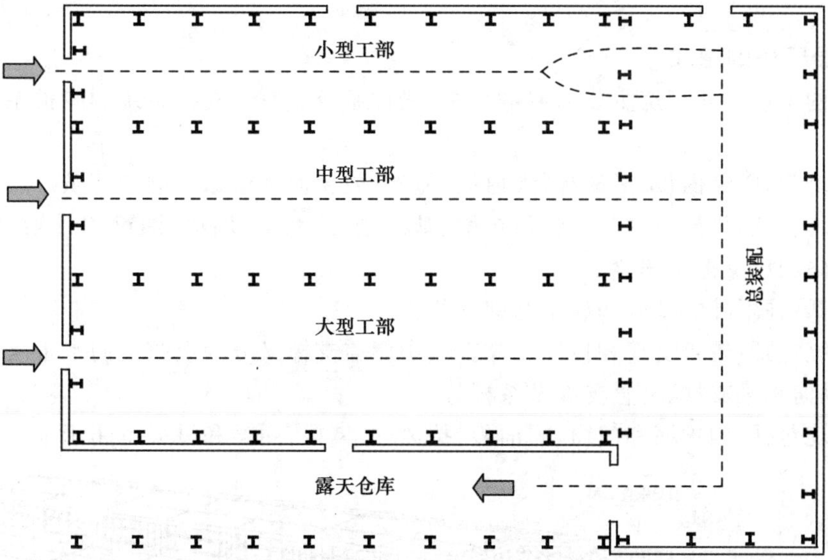

图 3-1 一成品车间的工艺流程

3.1.3 单层厂房排架结构的设计步骤

根据工艺设计要求,可依次进行单层工业厂房的方案设计、技术设计和施工图的绘制。对结构工程师来说,方案设计阶段主要是进行结构选型和结构布置,技术设计阶段主要是进行结构分析和构件的设计,最后根据计算结果和构造要求绘制结构施工图。整个设计步骤和内容示于图 3-2。本章即根据这一顺序来进行叙述。

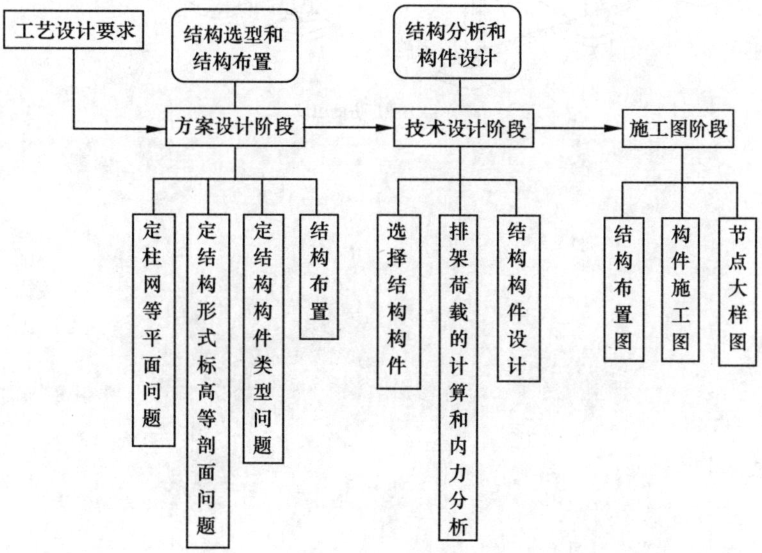

图 3-2 厂房排架结构的设计步骤

3.2 排架结构单层厂房的组成和结构布置

3.2.1 单层厂房的组成

排架结构单层工业厂房主要由屋盖系统、梁柱系统、基础、支撑系统和围护系统组成，如图3-3所示。

屋盖系统包括：屋面板、天沟板、天窗架、屋架（或屋面大梁）、托梁和檩条。

梁柱系统包括：排架柱、抗风柱、吊车梁、基础梁、连系梁、墙梁、圈梁和过梁，其中，排架柱中一般设有牛腿以支撑吊车梁。

基础包括：柱下独立基础和设备基础。

支撑系统包括：屋盖支撑和柱间支撑。其中屋盖支撑又分为上弦横向水平支撑、下弦横向水平支撑、纵向水平支撑、垂直支撑及系杆等。

围护系统包括：围护墙和门窗，屋面板、抗风柱、墙梁、圈梁和过梁也属于围护系统。

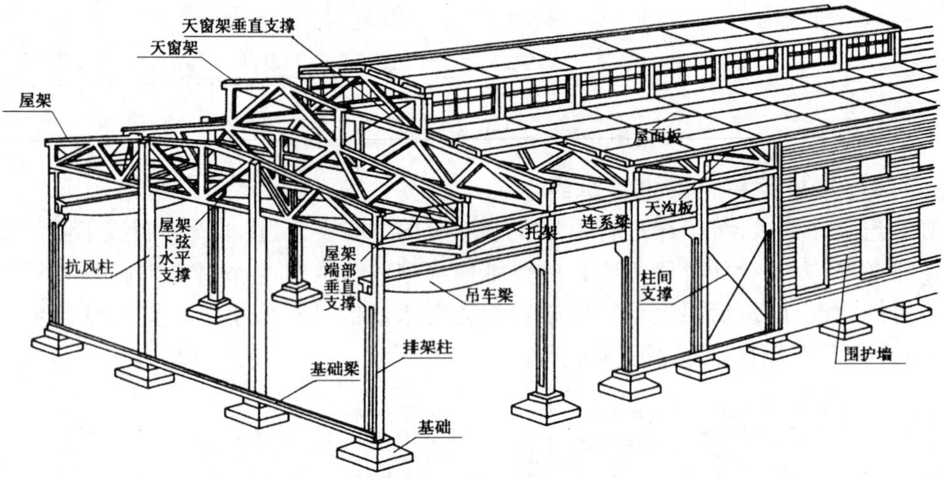

(a) 单层工业厂房的组成

(b) 单层工业厂房实例

图 3-3　排架结构单层工业厂房的组成

3.2.2 单层厂房的其他结构形式

图 3-3 所示的为排架结构单层工业厂房的基本形式。根据不同的生产要求，还可以将其设计成其他一些不同的结构形式。如考虑到采光要求，以及吊车吨位、设备高度的不同，可采用多跨不等高的单层工业厂房（图 3-4(a)）；选矿厂借助水力或重力将散状材料从一个跨间流入另一跨间，可根据自然地形采用阶梯形的单层工业厂房（图 3-4(b)）；纺织厂为了避免阳光直射到车间内，又能充分利用自然光，可选用锯齿形的单层工业厂房（图 3-4(c)）。

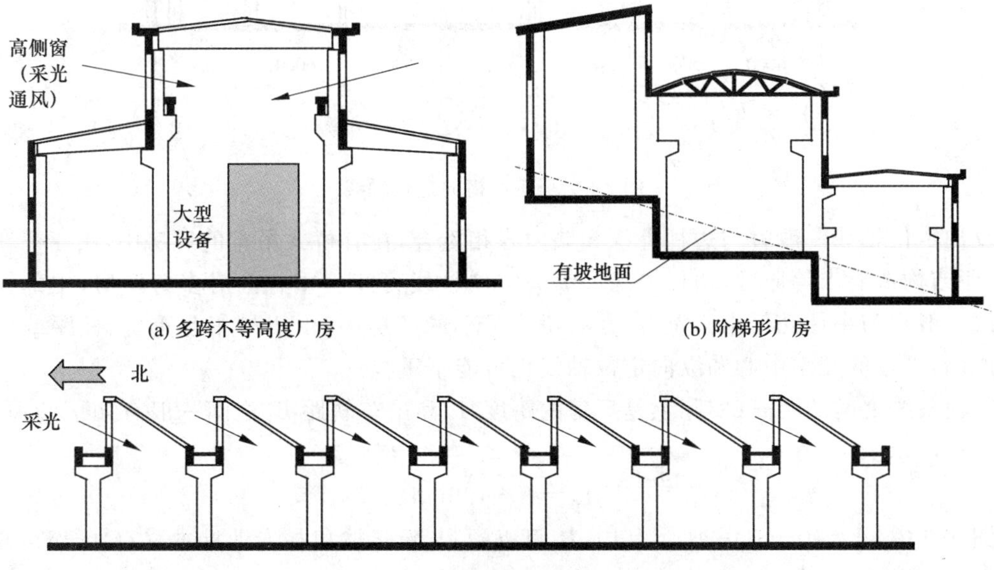

(a) 多跨不等高度厂房　(b) 阶梯形厂房

(c) 锯齿形厂房

图 3-4　不同结构形式的单层厂房

3.2.3 承重结构构件的布置

1. 模数和定位轴线

在单层工业厂房的设计时，为了保证构件标准化、定型化，其主要尺寸和标高应符合统一模数制。中华人民共和国国家标准《厂房建筑模数协调标准》(GBJ 6—86)规定的统一协调模数制，以 100mm 为基本单位，用 M 表示。并规定建筑的平面和竖向协调模数的基数值均应取扩大模数 3M。

厂房建筑构件的截面尺寸，宜按 M/2 或 1M 进级。

当厂房的跨度为 18m 或在 18m 以下时，跨度应取为 3m(30M)的倍数；当厂房的跨度超过 18m 时，跨度应取为 6m(60M)的倍数；当工艺布置有明显优越性时，跨度允许采用 21m，27m 和 33m。

厂房的柱距一般取 6m 或 6m 的倍数(60M)，个别也可以采用 9m 柱距。

单层厂房自室内地坪至柱顶和牛腿面的高度应为扩大模数 3M 的整数倍。

结构平面的主要尺寸（跨度和柱距）都由轴线来表示。跨度方向的轴线称为横向定位轴线，用编号①，②，③，…表示。柱距方向的轴线称为纵向定位轴线，用编号Ⓐ，Ⓑ，Ⓒ，…表示。

横向定位轴线一般通过柱子的截面几何中心，相邻轴线间的距离就是柱距。但在厂房的尽端，横向定位轴线应与山墙内皮重合，并将山墙内侧第一排柱子中心线内移 600mm[①]，以保证抗风柱、山墙和端部屋架的位置不产生冲突（图 3-5）。

① 本书根据《厂房建筑模数协调标准》(GBJ 6—86)的规定取该尺寸为 600，而不是 500。

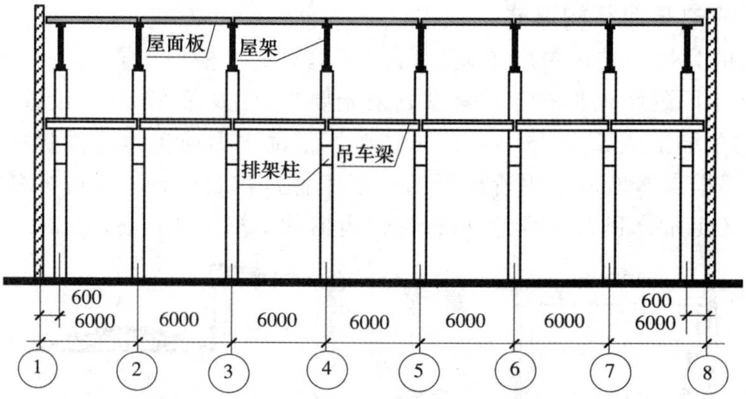

图 3-5　厂房的横向定位轴线

纵向定位轴线一般宜与边柱外缘和墙内缘相重合，在有桥式吊车的厂房中，由于吊车起重量、柱距或构造要求等原因，边柱外缘和纵向定位轴线可能不重合。对多跨厂房，中部纵向定位轴线一般宜与中柱几何中心重合，在有桥式吊车的厂房中，由于吊车起重量、柱距或构造要求等原因，中柱的几何中心和纵向定位轴线也可能不重合。

纵向轴线之间的距离（实际上是厂房的跨度）L 和吊车轨距 L_k 之间一般有如下的关系，如图 3-6(a)所示。

$$L_k = L - 1.5(\mathrm{m}) \tag{3-1}$$

图 3-6 中，$A=B_1+B_2+B_3$。其中，B_1 可查阅《起重运输机械专业标准》(ZQ1－62)或相关的吊车产品说明书。当吊车的起重量≤500kN 时，$B_2 \geqslant 80$mm；其他情况下，$B_2 \geqslant 100$mm。B_3 的大小可由排架的内力分析得到。

对厂房的边柱，当 $A \leqslant 750$mm 时，纵向定位轴线与边柱外缘和墙内缘相重合（图 3-6(b)）；当 $A \geqslant 750$mm 时，纵向定位轴线向边柱内侧移动，纵向定位轴线与边柱外缘间的距离称为联系尺寸，用 a_c 表示，$a_c = A - 750$（图 3-6(c)）。

对等高多跨厂房的中柱，当 $A \leqslant 750$mm 时，设一条纵向定位轴线，且该轴线与中柱的上柱的中心线重合（图 3-6(d)）；当 $A \geqslant 750$mm 时，设两条纵向定位轴线，两条定位轴线间的距离称为插入距 a_i，插入距的中点应与中柱的上柱的中心线重合（图 3-6(e)）。

对不等高多跨厂房的中柱，当 $A \leqslant 750$mm 时，设一条纵向定位轴线，该轴线宜与高跨上柱外缘与封墙内缘相重合（图 3-6(f)）；当 $A \geqslant 750$mm 时，在偏向高跨的一侧增设一条纵向定位轴线（图 3-6(g)）。

图 3-7 给出了柱、抗风柱、围护墙、吊车梁等构件与定位轴线之间的关系。注意厂房两端吊车梁、屋面板、天沟板与中部吊车梁、屋面板、天沟板的差别。

2. 变形缝

变形缝包括伸缩缝、沉降缝和抗震缝。

随着气温的变化，厂房会出现热胀冷缩。但是这种温度变形会受到基础的约束，使厂房发生如图 3-8(a)所示的变形（当气温升高时），并在结构中产生温度应力。当温度拉应力超过材料的抗拉强度时，厂房就会开裂。影响温度应力的因素很多，且厂房本身的结构又比较复杂，要想精确估算温度应力的大小非常困难。但是，若将厂房的上部结构断开（设置伸缩缝），则在相同条件下厂房的温度变形（温度应力）会明显减小（图 3-8(b)）。因此，当厂房的长度或宽度

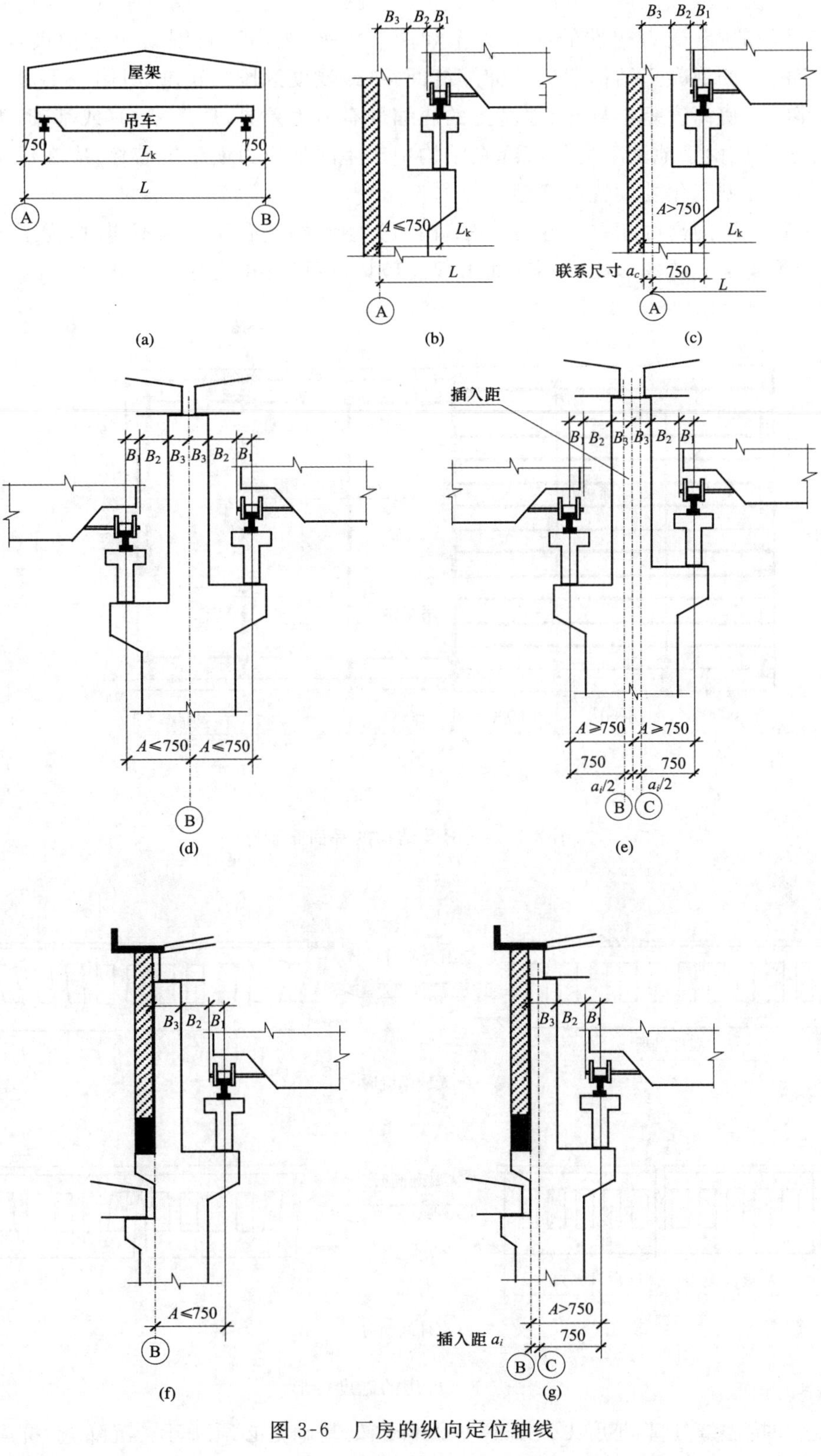

图 3-6 厂房的纵向定位轴线

过大时，为防止温度变化在结构中产生温度应力使厂房开裂，应设置横向或纵向伸缩缝，将结构分成不同的温度区段。伸缩缝的具体构造可参见《房屋建筑学》教材中的有关内容。伸缩缝处的定位轴线和主要受力构件的相关关系如图 3-9 所示。我国《混凝土结构设计规范》(GB 50010)规定的钢筋混凝土结构房屋的伸缩缝间距(或温度区段的长度)见附录 D1。

当相邻跨厂房高度差异悬殊、地基土的压缩性有显著差异、厂房结构(或基础)类型有明显不同时，为了避免由于地基不均匀沉降在结构中产生附加应力使结构破坏，应在厂房高度或地基性能或结构类型变化处设置沉降缝。

当相邻跨厂房的高度相差悬殊、厂房结构的类型和刚度有明显的不同时，为了防止在地震中由于结构不同部分的变形能力不同而引起的破坏，应设置抗震缝。

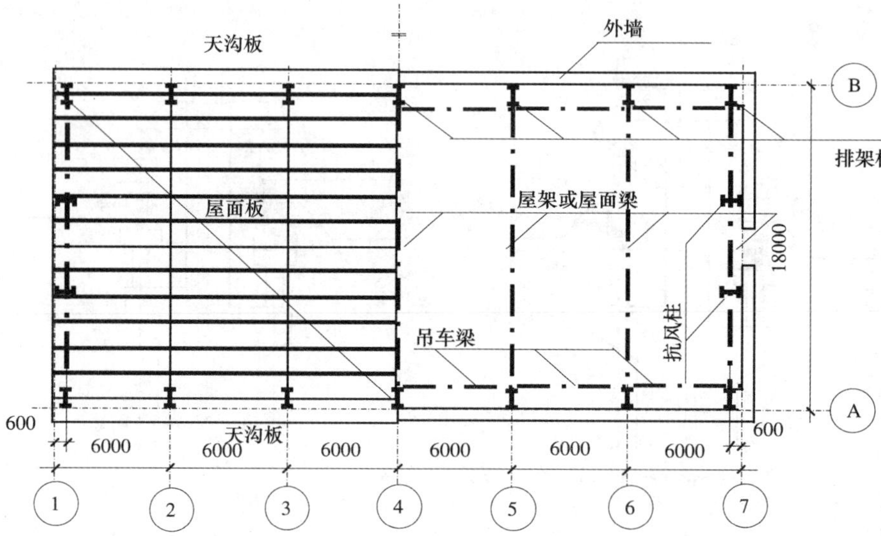

图 3-7　柱网及结构的平面布置图

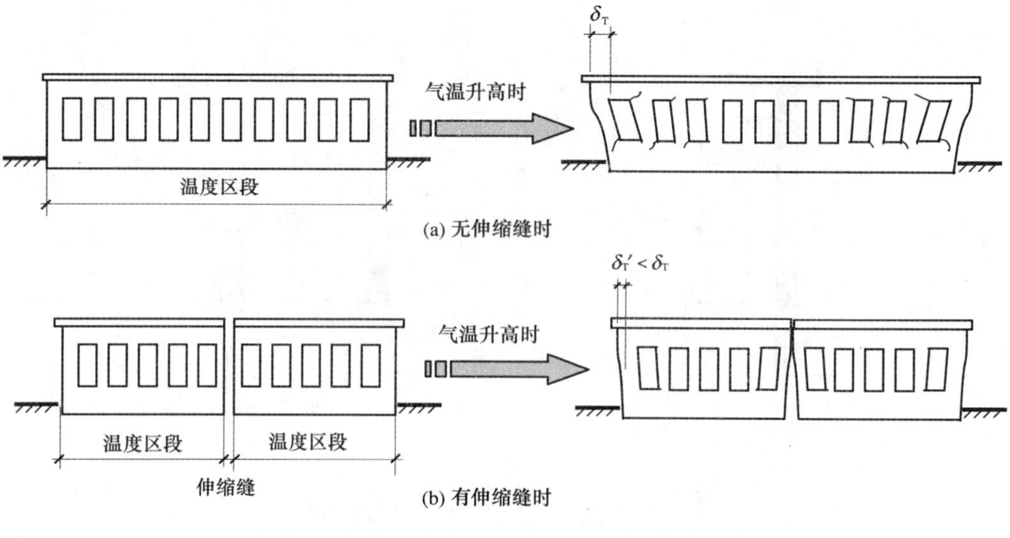

图 3-8　厂房的温度变形

伸缩缝和抗震缝处基础可以不分开，但沉降缝处基础处必须断开。沉降缝、抗震缝处的定

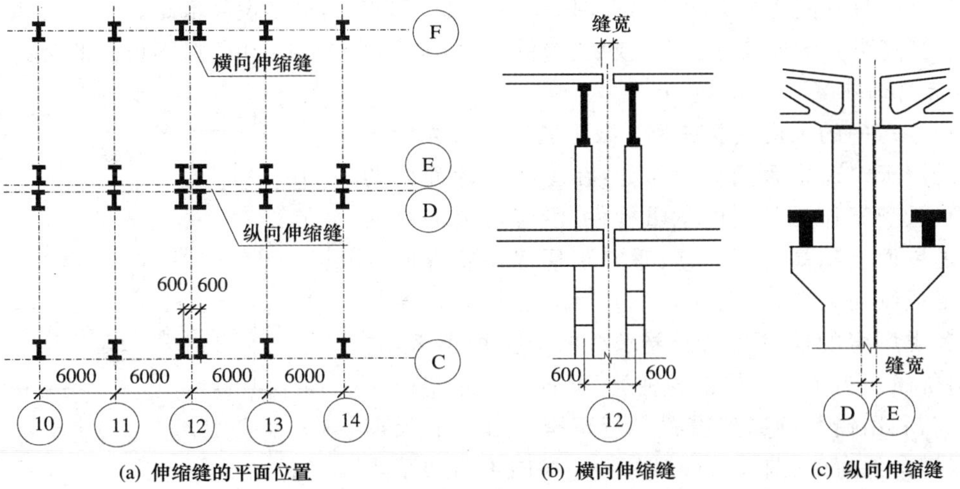

图 3-9 纵横向伸缩缝

位轴线以及受力构件的相关关系和伸缩缝处的情况类似(图 3-9)。

3. 厂房的高度

厂房的高度一般由屋架下弦底面的标高 H_1 和吊车轨顶标高 H_2 来表示(图 3-10)。无吊车厂房,屋架下弦底面标高由设备的高度和生产需要的使用高度确定。有吊车厂房,屋架下弦底面的标高按下式确定:

$$H_1 = \max\begin{cases} h_1 + h_2 + h_3 + h_4 + h_5 + h_6 + h_7 \\ h_1 + h_2 + h_8 + h_5 + h_6 + h_7 \end{cases} \quad (3\text{-}2)$$

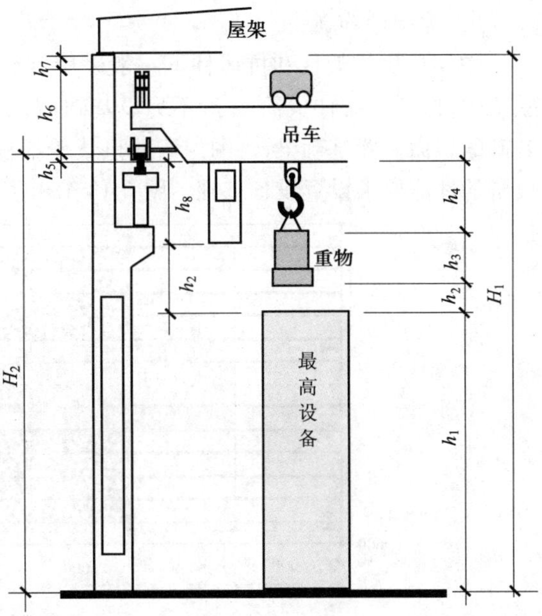

图 3-10 单跨厂房的高度

式中 h_1——厂房内最高设备的高度,由工艺要求确定。若设备过高,可将其局部埋入地下以减少 H_1;

h_2——超越安全高度,一般不小于 500mm;

h_3——最大起吊重物高度;

h_4——最小吊索高度;

h_5——吊车底至吊车轨顶高度;

h_6——吊车轨顶至吊车顶部高度;

h_7——吊车行驶安全高度,一般不小于 220mm;

h_8——司机室底至吊车底的高度,可查阅有关的吊车产品说明书。

轨顶标高按下式确定:

$$H_2 = H_1 - h_6 - h_7 \quad (3\text{-}3)$$

需要注意的是在确定 H_1 和 H_2 时还应考虑统一的模数要求。

对多跨连续厂房,应按下列原则确定各相邻跨的高度(图 3-11):

(1) 当高跨一侧仅有一个低跨时，如高度差≤2.10m，可不设高低跨。

(2) 当高跨一侧连续有两个低跨时，如高度差≤1.80m，可不设高低跨。

(3) 当高跨一侧连续有三个(或更多)低跨时，如高度差≤1.50m，可不设高低跨。

4. 天窗的布置

单层厂房中的天窗主要是为了满足通风和采光要求而设置的。天窗通常采用纵向布置：在屋架或屋面梁的中部架设天窗架作为天窗的承重构件，沿着房屋的纵向把中部的屋面板抬高，两侧安装垂直于厂房宽度方向的天窗扇形成纵向天窗架(图 3-12(a)，(b))。纵向天窗架能满足各类厂房的通风和采光要求。但构件种类多，自重大，造价高。为了减少构件的种类，可将部分屋架或屋面梁抬高，利用错落的屋架设置平行于跨度方向的天窗扇，形成横向天窗架(图 3-12(a)，(c))。横向天窗架采光均匀、通风良好。但屋面高低变化频繁，对防水、清灰、检修不利。

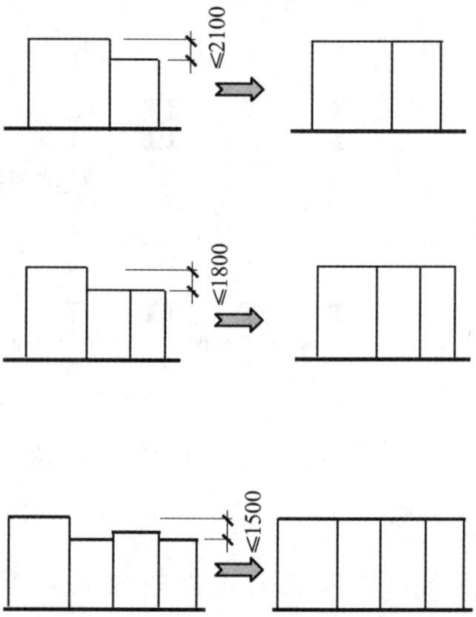

图 3-11　多跨厂房的高度

5. 基础的布置

单层厂房排架柱和抗风柱下一般采用钢筋混凝土的独立基础(杯口)。围护墙下一般不另设基础，而是在柱下独立基础的顶面搁置基础梁，将围护墙的重量传给柱下独立基础。厂房中的一些大型设备还需要根据设备的性能要求设置设备基础。图 3-13 给出了一单层单跨厂房的基础布置示意图。

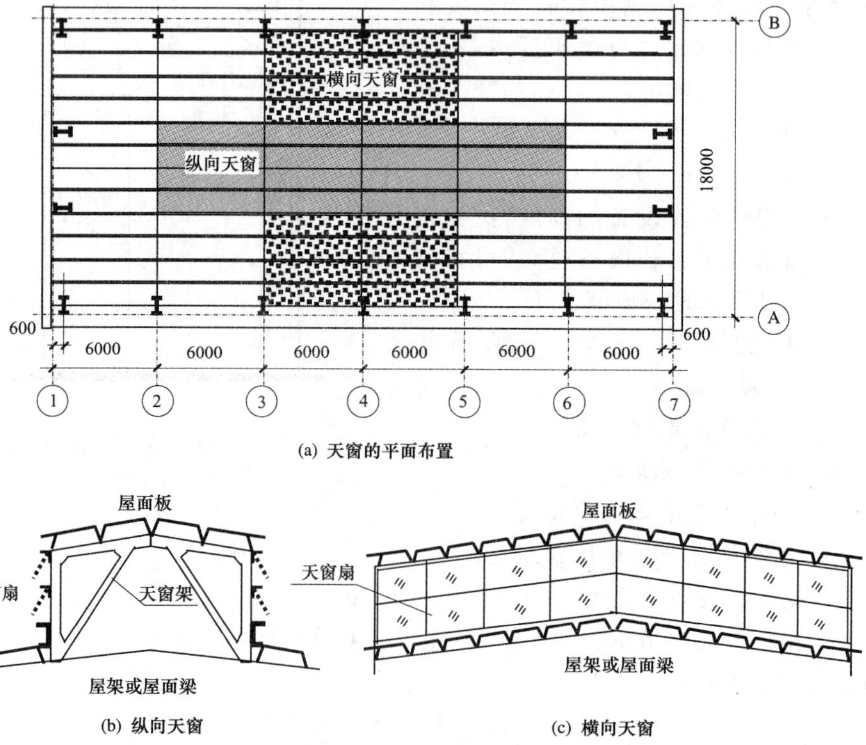

(a) 天窗的平面布置

(b) 纵向天窗　　(c) 横向天窗

图 3-12　单层厂房天窗的布置

3.2.4 支撑的布置

单层厂房系装配式结构。整个结构是通过将一个个预制构件在现场进行拼装、连接而组成的。为了保证施工阶段结构的稳定性,在房屋结构的装配过程中将主要受力杆件临时固定,保证使用阶段结构的稳定性、整体性和水平刚度,并将某些水平荷载传给主要受力构件或基础,在厂房中应布置支撑。支撑的布置是单层厂房结构设计的一个重要内容,支撑布置不当,不仅会影响厂房的正常使用,甚至可能会出现工程质量事故。这必须引起设计人员的高度重视。

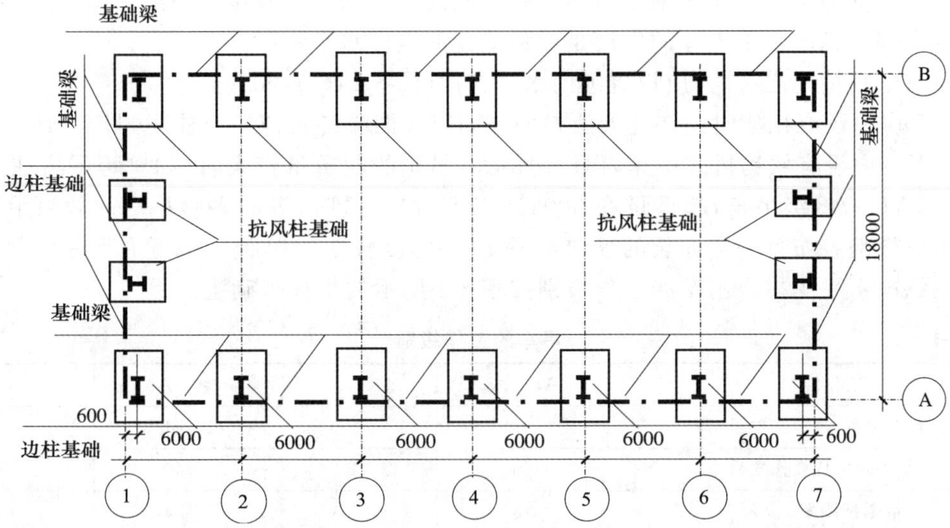

图 3-13 单层厂房的基础布置示意图

排架结构单层厂房中的支撑主要包括屋盖支撑和柱间支撑两大类。各支撑构件的截面设计一般由构造要求确定。下面分别对非地震设防区这两类支撑的组成和布置原则作简要叙述。

1. *屋盖支撑*

屋盖支撑包括横向水平支撑、纵向水平支撑、垂直支撑和系杆。

1) 横向水平支撑

横向水平支撑体系由交叉的角钢和屋架的上弦或下弦组成的水平桁架(分别称为上弦横向水平支撑和下弦横向水平支撑)。横向水平支撑一般布置在厂房温度区段的两端。横向水平支撑的作用是加强屋盖纵向水平面内的刚性,还可以将山墙或抗风柱传来的水平荷载传给两侧柱列上。

当屋面为大型屋面板,且屋面板与屋面梁或屋架上弦有三点焊接,屋面板纵肋的空隙用C15～C20的细石混凝土灌实,能保证屋盖平面的稳定,并能传递山墙传来的水平力时,可以认为屋面板起到了上弦横向水平支撑的作用,可以不设上弦横向水平支撑。当屋盖纵向水平面的刚度不足,且有以下情况之一时,应设置上弦横向水平支撑(图 3-14(a),(b)):

(1) 屋盖为有檩体系或跨度较大的无檩体系屋盖,当屋面板与屋架焊接点的质量不能保证,且抗风柱与屋架的上弦连接时;

(2) 厂房设有纵向天窗,当天窗通到厂房端部第二柱间或通过伸缩缝时,应在第一或第二柱间的天窗架范围内设置上弦横向水平支撑,并在天窗范围内沿纵向设置一至三道通长的受压系杆(图 3-14(b))。

具有下列情况之一时,应设置下弦横向水平支撑(图 3-14(a),(b)):

(1) 山墙抗风柱与屋架下弦连接,纵向水平力通过下弦传递时;

(2) 有纵向运行的悬挂吊车(或电葫芦),且吊点设在屋架下弦时,这时,可在悬挂吊车轨道尽头的柱间设置;

(3) 厂房内有较大的振动源,如设有硬钩桥式吊车或 50kN 以上的锻锤时。

2) 纵向水平支撑

纵向水平支撑系由交叉角钢和屋架下弦组成的水平桁架。其位置一般在屋架的第一节间和屋架的中部。纵向水平支撑的作用是加强屋盖的横向水平刚度。

当具有下列情况之一时,应设置纵向水平支撑(图 3-14(c),(d)):

(1) 厂房内设有托架时。在托架所在的柱间以及两端各延伸一个柱间(图 3-14(c))。

(2) 厂房内设有软钩桥式吊车,但厂房高大,吊车的起重量较大时(如单跨厂房柱高 15～18m 以上,A1～A8 级吊车,起重量在 300kN 以上时)。这时,等高多跨厂房一般可沿边列柱的屋架下弦端部各布置一道通长的纵向水平支撑;跨度较小的单跨厂房可沿下弦中部布置一道通长的纵向水平支撑。吊车的工作级别按表 3-1 所示的指标来确定。

表 3-1　　吊车的工作级别

工作级别	A1～A3	A4,A5	A6,A7	A8
经常起重量/额定起重量/%	—	<50	50～100	超过 A6,A7 的指标
每小时平均操作次数	60	120	240	
接电持续率 J_c/%	15	25	40	
平均 50 年使用次数/万次	—	300	600	
运行速度/(m·min^{-1})	<60	60～90	80～150	

(3) 厂房内设有硬钩桥式吊车或 50kN 级以上的锻锤时,可沿中间柱列适当增加纵向水平支撑。

纵向水平支撑和横向水平支撑应尽量连接成封闭的水平支撑系统(图 3-14(c),(d))。

3) 垂直支撑

垂直支撑系由角钢杆件与屋架的直腹杆或天窗架的立柱组成的垂直桁架。垂直支撑一般设置在厂房温度区段两端的屋架端部或跨中。其主要作用是保证屋架出平面的侧向稳定,并传递纵向水平力。因而,垂直支撑宜与横向水平支撑配合使用。

垂直支撑应按下列原则进行布置(图 3-14(a),(b)):

(1) 屋架端部(或天窗架)的高度(外包尺寸)大于 1.2m 时,屋架(天窗架)两端各设一道垂直支撑。

(2) 屋架中部的垂直支撑,按表 3-2 的规定设置,表中 L 为屋架的跨度。

表 3-2　　屋架中部垂直支撑的数量

$L=12\sim18$m	18m$<L<$24m	24m$<L\leqslant$30m		30m$<L\leqslant$36m	
		端部不设	端部设	端部不设	端部设
不设	一道	两道	一道	三道	两道

4）系杆

系杆是单根的联系杆件。只能承受拉力的系杆称为柔性系杆，一般为钢杆件。既能承受拉力又能承受压力的系杆称为刚性系杆，可为钢杆件，也可为钢筋混凝土杆件。系杆一般通长布置，一端最终连接于垂直支撑或上、下弦横向水平支撑的节点上。系杆的作用是作为屋架或屋面梁的侧向支点，保证屋架的整体稳定、屋架上弦或屋面梁受压翼缘的侧向稳定（防止局部失稳），避免吊车工作时或厂房内有其他振源时屋架下弦产生过大的侧向颤动。

系杆应按下列原则进行布置（图 3-14）：

（1）有上弦横向水平支撑时，设上弦受压系杆。

（2）有下弦横向水平支撑或纵向水平支撑时，设下弦受压系杆。

（3）屋架中部有垂直支撑时，在垂直支撑同一铅垂面内应设通长的上弦受压系杆和通长的下弦受拉系杆。屋架端部有垂直支撑时，在垂直支撑同一铅垂面内应设通长的受压系杆。

（4）当屋架横向水平支撑设置在端部的第 2 柱间时，第 1 柱间的所有系杆均应为刚性系杆。

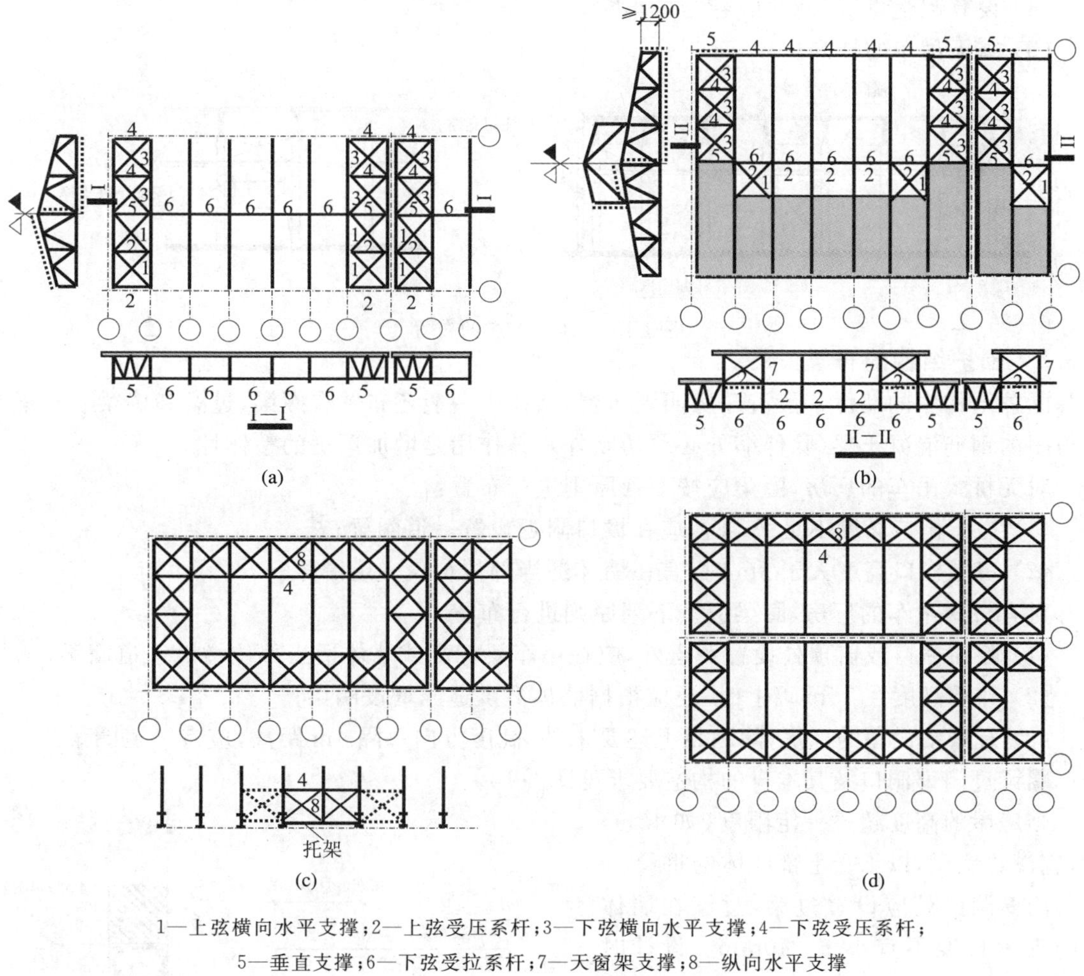

1—上弦横向水平支撑；2—上弦受压系杆；3—下弦横向水平支撑；4—下弦受压系杆；
5—垂直支撑；6—下弦受拉系杆；7—天窗架支撑；8—纵向水平支撑

图 3-14 屋盖支撑的布置

2. 柱间支撑

山墙上的水平荷载通过屋盖及支撑系统会传到厂房两侧的柱列上，吊车沿厂房纵向移动时产生的水平荷载也会传到柱列上。为了保证厂房的纵向柱列能够共同工作以抵御这些水平力，通常在厂房的纵向柱列中设置柱间支撑。设于牛腿面以上的柱间支撑称为上柱柱间支撑。设于牛腿面以下的柱间支撑称为下柱柱间支撑。

柱间支撑一般采用交叉的钢斜杆。当因交通、设备布置或柱距较大而不能采用交叉钢斜杆时，可以做成门架式的柱间支撑(图 3-15)。上柱柱间支撑一般设置在温度区段的两端与屋盖横向水平支撑相应的位置，以及温度区段的中央。下柱柱间支撑一般设置在温度区段的中央和上柱柱间支撑相应的位置处。

当厂房吊车的起重量较小(≤50kN)，且柱间设有强度和稳定性足够的墙体，并能与柱共同工作时，可不设柱间支撑。

当单层厂房有下列情况之一时，应设置柱间支撑：

(1) 吊车的工作级别为 A6～A8 或吊车的工作级别为 A1～A5，但起重量≥100kN 时。

(2) 厂房的跨度≥18m，或柱高≥8m 时。

(3) 纵向柱的总数每排在 7 根以下时。

(4) 设有起重量≥30kN 的悬挂吊车时。

(5) 露天吊车的柱列。

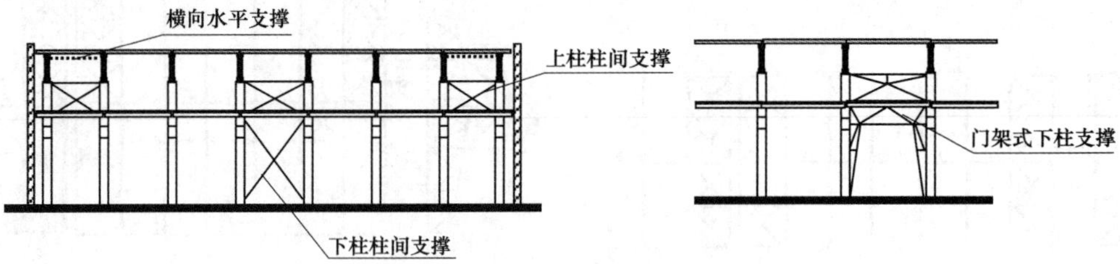

图 3-15　柱间支撑的布置

3.2.5　围护结构的布置

围护结构中的墙体一般沿厂房四周布置，墙体中一般还布置有圈梁、过梁和墙梁。圈梁系一封闭的钢筋混凝土梁(除伸缩处必须切断外)，其作用是增加厂房的整体性。

对无桥式吊车的厂房，圈梁应按下列原则进行布置：

(1) 房屋檐口高度不足 8m 时，应在檐口附近设置一道圈梁；

(2) 房屋檐口高度大于 8m 时，宜在墙体适当部位增设一道圈梁。

对有桥式吊车的厂房，圈梁应按下列原则进行布置：

(1) 除在檐口或窗顶处设置一道外，应在吊车梁标高或墙体适当部位增设一道圈梁；

(2) 外墙高度在 15m 以上时，还应根据墙体高度适当增设圈梁；

(3) 有振动设备的厂房，除满足上述要求外，高度方向每隔 4m 距离，应有一道圈梁。

圈梁过门窗洞口及其本身的构造要求见图 3-16。

当房屋的高度超过一定限度(如 15m)时，宜设置墙梁，以承受上部墙体的重量。

门窗洞口处应设置过梁，过梁在墙体上的支承长度不宜小于 240mm。设计时应尽量使圈梁、墙梁和过梁三梁合一。

有关圈梁、过梁和墙梁的具体做法和其他构造要求可见《砌体结构》教材中的相关内容。

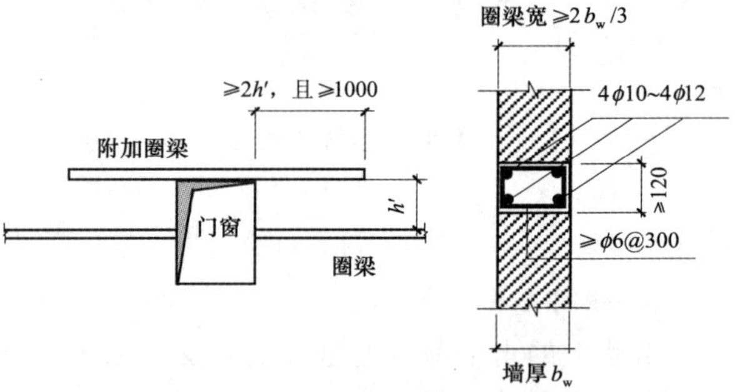

图 3-16　圈梁的构造要求

3.3　排架的荷载计算及内力分析

3.3.1　排架结构单层厂房所受的荷载种类和传力路径

排架内力分析的主要目的是为排架柱和柱下基础的设计提供基本力学数据。要分析结构的内力，首先必须弄清作用在结构上的荷载。单层厂房在使用过程中的竖向荷载主要包括：构件和设备的自重、吊车起吊重物时的荷载、雪荷载或积灰荷载。水平荷载主要包括风荷载、吊车的水平制动荷载及水平地震作用。其中，竖向荷载主要由横向排架承担，水平荷载则由横向排架和纵向排架共同承担。下面分别介绍横向排架和纵向排架的荷载及其传递路径。

1. *横向平面排架所受的荷载及其传递路径*

横向平面排架所受的荷载如图 3-17 所示。竖向荷载和水平荷载的传递路径分别为：

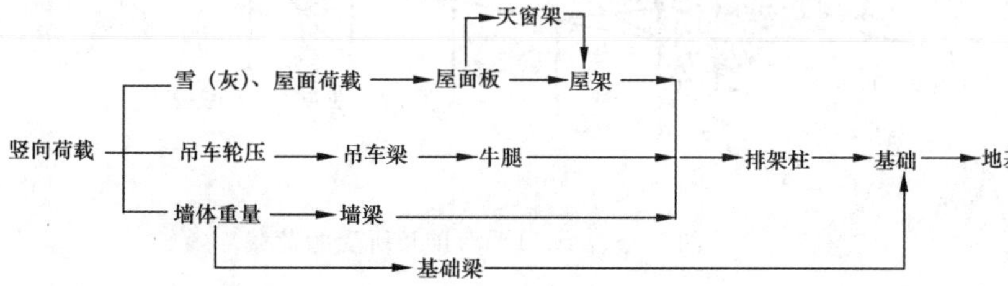

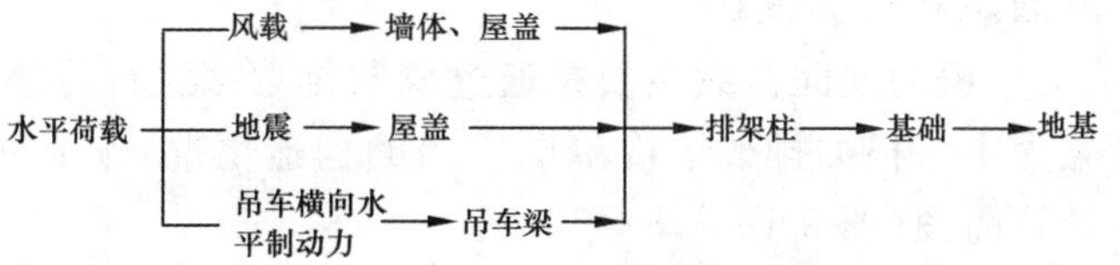

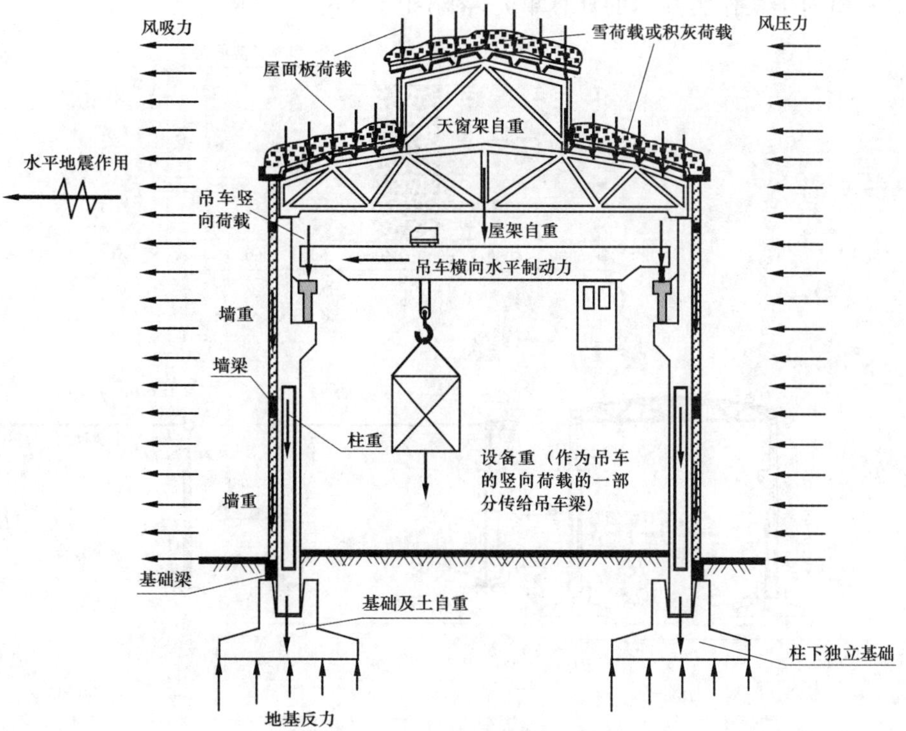

图 3-17　横向平面排架所受的荷载

2. 纵向平面排架所受的荷载及其传递路径

纵向平面排架主要承受水平荷载如图 3-18 所示。其荷载的传递路径为：

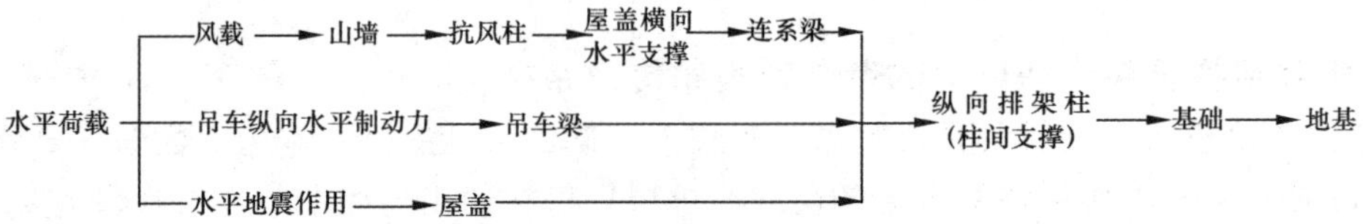

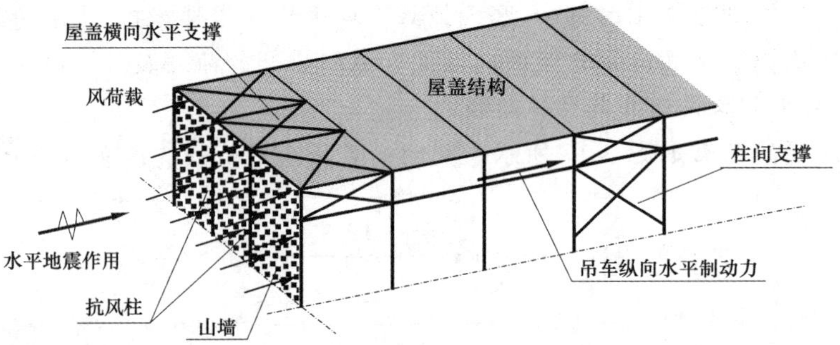

图 3-18　纵向平面排架所受的荷载

3.3.2　排架分析时的计算假定和计算简图

由上节的分析可知，单层厂房的竖向荷载主要是通过横向排架来进行传递的。因此，排架的计算分析主要以横向排架为主。根据排架结构单层厂房的构造情况，作下列简化和假定以确定单层厂房横向排架的计算简图(图 3-19)。

(1) 取一横向排架作为基本的计算单元(图 3-19(a))。

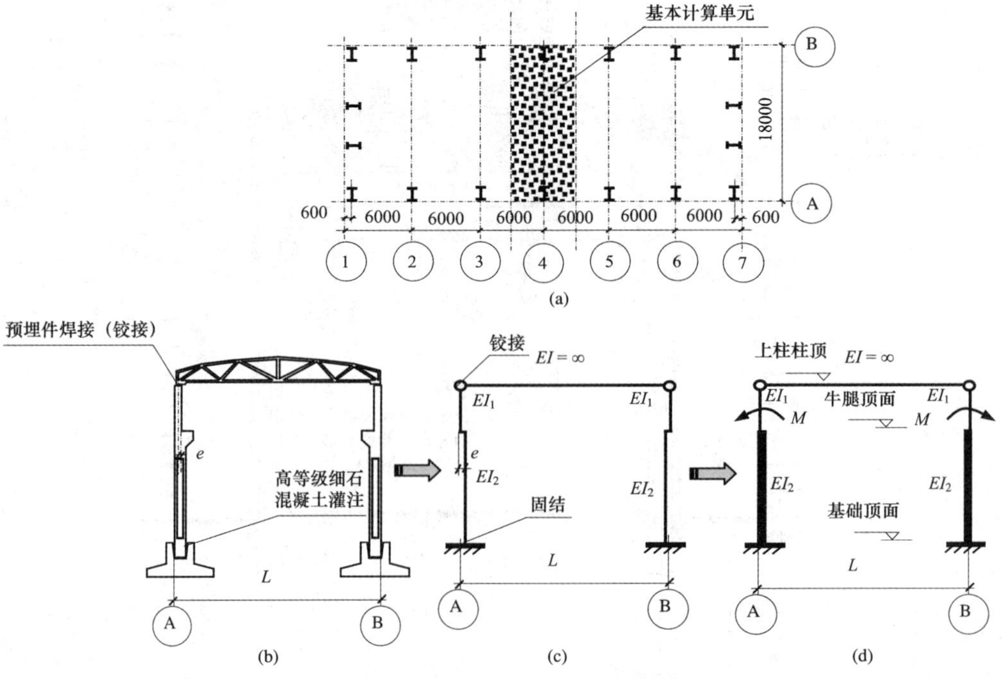

图 3-19　横向排架的计算简图

(2) 屋架端部和上柱柱顶一般用预埋钢板焊接，抵抗弯矩的能力很小，可简化为一铰接点(图 3-19(b))。

(3) 排架柱插入杯口一定深度后，一般用高等级细石混凝土灌注(图 3-19(b))，故可按固结考虑。固结端位于基础的杯口顶面。

(4) 和排架柱比较而言，屋面梁或屋架的刚度较大，受力后轴向变形可以忽略不计，而将其简化成一无穷刚度体。但对刚度相对较小的组合屋架，此条不一定合适，应慎重考虑。

(5) 排架柱高由基础顶算至上柱柱顶。柱的轴线为柱的几何中心线。

(6) 排架的跨度以厂房的轴线为准。

最终确定的横向排架的计算简图如图 3-19(d)所示。

3.3.3 排架上的荷载标准值

1. *屋盖荷载*

屋盖荷载 P_1 通过屋架和上柱的接触面传给排架柱顶。当 P_1 有偏心时，计算简图上还要附加弯矩(图 3-20)。

屋盖荷载中的永久荷载部分主要包括屋面构造层、屋面板、天窗架、屋架及屋面支撑系统的自重，可根据材料的容重和构件的尺寸算出。

屋盖荷载中的可变荷载部分主要包括雪荷载、屋面活载和积灰荷载。

屋面水平投影面上的雪荷载标准值按下式计算：

$$S_k = \mu_r S_0 \tag{3-4}$$

式中 S_k——雪荷载标准值，kN/m^2；

S_0——基本雪压，kN/m^2，以当地一般平坦空旷地面上统计所得 50 年一遇最大积雪的自重确定，具体数值可查阅《建筑结构荷载规范》(GB 50009)；

μ_r——屋面积雪分布系数，当屋面坡度小于 25°时，$\mu_r = 1.0$。

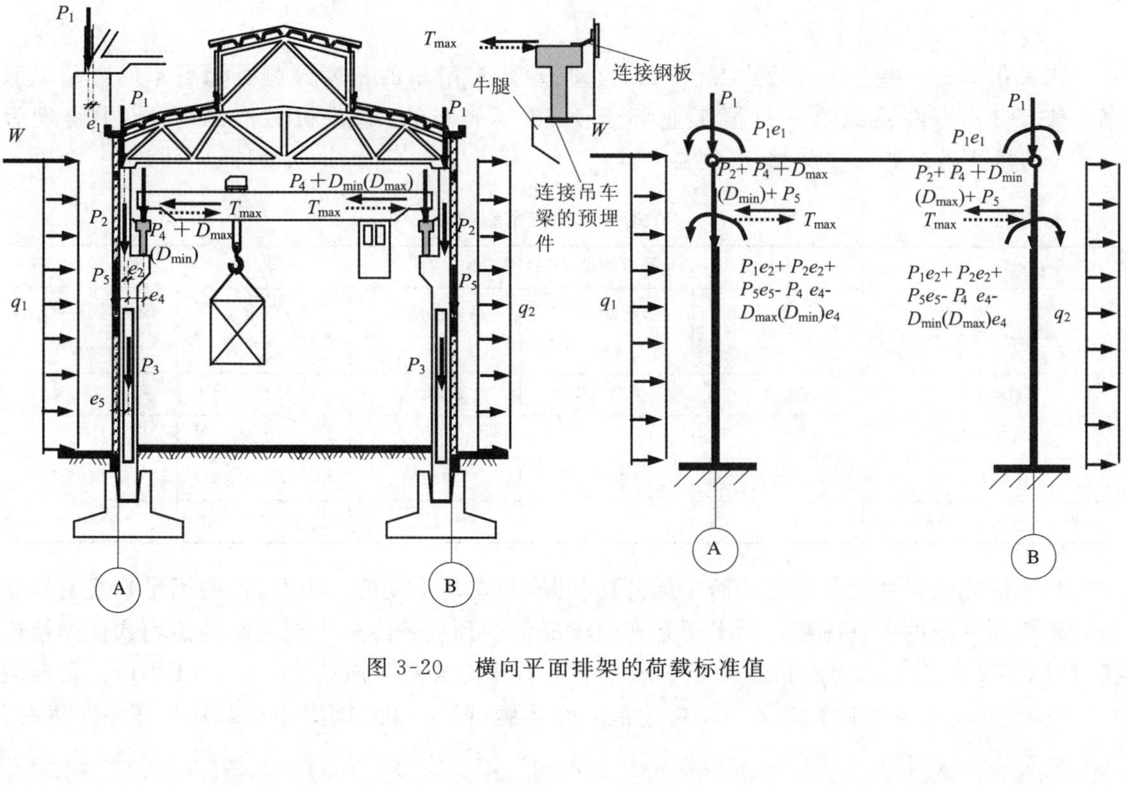

图 3-20 横向平面排架的荷载标准值

屋面活载系指不上人屋面考虑施工、检修时的活荷载。其值按屋面的水平投影考虑，一般取 0.3～0.7kN/m^2。

屋面活载不与雪荷载同时考虑，应取两者中的大值计算。

机械、冶金、水泥厂的厂房屋面应考虑屋面积灰荷载。屋面积灰荷载的数值可查阅《建筑结构荷载规范》(GB 50009)。

积灰荷载应与屋面活荷载和雪荷载两值中的较大值同时考虑。

2. 柱重和墙重

上柱的自重 P_2 和下柱的自重 P_3 均可根据材料的容重和构件的尺寸计算而得。同时还要考虑上柱的自重 P_2 对下柱作用的弯矩 P_2e_2。

若墙内设有墙梁且墙梁和排架连接，则应考虑墙梁传给排架的墙重 P_5 及其相应的弯矩 P_5e_5。

3. 吊车梁传来的荷载

吊车梁传来的荷载包括吊车梁和轨道的自重 P_4，吊车垂直轮压所引起的作用在牛腿顶面上的垂直荷载 D_{max}(D_{min})以及吊车横向水平制动时在排架柱上产生的水平作用力 T_{max}，如图 3-20 所示。

自重 P_4 可根据材料的容重和构件的尺寸算得。

桥式吊车行驶在吊车梁上，其荷载通过吊车的轮压作用于吊车梁上。当吊车满载，且小车到达桥架一端的极限位置时，靠近小车一端的轮压最大为 P_{max}，另一端为最小轮压 P_{min}（图 3-21(a)）。对于四轮桥式吊车，P_{max} 和 P_{min} 之间的关系为：

$$P_{max}+P_{min}=\frac{G+Q}{2} \tag{3-5}$$

式中　G——吊车的总重；

Q——吊车的起重量。

有关吊车的一些技术参数，如起重量、自重、轮压和吊车的宽度等可查阅吊车的产品说明书。表 3-3 所列的系原第一机械工业部于 1978 年公布的《起重机械产品样本》中跨度为 16.5m的桥式吊车的一些参数，可供参考。

表 3-3　　桥式吊车的技术参数

吊车跨度 L_k=16.5m					
额定起重量 Q	吊车宽度 B /m	轮距 K /m	吊车总重 G /kN	小车重 g /kN	最大轮压 P_{max} /kN
5t(49kN)	4.3	3.4	134	22.8	74
10t(98kN)	5.0	4.1	147	29.9	101
15/3t(147/29.4kN)	5.16		215	66.1	148
20/3t(196/29.4kN)	5.16		225	70.1	183

吊车的轮压是通过吊车梁传给牛腿的。但是，吊车是运动的。因此，需要用影响线的概念来计算牛腿所受的垂直荷载。吊车梁是通过梁底面的预埋铁件和牛腿顶面的预埋铁件焊接连接的(图 3-20)。于是，竖向荷载作用下吊车梁可看作简支在牛腿之上(图 3-21(b))。假定图 3-21(b)中的 i 支座为计算简图中所考虑的一个牛腿(图 3-20)，则集中荷载作用于吊车上时，

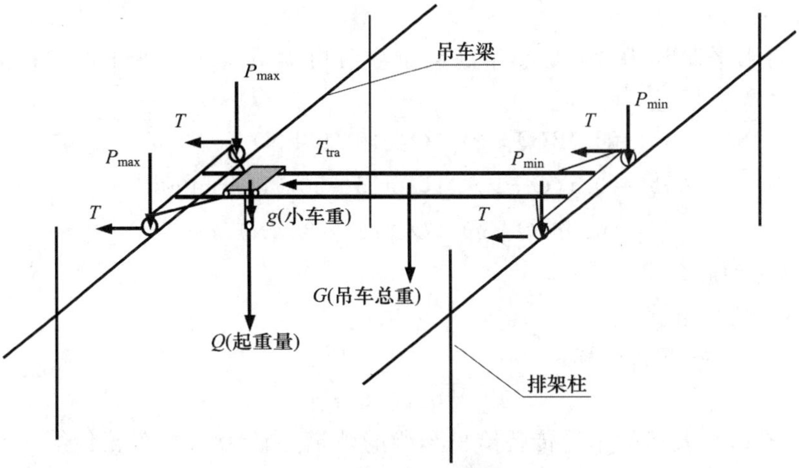

(a) 作用在吊车梁上的荷载

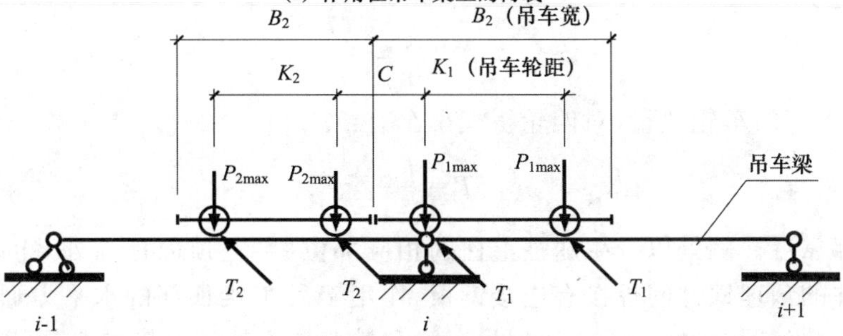

(b) 吊车的最不利位置

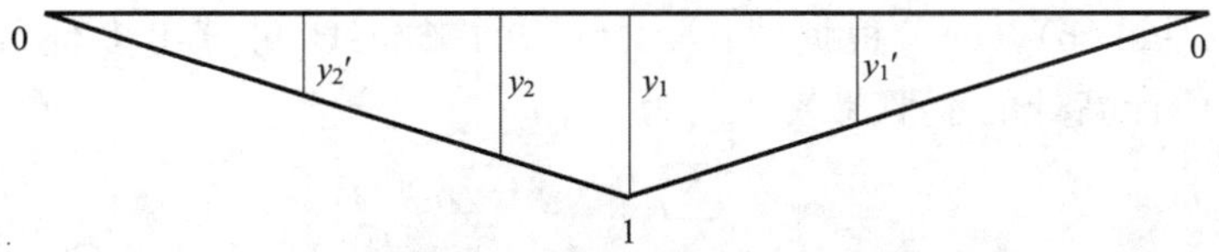

(c) 牛腿面竖向荷载（i支座反力）的影响线

图 3-21 桥式吊车的荷载

牛腿面的竖向荷载(或 i 支座的反力)的影响线可示于图 3-21(c)。当厂房中设有多台桥式吊车时,根据图 3-21(b)所示的吊车的最不利位置和图 3-21(c)所示的影响线,可求得作用于牛腿面上的竖向荷载:

$$\begin{cases} D_{max} = \sum P_{imax}(y_i + y_i') \\ D_{min} = \sum P_{imin}(y_i + y_i') \end{cases} \tag{3-6}$$

根据 D_{max} 和 D_{min} 可求出相应的作用在排架上的弯矩:

$$\begin{cases} M_{max} = D_{max} e_4 \\ M_{min} = D_{min} e_4 \end{cases} \tag{3-7}$$

在计算 D_{max},D_{min},M_{max} 和 M_{min} 时,应注意下列两点:

(1) 考虑到多台吊车同时工作的可能性,对单跨厂房的一个排架最多考虑两台吊车,对多跨厂房的一个排架最多考虑四台吊车;

(2) D_{max} 既可能作用在图 3-20 中的 A 轴柱,又可能作用在图 3-20 中的 B 轴柱,应考虑两种可能性。

吊车的横向水平制动力 T_{tra} 是小车满载重物时启动或刹车而产生的摩擦力。对软钩吊车，T_{tra} 按下式计算：

$$\begin{cases} T_{tra}=0.12(Q+g) & Q\leqslant 10t(98kN) \\ T_{tra}=0.1(Q+g) & Q=15\sim 50t(147\sim 490kN) \\ T_{tra}=0.08(Q+g) & Q\geqslant 75t(735kN) \end{cases} \tag{3-8}$$

式中　Q——吊车的起重量；

q——小车的自重。

对硬钩吊车，T_{tra} 按下式计算：

$$T_{tra}=0.20(Q+g) \tag{3-9}$$

T_{tra} 通过桥式吊车大车的车轮传替给吊车梁的轨道。认为每个车轮传给吊车梁的水平力相等，均为 T，则有

$$T=\frac{T_{tra}}{n_w} \tag{3-10}$$

式中，n_w 为吊车大车的车轮数量，对四轮桥式吊车有：

$$T=\frac{T_{tra}}{4} \tag{3-11}$$

吊车梁顶部靠近柱侧处以及牛腿柱上柱的相应部位（牛腿顶面标高处）均设有预埋铁件，在吊车梁和上柱的预埋铁件间焊接有连接钢板，作用于吊车梁顶部的水平力通过该连接钢板传给牛腿柱的上柱如图 3-20 所示。根据吊车梁和排架柱之间的连接构造，可以认为水平荷载作用下吊车梁仍然简支于排架柱上。吊车水平荷载的最不利位置以及排架柱所受的水平荷载的影响线仍示于图 3-21(b)，(c)。根据图 3-21 所示的影响线，可算出多台吊车同时工作时，排架上柱吊车梁顶面标高处的水平荷载 T_{max} 为

$$T_{max}=\sum T_i(y_i+y_i') \tag{3-12}$$

在计算 T_{max} 时，应注意下列两点：

(1) T_{max} 的方向有向左向右两种可能。

(2) 无论是单跨还是多跨厂房，每榀排架最多只能考虑两台吊车。

考虑到多台吊车对排架同时出现极端荷载的可能性较小。按式(3-6)和式(3-12)求得 D_{max}，D_{min} 和 T_{max} 后，还应乘上一荷载折减系数 β_D。β_D 的取值见表 3-4。

表 3-4　多台吊车的荷载折减系数

参与组合的吊车台数	吊车工作级别	
	A1～A5	A6～A8
2	0.90	0.95
3	0.85	0.90
4	0.80	0.85

4. 风荷载

垂直建筑物表面上的风荷载按静荷载考虑，其标准值按下式计算：

$$w_k=\beta_z\mu_s\mu_z w_0 \tag{3-13}$$

式中　w_0——基本风压（kN/m^2），以当地比较平坦地面上离地面 10m 高统计所得的 50 年一

遇 10 分钟平均最大风速 v_0(m/s)为标准，按 $w_0=v_0^2/1\,600$ 确定，具体数值可查阅《建筑结构荷载规范》(GB 50009)；

β_z——Z 高度处的风振系数，对于高度大于 30m 且高宽比大于 1.5 的房屋，应用 β_z 来考虑风压脉动的影响，$\beta_z>1$；

μ_s——风载体形系数，规则房屋，μ_s 可由《建筑结构荷载规范》(GB 50009)查得，不规则房屋，μ_s 可根据风动试验结果确定，图 3-22 给出了一单跨厂房和一等高两跨厂房的风载体形系数，可供参考，图中的正值表示吹力，负值表示吸力；

μ_z——风载高度变化系数，高度 Z 越高，μ_z 越大，具体数值可根据地面的粗糙度和高度由《建筑结构荷载规范》(GB 50009)查得。

在计算单层工业厂房的风荷载时，应注意下列两点：

(1) 柱顶以下的风载按均布荷载计算，屋面与天窗架所受的风荷载一般折算成作用在柱顶上的集中水平风荷载。

(2) 风的方向是任意的，要考虑左、右两种可能。

5. 水平地震作用

水平地震作用可参阅有关结构抗震方面的教材，此处略。

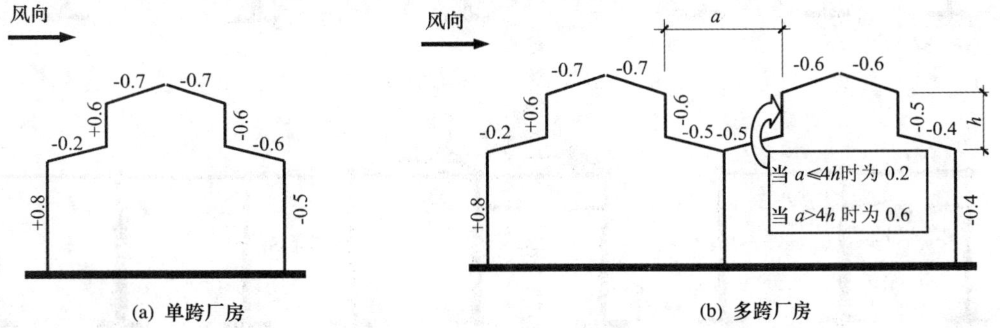

图 3-22 单层厂房的风载体形系数

3.3.4 等高排架的内力分析

求出排架上的荷载后，便可进行排架的内力分析。对于等高排架，无论其上的荷载多么复杂，都可以将其分为两类。一类是对称荷载下的对称结构。此类排架的受力特征是排架顶部无侧移。因此，可将排架分解成一个个底部固定上端铰支的变截面柱来进行内力分析，如图 3-23所示。另一类是荷载对称结构不对称或结构对称荷载不对称。此类排架的顶部有侧移。可将其分解成一顶部无侧移的排架和一顶部受水平荷载作用的排架来进行内力分析如图 3-24所示。由此可知，对两类不同的排架进行内力分析可归纳为解两个不同的力学问题：一是顶部铰接底部固定变截面杆的内力分析；二是排架顶部节点作用有水平荷载时的内力分析。下面分述之。

1. 顶部铰接底部固定变截面杆的内力分析

如图 3-25(a)所示的柱，应用力法求解。对图 3-25(b)所示的基本体系有：

$$R_a\delta_a=M_1\Delta_{aM} \tag{3-14}$$

式中 R_a——柱顶不动铰支座处的反力；

δ_a——柱顶作用有单位水平力时柱顶的水平位移(图 3-25(d))；

Δ_{aM}——柱上作用单位弯矩时，柱顶水平位移(图 3-25(c))。

由图 3-25(d),(e),应用图乘法得：

$$\delta_a=\frac{1}{EI_u}\cdot\frac{H_u^2}{2}\cdot\frac{2H}{3}+\frac{1}{EI_l}\frac{H_uH_l}{2}\left(H_u+\frac{H_l}{3}\right)+\frac{1}{EI_l}\frac{HH_l}{2}\left(H_u+\frac{2H_l}{3}\right) \tag{3-15}$$

设 $H_u=\lambda_H H, H_l=(1-\lambda_H)H, I_u=n_I I_l$ 则有

$$\delta_a=\frac{1}{\frac{3}{\left[1+\lambda_H^3\left(\frac{1}{n_I}-1\right)\right]}}\cdot\frac{H^3}{EI_l}=\frac{1}{C_0}\frac{H^3}{EI_l} \tag{3-16}$$

式中，

$$C_0=\frac{3}{1+\lambda_H^3\left(\frac{1}{n_I}-1\right)} \tag{3-17}$$

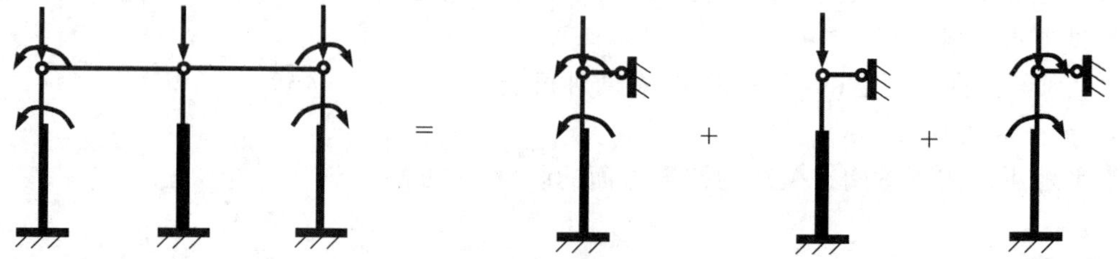

图 3-23 无侧移排架

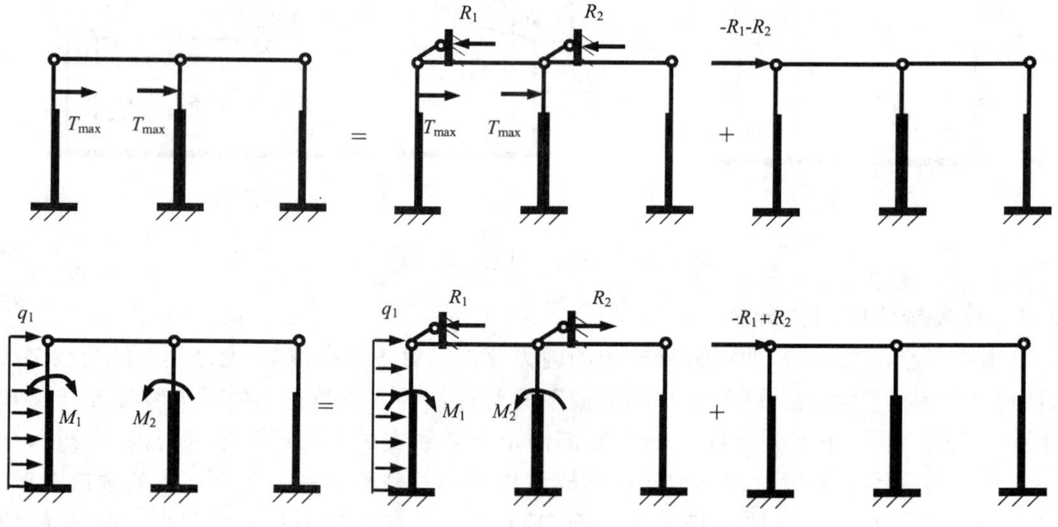

图 3-24 有侧移排架

δ_a实际上是二阶悬臂柱的柔度系数。由图 3-25(c),(e),应用图乘法得：

$$\Delta_{aM}=\frac{1}{EI_l}(H-H_u)\frac{H_u+H}{2}=\frac{H^2}{2EI_l}(1-\lambda_H^2) \tag{3-18}$$

将式(3-16)和式(3-18)代入式(3-14)得

$$R_a=\frac{M_1\Delta_{aM}}{\delta_a}=\frac{C_0M_1(1-\lambda_H^2)}{2H}=C_3\frac{M_1}{H} \tag{3-19}$$

式中，

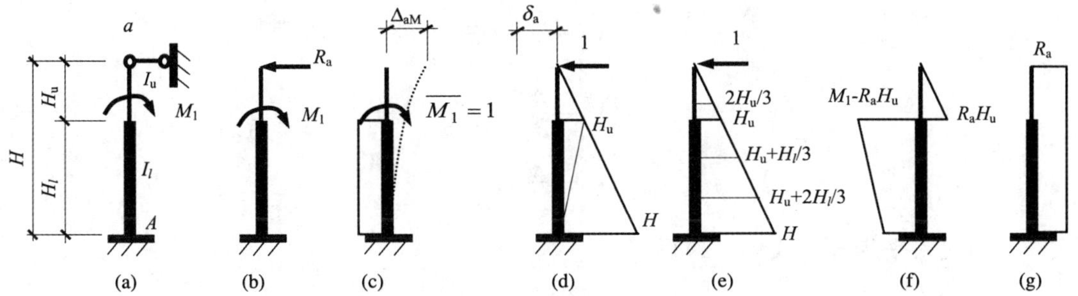

图 3-25 变截面柱的内力分析

$$C_3=\frac{C_0(1-\lambda_H^2)}{2}=\frac{3}{2}\frac{1-\lambda_H^2}{1+\lambda_H^3\left(\frac{1}{n_I}-1\right)} \tag{3-20}$$

根据求得的 R_a 和柱上的外荷载，可求出柱的弯矩图和剪力图(图 3-25(f)，(g))。

同理，可以求出各种荷载作用下单阶柱的系数 $C_1 \sim C_{12}$，还可以制成图表以备查用，见附录 D2。

2. 排架在柱顶作用有水平集中力时的内力分析

将图 3-26(a)所示的排架沿柱顶截开，得图 3-26(b)所示的隔离体。根据力的平衡条件得：

$$P=V_a+V_b+V_c \tag{3-21}$$

由于屋盖的刚度被假定为无穷大，因此，在水平荷载 P 的作用下各柱顶的位移应该相等。即：

$$\Delta_a=\Delta_b=\Delta_c=\Delta \tag{3-22}$$

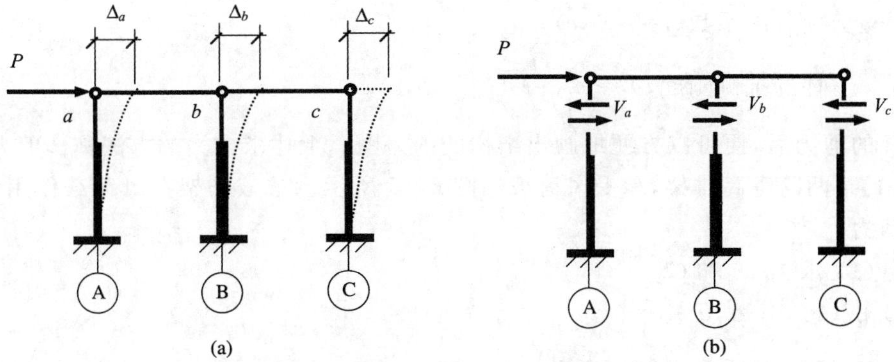

图 3-26 顶部作用有水平荷载的排架的内力分析

由前一节导出的变截面悬臂柱的柔度系数，可以算出图 3-26 所示排架在柱顶剪力作用下的位移：

$$\begin{cases}\Delta_a=V_a\delta_a\\ \Delta_b=V_b\delta_b\\ \Delta_c=V_c\delta_c\end{cases} \tag{3-23}$$

对式(3-23)略作处理，并应用式(3-22)，有

$$\begin{cases} V_a = \dfrac{\Delta_a}{\delta_a} = \dfrac{\Delta}{\delta_a} \\ V_b = \dfrac{\Delta_b}{\delta_b} = \dfrac{\Delta}{\delta_b} \\ V_c = \dfrac{\Delta_c}{\delta_c} = \dfrac{\Delta}{\delta_c} \end{cases} \tag{3-24}$$

将式(3-24)代入平衡方程式(3-21)得

$$\frac{\Delta}{\delta_a} + \frac{\Delta}{\delta_b} + \frac{\Delta}{\delta_c} = P \tag{3-25}$$

$$\Delta = \frac{P}{\left(\dfrac{1}{\delta_a} + \dfrac{1}{\delta_b} + \dfrac{1}{\delta_c}\right)} \tag{3-26}$$

将式(3-26)代入式(3-24)得：

$$\begin{cases} V_a = \dfrac{\dfrac{1}{\delta_a}P}{\left(\dfrac{1}{\delta_a} + \dfrac{1}{\delta_b} + \dfrac{1}{\delta_c}\right)} = \eta_a P \\ V_b = \dfrac{\dfrac{1}{\delta_b}P}{\left(\dfrac{1}{\delta_a} + \dfrac{1}{\delta_b} + \dfrac{1}{\delta_c}\right)} = \eta_b P \\ V_c = \dfrac{\dfrac{1}{\delta_c}P}{\left(\dfrac{1}{\delta_a} + \dfrac{1}{\delta_b} + \dfrac{1}{\delta_c}\right)} = \eta_c P \end{cases} \tag{3-27}$$

式中　η_i——剪力分配系数($i=a,b,c$)；

　　$1/\delta_i$——柱的抗侧刚度，$\delta_i = \dfrac{1}{C_{0i}}\dfrac{H_i^3}{EI_{li}}$($i=a,b,c$)。

求出柱的剪力后，便可以方便地画出结构的内力图。上述求内力的方法称作剪力分配法。

【例 3-1】某两跨等高排架，承受风荷载如图 3-27 所示。求该排架在风荷载作用下的弯矩图和柱底剪力。

【解】　(1) 求 λ_H，n_I和 C_0

如图 3-27(b)，对 A，C 柱：

$$\lambda_H = \frac{H_u}{H} = \frac{4\,200}{14\,600} = 0.288$$

$$n_I = \frac{I_u}{I_l} = \frac{2.13\times10^9}{14.38\times10^9} = 0.148$$

$$C_0 = \frac{3}{1+\lambda_H^3\left(\dfrac{1}{n_I}-1\right)} = \frac{3}{1+0.288^3\left(\dfrac{1}{0.148}-1\right)} = 2.637$$

对 B 柱：$\lambda_H = 0.288$，$n_I = \dfrac{5,88}{25.63} = 0.229$，$C_0 = 2.777$。

(2) 求 R_a 和 R_c

查附录 D2 得 C_{11}，于是可以算出 R_a 和 R_c：

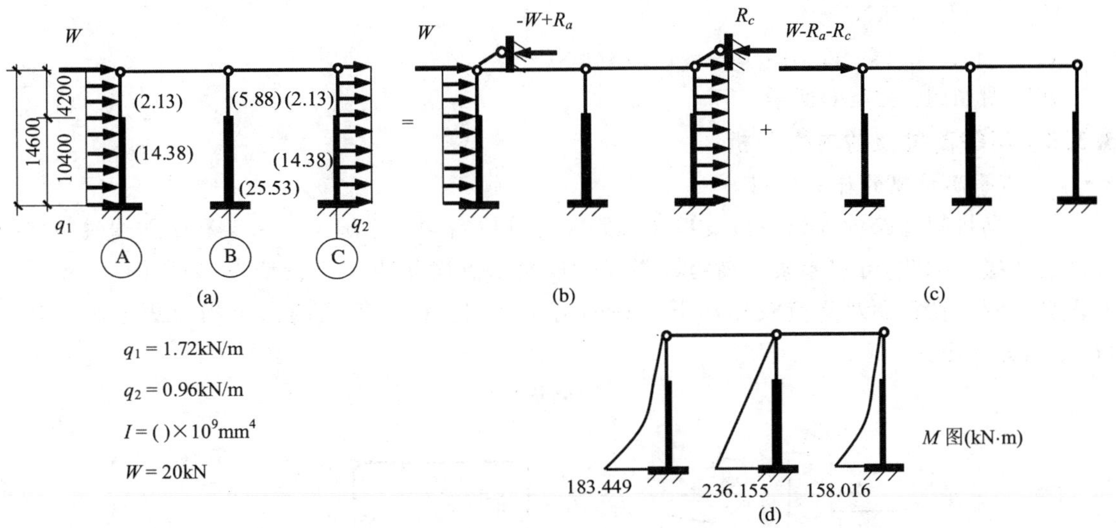

图 3-27 例题 3-1 图

$$C_{11}=\frac{3\left[1+\lambda_{\mathrm{H}}^{4}\left(\frac{1}{n_{\mathrm{I}}}-1\right)\right]}{8\left[1+\lambda_{\mathrm{H}}^{3}\left(\frac{1}{n_{\mathrm{I}}}-1\right)\right]}=\frac{3\left[1+0.288^{4}\left(\frac{1}{0.148}-1\right)\right]}{8\left[1+0.288^{3}\left(\frac{1}{0.148}-1\right)\right]}=\frac{3.119}{9.100}=0.343$$

$R_a=-C_{11}Hq_1=-0.343\times14.6\times1.72=-8.613\text{kN}(\leftarrow)$

$R_c=-C_{11}Hq_2=-0.343\times14.6\times0.96=-4.807\text{kN}(\leftarrow)$

(3) 求柱顶剪力 V_a,V_b,V_c

$$\frac{1}{\delta_a}=\frac{1}{\delta_c}=\frac{C_0EI_l}{H^3}=37.920\times10^9\times\frac{E}{H^3}$$

$$\frac{1}{\delta_b}=\frac{C_0EI_l}{H^3}=71.174\times10^9\times\frac{E}{H^3}$$

$$\sum\frac{1}{\delta_i}=147.015\times10^9\times\frac{E}{H^3}$$

$$\eta_a=\eta_c=\frac{37.920}{147.015}=0.258$$

$$\eta_b=\frac{71.175}{147.015}=0.484$$

$V_a=R_a+\eta_a(W-R_a-R_c)=-8.613+0.258\times(20+8.613+4.807)=0.009\text{kN}(\rightarrow)$

$V_b=\eta_b(W-R_a-R_c)=0.484\times(20+8.613+4.807)=16.175\text{kN}(\rightarrow)$

$V_c=R_c+\eta_c(W-R_a-R_c)=-4.807+0.258\times(20+8.613+4.807)=3.815\text{kN}(\rightarrow)$

(4) 求柱底剪力 $V_{\mathrm{A}},V_{\mathrm{B}},V_{\mathrm{C}}$

$$M_{\mathrm{A}}=0.009\times14.6+\frac{1}{2}\times1.72\times14.6^2=183.499\text{kN}\cdot\text{m}$$

$$M_{\mathrm{B}}=16.175\times14.6=236.15\text{kN}\cdot\text{m}$$

$$M_{\mathrm{C}}=3.815\times14.6+\frac{1}{2}\times0.96\times14.6^2=158.016\text{kN}\cdot\text{m}$$

$V_{\mathrm{A}}=-0.009-1.72\times14.6=-25.121\text{kN}(\leftarrow)$

$V_B = -16.175\text{kN}(\leftarrow)$

$V_C = -3.771 - 0.96 \times 14.6 = -17.787\text{kN}(\leftarrow)$

弯矩图如图 3-27(d)所示。

3.3.5 不等高排架的内力分析

1. 不等高排架的计算简图

不等高排架低跨的屋架一般支撑于高跨牛腿柱(中柱)的牛腿上。屋架和牛腿通过预埋铁件焊接连接。因此,可将屋架和高跨柱牛腿的连接结点简化成一半铰结点,采用图 3-28 所示的计算简图。在柱顶水平荷载作用下及柱间荷载作用下的排架的内力可用力法进行计算分析,下面分述之。

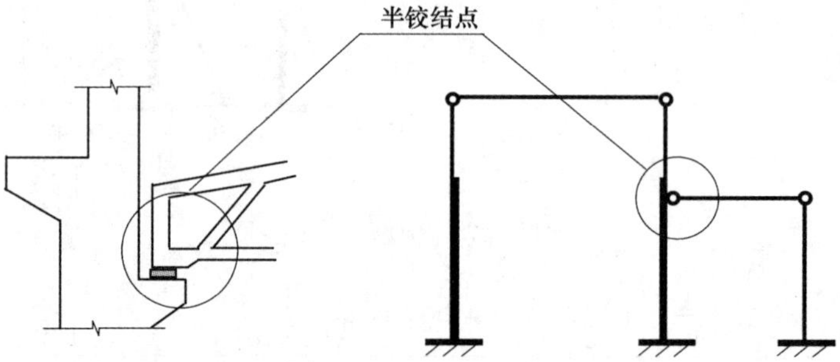

图 3-28 低跨屋架与高跨牛腿柱的连接构造和高低跨排架的计算简图

2. 柱顶作用水平集中力时的内力计算

如图 3-29(a)所示,根据屋架的刚度无穷大假定可得出如下的位移相容条件:

$$\begin{cases} \Delta_a = \Delta_b \\ \Delta_d = \Delta_c \end{cases} \tag{3-28}$$

$$\begin{cases} \Delta_a = (P - X_1)\delta_a \\ \Delta_b = X_1\delta_b - X_2\delta_{bd} \\ \Delta_c = X_2\delta_c \\ \Delta_d = -X_2\delta_d + X_1\delta_{db} \end{cases} \tag{3-29}$$

式中,$\delta_i = \dfrac{H_i^3}{C_{0i}EI_{li}} \quad (i = a, b, c, d)$;

$$C_{0i} = \frac{3}{1 + \lambda_{Hi}^3\left(\dfrac{1}{n_{\text{I}i}} - 1\right)} \quad (i = a, b, c, d);$$

δ_{bd} 和 δ_{db} 的物理意义见图 3-29(b),(c)所示,可用图乘法求得,亦可直接查阅附录 D2 的有关图表:

当 $t \geq H_{bu}$ 时,$\delta_{bd} = \delta_{db} = \dfrac{1}{EI_{bl}}\left[\dfrac{H_b^3 - t^3}{3} - \dfrac{t(H_b^2 - t^2)}{2}\right]$

当 $t < H_{bu}$ 时,$\delta_{bd} = \delta_{db} = \dfrac{1}{E}\left[\dfrac{H_{bu}^3 - t^3}{3I_{bu}} - \dfrac{t(H_{bu}^2 - t^2)}{2I_{bu}} + \dfrac{H_b^3 - H_{bu}^3}{3I_{bl}} - \dfrac{t(H_b^2 - H_{bu}^2)}{2I_{bl}}\right]$

将上述各式代入式(3-28)的相容关系有:

$$\begin{cases} (P - X_1)\delta_a = X_1\delta_b - X_2\delta_{db} \\ X_2\delta_d = X_1\delta_{db} - X_2\delta_d \end{cases} \tag{3-30}$$

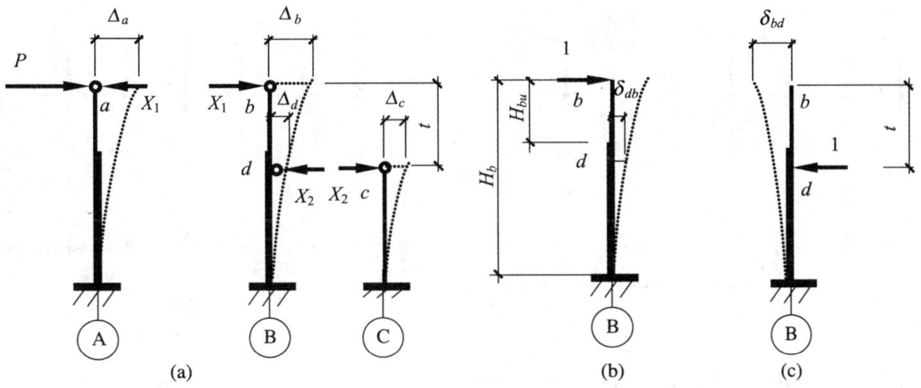

图 3-29　不等高柱顶作用水平力的内力计算

解此方程可求得 X_1，X_2。根据 X_1，X_2，可方便地得出排架的内力。

3. 柱上作用其他荷载时的内力计算

以图 3-30 所示的排架的受力情况为例。根据屋架的刚度无穷大假定可得出如下的位移相容条件：

$$\begin{cases}\Delta_a=\Delta_b\\ \Delta_c=\Delta_d\end{cases} \tag{3-31}$$

$$\begin{cases}\Delta_a=M_1\delta_{aM}-X_1\delta_a\\ \Delta_b=X_1\delta_b-M_2\delta_{bM}-X_2\Delta_{bd}\\ \Delta_c=X_2\delta_c\\ \Delta_d=X_1\delta_{db}-M_2\delta_{dM}-X_2\delta_d\end{cases} \tag{3-32}$$

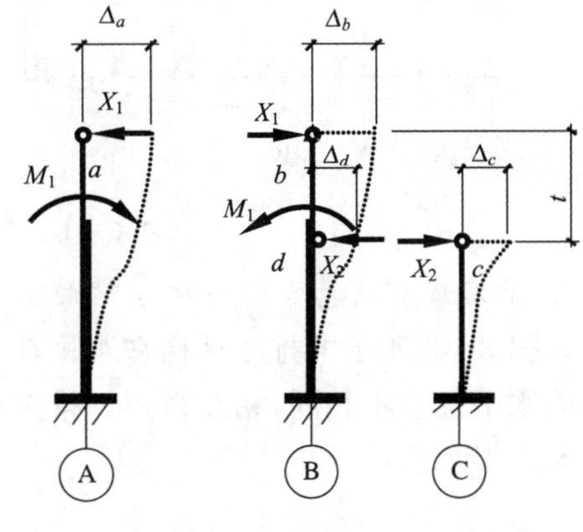

图 3-30　不等高柱间作用有弯矩时的内力计算

δ_a，δ_b，δ_c，δ_d，$\delta_{db}=\delta_{bd}$ 的意义同前，δ_{aM}，δ_{bM} 和 δ_{dM} 亦可根据图乘法求得或查阅附录 D2 的有关图表。将式(3-32)代入式(3-31)得下列方程：

$$\begin{cases}M_1\delta_{aM}-X_1\delta_a=X_1\delta_b-M_2\delta_{bM}-X_2\delta_{bd}\\ X_2\delta_c=X_1\delta_{db}-M_2\delta_{dM}-X_2\delta_d\end{cases} \tag{3-33}$$

解此方程可求得 X_1，X_2。根据 X_1，X_2 以及柱间的外荷载可方便地得出排架的内力。

上述两节讨论的主要是针对手算的排架内力分析方法。如借助于计算机，采用矩阵位移法则可以算出任意荷载下任意排架的内力。具体方法不予赘述。

3.3.6　单层厂房排架内力分析中的空间作用问题

1. 单层厂房空间作用的概念

用一平面排架来代替整个排架结构进行结构的内力分析，对图 3-31(a)所示情况是适应的。因为各排架所产生的位移相等皆为 Δ_a，排架之间无相互制约作用。但是对图 3-31(b)，(c)，(d)三种情况，排架之间有相互制约作用，各排架的柱顶位移互不相同。此时，用平面排架来计算就显得保守。

当单层厂房各榀排架之间的刚度不同，或各榀排架所受的荷载不同时，它们各自在荷载作用下的位移就会受到其他排架的制约。这种排架之间相互制约的作用称为单层厂房结构的空间作用。

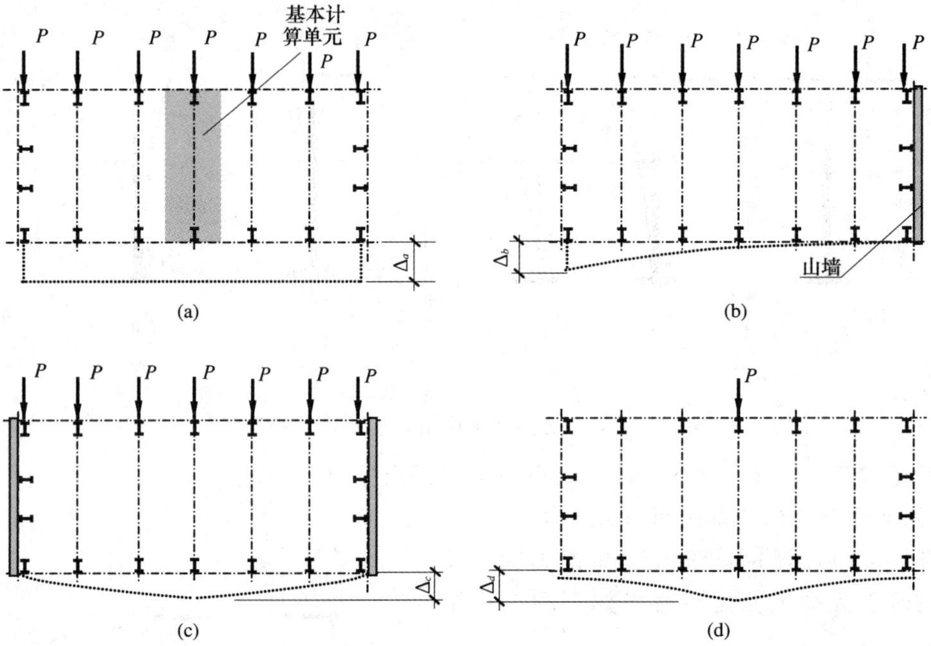

图 3-31　单层工业厂房的空间作用

2. *单层厂房结构空间作用分配系数*

如图 3-32 所示的排架结构在水平荷载 P 的作用下，由于纵向构件的连接作用各排架所产生的水平位移不相同，相互钳制。排架 C 所受的水平力不是 P，而是 P_1。另一部分荷载 P_2 由其他排架承受：

$$P=P_1+P_2 \tag{3-34}$$

按下式定义排架的空间作用分配系数：

$$m=\frac{P_1}{P}=\frac{\Delta_1}{\Delta} \tag{3-35}$$

式中　Δ_1——水平荷载 P 作用下排架 C 柱顶的实际位移；

　　　Δ——水平荷载 P 作用下单榀排架 C 柱顶的位移。

空间作用分配系数 m 与屋盖刚度、排架刚度、厂房跨度、厂房长度、温度区段内有无山墙以及吊车的吨位和台数等因素有关。m 的具体数值可查阅表 3-5 和表 3-6。表 3-5 和表 3-6 的应用范围是：

(1) 当屋盖结构为肋高 $h\geqslant150$mm 大型屋面板的无檩体系，且板与屋架的连接为三点焊时，m 按表 3-5 采用。

(2) 当屋盖结构为钢筋混凝土或预应力混凝土槽瓦、挂瓦板等有檩体系，且檩条与屋架的连接为焊接做法时，m 按表 3-6 采用。

(3) 在下列情况下，排架计算时不考虑空间作用(即 $m=1$)：

当厂房一端有山墙或两端均无山墙，且厂房的长度小于 36m；天窗架跨度大于厂房跨度的二分之一，或天窗布置使厂房屋盖沿纵向不连续时；厂房柱距大于 12m 时(包括一般柱距小于 12m，但个别柱距不等，且最大柱距超过 12m 的情况)；当屋架下弦为柔性拉杆时。

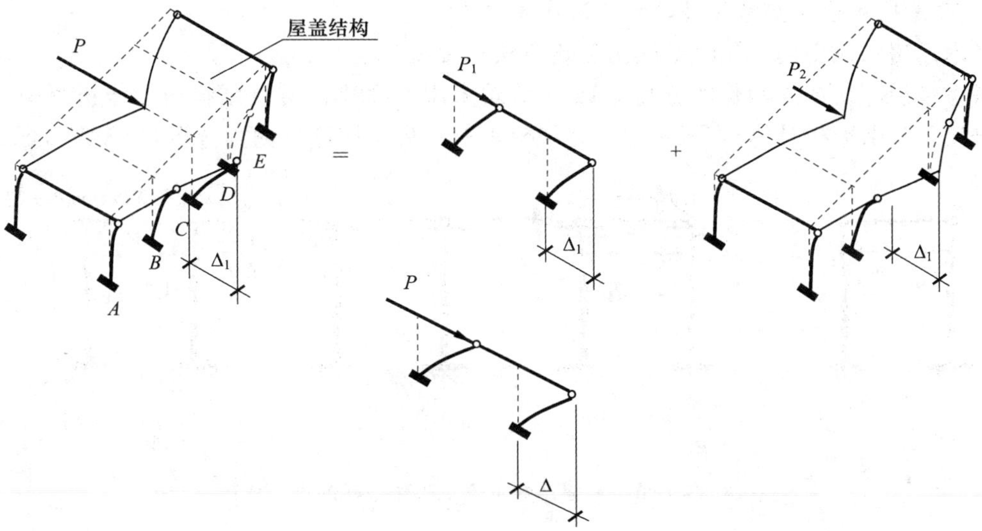

图 3-32　水平荷载作用下单层厂房的位移

表 3-5　　无檩屋盖单跨厂房空间作用分配系数 m

厂房情况	吊车吨位 t/kN	厂房长度 /m			
		≤60		>60	
		跨度 /m			
		12～27	>27	12～27	>27
两端无山墙及一端有山墙	≤75(735)	0.90	0.85	0.85	0.80
两端有山墙	≤75(735)	0.80			

表 3-6　　有檩屋盖单跨厂房空间作用分配系数 m

厂房情况	吊车吨位 t/kN	厂房长度 /m	
		≤60	>60
两端无山墙及一端有山墙	≤30(294)	0.90	0.85
两端有山墙	≤30(294)	0.85	

(4) 应用表 3-5 和表 3-6 时尚应考虑以下要求：

山墙应为实心砖墙，如山墙上有孔洞时，其在山墙水平截面的削弱面积不应大于山墙全部水平截面面积的 50%，否则应视为无山墙情况。

当厂房设有伸缩缝时，表中的厂房长度应按一个伸缩缝区段为单元进行考虑，此时收缩缝处应视为无山墙情况。

对等高多跨厂房，其空间作用分配系数应按下式计算：

$$\frac{1}{m}=\frac{1}{n_s}\left(\frac{1}{m_1'}+\frac{1}{m_2'}+\cdots+\frac{1}{m_n'}\right)=\frac{1}{n_s}\sum_{i=1}^{n}\frac{1}{m_i'} \tag{3-36}$$

式中　m——等高多跨厂房的空间作用分配系数；

n_s——排架的跨数；

m_i'——第 i 跨的单跨空间作用分配系数，按表 3-5、表 3-6 取用。

3. 考虑厂房结构空间作用时的实用计算方法

考虑厂房结构空间作用时的内力分析方法示于图 3-33。

考虑单层厂房的空间作用分配系数 m 是对采用平面排架进行结构内力分析所引起的误差的修正。若借助于计算机，采用空间排架模型对厂房结构进行内力分析，则无需考虑 m。

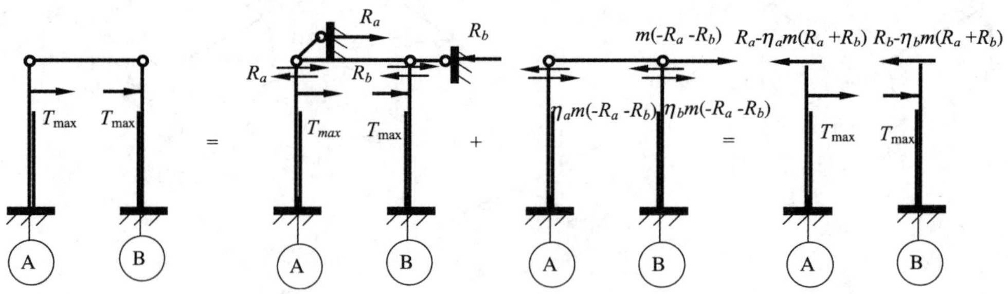

图 3-33　单层厂房结构考虑空间作用时的内力分析

3.3.7　排架的荷载效应组合

1. 荷载效应组合原则

排架分析时，各单项荷载同时出现的可能性较大，但是单项荷载都同时达到最大值的可能性却较小。通常将各单项荷载作用下，排架的内力分别计算出来后列表汇总，再按一定的原则进行组合，取最不利的组合项进行构件设计。

根据现行《建筑结构荷载规范》(GB 50009)，不考虑抗震设防的单层厂房排架柱的内力分析时，应考虑以下几种荷载效应组合：

(1) 1.2×永久荷载效应+1.4×活荷载效应。

(2) 1.2×永久荷载效应+1.4×风荷载效应。

(3) 1.2×永久荷载效应+1.4×吊车荷载效应。

(4) 1.2×永久荷载效应+0.9×(1.4×活荷载效应+1.4×风荷载效应)。

(5) 1.2×永久荷载效应+0.9×(1.4×活荷载效应+1.4×吊车荷载效应)。

(6) 1.2×永久荷载效应+0.9×(1.4×风荷载效应+1.4×吊车荷载效应)。

(7) 1.2×永久荷载效应+0.9×(1.4×活荷载效应+1.4×风荷载效应+1.4×吊车荷载效应)。

(8) 1.35×永久荷载效应+1.4×0.7×活荷载效应。

(9) 1.35×永久荷载效应+1.4×0.6×风荷载效应。

(10) 1.35×永久荷载效应+1.4×0.7* ×吊车荷载效应。

(11) 1.35×永久荷载效应+1.4×0.7×活荷载效应+1.4×0.6×风荷载效应。

(12) 1.35×永久荷载效应+1.4×0.7×活荷载效应+1.4×0.7* ×吊车荷载效应。

(13) 1.35×永久荷载效应+1.4×0.6×风荷载效应+1.4×0.7* ×吊车荷载效应。

(14) 1.35×永久荷载效应+1.4×0.7×活荷载效应+1.4×0.6×风荷载效应+1.4×0.7* ×吊车荷载效应。

注：对硬钩吊车或工作级别为 A8 的软钩吊车，上述组合中带“ * ”号的吊车荷载效应组合系数应为 0.95。

2. 注意事项

在进行荷载效应组合时，应注意：

(1) 永久荷载任何情况下都存在。

(2) 吊车垂直荷载有最大轮压,分别作用在一跨两个柱子上的两种情况,每次只选其中一项参加组合。

(3) 有吊车水平荷载时,必有垂直荷载;反之不一定。

(4) 吊车水平荷载有两个方向,每次只选其中一项参加组合。

(5) 风有左来风和右来风两种情况,每次只选其中一项参加组合。

3.4　单层厂房柱的设计

单层厂房中的柱主要有排架柱和抗风柱两类。根据排架内力分析的结果,可以设计排架柱。抗风柱主要承受山墙的风荷载,根据风载下抗风柱的内力可进行抗风柱设计。本节主要讨论这两类构件的设计。

3.4.1　柱的结构形式和截面尺寸

钢筋混凝土排架柱一般由上柱、下柱和牛腿组成。其结构形式可概括为两类:单肢柱和双肢柱(个别情况下可采用四肢柱)。上柱一般为实心的矩形截面或空心的环形截面。下柱的截面形式较多,根据下柱的截面形式可将柱再细分为下列一些形式(图 3-34)。

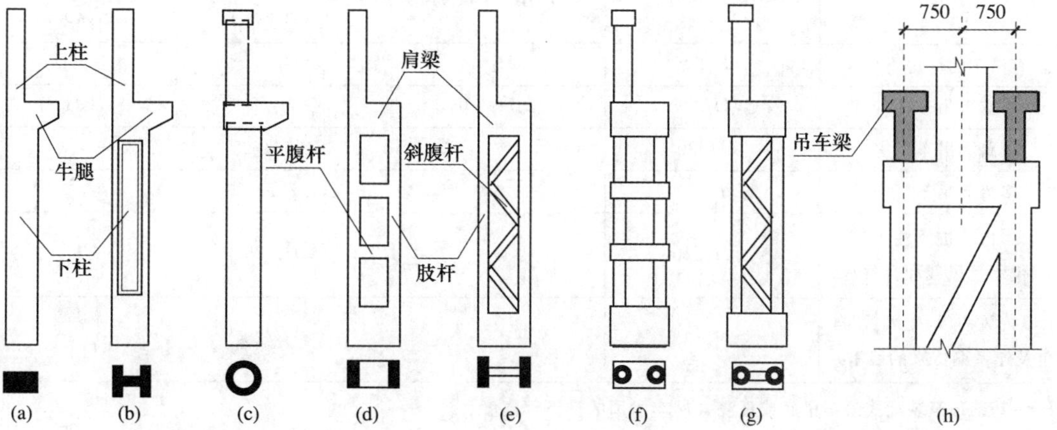

图 3-34　排架柱的结构形式

1. 矩形截面柱

矩形截面柱一般指单肢柱(图 3-34(a))。其缺点是费材料、自重大。但由于构造简单、施工方便,在小型工业厂房中仍有时被采用。矩形截面柱的截面高度一般在 700mm 以内。

2. I 形截面柱

I 形截面柱一般为单肢柱(图 3-34(b))。在单层厂房中应用普遍。其截面形状合理,能充分利用混凝土的抗压能力抵御柱中的偏心受压荷载,整体性能好,施工简单,是一种较好的柱型。I 形截面柱的截面高度一般为 800～1 600mm。

3. 双肢柱

双肢柱的下柱一般由肢杆、肩梁和腹杆组成(图 3-34(d),(e))。由于杆件布置比较合理,能充分利用混凝土的强度。构件自重轻、用料省。当吊车的吨位较大时,可将吊车梁支撑在柱肢的轴线上,改善肩梁的受力情况(图 3-34(h))。双肢柱的截面高度一般超过 1 600mm。水平荷载较大时宜采用斜腹杆的双肢柱(图 3-34(e))。

4. 管柱

管柱有圆管柱和方管柱两种,可制成单肢柱、双肢柱和四肢柱(图 3-24(c),(f),(g))。应用较多的是双肢管柱。管构件一般在离心式制管机上成型,亦可用钢管抽芯或用胶囊成型。管柱的混凝土质量好、机械化程度高、自重轻。但目前受离心制管机械的限制,尚难以推广。另外,管柱的节点亦较复杂。不再详细介绍。

抗风柱一般由上柱和下柱组成,无牛腿。上柱一般为实心的矩形截面,下柱一般为 I 形截面。

柱的截面尺寸主要是按厂房的横向刚度要求来确定。一般情况下如矩形和 I 形截面的尺寸满足表 3-7 的要求,认为厂房的横向刚度能得到保证,不必验算水平位移。如柱的截面尺寸不能满足表 3-7 的要求或排架承受较大的水平荷载,则应验算排架的水平位移。I 形截面的细部尺寸尚应满足表 3-8 的要求。

表 3-7　　矩形和 I 形柱截面尺寸选用参考表(柱距 6m)

柱的类型	截面尺寸			
	b	h		
		$Q\leqslant 10$t(98kN)	10t(98kN)$<Q\leqslant$30t(294kN)	30t(294kN)$<Q\leqslant$50t(490kN)
有吊车的厂房下柱	$\geqslant H_l/25$	$\geqslant H_l/14$	$\geqslant H_l/12$	$\geqslant H_l/10$
露天吊车柱	$\geqslant H_l/25$	$\geqslant H_l/10$	$\geqslant H_l/8$	$\geqslant H_l/7$
单跨无吊车厂房	$\geqslant H/30$	$\geqslant 1.5H/25$		
多跨无吊车厂房	$\geqslant H/30$	$\geqslant 1.25H/25$		
山墙抗风柱(仅承受风载和自重)	$\geqslant H_b/40$	$\geqslant H_l/25$		
山墙抗风柱(承受风载、自重及连系梁传来的墙重)	$\geqslant H_b/30$	$\geqslant H_l/25$		

H_l=基础顶至装配式吊车梁底或现浇式吊车梁顶的柱下部高度;

H =从基础顶面算起柱的全高;

H_b=山墙抗风柱基础顶至平面外(柱宽 b 方向)支撑点的距离

表 3-8　　I 形柱截面的细部尺寸　　mm

宽	b_f, b_f'	300～400	400	500	600
高	h	500～700	700～1 000	1 000～1 500	1 500～2 000
腹板厚 b $b/h'\geqslant 1/14\sim1/10$		60	80～100	100～120	120～150
h_f, h_f'		80～100	100～150	150～200	200～250

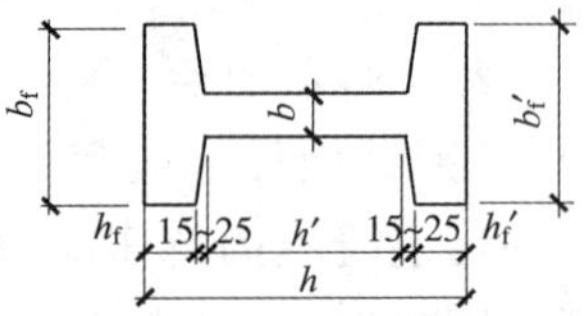

双肢柱的尺寸如图 3-35 所示。截面高度 h 可参考表 3-7 再增大 10%左右选用。肢杆截面高度 h_c 一般取 $h/5$,且不小于 250mm。平腹杆双肢柱的有关尺寸应满足下列要求:$h_w\geqslant 1.4h_c$,且$\geqslant$400mm;$l_c=8h_c$;$b_w=b$ 或 $b_w=b-100$。斜腹杆双肢柱的有关尺寸应满足下列要求:$\theta=45°$且$\leqslant 60°$;$h_w\geqslant$120mm,且$\geqslant 0.5h_c$;$b_w\geqslant$150mm,且$<b-100$mm。肩梁的尺寸应满

足：$h_t \geqslant 2h_c$，且$\geqslant$600mm。

3.4.2　矩形和I形截面排架柱的配筋计算

1. 柱的计算长度

在材料力学中，一般可以根据柱的支承情况来确定柱的计算长度。在实际的排架结构中，排架柱上部为铰支座。下部虽然简化为固定支座，但由于地基土是可压缩的，这种简化具有近似性。另外，还有连梁、吊车梁、圈梁等与柱相连。因此，计算长度的确定方法不能硬套材料力学中的规则。表3-9给出了厂房柱在各种情况下的计算长度以备查用。

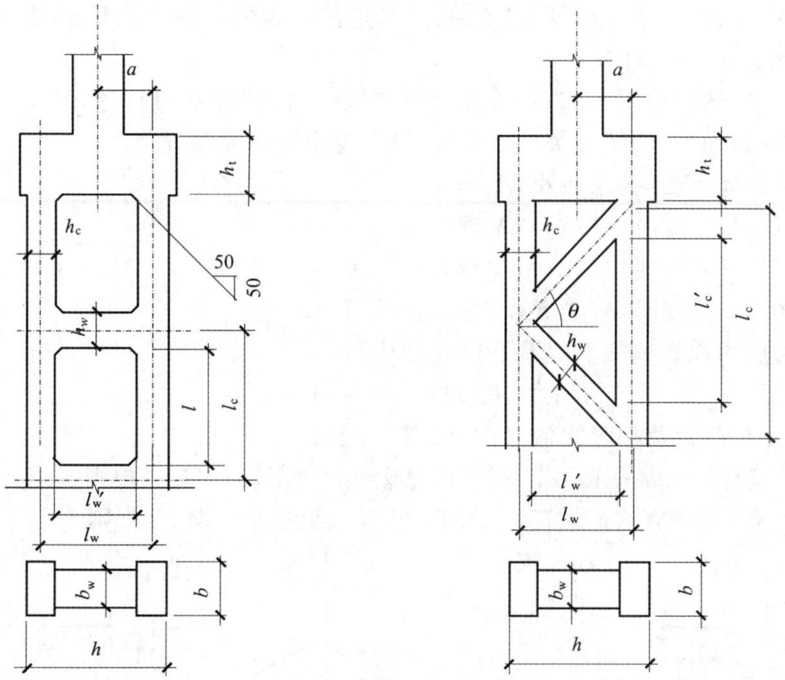

图3-35　双肢柱的尺寸

表3-9　　采用刚性屋盖的单层工业厂房柱和露天吊车栈桥柱的计算长度 l_0

柱		排架方向	垂直排架方向		备　注
			有柱间支撑	无柱间支撑	
无吊车厂房	单跨	$1.5H$	$1.0H$	$1.2H$	H = 柱高，基础顶到柱顶；H_u=上柱高度；H_l=下柱高度
	多跨	$1.25H$	$1.0H$	$1.2H$	
有吊车厂房	上柱	$2.0H_u$	$1.25H_u$	$1.5H_u$	
	下柱	$1.0H_l$	$0.8H_l$	$1.0H_l$	
露天吊车栈桥柱		$2.0H$	$1.0H$	—	

注：(1) 表中有吊车厂房柱在排架方向上柱的计算长度，适用于 $H_u/H_l \geqslant 0.3$ 的情况，当 $H_u/H_l < 0.3$ 时，宜采用 $2.5H_u$。

(2) 有吊车厂房的柱的计算长度，当计算中不考虑吊车荷载时，可按无吊车厂房采用，但上柱的计算长度仍按有吊车厂房采用。

2. 柱的配筋计算

根据排架的内力分析结果，可进行柱的配筋计算。矩形和I形截面柱的配筋计算和一般压弯构件相同。但是，排架柱是变截面的，另外，设计时还要考虑多种荷载组合的作用。因此，在配筋计算之前要明确柱中的控制截面以及对配筋起控制作用的内力项。

如图 3-36 所示，对排架柱的上柱来说，底部Ⅰ－Ⅰ截面的弯矩和轴力都最大，可选取该截面作为上柱的控制截面。对排架的下柱来说，在吊车垂直荷载作用下顶部Ⅱ－Ⅱ截面的弯矩最大；在吊车水平荷载、风载作用下底部Ⅲ－Ⅲ截面的弯矩最大，同时Ⅲ－Ⅲ截面的轴力最大。故选取Ⅱ－Ⅱ和Ⅲ－Ⅲ截面作为下柱的控制截面。

由上一节讨论的荷载效应组合可知，对柱上的同一截面可以求出多组内力。那么，到底哪一组内力对截面的配筋起控制作用呢？解决的方法有两种：其一是对应每组内力均求出配筋，取配筋大者进行设计，此法工作量大、繁琐；其二是按一定的原则选取最不利的几组内力来进行分析比较，此法方便、适用。

在确定内力的选取原则之前，先研究弯矩和轴力对配筋的影响。如图 3-37 所示，根据不同配筋条件下柱截面的 M-N 相关关系曲线，可以得出下列 4 条规则：

（1）大偏压，M 不变时，N 越小，A_s越大；

（2）大偏压，N 不变时，M 越大，A_s越大；

（3）小偏压，M 不变时，N 越大，A_s越大；

（4）小偏压，N 不变时，M 越大，A_s越大。

由上述规则，可以选取如下的最不利内力：

最大正弯矩 M_{max}及相应的轴力 N（规则 2，规则 4）；

最大负弯矩 $-M_{max}$及相应的轴力 N（规则 2，规则 4）；

最大轴力 N_{max}及相应的最大正弯矩 M_{max}或最大负弯矩 $-M_{max}$（规则 3）；

最小轴力 N_{min}及相应的最大正弯矩 M_{max}或最大负弯矩 $-M_{max}$（规则 1）。

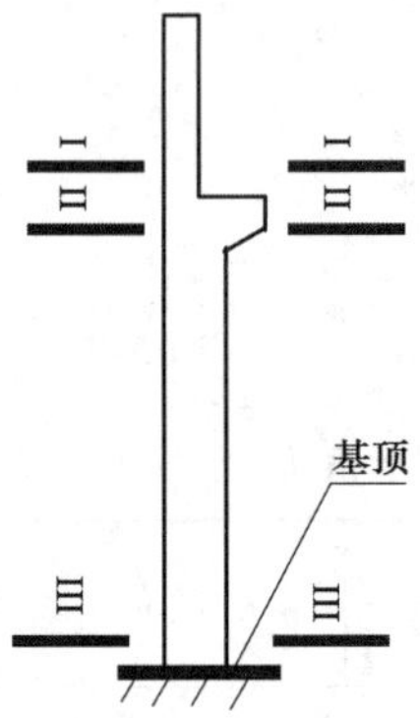

图 3-36　柱的控制截面

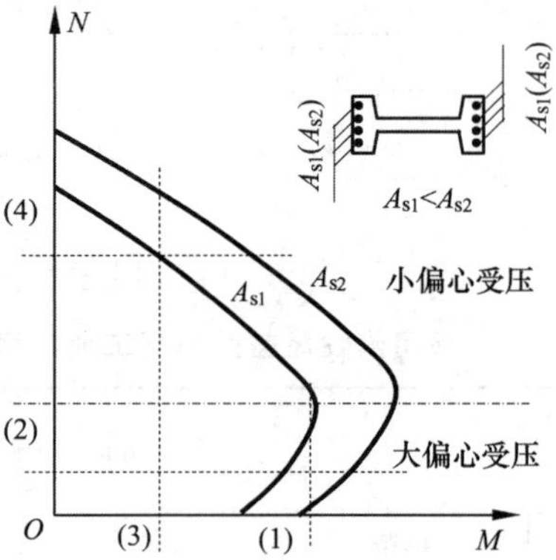

图 3-37　不同配筋条件下柱截面的 N-M 相关关系

3．柱在平面外的承载力验算

柱在排架平面外的刚度较差（$b<h$）。求得柱的配筋后，还需要验算柱在平面外的承载力。一般情况下柱的平面外承载力按轴心受压构件验算，柱截面上的混凝土和全部纵筋共同参加工作。当吊车的起重量>490kN(50t)，或吊车的起重量≥294kN(30t)且柱距为 12m 时，需要进行双向偏压下的承载力验算。如图 3-38(a)，(b)所示，牛腿面处出平面的弯矩 M_y 按式(3-37)计算。M_y 由它所作用的柱单独承担，柱的弯矩按图 3-38 确定。

$$M_y=(R_1-R_2)e \tag{3-37}$$

式中　R_1-R_2——吊车最不利位置时，吊车梁传给牛腿的反力差；

e——吊车梁反力的偏心距。

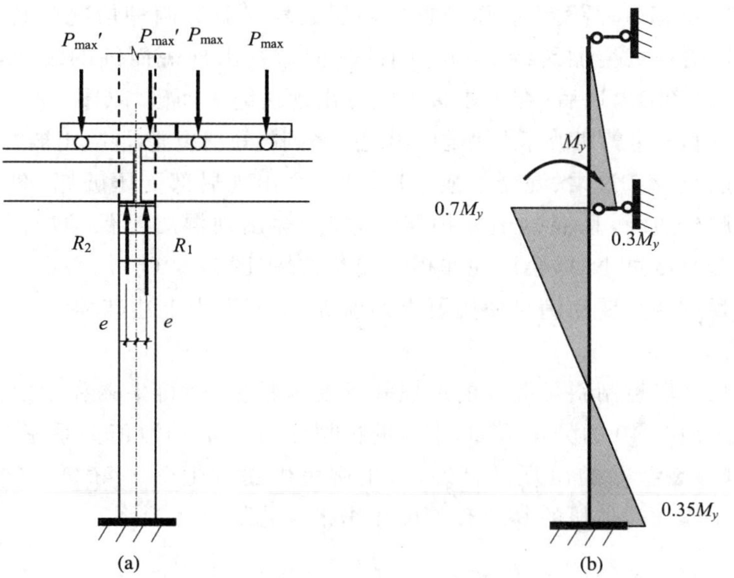

图 3-38 排架柱平面外的弯矩

3.4.3 牛腿的设计

1. 牛腿的分类

如图 3-39 所示,$a \leqslant h_0$ 的牛腿称为短牛腿,$a > h_0$ 的牛腿称为长牛腿。长牛腿的设计方法和钢筋混凝土悬臂梁相同,不予赘述。本节主要讨论短牛腿的受力性能和设计方法。

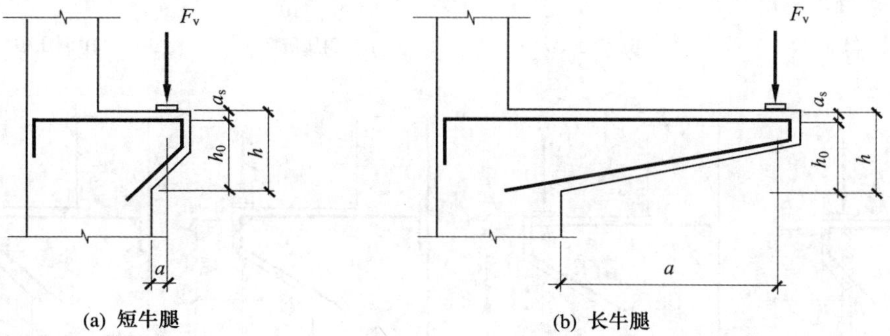

图 3-39 牛腿的类型

2. 牛腿的受力特点和破坏形态

当荷载 F_v 较小时,牛腿基本处于弹性受力阶段(图 3-40(a))。牛腿顶面表面主拉应力迹线大致与牛腿表面平行,间距变化亦不大,表示主拉应力沿牛腿长度方向分布比较均匀。牛腿斜边附近主压应力迹线与斜边平行,间距变化亦不大,表明主压应力沿 AB 连线分布比较均匀。上柱根部与牛腿上表面交界处有应力集中现象。

在 F_v 达到极限荷载的 20%~40%时,首先在牛腿根部应力集中部位出现裂缝①,但该裂缝很细,对牛腿的受力性能影响不大。当荷载达到极限荷载的 40%~60%时,出现裂缝②,其方向大致与主压应力方向平行。继续加载,随着 a/h_0 值的不同,牛腿的破坏形态各不相同。

当 $0.75 < a/h_0 \leqslant 1$ 时,发生压弯破坏。此时,裂缝①逐渐发展,裂缝②以外的部分绕牛腿和下柱的交点转动,最后受压区混凝土被压碎,牛腿破坏如图 3-40(b)。

当 $0.1<a/h_0\leqslant 0.75$ 时，发生斜压破坏。斜压破坏又分为两种情况。其一是裂缝②出现后，出现裂缝③，随着荷载增加裂缝②与③间的斜向短柱出现短而细的裂缝，被斜向压坏(图 3-40(c))；其二是裂缝①出现后，在承压板下突然出现裂缝④而破坏(图 3-40(d))。

当 $a/h_0\leqslant 0.1$ 时，发生剪切破坏。牛腿中出现一系列的短斜裂缝，混凝土被剪坏(图 3-40 (e))。

另外，当加载板过小、过柔、混凝土强度较低时，会出现局部受压破坏(图 3-40(f))。当竖向荷载太靠近牛腿外边缘，且混凝土保护层过厚时，会出现混凝土保护层撕裂破坏(图 3-40(g))。当牛腿外侧高度过小时，会出现非根部受拉破坏(图 3-40(h))。

牛腿设计的目的就是要在满足使用要求的前提下，不发生上述破坏。

3. 牛腿的截面尺寸

牛腿的截面尺寸以控制斜裂缝②的形成和发展为目标，使得牛腿在给定的荷载作用下不出现斜裂缝②。由图 3-40 的分析可知，牛腿的抗裂度与 a/h_0 的数值关系密切，确定了合适的 a/h_0 值，就能限制斜裂缝②的出现。另外，为了避免牛腿发生图 3-40(f)，(g)，(h)所示的破坏，还要对图 3-41 所示的牛腿的其他有关尺寸作相应的限制。

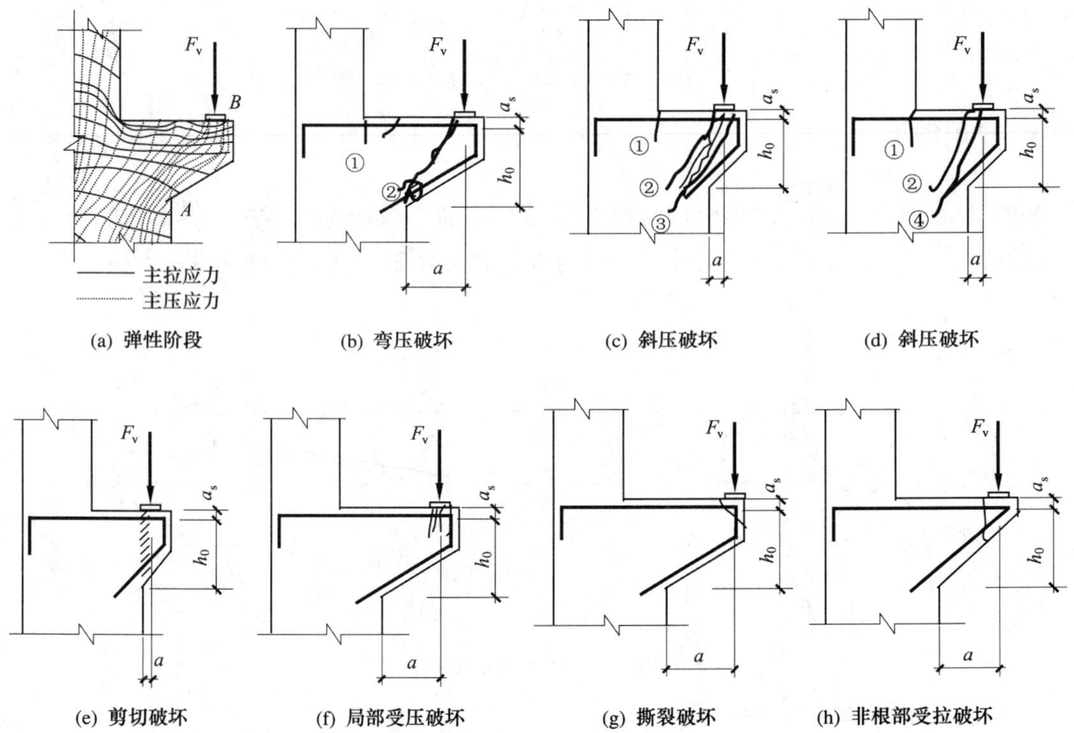

图 3-40　牛腿的破坏形态

根据试验研究，牛腿在竖向荷载作用下的开裂荷载可用下式来计算(图 3-42)：

$$V_{cr}=\frac{0.75bh_0 f_t}{0.5+\dfrac{a}{h_0}} \tag{3-38}$$

于是，当 $F_{vk}\leqslant V_{cr}$ 时，牛腿就不会出现裂缝②。若牛腿上还有水平荷载，F_{vk} 需满足下式的要求：

$$F_{vk} \leqslant \beta_f \left(1-0.5\frac{F_{hk}}{F_{vk}}\right)\frac{bh_0 f_{tk}}{0.5+\dfrac{a}{h_0}} \tag{3-39}$$

式中　F_{vk}——作用于牛腿顶部按荷载效应标准组合计算的竖向压力值；

F_{hk}——作用于牛腿顶部按荷载效应标准组合计算的横向拉力值；

β_f——裂缝控制系数，对支撑吊车梁的牛腿，$\beta_f=0.65$，其他，$\beta_f=0.80$；

a——竖向力作用点至下柱边缘的水平距离，应考虑安装偏差 20mm，当考虑安装偏差后竖向力作用点位于下柱截面以内时，取 $a=0$；

h_0——牛腿与下柱交接处的垂直截面的有效高度，取 $h_0=h_1-a_s+c\cdot\tan\theta$，$\theta\leqslant45°$，当 $\theta>45°$时，取 $\theta=45°$（h_1 和 c 的几何意义如图 3-41 所示）。

为了防止发生非根部受拉破坏，$h_1\geqslant h/3$，且要求 $h_1\geqslant200$mm。

为了防止发生保护层剥落，要求 $c_1\geqslant70$mm。

为了防止发生局部受压破坏，要求 $F_{vk}/A\leqslant0.75f_c$（A 为牛腿面上的局部承压面积），否则，应加大局部受压面积、提高混凝土强度或在牛腿中增设钢筋网片。

4. 牛腿的配筋设计和构造要求

牛腿的纵筋按计算确定。若牛腿的纵筋用量适中，裂缝②出现后，随着裂缝的发展，裂缝外侧的混凝土形成一斜压短柱。当混凝土斜压短柱被压碎时，牛腿破坏（图 3-43(a)）。因此，可以采用图 3-43(b)所示的计算简图来确定牛腿的纵筋。

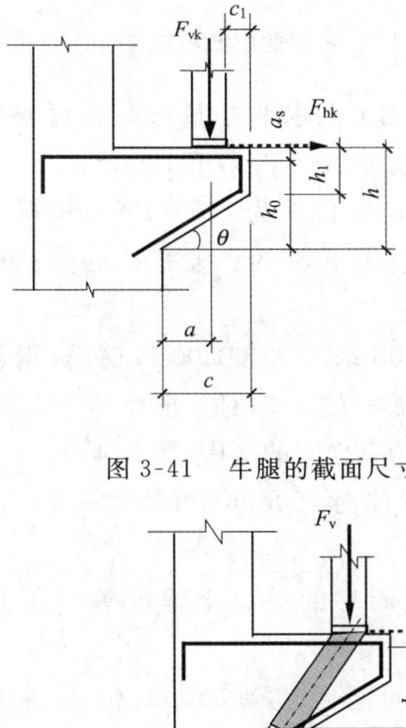

图 3-41　牛腿的截面尺寸

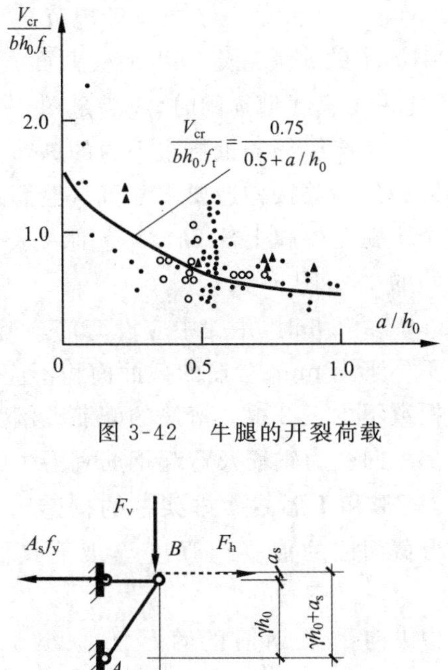

图 3-42　牛腿的开裂荷载

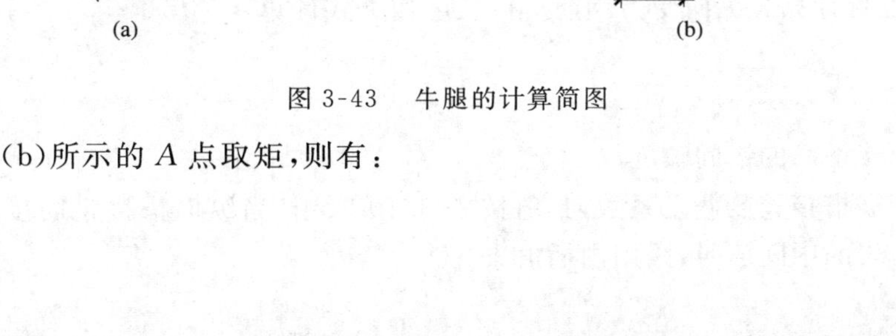

图 3-43　牛腿的计算简图

对图 3-43(b)所示的 A 点取矩，则有：

$$A_s f_y \gamma h_0 = F_v a + F_h(\gamma h_0 + a_s)$$

$$A_s = \frac{F_v a}{\gamma f_y h_0} + \frac{F_h(\gamma h_0 + a_s)}{\gamma f_y h_0} \tag{3-40}$$

设计时取 $\gamma \approx 0.8$，$\frac{\gamma h_0 + a_s}{\gamma h_0} \approx 1.2$，则得出纵筋的计算公式为

$$A_s \geqslant \frac{F_v a}{0.85 f_y h_0} + 1.2\frac{F_h}{f_y} \quad (当\ a < 0.3h_0\ 时，取\ a = 0.3h_0) \tag{3-41}$$

式中 F_v——牛腿顶部的竖向力设计值；

F_h——牛腿顶部的水平拉力设计值。对支承吊车梁的牛腿，当吊车梁的上部通过连接钢板和上柱连接时(图 3-20)，牛腿上无此水平拉力。对支承屋架或其他构件的牛腿，则应考虑水平拉力的影响。

纵筋宜采用 HRB400 或 HRB500 级钢筋。承受竖向力的纵向受拉钢筋按全截面计算的最大配筋率为 0.6%，最小配筋率为 0.2%和 $0.45f_t/f_y$ 中的大者。纵筋不得少于四根，直径不应小于 12mm，不得兼作弯筋。纵筋伸入上柱内的锚固长度，当采用直线形锚固时，不得小于 l_a(l_a 的大小可参阅《混凝土结构设计规范》(GB 50010)中的相关规定)；当上柱截面较小，不能采用直线型锚固时，应满足图 3-44 的要求。牛腿面上的水平力 F_h 通过预埋件与纵筋焊接直接传给纵筋。抵抗水平力的纵筋不得少于 2 根，钢筋直径不得小于 12mm。

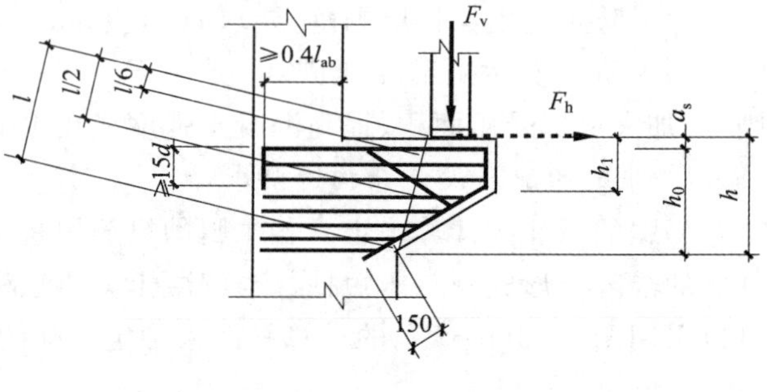

图 3-44 牛腿的配筋构造

牛腿中的箍筋按构造要求配置。箍筋的直径为 $\phi 6 \sim \phi 12$mm，间距为 100～150mm，配筋范围为整个牛腿。牛腿上部 $2h_0/3$ 范围内水平箍筋的总截面面积不宜小于承受 F_v 的受拉钢筋总截面积的 1/2(图 3-44)。

当 $a/h_0 \geqslant 0.3$ 时，牛腿中应设弯筋。弯筋应采用 HRB400 级或 HRB500 级钢筋；钢筋的直径应不小于 12mm；弯筋的截面面积不应小于受拉钢筋截面积的 1/2，且不应小于 $0.001bh$；弯筋的根数不少于 2 根。弯筋的配筋范围为牛腿上部 $l/6 \sim l/2$ 之间的范围(图 3-44)。

全部纵向受力钢筋及弯起钢筋宜沿牛腿外边缘向下伸入柱内 150mm 后截断。

3.4.4 矩形和 I 形截面排架柱的构造

矩形截面柱的混凝土强度等级不宜低于 C20，I 形截面柱的混凝土强度等级不宜低于 C25。

柱中纵向受力钢筋的直径不应小于 12mm，纵筋间的间距应 ≥50mm，但不得大于 300mm。上、下柱的纵向钢筋应在牛腿面以下搭接，搭接长度 l_l 根据位于同一连接区段内钢筋的搭接百分率进行计算。纵向受力钢筋搭接长度按下式计算：

$$l_l = \zeta_l l_a \tag{3-42}$$

且 $l_l \geqslant 300$mm。

式中 l_a——受拉钢筋的锚固长度；

ζ_l——钢筋搭接长度修正系数，其值按表 3-10 取用，当纵向搭接钢筋接头面积百分率为表的中间值时，采用内插值。

表 3-10 钢筋搭接长度修正系数

受拉	同一连接区段内搭接钢筋面积百分率/%	≤25	50	100
	ζ_l	1.2	1.4	1.6

纵向受压钢筋的搭接长度不应小于式(3-42)计算值的 0.7 倍,且不应小于 200mm。

伸入根部的牛腿纵向受力筋的下弯位置不应与上、下柱的纵向受力钢筋相重合。牛腿的纵向受力筋与弯筋宜放置在上、下两排(图 3-45)。柱截面高度≥600mm 时,在侧面应设直径为 10～16mm 的纵向构造钢筋,并应设相应的附加箍筋或拉筋。

柱中箍筋的构造要求和一般偏压构件类似。在柱内纵向钢筋搭接长度范围内,箍筋的直径不宜小于搭接钢筋直径的 0.25 倍,且应对箍筋进行加密。当搭接钢筋为受拉钢筋时,加密箍筋的间距不应大于 $5d$(d 为纵向钢筋的最小直径)和 100mm 两者之间的小者;当搭接钢筋为受压钢筋时,加密箍筋的间距不应大于 $10d$(d 为纵向钢筋的最小直径)和 200mm 两者之间的小者;当受压钢筋的直径大于 25mm 时,应在搭接接头两个端面外 50mm 范围内各设两个箍筋。图 3-46 给出了柱中箍筋的一些构造要求,可供设计时参考。

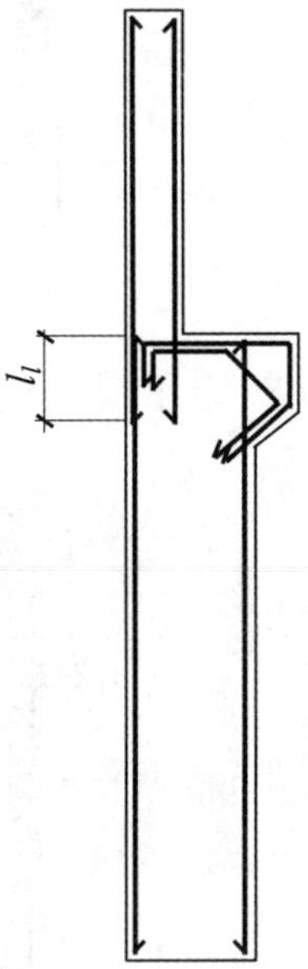

图 3-45 柱和牛腿中的纵向钢筋

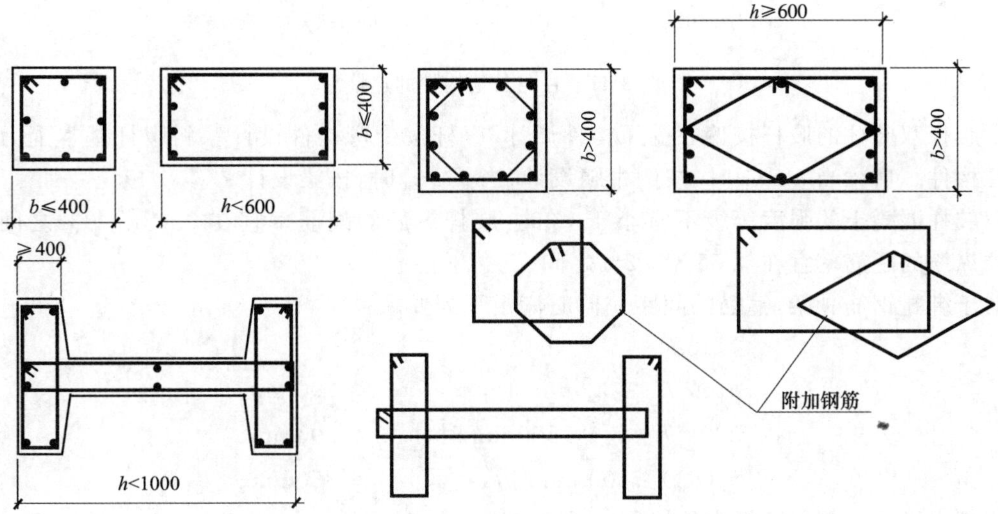

图 3-46 箍筋的构造要求

3.4.5 柱与其他构件的连接

柱与屋架、吊车梁、围护墙体以及杯口基础的连接方法如图 3-47 所示。其中柱插入基础杯口的深度如表 6-1 所示。

3.4.6 双肢柱的设计要点

双肢柱的内力按单跨多层框架或桁架来进行分析。

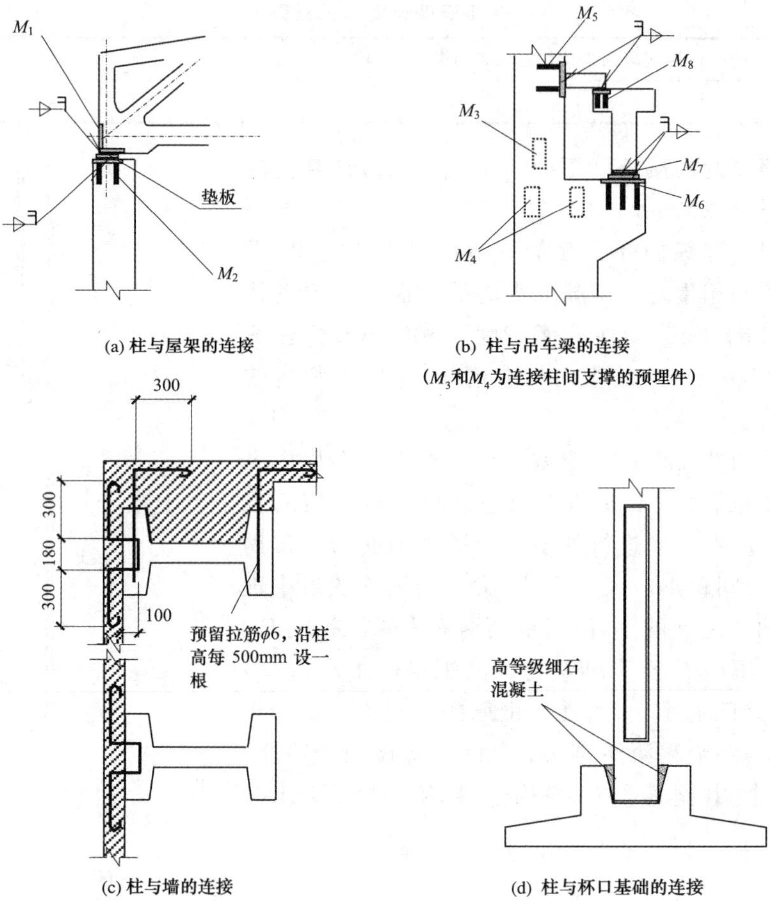

(a) 柱与屋架的连接

(b) 柱与吊车梁的连接（M_3和M_4为连接柱间支撑的预埋件）

(c) 柱与墙的连接

(d) 柱与杯口基础的连接

图 3-47　柱与其他构件的连接

平腹杆双肢柱的肢杆按偏心受压构件设计，腹杆按受弯构件设计。斜腹杆基本上为轴压或轴拉构件。肩梁当 $a \leqslant h_{t0}$ 时，按倒牛腿设计；当 $a > h_{t0}$ 时，按梁设计。

双肢柱混凝土的强度等级不宜小于 C30。肢杆纵筋的配筋率宜在 0.4%～3%之间。腹杆受拉纵筋的配筋率宜在 0.55%～2%之间。

对于绑扎钢筋骨架，箍筋的间距应同时满足下列要求：

$$\begin{cases} \leqslant 15d & \\ h_c \text{ 或 } h_w \leqslant 300\text{mm 时}, & \leqslant 200\text{mm} \\ 300 < h_c(h_w) \leqslant 500\text{mm 时}, & \leqslant 300\text{mm} \\ h_c(h_w) \geqslant 500\text{mm 时}, & \leqslant 350\text{mm} \end{cases}$$

腹杆中纵向钢筋在肢杆中的锚固如图 3-48 所示。

3.4.7　抗风柱的设计

抗风柱的截面尺寸按表 3-6 选用。但要注意以下两点：

(1) 柱顶标高低于屋架上弦中心线 50mm，这样柱顶对屋架的作用力就可以通过弹簧钢板传至上弦中心线，不使屋架上弦杆受扭(图 3-49(a))。

(2) 上下弦交接处的标高应低于屋架下弦下边缘 200mm(或排架柱顶标高减 100mm)，避免屋架发生挠度时与抗风柱相碰。

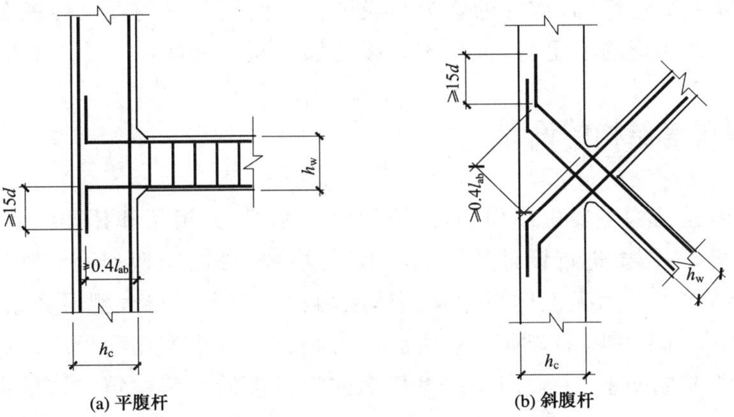

图 3-48 腹杆纵向受力钢筋的锚固

抗风柱柱顶一般视为不动铰支座，柱底视为固定支座。根据柱顶和屋架的不同连接情况，抗风柱的计算简图分别如图 3-49(b)，(c)，(d)所示。

有墙传来荷载时，抗风柱按偏心受压构件设计。无墙传来荷载时，抗风柱主要承受风载，按受弯构件计算。不同支承条件下的计算长度按图 3-49 中的数据确定。

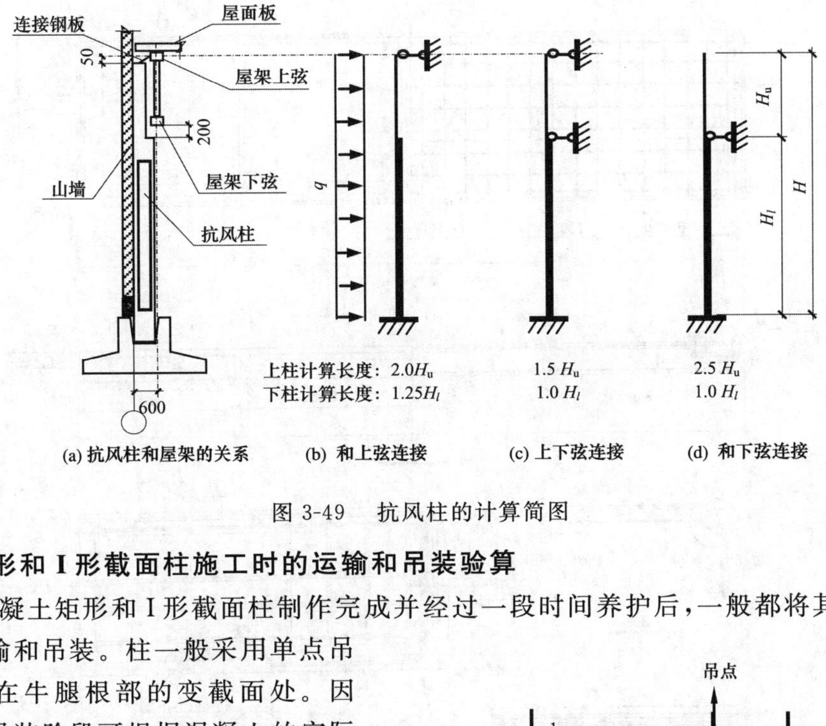

图 3-49 抗风柱的计算简图

3.4.8 矩形和 I 形截面柱施工时的运输和吊装验算

钢筋混凝土矩形和 I 形截面柱制作完成并经过一段时间养护后，一般都将其翻身侧向放置，以便运输和吊装。柱一般采用单点吊装，吊点设在牛腿根部的变截面处。因此，运输和吊装阶段可根据混凝土的实际强度，按图3-50所示的计算简图对柱的关键截面 1—1，2—2，3—3 进行承载力和裂缝宽度验算。验算时应注意下列问题：

(1) 柱承受的荷载主要为柱的自重，且应乘以动力系数 1.5；

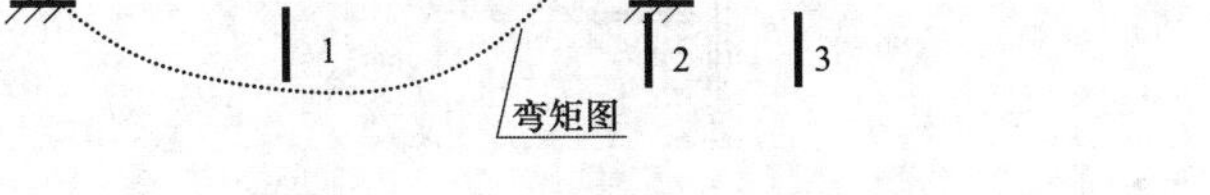

图 3-50 柱的吊装验算简图

(2) 吊装验算系临时性的，构件的安全等级可较其使用阶段的安全等级降低一级；

(3) 当柱变阶处的配筋不足时，可在该区域局部加配短钢筋。

3.5 单层厂房屋盖结构的设计

单层厂房的屋盖结构主要由屋面构件、屋面梁或屋架、天窗架和托架组成。这些构件一般都可套用标准图集，不需要进行设计计算。本节对这些构件的类型和设计要点作一简要介绍。

厂房的屋盖结构可分为无檩体系和有檩体系两种。前者系将大型屋面板直接支撑在屋面梁或屋架上，广泛应用于我国的工业厂房中。后者则将一些小型屋面板或瓦材支撑在檩条上，檩条支撑在屋面梁或屋架上，一般用于小型厂房或临时性的厂房建筑。这里主要介绍前者。

3.5.1 屋面板

常用的屋面板为预应力的混凝土大型屋面板。大型屋面板的规格一般为 1.5m×6m。有时也可采用 3m×6m 和 3m×9m 规格的大型屋面板。大型屋面板由面板、横肋和纵肋组成。相当于一小型的肋梁楼盖。面板按双向板计算，横、纵肋按 T 形截面简支梁计算。一般荷载作用下采用 C30 混凝土，荷载较大时采用 C40 混凝土。主筋采用冷拉Ⅱ，Ⅲ，Ⅳ级钢筋，面板采用 $\phi4$ 方格网配筋。图 3-51 给出了大型屋面板的配筋图实例。

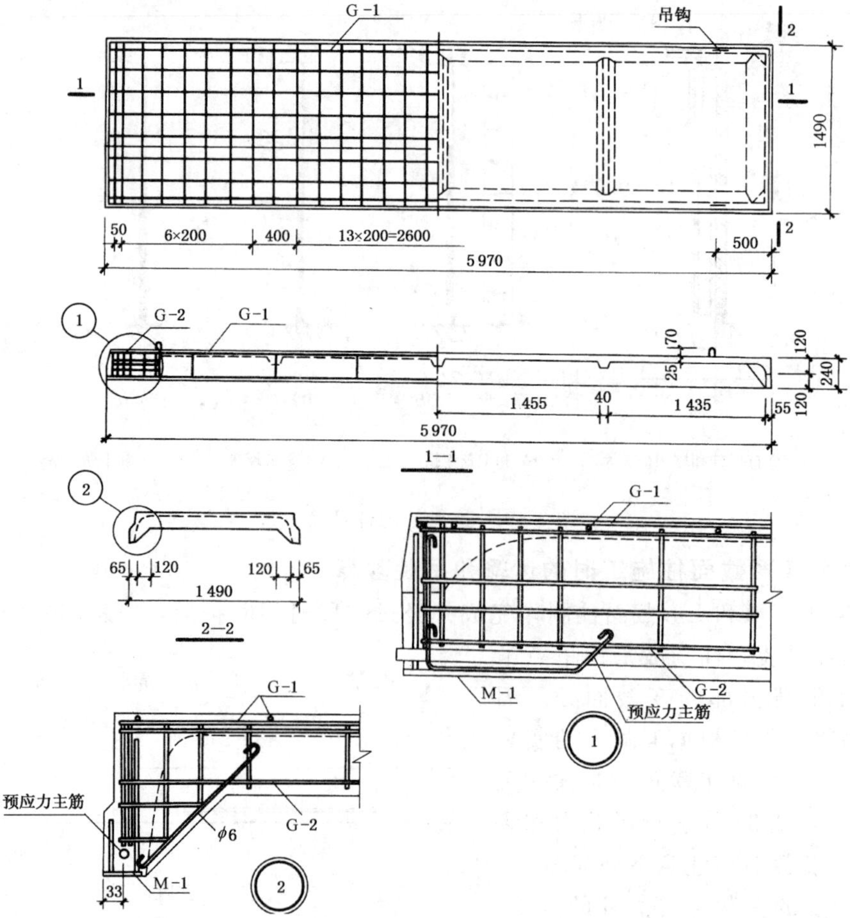

图 3-51　大型屋面板的配筋图

在无檩体系的屋盖中，根据不同的使用要求，还可应用预应力 F 形屋面板、预应力自防水保温屋面板以及钢筋混凝土天沟板。不予赘述。

3.5.2 屋面梁和屋架

屋面梁和屋架的种类繁多。实际工程中可根据具体情况按表 3-11 选取合适的结构形式。

表 3-11　　常用的屋面梁和屋架

序号	构件名称 （通用图集号）	构件形式	跨度 /m	材料用量			特点及适用条件
				允许荷载 /(kg·m^{-2})	混凝土 /(cm·m^{-2})	钢材 /(kg·m^{-2})	
1	预应力混凝土单坡屋面梁(G414)	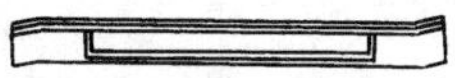	9 12	450	2.13 2.32	4.83 4.96	高度小，重心低，侧向刚度好，施工方便，但自重大，经济指标较差。适用于有较大振动和腐蚀介质的厂房。屋面坡度为 1/8～1/12
2	预应力混凝土双坡屋面梁(G414)	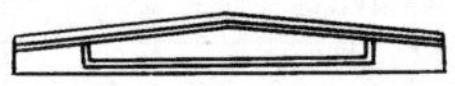	12 15 18	450	2.43 2.64 3.37	4.80 5.82 6.14	
3	钢筋混凝土两铰拱屋架（G310，CG311）	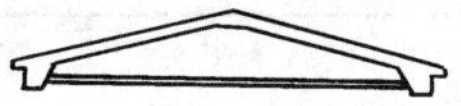	9 12 15	300	1.08 1.49 1.93	2.50 3.25 3.88	上弦为钢筋混凝土，下弦为角钢，自重较轻，适用于中、小型厂房，应防止下弦受压。屋面坡度：卷材防水 1/5，非卷材防水 1/4
4	钢筋混凝土三铰拱屋架（G312，CG313）		9 12 15	300	1.00 1.29 1.60	2.85 3.51 3.80	顶节点为铰接 其他同上
5	预应力混凝土三铰拱屋架(CG424)	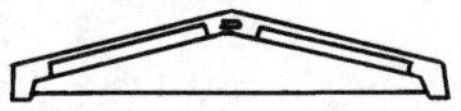	9 12 15 18	300	0.68 1.01 1.21 1.49	2.04 2.60 3.33 4.09	上弦为先张法预应力，下弦为角钢 其他同上
6	钢筋混凝土组合式屋架(CG315)	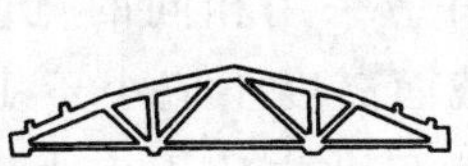	12 15 18	300	1.02 1.39 1.36	4.00 5.20 6.00	上弦及受压腹杆为钢筋混凝土，下弦及受拉腹杆为角钢。自重较轻，适用于中、轻型厂房。屋面坡度 1/4
7	钢筋混凝土三角形屋架(原 G145)		12 15	300	1.67 1.89	4.14 4.00	屋架上设檩条或挂瓦板。自重较大。适用于有檩体系中的中、小型厂房。屋面坡度1/2～1/3
8	钢筋混凝土折线形屋架(G314)	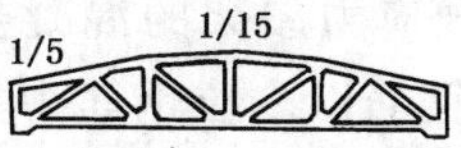	15 18	350	2.03 2.00	4.92 5.76	外形较合理，屋面坡度合适，适用于卷材防水屋面的厂房
9	预应力混凝土折线形屋架(G415)（卷材防水）		18 21 24 27 30	400 350	2.24 2.70 2.86 3.00 4.14	4.43 5.10 5.47 6.00 6.15	适用于卷材防水屋面的大、中型厂房 其他同上

续表

序号	构件名称（通用图集号）	构件形式	跨度/m	材料用量			特点及适用条件
				允许荷载 $/(\mathrm{kg\cdot m^{-2}})$	混凝土 $/(\mathrm{cm\cdot m^{-2}})$	钢材 $/(\mathrm{kg\cdot m^{-2}})$	
10	预应力混凝土折线形屋架(CG423)(非卷材防水)		18 21 24	350	1.71 2.10 2.30	3.80 4.46 5.04	外形较合理，自重较轻，适用于非卷材防水屋面的中型厂房 屋面坡度 1/4
11	预应力混凝土梯形屋架(CG417)	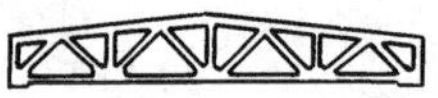	18～30	350	2.50	5.10	自重较大，刚度好。适用于卷材防水屋面的高温及采用井式或横向天窗的中、重型厂房，屋面坡度 1/10～1/12
12	预应力混凝土直腹杆屋架	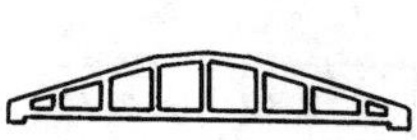	15～36	250	2.19	4.69	构造较简单，但端部坡度较陡。适用于采用井式或横向天窗的厂房

注：(1) 图集号中加“原”字者系 1966 年编制的图集；

(2) 预应力构件钢材用量均按冷拉Ⅳ级钢筋方案计；

(3) 序号 11～12 均仅按 24 m 跨度计算材料用量。

屋面梁一般按简支梁设计。梁端的高度不小于 600mm。上翼缘的宽度一般为 240～350mm，翼缘高度为 100～160mm，使屋面板有足够的支承长度。下翼缘的宽度一般为 240mm，高度为 120mm。梁卧制时腹板的厚度不应小于 60mm，立制时腹板的厚度不应小于 80mm，预应力筋通过的区段不应小于 120mm。

屋架的高跨比一般为 1/10～1/6。屋架杆件的截面形式一般为矩形，受力较大的上弦也可做成 T 形、工字形或管形。屋架的上、下弦及端斜杆应采用相同的宽度以利制作。上弦宽度不应小于 200mm、高度不应小于 180mm。下弦的截面高度不应小于 140mm。腹杆最小截面尺寸不小于 120×100mm，其中心线长度与截面短边尺寸之比不应大于 40(拉杆)和 35(压杆)。

屋架上弦的节间长度不宜过大，为了铺设屋面板，取 1.5m 的倍数，一般多取为 3m。下弦的节间长度可大些，但节间过大，自重产生的弯矩将影响下弦的抗裂性，一般为 4～6m。尽可能使屋架上较大的集中荷载(如天窗架立柱、悬挂吊车传来的荷载)作用在节点上，同时要考虑便于布置屋架支撑。

非预应力屋架的混凝土强度等级一般采用 C30，预应力屋架的混凝土强度等级一般采用 C40，如跨度、荷载大时可采用 C50 的混凝土。预应力钢筋以冷拉钢筋为主。非预应力钢筋采用 HPB300 和 HRB335 钢筋。

屋架上作用的荷载分永久荷载和可变荷载两种：永久荷载主要为屋面构造层和构件的自重；可变荷载包括屋面活荷载、雪荷载、积灰荷载、悬挂吊车荷载等。

计算可变荷载时应该考虑下列问题：

(1) 雪荷载和屋面活荷载不同时考虑，取两者中的大者。

(2) 风载一般情况下是吸力，起减小屋架内力的作用，设计时可不予考虑。

算得屋架上的永久荷载和可变荷载后，宜考虑下列三种荷载效应组合：

(1) 全跨永久荷载＋全跨可变荷载(图 3-52(a))。

(2) 全跨永久荷载＋半跨可变荷载(图 3-52(b))。

(3) 屋架自重(包括支撑重)＋半跨屋面板自重＋半跨屋面活荷载(图 3-52(c)，施工阶段的情况)。

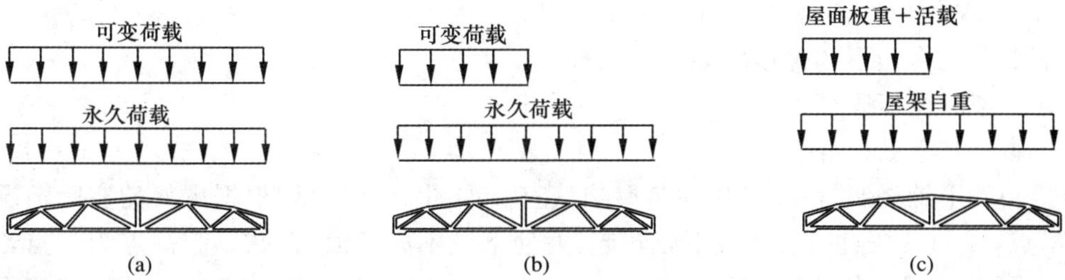

图 3-52 屋架的荷载效应组合

屋架的实际受力情况如图 3-53(a)所示，计算简图如图 3-53(b)所示。其上弦还承受有节间荷载，为此可将内力分两部分计算：

(1) 上弦按连续梁计算，求出上弦中的弯矩，如图 3-53(c)所示。

(2) 屋架杆件中的轴力按节点荷载作用下的桁架计算(图 3-53(d))。节点的荷载取上弦连续梁的支座反力。该反力也可按简支梁近似求得。

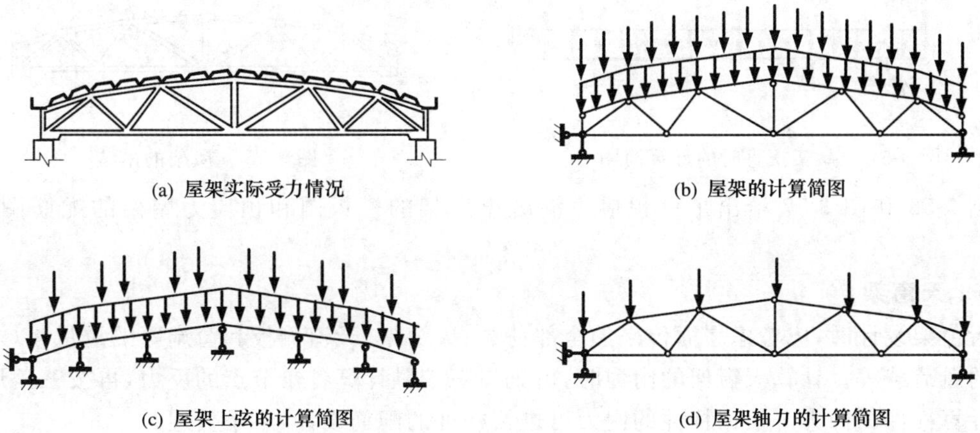

图 3-53 屋架的内力计算简图

屋架上弦有节间荷载时，按偏心受压构件设计。屋架上弦无节间荷载时，按轴心受压构件计算。上弦杆的计算长度 l_0 按下述原则确定：屋架平面内取为节间的距离；对有檩体系屋架平面外的计算长度可取横向支撑与屋架上弦连接点之间的距离；对无檩体系的屋盖，如屋面板的宽度大于 3m，计算长度可取为 3m。

下弦杆一般忽略自重产生的弯矩，按拉杆设计。非预应力屋架裂缝的控制等级为三级，要求裂缝宽度 $w_{max}\leqslant 0.2$mm；预应力屋架的裂缝控制等级为二级。

腹杆为轴心受拉或受压构件。按压杆设计时，计算长度的取法为：平面内，端斜杆 $l_0=l$(l＝节点间的距离)，其他腹杆 $l_0=0.8l$；平面外 $l_0=l$。按拉杆设计时，需验算裂缝宽度，要求 $w_{max}\leqslant 0.2$mm。

按图 3-53(c)，(d)计算获得的屋架的内力称为屋架的主内力。实际上，各种钢筋混凝土屋架的节点均由混凝土整体浇成，节点具有刚性，与铰节点的假定有出入。对于承受节间荷载的屋架上弦的节点，与连续梁的节点也不完全一样，也有位移。屋架受荷后，因节点的刚性作用产生的内力，以及因节点位移产生的内力都称为次内力或次应力。对跨度小于 30m 的屋架，当按图 3-53(c)，(d)计算屋架的内力时，计算截面的承载力应乘以强度降低系数 α_u。α_u 的数值可按下列原则取用：

预应力混凝土多边形和梯形屋架的上弦杆　　$\alpha_u=0.9\sim1.0$

钢筋混凝土多边形和梯形屋架的上弦杆　　$\alpha_u=0.8\sim0.9$

上述屋架的受压腹杆　　$\alpha_u=0.8\sim0.9$

受拉腹杆和下弦拉杆　　$\alpha_u=1.0$

屋架一般平铺浇制，吊装前应先将屋架扶直。如图 3-54 所示，根据屋架的实际情况，设置 4 个起吊点(1～4)，扶直时屋架绕下弦转起，并使下弦不离地面，上弦以起吊点为支点，承受上弦自重(均布荷载)和腹杆重量的一半。因此，屋架扶直时，应按图 3-54 所示的计算简图，对屋架的上弦进行扶直验算，计算时尚应考虑起吊时的动力系数 1.5。

屋架吊装时，受力情况和使用阶段不同(图 3-55)。上弦受拉，应进行吊装验算。其他构件可不作验算。

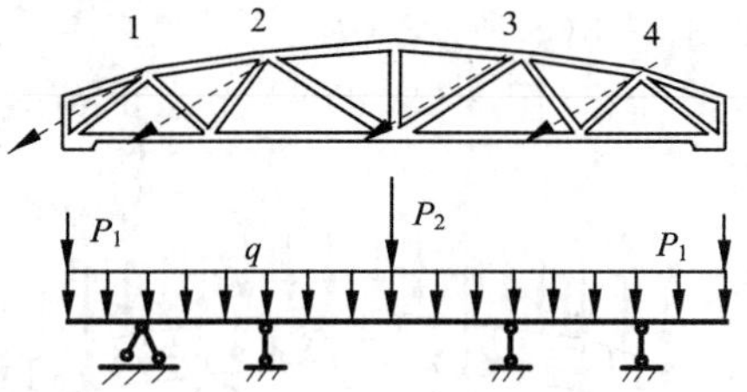

图 3-54　屋架扶直时的计算简图

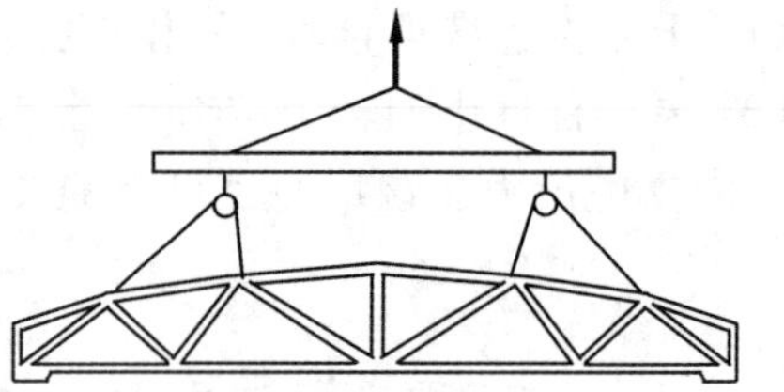

图 3-55　屋架的吊装

图 3-56 和图 3-57 给出了一预应力混凝土屋架的模板图和预应力屋架的配筋图，可供参考。

3.5.3　天窗架

天窗架设计时，应考虑屋面传来的全部荷载、天窗架、天窗侧板和窗扇等的重量，以及天窗侧面的风荷载等。计算天窗架的内力时，可先按三铰拱计算各铰节点的反力，再按三角形封闭桁架计算杆件的内力。根据杆件的内力可进行构件的配筋设计，不予赘述。

3.5.4　托架

托架在竖向节点荷载作用下(即屋架的竖向反力)，杆件的轴向力可按桁架计算。内力计算时，还应考虑山墙传来的纵向水平力(山墙传来的风荷载)。一般情况下，当托架承受的竖向荷载≤400kN 时，可取纵向水平力为 80kN，当竖向荷载≥500kN 时，可取为 120kN。

屋架竖向反力和托架中心线间往往有偏心距而使托架受扭，托架设计时应考虑托架的整体受扭作用。另外，托架一般也平卧制作，故也需要进行扶直和吊装验算。验算方法和屋架类似。

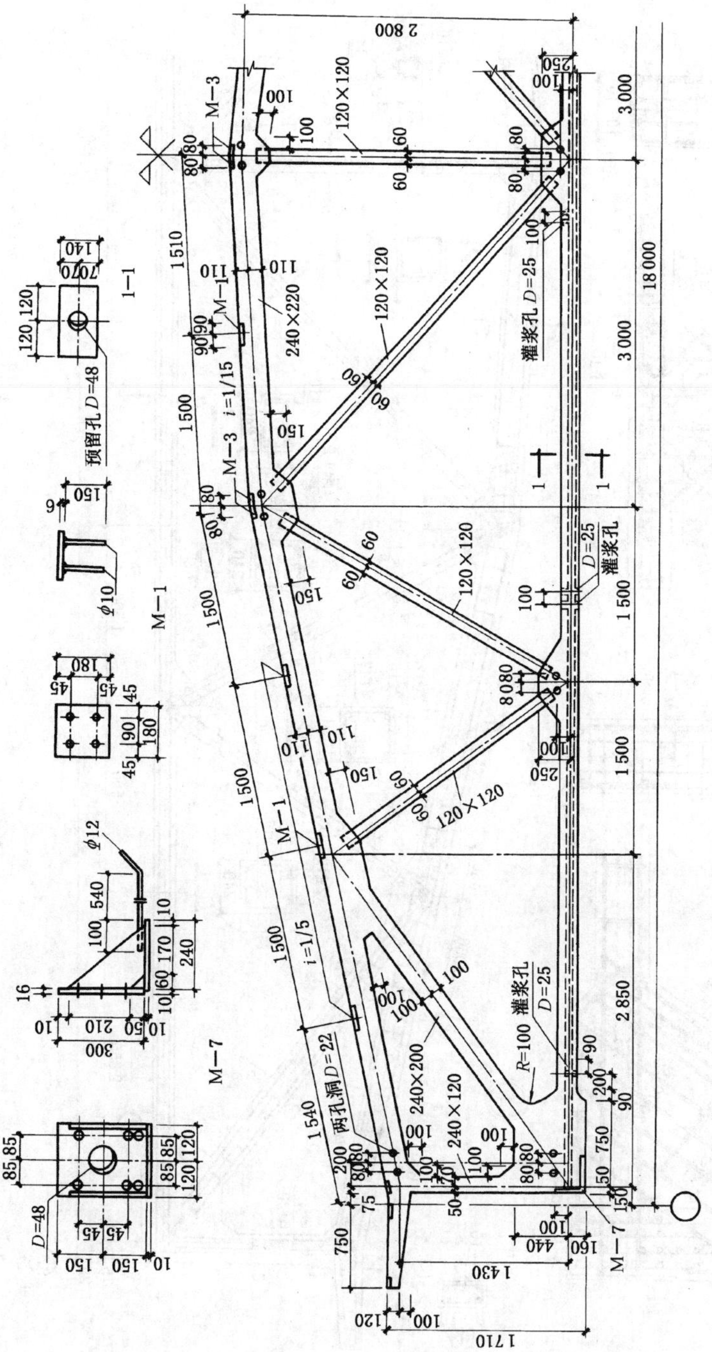

图 3-56 预应力屋架的模板图

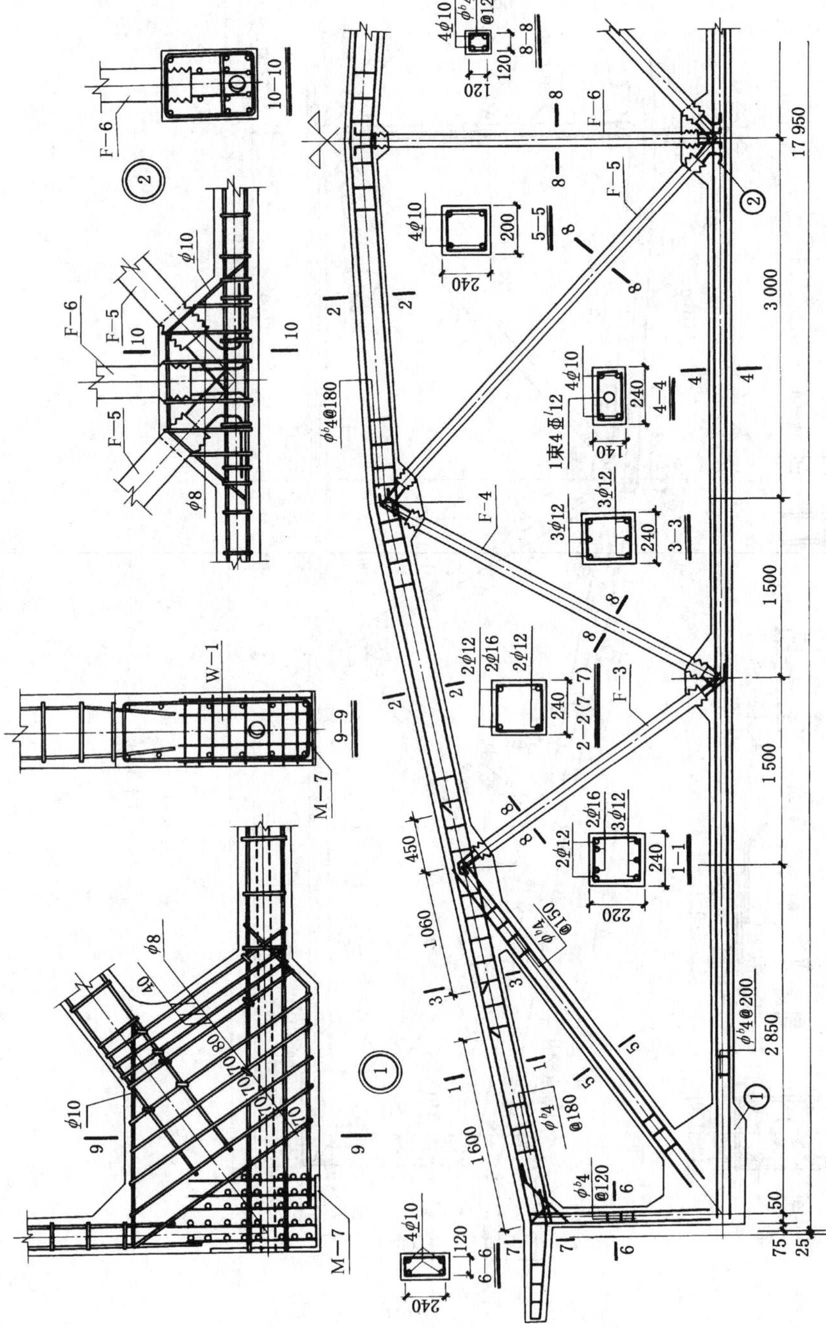

图 3-57　预应力屋架的配筋图

3.6　单层厂房梁的设计

3.6.1　吊车梁的设计

1. 吊车梁上的荷载

吊车梁除了承受自身及吊车轨道的自重以外，主要承受吊车传来的荷载。吊车的荷载具有如下的特点：

(1) 是一组移动的集中荷载(竖向垂直轮压和水平制动力)；

(2) 具有冲击和振动作用；

(3) 是重复荷载；

(4) 在吊车梁上产生扭矩。

因此，进行吊车梁的设计时，要考虑荷载移动对其内力的影响、考虑荷载的动力作用、考虑构件的疲劳和扭转问题等。

当吊车梁的跨度≤12m 时，如同一跨内有两台以上的吊车，计算吊车梁承载力、抗裂度、变形及裂缝时，用较大吨位的相邻 2 台吊车；验算疲劳时，按最大吨位的一台吊车考虑，且不考虑横向水平荷载。

对悬挂吊车以及 A1～A5 级的软钩吊车，取动力系数为 $\mu_d=1.05$；对 A6 级以上的软钩吊车、硬钩吊车及其他特种吊车，取动力系数为 $\mu_d=1.1$。

2. 吊车梁的内力计算

吊车梁中的最大弯矩和最大剪力一般按影响线法求得。如图 3-58(a)所示，对Ⅰ－Ⅰ截面，则可根据该截面的弯矩影响线(图 3-58(b))，考虑图 3-58(c)—图 3-58(f)所示的 4 种可能

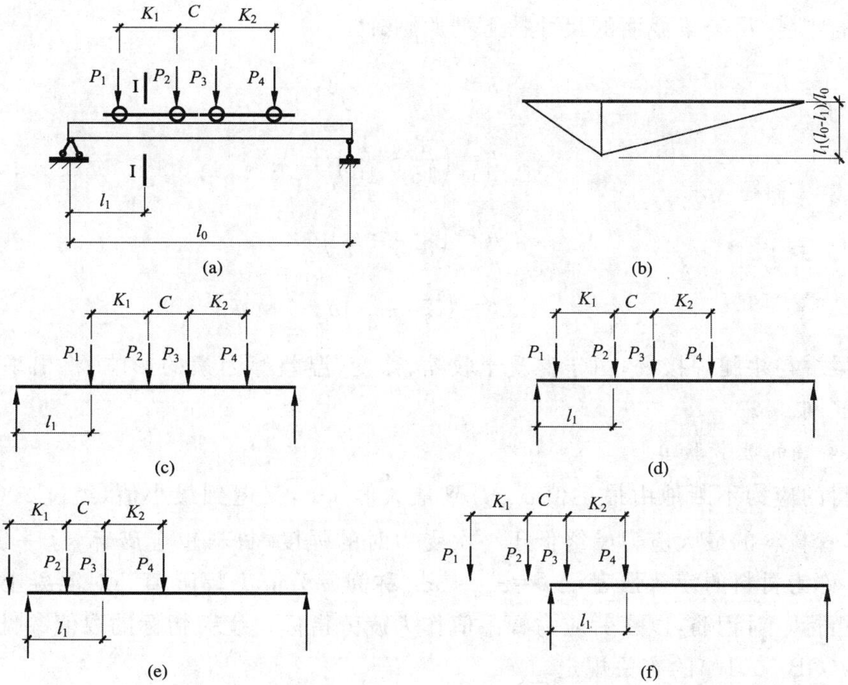

图 3-58　用影响线法求吊车梁的内力

出现的荷载不利位置，求出其最大的弯矩值。将各截面的最大弯矩值用连线连接起来，即得到吊车梁的弯矩包络图，如图 3-59 所示。注意，梁的绝对最大弯矩并不作用在梁的跨中。同理，可以求出吊车梁的剪力包络图，如图 3-60 所示。

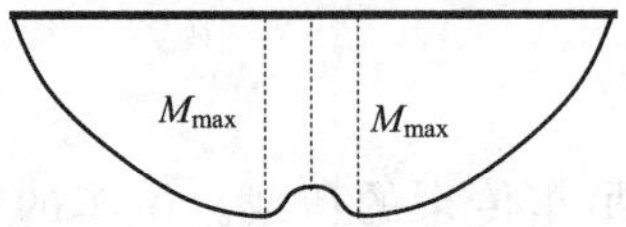

图 3-59　弯矩包络图

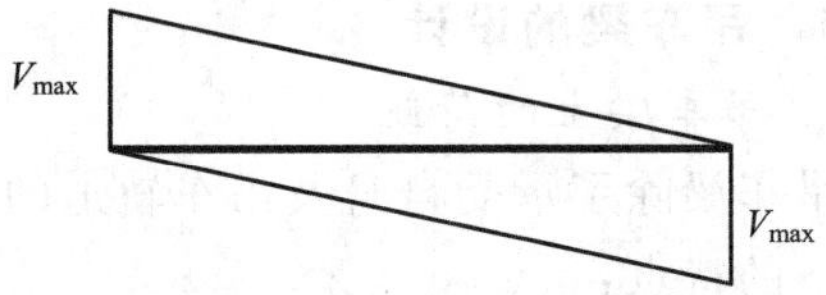

图 3-60　剪力包络图

吊车梁中的横向水平制动力作用在吊车轨顶，对吊车梁的弯曲中心有偏心距 e_z。吊车梁安装误差使 $\mu_d P_{max}$ 也有一偏心距 e_1（一般 $e_1 \leqslant 20$mm）。于是可以算出吊车梁中的扭矩（图3-61）：$T_l = \mu_d P_{max} e_1 + T e_z$。

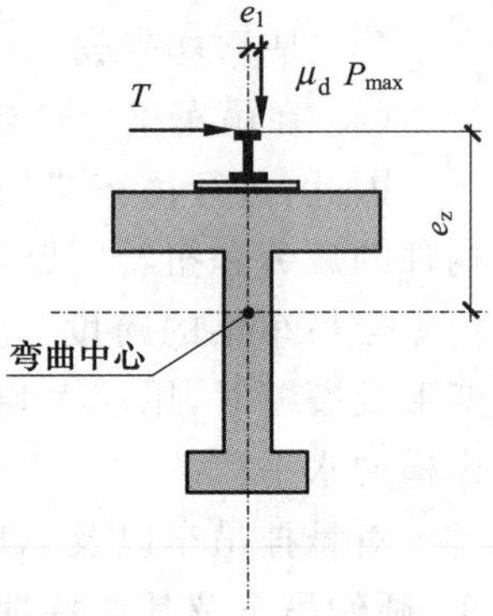

图 3-61　吊车梁上的荷载

吊车梁中的绝对最大扭矩也是通过影响线来求得的，吊车梁的绝对最大扭矩发生在支座附近。

3. 吊车梁的配筋设计和构造要求

算得吊车梁的内力后，可按一般弯、剪、扭构件的设计方法，进行吊车梁的配筋设计。

对钢筋混凝土的吊车梁，混凝土的强度等级应不小于 C30；对预应力混凝土的吊车梁，混凝土的强度等级不应小于 C40。非预应力钢筋一般采用 HRB400 或 RRB400。

吊车梁一般设计成 I 形截面，且上翼缘在吊车水平制动力 T 作用下受弯。为保证吊车梁具有足够的刚度，吊车梁截面的尺寸按下列原则确定：

$$h = \left(\frac{1}{10} \sim \frac{1}{5}\right) l;$$

$$b_f' = \left(\frac{1}{15} \sim \frac{1}{10}\right) l;$$

$$h_f' = \left(\frac{1}{8.5} \sim \frac{1}{7}\right) h;$$

$$b = \left(\frac{1}{7} \sim \frac{1}{4}\right) h。$$

吊车梁端与牛腿焊接处，由于混凝土收缩、徐变、温差等因素的影响，将出现拉应力，一般应设置钢筋网。

4. 吊车梁的疲劳验算

当材料的应力不断地由最小值 σ_{min}^f 升到最大值 σ_{max}^f，又退到最小值，经过 200 万次等幅加卸载后，尽管材料的最大应力始终低于一次受力时的强度，材料也会破坏，这一现象称为疲劳破坏。σ_{max}^f 称为材料的疲劳强度，$\Delta\sigma^f = \sigma_{max}^f - \sigma_{min}^f$ 称为疲劳应力幅限值。对混凝土，以疲劳强度作为疲劳指标。对钢筋，以疲劳应力幅限值作为疲劳指标。疲劳指标的取值参见《混凝土结构设计规范》(GB 50010)的有关规定。

吊车梁主要承受吊车传来的荷载。当吊车位于该吊车梁上时，梁所受的荷载达最大值；当吊车驶离该梁时，梁上的荷载达最小值。因此，吊车梁有疲劳问题，需对其进行疲劳验算。对

吊车梁进行疲劳验算时,常如下的假定:

(1) 梁截面保持为平面;

(2) 受压区、受拉区混凝土的法向应力分布图形均为三角形;

(3) 采用换算截面进行计算。

荷载取用标准值,对吊车荷载应乘以动力系数。跨度≤12m 的吊车梁,可取用一台最大吊车荷载。

吊车梁的正截面疲劳应符合下列规定:

受拉区混凝土边缘纤维应力:　$\sigma_{ct,max}^{f} \leqslant f_t^f$

受压区混凝土边缘纤维应力:压应力时,　$\sigma_{cc,max}^{f} \leqslant f_c^f$

拉应力时,　$\sigma_{ct,max}^{f} \leqslant f_t^f$

受拉区预应力钢筋的应力幅:　$\Delta\sigma_p^f \leqslant \Delta f_{py}^f$

受拉区非预应力钢筋的应力幅:　$\Delta\sigma_s^f \leqslant \Delta f_{sy}^f$

吊车梁的斜截面混凝土的主拉应力应符合:　$\sigma_{tp}^f \leqslant f_t^f$

式中　f_c^f,f_t^f——分别为混凝土的轴心抗压疲劳强度设计值和轴心抗拉疲劳强度设计值;

Δf_{py}^f,Δf_{sy}^f——分别为预应力钢筋和非预应力钢筋在常幅疲劳下的应力幅限值。

3.6.2　基础梁的设计

基础梁置于基础的顶部,用于支撑上部围护墙体,并将墙体的荷载传给基础,如图 3-62 所示。为避免施工时梁的钢筋放错,基础梁的截面常用梯形截面。截面的尺寸按下列原则初步确定:墙厚为 240mm 时,b=300mm,b_1=200mm;墙厚为 370mm 时,b=400mm,b_1=300mm;h=(1/15～1/10)l。混凝土的强度等级一般取 C20。梁中的纵向受力钢筋采用 HRB335。梁的保护层厚度取为 35mm。

基础梁的内力分析比较复杂,一般按半无限体弹性地基上的梁来计算基础梁的荷载,再按简支梁求梁的内力。将墙体看成是半无限体的弹性地基,支座反力看成是集中荷载,用弹性力学的原理求出基础梁顶面处墙体内的应力分布,并以此应力分布作为施加在基础梁上的荷载。

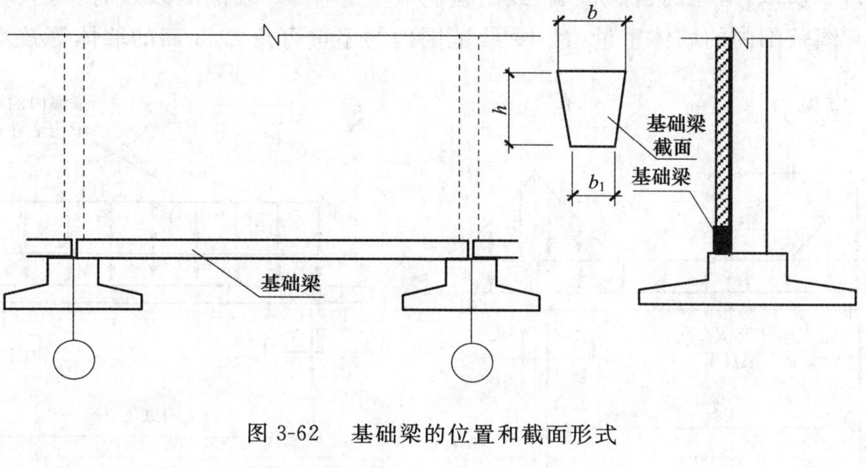

图 3-62　基础梁的位置和截面形式

如图 3-63 所示,由弹性力学的理论可知,一集中力 R 作用在弹性半无限平面的边界上,如平面的宽度为 b,则离边界 h 处任意点的竖向应力为:

$$\sigma_y = \frac{2Rh^3}{\pi b(h^2 + x^2)^2} \tag{3-43}$$

当 $x=0$ 时，$\sigma_{y,\max}=p_0=\dfrac{2R}{\pi bh}=\dfrac{0.64R}{bh}$。

σ_y的分布为对称的曲线分布，不便于计算。为了简化计算，将其等效成等腰三角形。等效的原则是 p_0的大小不变，应力分布曲线的面积不变。于是等腰三角形的底边长度为 πh。

将钢筋混凝土梁等效成砌体，则折算的梁高为

$$h_0=0.9h^3\sqrt{\frac{E_c}{E_m}} \tag{3-44}$$

式中 h_0——基础梁折算成相应砌体后的梁高；

E_c——基础梁混凝土的弹性模量；

E_m——砌体的弹性模量；

h——基础梁的梁高。

根据算得的 h_0，由式(3-43)可方便地确定基础梁的计算简图，如图 3-64(a)所示。

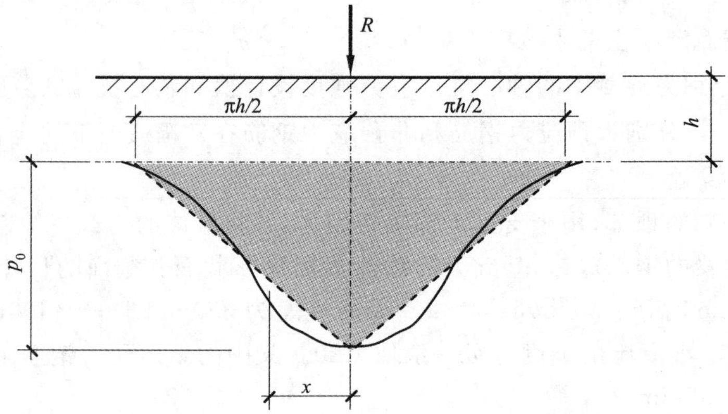

图 3-63 集中力作用下半无限弹性体的内力

对整体砌筑的墙，墙体的重量大致沿 45°线传递，即 45°线以外的墙体重量直接传给基础(图 3-64(b))。所以，对无门窗洞口墙，或门窗洞口位置在 45°线范围以外时，可只考虑基础梁的自重和 45°线范围内的墙体重量，且 45°线范围内的墙重可按 $l_0/3$ 高的墙体等效均布荷载计

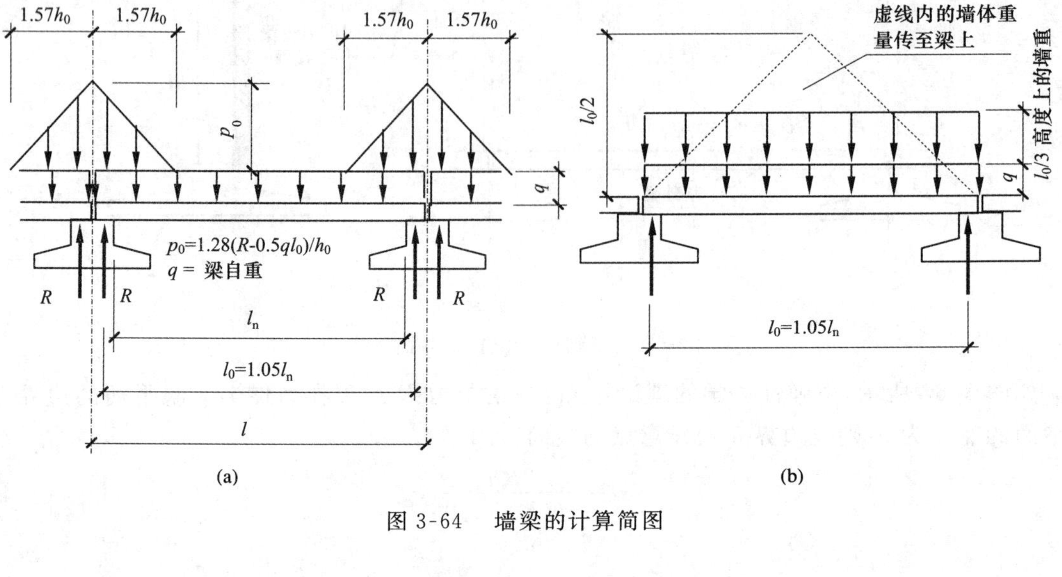

图 3-64 墙梁的计算简图

算。基础梁的弯矩按图 3-64(b)所示的简图计算。对有门窗洞口的墙,按图 3-64(a)所示的简图计算梁中的弯矩。

无论何种情况,梁中的剪力均按图 3-64(a)所示的简图计算。

算得梁中的内力后,梁的配筋设计和一般钢筋混凝土梁相同。

3.7 单层厂房预埋件的设计

装配式单层厂房结构的构件是通过预埋件相连接的。另外,为了便于构件的吊装,在构件上还要设吊环。预埋件和吊环是单层厂房中非常重要的连接件。第 2 章中已讨论过了吊环的设计,本节只介绍预埋件的设计方法。

预埋件由锚板和锚筋组成(图 3-65)。锚板的大小、厚薄一般按构造要求确定;锚筋的长度按构造要求确定,锚筋的截面积按计算确定。下面分述之。

3.7.1 承受法向拉力的预埋件

如图 3-65 所示,当锚筋的长度满足钢筋在混凝土中的最小锚固长度 l_a,锚筋和锚板连接可靠,锚板具有足够的厚度和强度时,可认为在极限受拉状态下锚筋能够屈服。于是,可按下式来确定锚筋的截面面积:

$$N \leqslant N_{u0} = 0.8\alpha_b A_s f_y$$
$$A_s \geqslant \frac{N}{0.8\alpha_b f_y} \tag{3-45}$$

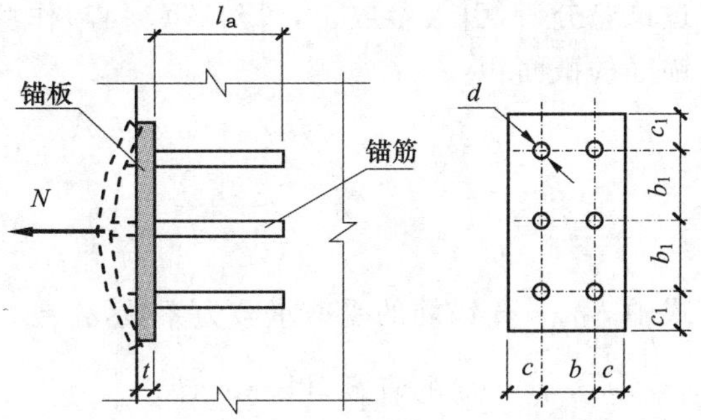

图 3-65 轴向拉力作用下的预埋件

式中 N——作用在预埋件上的拉力设计值;

A_s——锚筋的截面积;

f_y——锚筋的屈服强度设计值,但不应大于 300N/mm^2;

N_{u0}——预埋件的抗拉承载力;

0.8——考虑到预埋件的重要性和复杂性而引入的安全贮备系数;

α_b——考虑锚板变形引起锚筋内的剪力而使锚筋抗拉强度降低的影响系数:$\alpha_b = 0.6 + 0.25t/d$,t 和 d 分别为锚板的厚度和锚筋的直径,当采用可靠的措施防止锚板变形时,可取 $\alpha_b = 1.0$。

3.7.2 承受弯矩的预埋件

如图 3-66 所示,弯矩作用下预埋件的下部受拉,上部受压。由于每层锚筋中心至受压合力的距离不同,受弯极限状态下每层锚筋的应力各不相同。为了便于计算分析,取锚筋的拉力合力为 $0.5A_s f_y$,锚筋拉力合力到受压区压力合力的距离为 $\alpha_r Z$;考虑锚板的变形引入修正系数 α_b;考虑到预埋件的重要性和复杂性引入安全贮备系数 0.8。于是,弯矩作用下锚筋的截面积可按下式计算:

$$M \leqslant M_{u0} = 0.8\alpha_b \times 0.5A_s f_y \times \alpha_r Z$$
$$A_s \geqslant \frac{M}{0.4\alpha_b \alpha_r f_y Z} \tag{3-46}$$

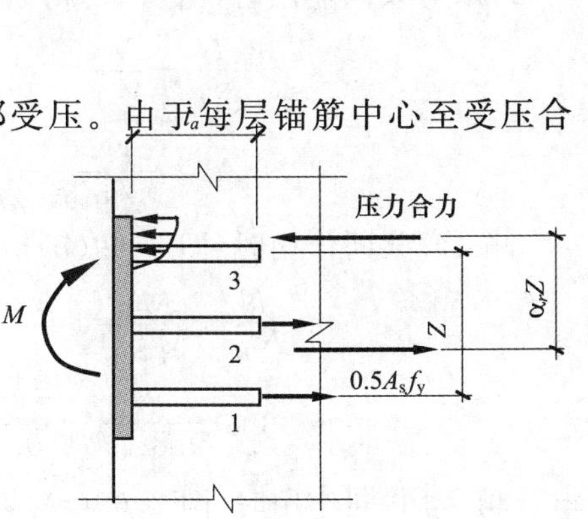

图 3-66 弯矩作用下的预埋件

式中　M——作用在预埋件上的弯矩设计值；

M_{u0}——预埋件的抗弯承载力；

α_r——锚筋层数的影响系数，当等间距配置锚筋时：二层取 $\alpha_r=1.0$，三层时 $\alpha_r=0.9$，四层时 $\alpha_r=0.85$；

α_b——同式(3-45)；

Z——预埋件外排直锚筋中心线之间的距离。

3.7.3　承受剪力的预埋件

如图 3-67 所示，若锚筋上的剪应力分布均匀的话，则有：

$$V \leqslant V_{u0} = A_s \tau \tag{3-47}$$

式中　V——作用在预埋件上的剪力设计值；

V_{u0}——预埋件上的抗剪承载力；

τ——锚筋的抗剪强度。

但是，由于锚板与混凝土之间有粘结力，各锚筋承受的剪力并不相同。另外，锚筋的强度最好能统一用 f_y 表示。于是，通过试验分析，引入参数 α_v，可对式(3-47)作些改进，按下式确定锚筋的截面积：

$$V \leqslant V_{u0} = \alpha_r \alpha_v f_y A_s$$
$$A_s \geqslant \frac{V}{\alpha_r \alpha_v f_y} \tag{3-48}$$

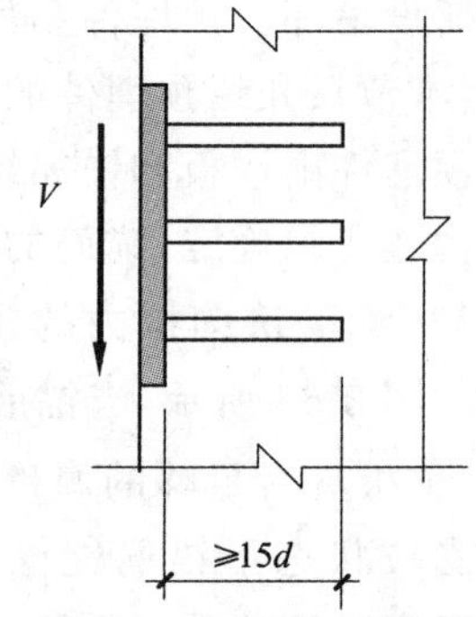

图 3-67　剪力作用下的预埋件

式中　α_v——锚筋的受剪承载力系数，$\alpha_v=(4-0.08d)\sqrt{\dfrac{f_c}{f_y}}$，当 $\alpha_v>0.7$ 时，取 $\alpha_v=0.7$，d 为锚筋的直径，以 mm 计；

α_r——锚筋层数的影响系数，同式(3-46)。

3.7.4　剪力、法向拉力和弯矩共同作用时的预埋件

如图 3-68 所示，预埋件在剪力、拉力和弯矩作用下，其弯、剪、拉承载力是相关的，其相关关系可以通过试验来确定，如图 3-69 所示。根据图 3-69 所示的相关关系，可以确定复合外力作用下的预埋件锚筋的截面面积。

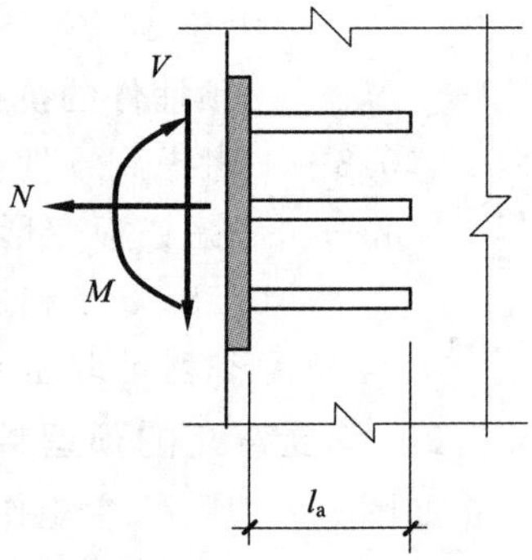

图 3-68　拉力、剪力和弯矩共同作用下的预埋件

拉、剪共同作用时(图 3-69(a))：

$$\frac{N}{N_{u0}} + \frac{V}{V_{u0}} = 1$$
$$A_s \geqslant \frac{N}{0.8\alpha_b f_y} + \frac{V}{\alpha_r \alpha_v f_t} \tag{3-49}$$

拉、弯共同作用时(图 3-69(b))：

$$\frac{N}{N_{u0}} + \frac{M}{M_{u0}} = 1$$
$$A_s \geqslant \frac{N}{0.8\alpha_b f_y} + \frac{M}{0.4\alpha_r \alpha_b f_y Z} \tag{3-50}$$

剪、弯共同作用时(图 3-69(c))：

当 $\dfrac{V}{V_{u0}}>0.7$ 时，剪、弯承载力线性相关，即有下列公式

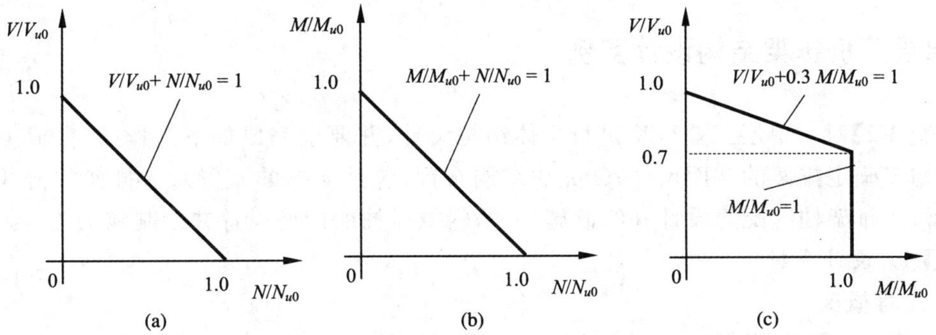

图 3-69 预埋件的弯、剪、拉承载力相关关系

$$\frac{V}{V_{u0}}+\frac{0.3M}{M_{u0}}=1$$

$$A_s \geqslant \frac{V}{\alpha_r \alpha_v f_y}+\frac{0.3M}{0.4\alpha_r \alpha_b f_y Z} \tag{3-51}$$

当$\frac{V}{V_{u0}} \leqslant 0.7$时，剪、弯承载力不相关，$A_s$按式(3-46)计算。

根据上述试验结果，剪、弯、拉共同作用时锚筋的截面积取下列两式中的较大值：

$$\begin{cases} A_s \geqslant \dfrac{N}{0.8\alpha_b f_y}+\dfrac{V}{\alpha_r \alpha_v f_y}+\dfrac{M}{1.3\alpha_r \alpha_b f_y Z} \\ A_s \geqslant \dfrac{N}{0.8\alpha_b f_y}+\dfrac{M}{0.4\alpha_r \alpha_b f_y Z} \end{cases} \tag{3-52}$$

3.7.5 剪力、法向压力和弯矩共同作用时的预埋件

剪力、法向压力和弯矩共同作用下，锚筋的截面积取下列两式中的大值：

$$\begin{cases} A_s \geqslant \dfrac{V-0.3N}{\alpha_r \alpha_v f_y}+\dfrac{M-0.4NZ}{1.3\alpha_r \alpha_b f_y Z} \\ A_s \geqslant \dfrac{M-0.4NZ}{0.4\alpha_r \alpha_b f_y Z} \end{cases} \tag{3-53}$$

式中，N为法向压力，其值不应大于$0.5f_c A$，此处，A为锚板的面积；当$M<0.4NZ$时，取$M-0.4NZ=0$。

3.7.6 预埋件的构造

锚板宜采用 Q235，Q345 级钢板，锚筋应用 HPB300，HRB400 级钢，不得采用冷加工钢筋。

受力锚筋不宜少于 4 根，不宜多于 4 层，直径为：8mm$<d<$25mm，锚筋应放在构件的外层主筋内侧。受剪预埋件的直锚筋可采用两根。受拉直锚筋和弯折锚筋的锚固长度不应小于受拉锚筋的锚固长度l_a。当锚筋采用 HPB300 级钢筋时，末端还应有弯钩。当无法满足锚固长度的要求时，应采取其他有效的锚固措施。受剪和受压直锚筋的锚固长度不应小于 15d。

锚板的厚度$t \geqslant 0.6d$；受拉和受弯预埋件尚应满足$t \geqslant b/8$（b为锚筋的间距，图 3-65）。锚筋中心至锚板边缘的距离不应小于 2d 和 20mm。另外，对于图 3-65 所定义的锚板的一些相关尺寸还应满足下列要求：对受拉和受弯预埋件，b，b_1，c，c_1不应小于 3d 和 45mm；对受剪预埋件，b，b_1不应大于 300mm，同时，b_1和c_1不应小与 6d 和 70mm，b和c不得小于 3d 和 45mm。

3.8　单层厂房排架结构设计实例

【例题 3-2】对一单层工业厂房进行主体结构设计，并要求完成如下工作：①完成上部结构的选型，初步确定排架的截面尺寸；②完成结构布置(包括支撑的布置)；③排架的荷载计算和内力分析；④排架柱的配筋设计并绘制施工图；⑤抗风柱的配筋设计并绘制施工图。

【解】1. 设计资料

(1) 工程概况

某工厂锻工车间，根据工艺要求为一单跨单层钢筋混凝土结构厂房，跨度为 18m，长度为 66m，两端有山墙。柱顶标高 14.4m，轨顶标高 12.2m，厂房设有天窗，采用两台吊车。屋面采用柔性防水屋面作法，围护墙采用 240mm 厚单面粉刷砖墙，钢门窗，混凝土地面，室内外高差为 150mm。建筑图见图 3-70—图 3-72。

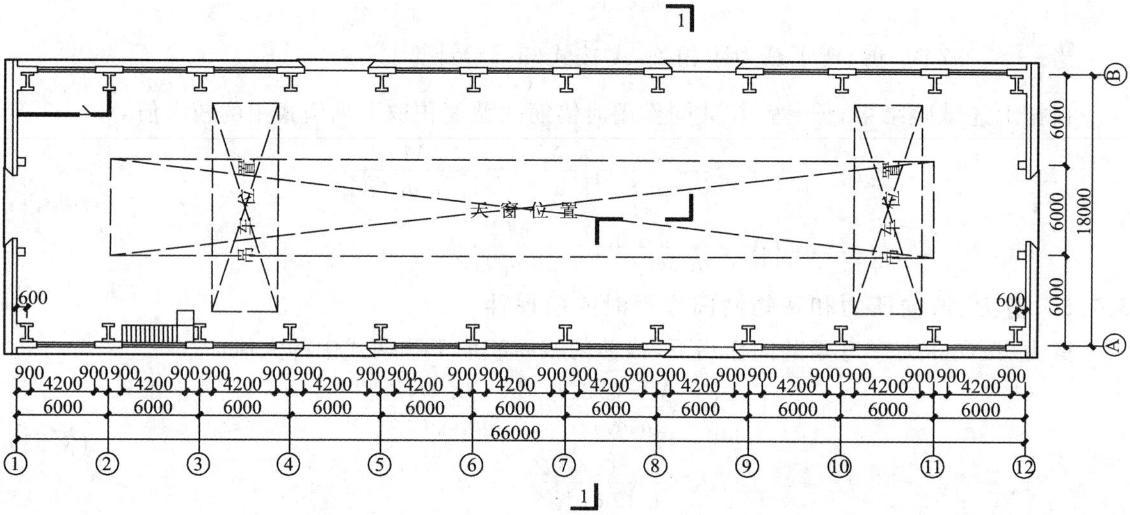

图 3-70　建筑平面图

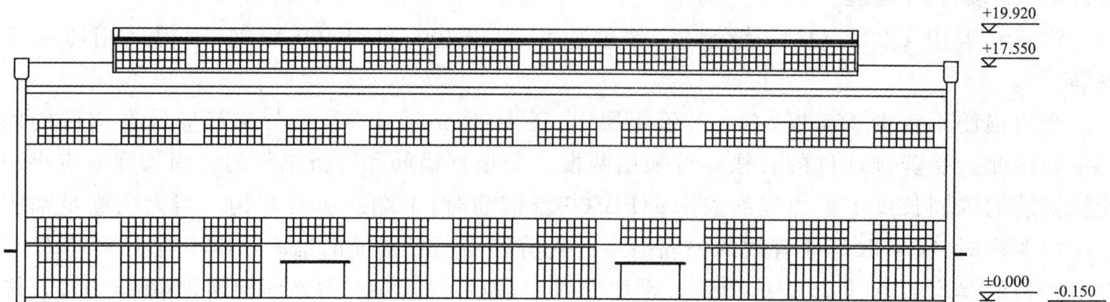

图 3-71　建筑立面图

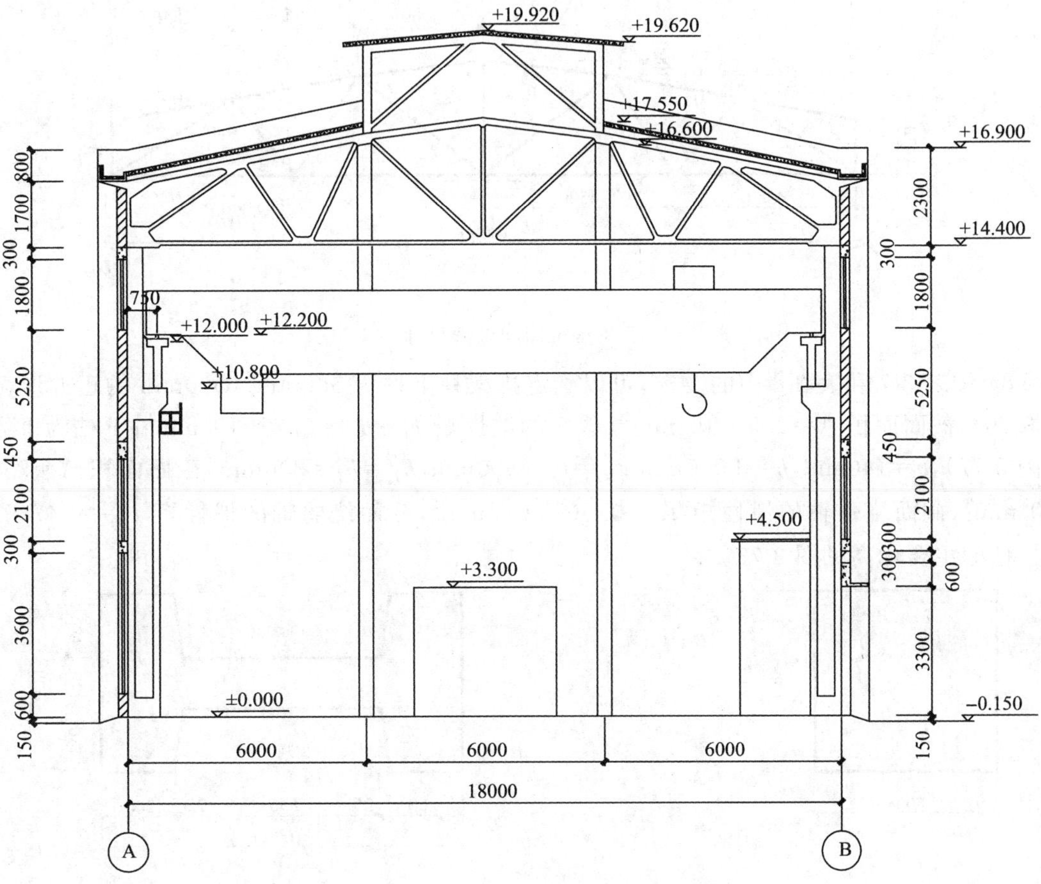

图 3-72 剖面图(1-1 剖面图)

(2) 结构设计的原始资料

自然条件:基本风压为 0.55kN/m²,屋面活荷载为 0.5kN/m²。

地质条件:由勘查报告提供的资料,天然地面下 1.2m 处为老土层,修正后的地基承载力为 120kN/m²,地下水位在地面下 1.3m(标高−1.45m)。

2. 结构选型和结构布置

(1) 屋面板采用 1.5m×6m 预应力钢筋混凝土屋面板[G410(一)、(二)],板自重 1.3 kN/m²,嵌缝重 0.1 kN/m²(均沿屋架斜面方向)。

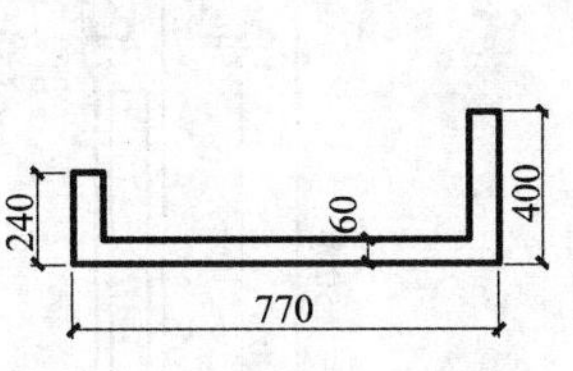

图 3-73 天沟板截面尺寸(mm)

(2) 天沟板[G410(三)]的截面尺寸见图 3-73,重 17.4kN/块(包含积水重)。

(3) 门型钢筋混凝土天窗架(G316)的示意图如图 3-74 所示,每根天窗架支柱传到屋架的重力荷载为 26.2kN。

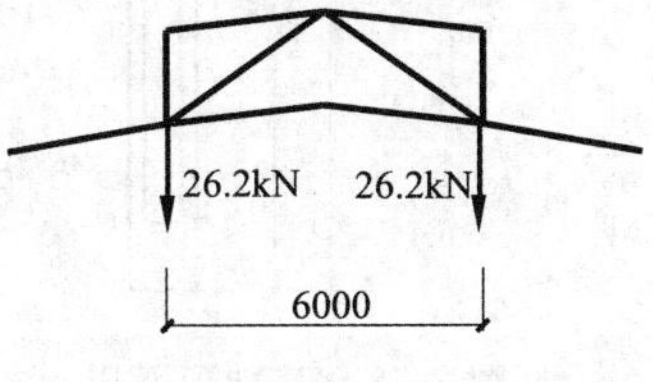

图 3-74 天窗架示意图(mm)

(4) 采用预应力钢筋混凝土折线型窗架[G415(一)],屋架的轴线尺寸如图 3-75 所示,自重60.5kN/榀。

(5) 屋盖支撑的自重 0.05kN/m²(沿水平面方向)。

(6) 吊车梁自重 44.2kN/根,吊车梁的截面高度为 1200mm。

(7) 联系梁、过梁均为矩形截面,尺寸详见图 3-72。

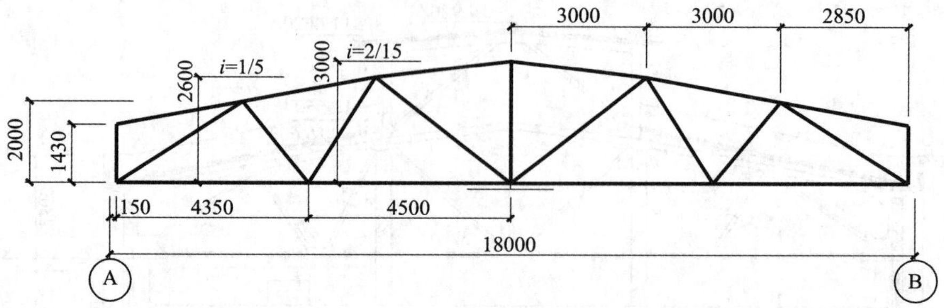

图 3-75　屋架轴线尺寸

(8) 按表 3-7 和表 3-8 中的要求，可以确定排架柱上柱为 500mm×500mm 的正方形截面(图 3-76)，截面面积 $A=2.5\times10^5\text{mm}^2$，截面的惯性矩 $I_x=I_y=5.2\times10^9\text{mm}^4$；下柱为 I 形截面(图 3-77)，$b=140\text{mm}$，$h=1\,000\text{mm}$，$b'_f=b_f=500\text{mm}$，$h'_f=h_f=200\text{mm}$，截面面积 $A=2.930\times10^5\text{mm}^2$，截面绕强轴的惯性矩 $I_x=3.60\times10^{10}\text{mm}^4$，截面绕弱轴的惯性矩 $I_y=4.47\times10^9\text{mm}^4$；柱的主要标高见图 3-78。

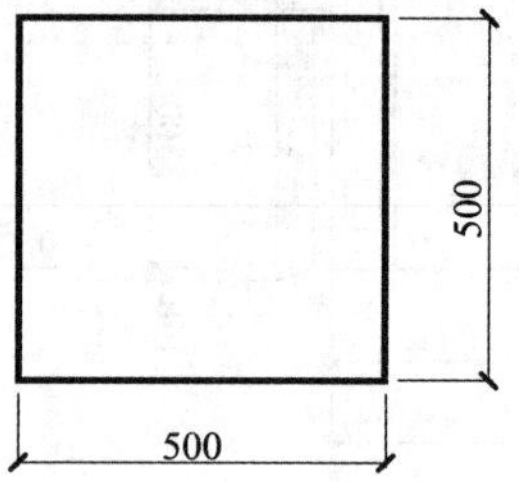

图 3-76　排架柱上柱截面

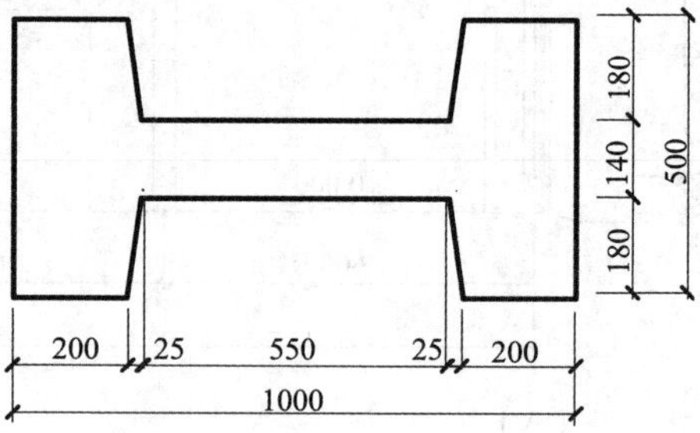

图 3-77　排架柱下柱截面

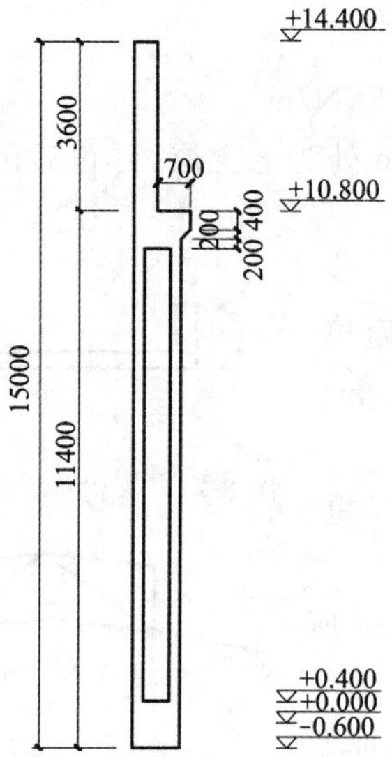

图 3-78　基础顶面以上排架柱标高

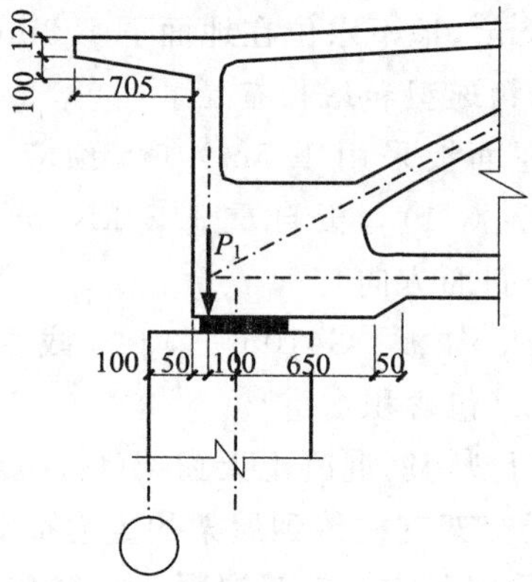

图 3-79　屋架端部详图

(9) 横向定位轴线均通过柱子截面几何中心，但在两端与山墙的内皮重合，并将山墙内侧第一排柱子中心线内移 600mm；纵向定位轴线由图 3-6 可知，对于 $A=750\text{mm}$，应选用图

3-6(b)的情况。屋架端部详图如图 3-79 所示，结构平面布置图如图 3-80 所示，柱、基础平面布置图如图 3-81 所示。

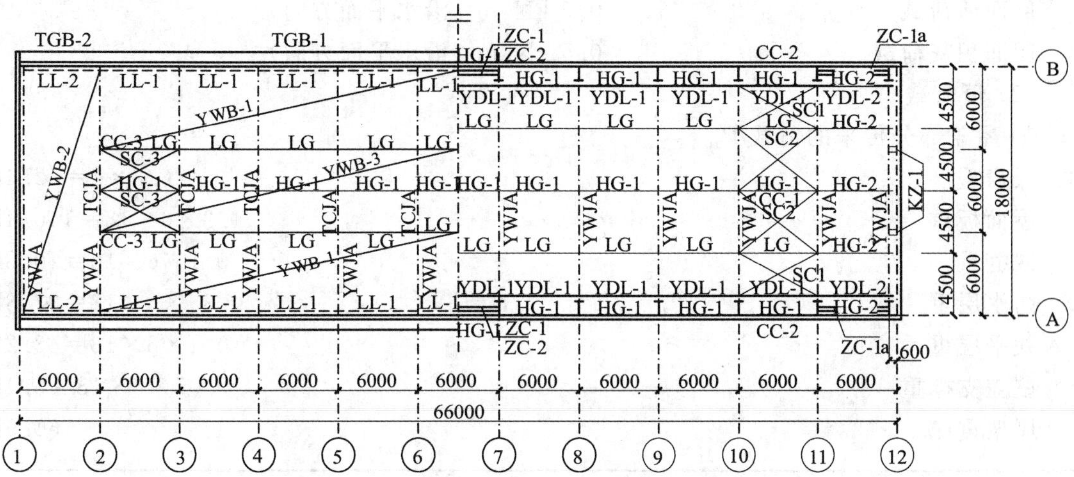

TGB—天沟板；YWJA—预应力屋架；TCJA—天窗架；YWB—预应力屋面板；

YDL—预应力吊车梁；KZ—抗风柱；LL—连梁；CC——垂直支撑；

SC—水平支撑；ZC—柱间支撑；LG—柔性系杆；HG——刚性系杆

图 3-80　结构平面布置图

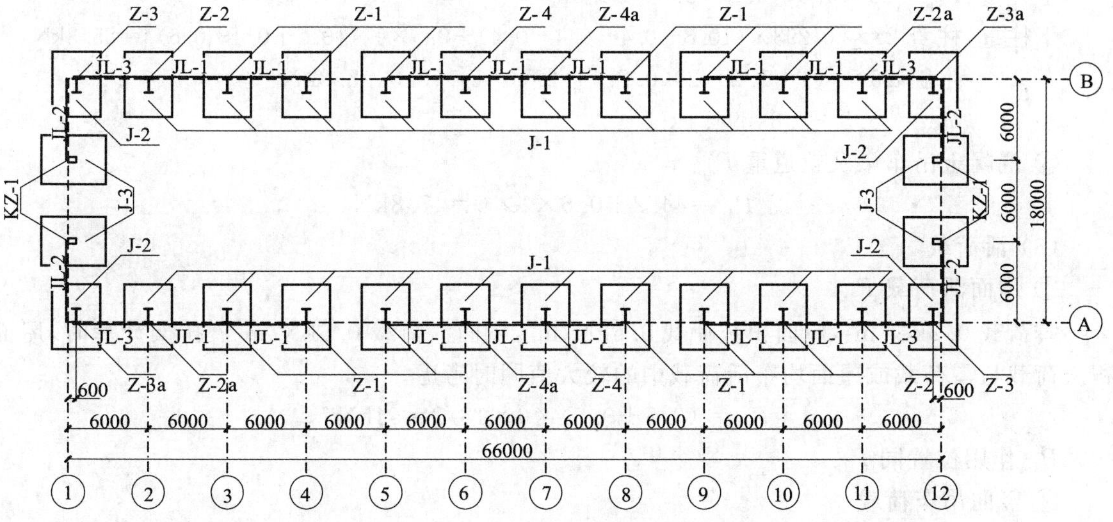

图 3-81　柱、基础平面布置图

3. 排架的荷载计算

(1) 荷载的基本数据

钢筋混凝土容重	25 kN/m^3
水泥砂浆容重	20 kN/m^3
砖墙容重	18 kN/m^3
钢门窗自重	0.4 kN/m^2
钢轨及垫层等重	0.6 kN/m

二毡三油防水层自重　　0.35 kN/m^2（沿斜面方向）

找平层自重　　0.4 kN/m^2（沿水平面方向）

屋面活荷载　　0.5 kN/m^2（沿水平面方向）

屋面积灰荷载　　0.5 kN/m^2（沿水平面方向）

(2) 恒荷载

① 屋盖部分传来的恒载 P_{1p}

天窗重	26.2×2=52.4kN
屋面板重	1.3×6×18=140.4kN
嵌缝重	0.1×6×18=10.8kN
防水层重	0.35×6×18=37.8kN
找平层重	0.4×6×18=43.2kN
屋盖支撑重	0.05×6×18=5.4kN
屋架重	60.5kN
	350.5kN
每块天沟板及积水重	17.4kN

$$P_{1p}=350.5/2+17.4=192.3\text{kN}$$

② 柱自重 P_{2p} 和 P_{3p}

上柱重：$P_{2p}=25\times0.5\times0.5\times3.6=22.5\text{kN}$

下柱重：柱身 $25\times[0.293\times(10.8-0.4-0.4-0.4)+0.5\times1\times(0.2+0.4+0.6)]=85.3\text{kN}$

牛腿 $25\times[(1+1.2)/2\times0.2+1.2\times0.4]\times0.5=8.8\text{kN}$

$P_{3p}=85.3+8.8=94.1\text{kN}$

③ 混凝土吊车梁及轨道重 P_{4p}

$$P_{4p}=44.2+0.6\times1\times6=47.8\text{kN}$$

(3) 活荷载

① 屋面活荷载 P_{1Q}

雪荷载 0.2kN/m^2，屋面积灰荷载 0.5kN/m^2，屋面活荷载 0.5kN/m^2。排架计算时，屋面积灰荷载与雪荷载或屋面均布活荷载中的较大值同时考虑。

$$P_{1Q}=(0.5+0.5)\times6\times18/2=54\text{kN}$$

P_{1Q} 作用位置同 P_{1p}。

② 竖向吊车荷载

采用两台工作级别为 A4 的吊车，起重量分别为 $Q=5\text{t}$，20/3t。吊车具体参数见表 3-11。如图 3-82 所示，根据式(3-6)和表(3-4)得($\beta_D=0.9$)：

情况 a：

$$D_{max}=\beta_D\left[74\times\frac{1.6+5}{6}+183\times\left(1+\frac{1.9}{6}\right)\right]=290.0\text{kN}$$

$$D_{min}=\beta_D\left[18\times\frac{1.6+5}{6}+29.5\times\left(1+\frac{1.9}{6}\right)\right]=52.8\text{kN}$$

表 3-11　　**吊车规格表**

吊车跨度 $L_k=16.5$m						
额定起重量 Q/t	吊车宽度 B/m	轮距 K/m	吊车总重 G/kN	小车重 g/kN	最大轮压 P_{max}/kN	最小轮压 P_{min}/kN
5	4.3	3.4	134	22.8	74	18
20/3	5.16	4.1	225	70.1	183	29.5

注：$P_{min}=\frac{G+Q}{2}-P_{max}$

情况 b：

$$D_{max}=\beta_D\left[183\times\frac{0.9+5}{6}+74\times\left(1+\frac{2.6}{6}\right)\right]=257.4\text{kN}$$

$$D_{min}=\beta_D\left[29.5\times\frac{0.9+5}{6}+18\times\left(1+\frac{2.6}{6}\right)\right]=49.3\text{kN}$$

经过比较，设计时采用情况 a 中的荷载，作用位置同 P_{4p}。

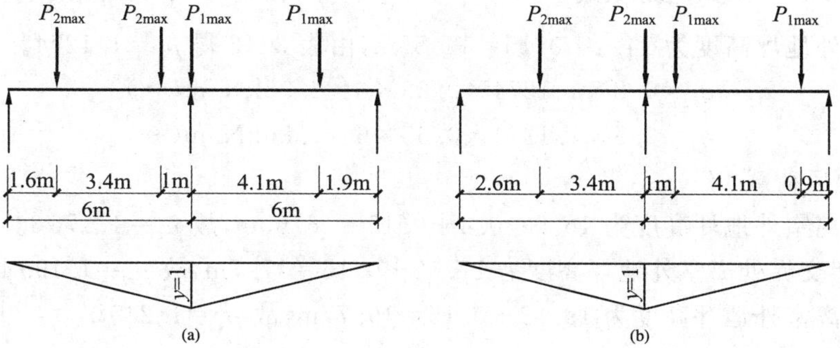

图 3-82　求 D_{max}时的吊车布置图

③ 水平吊车荷载

每个轮子水平刹车力：

5t 吊车：$T_1=\frac{1}{4}\times0.12\times(Q+g)=\frac{1}{4}\times0.12\times(50+22.8)=2.2\text{kN}$

20/3t 吊车：$T_2=\frac{1}{4}\times0.1\times(Q+g)=\frac{1}{4}\times0.1\times(200+70.1)=6.8\text{kN}$

产生 T_{max}时吊车的作用位置与(1)中情况 a 相同，于是有：

$$T_{max}=\beta_D\left[2.2\times\frac{1.6+5}{6}+6.8\times\left(1+\frac{1.9}{6}\right)\right]=10.2\text{kN}$$

T_{max}作用点标高为 12.10m(通过连接件传递给上柱，详见图 3-101)。

(3) 风荷载

① 求均布风荷载 q

单层厂房的风荷载体形系数如图 3-83 所示，根据《建筑结构荷载规范》(GB 50009)可得风压高度变化系数如表 3-12 所示，排架风荷载计算简图如图 3-84 所示。

表 3-12　　风压高度变化系数 μ_z(B 类粗糙度)

标高/m	10	15	20	30
μ_z	1.00	1.14	1.25	1.42

注:以下所用的 μ_z 均从表 3-12 中的数据按线性插值求得。

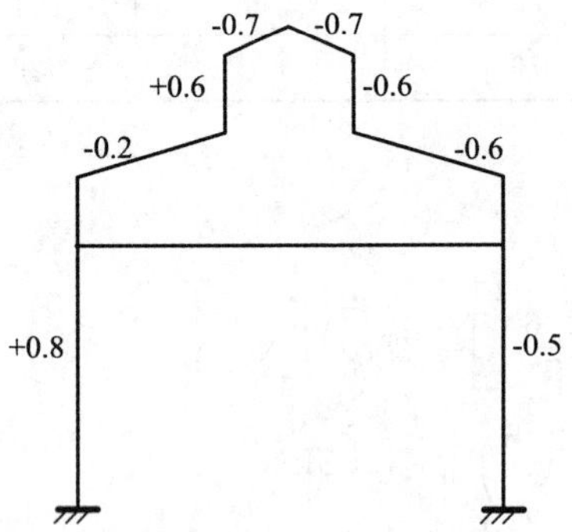

图 3-83　风载体形系数图

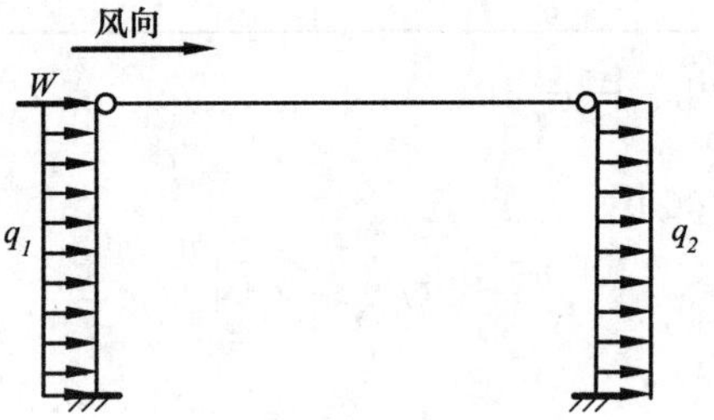

图 3-84　框架风荷载计算简图

柱顶离室外地坪高度为 14.4+0.15=14.55m,由表 3-12 得 μ_z=1.1274。

$$q_1=0.8\times1.1274\times0.55\times6=2.98\text{kN/m}(\rightarrow)$$

$$q_2=0.5\times1.1274\times0.55\times6=1.86\text{kN/m}(\rightarrow)$$

② 求集中风荷载 W

屋架檐口离室外地坪高度为 16.9-0.4+0.15=16.65m,故 μ_z=1.1763。

天窗、屋架交界处离室外地坪高度为 17.55+0.15=17.7m,故 μ_z=1.1994。

天窗檐口离室外地坪高度为 19.62+0.15=19.77m,故 μ_z=1.2450。

天窗顶离室外地坪高度为 19.92+0.15=20.07m,故 μ_z=1.2512。

按图 3-85 计算集中风荷载 W。

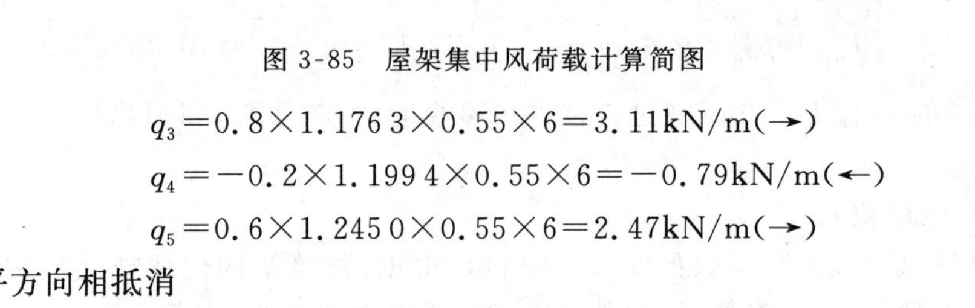

图 3-85　屋架集中风荷载计算简图

$$q_3=0.8\times1.1763\times0.55\times6=3.11\text{kN/m}(\rightarrow)$$

$$q_4=-0.2\times1.1994\times0.55\times6=-0.79\text{kN/m}(\leftarrow)$$

$$q_5=0.6\times1.2450\times0.55\times6=2.47\text{kN/m}(\rightarrow)$$

q_6 与 q_7 在水平方向相抵消

$$q_8=0.6\times1.2450\times0.55\times6=2.47\text{kN/m}(\rightarrow)$$

$$q_9=0.6\times1.1994\times0.55\times6=2.37\text{kN/m}(\rightarrow)$$

$$q_{10}=0.5\times1.1763\times0.55\times6=1.94\text{kN/m}(\rightarrow)$$

$$W=(q_3+q_{10})\times(16.65-14.55)+(q_4+q_9)\times(17.7-16.65)+(q_5+q_8)\times(19.77-17.7)$$

$=10.6+1.7+10.2$

$=22.5\text{kN}(\rightarrow)$

集中风荷载 W 作用点标高为 14.40m。

排架的计算简图及荷载的作用位置图如图 3-86、图 3-87 所示。

4. 内力分析

(1) 恒载作用下的排架内力

由于单层厂房多属于装配式结构，柱、吊车梁和轨道的自重，多是在预制柱吊装就位完毕而屋架尚未安装时加在柱子上的，此时尚未构成排架结构。严格意义上，除按使用阶段结构的受力情况对结构进行内力分析外，尚应根据施工过程及施工阶段结构的受力情况进行内力分析。本例题为叙述简便仅作使用阶段的内力分析。

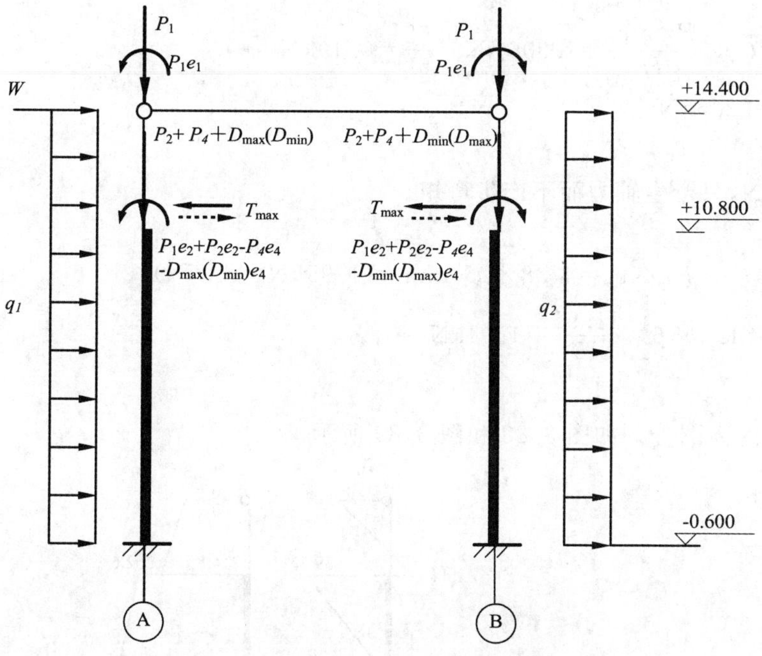

图 3-86　排架荷载作用简图

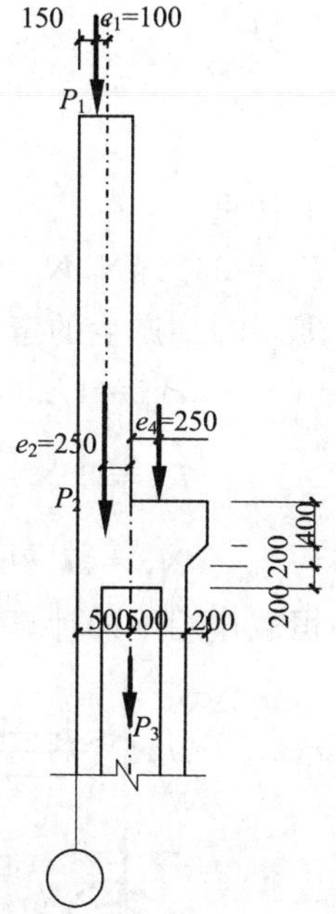

图 3-87　荷载作用位置图

② 由 P_{1p} 产生的弯矩和轴力

$P_{1p}=192.3\text{kN}$　$M_{11}=P_{1p}\times e_1=192.3\text{kN}\times 100\text{mm}=19.23\text{kN}\cdot\text{m}(\curvearrowright)$

$M_{12}=P_{1p}\times e_2=192.3\text{kN}\times 250\text{mm}=48.08\text{kN}\cdot\text{m}(\curvearrowright)$

$$n_{\text{I}}=\frac{I_{\text{u}}}{I_1}=\frac{5.2\times 10^9}{3.58\times 10^{10}}=0.1444$$

$$\lambda_{\text{H}}=\frac{H_{\text{u}}}{H}=\frac{3.6}{15}=0.24$$

由附录 D2 中的力学方法计算柱顶反力

$$C_1=\frac{3}{2}\times\frac{1-\lambda_{\text{H}}^2\left(1-\dfrac{1}{n_{\text{I}}}\right)}{1+\lambda_{\text{H}}^3\left(\dfrac{1}{n_{\text{I}}}-1\right)}=1.8596$$

$$R_{11}=C_1\times\frac{P_{1p}\times e_1}{H}=1.8596\times\frac{19.23}{15}=2.38\text{kN}(\rightarrow)$$

$$C_3=\frac{3}{2}\times\frac{1-\lambda_H^2}{1+\lambda_H^3\left(\frac{1}{n_I}-1\right)}=1.3066$$

$$R_{12}=C_3\times\frac{P_1\times e_2}{H}=1.3066\times\frac{48.08}{15}=4.19\text{kN}(\rightarrow)$$

$$N_1=192.3\text{kN}$$

$$R_1=R_{11}+R_{12}=6.57\text{kN}(\rightarrow)$$

② 由柱自重产生的弯矩与轴力

上柱重

$$P_{2p}=22.5\text{kN}$$

$$M_{22}=P_{2p}\times e_2=22.5\text{kN}\times 250\text{mm}=5.62\text{kN}\cdot\text{m}(\curvearrowleft)$$

$$R_2=C_3\times\frac{P_{2p}\times e_2}{H}=1.3066\times\frac{5.62}{15}=0.49\text{kN}(\rightarrow)$$

$$N_2=22.5\text{kN}$$

下柱重

$P_{3p}=94.1\text{kN}$，$N_3=94.1\text{kN}$，只产生轴力而不产生弯矩。

③ 由 P_{4p} 产生的弯矩和轴力

$$P_{4p}=47.8\text{kN}\qquad M_{44}=P_{4p}\times e_4=47.8\times 250\text{mm}=11.95\text{kN}\cdot\text{m}(\curvearrowright)$$

$$R_4=C_3\times\frac{P_{4p}\times e_4}{H}=1.3066\times\frac{11.95}{15}=1.04\text{kN}(\leftarrow)$$

$$N_4=47.8\text{kN}$$

恒载作用下的计算简图和内力图分别如图 3-88 和图 3-89 所示。

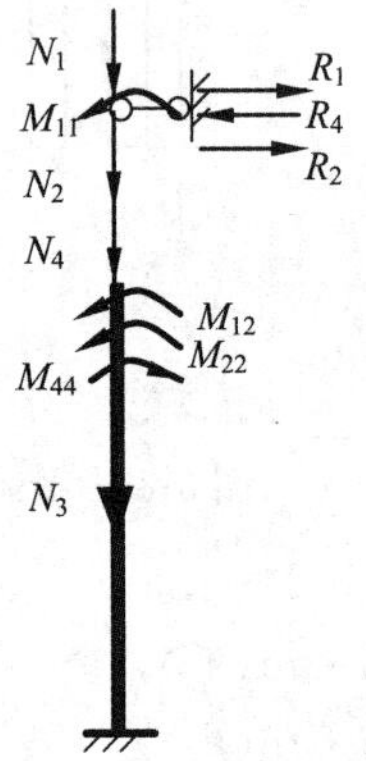

图 3-88　恒载计算简图

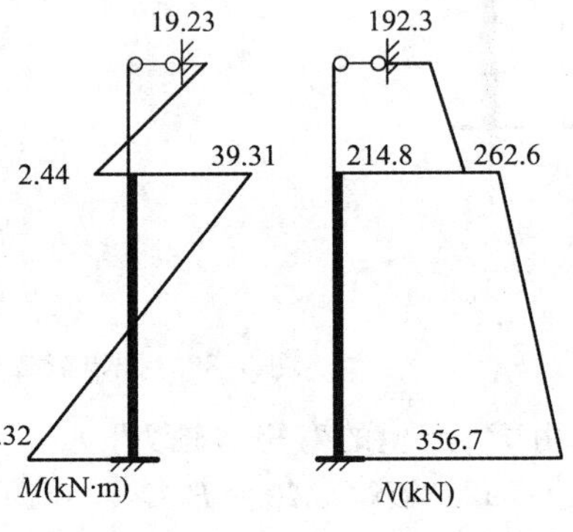

图 3-89　恒载作用下的 M,N 图

(2) 屋面活载作用下的排架内力

P_{1Q} 和 P_{1P} 作用位置相同，即成比例。

$$P_{1Q}=54\text{kN}$$

$$R=6.57\times\frac{54}{192.3}=1.84\text{kN}(\rightarrow)$$

$$M_{11}=19.23\times\frac{54}{192.3}=5.4\text{kN}\cdot\text{m}(\curvearrowleft)$$

$$M_{12}=48.08\times\frac{54}{192.3}=13.5\text{kN}\cdot\text{m}(\curvearrowleft)$$

$N=54\text{kN}$

屋面活载作用下的计算简图和内力图分别如图 3-90 和图 3-91 所示。

(3) 吊车竖向荷载作用下的排架内力

① 最大轮压作用于 A 柱时

A 柱 $M_A=D_{max}\times e_4=290\text{kN}\times 250\text{mm}=72.50\text{kN}\cdot\text{m}$(↻)

B 柱 $M_B=D_{min}\times e_4=52.8\text{kN}\times 250\text{mm}=13.20\text{kN}\cdot\text{m}$(↺)

计算简图如图 3-92 所示。

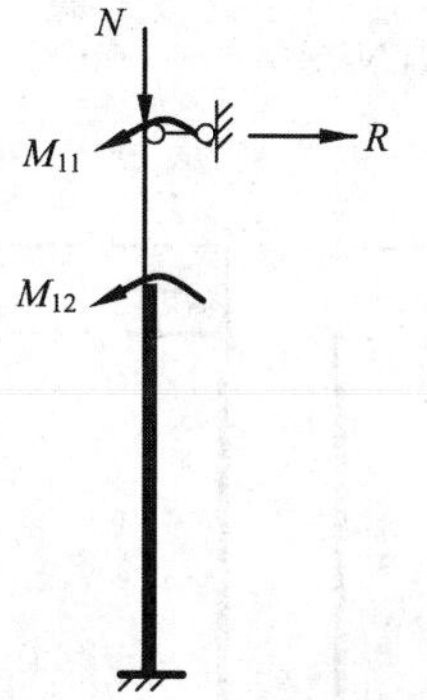

图 3-90 屋面活载计算简图

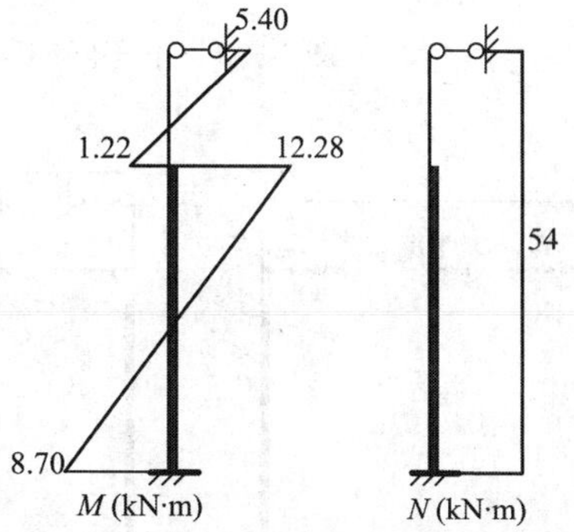

图 3-91 屋面活载作用下作用下的 M,N 图

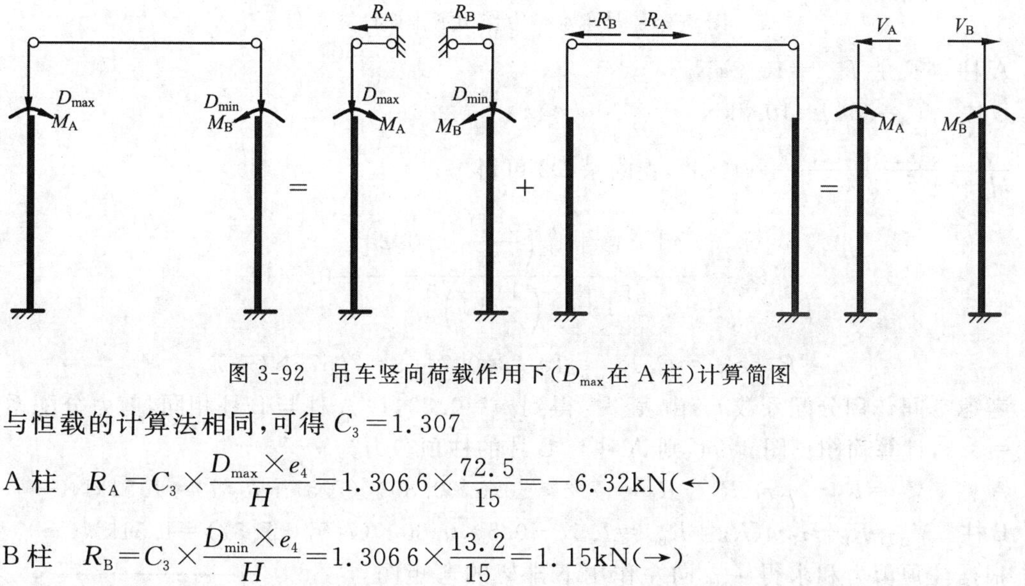

图 3-92 吊车竖向荷载作用下(D_{max}在 A 柱)计算简图

与恒载的计算法相同,可得 $C_3=1.307$

A 柱 $R_A=C_3\times\dfrac{D_{max}\times e_4}{H}=1.3066\times\dfrac{72.5}{15}=-6.32\text{kN}(\leftarrow)$

B 柱 $R_B=C_3\times\dfrac{D_{min}\times e_4}{H}=1.3066\times\dfrac{13.2}{15}=1.15\text{kN}(\rightarrow)$

A 柱与 B 柱相同,剪力分配系数 $\eta_A=\eta_B=0.5$,则 A 柱与 B 柱柱顶的剪力为

A 柱 $V_A=R_A-\eta_A(R_A+R_B)=-6.32-0.5\times(-6.32+1.15)=-3.74\text{kN}(\leftarrow)$

B 柱 $V_B=R_B-\eta_B(R_A+R_B)=1.15-0.5\times(-6.32+1.15)=3.74\text{kN}(\rightarrow)$

内力图如图 3-93 所示。

② 最大轮压作用于 B 柱时,由于结构的对称性,A 柱同①中 B 柱的情况,B 柱同①中 A 柱的情况。M,N 图可以参照图 3-93。

(4) 吊车水平制动力作用下的排架内力

① T_{max}向左作用,柱中轴力为零。

由前述所得 $n_I=0.1444$,$\lambda_H=0.24$

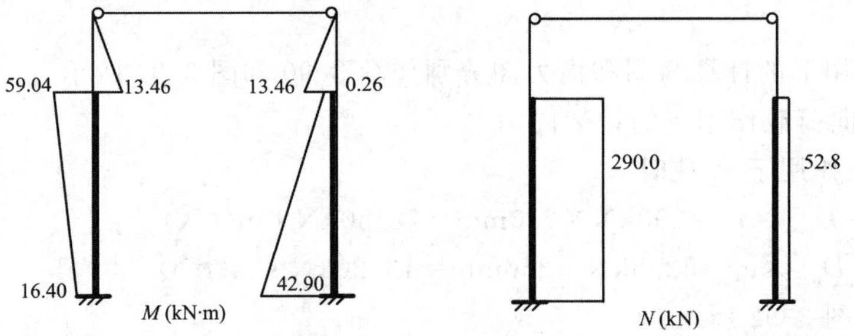

图 3-93　吊车竖向荷载作用下(D_{max}在 A 柱)M,N 图

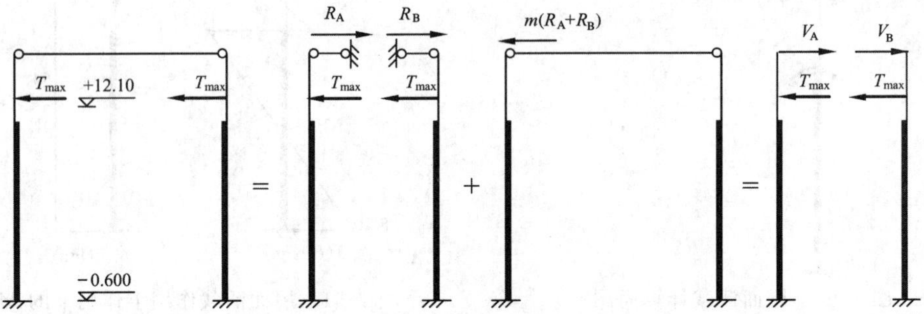

图 3-94　吊车水平力作用下排架计算简图

A 柱　$T_A = T_{max} = 10.2\text{kN}$

B 柱　$T_B = T_{max} = 10.2\text{kN}$

$\frac{y}{H_u} = \frac{(14.4-12.1)}{3.6} = 0.639$,查附录 D2 可得

$$C_5 = \frac{2-1.8\lambda_H + \lambda_H^3\left(\frac{0.416}{n_I} - 0.2\right)}{2\left[1+\lambda_H^3\left(\frac{1}{n_I}-1\right)\right]} = 0.7418$$

$$R_A = R_B = C_5 T_{max} = 10.2\times 0.7418 = 7.57\text{kN}(\rightarrow)$$

考虑空间作用分配系数 m,由表 3-5 得到 $m=0.80$,且 A 柱与 B 柱相同,剪力分配系数 $\eta_A = \eta_B = 0.5$,计算简图见图 3-94,则 A 柱与 B 柱的柱顶剪力为

A 柱　$V_A = R_A - \eta_A m(R_A + R_B) = 7.57 - 0.5\times 0.80\times(7.57+7.57) = 1.51\text{kN}(\rightarrow)$

B 柱　$V_B = R_B - \eta_B m(R_A + R_B) = 7.57 - 0.5\times 0.80\times(7.57+7.57) = 1.51\text{kN}(\rightarrow)$

根据柱顶剪力和求得 T_{max} 向左作用下排架的弯矩图如图 3-95 中实线所示。

② T_{max} 向右作用

由于结构对称,M 图可见图 3-95 中的虚线所示。

(5) 风荷载作用下的排架内力

① 左来风情况

$q_1 = 2.98\text{kN/m}$,$q_2 = 1.85\text{kN/m}$,

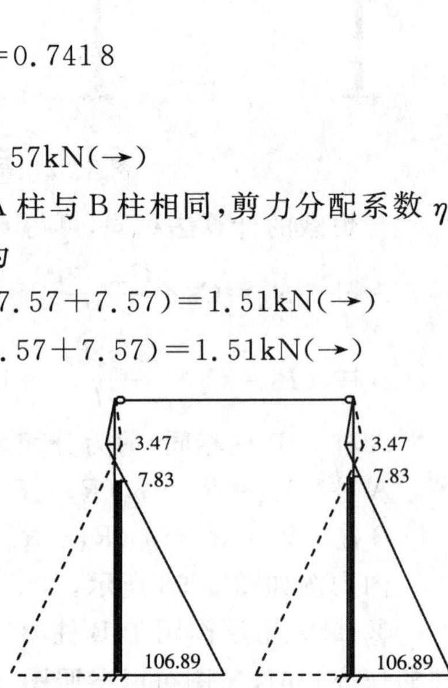

图 3-95　吊车水平力作用下 M 图

$$C_{11}=\frac{3\left[1+\lambda_{\rm H}^{4}\left(\frac{1}{n_{\rm I}}-1\right)\right]}{8\left[1+\lambda_{\rm H}^{3}\left(\frac{1}{n_{\rm I}}-1\right)\right]}=0.3534$$

$R_1=-C_{11}q_1H=0.3534\times2.98\times15=-15.80\text{kN}(\leftarrow)$

$R_2=-C_{11}q_2H=-0.3534\times1.86\times15=-9.86\text{kN}(\leftarrow)$

排架单元为对称结构，柱中的轴力为零，计算简图见图 3-96。

$$\eta=\frac{1}{2}$$

$$V_{\rm A}=R_1+\eta(-R_1-R_2+W)=8.28\text{kN}(\rightarrow)$$

$$V_{\rm B}=R_2+\eta(-R_1-R_2+W)=14.22\text{kN}(\rightarrow)$$

根据计算，左来风的情况下框架的 M 图如图 3-97 中实线所示。

② 右来风情况

由于结构对称，M 图如图 3-97 中虚线所示。

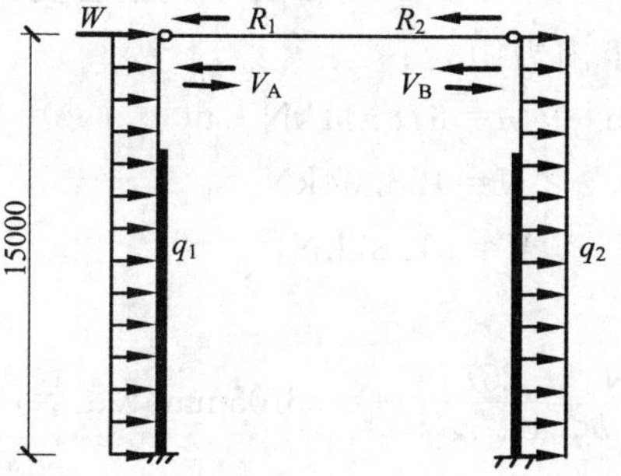

图 3-96　风荷载作用下排架计算简图

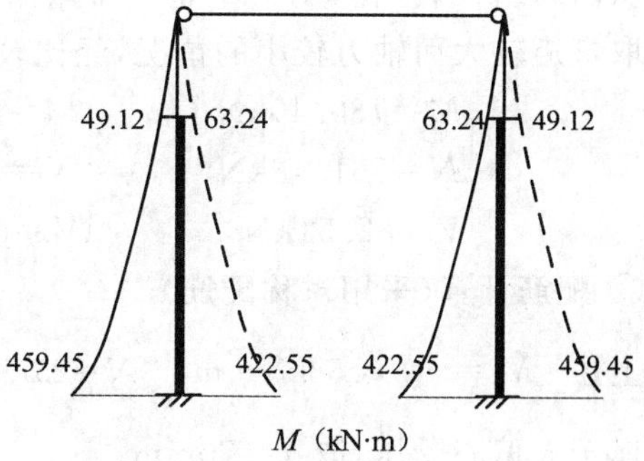

图 3-97　风荷载作用下 M 图

5. 内力组合

排架单元为对称结构，可仅考虑 A 柱的截面。具体组合情况见表 3-13。表 3-13 中柱截面和内力的正方向如图 3-98 所示。

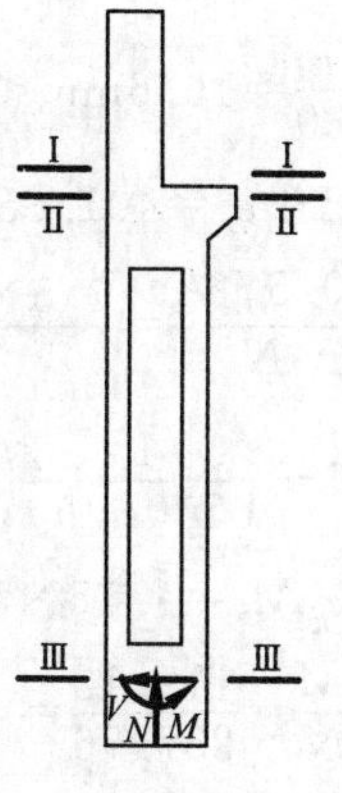

图 3-98　柱截面和内力正方向图示

6. 排架柱设计

(1) A 轴柱

① 设计资料

截面尺寸：上柱　500mm×500mm 的正方形截面

下柱　I 形截面　$b=120\text{mm}$　$h=1000\text{mm}$

$b'_{\rm f}=b_{\rm f}=500\text{mm}$

$h'_{\rm f}=h_{\rm f}=200\text{mm}$

材料等级：混凝土 C30　$f_{\rm c}=14.3\text{N/mm}^2$

钢筋　受力筋为 HRB400 级钢筋 $f_{\rm y}=f'_{\rm y}=360\text{N/mm}^2$

箍筋、预埋件和吊钩为 HPB300 级钢筋 $f_{\rm y}=270\text{N/mm}^2$

计算长度：排架平面内　上柱：2×3.6=7.2m

下柱：1×11.4=11.4m

排架平面外　上柱：1.25×3.6=4.5m

下柱：0.8×11.4=9.12m

② 内力

上柱

$$N_b = f_c b h_0 \xi_b = 14.3\times500\times465\times0.52 = 1\,728.9\text{kN}$$

其中

$$\xi_b = \frac{0.8}{1+\dfrac{f_y}{\varepsilon_{cu}E_s}} = \frac{0.8}{1+\dfrac{360}{0.0033\times2\times10^5}} = 0.52$$

内力组合表(表 3-13)中Ⅰ—Ⅰ截面的控制内力 N 均小于 N_b,则都属于大偏心受压,所以选取弯矩较大而轴力较小的情况,经比较选出下面内力组合:$\begin{cases} M=-103.58\text{kN}\cdot\text{m} \\ N=257.76\text{kN} \end{cases}$

下柱

由于下柱在长度范围内配筋相同,比较Ⅱ—Ⅱ截面及Ⅲ—Ⅲ截面的控制内力,可以看出Ⅲ—Ⅲ截面起控制作用。可以令

$$N_b = f_c(b_f'-b)h_f' + f_c b h_0 \xi_b = 14.3\times(500-120)\times200 + 14.3\times120\times965\times0.52 = 1\,947.9\text{kN}$$

从内力组合表(表 3-13)中Ⅲ—Ⅲ截面的控制内力 N 均小于 N_b,则都属于大偏心受压,所以选取弯矩较大而轴力较小的情况,经比较取出下面几组内力组合:

$$\begin{cases} M=780.40\text{kN}\cdot\text{m} \\ N=861.48\text{kN} \\ V=82.51\text{kN} \end{cases} \quad \begin{cases} M=685.96\text{kN}\cdot\text{m} \\ N=494.57\text{kN} \\ V=61.48\text{kN} \end{cases} \quad \begin{cases} M=678.41\text{kN}\cdot\text{m} \\ N=428.04\text{kN} \\ V=81.37\text{kN} \end{cases}$$

③ 配筋计算(采用对称配筋)

上柱　$M_s=-103.58\text{kN}\cdot\text{m}$,　$N=257.75\text{kN}$,　$x=\dfrac{N}{f_c b}=\dfrac{257\,760}{14.3\times500}=36.05\text{mm}<2a_s'=70\text{mm}$

所以属于大偏心受压,取 $x=70\text{mm}$。

$$e_0=\frac{M_s}{N}=\frac{103.58}{257.76}=401.85\text{mm}$$

$$e_a=\frac{h}{30}=16.6\text{mm}<20\text{mm},取\ e_a=20\text{mm}$$

$$e_i=e_0+e_a=401.85+20=421.85\text{mm}$$

$$\zeta_c=\frac{0.5f_cA}{N}=\frac{0.5\times14.3\times500\times500}{257.76\times10^3}=6.94>1.0,取\ \zeta_c=1.0$$

$$\eta_s=1+\frac{1}{1\,500e_i/h_0}\left(\frac{l_0}{h}\right)^2\zeta_c=1+\frac{1}{1\,500\times421.85/465}\times\left(\frac{7\,200}{500}\right)^2\times1.0=1.15$$

$$M=\eta_sM_s=1.15\times103.58=119.12\text{kN}\cdot\text{m}$$

$$e_0=\frac{M}{N}=\frac{119.12}{257.76}=462.14\text{mm}$$

$$e_i=e_0+e_a=462.14+20=482.14\text{mm}$$

$$e=e_i+\frac{h}{2}-a=482.14+\frac{500}{2}-35=697.14\text{mm}$$

$$e'=e-h_0+a_s'=697.14-465+35=267.14\text{mm}$$

$$A_s=A_s'=\frac{Ne'}{f_y(h_0-a_s')}=\frac{257\,760\times267.14}{360\times(465-35)}=444.82\text{mm}^2<\rho_{min}bh$$

$$=0.20\%\times500\times500=500\text{mm}^2$$

取 $A_s=A_s'=500\text{mm}^2$,选用 2 ⏀ 20($A_s=628.32\text{mm}^2$)。

表 3-13

A 柱内力组合表

截面	内力	恒载	活载	竖向吊车荷载		水平吊车荷载		风荷载		永久荷载效应控制								可变荷载效应控制							
				最大轮压作用于		水平力作用方向		左来风	右来风	$+M_{max}$相应 N, V		$-M_{max}$相应 N, V		N_{max}相应 M, V		N_{min}相应 M, V		$+M_{max}$相应 N, V		$-M_{max}$相应 N, V		N_{max}相应 M, V		N_{min}相应 M, V	
				A	B	向左	向右																		
		1	2	3	4	5	6	7	8																
		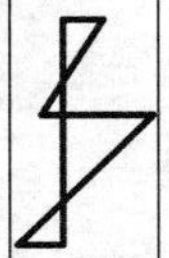					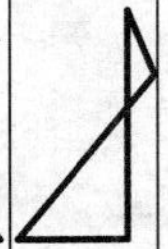			组合项	内力	组合项	内力	组合项	内力	组合项	内力	组合项	内力	组合项	内力	组合项	内力	组合项	内力
Ⅰ—Ⅰ	M	2.44	1.22	−13.46	−13.46	−7.83	7.83	49.12	−63.24	1 2 7	45.75	1 3 5 8	−70.69	1 2 3 5 8	−69.50	1 3 5 8	−70.69	1 2 7	66.36	1 3 5 8	−103.58	1 2 3 5 8	−102.04	1 3 5 8	−103.58
	N	214.80	54.00	0	0	0	0	0	0		342.90		289.98		342.90		289.98		325.80		257.76		325.80		257.76
Ⅱ—Ⅱ	M	−39.31	−12.28	59.04	−0.26	−7.83	7.83	49.12	−63.24	1 3 6 7	53.72	1 2 4 5 8	−126.15	1 2 3 5 8	−68.04	1 8	−106.19	1 3 6 7	98.98	1 2 4 5 8	−152.52	1 2 3 6 7	83.50	1 8	−135.71
	N	262.60	54.00	290.00	52.80	0	0	0	0		638.71		459.17		691.63		354.51		680.52		780.56		748.56		315.12
Ⅲ—Ⅲ	M	29.32	8.70	16.40	−42.90	−106.89	106.89	459.45	−422.55	1 2 3 6 7	554.87	1 4 5 8	−462.15	1 2 3 6 7	554.87	1 7	425.52	1 2 3 6 7	780.40	1 4 5 8	−685.96	1 2 3 6 7	780.40	1 7	678.41
	N	356.70	54.00	290	52.80	0	0	0	0		818.67		533.29		818.67		481.55		861.48		494.57		861.48		428.04
	V	6.02	1.84	−3.74	−3.74	−8.69	8.69	52.96	−42.1		59.27		−39.42		59.27		52.61		82.51		−61.48		82.51		81.37

* 表中Ⅰ—Ⅰ，Ⅱ—Ⅱ，Ⅲ—Ⅲ截面以及荷载的正方向由图 3-98 决定。

箍筋直径不应小于 $d/4$，且不应小于 6mm，d 为纵向钢筋的最大直径；箍筋间距不应大于 400mm 及构件截面的短边尺寸，且不应大于 $15d$，d 为纵向钢筋的最小直径。箍筋选用 $\phi 6$ @200（图 3-99）。

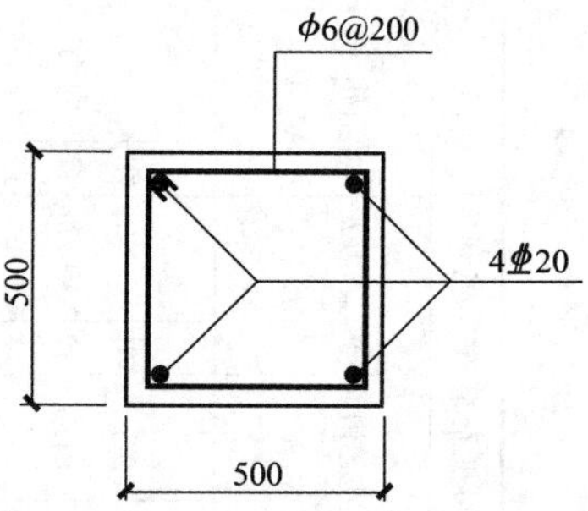

图 3-99　排架上柱截面配筋图

垂直弯矩平面的承载力验算：

$\frac{l_0}{b}=\frac{4\,500}{500}=9>8$（$l_0$ 为排架方向上柱的计算长度），$\varphi=0.990$

$N_c=\varphi(f_cA+f'_yA'_s)=0.990\times(14.3\times500\times500+360\times628.32\times2)=3\,987.12\text{kN}>N=257.76\text{kN}(N_{max}=325.8\text{kN})$ 满足要求。

下柱

$$N'_f=f_cb'_fh'_f=14.3\times500\times200=1\,430\text{kN}$$

内力组合(a)：$\begin{cases}M_s=780.40\text{kN}\cdot\text{m}\\N=861.48\text{kN}<N'_f\end{cases}$

所以，中和轴位于受压翼缘部分，

$x=\frac{N}{f_cb'_f}=\frac{861\,480}{14.3\times500}=120.49\text{mm}$，$e_0=\frac{M_s}{N}=\frac{780.40}{861.48}=905.88\text{mm}$

$e_a=\frac{h}{30}=33\text{mm}>20\text{mm}$，取 $e_a=33\text{mm}$

$e_i=e_0+e_a=905.88+33=938.88\text{mm}$

$\zeta_c=\frac{0.5f_cA}{N}=\frac{0.5\times14.3\times[140\times1\,000+2\times(500-140)\times200]}{861.48\times10^3}=2.36>1.0$，取 $\zeta_c=1.0$

$\eta_s=1+\frac{1}{1\,500e_i/h_0}\left(\frac{l_0}{h}\right)^2\zeta_c=1+\frac{1}{1\,500\times938.88/965}\times\left(\frac{11\,400}{1\,000}\right)^2\times1.0=1.09$

$M=\eta_sM_s=1.09\times780.40=850.64\text{kN}\cdot\text{m}$

$e_0=\frac{M}{N}=\frac{850.64}{861.48}=987.42\text{mm}$

$e_i=e_0+e_a=987.42+33=1\,020.42\text{mm}$

$e=e_i+\frac{h}{2}-a=1\,020.42+\frac{1\,000}{2}-35=1\,485.42\text{mm}$

$$A_s=A'_s=\frac{Ne-f_cbx(h_0-0.5x)}{f_y(h_0-a'_s)}$$

$$=\frac{861\,480\times1\,485.42-14.3\times500\times120.49\times(965-0.5\times120.49)}{360\times(965-35)}=1\,494.06\text{mm}^2$$

内力组合(b)：$\begin{cases}M_s=685.96\text{kN}\cdot\text{m}\\N=494.57\text{kN}<N'_f\end{cases}$

所以，中和轴位于受压翼缘部分，

$x=\frac{N}{f_cb'_f}=\frac{494\,570}{14.3\times500}=69.17\text{mm}<2a'_s=70\text{mm}$

$e_0=\frac{M_s}{N}=\frac{685.96}{494.57}=1\,386.98\text{mm}$

$e_a=\frac{h}{30}=33\text{mm}>20\text{mm}$，取 $e_a=33\text{mm}$

$e_i=e_0+e_a=1\,386.98+33=1\,419.98\text{mm}$

$\zeta_c=\frac{0.5f_cA}{N}=\frac{0.5\times14.3\times[140\times1\,000+2(500-140)\times200]}{494.57\times10^3}=4.11>1.0$，

取 $\zeta_c=1.0$。

$\eta_s=1+\frac{1}{1500e_i/h_0}\left(\frac{l_0}{h}\right)^2\zeta_c=1+\frac{1}{1\,500\times1\,419.98/965}\times\left(\frac{11\,400}{1\,000}\right)^2\times1.0=1.06$

$M=\eta_sM_s=1.06\times685.96=727.12\text{kN}\cdot\text{m}$

$e_0=\frac{M}{N}=\frac{727.12}{494.57}=1\,470.21\text{mm}$

$e_i=e_0+e_a=1\,470.21+33=1\,503.21\text{mm}$

$e=e_i+\frac{h}{2}-a=1\,503.21+\frac{1\,000}{2}-35=1\,968.21\text{mm}$

$e'=e-h_0-a'_s=1\,968.21-965+35=1\,038.21\text{mm}$

$A_s=A'_s=\frac{Ne'}{f_y(h_0-a'_s)}=\frac{494\,570\times1\,038.21}{360\times(965-35)}=1\,533.65\text{mm}^2$

内力组合(c)：$\begin{cases}M_s=678.41\text{kN}\cdot\text{m}\\N=428.04\text{kN}<N'_f\end{cases}$

所以，中和轴位于受压翼缘部分，

$x=\frac{N}{f_cb'_f}=\frac{428\,040}{14.3\times500}=59.87\text{mm}<2a'_s=70\text{mm}$

$e_0=\frac{M}{N}=\frac{678.41}{428.04}=1\,584.92\text{mm}$

$e_a=\frac{h}{30}=33\text{mm}>20\text{mm}$，取 $e_a=33\text{mm}$

$e_i=e_0+e_a=1\,584.92+33=1\,617.92\text{mm}$

$\zeta_c=\frac{0.5f_cA}{N}=\frac{0.5\times14.3\times[120\times1\,000+2\times(500-120)\times200]}{428.04\times10^3}=4.74>1.0$，

取 $\zeta_c=1.0$。

$\eta_s=1+\frac{1}{1\,500e_i/h_0}\left(\frac{l_0}{h}\right)^2\zeta_c=1+\frac{1}{1\,500\times1\,617.92/965}\times\left(\frac{11\,400}{1\,000}\right)^2\times1.0=1.05$

$M=\eta_sM_s=1.05\times678.41=712.33\text{kN}\cdot\text{m}$

$e_0=\frac{M}{N}=\frac{712.33}{428.04}=1\,664.17\text{mm}$

$e_i=e_0+e_a=1\,664.17+33=1\,697.17\text{mm}$

$e=e_i+\frac{h}{2}-a=1\,697.17+\frac{1\,000}{2}-35=2\,162.17\text{mm}$

$e'=e-h_0+a'_s=2\,162.17-965+35=1\,232.17\text{mm}$

$A_s=A'_s=\frac{Ne'}{f_y(h_0-a'_s)}=\frac{428\,040\times1\,232.17}{360\times(965-35)}=1\,575.32\text{mm}^2$

$(A_s=A'_s)_{max}=1\,575.32\text{mm}^2>\rho_{min}bh$

$=0.20\%\times[140\times1\,000+2(500-140)\times200]=568\text{mm}^2$

选用 2 ⌀ 25+2 ⌀ 20，$A_s=1\,610.07\text{mm}^2>1\,575.32\text{mm}^2$，可以。

箍筋直径不应小于 $d/4$，且不应小于 6mm，d 为纵向钢筋的最大直径；箍筋间距不应大于 400mm 及构件截面的短边尺寸，且不应大于 $15d$，d 为纵向钢筋的最小直径。箍筋选用 $\phi8$ @200（图 3-100）。

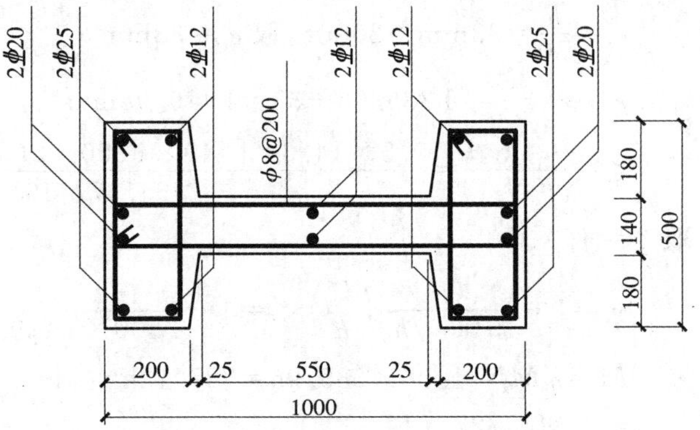

图 3-100　排架柱下柱截面配筋图

垂直弯矩平面的承载力验算：

$A=2.930\times10^5\text{mm}^2$

$I_y=4.47\times10^9\text{mm}^4$

$$i=\sqrt{\frac{I_y}{A}}=123.5\text{mm}$$

$$\frac{l_0}{i}=\frac{9\,120}{123.5}=73.8,\quad \varphi=0.72$$

$$N_c=\varphi(f_cA+f_y'A_s')=0.72\times(14.3\times2.930\times10^5+360\times1\,610.07\times2)$$
$$=3\,851.39\text{kN}>N=428.04\text{kN}$$

$(N_{max}=861.48\text{kN})$

满足要求。

④ 牛腿计算

吊车梁与牛腿的关系以及牛腿的尺寸参见图 3-101，所以牛腿面上没有水平力。

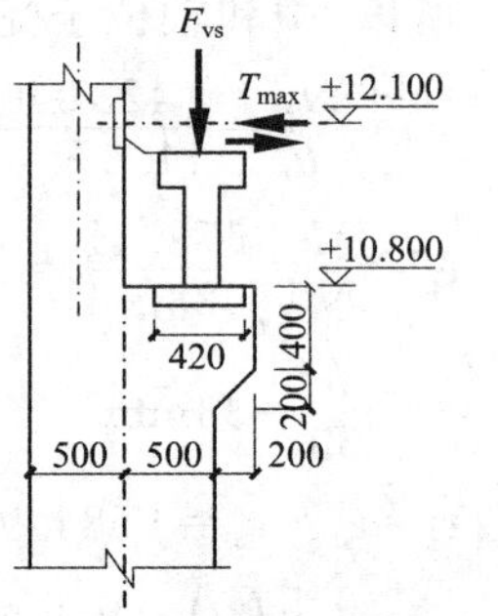

图 3-101　排架柱牛腿计算简图

作用在牛腿面的竖向荷载：

$$F_V=1.2\times P_{4P}+1.4\times D_{max}=57.4+406=463.4\text{kN}$$

$$F_{VS}=P_{4P}+D_{max}=47.8+290=337.8\text{kN}$$

牛腿高度的验算：

$f_{tk}=2\text{N/mm}^2$，$a=0$，$b=500\text{mm}$

$h_0=400-35+200\cot45°=565\text{mm}$

$$0.65\times\frac{f_{tk}bh_0}{0.5+\dfrac{a}{h_0}}=\frac{0.65\times2\times500\times565}{0.5}$$
$$=734.5\text{kN}>F_{VS}=337.7\text{kN}$$

满足要求。

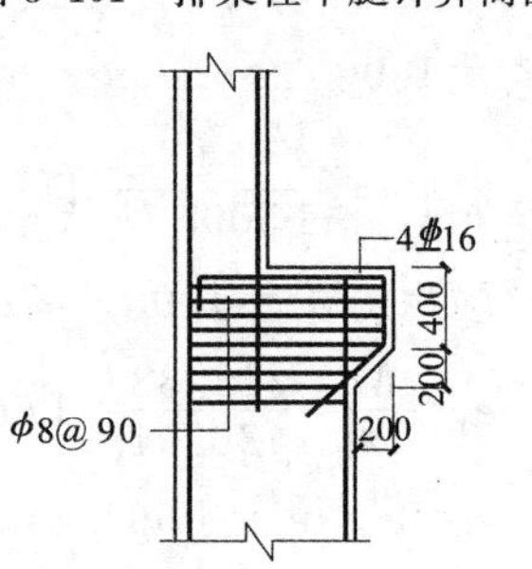

图 3-102　排架柱牛腿配筋图

纵向受拉钢筋的配置，因为竖向力作用点在下柱截面边缘内，则可以按构造配筋，

$$A_s\geqslant\rho_{min}bh=0.002\times500\times600=600\text{mm}^2$$

$$A_s\geqslant(0.45f_t/f_y)bh=0.45\times1.5\times500\times600/360=562.50\text{mm}^2$$

纵筋不应少于 4 根，直径不应小于 12mm，所以选用 4 ⌀ 16（$A_s=804.4\text{mm}^2$）；由于 $a/h_0<0.3$，则可以不设置弯起钢筋，箍筋按构造配置，牛腿上部 $2h_0/3$ 范围内水平箍筋的总截面面积不应小于承受 F_v 的受拉纵筋总面积的二分之一，箍筋选用 $\phi8$ @90（图 3-102）。

局部承压面积近似按柱宽乘以梁端宽度取用：

$$A=500\times520=2.1\times10^5\text{mm}^2$$

$$\frac{F_{VS}}{A}=\frac{337\,800}{2.1\times10^5}=1.61\text{N/mm}^2<0.75f_c=10.72\text{N/mm}^2$$

满足要求。

(5) 吊装阶段验算

采用平吊方式,吊装简图如图 3-103 所示。

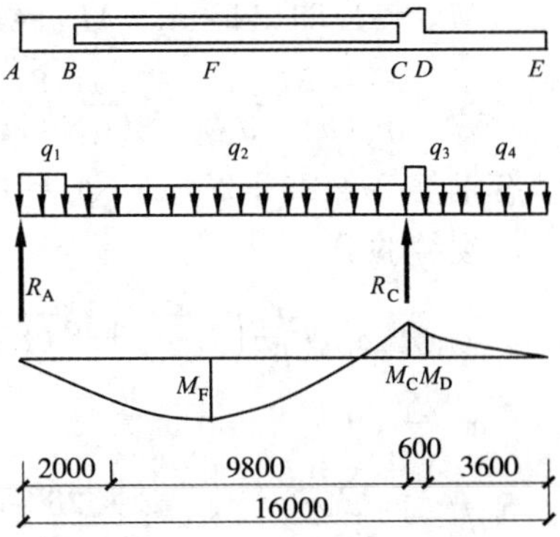

图 3-103 排架柱吊装简图

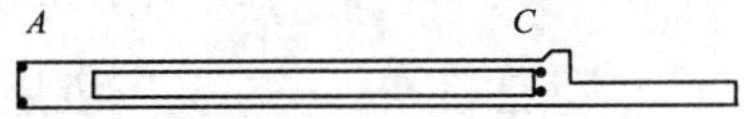

图 3-104 排架柱吊环位置示意图

① 荷载

上柱:$25\times0.5\times0.5=6.25$kN/m

牛腿:$25\times0.5\times1.2=15.00$kN/m

下柱:$25\times0.2930=7.33$kN/m

柱脚:$25\times0.5\times1=12.50$kN/m

考虑荷载系数 1.2,动力系数 1.5,结构重要性系数 0.9,

$q_{4k}=8.44$kN/m　　$q_4=10.12$kN/m

$q_{3k}=20.25$kN/m　　$q_3=24.30$kN/m

$q_{2k}=9.90$kN/m　　$q_2=11.88$kN/m

$q_{1k}=16.88$kN/m　　$q_1=20.26$kN/m

② 内力

$R_A=77.65$kN　　$R_{Ak}=64.7$kN

$R_C=130.30$kN　　$R_{Ck}=108.58$kN

$M_F=171.02$kN·m　　$M_{Fk}=142.52$kN·m

$M_C=91.8$kN·m　　$M_{Ck}=66.51$kN·m

$M_D=65.58$kN·m　　$M_{Dk}=54.65$kN·m

③ 配筋验算

现按平吊验算,截面按双筋截面计算,裂缝允许宽度$[w_{max}]=0.3$mm。

下柱跨中

$$M_F=171.02\text{kN·m}\quad M_{Fk}=142.52\text{kN·m}\quad h_0=865\text{mm}$$

$$A_s=\frac{M}{f_y(h_0-a_s')}=\frac{171.02\times10^6}{360\times(965-35)}=510.81\text{mm}^2$$

已有钢筋 2 ⌀ 25+2 ⌀ 20($A_s=1\,610.07\text{mm}^2$),满足要求。

裂缝验算:

$$w_{max}=\alpha_{cr}\psi\frac{\sigma_s}{E_s}\left(1.9c_s+0.08\frac{d_{eq}}{\rho_{te}}\right)$$

$$\alpha_{cr}=1.9$$

$$d_{eq}=\frac{\sum n_i d_i^2}{\sum n_i v_i d_i}=\frac{2\times25^2+2\times20^2}{2\times25+2\times20}=22.78\text{mm}$$

$$\sigma_{sq}=\frac{M_q}{0.87h_0A_s}=\frac{142.52\times10^6}{0.87\times965\times1\,610.07}=105.43\text{N/mm}^2$$

$$\rho_{tg}=\frac{A_s+A_p}{A_{te}}=\frac{1\,610.07}{0.5\times140\times1\,000+(500-140)\times200}=0.011$$

$$\psi=1.1-0.65\frac{f_{tk}}{\rho_{te}\sigma_s}=1.1-0.65\times\frac{2.01}{0.011\times105.43}<0.2,取\ \psi=0.2$$

$$w_{max}=1.9\times0.2\times\frac{105.43}{2.0\times10^5}\times\left(1.9\times35+0.08\times\frac{22.78}{0.011}\right)=0.047\text{mm}<[w_{max}]=0.3\text{mm}$$

满足要求。

下柱牛腿处

$M_C=91.81\text{kN}\cdot\text{m}\quad M_{Ck}=76.51\text{kN}\cdot\text{m}\quad h_0=965\text{mm}$

$$A_s=\frac{M}{f_y(h_0-a_s')}=\frac{91.81\times10^6}{360\times(965-35)}=274.22\text{mm}^2$$

已有钢筋 2 ⌀ 25+2 ⌀ 20($A_s=1\,610.07\text{mm}^2$),满足要求。

裂缝验算:

$$w_{max}=\alpha_{cr}\psi\frac{\sigma_s}{E_s}\left(1.9c_s+0.08\frac{d_{eq}}{\rho_{te}}\right)$$

$\alpha_{cr}=1.9$

$$d_{eq}=\frac{\sum n_i d_i^2}{\sum n_i v_i d_i}=\frac{2\times25^2+2\times20^2}{2\times25+2\times20}=22.78\text{mm}$$

$$\sigma_{sq}=\frac{M_q}{0.87h_0A_s}=\frac{76.51\times10^6}{0.87\times965\times1\,610.07}=56.60\text{N/mm}^2$$

$$\rho_{te}=\frac{A_s+A_p}{A_{te}}=\frac{1\,610.07}{0.5\times500\times1\,200}=5.37\times10^{-3}<0.01,\text{取 }\rho_{te}=0.01$$

$$\psi=1.1-0.65\frac{f_{tk}}{\rho_{te}\sigma_s}=1.1-0.65\times\frac{2.01}{0.01\times56.60}<0.2,\text{取 }\psi=0.2$$

$$w_{max}=1.9\times0.2\times\frac{56.60}{2.0\times10^5}\times\left(1.9\times35+0.08\times\frac{22.78}{0.01}\right)=0.027\text{mm}<[w_{max}]=0.3\text{mm}$$

满足要求。

上柱牛腿处

$M_D=65.58\text{kN}\cdot\text{m},M_{Dk}=54.65\text{kN}\cdot\text{m},h_0=464\text{mm}$

$$A_s=\frac{M}{f_y(h_0-a_s')}=\frac{65.58\times10^6}{360\times(465-35)}=423.64\text{mm}^2$$

已有钢筋 2 ⌀ 20($A_s=628.32\text{mm}^2$),满足要求。

裂缝验算:

$$w_{max}=\alpha_{cr}\psi\frac{\sigma_s}{E_s}\left(1.9c_s+0.08\frac{d_{eq}}{\rho_{te}}\right)$$

$\alpha_{cr}=1.9$

$$d_{eq}=\frac{\sum n_i d_i^2}{\sum n_i v_i d_i}=20\text{mm}$$

$$\sigma_{sq}=\frac{M_q}{0.87h_0A_s}=\frac{54.65\times10^6}{0.87\times465\times628.32}=215.00\text{N/mm}^2$$

$$\rho_{te}=\frac{A_s+A_p}{A_{te}}=\frac{628.32}{0.5\times500\times500}=5.03\times10^{-3}<0.01,\text{取 }\rho_{te}=0.01$$

$$\psi=1.1-0.65\frac{f_{tk}}{\rho_{te}\sigma_s}=1.1-0.65\times\frac{2.01}{0.01\times215.00}=0.49$$

$$w_{max}=1.9\times0.49\times\frac{215.00}{2.0\times10^5}\times\left(1.9\times35+0.08\times\frac{20}{0.01}\right)=0.23\text{mm}<[w_{max}]=0.3\text{mm}$$

满足要求。

⑥ 柱中吊环的设计

由上一节的计算中可知，$R_{Ak}=64.71\text{kN}$　　$N_{Ak}=\dfrac{R_{Ak}}{1.5\times0.9}=47.93\text{kN}$

$R_{Ck}=108.58\text{kN}$　　$N_{Ck}=\dfrac{R_{Ck}}{1.5\times0.9}=80.43\text{kN}$

若按图 3-104 布置吊环，则每个吊环承受的力为

$$N_A=\frac{N_{Ak}}{2}=23.97\text{kN}\quad N_C=\frac{N_{Ck}}{2}=40.22\text{kN}$$

《混凝土结构设计规范》(GB 50010)规定，在构件自重标准值下，每个吊环按 2 个截面计算的应力不应大于 65N/mm^2，于是有：

$$A_{sA}=\frac{N_A}{2[\sigma_s]}=\frac{23.97\times10^3}{2\times65}=184.38\text{mm}^2,$$

$$A_{sC}=\frac{N_C}{2[\sigma_s]}=\frac{40.22\times10^3}{2\times65}=309.38\text{mm}^2$$

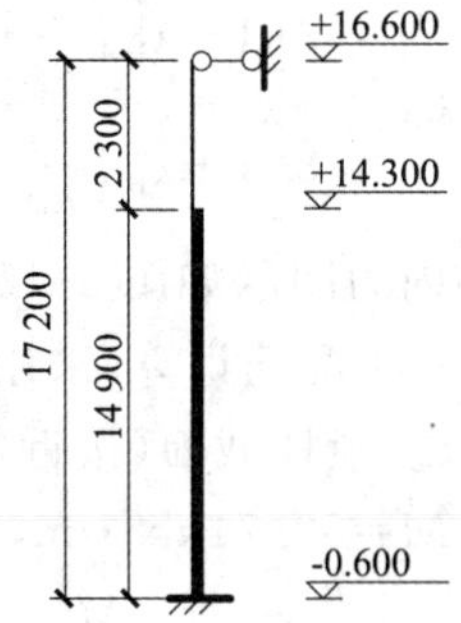

图 3-105　抗风柱计算简图

可以选用 1ϕ22 做成吊环($A_s=380\text{mm}^2$)。

(2) B 轴柱

由于排架单元为对称结构，所以 B 轴柱设计与 A 轴柱相同。

7. 抗风柱设计

(1) 设计资料

截面尺寸：上柱 450mm×450mm 正方形截面；下柱 450mm×600mm 矩形截面。

材料等级：混凝土，C30，$f_c=14.3\text{N/mm}^2$；钢筋，受力筋为 HRB400 级钢筋，$f_y=360\text{N/mm}^2$；箍筋、预埋件和吊钩为 HPB300 级钢筋，$f_y=270\text{N/mm}^2$。

(2) 设计说明

抗风柱主要承受山墙风荷载，本例中其竖向荷载只有柱的自重，设计时可以近似按受弯构件计算。抗风柱顶应低于屋架上弦中心线 50mm，抗风柱上下柱交界处应低于边柱柱顶 100mm 或屋架下弦底 200mm，所以由剖面图可得抗风柱的上柱 $H_u=2.3\text{m}$，下柱 $H_l=14.9\text{m}$，总高 $H=17.2\text{m}$。抗风柱顶和屋架上弦连接，连接一般采用竖向可以移动、水平方向又有较大刚度的弹簧板连接，可以用图 3-105 所示的结构计算简图。山墙重量由基础梁传递至基础。上柱截面宽 $450\text{mm}>H/40=430\text{mm}$，下柱截面高 $600\text{mm}>H_l/25=584\text{mm}$。

(3) 荷载计算

① 风荷载

由表 3-12 中的数据，用线性插值法求得标高 16.6m 处的 $\mu_z=1.1752$，体形系数 0.8，基本风压值 $w_0=0.55\text{kN/mm}^2$，每柱的受风宽度 6m。

$q_K=0.8\times1.1752\times0.55\times6=3.10\text{kN/m}$，　$q=1.4\times q_K=4.34\text{kN/m}$

② 柱自重

上柱：$G_u=1.2\times25\times0.45\times0.45\times2.3=13.97\text{kN}$

下柱：$G_l=1.2\times25\times0.45\times0.6\times14.9=120.7\text{kN}$

(4) 内力分析

计算简图如图 3-106 所示。

上柱截面　$I_u=\frac{1}{12}bh^3=3.42\times10^9\text{mm}$　$H_u=2.3\text{m}$

下柱截面　$I_l=\frac{1}{12}bh^3=8.1\times10^9\text{mm}^4$　$H_l=14.9\text{m}$

$n_I=\frac{I_u}{I_l}=0.42$　$\lambda_H=\frac{H_u}{H}=0.1337$

$$C_{11}=\frac{3\left[1+\lambda_H^4\left(\frac{1}{n_I}-1\right)\right]}{8\left[1+\lambda_H^3\left(\frac{1}{n_I}-1\right)\right]}=0.374$$

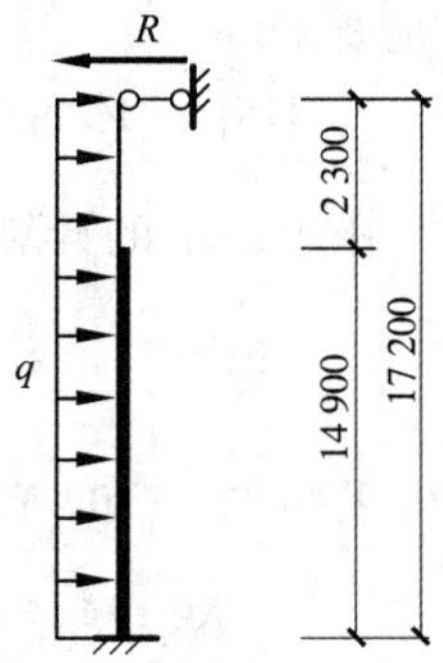

图 3-106　风荷载作用下抗风柱的计算简图

内力图示如图 3-107 所示。

(5) 配筋计算(采用对称配筋)

① 上柱截面(按近似受弯计算)

$M=52.74\text{kN}\cdot\text{m}$，　$N=13.97\text{kN}$

$$A_s=A_s'=\frac{M}{f_y(h_0-a_s')}=\frac{52.74\times10^6}{360\times(415-35)}=385.53\text{mm}^2<\rho_{min}bh$$

$$=0.2\%\times450\times450=405.00\text{mm}^2$$

取 $A_s=A_s'=405.00\text{mm}^2$，选用 2 ⌀ 20($A_s=628.32\text{mm}^2$)。

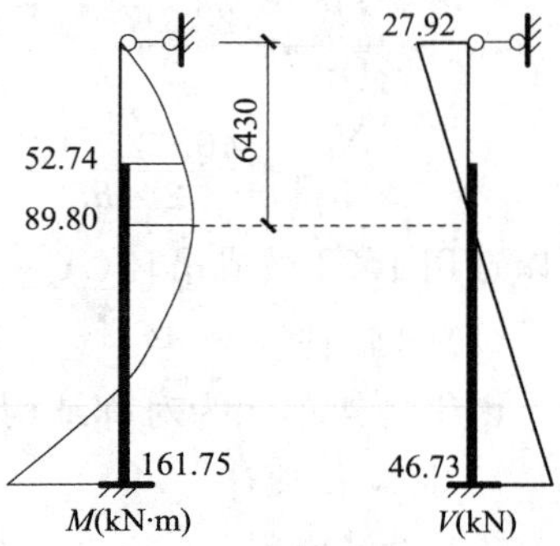

图 3-107　抗风柱的 M,V 图

箍筋直径不应小于 $d/4$，且不应小于 6mm，d 为纵向钢筋的最大直径；箍筋间距不应大于 400mm 及构件截面的短边尺寸，且不应大于 $15d$，d 为纵向钢筋的最小直径。箍筋选用 ϕ6 @200(图 3-108)。

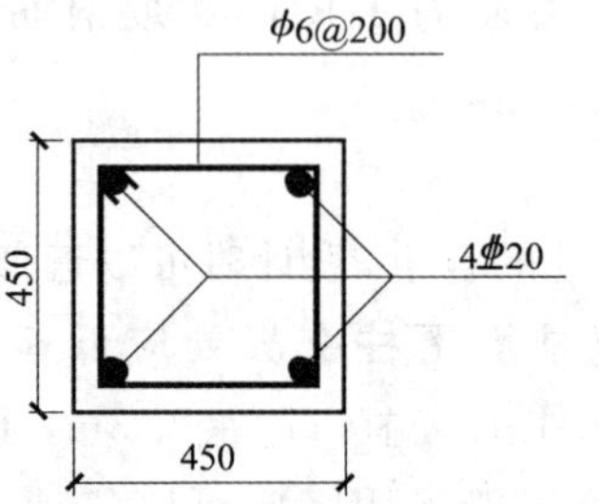

图 3-108　抗风柱上柱截面配筋图

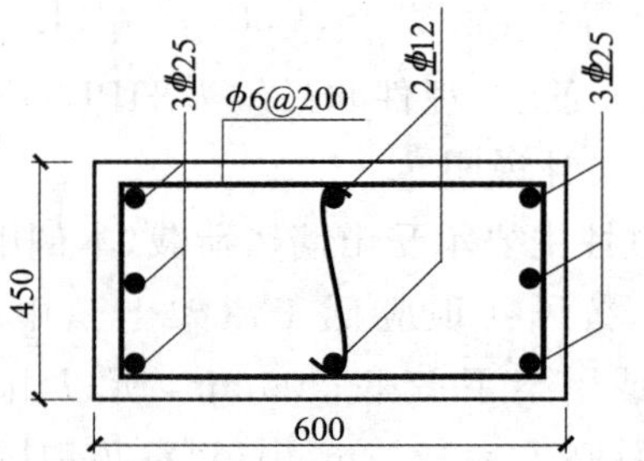

图 3-109　抗风柱下柱截面配筋图

② 下柱截面(按近似受弯计算)

由于采用对称的通长配筋，则只需要验算弯矩绝对值最大的截面。

$M=161.75\text{kN}\cdot\text{m}$，　$N=134.67\text{kN}$

$$A_s=A_s'=\frac{M}{f_y(h_0-a_s')}=\frac{161.75\times10^6}{360\times(565-35)}=847.75\text{mm}^2>\rho_{min}bh$$

$$=0.2\%\times600\times450=540.00\text{mm}^2$$

考虑到有轴力的存在及以后吊装的需要，选用 3 ⌀ 25($A_s=1\,472.62\text{mm}^2$)，箍筋直径不应小于 $d/4$，且不应小于 6mm，d 为纵向钢筋的最大直径；箍筋间距不应大于 400mm 及构件截面的短边尺寸，且不应大于 $15d$，d 为纵向钢筋的最小直径，箍筋选用 ϕ6 @200，另加配 2 ⌀ 12 的钢筋作为腰筋(图 3-109)。

(6) 吊装阶段验算

考虑到柱身自重较大，且跨度较大，所以采用翻身吊。并适当将吊点下移一段距离，如图 3-110 所示。

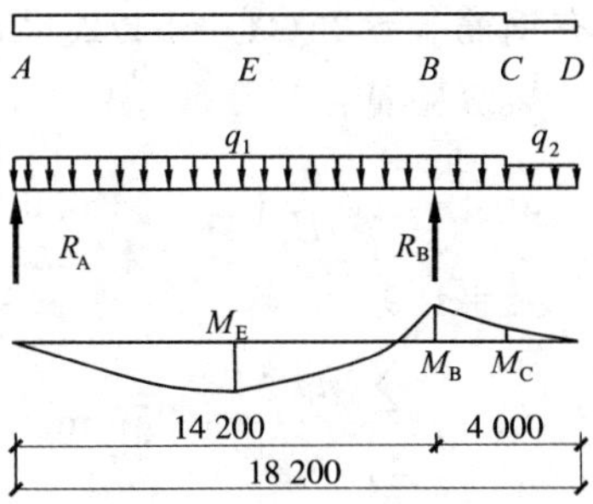

图 3-110 抗风柱吊装图

图 3-111 抗风柱吊环位置示意图

① 荷载

上柱：25×0.45×0.45=5.06kN/m

下柱：25×0.45×0.6=6.75kN/m

考虑到荷载系数 1.2，动力系数 1.5，结构重要性系数 0.9，则

$q_{2k}=6.83\text{kN/m}$　　$q_2=8.2\text{kN/m}$

$q_{1k}=9.11\text{kN/m}$　　$q_1=10.93\text{kN/m}$

② 内力

$R_A=73.53\text{kN}$　　$R_{Ak}=61.28\text{kN}$

$R_B=119.27\text{kN}$　　$R_{Bk}=99.39\text{kN}$

$M_E=246.33\text{kN·m}$　　$M_{Ek}=205.11\text{kN·m}$

$M_B=66.11\text{kN·m}$　　$M_{Bk}=55.09\text{kN·m}$

$M_C=20.62\text{kN·m}$　　$M_{Ck}=17.18\text{kN·m}$

③ 配筋验算

现按翻身吊验算，截面按双筋截面计算，裂缝允许宽度 $[w_{max}]=0.3\text{mm}$。

(a) 下柱跨中

$M_E=246.33\text{kN·m}$　　$M_{Ek}=205.11\text{kN·m}$　　$h_0=565\text{mm}$

$$A_s=\frac{M}{f_y(h_0-a_s')}=\frac{246.33\times10^6}{360\times(565-35)}=1\,291.04\text{mm}^2$$

已有钢筋 3 ⌀ 25($A_s=1\,472.62\text{mm}^2$)，满足要求。

裂缝验算：

$$w_{max}=\alpha_{cr}\psi\frac{\sigma_s}{E_s}\left(1.9c_s+0.08\frac{d_{eq}}{\rho_{te}}\right)$$

$$\alpha_{cr}=1.9$$

$$d_{eq}=\frac{\sum n_i d_i^2}{\sum n_i v_i d_i}=25\text{mm}$$

$$\sigma_{sq}=\frac{M_q}{0.87h_0A_s}=\frac{205.11\times10^6}{0.87\times565\times1\,472.62}=283.35\text{N/mm}^2$$

$$\rho_{te}=\frac{A_s+A_p}{A_{te}}=\frac{1\,472.62}{0.6\times600\times450}=0.011$$

$$\psi=1.1-0.65\frac{f_{tk}}{\rho_{te}\sigma_s}=1.1-0.65\times\frac{2.01}{0.011\times283.35}=0.64$$

$$w_{max}=1.9\times0.64\times\frac{283.35}{2.0\times10^5}\times\left(1.9\times35+0.08\times\frac{25}{0.011}\right)=0.43\text{mm}<[w_{max}]=0.3\text{mm}$$

不满足要求，需采取相应措施。

(b) 下柱 B 吊点处

$M_B=66.11\text{kN·m}$　　$M_{Bk}=55.09\text{kN·m}$　　$h_0=565\text{mm}$

$$A_s=\frac{M}{f_y(h_0-a_s')}=\frac{66.11\times10^6}{360\times(565-35)}=346.49\text{mm}^2$$

已有钢筋 3 ⌀ 25($A_s=1\,472.62\text{mm}^2$),满足要求。

裂缝验算:

$$w_{\max}=\alpha_{cr}\psi\frac{\sigma_s}{E_s}\left(1.9c_s+0.08\frac{d_{eq}}{\rho_{te}}\right)$$

$$\alpha_{cr}=1.9$$

$$d_{eq}=\frac{\sum n_i d_i^2}{\sum n_i v_i d_i}=25\text{mm}$$

$$\sigma_{sq}=\frac{M_q}{0.87h_0A_s}=\frac{55.09\times10^6}{0.87\times565\times1\,472.62}=76.11\text{N/mm}^2$$

$$\rho_{te}=\frac{A_s+A_p}{A_{te}}=\frac{1\,472.62}{0.5\times600\times450}=0.011$$

$$\psi=1.1-0.65\frac{f_{tk}}{\rho_{te}\sigma_s}=1.1-0.65\times\frac{2.01}{0.011\times76.11}<0.2,\text{取 }\psi=0.2$$

$$w_{\max}=1.9\times0.2\times\frac{76.11}{2.0\times10^5}\times\left(1.9\times35+0.08\times\frac{25}{0.011}\right)=0.04\text{mm}<[w_{\max}]=0.3\text{mm}$$

满足要求。

(c) 上柱吊点处

$M_C=20.62\text{kN}\cdot\text{m}$ $M_{Ck}=17.18\text{kN}\cdot\text{m}$ $h_0=415\text{mm}$

$$A_s=\frac{M}{f_y(h_0-a_s')}=\frac{20.62\times10^6}{360\times(415-35)}=150.73\text{mm}^2$$

已有钢筋 2 ⌀ 20($A_s=628.32$),满足要求。

裂缝验算:

$$w_{\max}=\alpha_{cr}\psi\frac{\sigma_s}{E_s}\left(1.9c_s+0.08\frac{d_{eq}}{\rho_{te}}\right)$$

$$\alpha_{cr}=1.9$$

$$d_{eq}=\frac{\sum n_i d_i^2}{\sum n_i v_i d_i}=20\text{mm}$$

$$\sigma_{sq}=\frac{M_q}{0.87h_0A_s}=\frac{17.18\times10^6}{0.87\times415\times628.32}=75.73\text{N/mm}^2$$

$$\rho_{te}=\frac{A_s+A_p}{A_{te}}=\frac{628.32}{0.5\times450\times450}=6.21\times10^{-3}<0.01,\text{取 }\rho_{te}=0.01$$

$$\psi=1.1-0.65\frac{f_{tk}}{\rho_{te}\sigma_s}=1.1-0.65\times\frac{2.01}{0.011\times75.73}<0.2,\text{取 }\psi=0.2$$

$$w_{\max}=1.9\times0.2\times\frac{75.73}{2.0\times10^5}\times\left(1.9\times35+0.08\times\frac{20}{0.011}\right)=0.02\text{mm}<[w_{\max}]=0.3\text{mm}$$

满足要求。

(7) 柱中吊环设计

由上一节计算中可知,$R_{Bk}=99.39\text{kN}$,$N_{Bk}=\dfrac{R_{Bk}}{1.5\times0.9}=73.62\text{kN}$。

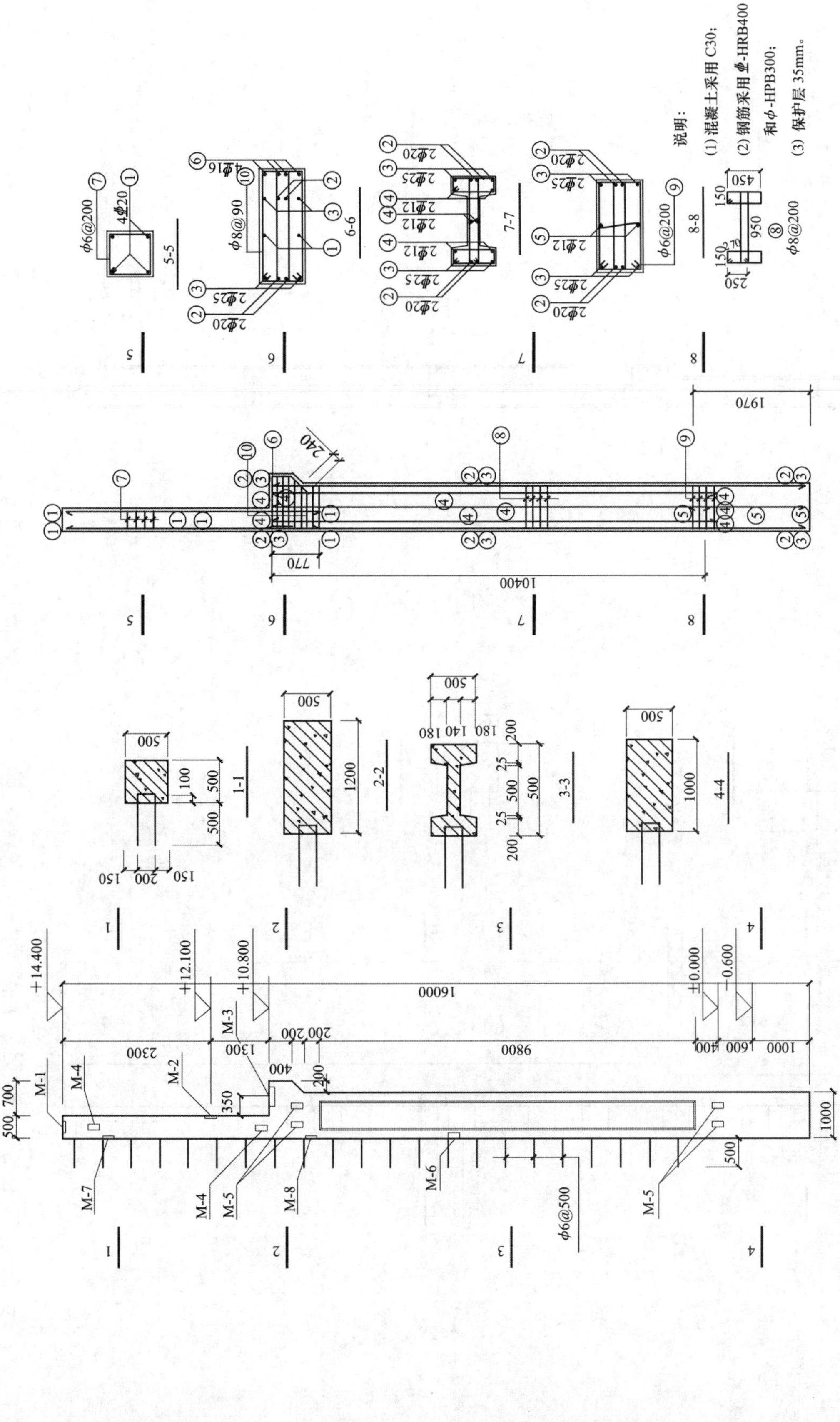

图 3-112 排架柱模板和配筋图

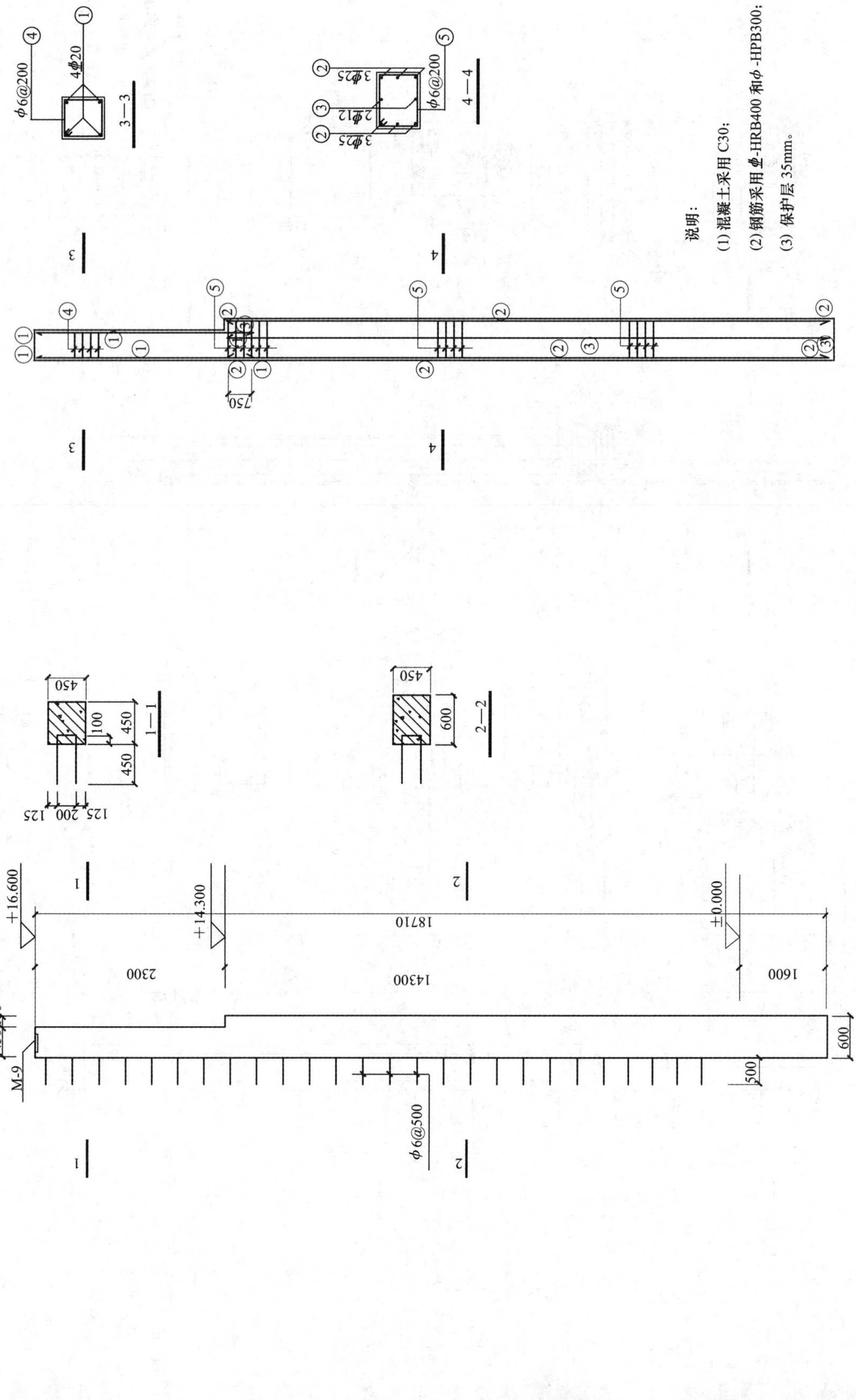

图 3-113　抗风柱的模板和配筋图

$$R_{Ak}=61.28\text{kN}\quad N_{Ak}=\frac{R_{Ak}}{1.5\times0.9}=45.39\text{kN}$$

若按图 3-111 布置吊环，则每个吊环承受的力为

$$N_B=\frac{N_{Bk}}{2}=36.81\text{kN}\qquad N_A=\frac{N_{Ak}}{2}=22.70\text{kN}$$

$$A_{sA}=\frac{N_A}{2[\sigma_s]}=\frac{22.70\times10^3}{2\times65}=174.62\text{mm}^2$$

$$A_{sB}=\frac{N_B}{2[\sigma_s]}=\frac{36.81\times10^3}{2\times65}=283.15\text{mm}^2$$

可以选用 1ϕ22 做成吊环（$A_s=380\text{mm}^2$）。

8. 柱的配筋图

框架柱的模板及配筋图如图 3-112 所示，抗风柱的模板及配筋图如图 3-113 所示。

思考题

【3-1】 大型屋面板无梁屋盖系统的作用是什么？

【3-2】 单层厂房定位轴线的布置原则是什么？

【3-3】 厂房变形缝的种类和设计原则是什么？

【3-4】 柱间支撑应布置在厂房的什么位置？

【3-5】 厂房中的水平荷载和竖向荷载是如何传递的？

【3-6】 吊车的横向水平荷载是如何传给排架柱的？

【3-7】 一般单层工业厂房结构受力分析时，计算简图如何选取？

【3-8】 何为单层厂房结构的空间作用？在计算时如何考虑厂房的空间作用？

【3-9】 排架柱是如何设计的？

【3-10】 牛腿的截面尺寸是如何确定的？牛腿的承载力计算公式是依据什么破坏形态而建立的？如何防止牛腿其他的破坏形态？

【3-11】 抗风柱是如何设计的？

【3-12】 屋架的设计时考虑哪种荷载效应组合？

【3-13】 如何设计钢筋混凝土吊车梁？

【3-14】 不同受力状态下的预埋件如何设计？

习 题

【3-1】 某单层工业厂房，跨度 18m，柱距 6m，内有两台 A4 级 50kN 的吊车。试求该柱承受的吊车竖向荷载 D_{min}，D_{max} 和横向水平荷载 T_{max}，吊车的有关资料为：额定起重量 $Q=50\text{kN}$，吊车宽度 $B=4.3\text{m}$，轮距 $K=3.4\text{m}$，吊车总重 $G=134\text{kN}$，小车重 $g=22.8\text{kN}$，最大轮压 $P_{max}=74\text{kN}$，最小轮压 $P_{min}=18\text{kN}$。

【3-2】 试用剪力分配法求图 3-114 所示单跨排架在风载作用下个柱的内力。已知基本风压 $w_0=0.55\text{kN/m}^2$，$\lambda_H=0.3$，柱截面惯性矩为：$I_1=2.13\times10^9\text{mm}^4$，$I_2=14.38\times10^9\text{mm}^4$，$I_3=7.20\times10^9\text{mm}^4$，$I_4=19.50\times10^9\text{mm}^4$。柱距 6m。高 10m 处，$\mu_z=1.0$；高 15m 处，$\mu_z=1.14$。

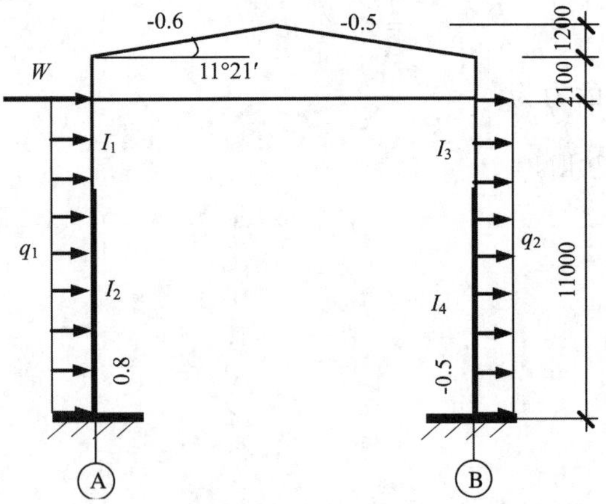

图 3-114　习题 3-2 图

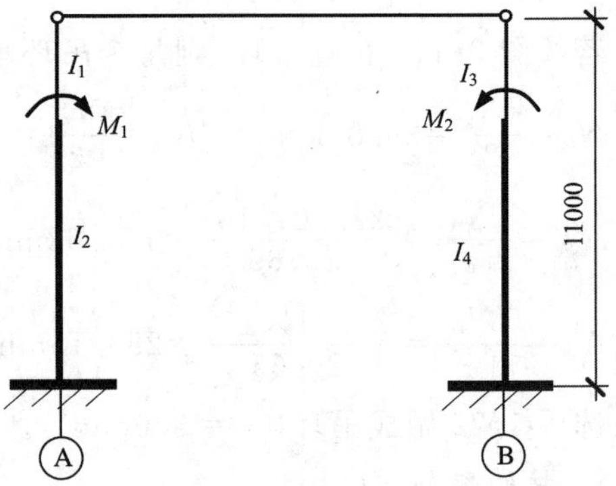

图 3-115　习题 3-3 图

【3-3】　如图 3-115 所示的排架，在 A 轴、B 轴下柱顶分别作用有弯矩 $M_1=160\text{kN}\cdot\text{m}$，$M_2=141\text{kN}\cdot\text{m}$，排架柱的几何尺寸和截面惯性矩同习题[3-2]。试求柱的内力。

【3-4】　如图 3-116 所示的牛腿，已知竖向力设计值 $F_v=350\text{kN}$，牛腿宽度 $b=300\text{mm}$，采用 C30 混凝土，HRB400 级钢筋。试确定牛腿的纵向受力钢筋。

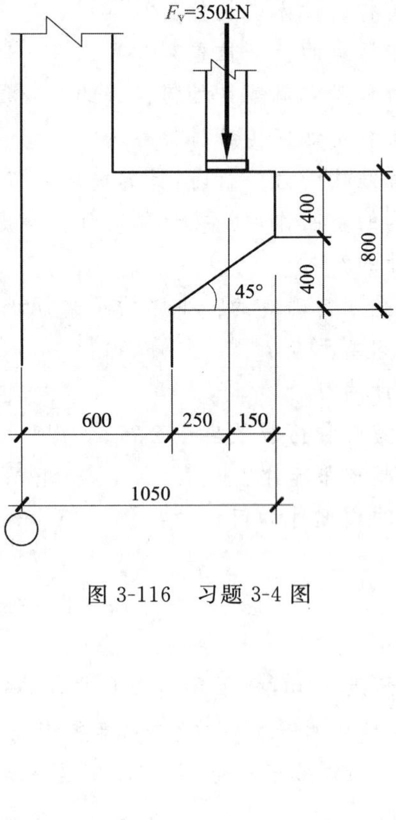

图 3-116　习题 3-4 图

4 多层建筑框架结构

本章讨论的多层建筑框架结构系指结构层数超过一层的非高层建筑结构(有关高层建筑的定义详见第 5 章)。

4.1 结构形式和布置

4.1.1 框架结构的组成与特点

竖向承重结构全部由框架所组成的房屋结构体系,称为框架体系。框架由梁、柱、基础这三种构件形成承重结构。框架与框架之间由连系梁及楼面结构连成整体。

框架体系由于其抗侧刚度小,故常用于高度不大于 50m 的房屋中,否则将使下柱截面过大。需要内部空间开阔的多层民用建筑和多层工业建筑常采用框架体系。

按施工方法的不同,框架可分为现浇式、装配式和装配整体式。在使用阶段的受力分析是相近的,但在施工过程中有不同特点。现浇式框架全部在现场浇筑,整体性好,抗震性能好。缺点是现场施工的工作量大,工期长,且需要大量的模板。装配式框架是指梁、柱、楼板均为预制,然后通过焊接拼装连接成整体的框架结构。由于所有构件均为预制,可实现标准化、工厂化、机械化生产。现场施工速度快,但需要大量的运输和吊装工作。这种结构整体性较差,抗震能力弱,不宜在地震区应用。装配整体式框架是指梁、柱、楼板均为预制,在吊装就位后,焊接或绑扎节点区钢筋,通过浇捣混凝土,形成框架节点并使各构件连成整体的框架结构。这种框架具有良好的整体性和抗震能力,又可采用预制构件,兼有现浇式框架和装配式框架的优点。其缺点是现场浇筑混凝土的施工较为复杂。此外,还有半现浇式等一些中间状态的形式。

框架的变形特点是:杆件的变形是以弯曲为主,但框架整体的变形却是剪切型的。房屋高度增大时,其受力特点的变化是由受竖向荷载为主变为受侧向荷载为主,同时整体变形的弯曲成分也将增大。

通常在进行框架结构的分析时,都假定楼板在其平面内的刚度为无穷大,因此在构造时应注意此条件的满足。

在侧向荷载(风、地震)作用下,如果结构的刚度中心与侧向力作用线不重合,结构就会产生扭转变形。为避免这种情况,应尽可能采用对称的或接近对称的平面形式。

4.1.2 结构布置

框架结构布置可分为平面布置、竖向布置和构件选型。框架结构的布置既要满足生产工艺和建筑功能的要求,又要使结构受力合理、施工方便。

1. 平面布置

1) 柱网布置

平面布置首先是确定柱网。所谓柱网,就是柱在平面图上的位置,因其常形成矩形网格而得名。民用建筑的柱距常为 3.3~7.2m。

2) 承重框架的布置

柱网布置好后,用梁把柱连起来即形成框架结构。结构平面的长边方向称为纵向,短边方向称为横向。一般情况下，柱在纵横两个方向均应有梁拉结。水平荷载作用下(如地震和风)，纵横两个方向的框架均为承重框架。

竖向荷载作用下，当采用单向板楼盖时，荷载主要传递到纵横框架的其中之一；采用双向板楼盖时，也会发生荷载主要传递到纵向或横向框架的情形。因此就竖向荷载的传递而言，框架的布置方案可分为横向框架承重、纵向框架承重和纵横向框架混合承重等几种类型。

(1) 横向框架承重方案

在横向布置主梁、在纵向布置次梁或连系梁就构成横向框架承重方案，如图 4-1(a)所示。横向框架往往跨数少，主梁沿横向布置有利于提高结构的横向抗侧刚度。而纵向框架往往跨数较多，即使布置次梁或连系梁，其纵向抗侧刚度一般也是足够的。主梁沿横向布置还有利于室内的采光与通风。

(2) 纵向框架承重方案

在纵向布置主梁、在横向布置次梁或连系梁就构成纵向框架承重方案，如图 4-1(b)所示。因为楼面荷载由纵向梁传至柱子，所以横向梁的高度较小，有利于设备管线的穿行；当在房屋纵向需要较大空间时，可获得较高的室内净高。利用纵向框架的刚度也可调整该方向的不均匀沉降。纵向框架承重方案的缺点是房屋的横向刚度较小，并且进深尺寸受预制板长度的限制。

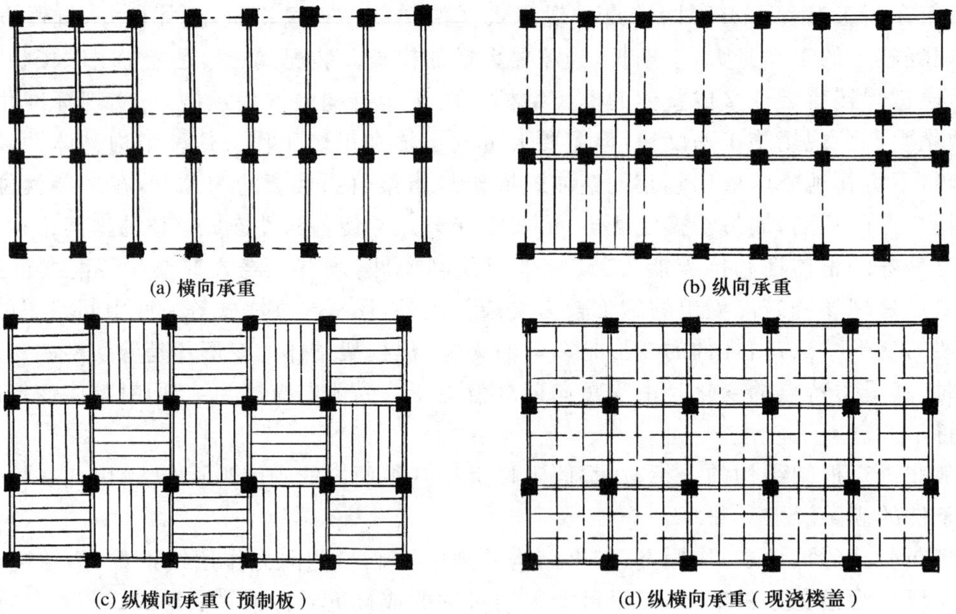

图 4-1　承重框架的布置方案

(3) 纵横向框架混合承重方案

在纵横两个方向上均布置主梁以承受楼面荷载就构成纵横向框架混合承重方案，如图 4-1(c)(采用预制板楼盖)和图 4-1(d)(采用现浇楼盖)所示。当楼面上作用有较大荷载，或楼面有较大开洞，或当柱网布置为正方形或接近正方形时，常采用这种承重方案。纵横向框架混合承重方案具有较好的整体工作性能。其中框架柱均为双向偏心受压构件。这种框架为空间受力体系，因此也称为空间框架。

需要说明的是：若在地震设防区建造钢筋混凝土多层框架结构房屋，则无论竖向荷载如何传递都应采用纵横向框架混合承重方案。

3）变形缝的设置

如第3章中所述，变形缝有伸缩缝、沉降缝、防震缝三种。平面面积较大的框架结构或形状不规则的结构，应根据有关规定适当设缝。但对于多层和高层结构，则应尽量少设缝或不设缝，这可简化构造、方便施工、降低造价、增强结构的整体性和空间刚度。在建筑设计时，应通过调整平面形状、尺寸、体形等措施；在结构设计时，应通过选择节点连接方式、配置构造钢筋、设置刚性层等措施；在施工方面，应通过分阶段施工、设置后浇带、做好保温隔热层等措施，来防止由于温度变化、不均匀沉降、地震作用等因素引起的结构或非结构的损坏。

上部结构受温度变化而伸缩，但基础却基本不受温度变化的影响，故当建筑物较长时，就会产生可观的温度应力。规范对钢筋混凝土结构伸缩缝的最大间距的规定如附录D表D-1所示，设计时应按此规定设置伸缩缝。

当结构不同部位的上部荷载差异较大，或地基土的物理力学指标相差较大，则应设沉降缝。沉降缝可用挑梁、搁置预制板或预制梁等方法做成，如图4-2所示。

伸缩缝与沉降缝的宽度一般不宜小于50mm。

防震缝的设置主要与建筑平面的形状、高差、质量分布等因素有关。设置防震缝后，应使被防震缝分割而成的各结构单元简单规则、尽可能具有对称性、且刚度和质量分布均匀，以避免各结构单元在地震作用下产生扭转振动。为避免在振动时各单元之间互相碰撞，防震缝的宽度不得小于100mm，同时应满足附录E表E-1的要求。

沉降缝可兼作伸缩缝。在地震区如设伸缩缝或沉降缝，应符合防震缝的要求。当仅需设防震缝时，基础可不分开，但在防震缝处基础应加强构造和连接。

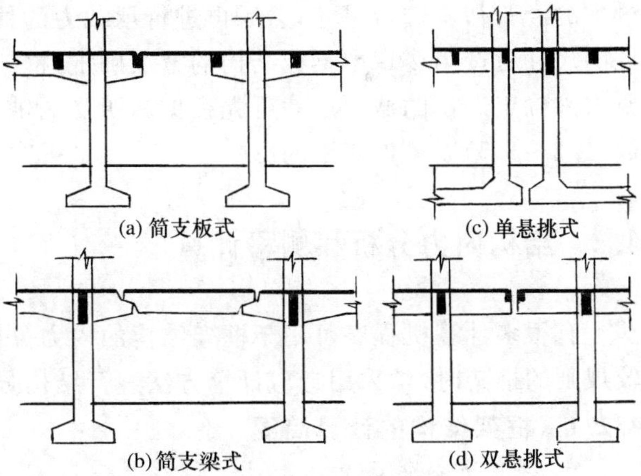

图4-2 沉降缝的构造

2. 竖向布置

竖向布置是指确定结构层高以及结构沿竖向（铅直方向）的变化情况。在满足建筑功能要求的同时，应尽可能使结构的竖向规则、简单。但作为结构工程师，也要有对结构进行创新的意识，在符合科学原理的条件下，设计出新颖的框架结构房屋。

常见的结构沿竖向的变化有：沿竖向基本不变化，这是常用的且受力合理的形式；底层大空间，如底层为商场等；顶层大空间，如顶层为观光室、会议室、餐饮场所等等；其他，例如上部（逐层）收进、（逐层）挑出等。

对竖向较规则的结构，结构布置主要是平面布置。当结构在竖向很不规则时，就应对各不同平面的层分别进行平面布置，这时，平面和竖向往往要综合在一起加以考虑。

为有利于结构受力，在平面上，框架梁宜拉通、对直；在竖向，框架柱宜上下对中，梁柱轴线宜在同一竖向平面内。但有时由于建筑功能的要求，也会出现抽梁、抽柱的情况。

3. 构件选型

构件选型包括确定构件的形式和尺寸。框架一般是高次超静定结构，因此，必须确定构件的形式和尺寸后才能进行分析。

楼层屋盖结构的选型参见第 2 章中梁板结构的相关内容。框架梁的截面一般为矩形。当楼盖为现浇板时，楼板的一部分可作为梁的翼缘，则梁的截面就成为 T 形或 L 形。当采用预制板楼盖时，为减小楼盖结构高度和增加建筑净空，梁的截面常取为十字形(图 4-3(a))或花篮形(图 4-3(b))；也可采用如图 4-3(c)所示的叠合梁，其中的预制梁做成 T 形截面，在预制梁和预制板安装就位后，再现浇部分混凝土，使后浇混凝土与预制梁成为整体而共同工作。

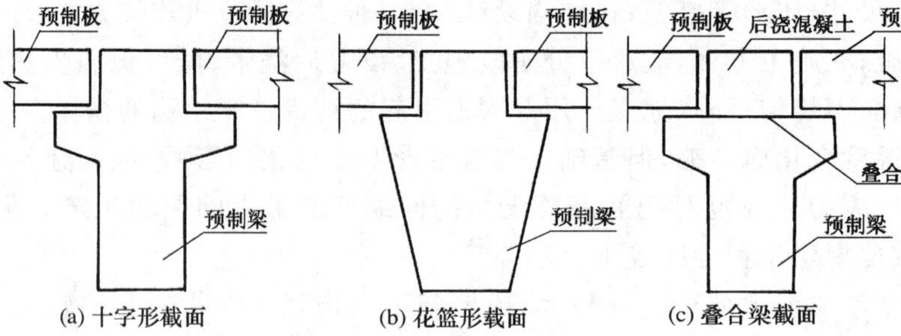

图 4-3　预制梁和叠合梁的截面形式

框架柱的截面形式常为矩形或正方形。有时由于建筑上的需要，也可设计成圆形、八角形、T 形等。

构件的尺寸一般凭经验确定。如果选取不恰当，则在内力分析后进行截面设计时，就会无法满足承载力或变形限值的要求，造成返工。确定构件尺寸时，首先要满足构造要求，并参照过去的经验初步选定尺寸；然后再进行承载力的估算，并验算有关尺寸限值。楼(屋)盖部分构件的尺寸可按第 2 章中梁板结构的方法确定；框架梁的截面尺寸可参考第 2 章中主梁的相关要求来确定。柱的截面尺寸可先根据其所受的轴力按轴压公式估算出，再乘以适当的放大系数(1.2～1.5)以考虑弯矩的影响。

4.2　结构内力分析和侧移计算

有很多计算机程序可用于框架结构的内力分析。但在进行方案设计时或设计层数不多且较规则的框架时，常采用近似计算方法进行结构分析。

4.2.1　框架结构的计算简图

1. 计算单元的确定

一般情况下，框架结构的柱网由横向和纵向的梁联系，构成一个空间受力体系(图 4-4(a))，应采用空间框架的分析方法。当框架的较规则时(每层的楼盖在其平面内刚度很大，并且结构的扭转反应很小)，为了计算简便，常常不计结构纵向和横向之间的空间联系，不计各构件的抗扭作用，把纵向框架和横向框架分别按平面框架进行分析计算。此时，取出的计算单元如图 4-4(c)和(d)所示。取出来的平面框架承受图 4-4(b)阴影范围内的水平荷载。平面框架的竖向荷载则需按楼盖结构的布置方案确定。

2. 节点的模型化

框架节点可根据其构造情况模型化为刚接、铰接或半铰接。

一般情况下，现浇钢筋混凝土框架节点可视为刚接。按刚接模型计算后，再按计算弯矩配筋，并保证刚接构造即可(图 4-5)。

装配式框架中构件的连接一般是在构件的适当部位预埋钢板，安装就位后再焊接起来。

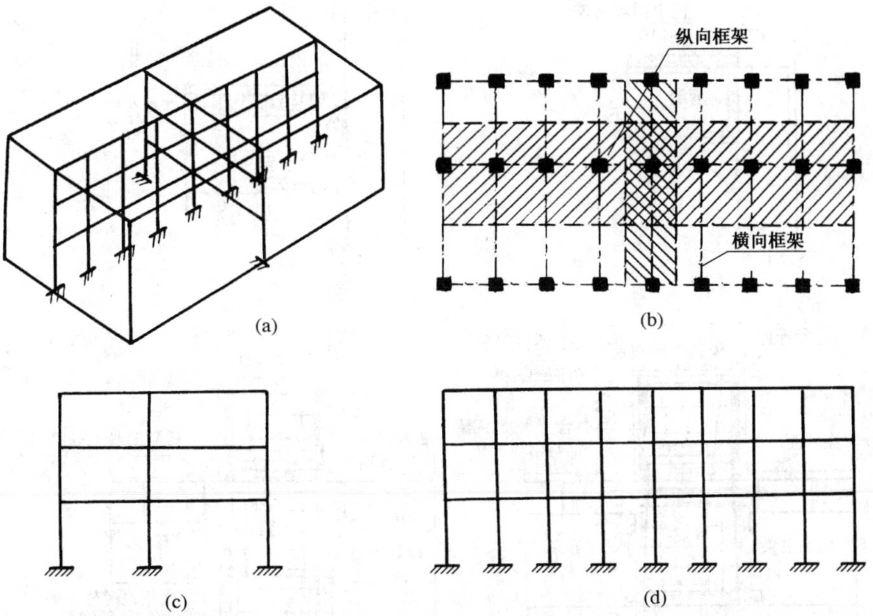

图 4-4 框架计算单元的选取

由于钢板在其自身平面外的刚度很小，相应的节点一般视为铰节点或半铰节点(图 4-6)。

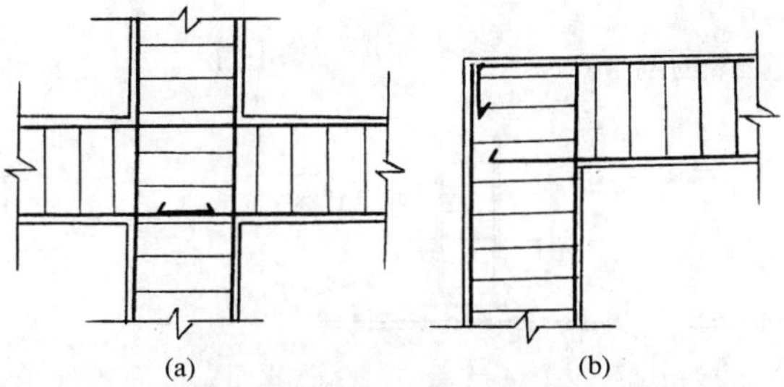

图 4-5 现浇框架的刚接节点

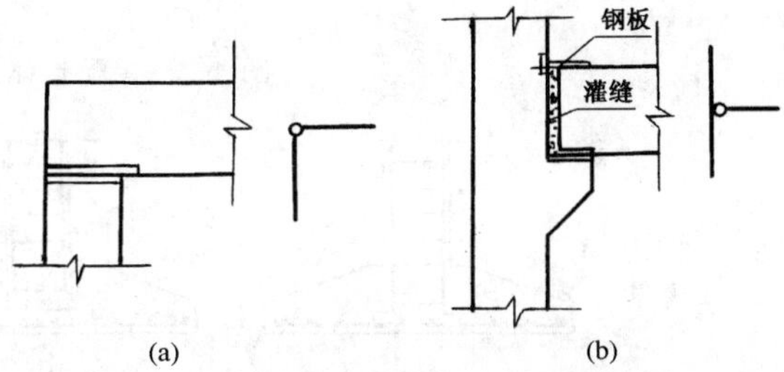

图 4-6 装配式框架的铰节点

在装配整体式框架中，梁(柱)中的钢筋在节点处或为焊接，或为搭接(图 4-7)，并在现场浇筑部分混凝土使节点成为整体。在图 4-7(c)，(d)中，预制柱的下端为一榫头，用于承受施工荷载。预制构件就位后，再通过连接钢筋和后浇混凝土形成的节点有效地传递弯矩，故可视为刚接节点。然而，这种节点的刚性一般不如现浇式框架好，相应梁端的实际负弯矩要小于计算值。

框架柱与基础的连接有刚接和铰接两种。现浇框架柱与基础一般设计成刚接，相应的支座为固定支座(图 4-8(a))；预制柱与基础的连接可为刚接(图 4-8(b))或铰接(图 4-8(c))，相应的支座为固定支座或铰支座。

3. 跨度与层高的确定

在确定框架的计算简图时，梁的跨度取柱轴线之间的距离；每层柱的高度则取层高。底层的层高是从基础顶面算起到二层楼盖顶面的距离；其余各层的层高取相邻两楼盖顶面之间的距离。

4. 构件截面抗弯刚度的计算

在计算框架梁截面惯性矩 I 时应考虑楼板的影响。梁的近支座部分由于受负弯矩作用，

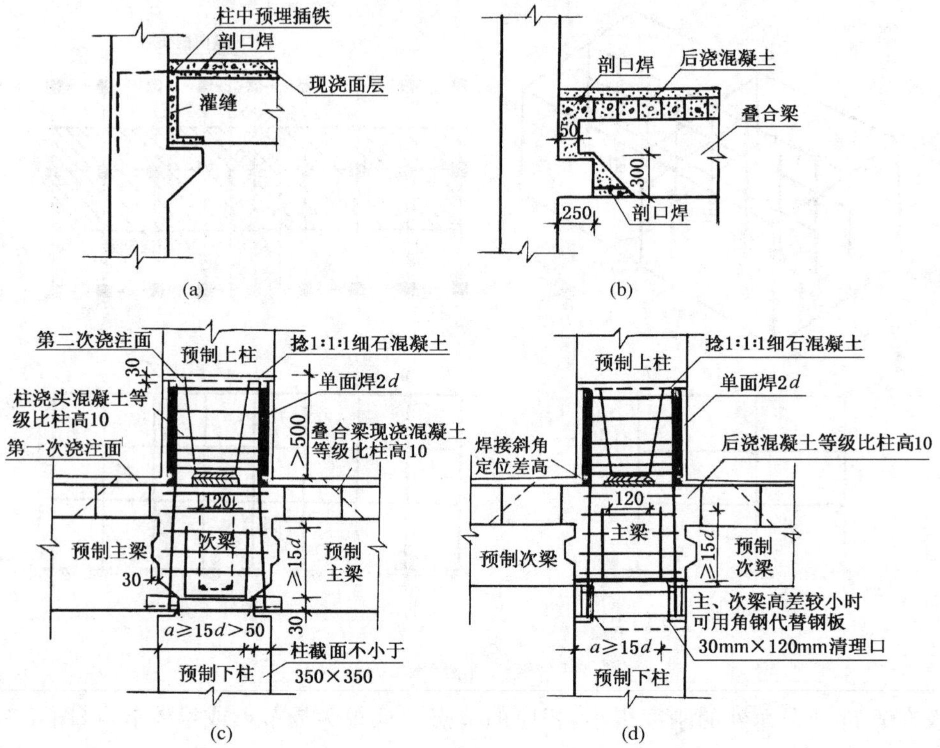

图 4-7　装配整体式框架的刚节点

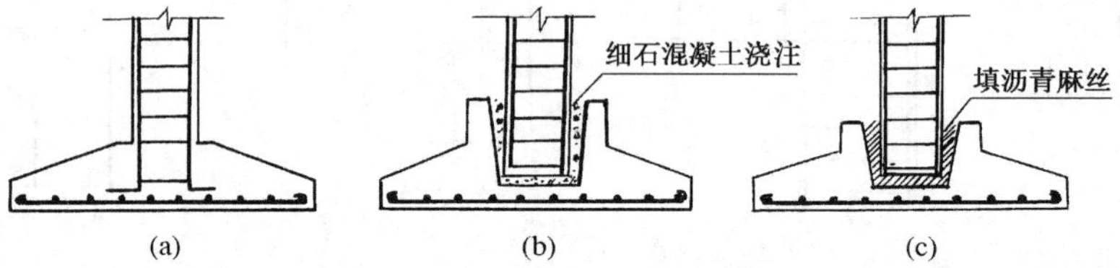

图 4-8　框架柱与基础的连接

楼板受拉，故其影响较小；在梁的跨中由于受正弯矩作用，楼板受压，故其影响较大。在设计计算中，一般仍假定梁的惯性矩沿梁长不变。对现浇楼盖的梁，中框架取 $I=2I_0$，边框架取 $I=1.5I_0$；对装配整体式楼盖的梁，中框架取 $I=1.5I_0$，边框架取 $I=1.2I_0$；对装配式楼盖的梁，则取 $I=I_0$。这里，I_0 为不考虑楼板影响时梁的惯性矩。

5. 荷载计算

水平荷载（风和地震作用）一般均简化成作用于节点的水平集中力。多层框架风荷载的计算方法和单层厂房排架结构类似，详见第 3 章中的相关内容。

楼盖荷载的计算与梁板结构基本相同。考虑到作用于多层建筑物上的楼面活荷载很少可能以规范所给的标准值同时布满在所有的楼面上，所以可考虑楼面活荷载的折减：一般情况下，对于楼面梁，当其从属面积大于 25 m^2 时，折减系数为 0.9；对于墙、柱、基础，则需如表 4-1 所示根据计算截面以上楼层数的多少取不同的折减系数。特殊情况或重要建筑的活荷载折减系数可参阅《建筑结构荷载规范》(GB 50009)。

表 4-1 活荷载按楼层数的折减系数

墙、柱、基础计算截面以上层数	1	2～3	4～5	6～8	9～20	>20
计算截面以上各楼层活荷载总和的折减系数	1.00 (0.9)	0.85	0.70	0.65	0.60	0.55

注：当楼面梁的从属面积超过 $25m^2$ 时，采用括号内的系数。

4.2.2 竖向荷载作用下框架结构内力分析

竖向荷载作用下，规则多层多跨框架结构的侧移很小，可近似认为侧移为零。这时可方便地用弯矩分配法或叠代法进行内力计算分析。在作初步设计时，还可用更为简化的分层法计算。下面介绍分层法。

由结构力学知，当远端固定时，等截面直杆的弯矩传递系数为 0.5；当远端为铰接时，传递系数为 0。实际情况的传递系数在 0～0.5 间取值。在框架结构中，构件的远端一般与几个杆件相连，故传给远端的弯矩要在分配给相邻的几个杆件后再向这几个杆件的远端传递，这第二次传递的弯矩就更小了。因此，在分层法中，假定作用在某一层框架梁上的竖向荷载只对本楼层的梁以及与本层梁相连的框架柱产生弯矩和剪力，而对其他楼层的框架梁和隔层的框架柱都不产生弯矩和剪力。

在上述假定下，可把一个 n 层框架分解为 n 个框架，其中第 i 个框架仅包含第 i 层的梁以及与这些梁相连接的柱，且这些柱的远端假定为固接。而原框架的弯矩和剪力即为这 n 个框架的弯矩和剪力的叠加。图 4-9 示出了一个四层框架按分层法分解为各层的情况。显然，计算分解后的 n 个框架是很容易的，可用力矩分配法计算。

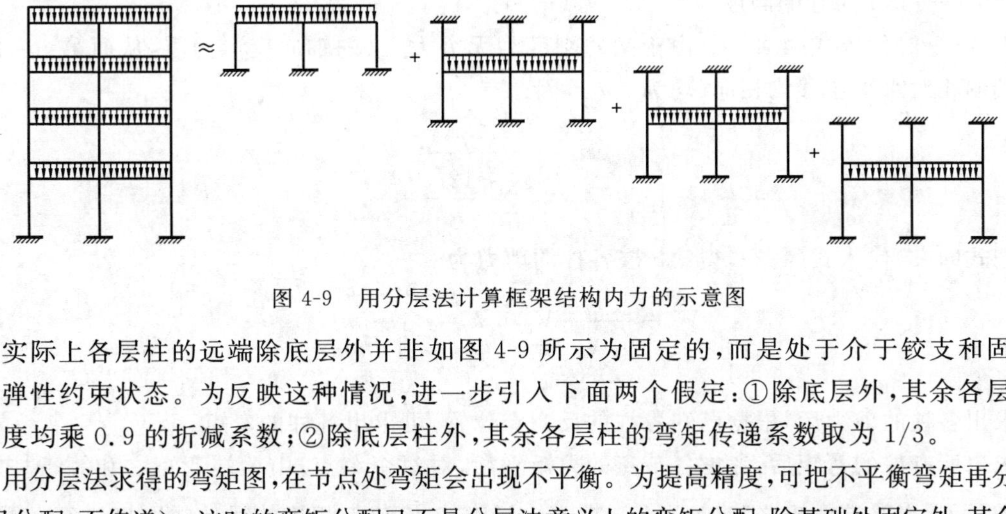

图 4-9 用分层法计算框架结构内力的示意图

实际上各层柱的远端除底层外并非如图 4-9 所示为固定的，而是处于介于铰支和固定之间的弹性约束状态。为反映这种情况，进一步引入下面两个假定：①除底层外，其余各层柱的线刚度均乘 0.9 的折减系数；②除底层柱外，其余各层柱的弯矩传递系数取为 1/3。

用分层法求得的弯矩图，在节点处弯矩会出现不平衡。为提高精度，可把不平衡弯矩再分配一次（只分配，不传递）。这时的弯矩分配已不是分层法意义上的弯矩分配，除基础处固定外，其余各杆的远端均为一定程度的弹性约束。因此除底层柱外，其余各杆的线刚度均应乘系数 0.9。

在分层计算时，如后面 4.4 所述，只需在各层进行最不利活荷载布置即可。为简化起见，一般情况下可把活荷载在各跨同时满布；为减小由此引起的误差，可把最后所得的跨中弯矩乘以 1.10～1.20 的系数。

4.2.3 水平荷载作用下框架结构内力分析

1. 反弯点法

水平荷载（风或地震作用）一般都可简化为作用于框架节点上的水平力。规则框架柱在节点水平力作用下的典型弯矩图如图 4-10 所示，其中弯矩为零的点为反弯点。显然，只要能确定各柱的剪力和反弯点的位置，就可求得各柱的弯矩，进而由节点平衡条件求得梁端弯矩及整个框架的其他内力。这可通过如下假定来实现：①梁的线刚度为无穷大；②底层柱的反弯点在距基础 2/3 柱高处。

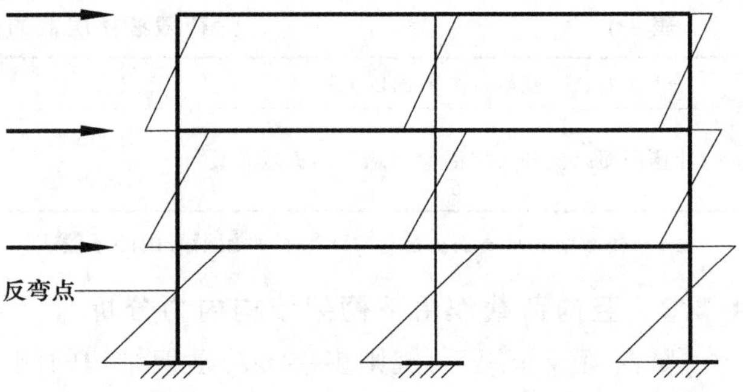

图 4-10　框架柱在水平节点力作用下的弯矩图

由上述假定可知，各柱的两端只有水平位移而无转角，同一层柱两端的相对水平位移均相同，且除底层外，各柱的反弯点均位于柱高的中点。

设框架共有 n 层，每层有 n_i 个柱子。第 i 层的总剪力 V_i 可根据平衡条件求出。设第 i 层各柱的剪力分别为 $V_{i1}, V_{i2}, \cdots, V_{in_i}$，则有：

$$V_i = \sum_{k=1}^{n_i} V_{ik} \tag{4-1}$$

设该层的层间水平位移为 Δ_i，由于各柱的两端只有水平位移而无转角，则有

$$V_{ik} = \frac{12 i_{ik}}{h_i^2} \Delta_i \tag{4-2}$$

式中　i_{ik}——第 i 层第 k 柱的线刚度；

h_i——第 i 层柱的高度。

把式(4-2)代入式(4-1)中，由于梁的刚度为无穷大，梁的轴向变形为零，从而第 i 层的各柱两端的相对水平位移均相同（均为 Δu_i），因此有

$$\Delta u_i = \frac{V_i}{\sum_{k=1}^{n_i} \frac{12 i_{ik}}{h_i^2}} \tag{4-3}$$

把式(4-3)代入式(4-2)，得第 i 层各柱的剪力为

$$V_{ik} = \frac{i_{ik}}{\sum_{k'=1}^{n_i} i_{ik'}} V_i, \quad k = 1, \cdots, n_i \tag{4-4}$$

求出各柱的剪力后，根据已知各柱的反弯点位置，可求出各柱的弯矩。

求出所有柱的弯矩后，考虑各节点的力矩平衡，对每个节点，由梁端弯矩之和等于柱端弯矩之和，可求出梁端弯矩之和 $\sum M_b$。把 $\sum M_b$ 按与该节点相连的梁的线刚度进行分配（即某梁所分配到的弯矩与该梁的线刚度成正比），就可求出该节点各梁的梁端弯矩。

2. *D* 值法

反弯点法中的梁刚度为无穷大的假定，使反弯点法的应用受到限制。在一般情况下，柱的抗侧刚度还与梁的线刚度有关；柱的反弯点高度也与梁柱线刚度比、上下层梁的线刚度比、上下层的层高变化等因素有关。在反弯点法的基础上，考虑上述因素，对柱的抗侧刚度和反弯点高度进行修正，就得到 D 值法。在 D 值法中，柱的抗侧刚度以 D 表示，故得其名。

修正后的柱抗侧刚度 D 可表示为

$$D=\alpha_c \frac{12i_c}{h_i^2} \tag{4-5}$$

式中　i_c,h_i——分别为柱的线刚度和高度，

α_c——考虑柱上下端节点弹性约束的修正系数。

系数 α_c 可按如下方法导出。

从规则框架中取出典型柱 AB 和与其相连的杆件如图 4-11 所示，其中 A，B，C，D，E，F，G，H 均位于节点处。假定：①柱 AB 及与其上下相邻的柱的高度均为 h_i、线刚度均为 i_c，且这些柱的层间位移均为 Δu_i；② 柱 AB 两端节点及与其上下左右相邻的各个节点的转角均为 θ。记梁 EB，BF，GA，AH 的线刚度分别为 i_1,i_2,i_3,i_4。则由节点 A 和节点 B 的力矩平衡条件，分别可得：

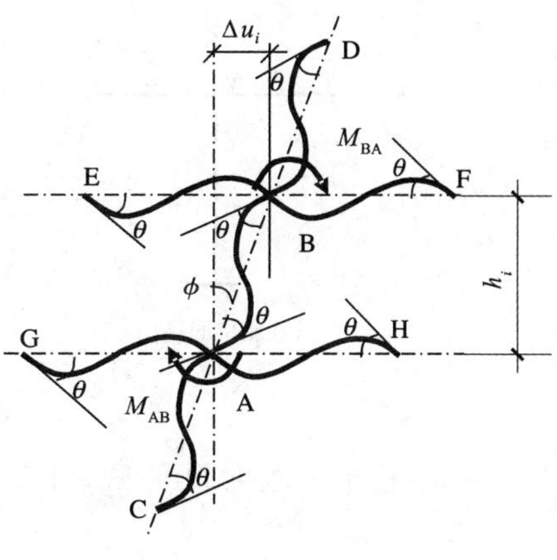

图 4-11　用于推导 D 值的框架单元

$$4(i_3+i_4+i_c+i_c)\theta+2(i_3+i_4+i_c+i_c)\theta-6(i_c\phi+i_c\phi)=0$$

$$4(i_1+i_2+i_c+i_c)\theta+2(i_1+i_2+i_c+i_c)\theta-6(i_c\phi+i_c\phi)=0$$

式中，$\phi=\Delta u_i/h_i$。将上两式相加并化简得

$$\theta=\frac{2}{2+K}\phi \tag{4-6}$$

式中，

$$K=\frac{\sum i}{2i_c} \tag{4-7}$$

式中，$\sum i=i_1+i_2+i_3+i_4$。

柱 AB 所受到的剪力 V_{ik} 为

$$V_{ik}=\frac{12i_c}{h_i}(\phi-\theta) \tag{4-8}$$

把式(4-6)代入式(4-8)，得

$$V_{ik}=\frac{K}{2+K}\frac{12i_c}{h_i}\phi=\frac{K}{2+K}\frac{12i_c}{h_i^2}\Delta u_i \tag{4-9}$$

记

$$\alpha_c=\frac{K}{2+K} \tag{4-10}$$

则有

$$V_{ik}=\alpha_c \frac{12i_c}{h_i^2}\Delta u_i \tag{4-11}$$

从而得第 i 层第 k 柱的抗侧刚度为

$$D_{ik}=\alpha_c \frac{12i_c}{h_i^2} \tag{4-12}$$

类似地，可导出底层柱的抗侧刚度修正系数 α_c。除了图 4-11 所示情况外，还有图 4-12 所示的情况。对图 4-12(a)的情况，$K=(i_1+i_2)/i_c$，$\alpha_c=(0.5+K)/(2+K)$；对图 4-12(b)的情况，$K=(i_1+i_2)/i_c$，$\alpha_c=K/(2+K)$；对图 4-12(c)的情况，$K=(i_1+i_2+i_{P1}+i_{P2})/(2i_c)$，$\alpha_c=K/(2+K)$。在图 4-11 和图 4-12 所示各种情况中，若某梁不存在(例如边柱的情况)，则该梁的线刚度为零。

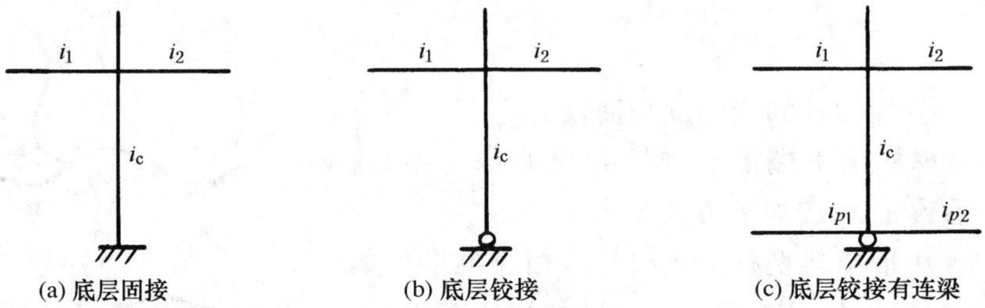

图 4-12　D 值法中的底层单元

求得柱抗侧刚度 D 值后，可按与反弯点法相类似的推导，得出第 i 层第 k 柱的剪力：

$$V_{ik}=\frac{D_{ik}}{\sum_{k=1}^{n_i}D_{ik}}V_i \tag{4-13}$$

已知柱的剪力后，要求出柱的弯矩，还需要知道柱的反弯点位置。显然，柱的反弯点位置取决于其上下端弯矩的比值。影响柱反弯点位置的因素有：侧向外荷载的形式、梁柱线刚度比、结构总层数及该柱所在的层次、柱上下横梁线刚度比、上层层高的变化、下层层高的变化等。分析时假定同层各横梁的反弯点均在各横梁跨度的中央而该点又无竖向位移。从而，多层多跨框架可简化成图 4-13 所示的计算简图。让上述因素逐一发生变化，可分别求得柱底端至反弯点的距离（即反弯点高度），并制成相应的表格。

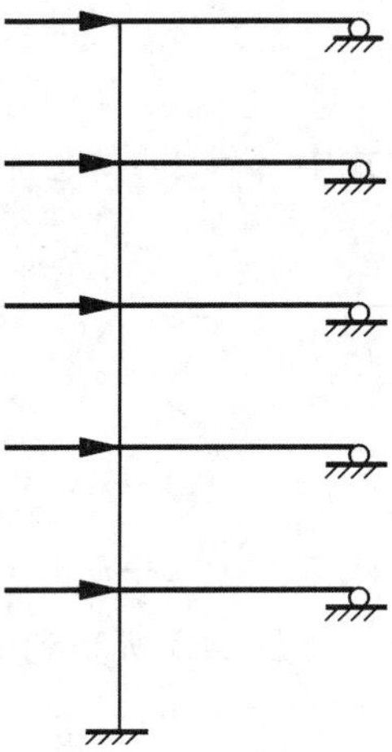

图 4-13　求反弯点位置的计算简图

(1) 梁柱线刚度比及层数、层次对反弯点高度的影响

假定框架横梁的线刚度、柱的线刚度和层高 h_i 沿框架高度保持不变，则可求出相应的各层柱的反弯点高度 y_0h_i，其中 y_0 称为标准反弯点高度比，其值可由附录中表 E-2 和附录中表 E-3 查得。表中的 K 值可按式(4-7)计算。

(2) 上下横梁线刚度比对反弯点的影响

若上下横梁的线刚度不同，则反弯点将向横梁线刚度较小的一端偏移。因此须对 y_0 加一增量 y_1 进行修正。y_1 的值可由附录中表 E-4 查得。对于底层柱，不考虑修正值 y_1，即取 $y_1=0$。

(3) 层高变化对反弯点的影响

当上、下层层高发生变化时，反弯点高度的上移增量分别为 y_2h_i，y_3h_i，其中 y_2 和 y_3 可由附录中表 E-5 查得。对于顶层柱，不考虑修正值 y_2，即取 $y_2=0$；对于底层柱，不考虑修正值 y_3，即取 $y_3=0$。

综上所述，经过各项修正后，柱底至反弯点的高度 yh_i 可由下式求出：

$$yh_i=(y_0+y_1+y_2+y_3)\cdot h_i \tag{4-14}$$

至此，已求得各柱的剪力和反弯点高度。从而，可求出各柱的弯矩。然后，可用与反弯点法相同的方法求出各梁的弯矩。

4.2.4　框架的侧移计算及限值

控制框架的侧移包括两部分内容：①控制框架顶部的最大侧移；②控制层间相对侧移。顶部侧移过大将影响使用；层间相对侧移过大则会使填充墙出现裂缝、破坏内部装修。

在水平荷载的作用下，框架结构的变形由两部分组成：总体剪切变形和总体弯曲变形。总体剪切变形是由梁、柱弯曲变形引起，其侧移曲线与悬臂梁的剪切变形曲线相一致（图 4-14(a)）。总体弯曲变形是由框架柱的轴向变形所引起，其侧移曲线与悬臂梁的弯曲变形相一致（图 4-14(b)）。

对通常的框架结构，其侧移曲线是以总体剪切变形为主，故只需考虑由梁柱弯曲变形所引起的侧移。当结构的总体高宽比增大时，总体弯曲变形的成分也将增大。当总高度 $H>50$m 或高宽比 $H/B>4$ 时，一般就必须考虑由柱的轴向变形引起的侧移。

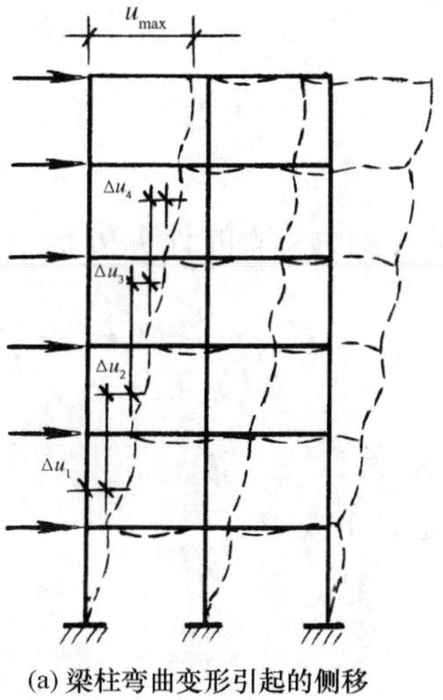

(a) 梁柱弯曲变形引起的侧移

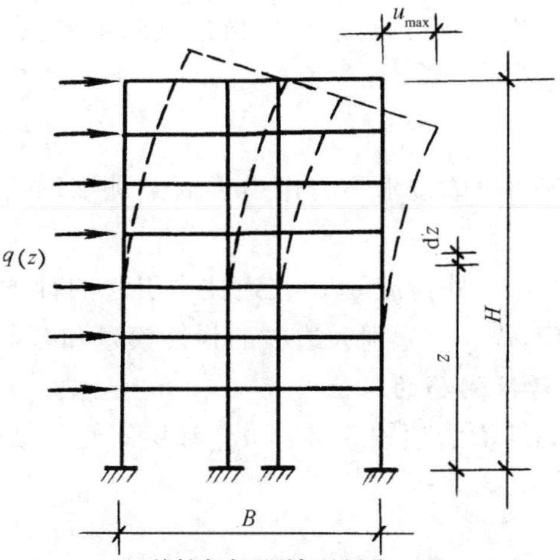

(b) 柱轴向变形引起的侧移

图 4-14　框架的侧移

1. 侧移的近似计算

(1) 由梁柱弯曲变形引起的侧移

可按 D 值法的原理计算。根据前面求出的柱的抗侧刚度，可以求出框架各层的抗侧刚度。例如，某框架共有 n 层，从下至上依次编号为 1,2,…,n。第 i 层共有 n_i 根柱，第 j 柱的抗侧刚度（D 值）为 D_{ij}，则该层的抗侧刚度为 $\sum_{j=1}^{n_i} D_{ij}$。设该层的层剪力为 V_i，则该层的层间相对位移为 $\Delta u_i = V_i / \sum_{j=1}^{n_i} D_{ij}$；该层的侧移为 $u_i = \sum_{k=1}^{i} \Delta u_k$。框架顶层的总侧移为 $u_{max} = \sum_{i=1}^{n} \Delta u_i$。即，已知外荷载时，就可求出层间相对位移，进而求出整个框架各层的侧向位移。这样求出的侧向位移，仅考虑了杆件弯曲变形的影响，没有考虑杆件的轴向变形和剪切变形的影响。对于一般的多层框架结构，这样做已能满足工程设计的精度要求。

虽然在计算中仅考虑了杆件的弯曲变形，但一般框架的整体变形却是剪切型的。如果把整个框架看作一个悬臂杆，则该杆的变形曲线如图 4-15(a)所示，它与以弯曲变形为主的悬臂杆的变形曲线（图 4-15(b)）相比有明显的不同。

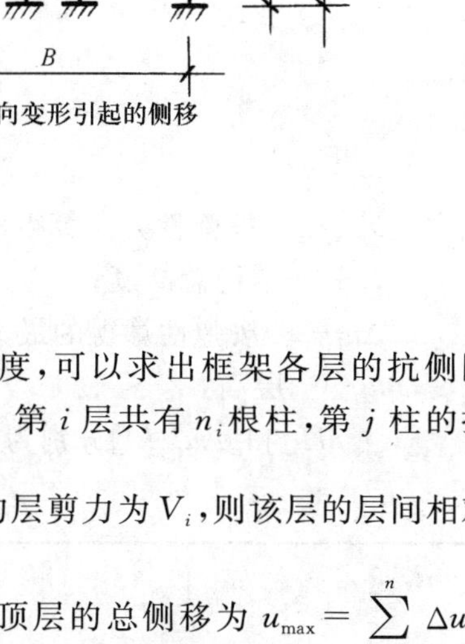
(a) 剪切型　　(b) 弯曲型

图 4-15　结构侧移曲线的类型

(2) 由柱轴向变形引起的侧移

框架的整体弯曲变形类似于图 4-15(b)所示的悬臂梁的变形。显然,这种变形使柱子产生轴力。对常见的旅馆、办公楼和住宅楼框架,其常见的布置一般是中间为走道,两侧为房间(图 4-14(b))。内柱接近房屋中部,受力较小。于是可假定内柱的轴力为零。因此,外柱的轴力 N 可近似表示为

$$N=\pm\frac{M}{B} \tag{4-15}$$

式中 M——上部水平荷载在所考虑的高度处引起的弯矩;

B——外柱轴线间的距离(图 4-14(b))。

用单位荷载法,可求得框架顶点的水平位移为

$$u_{\max}=\sum_{\text{对柱求和}}\int_0^H\frac{\overline{N}N}{E_cA}\mathrm{d}z \tag{4-16}$$

式中 $\overline{N}$——单位水平力作用于框架顶端时在边柱中引起的轴力($\overline{N}$ 的计算方法与 N 相类似);

N——外荷载 $q(z)$在边柱中引起的轴力(图 4-14(b));

E_c,A——分别为边柱的弹性模量和截面面积。

2. 弹性侧移的限值

框架结构的顶点总侧移 $u_{\max}$ 和层间侧移 Δu_i 应分别满足以下要求:

$$\frac{u_{\max}}{H}\leqslant\left[\frac{u_{\max}}{H}\right] \tag{4-17}$$

$$\frac{\Delta u_i}{h_i}\leqslant\left[\frac{\Delta u_i}{h_i}\right] \tag{4-18}$$

式中 $u_{\max}$——按弹性方法算得的结构顶点总侧移,对装配整体式结构该侧移应放大 20%;

H——结构总高度;

Δu_i——按弹性算得的最大层间位移,对装配整体式结构该层间位移应放大 20%;

h_i——层高。

$[u_{\max}/H]$和$[\Delta u_i/h_i]$分别为最大顶点位移和最大层间位移的限值,其取值如表 4-2 所示。

表 4-2　框架弹性侧移限值

填充墙类型	风荷载作用下		地震作用下	
	$[u_{\max}/H]$	$[\Delta u_i/h_i]$	$[u_{\max}/H]$	$[\Delta u_i/h_i]$
空框架或轻质隔墙	1/550	1/450	1/500	1/400
考虑砌体填充墙抗侧力作用	1/650	1/500	1/550	1/450

4.2.5 例题

1. 分层法例题

【例 4-1】二层框架如图 4-16 所示,其中杆旁括号内的数字为相应杆的线刚度。要求用分层法计算,并绘制该框架的弯矩图。

【解】该框架可分成两层计算,从上到下分别记为Ⅰ,Ⅱ层,如图 4-17 所示。

(1) 第Ⅰ层的计算

计算简图如图 4-17(a)所示。由于假定无侧移,故可用力矩分配法计算。节点 G 各杆的弯矩分配系数计算如下:

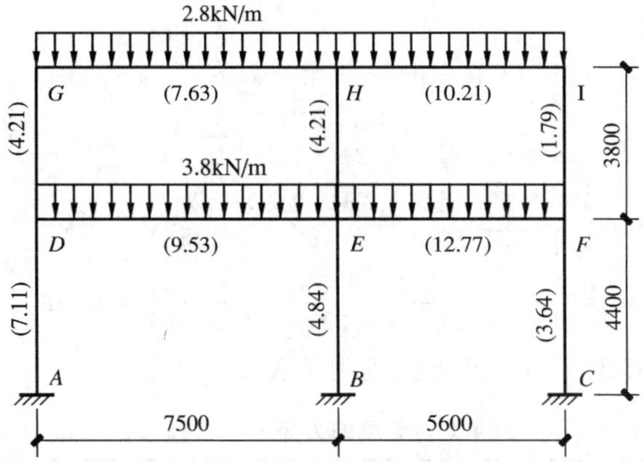

图 4-16 例 4-1(分层法)的框架

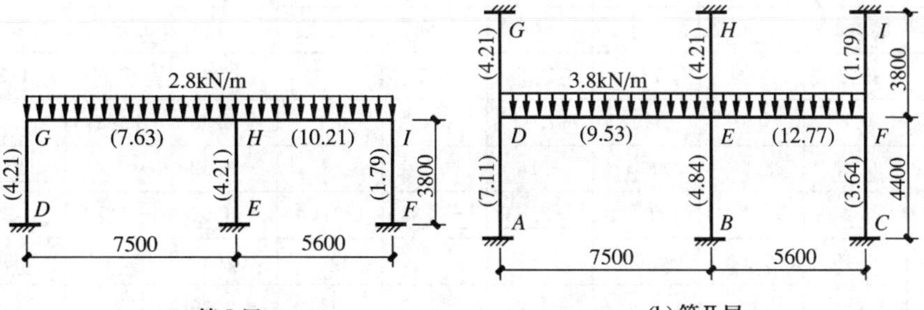

图 4-17 例 4-1 按分层法的计算简图

$$\mu_{GH}=\frac{4\times7.63}{4\times7.63+4\times4.21\times0.9}=0.6682$$

$$\mu_{GD}=\frac{4\times4.21\times0.9}{4\times7.63+4\times4.21\times0.9}=0.3318$$

其余分配系数可类似算得。整个计算过程列于表 4-3 所示。

从表 4-3 得传给杆端 DG,EH 和 FI 的弯矩分别为 1.60kN·m,−0.45kN·m 和−0.25kN · m。

表 4-3 **例 4-1 第Ⅰ层的力矩分配法计算**

节点	G		H			I	
杆端	*GD*	*GH*	*HG*	*HE*	*HI*	*IH*	*IF*
分配系数	0.3318	0.6682	0.3528	0.1752	0.4720	0.8637	0.1363
传递系数	1/3	1/2	1/2	1/3	1/2	1/2	1/3
固端弯矩	0.0	−13.13	13.13	0.0	−7.32	7.32	0.0
放松 *G*,*I*	4.36	8.77	4.39		−3.16	−6.32	−1.00
放松 *H*		−1.24	−2.48	−1.23	−3.32	−1.66	
放松 *G*,*I*	0.41	0.83	0.42		0.72	1.43	0.23
放松 *H*		−0.12	−0.23	−0.11	−0.30	−0.15	
放松 *G*,*I*	0.04	0.08				0.13	0.02
最终弯矩	4.81	−4.81	15.23	−1.34	−13.88	0.75	−0.75

(2) 第Ⅱ层的计算

计算简图示于图 4-17(b)。D 节点的各分配系数为

$$\mu_{DA}=\frac{4\times 7.11}{4\times(7.11+4.21\times 0.9+9.53)}=0.3480$$

$$\mu_{DG}=\frac{4\times 4.21\times 0.9}{4\times(7.11+4.21\times 0.9+9.53)}=0.1855$$

$$\mu_{DE}=\frac{4\times 9.53}{4\times(7.11+4.21\times 0.9+9.53)}=0.4665$$

其余各分配系数可类似算出。整个计算过程列于表 4-4 所示。

表 4-4　　例 4-1 第Ⅱ层的力矩分配法计算

节点	D			E				F		
杆端	DA	DG	DE	ED	EB	EH	EF	FE	FC	FI
分配系数	0.3480	0.1855	0.4665	0.3081	0.1565	0.1225	0.4129	0.7086	0.2020	0.0894
传递系数	1/2	1/3	1/2	1/2	1/2	1/3	1/2	1/2	1/2	1/3
固端弯矩	0.0	0.0	−17.81	17.81	0.0	0.0	−9.93	9.93	0.0	0.0
放松 D,F	6.20	3.30	8.31	4.16			−3.52	−7.04	−2.01	−0.89
放松 E			−1.32	−2.63	−1.33	−1.04	−3.52	−1.76		
放松 D,F	0.46	0.24	0.62	0.31			0.63	1.25	0.36	0.16
放松 E				−0.29	−0.15	−0.12	−0.39			
最终弯矩	6.66	3.54	−10.2	19.36	−1.48	−1.16	−16.73	2.38	−1.65	−0.73

从表 4-4 得 AD,BE,CF,GD,HE 和 IF 的弯矩分别为 3.33,−0.74,−0.83,1.18,−0.39 和−0.24。

(3) 框架的弯矩图

把以上的计算结果相叠加,即得该框架的弯矩图如图 4-18 所示。为提高精度,可把节点的不平衡弯矩再分配一次,这一步在此就省略了。

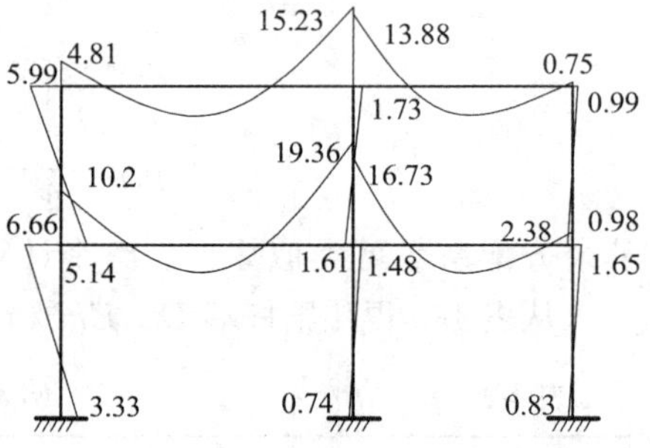

图 4-18　例 4-1 解的弯矩图

2. *D* 值法例题

【例 4-2】框架结构及所受的风荷载如图 4-19 所示,图中杆件旁所标数字为相应杆的线刚度 i(单位为 $\times 10^{-4}E_c m^3$,其中 E_c 为弹性模量)。试用 D 值法求解该框架的弯矩图。

【解】求解过程见表 4-5 所示。由附录中表 E-4 和附录中表 E-5 可见,各柱的上下层横梁线刚度之比对反弯点高度的修正值 y_1 均为零,并且上下层高变化对反弯点高度的修正值 y_2 和 y_3 也均为零。从而由附录中表 E-2 查得的标准反弯点高度 y_0 即为反弯点高度 y。

表格中的数据以顶层为例计算如下。

左 1 柱：　$K=\frac{8,68+8.68}{2\times 7.12}=1.219$

$$\alpha_c=\frac{1.219}{2+1.219}=0.3787$$

$$D=0.3787\times\frac{12\times 7.12\times 10^{-4}E_c}{3.2^2}=3.160\times 10^{-4}E_c m$$

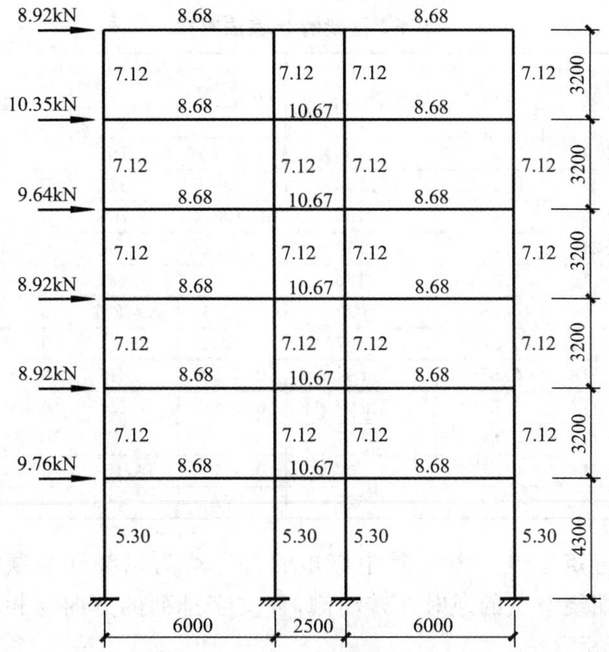

图 4-19　例 4-2 的框架结构和荷载

左 2 柱：　$K=\dfrac{8.68+10.67+8.68+10.67}{2\times 7.12}=2.718$

$$\alpha_c=\frac{2.718}{2+2.718}=0.5761$$

$$D=0.5761\times\frac{12\times 7.12\times 10^{-4}E_c}{3.2^2}=4.807\times 10^{-4}E_c\text{m}$$

顶层：

$$\sum D=2\times(3.160+4.807)\times 10^{-4}E_c=15.934\times 10^{-4}E_c\text{m}$$

左 1 柱：

$$\frac{D}{\sum D}=\frac{3.160}{15.934}=0.1983$$

$$V=0.1983\times 8.92=1.768\text{kN}$$

由附录中表 E-2 查得 $y_0=0.361$，从而算得

$$M_{上}=1.769\times 3.2\times(1-0.3610)=3.617\text{kN}\cdot\text{m}$$

$$M_{下}=1.769\times 3.2\times 0.3610=2.044\text{kN}\cdot\text{m}$$

左 2 柱：　$\dfrac{D}{\sum D}=\dfrac{4.807}{15.934}=0.3017$

$$V=0.3017\times 8.92=2.691\text{kN}$$

由附录中表 E-2 查得 $y_0=0.4359$，从而算得

$$M_{上}=2.691\times 3.2\times(1-0.4359)=4.858\text{kN}\cdot\text{m}$$

$$M_{下}=2.691\times 3.2\times 0.4359=3.754\text{kN}\cdot\text{m}$$

其余各数值可类似算出。

表 4-5　　**例 4-2 框架的 D 值法求解**

柱	楼层	楼层剪力/kN	K	α_c	D /($\times10^{-4}E_c$m)	$D/\sum D$	V /kN	y_0	$M_上$ /(kN·m)	$M_下$ /(kN·m)
左边第一根柱	6	8.92	1.219	0.3787	3.160	0.1983	1.769	0.3610	3.617	2.044
	5	19.27	1.219	0.3787	3.160	0.1983	3.821	0.4110	7.202	5.025
	4	28.91	1.219	0.3787	3.160	0.1983	5.733	0.4500	10.090	8.256
	3	37.83	1.219	0.3787	3.160	0.1983	7.502	0.4610	12.939	11.067
	2	46.75	1.219	0.3787	3.160	0.1983	9.271	0.5000	14.834	14.834
	1	56.51	1.638	0.5877	2.022	0.2222	12.557	0.5862	22.343	31.652
左边第二根柱	6	8.92	2.718	0.5761	4.807	0.3017	2.691	0.4359	4.858	3.754
	5	19.27	2.718	0.5761	4.807	0.3017	5.814	0.4500	10.233	8.372
	4	28.91	2.718	0.5761	4.807	0.3017	8.722	0.4859	14.349	13.562
	3	37.83	2.718	0.5761	4.807	0.3017	11.413	0.5000	18.261	18.261
	2	46.75	2.718	0.5761	4.807	0.3017	14.104	0.5000	22.566	22.566
	1	56.51	3.651	0.7346	2.527	0.2778	15.698	0.5500	30.376	37.126

整个框架的杆端弯矩见图 4-20。其中弯矩的符号均为以绕杆端顺时针为正。图中各杆端弯矩均标在相应杆端绕节点的逆时针转动侧，且文字排列的方向与相应杆平行。整个框架的弯矩图如图 4-21 所示。

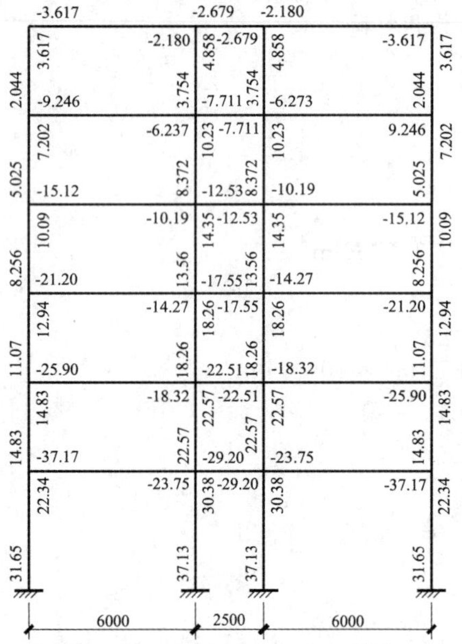

图 4-20　例 4-2 框架的杆端弯矩

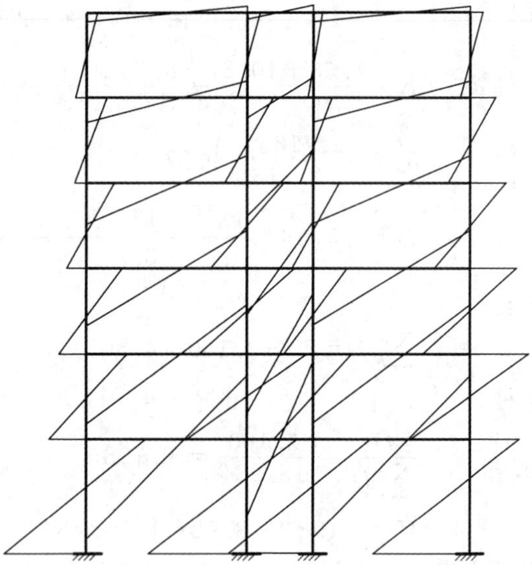

图 4-21　例 4-2 框架的弯矩图

4.3　温度影响

4.3.1　季节温差

设框架在施工时的温度为 t_1，在使用时温度升高到 t_2，则相应的季节温差为

$$t=t_2-t_1 \tag{4-19}$$

在此温差作用下，所有柱都将有同样的伸长，柱的竖向变形不受约束。但各层的横梁，特别是下层的梁，在伸长时要受到柱子的约束，因为地面以下的基础一般不受外界气温变化的影响。这种变形的结果，使柱的上下两端不再位于同一竖直线上，如图 4-22 所示。以边柱 AB

为例，B 处横梁的温度位移为

$$u_1=\alpha_l t\frac{3l}{2}=1.5\alpha_l tl \tag{4-20}$$

式中　α_l——钢筋混凝土构件的线膨胀系数，可取 $\alpha_l=1.0\times10^{-5}/℃$；

l——框架横梁的跨长。

近似地假定柱 AB 的上下端均为固定，就可求得柱 AB 的温度弯矩和温度剪力(这样算出的温度内力偏大)。精确的求解可按结构力学方法进行。显然，在柱截面相近的情况下，内柱的温度内力小于边柱的温度内力。

4.3.2　内外温差

若室内外温度不同，设框架边柱的温度为 t_2，内柱的温度为 t_1，且 $t_1>t_2$，则边柱将缩短(图 4-23)。这使得边跨横梁的左右两端不在同一水平线上，从而产生了温度内力。

图 4-23 顶层边跨横梁 AB 两端所发生的相对温度变形为 $v_1=\alpha_l(t_1-t_2)H$，其中 H 为柱的全高(从基础顶面至顶层柱顶的高度)。

显然，立柱越长、边柱与内柱间的温差越大、横梁的抗弯刚度越大、以及横梁的跨度越小，则温度内力越大。在室内外有温度差的条件下，顶层边跨横梁的温度内力将大于其他各层横梁；离顶层越远，该层边跨横梁的温度内力将越小。另一方面，由于横梁的温度变形而引起的柱中的轴力则是离基础越近越大。

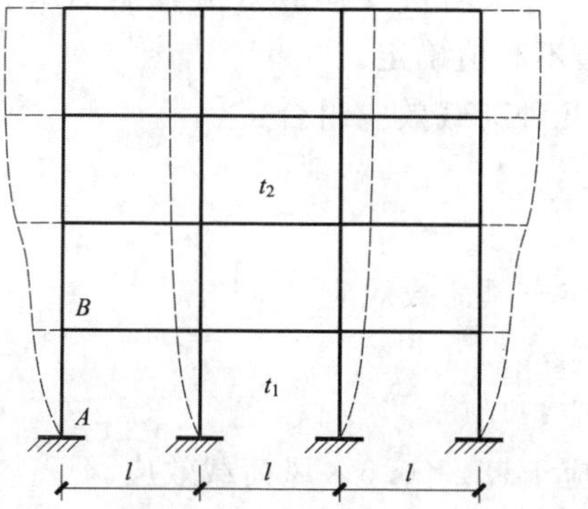

图 4-22　框架的季节温差

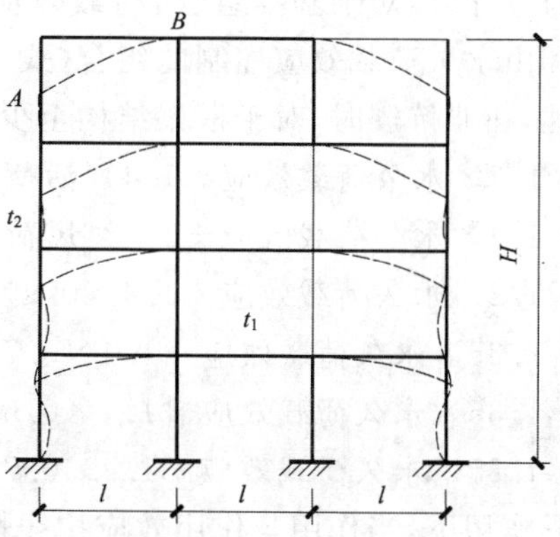

图 4-23　框架的内外温差

4.3.3　日照温差

在图 4-24 所示的框架中，当右侧受阳光照射时，该侧的温度就会升高($t_1>t_2$)。这时，房屋产生温度变形和温度内力，使整个框架发生弯曲。当框架平面不对称时，整个框架还会出现扭转。

上述分析表明，温度差会使框架结构产生很大的内力和变形，甚至引起构件开裂。框架的体型越大、越高，受温差的影响就越大。按国外经验，若房屋层数大于 30 层或高于 100m，就需考虑温度内力和温度变形的问题。

高层房屋由于室内空调引起的室内外温差会造成内外柱的温度变形差。这种变形差易使边跨

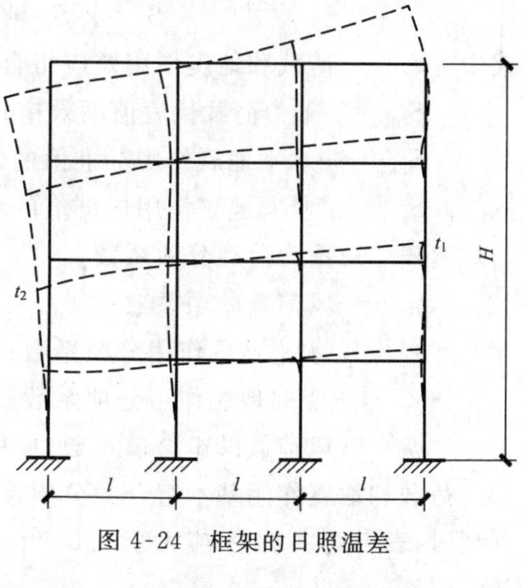

图 4-24　框架的日照温差

的横墙出现斜裂缝，并使柱头的装修剥落。美国的坎思曾建议：边跨内外柱的竖向温度变形差应不大于 20mm 及边跨跨长的 1/300，否则需设法减小此变形差；为此所采取的措施甚至可以包括增加边跨横梁的截面面积，以及加强梁柱间的连接等。

4.4 荷载效应组合及最不利活荷载位置

4.4.1 控制截面

控制截面就是杆件中需要按其内力进行设计计算的截面。

一般情况下，柱的弯矩呈线性变化，梁的弯矩呈抛物线变化。因此，对于柱，可取上、下端截面作为控制截面；对于梁，可取其两端截面以及跨间最大正弯矩的截面为控制截面。为简化计算，一般可以梁的跨中截面代替跨间最大正弯矩的截面作为控制截面。

在截面配筋计算时应采用构件端部截面的内力，而不是梁柱轴线交点处的内力。梁的端部截面的内力可按前述梁板结构中相应的方法算出。柱的端部截面的内力可类似地算出（为保证柱的安全，通常对柱仍采用梁柱轴线交点处的内力）。

4.4.2 荷载效应组合

在结构设计时，必须考虑各荷载同时作用时的最不利情况。按承载力极限状态进行构件的承载力设计时，对于基本组合，荷载效应的设计值 S_d 应按由可变荷载效应控制的组合（式(1-7)）和由永久荷载效应控制的组合（式(1-8)）中的最不利值确定。

因此，在非抗震时，对于框架结构至少应考虑以下几种荷载效应组合：

(1) 1.2×永久荷载效应＋1.4×活荷载效应；

(2) 1.2×永久荷载效应＋1.4×风荷载效应；

(3) 1.2×永久荷载效应＋1.4×0.9×（活荷载效应＋风荷载效应）；

(4) 1.35×永久荷载效应＋1.4×0.7×活荷载效应；

(5) 1.35×永久荷载效应＋1.4×0.6×风荷载效应；

(6) 1.35×永久荷载效应＋1.4×0.7×活荷载效应＋1.4×0.6×风荷载效应。

地震作用下，当作用与作用效应按线性关系考虑时，荷载和地震作用效应基本组合的设计值应按下式确定：

$$S_d=\gamma_G S_{GE}+\gamma_{Eh} S_{Ehk}+\gamma_{Ev} S_{Evk}+\psi_w \gamma_w S_{wk} \tag{4-21}$$

式中 S_d——荷载和地震作用效应组合的设计值；

S_{GE}——重力荷载代表值的效应；

S_{Ehk}——水平地震作用标准值的效应，尚应乘以相应的增大系数、调整系数；

S_{Evk}——竖向地震作用标准值的效应，尚应乘以相应的增大系数、调整系数；

γ_G——重力荷载分项系数；

γ_w——风荷载分项系数；

γ_{Eh}——水平地震作用分项系数；

γ_{Ev}——竖向地震作用分项系数；

ψ_w——风荷载的组合值系数，应取 0.2。

荷载和地震作用基本组合的分项系数应按表 4-6 采用。当重力荷载效应对结构的承载力有利时，表 4-6 中 γ_G 不应大于 1.0。

表 4-6 有地震作用组合时荷载和作用的分项系数

参与组合的荷载和作用	γ_G	γ_{Eh}	γ_{Ev}	γ_w	说 明
重力荷载及水平地震作用	1.2	1.3	不考虑	不考虑	抗震设计的多、高层建筑结构均应考虑
重力荷载及竖向地震作用	1.2	不考虑	1.3	不考虑	9 度抗震设计时考虑;水平长悬臂和大跨度结构 7 度(0.15g)、8 度、9 度抗震设计时考虑
重力荷载、水平地震及竖向地震作用	1.2	1.3	0.5	不考虑	9 度抗震设计时考虑;水平长悬臂和大跨度结构 7 度(0.15g)、8 度、9 度抗震设计时考虑
重力荷载、水平地震作用及风荷载	1.2	1.3	不考虑	1.4	60m 以上的高层建筑考虑
重力荷载、水平地震作用、竖向地震作用及风荷载	1.2	1.3	0.5	1.4	60m 以上的高层建筑,9 度抗震设计时考虑;水平长悬臂和大跨度结构 7 度(0.15g)、8 度、9 度抗震设计时考虑
	1.2	0.5	1.3	1.4	水平长悬臂结构和大跨度结构,7 度(0.15g)、8 度、9 度抗震设计时考虑

当进行位移计算时,荷载效应与地震效应组合的设计值 S_d 按式(4-22)计算。

$$S_d = S_{GE} + S_{Ehk} + S_{Evk} + \psi_w S_{wk} \tag{4-22}$$

式中,ψ_w 为风荷载的组合值系数,仍取 0.2。

4.4.3 最不利内力组合

最不利内力组合就是在控制截面处对截面配筋起控制作用的内力组合。对于某一控制截面,可能有若干组最不利内力组合。例如对于梁端,需找出最大负弯矩以确定梁端顶部的配筋,找出最大正弯矩以确定梁端底部的配筋,找出最大剪力以进行梁端受剪承载力计算。框架柱的最不利内力组合与单层厂房柱相同。

4.4.4 竖向活荷载的最不利位置

和楼盖的设计类似,多层框架的设计中除了要考虑荷载在时间上的不确定性按照上节的内容进行荷载效应组合外,还应考虑荷载在空间上的不确定性,进行竖向活荷载的最不利布置。下面介绍几种常用的方法。

1. 分跨计算组合法

每次仅在一根梁上布置活荷载,并计算出在此荷载作用下整个框架的内力。可见,内力计算的次数与框架中承受活载的梁的数目相同,计算量是很大的。求出所有这些内力之后,就可方便地求出任意截面的最大内力。此法过程简单、规则,适合用于电脑编程。

2. 最不利荷载位置法

为求某一指定截面的某一最不利内力,可以用影响线的方法直接确定产生此最不利内力的活荷载布置。在此法中,只需用到影响线的定性形状。例如,对图 4-25(a)所示的四层四跨框架,求梁 AB 的跨中 C 截面最大正弯矩 M_c 的活荷载最不利布置。为此,先作出 M_c 的影响线:解除 M_c 相应的约束(将 C 点改为铰),代之以正向约束力,使框架沿约束力正向产生单位虚位移 $\theta_c = 1$,可得整个框架的虚位移图如图 4-25(b)所示,此虚位移图是 M_c 的影响线。从而可得出图 4-25(c)所示的使 M_c 达最不利的活荷载布置方式。

由此也可得出一般的规则:对于规则框架,若要求某跨跨中最大弯矩的最不利活载布置,

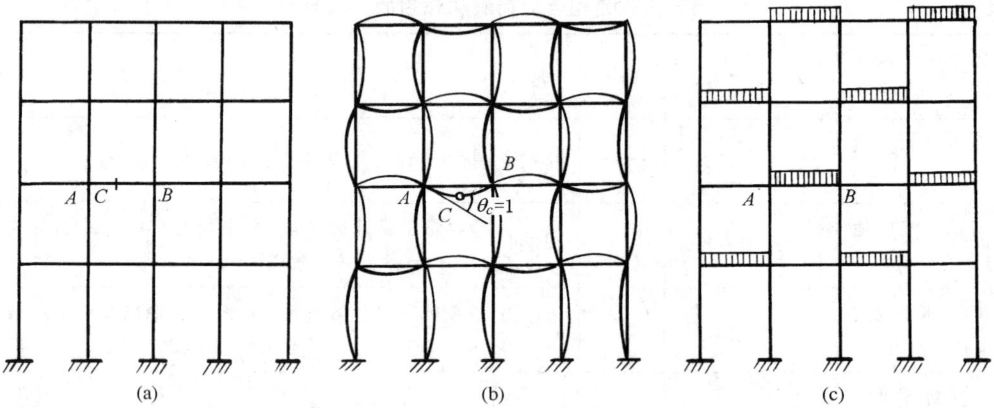

图 4-25　用影响线法确定最不利荷载位置

则需在此跨布置活载，其他各跨则类似图 4-25(c)所示相间布置活载(即棋盘形间隔布置)。这样，只要进行两次棋盘形活荷载布置，就可求得整个框架中所有梁的跨中最大正弯矩。

用相同的原理也可求得梁端最大负弯矩或柱端最大弯矩的活荷载最不利布置。但具体求解时，对于远离计算截面的框架节点有时难以判断其虚位移的方向。在这种情况下，由于远离计算截面处的荷载对计算截面的内力影响很小，往往可以不计其影响。

3. *分层组合法*

此法以分层法为依据，相应地作如下简化：①对于梁，仅考虑本层活荷载的不利布置，故其布置方法与连续梁的活荷载最不利布置相同。②对于柱端弯矩，只考虑与该柱相邻层的活荷载的影响。③计算柱的最大轴力时，对于与柱不相邻的上层活荷载，仅考虑其轴向力的传递而不考虑其弯矩的作用。

4. *满布荷载法*

当活荷载产生的内力远小于恒荷载及水平力所产生的内力时，可不考虑活荷载的最不利布置，而把活荷载同时作用于所有的框架梁上。这样求得的内力在支座处与按最不利荷载位置法求得的内力极为相近，可直接进行内力组合；但在跨中处却比最不利荷载位置法的计算结果小。因此，使用满布荷载法时，应对活荷载引起的梁跨中弯矩乘以 1.1～1.2 的系数予以放大。

4.4.5　梁端弯矩调幅

对于现浇框架，取调幅系数为 0.8～0.9 范围内的值；对于装配整体式框架，调幅系数一般取 0.7～0.8 范围内的值。框架梁的调幅方法与楼盖中的连续梁相同。

【例 4-3】某六层框架结构办公楼平面为矩形，柱距为 3.9m，纵向总长为 27.75m，横向总长为 14.95m，层高为 3.2m。其典型计算单元框架有三跨，两边跨的跨度为 6m，中跨跨度为 2.5m。典型计算单元第四层梁的各控制截面及其编号如图 4-26 所示(控制截面取跨中和支座边处截面)。该框架在竖向荷载下的内力用分层法计算，故活荷载的最不利组合采用分层组合法。各控制截面在不同荷载作用下的内力标准值如表 4-7 所示。试求各控制截面处的最不利内力设计值。

【解】在每种荷载组合中，分别组合 $M_{\max}$，$M_{\min}$ 和 $|V|_{\max}$。在每一内力组合中，恒载总是有的，活载则按使该内力最不利来进行组合。组合的详细情况见表 4-8—表 4-10 。由内力组合得到的各截面的设计控制内力见表 4-11 所示。

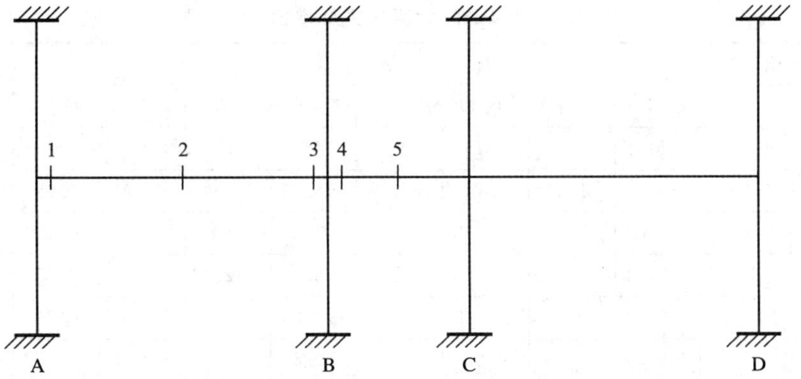

图 4-26　例 4-3 的框架梁和控制截面

从表 4-11 可见，梁跨中最大弯矩来自于永久荷载控制的组合，而此梁不受“恒载＋风载”组合的控制。

【例 4-4】框架结构与例 4-3 相同(图 4-26)。考虑第四层柱的内力组合。该层 A 柱的下端和上端截面分别记为 A7 和 A8；B 柱的下端和上端截面分别记为 B7 和 B8。用分层法和 D 值法求得的在恒载、风载和活载作用下的内力示于表 4-12。柱截面尺寸为 $b\times h=300\text{mm}\times450\text{mm}$，对称配筋，混凝土强度等级为 C30。试求第四层柱控制截面处的最不利内力设计值。

【解】由于对称性，只需考虑 A，B 两柱即可。由于竖向荷载下的内力是用分层法算的，故对第四层 A，B 柱有影响的是第四层和第五层上有活荷载作用的情况。每层框架梁有 4 种活载最不利布置情况，故对第四层 A，B 柱而言，共有 8 种活载最不利布置情况。这 8 种活载最不利作用下，有 16 种活载组合。从柱内力组合的角度看，可以对活荷载先进行预组合如下：

A 柱：$\lvert M\rvert_{max}$	B 柱：$\lvert M\rvert_{max}$
M_{A8}：①⑤	M_{B8}：①⑤
M_{A7}：①⑤	M_{B7}：①⑤
N_{max}：①⑤	N_{max}：③⑤
N_{min}：②⑤	N_{min}：④⑤

可见，只有①⑤，②⑤，③⑤和④⑤这 4 种活载最不利组合是有效的。活载预组合的结果列于表 4-13。

柱的内力组合过程见表 4-14 和表 4-15。对组合过程的说明如下：①组合对每个截面以 $\lvert M\rvert_{max}$，N_{max}，N_{min} 为目标进行组合。②组合 $\lvert M\rvert_{max}$ 确定相应的 N 时，若只有一种选择，则选此唯一选择即可；若有两个或两个以上的选择，则应根据截面是大偏心还是小偏心来确定一个最不利的 N。当截面为小偏心时，其中最大的 N 是最不利的；当截面为大偏心时，其中最小的 N 是最不利的。在本例中，由于柱截面 $b\times h=300\text{mm}\times450\text{mm}$，混凝土为 C30，且为对称配筋，故所计算的第四层柱的所有截面均为大偏心。因此，在有多个 N 可供选择时，均选取其中最小的 N。③组合 N_{max} 和 N_{min} 确定相应的 M 时，由于不论大小偏心总是 M 越大越不利，故当有多个 M 可供选择时，总是选取其中最大的 M。

根据上述的内力组合，可得各截面的最不利内力组合及相应的荷载组合，如表 4-16 所示。由计算结果可知，恒载和风载对柱的内力影响较大。

表 4-7　　例 4-3 的计算内力标准值

截面号	恒载		活　　载								风载	
	①		仅 AB,CD 跨有②		仅 BC 跨有③		仅 AB,BC 跨有④		仅 BC,CD 跨有⑤		⑥	
	M	V	M	V	M	V	M	V	M	V	M	V
1	−37.49	72.87	−6.79	11.62	0.13	−0.08	−6.46	11.41	−0.08	0.05	±20.50	±5.81
2	86.83	—	15.39	—	−0.23	—	15.15	—	0.04	—	±3.06	—
3	−44.55	−75.41	−7.63	−11.92	−0.31	−0.08	−8.45	−12.13	0.20	0.05	±14.38	±5.81
4	−15.12	7.67	−2.18	0.0	−0.45	3.03	−3.86	5.30	0.45	0.76	±11.65	±14.52
5	−17.87	—	−3.66	—	2.25	—	−0.68	—	−0.68	—	0.0	—

注：(1) 弯矩以梁下部受拉为正，剪力以绕杆件顺时针为正；

(2) 弯矩的单位为 kN·m，剪力的单位为 kN。

表 4-8　　例 4-3 的内力组合(一)

截面号	1.2×恒载+1.4×活载⑦						1.2×恒载+1.4×风载⑧					
	M_{max}		M_{min}		$\|V\|_{max}$		M_{max}		M_{min}		$\|V\|_{max}$	
	组合项	结果	组合项	结果	组合项	结果	组合项	结果	组合项	结果	组合项	结果
1	—	—	①②	−54.49	①②	103.71	—	—	①⑥	−73.69	①⑥	95.58
2	①②	125.74	—	—	—	—	①⑥	108.48	—	—	—	—
3	—	—	①④	−65.29	①④	−107.47	—	—	①⑥	−73.59	①⑥	−98.63
4	—	—	①④	−23.55	①④	16.62	—	—	①⑥	−34.45	①⑥	29.53
5	—	—	①②	−26.57	—	—	—	—	①⑥	−21.44	—	—

注：同表 4-7 所示。

表 4-9　　例 4-3 的内力组合(二)

截面号	1.2×恒载+1.4×0.9×(活载+风载)⑨						1.35×恒载+1.4×0.7×活荷载⑩					
	M_{max}		M_{min}		$\|V\|_{max}$		M_{max}		M_{min}		$\|V\|_{max}$	
	组合项	结果	组合项	结果	组合项	结果	组合项	结果	组合项	结果	组合项	结果
1	—	—	①②⑥	−79.37	①②⑥	109.41	—	—	①②	−57.27	①②	109.76
2	①②⑥	127.44	—	—	—	—	①②	132.30	—	—	—	—
3	—	—	①④⑥	−82.23	①④⑥	−113.08	—	—	①④	−68.42	①④	−113.69
4	—	—	①④⑥	−37.69	①④⑥	34.18	—	—	①④	−24.19	①④	15.55
5	—	—	①②⑥	−26.06	—	—	—	—	①②	−27.71	—	—

注：同表 4-7 所示。

表 4-10　　例 4-3 的内力组合(三)

截面号	1.35×恒载+1.4×0.6×风载 ⑪						1.35×恒载+1.4×0.7×活荷载+1.4×0.6×活荷载 ⑫					
	M_{max}		M_{min}		$\|V\|_{max}$		M_{max}		M_{min}		$\|V\|_{max}$	
	组合项	结果	组合项	结果	组合项	结果	组合项	结果	组合项	结果	组合项	结果
1	—	—	①⑥	−67.83	①⑥	103.25	—	—	①②⑥	−74.49	①②⑥	114.64
2	①⑥	119.79	—	—	—	—	①②⑥	134.87	—	—	—	—
3	—	—	①⑥	−72.22	①⑥	−106.68	—	—	①④⑥	−80.50	①④⑥	−118.57
4	—	—	①⑥	−30.20	①⑥	−22.55	—	—	①④⑥	−33.98	①④⑥	27.75
5	—	—	①	−24.12	—	—	—	—	①②⑥	−27.71	—	—

注：同表 4-7 所示。

表 4-11 **例 4-3 的内力组合结果**

截面号	M_{max}/(kN·m)		M_{min}/(kN·m)		$\|V\|_{max}$/kN	
	数值	控制荷载组合	数值	控制荷载组合	数值	控制荷载组合
1	—	—	−79.37	⑨	109.41	⑨
2	132.30	⑩	—	—	—	—
3	—	—	−82.23	⑨	−118.57	⑫
4	—	—	−37.69	⑨	34.18	⑨
5	—	—	−29.25	⑩	—	—

表 4-12 **例 4-4 的柱在有关荷载作用下的内力标准值**

柱号	截面号	内力	活载作用在第五层				活载作用在第四层				上层传来活载	恒载	风载
			1,3 跨	2 跨	1,2 跨	2,3 跨	1,3 跨	2 跨	1,2 跨	2,3 跨			
			①	②	③	④	⑤	⑥	⑦	⑧	⑨	⑩	⑪
A	A8	M	5.18	−0.08	4.97	0.03	1.72	−0.03	1.65	0.01	—	33.68	±10.98
		N	11.55	−0.06	11.27	0.07	0	0	0	0	33.75	366.36	±8.00
	A7	M	1.72	−0.03	1.65	0.01	5.18	−0.08	4.97	0.05	—	32.68	±7.32
		N	11.55	−0.06	11.27	0.07	0	0	0	0	33.75	377.16	±8.00
B	B8	M	−4.23	0.40	−3.2	−0.23	−1.41	0.13	−1.07	−0.08	—	−28.07	±15.36
		N	12.15	3.19	18.66	−0.04	0	0	0	0	55.75	443.54	±10.79
	B7	M	−1.41	0.13	−1.07	−0.08	−4.23	0.40	−3.2	−0.23	—	−28.07	±12.57
		N	12.15	3.19	18.66	−0.04	0	0	0	0	55.75	454.34	±10.79

注:(1) 弯矩 M 和轴力 N 的单位分别为 kN·m 和 kN;

(2) 上层传来的活载已乘以折减系数 0.85;

(3) 第 1,2,3 跨分别表示 AB,BC,CD 跨。

表 4-13 **例 4-4 活荷载预组合的结果**

柱号	截面	内力	活荷载组合							
			①+⑤		②+⑤		③+⑤		④+⑤	
			数值	组合	数值	组合	数值	组合	数值	组合
A	A8	M	6.9	$\|M\|_{max}$	1.64	N_{min}	—	—	—	—
		N	11.55	N_{max}	−0.06		—		—	
	A7	M	6.9	$\|M\|_{max}$	5.15	N_{min}	—	—	—	—
		N	11.55	N_{max}	−0.06		—		—	
B	B8	M	−5.64	$\|M\|_{max}$	—	—	−4.61	N_{max}	−1.64	N_{min}
		N	12.15		—		18.66		−0.04	
	B7	M	−5.64	$\|M\|_{max}$	—	—	−5.3	N_{max}	−4.31	N_{min}
		N	12.15		—		18.66		−0.04	

表 4-14　　**例 4-4 柱的内力组合(一)**

柱号	截面	组合项及内力	1.2×恒载+1.4×活载⑫			1.2×恒载+1.4×风载⑬			1.2×恒+1.4×0.9×(活+风) ⑭		
			$\|M\|_{max}$	N_{max}	N_{min}	$\|M\|_{max}$	N_{max}	N_{min}	$\|M\|_{max}$	N_{max}	N_{min}
A	A8	组合项	①⑤⑩	①⑤⑨⑩	②⑤⑩	⑩⑪	⑩⑪	⑩⑪	①⑤⑩⑪	①⑤⑨⑩⑪	②⑤⑩⑪
		M	50.08	50.08	42.71	55.79	55.79	25.04	62.94	62.94	28.65
		N	455.80	503.05	439.55	450.83	450.83	428.43	464.27	506.79	429.48
	A7	组合项	①⑤⑩	①⑤⑨⑩	②⑤⑩	⑩⑪	⑩⑪	⑩⑪	①⑤⑩⑪	①⑤⑨⑩⑪	②⑤⑩⑪
		M	48.88	48.88	46.43	49.46	49.46	28.97	57.13	57.13	36.48
		N	468.76	516.01	452.51	463.79	463.79	441.39	477.23	519.75	442.44
B	B8	组合项	①⑤⑩	③⑤⑨⑩	④⑤⑩	⑩⑪	⑩⑪	⑩⑪	①⑤⑩⑪	③⑤⑨⑩⑪	④⑤⑩⑪
		M	−41.58	−40.14	−35.98	−55.19	−12.18	−55.19	−60.14	−20.14	−55.10
		N	549.26	636.42	532.19	517.14	547.35	517.14	533.96	639.60	518.60
	B7	组合项	①⑤⑩	③⑤⑨⑩	④⑤⑩	⑩⑪	⑩⑪	⑩⑪	①⑤⑩⑪	③⑤⑨⑩⑪	④⑤⑩⑪
		M	−41.58	−41.10	−39.72	−51.28	−16.09	−51.28	−56.63	−24.52	−54.95
		N	562.22	649.38	545.15	530.10	560.31	530.10	546.92	652.56	531.56

注:弯矩 M 和轴力 N 的单位分别为 kN·m 和 kN。

表 4-15　　**例 4-4 柱的内力组合(二)**

柱号	截面	组合项及内力	1.35×恒载+1.4×0.7×活载⑮			1.35×恒载+1.4×0.6×风载⑯			1.35×恒载+1.4×0.7×活载+1.4×0.6×风载⑰		
			$\|M\|_{max}$	N_{max}	N_{min}	$\|M\|_{max}$	N_{max}	N_{min}	$\|M\|_{max}$	N_{max}	N_{min}
A	A8	组合项	①⑤⑩	①⑤⑨⑩	②⑤⑩	⑩⑪	⑩⑪	⑩⑪	①⑤⑩⑪	①⑤⑨⑩⑪	②⑤⑩⑪
		M	55.23	55.23	47.08	54.69	54.69	36.24	61.45	61.45	37.85
		N	505.91	538.98	494.53	501.31	501.31	487.87	512.63	545.71	447.31
	A7	组合项	①⑤⑩	①⑤⑨⑩	②⑤⑩	⑩⑪	⑩⑪	⑩⑪	①⑤⑩⑪	①⑤⑨⑩⑪	②⑤⑩⑪
		M	50.88	50.88	49.17	50.27	50.27	37.97	50.03	50.03	43.02
		N	520.49	553.56	509.11	515.89	515.89	502.45	527.21	560.29	502.39
B	B8	组合项	①⑤⑩	③⑤⑨⑩	④⑤⑩	⑩⑪	⑩⑪	⑩⑪	①⑤⑩⑪	③⑤⑨⑩⑪	④⑤⑩⑪
		M	−43.42	−42.41	−39.50	−50.80	−24.99	−50.80	−56.32	−29.51	−52.40
		N	610.69	671.70	598.74	589.72	607.84	589.72	601.62	680.76	589.68
	B7	组合项	①⑤⑩	③⑤⑨⑩	④⑤⑩	⑩⑪	⑩⑪	⑩⑪	①⑤⑩⑪	③⑤⑨⑩⑪	④⑤⑩⑪
		M	−43.42	−43.09	−42.12	−48.45	−27.34	−48.45	−53.98	−32.86	−56.91
		N	625.27	686.28	613.32	604.30	622.42	604.30	616.20	688.96	604.26

注:弯矩 M 和轴力 N 的单位分别为 kN·m 和 kN。

表 4-16　　例 4-4 柱的内力组合结果

柱号	截面	内力	$\|M\|_{max}$		N_{max}		N_{min}	
			数值	荷载组合	数值	荷载组合	数值	荷载组合
A	A8	M	62.94	⑭	61.45	⑰	25.04	⑬
		N	464.27		545.71		428.43	
	A7	M	57.13	⑭	50.03	⑰	28.97	⑬
		N	477.23		560.29		441.39	
B	B8	M	−60.14	⑭	−29.51	⑰	−55.19	⑬
		N	533.96		680.76		517.14	
	B7	M	−56.63	⑭	−32.86	⑰	−51.28	⑬
		N	546.92		688.96		530.10	

注：弯矩 M 和轴力 N 的单位分别为 kN·m 和 kN。

4.5　框架杆件的设计

4.5.1　框架柱的设计

框架柱的受力可分为无侧移和有侧移两种情况。故先要对其受力性能进行分析，然后再提出实用的设计方法。

1. 无侧移框架柱的受力性能

无侧移框架是指框架节点不产生侧向(水平向)位移。例如，结构中有足够的剪力墙使得水平荷载主要由剪力墙承受时，此结构中的框架就可认为是无侧移的。

在无侧移框架中，节点的弯矩按梁和柱的转动刚度分配给梁和柱。此时，柱中的弯矩使柱产生挠度 Δ，这使得柱的轴向力 P 在此挠度 Δ 上又产生附加弯矩 $P\Delta$，这就是 P-Δ 效应。P-Δ 效应使柱的挠度增大，从而使柱的刚度减小。柱的刚度减小又使得分配给柱的弯矩减小。

柱进入非弹性阶段后，也会使柱的刚度减小。但梁也会产生这种现象，二者的作用相互抵消一部分。

Furlong 和 Ferguson 进行了如图 4-27(a)所示的试验。试件中柱的长细比 $l/h=20$ ($H_0/r=57$，其中 H_0 为柱的计算长度，r 为截面的回转半径)，初始偏心距与截面高度之比 $e/h=0.106$。破坏发生在其中一个柱中部的 A—A 截面。图 4-27(b)示出了截面 A—A 和柱端截面 B—B 的荷载—弯矩曲线。可见，尽管荷载是按比例施加的，但截面 B—B 处的弯矩却并不与荷载成比例地增长，这是因为柱的转动刚度在不断下降的缘故。显然，截面 A—A 的弯矩等于截面 B—B 的弯矩加上由于柱的挠度而引起的附加弯矩 $P\Delta$。

从“混凝土结构基本原理”课程中可知，承受同号弯矩的两端铰接长柱(无侧移)的极限荷载总是低于相应的短柱。但下面的非弹性分析结果却表明，对无侧移框架中承受同号弯矩的柱，由于长细比效应，柱的承载力可能增加，也可能降低。分析中假定梁对柱的约束是弹性的。

图 4-28 示出了框架的形式和荷载作用及其分析结果。其中柱的长细比 $l/h=15$($H_0/r=33$)，图 4-28(d)中的虚线表示一阶分析的结果。当荷载逐步增加时，柱的挠曲线分别如图 4-28(b)中的 1,2,3,4 所示，相应的柱的弯矩图则如图 4-28(c)所示。在第 3 阶段，柱中的弯矩达到最大。可见，从第 2 阶段以后，柱端的弯矩就开始逐步下降。从第 3 阶段到第 4 阶段

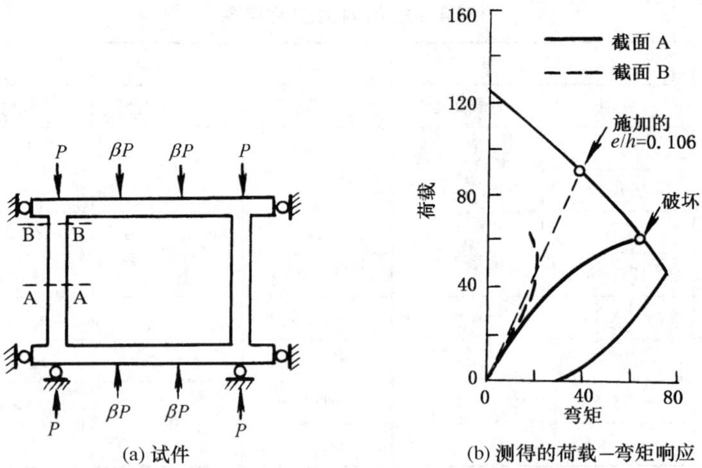

图 4-27　无侧移框架柱的荷载—弯矩特性

间，由于柱端弯矩的大幅下降，使柱中部的弯矩也下降了；在这个过程中，柱中部由于 P-Δ 效应而引起的弯矩增大还抵消不了由于柱端弯矩的减小而引起的柱中部弯矩的减小。这样，由于柱端弯矩减小得较多，柱中部的偏心距反而在不断减小，使柱的承载能力由于柱的细长效应而得到提高。图 4-28(d)中，M_c 表示柱端的弯矩，中间的标有 1,2,3,4 的曲线表示柱中部的弯矩，P_0 表示柱的轴压承载力。

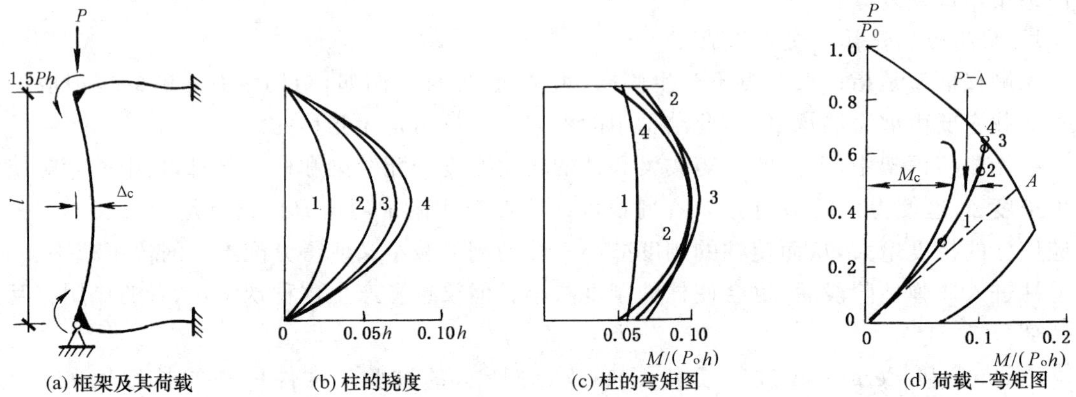

图 4-28　较短的框架柱及其分析结果

显然，长细比效应是提高还是降低框架柱的承载力取决于：由 P-Δ 效应而引起的弯矩增大是否会被柱端弯矩的减小所抵消。从而可见，对承受同号弯矩的框架柱，长细比效应可能引起柱承载力的提高或降低。例如，当长细比较大时，柱的承载力将降低。

两端承受异号弯矩的框架柱的性能显然与上述不同，这里就不作介绍了。

从上述分析中可以看出，进行二阶分析是解决这个问题的一般方法。《混凝土结构设计规范》(GB 50010)规定，对有侧移的框架结构、框架-剪力墙结构和框架-核心筒结构(后三种将在第 5 章中介绍)，可采用增大系数法近似计算结构因侧移产生的二阶效应(P-Δ 效应)。此时，应对未考虑 P-Δ 效应的一阶弹性分析所得的柱、墙肢端弯矩和梁端弯矩以及层间位移分别按式(4-23a)和式(4-23b)乘以增大系数 η_s：

$$M = M_{ns} + \eta_s M_s \tag{4-23a}$$

$$\Delta = \eta_s \Delta_1 \tag{4-23b}$$

式中 M_s—— 引起结构侧移的荷载或作用所产生的一阶弹性分析构件端弯矩设计值；

M_{ns}—— 不引起结构侧移荷载产生的一阶弹性分析构件端弯矩设计值；

Δ_1—— 一阶弹性分析的层间位移；

η_s—— P-Δ 效应增大系数。

在框架结构中，所计算楼层各柱的 P-Δ 效应增大系数 η_s 可按下列公式计算：

$$\eta_s = 1/\left(1-\frac{\sum N_j}{Dh_i}\right) \tag{4-24}$$

式中 N_j——所计算楼层第 j 列柱轴力设计值；

h_i——所计算楼层的层高；

D——所计算楼层的侧向刚度。在计算结构构件弯矩增大系数时，在结构分析中应对结构构件的弹性抗弯刚度 $E_c I$ 乘以下列修正系数：对梁，取修正系数为 0.4；对柱，取修正系数为 0.6。在计算结构的位移增大系数时，可不对刚度进行折减。

梁端 η_s 取为相应节点处上、下柱端或上、下墙肢端 η_s 的平均值。

弯矩作用平面内对称的偏心受压构件，当同一主轴方向的杆端弯矩比 $\frac{M_1}{M_2}$ 不大于 0.9，若构件的长细比满足式(4-25)的要求，可不考虑轴向压力在该方向挠曲杆件中产生的附加弯矩影响。

$$l_c/i \leqslant 34-12(M_1/M_2) \tag{4-25}$$

式中 M_1，M_2——分别为偏心受压构件两端截面按结构分析确定的对同一主轴的组合弯矩设计值，绝对值较大端为 M_2，绝对值较小端为 M_1，当构件按单曲率弯曲时，M_1/M_2 取正值，否则为负值；

l_c——构件的计算长度，可近似取偏心受压构件相应主轴方向上下支撑点之间的距离（注意和后面介绍的 l_0 的差别）；

i——偏心方向的截面回转半径。

2. 柱的计算长度 l_0

设计中也可引入计算长度的概念以简化计算。柱的计算长度，相当于与计算截面相邻的两个反弯点之间的距离，应根据框架的不同的侧向约束条件和荷载情况，并考虑柱的二阶效应（轴向力在柱的弯曲变形上引起附加弯矩）来确定。之所以称为二阶，是因为该现象是由二阶微分方程描述的。

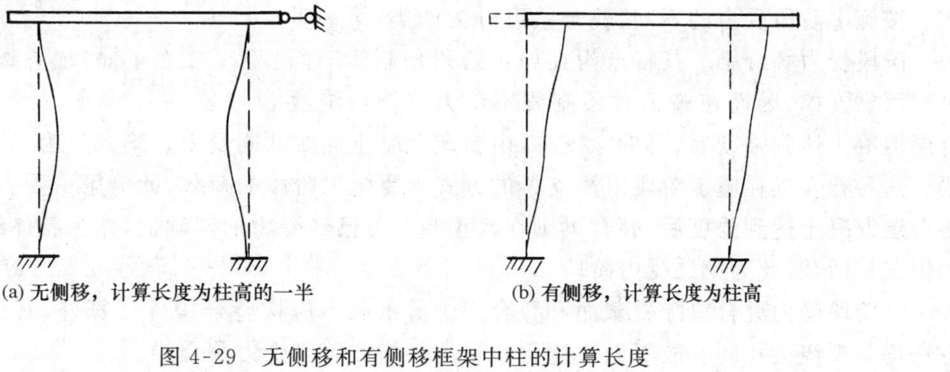

(a) 无侧移，计算长度为柱高的一半　　(b) 有侧移，计算长度为柱高

图 4-29 无侧移和有侧移框架中柱的计算长度

一般地，框架可分为有侧移和无侧移两种情况。无侧移框架是指结构中除框架本身外还存在较强大的抗侧力体系，使得框架几乎不承受侧向力而主要承受竖向荷载。有侧移框架是指主要侧向力要由框架本身来承受。显然，其他条件相同时，有侧移框架和无侧移框架中柱的计算长度是不同的。图 4-29 示出了同一框架在无侧移和有侧移时的计算长度。

我国《混凝土结构设计规范》(GB 50010)规定，对一般多层房屋的无侧移框架柱，梁柱为刚接的框架各层柱段，其计算长度可按表 4-17 取用。

表 4-17　　框架各层柱的计算长度

楼盖类型	柱的类别	计算长度 l_0
现浇楼盖	底层	$1.0h_i$
	其余各层	$1.25h_i$
装配式楼盖	底层	$1.25h_i$
	其余各层	$1.5h_i$

注：对底层，h_i 为从基础顶面到二层楼盖顶面的高度；对其余各层，h_i 为上、下两层楼盖顶面之间的高度。

对按无侧移考虑的框架结构，如具有非轻质填充墙且梁柱为刚接的框架各层柱段，当框架为三跨及三跨以上，或为两跨且框架总宽度不小于其总高度的三分之一时，其计算长度可取为 h_i(表 4-17)。

按有侧移考虑的框架结构，当竖向荷载较小或竖向荷载大部分作用在框架节点上或其附近时，各层柱的计算长度应根据可靠设计经验取用较上述规定更大的数值。

3. 框架柱的截面设计

框架柱可按压弯构件分别进行正截面和斜截面的设计，不再赘述。

4.5.2　框架梁的设计

现浇框架梁的设计方法和普通钢筋混凝土梁类似，本节重点介绍叠合梁的设计。

在装配整体式框架中有时采用叠合梁。叠合梁先制成预制梁，使其具有一定的承载力；在现场安装好并把预制板搁置在预制梁上，然后在预制梁的上部和预制楼板之间浇捣混凝土，使板和梁连成整体。使用预制梁可大大减少现场的模板工作量并使工期缩短，部分现浇又保证了结构的整体性。典型的叠合梁的截面如图 4-30 所示。

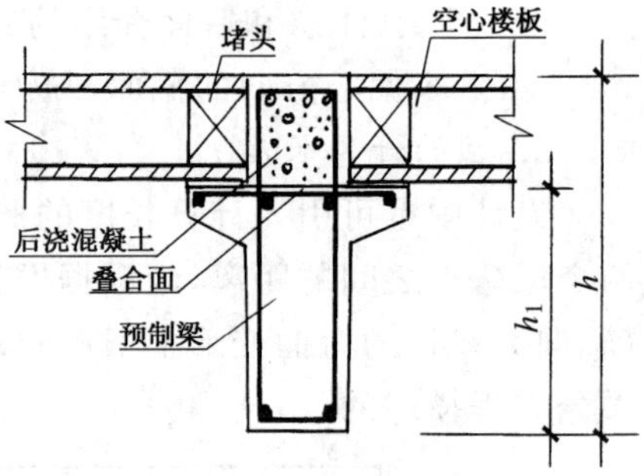

图 4-30　叠合梁截面

按施工阶段受力的不同，叠合梁可分为两类：第一类为一阶段受力叠合梁。其特点为在施工阶段预制梁下面设有可靠支撑，因而在施工时预制梁不受力。待后浇叠合层混凝土达到强度后，再拆除支撑，由新老混凝土同时共同受力。第二类为二阶段受力叠合梁。这种叠合梁在施工阶段以简支梁的方式承受施工阶段的荷载，此为第一受力阶段；待后浇叠合层混凝土达到强度后，叠合梁则在其预制部分已经受力的基础上，作为整体继续承受后加的恒载和活载，此为第二受力阶段。

一阶段受力叠合梁除斜截面和叠合面受剪承载力应按叠合构件计算外，其他计算原则和方法均与整浇梁相同。故下面所述叠合梁均仅指二阶段受力叠合梁。

1. 叠合梁的受力特点

典型的两点加载简支叠合梁的试验结果如图 4-31 所示。图 4-31(b)表示跨中的弯矩—挠度曲线。从开始加载直到叠合为止的一段反映了叠合前预制梁的特性，与普通钢筋混凝土梁相同。叠合后待混凝土达到强度后继续加载，这时叠合梁的整个截面参加工作，刚度增大。图中还示出了尺寸和配筋等完全相同但一次浇捣而成的梁的试验结果。图 4-31(c)中示出了这两根梁的跨中钢筋应力随跨中弯矩的变化情况。值得注意的是，叠合后叠合梁的挠度和钢筋应力的增长速度减慢，并且比相应的整浇梁在同级荷载作用下的增长速度要慢。从这些结果中可以看出，叠合梁的挠度和钢筋应力都比整浇梁大，叠合梁的裂缝宽度也比整浇梁大，但两者在破坏时的承载能力基本相同。

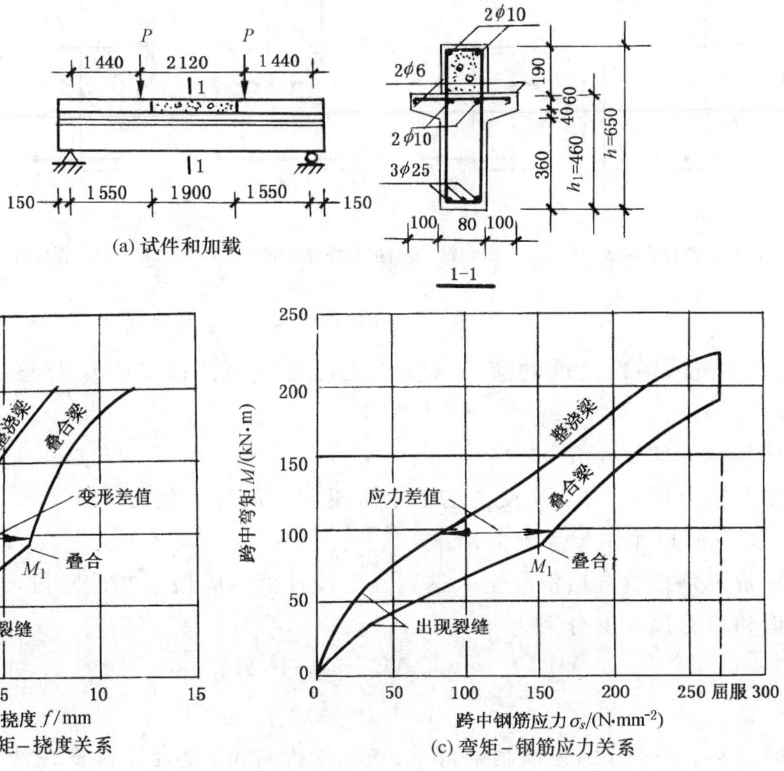

图 4-31　叠合梁的试验结果

图 4-32 示出了叠合梁各阶段的截面应力图。从图中可以看出，在叠合后的弯矩增量 M_2 作用下产生的拉应力与在施工阶段弯矩 M_1 的作用下产生的压应力有一部分是相互抵消的(图 4-32(b)的阴影部分)。叠合前 M_1 作用的结果相当于在叠合后梁的受拉区产生了“预压力” T_c。当叠合梁受弯矩增量 M_2 作用时，M_2 产生的拉力可分成两部分：一部分抵消上述“预应力” T_c，另一部分使梁底受拉钢筋应力增加。而在整浇梁中，M_2 所产生的拉力将全部引起梁底受拉钢筋应力的增加。因此，在相同的弯矩增量 M_2 作用下，叠合梁中钢筋拉应力增加较慢。

叠合梁受力的重要特点是：从加载开始直到梁破坏，叠合梁跨中的受拉钢筋应力始终大于相同条件下的整浇梁，这种现象称为“受拉钢筋应力超前”。另一方面，叠合层混凝土在 M_2 作用下才参加工作。因此，叠合层中混凝土的压应变总是小于相同条件下的整浇梁，这种现象称为“受压区混凝土应变滞后”。

在承载力极限状态，叠合梁和整浇梁一样，受拉钢筋和受压区混凝土均大范围进入塑性状

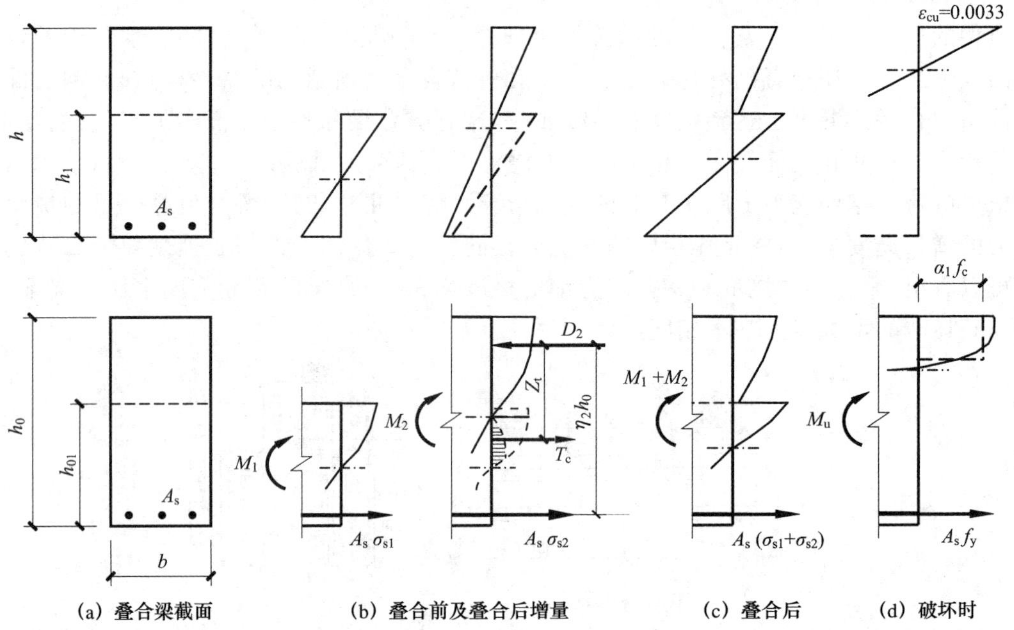

图 4-32　叠合梁截面的应力和应变

态，即它们在进入塑性之前的应力应变历史已被遗忘。故叠合梁与整浇梁有相同的极限承载力。

2．叠合梁承载力计算

根据上述分析，对叠合梁受力的二个阶段均应进行承载力计算。

(1) 第一阶段预制梁承载力计算

第一阶段是指叠合层混凝土未达到强度设计值的阶段。在此阶段，预制梁是简支梁，其弯矩设计值和剪力设计值分别为

$$M_1 = M_{1G} + M_{1Q} \tag{4-26}$$

$$V_1 = V_{1G} + V_{1Q} \tag{4-27}$$

式中　M_{1G}，V_{1G}——分别为预制梁自重、预制楼板自重、叠合层自重在计算截面产生的弯矩设计值和剪力设计值；

M_{1Q}，V_{1Q}——分别为第一阶段施工活荷载在计算截面产生的弯矩设计值和剪力设计值，预制梁的承载力计算方法与普通构件相同。

(2) 第二阶段叠合梁承载力计算

第二阶段是指叠合层混凝土达到强度设计值后的阶段。此时，梁柱已形成整体框架的一部分，弯矩设计值和剪力设计值分别为

正弯矩：
$$M = M_{1G} + M_{2G} + M_{2Q} \tag{4-28}$$

负弯矩：
$$M = M_{2G} + M_{2Q} \tag{4-29}$$

剪力：
$$V = V_{1G} + V_{2G} + V_{2Q} \tag{4-30}$$

式中　M_{2G}，V_{2G}——分别为第二阶段面层、吊顶等自重在计算截面产生的弯矩设计值和剪力设计值；

M_{2Q}，V_{2Q}——分别为第二阶段荷载效应组合中的可变荷载产生的弯矩设计值和剪力设

计值，应取本阶段施工活荷载和使用阶段活荷载中产生较大内力者。

叠合梁的正截面受弯和斜截面受剪承载力计算公式均与整浇梁相同。但在计算中混凝土的强度应按以下规定取值：在正弯矩区段，按叠合层取用；在负弯矩区段，按计算截面受压区的实际情况取用；在受剪承载力计算时，取预制梁和叠合层中较低的混凝土强度等级进行计算，同时求得的叠合梁的受剪承载力设计值不应低于预制梁的受剪承载力设计值。对预应力混凝土叠合构件，不考虑预应力对受剪承载力的有利影响。

当叠合梁的箍筋符合普通梁的构造要求和叠合梁的构造要求（见后面的讨论）时，叠合面的受剪承载力应按下式进行验算：

$$V\leqslant 1.2f_tbh_0+0.85f_{yv}\frac{A_{sv}}{s}h_0 \tag{4-31}$$

式中 f_t——混凝土的抗拉强度设计值，取叠合层和预制梁中的较低值；

b,h_0——分别为截面宽度和截面有效高度；

f_{yv}——箍筋的设计强度；

A_{sv}——箍筋的面积（等于 nA_{s1}，其中 n 为箍筋肢数，A_{s1} 为单肢箍筋的面积）；

s——箍筋间距。

3. 钢筋混凝土叠合梁的钢筋应力和裂缝宽度计算

由于钢筋混凝土叠合梁有“受拉钢筋应力超前”的特点，故不仅要控制裂缝宽度，还必须控制纵向受拉钢筋的应力。

（1）纵向受拉钢筋应力验算

为防止钢筋混凝土叠合梁内纵向受拉钢筋过早达到屈服，GB 50010 规范规定，在荷载的准永久组合下，其纵向受拉钢筋的应力应符合下列要求：

$$\sigma_{sq}=\sigma_{s1k}+\sigma_{s2q}\leqslant 0.9f_y \tag{4-32}$$

其中，

$$\sigma_{s1k}=\frac{M_{1Gk}}{0.87A_sh_{01}} \tag{4-33}$$

$$\sigma_{s2q}=\frac{0.5\left(1+\dfrac{h_1}{h}\right)M_{2q}}{0.87A_sh_0} \tag{4-34}$$

式中 σ_{s1k}——在弯矩标准值 M_{1Gk} 作用下预制梁中纵向受拉钢筋的应力；

σ_{s2q}——在荷载效应准永久组合相应的弯矩值 M_{2q} 作用下叠合梁中纵向受拉钢筋的应力增量；

M_{1Gk}——预制梁自重、预制楼板自重和叠合层自重在计算截面产生的弯矩标准值；

M_{2q}——第二阶段荷载按准永久组合计算的弯矩值，取 $M_{2q}=M_{2Gk}+M_{2Qq}$，其中 M_{2Gk} 为面层、吊顶等自重在计算截面产生的弯矩标准值，M_{2Qq} 为使用阶段可变荷载按准永久组合在计算截面产生的弯矩值；

A_s——纵向受拉钢筋的面积；

h_{01}——预制梁截面的有效高度；

h_1——预制梁截面高度；

h——叠合梁截面高度；

h_0——叠合梁截面有效高度。

当 $M_{1Gk}<0.35M_{1u}$ 时，取式(4-34)中的 $0.5(1+h_1/h)$ 等于 1；此处，M_{1u} 为预制梁正截面

受弯承载力设计值。

式(4-34)可推导如下。由图4-32(b)可知,第二阶段荷载产生的弯矩M_{2q}可表示为

$$M_{2q}=T_cZ_t+\sigma_{s2q}A_s\eta_2h_0 \tag{4-35}$$

式中 Z_t——附加拉力T_c至混凝土受压区合力点的距离;

η_2——第二阶段纵向受拉钢筋拉力的内力臂系数。

定义第二阶段的受力特征系数β_M为

$$\beta_M=\frac{T_cZ_t}{M_{2q}} \tag{4-36}$$

则

$$\sigma_{s2q}=\frac{M_{2q}-T_cZ_t}{A_s\eta_2h_0}=\frac{M_{2q}(1-\beta_M)}{A_s\eta_2h_0} \tag{4-37}$$

根据试验和理论分析,在通常的范围内,系数β_M主要与(h_1/h)有关,可近似地取

$$\beta_M=0.5\left(1-\frac{h_1}{h}\right) \tag{4-38}$$

把式(4-38)代入式(4-37),并取$\eta_2=0.87$,就得到式(4-34)。

(2) 裂缝宽度计算

在钢筋混凝土叠合梁中,按荷载的准永久组合或标准组合并考虑长期作用影响的最大裂缝宽度,可按下列公式计算:

$$w_{max}=2\frac{\psi(\sigma_{s1k}+\sigma_{s2q})}{E_s}\left(1.9c+0.08\frac{d_{eq}}{\rho_{te1}}\right) \tag{4-39}$$

$$\psi=1.1-\frac{0.65f_{tk1}}{\rho_{te1}\sigma_{s1k}+\rho_{te}\sigma_{s2q}} \tag{4-40}$$

式中 ρ_{te1},ρ_{te}——按预制梁和叠合梁的有效受拉混凝土截面面积计算的纵向受拉钢筋配筋率;

f_{tk1}——预制梁的混凝土抗拉强度标准值;

c——混凝土保护层厚度;

d_{eq}——受拉区纵向钢筋的等效直径。

求出的最大裂缝宽度w_{max}不应超出规范规定的允许值。

4. 钢筋混凝土叠合梁的挠度验算

钢筋混凝土叠合梁应按"最小刚度原理"进行正常使用极限状态下的挠度验算。所用的叠合梁按荷载效应准永久组合或标准组合并考虑长期作用影响的长期刚度可按下列公式计算:

$$B=\frac{M_q}{\left(\frac{B_{s2}}{B_{s1}}-1\right)M_{1Gk}+\theta M_q}B_{s2} \tag{4-41}$$

其中,

$$M_q=M_{1Gk}+M_{2Gk}+\psi_qM_{2Qk} \tag{4-42}$$

式中 θ——考虑荷载准永久组合的长期影响对挠度增大的影响系数;

M_q——按荷载的准永久组合计算的弯矩值;

B_{s1},B_{s2}——分别为预制梁和叠合梁在第二阶段的短期刚度;

ψ_q——第二阶段可变荷载的准永久值系数。

预制梁的短期刚度B_{s1}可按普通钢筋混凝土梁的方法计算。

叠合梁的短期刚度B_{s2}则在正弯矩区段和负弯矩区段有不同的算法。在正弯矩区段,有

$$B_{s2}=\frac{E_sA_sh_0^2}{0.7+0.6\dfrac{h_1}{h}+\dfrac{4.5\alpha_E\rho}{1+3.5\gamma_f'}} \tag{4-43}$$

式中，$\alpha_E=E_s/E_{c2}$为钢筋弹性模量与叠合层混凝土弹性模量的比值。

在负弯矩区段，叠合梁的短期刚度 B_{s2} 可按普通钢筋混凝土梁的方法计算，此时取 $\alpha_E=E_s/E_{c1}$，其中，E_{c1}为预制梁混凝土的弹性模量。

5. 叠合梁的构造要求

叠合梁除应符合普通梁的构造要求外，尚应符合下列规定：

(1) 预制梁的箍筋应全部伸入叠合层，且各肢伸入叠合层的直线段长度不宜小于 $10d$（d 为箍筋直径）；

(2) 预制构件的叠合面应做成凹凸差不小于 6mm 的粗糙面；

(3) 叠合层混凝土的厚度不宜小于 100mm，叠合层混凝土的强度等级不宜低于 C30。

4.6 框架节点设计和构造要求

4.6.1 框架节点设计

节点设计是框架结构设计中非常重要的一个环节。无抗震设防要求的条件下，目前节点设计的理论还很难做到从计算上保证节点的承载力，故主要是通过采取适当的构造措施来保证节点的承载力。

构件失效引起的破坏可能是局部的，而节点失效引起的破坏往往是大范围的、后果是严重的。节点的重要性显而易见。

节点设计应保证节点的安全可靠、经济合理且便于施工。对装配整体式框架的节点，还需保证节点的整体性，使节点受力明确、构造简单、安装方便又易于调整，在构件连接后能尽早地承受部分或全部设计荷载，使上部结构得以及时继续安装。

四个方向的梁伸入节点区，一方面把荷载传递给节点区，另一方面，这些梁以及楼面板又构成对节点区的约束，使节点区的表观强度得到提高。节点区上下方的柱也会对节点区产生约束作用。因此，即使节点区的混凝土强度在一定范围内低于柱混凝土的强度，节点区的承载力仍能满足要求，即破坏不发生在节点区。这一点已被国内外大量试验所证实。通常，柱由于要承受较大的轴力并且其截面尺寸又不能过大，故柱常采用强度较高的混凝土；梁板结构由于仅需承受本层的荷载，故可采用强度较低的混凝土。根据上述试验结果，就可能在节点区采用与梁板相同的混凝土以方便施工。尽管上述研究结果尚未在我国推广应用，但说明节点区的承载力是有一定潜力的。

我国目前在框架设计中，通行的做法仍是使框架节点区的混凝土强度等级不低于柱的混凝土强度等级。并且，在装配整体式框架中，现浇节点的混凝土强度等级宜比预制柱的混凝土强度等级提高一级。

1. 现浇框架节点构造

现浇框架节点一般均为刚接。梁柱节点的构造应满足图 4-33 所示的要求，其中 l_n 为框架梁的净跨，l_a 为受力筋的锚固长度，l_{as} 为梁下部钢筋伸入支座的锚固长度，l_{ab} 为钢筋的基本锚固长度。

梁上部纵向钢筋伸入中间层端节点的锚固长度，当采用直线锚固形式时，不应小于受拉钢筋锚固长度 l_a，且伸过柱中心线不小于 $5d$，d 为梁上部钢筋直径；当柱截面尺寸不足时，梁上

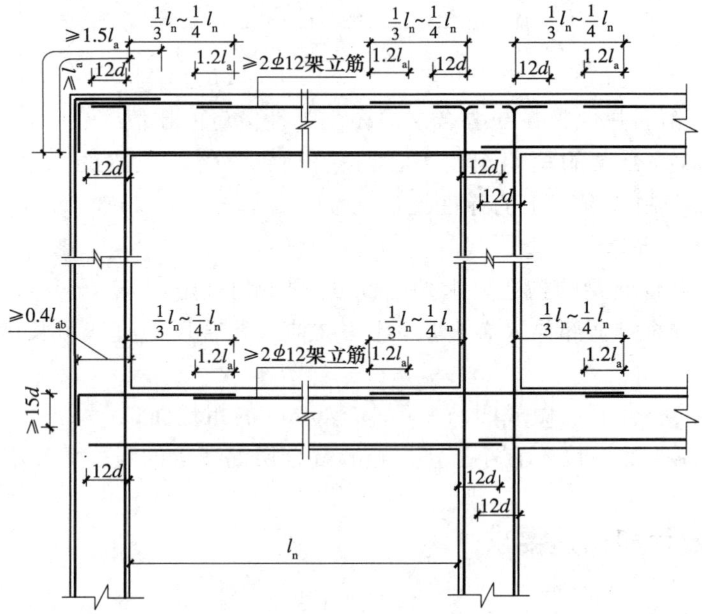

图 4-33 现浇钢筋混凝土框架梁、柱纵向钢筋在节点区的锚固要求

部纵向钢筋应伸至节点对边并向下弯折，其弯折前的水平投影长度不应小于 $0.4l_{ab}$，弯折后的垂直投影长度不应小于 $15d$（图 4-33）。

框架梁的上部纵向钢筋应贯穿中间节点。

框架梁下部纵向钢筋在中间节点处应满足下列锚固要求：

（1）当计算中不利用钢筋强度时，其伸入节点的锚固长度对带肋钢筋不小于 $12d$，对光面钢筋不小于 $15d$，d 为钢筋的最大直径。

（2）当计算中充分利用钢筋的受拉强度时，下部纵向钢筋应锚固在节点内。此时，可采用直线锚固形式(图 4-34(a))，钢筋的锚固长度应不小于 l_a。亦可采用带 90°弯折的锚固形式(图 4-34(b))，其中竖直段应向上弯折，锚固端的水平投影长度应不小于 $0.4l_{ab}$，垂直投影长度应不小于 $15d$。下部钢筋也可贯穿节点，并在节点以外梁内弯矩较小部位设置搭接接头(图4-34(c)，图中 l_l 为钢筋的搭接长度)。

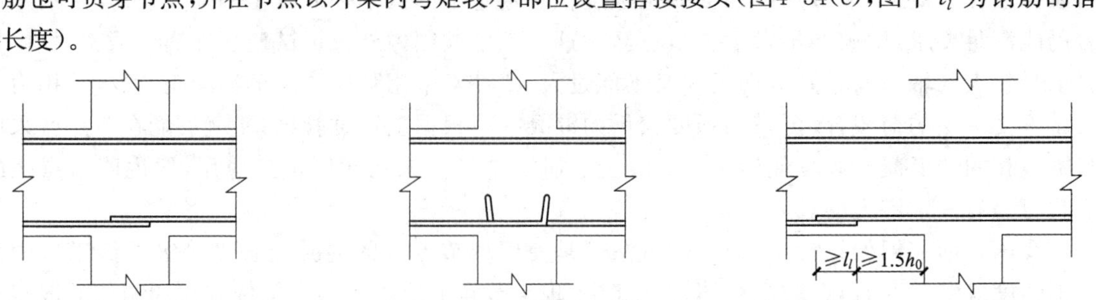

(a) 梁下部纵向钢筋在节点中直线锚固

(b) 梁下部纵向钢筋在节点中用带 90° 弯折端的锚固

(c) 梁下部纵向钢筋贯穿节点并在节点以外搭接

图 4-34 梁中纵向钢筋在中间节点的构造措施

（3）当计算中充分利用钢筋的抗压强度时，下部纵向钢筋应按受压钢筋锚固在中间节点。此时，其直线锚固长度应不小于 $0.7l_a$。纵向钢筋亦可贯穿节点，并在节点以外梁中弯矩较小部位设置搭接接头。

框架柱的纵向钢筋应贯穿中间层中间节点和中间层端节点，柱筋接头应设在节点区以外。

在顶层中节点处，柱纵向钢筋应伸至柱顶，且自梁底算起的锚固长度不应小于 l_a；当顶层梁截面高度不足时，可采用 90°弯折锚固措施。此时，包括弯弧在内的钢筋垂直投影锚固长度不应小于 $0.5l_{ab}$，在弯折平面内包含弯弧段的水平投影长度不宜小于 $12d$（图 4-35）。

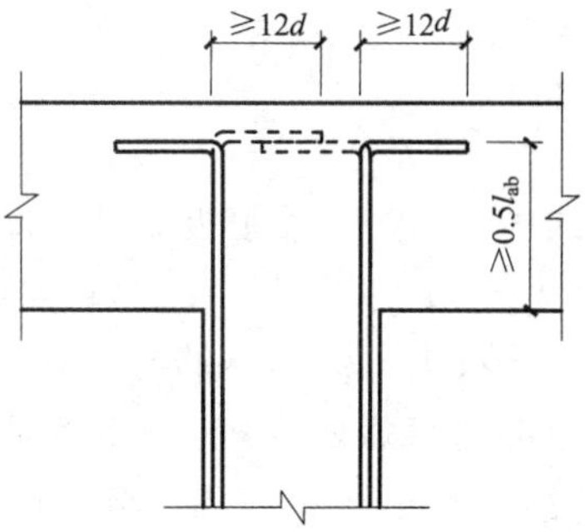

图 4-35 柱纵向钢筋在框架顶层中间节点中带 90°弯折的锚固

考虑到框架顶层端节点区可能会出现斜裂缝，该处钢筋的锚固应加强。可将柱外侧纵向钢筋的相应部分弯入梁内作梁上部纵向钢筋使用；亦可将梁上部纵向钢筋和柱外侧纵向钢筋在顶层端节点及其邻近部位搭接：

（1）搭接接头可沿顶层端节点外侧及梁端顶部布置（图 4-36(a)），搭接长度不应小于 $1.5l_{ab}$，伸入梁内的外侧柱筋截面面积不宜小于外侧柱筋全部截面面积的 65%；梁宽范围以外的外侧柱筋宜沿节点顶部伸至柱内边，当柱钢筋位于柱顶第一层时，钢筋伸至柱内边后宜向下弯折不小于 $8d$ 后截断（图 4-36(a)）；当柱纵向钢筋位于柱顶第二层时，可不向下弯折，d 为柱纵向钢筋的直径。梁宽范围以外的柱外侧纵向钢筋也可伸入现浇板内，其长度与伸入梁内的柱纵向钢筋相同。当外侧柱筋配筋率超过 1.2%时，伸入梁内的柱纵向钢筋应满足上述规定且宜分两批截断，截断点之间的距离不宜小于 $20d$。梁上部纵向钢筋应伸至节点外侧并向下弯至梁下边缘高度位置截断。

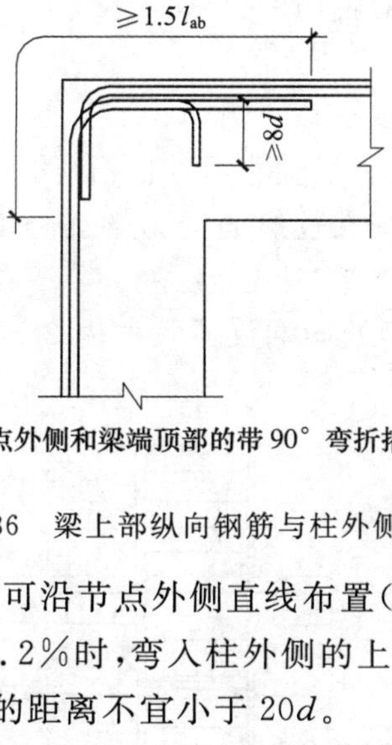

(a) 位于节点外侧和梁端顶部的带 90° 弯折搭接接头

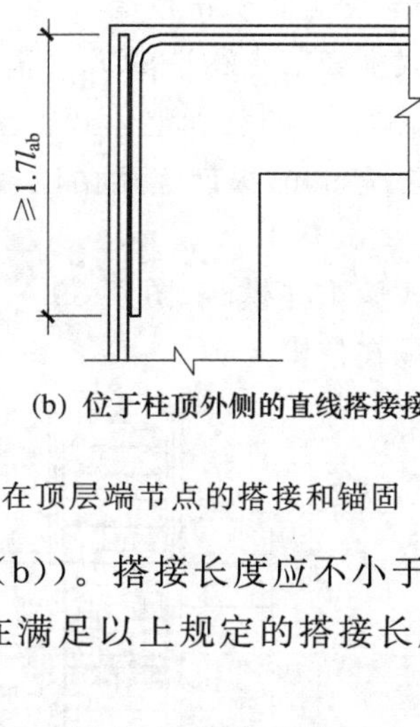

(b) 位于柱顶外侧的直线搭接接头

图 4-36 梁上部纵向钢筋与柱外侧纵向钢筋在顶层端节点的搭接和锚固

（2）搭接接头也可沿节点外侧直线布置（图 4-36(b)）。搭接长度应不小于 $1.7l_{ab}$。梁上部纵筋配筋率超过 1.2%时，弯入柱外侧的上部梁筋在满足以上规定的搭接长度后宜分两批截断，其截断点之间的距离不宜小于 $20d$。

（3）当梁的截面高度较大，梁柱钢筋相对较小，从梁底算起的直线搭接长度未延伸至柱顶即已满足 $1.5l_{ab}$ 的要求时，应将搭接长度延伸至柱顶并满足搭接长度 $1.7l_{ab}$ 的要求；当柱的截面高度较大时，梁柱钢筋相对较小，从梁底算起的弯折搭接长度未延伸至柱内侧边缘即已满足 $1.5l_{ab}$ 的要求时，其弯折后包括弯弧在内的水平段的长度不应小于 $15d$，d 为柱纵向钢筋的直径。

（4）顶层端节点柱内侧纵向钢筋的锚固要求与前述顶层中节点的规定相同。

为防止节点处的混凝土被斜向压碎，顶层端节点处梁上部纵向钢筋的截面面积 A_s 应满足：

$$A_s \leqslant \frac{0.35\beta_c f_c b_b h_0}{f_y} \tag{4-44}$$

式中　b_b——梁腹板宽度；

h_0——梁截面有效高度。

梁上部纵向钢筋与柱外侧纵向钢筋在节点角部的弯弧内半径，当钢筋直径不大于 25mm 时，不宜小于 $6d$；大于 25mm 时，不宜小于 $8d$。钢筋弯弧外的混凝土中应配置防裂、防剥落的构造钢筋。例如，当该弯弧半径较大时，可在弯弧以外的角部混凝土中加不少于两根附加弯折钢筋，并在该附加钢筋弯弧内侧绑扎一根短钢筋。该附加弯折钢筋应位于节点箍筋以内，并与节点顶部和外侧的梁柱纵向钢筋直线段有不少于 $20d$ 的重叠长度(图 4-37)。

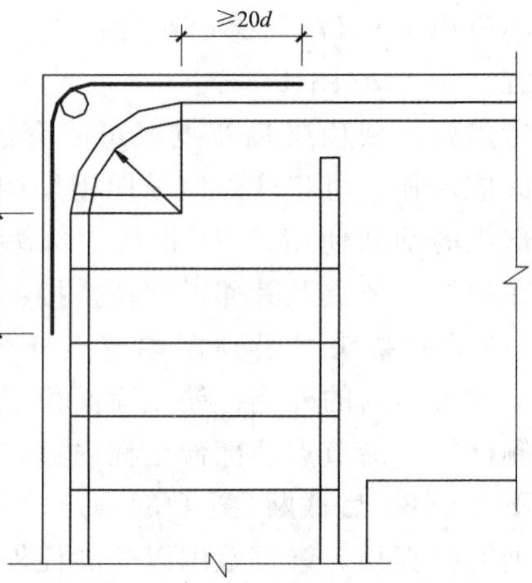

图 4-37　顶层端节点钢筋弯弧外的附加钢筋

在框架节点内应设置节点水平箍筋，其构造与柱中箍筋相同，但其间距不宜大于 250mm。对四边均有梁与之相连的中间节点，节点内可只设矩形箍筋，而不设复合箍筋。当顶层端节点内设有上部梁筋和外侧柱筋的搭接接头时，节点内水平箍筋应符合钢筋搭接范围内对箍筋的要求。

2. 装配整体式框架节点构造

装配整体式框架节点构造的方式很多，这里仅举几个例子。

对现浇柱、预制梁的装配整体式框架，如采用工具式非承重柱模(图 4-38)，预制主梁的梁端一般伸入柱内 70mm，纵向连梁由电焊与事先焊在柱纵向受力钢筋上的小角钢或与几形撑筋相连。

采用工具式承重柱模时(图 4-39)，预制主梁的梁端仅伸入柱内 20mm，预制主梁与纵向连梁均直接支承在柱模上。

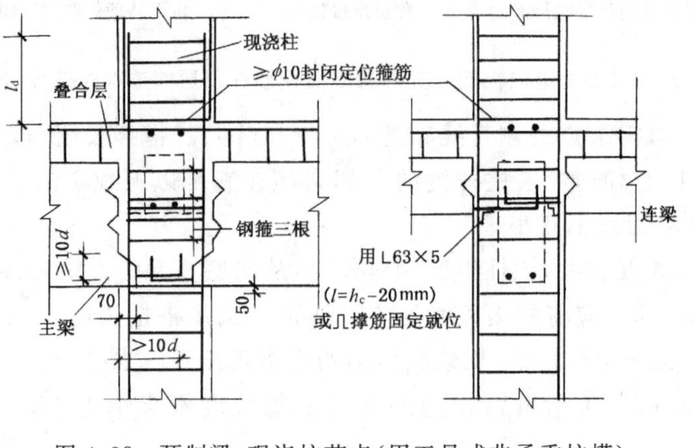

图 4-38　预制梁、现浇柱节点(用工具式非承重柱模)

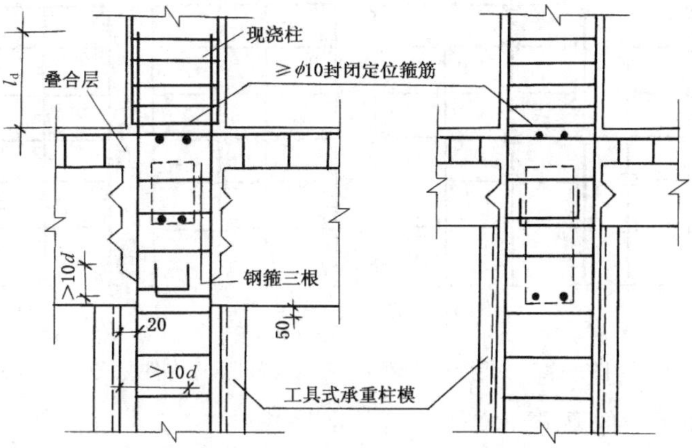

图 4-39 预制梁、现浇柱节点(用工具式承重柱模)

4.6.2 框架的构造要求

1. 现浇框架的构造要求

现浇框架的构造应使得构件的各截面一方面能有效地承受设计内力,另一方面具有合理的强度储备。这就要求钢筋有合理的搭接和锚固,并满足最小配筋率的要求。一些细节已在前面给出。除此之外,还应符合下列要求。

(1) 在横梁的跨中上部,至少应配置 2 ⌀ 12 钢筋与横梁支座的负弯矩钢筋搭接,搭接长度应不小于 $1.2l_a$,其中 l_a 为纵向受拉钢筋的最小锚固长度(图 4-33)。

(2) 梁支座截面下部,至少应有两根纵向钢筋伸入柱中。

(3) 柱中纵向受力钢筋的间距不应大于 300mm,净距不应小于 50mm。

(4) 受力钢筋的连接接头宜设置在受力较小处。在同一根受力钢筋上宜少设接头。在结构的重要构件和关键传力部位,纵向受力钢筋不宜设置连接接头。

(5) 受拉钢筋直径大于 25mm、受压钢筋直径大于 28mm 时,宜采用焊接接头或机械连接。

(6) 柱中纵向钢筋的搭接长度不得小于 $1.2l_a$;相邻接头间距:焊接时不得小于 500mm,搭接时不得小于 600mm;接头最低点距柱端不宜小于柱截面长边尺寸,且宜在楼面板以上 750mm 处进行。

(7) 柱的纵向钢筋采用搭接接头时,有接头的受力钢筋截面面积占受力钢筋总截面面积的百分率,在受拉区不大于 25%,在受压区不大于 50%;当柱的纵向钢筋采用焊接接头时,上述百分率在受拉区不大于 50%,在受压区则不受限制。

(8) 柱全部纵向钢筋的配筋率,不宜大于 3%,不得大于 5%,且不小于 0.5%。

另外,对梁柱的截面尺寸和箍筋的配置也有相应的要求,读者可参阅相关规范。

2. 装配式与装配整体式框架的梁柱接头布置

装配式与装配整体式框架的预制单元的确定,应使结构受力合理,构造简单、施工方便,还要考虑到预制单元的生产、运输和吊装的可行性。预制单元的划分通常有以下几种形式:

(1) 单梁短柱式。梁按跨度、柱按层高划分成单个构件(图 4-40(a))。这种方案构件较小,便于制作、堆放、运输和吊装。其缺点是接头数量多,且接头均位于框架节点处;因节点处是内力最大的部位,故这种方案不利于结构的受力。

(2) 单梁长柱式。梁按跨度划分,柱子则每二层或数层为一个预制构件(图 4-40(b))。这样可减少接头数量和吊装次数,提高房屋的整体性。其缺点是柱子吊装和运输较困难,柱内

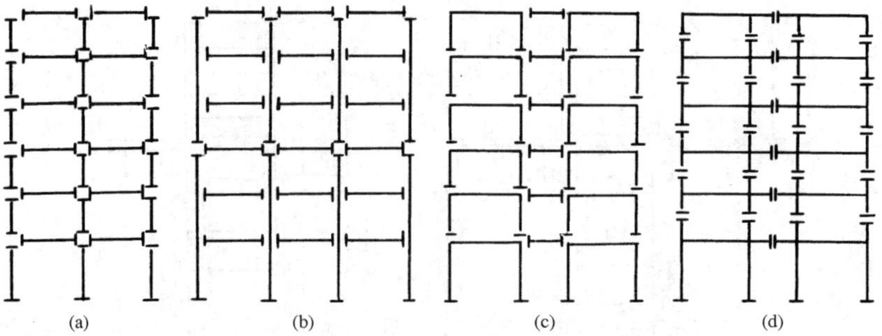

图 4-40　装配式与装配整体式框架的构件划分

的配筋常由于吊装和运输的要求而增加。

(3) 框架式。把整个框架结构划分为若干个小框架(图 4-40(c),(d))。小框架的形式可为门形、Γ 形、H 形、十字形等。接头位置可以在框架节点处,也可在弯矩较小的梁跨中和柱的层高中点。这种方案可减少预制构件的数量和吊装次数,提高房屋的整体性。其缺点是预制构件大而复杂,制作、运输和吊装均较困难。

3. 框架梁与预制楼板的连接构造

预制楼板常为槽形板或空心板。要使楼盖结构有良好的整体性,在板缝之间可配以必要的联系钢筋,并以细石混凝土灌缝,也可在预制板上浇不低于 C20 级的钢筋混凝土叠合楼面,其厚度不小 40mm,内配 $\phi4$ @150mm 或 $\phi6$ @250mm 的双向钢筋网。用装配整体式楼盖且板端伸出的锚固钢筋的长度不小于 100mm 时,预制板搁置在墙上或梁上的最小长度为 30mm,如图 4-41 所示;为保证安装阶段的可靠性,预制板在梁上的搁置长度宜大于 55mm。

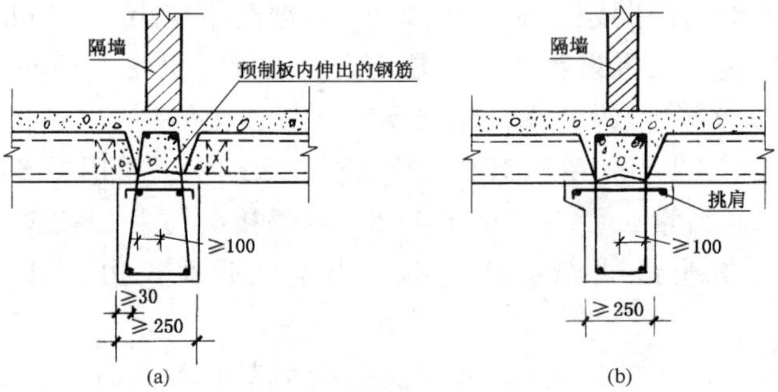

图 4-41　预制板与叠合梁的连接

4. 填充墙的构造要求

在隔墙位置较为固定的建筑中,常采用砌体填充墙。这时,砌体填充墙的上部与框架梁底之间必须用块材"塞紧"。墙与框架柱有两种连接方法:一种是柱与墙之间留缝,并用钢筋柔性连接,计算时不考虑填充墙对框架抗侧力能力的影响;另一种是刚性连接,即柱与墙紧密接触。与柱刚性连接的填充墙在框架侧向变形时,能起到斜压杆的作用(图 4-42),从而提高了框架的抗侧移能力。

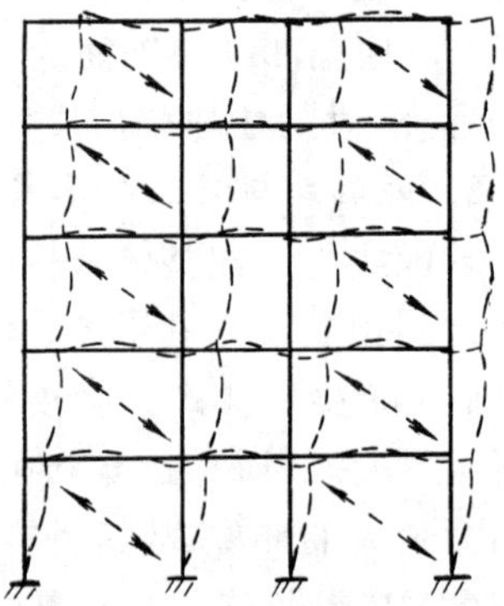

图 4-42　填充墙起斜压杆的作用

框架的填充墙或隔墙应优先选用预制轻质墙板,并必须与框架牢固地连接。当采用砌体填充墙时,应在柱与填充墙的交接处，沿高度每隔若干皮块材，用 2ϕ6 钢筋与柱拉结。拉结筋应锚入柱中，并进入填充墙内适当长度，具体要求详见有关规范。

4.7　框架结构抗震设计

4.7.1　框架抗震设计的一般概念

目前抗震设计的指导思想主要是小震不坏，大震不倒，中震可修。与此相应，对小震(多遇地震)，结构必须有足够的强度；而对于大震(罕遇地震)，结构则必须有足够的延性。

因此，框架结构的抗震设计分为两个阶段：①小震的地震作用与一般荷载一样参与荷载效应组合，以保证小震不坏。②在大震下，通过构造措施并控制相应的结构变形，以保证大震不倒。概括地讲，有三点：①小震下的强度计算；②大震下的变形验算；③保证结构延性的构造措施。

在抗震规范中，给出了小震和大震时地震作用的计算方法，据此即可进行强度计算和变形计算。此处仅就框架结构的特点讲述有关的抗震设计方法。

结构的变形能力可从结构的延性和构件的延性这两个方面来衡量，而前者又是依赖于后者的。结构的延性可用结构的位移延性系数来度量，该系数定义为结构的极限位移与屈服位移之比。构件的延性主要可用控制截面的曲率延性系数来度量，该系数定义为截面的极限曲率与屈服曲率之比。显然，仅通过几何关系就可得出位移延性系数与曲率延性系数之间的关系。

1. 提高结构延性的措施

为提高框架结构的延性，除保证各梁柱控制截面的延性以外，还必须遵守“强柱弱梁、强剪弱弯、强节点弱构件”的设计原则，才能使整个框架成为一个延性结构。

(1) 强柱弱梁的原则

框架进入塑性阶段后，由于塑性铰出现的位置不同或出现的顺序不同，可能有各种不同的破坏形式。

图 4-43(a)为一强梁弱柱型框架，塑性铰首先出现在柱中。只要在某一层柱的上下端均出现塑性铰，整个框架即成为几何可变体而倒塌。结构破坏时其他各层梁柱的承载能力和耗能能力均无法发挥作用。

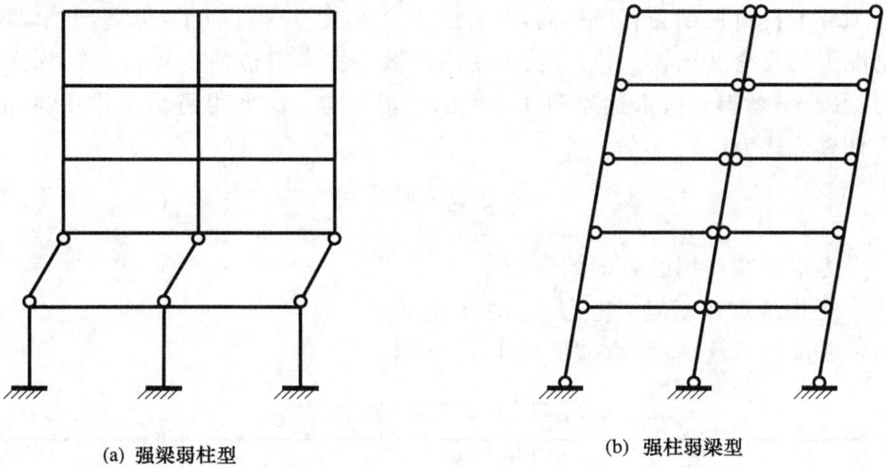

(a) 强梁弱柱型　　(b) 强柱弱梁型

图 4-43　框架的破坏形式

图 4-43(b)为一强柱弱梁型框架,塑性铰首先出现在梁中。当部分以至全部梁端均出现塑性铰时,结构仍能继续承受外荷载。只有当全部梁端及柱子底部均出现塑性铰时,框架才形成机构而破坏。显然,强柱弱梁的破坏形态可以使框架在破坏前有较大的变形,吸收和耗散较多的地震能量,因而具有较好的抗震性能。

(2) 强剪弱弯的原则

由于受弯破坏和大偏心受压破坏的延性较好,而受剪破坏基本上是脆性的,故应使构件的受剪承载力相对较强,使构件的受弯承载力相对较弱,以保证构件不出现剪切破坏,这就是强剪弱弯的原则。

(3) 强节点弱构件的原则

节点区的破坏是脆性的,造成的后果也是严重的。节点破坏后,与之相连的梁柱构件的性能再好也发挥不出来。因此,应使节点区的承载力相对较强,使与之相连的构件的承载力相对较弱,这就是强节点弱构件的原则。

2. 框架抗震设计的几个概念

(1) 抗震等级

对不同的抗震设防烈度、结构形式和房屋高度,结构应有与之相应的不同的抗震能力。为体现这一思想,GB 50010 规范按上述的不同要求把结构分为四个等级,称为抗震等级。其中一级的要求最高,四级最低。框架结构抗震等级的划分见表 4-18,其中房屋高度是指室外地面至檐口的高度。有了抗震等级的划分后,就可在抗震构造措施等方面区别对待。

表 4-18　　钢筋混凝土框架结构的抗震等级

设防烈度	6		7		8		9
房屋高度/m	≤24	>24	≤24	>24	≤24	>24	≤24
普通框架抗震等级	四	三	三	二	二	一	一
大跨度框架抗震等级	三	二	一	一			

注:大跨度框架系指跨度不小于 18m 的框架。

(2) 承载力抗震调整系数

当有地震作用参加内力组合时,考虑到地震不是经常发生的事件,地震作用的时间很短,并且在快速加载下材料强度会有所提高,原有的安全度就显得过高了,可适当予以降低,使结构在各种情况下的安全度比较一致。为此,引入承载力抗震调整系数 γ_{RE},它是小于 1 的系数。把结构抗力除以 γ_{RE} 就得到按上述原理调整后的结构抗力。由此得有地震作用参加内力组合时的承载力计算公式为

$$S_E \leqslant \frac{R_E}{\gamma_{RE}} \tag{4-45}$$

式中　S_E——考虑地震作用组合的效应;

R_E——考虑地震作用但未考虑 γ_{RE} 的抗力。

承载力抗震调整系数 γ_{RE} 的取值见表 4-19 所示。

表 4-19　　承载力抗震调整系数 γ_{RE}

受弯梁	偏压柱		剪力墙	其他构件
	轴压比<0.15	轴压比≥0.15	(偏压)	(受剪、偏拉)
0.75	0.75	0.80	0.85	0.85

注:当仅计算竖向地震作用时,各类结构构件承载力抗震调整系数均采用 1.0。

(3) 楼层屈服强度系数

楼层屈服强度系数 ξ_y 的定义式为

$$\xi_y = \frac{V_{SR}}{V_E} \tag{4-46}$$

式中 V_{SR}——按构件实际配筋和材料强度标准值计算的楼层受剪承载力；

V_E——在(罕遇)地震作用下假定结构为弹性时算得的楼层地震剪力。

对结构的每一层均可算出其楼层屈服强度系数。楼层屈服强度系数越小则该层越薄弱。因此，通过计算楼层屈服强度系数，可以找出较薄弱的层。薄弱层是指楼层屈服强度系数小于0.5的层。在罕遇地震作用下，虽然允许结构有较大的非弹性变形，但应控制在适当的范围，以满足大震不倒的要求。为此，应对薄弱层进行大震作用下的变形验算，其层间位移应不超过规定的限值。

3. 框架抗震的一般构造要求

(1) 混凝土的强度等级

为保证构件在地震作用下的承载力和延性，当按一级抗震等级设计时，混凝土的强度等级不应低于C30；当按二～四级抗震等级设计时，混凝土的强度等级不应低于C20。并且在9度时不宜超过C60，8度时不宜超过C70。

(2) 钢筋种类

钢筋的塑性性能对构件的延性有较大影响。框架梁、柱中的纵向受力钢筋宜选用HRB335，HRB400级钢筋，箍筋宜选用HPB300，HRB335和HRB400级钢筋。

(3) 钢筋锚固

纵向钢筋的最小锚固长度 l_{aE} 应按下式计算：

一、二级抗震等级 $l_{aE}=1.15l_a$ (4-47a)

三级抗震等级 $l_{aE}=1.05l_a$ (4-47b)

四级抗震等级 $l_{aE}=1.0l_a$ (4-47c)

式中，l_a 为纵向受拉钢筋的最小锚固长度，按GB 50010规范的要求取用。

(4) 钢筋的接头

考虑抗震要求的纵向受力钢筋接头宜优先采用焊接或机械连接。钢筋接头不宜设置在梁端和柱端的箍筋加密区范围内。当柱每边主筋多于4根时，应在两个或两个以上的水平面上搭接。

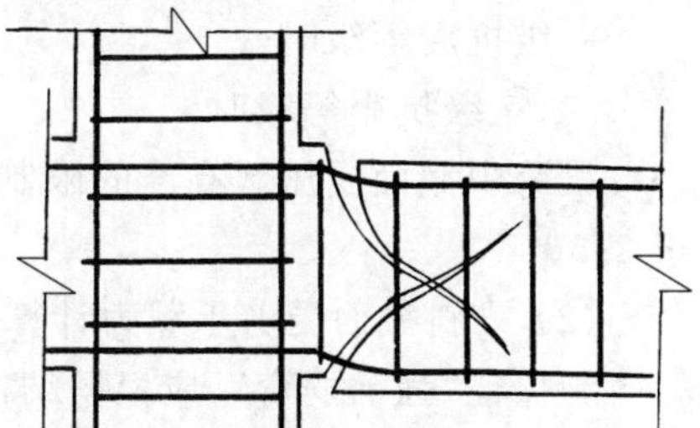

图 4-44 框架梁端的剪切破坏

(5) 箍筋

箍筋必须做成封闭箍，并加135°弯钩。弯钩端头平直段长度不应小于10d(d 为箍筋直径)。箍筋与纵向钢筋应贴紧。当采用附加拉结筋时，附加拉结筋必须同时钩住箍筋和纵筋。

4.7.2 框架梁的抗震设计

1. 框架梁的破坏形态

在地震和竖向荷载的共同作用下，梁端处的弯矩、剪力均为最大且为反复受力，故破坏常发生在梁端。在抗弯起控制时，梁端形成塑性铰，在反复荷载作用下，相应的弯曲裂缝一般贯通。当箍筋配得较少时，则出现如图4-44所示的剪切破坏，其特点为出现交叉斜裂缝。

设计不当时也会出现其他形式的破坏。例如设计时未考虑梁端由地震引起的正弯矩，导致梁端底面处发生破坏；梁内纵向受力钢筋锚固不足时会被拔出，等等。另外，主次梁连接处、梁加腋的变截面处也常有裂缝发生。

2. 影响框架梁延性的因素

在《混凝土结构基本原理》教材中已经讨论过：纵筋的配筋率对梁的延性有很大影响。配受压钢筋或加大受压区的宽度能提高梁的延性。除此之外，还有下列因素会影响框架梁的延性：

(1) 剪压比

剪压比即梁截面上的名义剪应力 $V/(bh_0)$ 与混凝土轴心抗压强度设计值 f_c 的比值，这里，V 为作用于截面的剪力，b 和 h_0 分别为截面的宽度和有效高度。试验表明，梁塑性铰区的截面剪压比对梁的延性、耗能能力及保持梁的强度、刚度有明显的影响。当剪压比大于 0.15 时，梁的强度和刚度有明显的退化现象，剪压比越高则退化越快，混凝土破坏越早，这时如增加箍筋用量已不能发挥作用。因此，必须限制截面的剪压比，也即截面的尺寸不能过小。

(2) 跨高比

梁的跨高比即梁净跨与梁截面高度之比。跨高比小时，剪力的影响加大，剪切变形亦加大。试验结果表明，当梁的跨高比小于 2 时，极易发生剪切破坏。一旦主斜裂缝形成，梁的承载力就急剧下降，表现出极差的延性。因此，一般要求，梁净跨不宜小于截面高度的 4 倍。

(3) 塑性铰区的箍筋用量

在塑性铰区配置足够的箍筋，可以防止受压纵筋过早压曲，可提高塑铰区内混凝土的极限应变值，并可阻止斜裂缝的开展，从而有效地提高塑性铰的转动能力。因此，在框架梁端塑性铰区范围内，箍筋必须加密。

3. 框架梁承载力的计算

(1) 梁正截面受弯承载力计算

除要考虑承载力抗震调整系数之外，在梁端截面必须配置受压钢筋，并且混凝土受压区高度 x 须满足下列要求(考虑受压钢筋作用时)：

一级抗震等级时　$x \leqslant 0.25h_0$　(4-48)

二、三级抗震等级时　$x \leqslant 0.35h_0$　(4-49)

梁跨中截面受压区高度的限制仍为 $x<\xi_b$，同时，框架梁纵向受拉钢筋的配筋率均不应大于 2.5%。

(2) 梁斜截面受剪承载力计算

为保证“强剪弱弯”，应根据结构的抗震等级调整梁端剪力设计值。

抗震等级为一级、设防烈度为 9 度时的梁端剪力设计值，应根据梁端实际的正截面受弯承载力，来反算梁端的剪力设计值。设梁端实际配筋量为 A_s^a，则梁端实际的受弯极限承载力 M_{bu} 可近似地取为

$$M_{bu}=A_s^a f_{yk}(h_0-a_s') \tag{4-50}$$

记 M_{bu}^l 和 M_{bu}^r 分别为梁左端和右端的受弯极限承载力，考虑到地震时构件承载力的提高，并考虑到某些预见不到的因素可能使梁端弯矩增大，取梁端剪力设计值为

$$V_b=\frac{1.1}{\gamma_{RE}}\left(\frac{M_{bu}^l+M_{bu}^r}{l_n}\right)+V_{Gb} \tag{4-51}$$

式中　V_{Gb}——考虑地震作用组合时的重力荷载代表值产生的剪力设计值，可按简支梁计算

确定；

l_n——梁的净跨。

在式(4-51)中，M_{bu}^l 和 M_{bu}^r 按逆时针方向和顺时针方向各有两个值，以同一方向的 M_{bu}^l 和 M_{bu}^r 分别代入式(4-51)就可得梁左端和右端的剪力设计值。逆时针方向和顺时针方向的选取应使 V_b 达到最大值。

其他情况下，梁端剪力可根据考虑地震内力组合得到的框架梁左、右端的设计弯矩反求，其计算公式为

$$V_b = 1.3\frac{M_b^l + M_b^r}{l_n} + V_{Gb} \quad (\text{一级抗震}) \tag{4-52a}$$

$$V_b = 1.2\frac{M_b^l + M_b^r}{l_n} \quad (\text{二级抗震}) \tag{4-52b}$$

$$V_b = 1.1\frac{M_b^l + M_b^r}{l_n} + V_{Gb} \quad (\text{三级抗震}) \tag{4-52c}$$

式中，M_b^l 和 M_b^r 分别为考虑地震作用组合的框架梁左端和右端的弯矩设计值，按同为逆时针方向或顺时针方向分别代入上式，可得梁左端和右端的剪力设计值。逆时针方向和顺时针方向的选取应使 V_b 达到最大值。

对四级抗震等级，取地震组合下的剪力设计值。

梁受剪承载力计算公式为

$$V_b \leqslant \frac{1}{\gamma_{RE}}(0.6V_c + V_s) \tag{4-53}$$

式中，V_c 和 V_s 分别为不考虑地震作用时的受剪承载力设计值表达式中的混凝土项和箍筋项；系数 0.6 考虑了反复荷载作用下混凝土受剪承载力的降低。

考虑到地震时反复荷载作用的不利影响，对进行抗震设计的矩形、T 形、I 形截面框架梁，其受剪截面应符合下列条件：

$$V_b \leqslant \frac{1}{\gamma_{RE}}\alpha'\beta_c f_c b h_0 \tag{4-54}$$

其中，对跨高比不小于 2.5 的框架梁，取 $\alpha'=0.20$；对跨高比小于 2.5 的框架梁，取 $\alpha'=0.15$。

4. 框架梁的抗震构造要求

框架梁纵向受拉钢筋的最小配筋率如表 4-20 所示。沿梁全长顶面和底面至少应各配置两根纵向钢筋，其数量：对一、二级抗震等级，不应少于 2 ⌀ 14，且不应少于梁端顶面和底面纵向钢筋中较大截面面积的 1/4；对三、四级抗震等级不应少于 2 ⌀ 12。

表 4-20　　抗震设计中框架梁纵向受拉钢筋最小配筋百分率　　%

抗震等级	梁中位置	
	支座	跨中
一级	0.4 和 $80f_t/f_y$	0.3 和 $65f_t/f_y$
二级	0.3 和 $65f_t/f_y$	0.25 和 $55f_t/f_y$
三、四级	0.25 和 $55f_t/f_y$	0.2 和 $45f_t/f_y$

为提高框架梁的延性，梁端塑性铰区必须配置纵向受压钢筋 A_s'，且其配筋量应满足下列要求：

$$\frac{A_s'}{A_s} \geqslant 0.5 \qquad \text{(一级抗震等级)} \tag{4-55}$$

$$\frac{A_s'}{A_s} \geqslant 0.3 \qquad \text{(二、三级抗震等级)} \tag{4-56}$$

框架梁端箍筋应按表 4-21 的要求加密。当梁端纵向受拉钢筋配筋率大于 2%时，表中最小箍筋直径应增加 2mm。加密区箍筋肢距，一级抗震等级不宜大于 200mm 及 20 倍箍筋直径中的较大值；二、三级抗震等级不宜大于 250mm 及 20 倍箍筋直径中的较大值；四级抗震等级不宜大于 300mm。纵向钢筋每排多于四根时，每隔一根宜用箍筋或拉筋固定。

梁非加密区箍筋的配筋率 ρ_{sv}，一级抗震不小于 $0.3f_t/f_{yv}$，二级抗震不小于 $0.28f_t/f_{yv}$，三级抗震不小于 $0.26f_t/f_{yv}$。且非加密区的箍筋最大间距不宜大于加密区箍筋间距的 2 倍。

表 4-21　　抗震设计中框架梁端箍筋加密区的长度、箍筋最大间距和最小直径　　mm

抗震等级	加密区长度（采用较大值）	箍筋最大间距（采用最小值）	箍筋最小直径
一	$2h$,500	$h/4$,$6d$,100	10
二	$1.5h$,500	$h/4$,$8d$,100	8
三	$1.5h$,500	$h/4$,$8d$,150	8
四	$1.5h$,500	$h/4$,$8d$,150	6

注：d 为纵筋直径，h 为梁高。

4.7.3　框架柱的抗震设计

1. 框架柱的破坏形态

由于柱两端弯矩大，破坏一般发生在柱的两端，多发生在柱顶。这是因为在以前的框架结构设计中，柱内主筋往往在楼层上表面即柱底部搭接，而搭接处由于箍筋已加密提高了抗震能力。柱顶破坏时混凝土压碎，钢筋压曲（图 4-45）。

角柱由于双向受压并且由于整体扭转造成的侧移较大，其破坏程度比中柱和边柱严重。

长细比小于 4 的短柱受的剪力很大，易发生剪切脆性破坏。在设计中应尽量避免出现短柱。一般要求，柱净高与截面高度（圆柱直径）之比不宜小于 4。

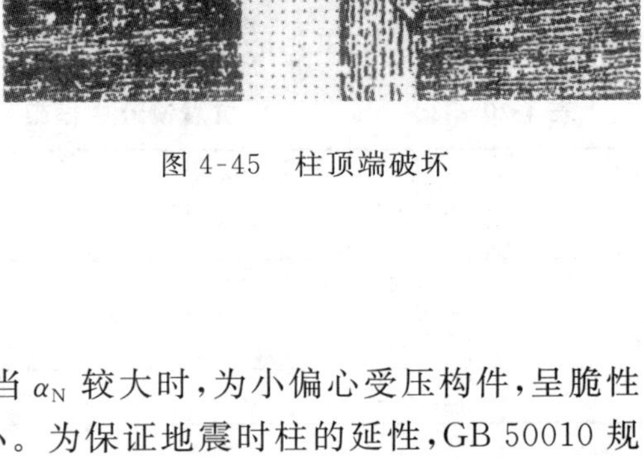

图 4-45　柱顶端破坏

柱的轴力越大，其延性越差，故引入轴压比的概念。轴压比 α_N 定义为

$$\alpha_N = \frac{N_c}{f_c A_c} \tag{4-57}$$

式中　N_c——柱内力组合后的轴压力设计值；

A_c——柱的全截面面积；

f_c——混凝土抗压强度设计值。

当 α_N 较小时，为大偏心受压构件，呈延性破坏；当 α_N 较大时，为小偏心受压构件，呈脆性破坏。并且当轴压比较大时，箍筋对延性的影响变小。为保证地震时柱的延性，GB 50010 规范规定了轴压比的上限值如表 4-22 所示，这些限值是从偏心受压截面产生界限破坏的条件得到的。框支层由于变形集中，对轴压比的限值要严一些。在一定的有利条件下（详见规范），柱轴压比的限值可适当提高，但不应大于1.05。

表 4-22 框架柱的轴压比限值

抗震等级	一级	二级	三级	四级
框架柱	0.65	0.75	0.85	0.9
框支层柱	0.60	0.70	—	—

2. 框架柱正截面承载力计算

为保证"强柱弱梁"，节点上下柱端弯矩设计值之和应大于节点左右梁端弯矩之和。具体要求为：

$$M_c^u + M_c^l = \frac{1.2}{\gamma_{RE}}(M_{bu}^l + M_{bu}^r) \quad \text{（9 度设防烈度、一级抗震等级）} \tag{4-58}$$

$$M_c^u + M_c^l = \alpha''(M_b^l + M_b^r) \quad \text{（其他情况，一、二、三级抗震等级）} \tag{4-59}$$

式中 M_{bu}^l, M_{bu}^r——同一节点左、右梁端正截面受弯极限承载力（注意，此定义与前述不同）；

M_b^l, M_b^r——同一节点左、右梁端截面考虑地震作用组合的弯矩设计值；

M_c^u, M_c^l——同一节点上、下柱端截面考虑抗震等级的弯矩设计值；

γ_{RE}——梁的正截面受弯承载力抗震调整系数；

α''——系数，对二、三、四级抗震等级分别取1.5，1.3，1.2。

式(4-58)中的($M_{bu}^l + M_{bu}^r$)应按顺时针方向或逆时针方向分别计算，取其较大者，其中 M_{bu}^l 和 M_{bu}^r 均可按式(4-50)计算。式(4-59)中的($M_b^l + M_b^r$)也应按顺时针方向或逆时针方向分别计算后取其大者（当节点左右梁端均为负弯矩时，绝对值较小一端的弯矩取零）。求得节点上下柱端弯矩设计值之和后，在一般情况下可按弹性分析所得的节点上下柱端弯矩比进行分配。

一、二、三、四级抗震等级框架结构的底层，柱下端截面组合的弯矩设计值，应分别乘以增大系数1.7，1.5，1.3和1.2。

求得内力后可按压弯构件进行柱的正截面承载力计算。

3. 柱斜截面受剪承载力计算

为保证"强剪弱弯"，柱的设计剪力应为

$$V_c = \frac{1.2}{\gamma_{RE}}\left(\frac{M_{cu}^t + M_{cu}^b}{H_n}\right) \quad \text{（9 度设防烈度、一级抗震等级）} \tag{4-60}$$

$$V_c = 1.3\,\frac{M_c^t + M_c^b}{H_n} \quad \text{（二级抗震等级）} \tag{4-61}$$

$$C_c = 1.2\,\frac{M_c^t + M_c^b}{H_n} \quad \text{（三级抗震等级）} \tag{4-62}$$

$$V_c = 1.1\,\frac{M_c^t + M_c^b}{H_n} \quad \text{（四级抗震等级）} \tag{4-63}$$

式中 M_{cu}^t, M_{cu}^b——框架柱上端和下端的正截面受弯极限承载力（应按实际配筋和材料强度的标准值计算）；

M_c^t, M_c^b——考虑地震效应组合得到的框架柱上端和下端的弯矩设计值；

γ_{RE}——偏心受压柱的正截面承载力抗震调整系数；

H_n——柱的净高。

式(4-60)—式(4-63)中的($M_{cu}^t + M_{cu}^b$)或($M_c^t + M_c^b$)应分别按顺时针和逆时针方向计算，

取其较大值。

柱剪力设计值确定后，柱的受剪承载力计算的公式与式(4-53)相类似，只需把该式中的V_b换成V_c，并考虑轴力项即可。即柱受剪承载力计算公式为

$$V_c \leqslant \frac{1}{\gamma_{RE}}\left(\frac{1.05}{\lambda+1}f_t b h_0 + f_{yv}\frac{A_{sv}}{s}h_0 + 0.056N_c\right) \tag{4-64}$$

式中 λ——框架柱的计算剪跨比，其值取柱上、下端弯矩较大值M与对应的剪力V和柱截面有效高度h_0的比值，即$M/(Vh_0)$；当框架结构中的框架柱的反弯点在柱层高范围内时，柱剪跨比也可采用1/2柱净高与柱截面有效高度h_0的比值；当λ小于1时，取$\lambda=1$；当λ大于3时，取$\lambda=3$；

N_c——考虑地震作用组合的框架柱的轴向压力设计值，当N_c大于$0.3f_cA$时，$N_c=0.3f_cA$。

当框架柱出现拉力时，其斜截面受剪承载力计算公式则应为

$$V_c \leqslant \frac{1}{\gamma_{RE}}\left(\frac{1.05}{\lambda+1}f_t b h_0 + f_{yv}\frac{A_{sv}}{s}h_0 - 0.2N_t\right) \tag{4-65}$$

当式(4-65)中方括号内的计算值小于$f_{yv}\frac{A_{sv}}{s}h_0$时，取等于$f_{yv}\frac{A_{sv}}{s}h_0$，且$f_{yv}\frac{A_{sv}}{s}h_0$的值不应小于$0.36f_t b h_0$。

框架柱受剪的截面限制条件仍为式(4-54)的形式，只需把该式中的V_b换成V_c，并且把α'的取值改为：当剪跨比大于2时，取$\alpha'=0.2$，否则，取$\alpha'=0.15$，即可。

4. 框架柱的构造要求

矩形截面框架柱抗震等级为四级或层数不超过2层时，其截面尺寸不宜小于300mm。柱内纵向受力钢筋宜对称配置。一、二、三级抗震等级且层数超过2层时不宜小于400mm。柱中全部纵向受力钢筋的配筋率不应小于表4-23的要求。对Ⅳ类场地上较高的高层建筑，按表中数值增加0.10。

表 4-23　　框架柱纵向钢筋最小配筋百分率　　%

柱类型	抗震等级			
	一级	二级	三级	四级
中柱、边柱	1.0	0.8	0.7	0.6
角柱、框支柱	1.2	1.0	0.9	0.8

注：当框架柱混凝土强度等级超过C60时，其纵向钢筋最小配筋百分率宜增加0.1。

框架柱中全部纵向受力钢筋配筋率不应大于5%。

当按一级抗震等级设计，且柱的剪跨比λ不大于2时，为防止发生粘结破坏，柱一侧纵向受拉钢筋配筋率不宜大于1.2%，且应沿柱全长采用复合箍筋。当柱一侧纵向受拉钢筋配筋率大于1.2%时，其沿柱全长箍筋含箍特征值应增加0.015。

箍筋对柱核心区混凝土有约束作用，从而能提高柱的延性。试验结果表明，箍筋类型对箍筋的约束作用有明显的影响。当配置复式箍筋或螺旋形箍筋时，柱的延性将比配置普通箍筋时有所提高。

在箍筋的直径和间距保持不变时，箍筋对核心区混凝土的约束效应还取决于箍筋的无支撑长度的大小(图4-46)。无支撑长度越小，箍筋受核心区混凝土挤压而向外弯曲的程度越小，阻止核心区混凝土横向变形的作用就越强。所以当箍筋用量相同时，若减小箍筋直径并增

加附加箍筋，从而减小箍筋的无支撑长度，则对提高柱的延性更为有利。因而 GB 50010 规范规定，柱箍筋加密区长度内的箍筋肢距，一级抗震等级不宜大于 200mm；二、三级抗震等级不宜大于 250mm 和 20 倍箍筋直径的较大值；四级抗震等级不宜大于 300mm。且每隔一根纵向钢筋宜在两个方向有箍筋约束。在复式箍筋中采用拉筋时，拉筋宜紧靠纵筋并勾住封闭箍筋。

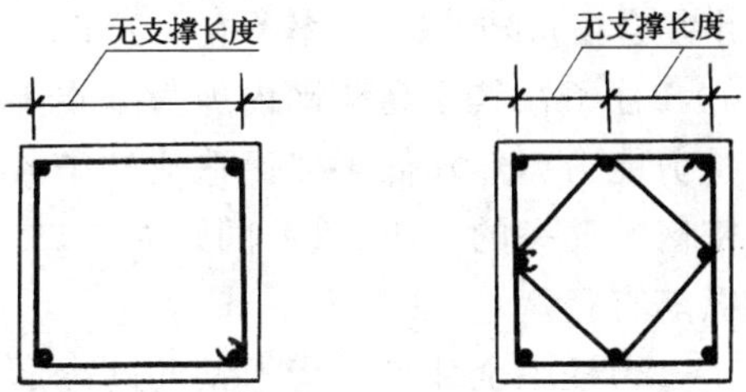

图 4-46　箍筋的无支撑长度

框架柱内常用的箍筋形式如图 4-47 所示。

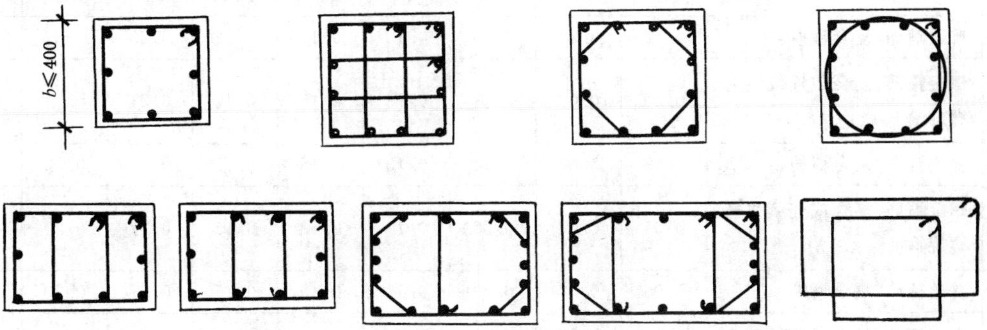

图 4-47　框架柱的箍筋形式

在塑性铰区，应加强箍筋的约束。因此，在柱的上下端箍筋应按表 4-24 的规定加密。对剪跨比不大于 2 的柱、框支柱和一、二级抗震的框架角柱应沿柱全长加密箍筋。柱在刚性地坪表面的上、下各 500mm 的范围内也应按加密区的要求配置箍筋。

表 4-24　　框架柱加密区的箍筋最大间距和最小直径

抗震等级	箍筋最大间距（采用较小值）/mm	箍筋最小直径/mm	箍筋加密区长度（采用较大者）
一	$6d$，100	10	h（或 D），$H_n/6$，500mm
二	$8d$，100	8	
三	$8d$，150（柱根 100）	8	
四	$8d$，150（柱根 100）	6（柱根 8）	

注：h 为矩形截面长边尺寸，D 为圆形截面直径，H_n 为柱净高，d 为纵向钢筋直径。

在框架柱箍筋加密区范围内，箍筋的体积配箍率应符合下式要求：

$$\rho_{sv} \geqslant \lambda_v \frac{f_c}{f_{yv}} \tag{4-66}$$

式中　ρ_{sv}——按箍筋范围以内的核心截面计算的体积配箍率（计算复合箍筋中的箍筋体积配箍率时，应扣除重叠部分的箍筋体积）；

λ_v——最小配箍特征值，按表 4-25 采用。

对一、二、三、四级抗震等级的框架柱，其箍筋加密区箍筋最小体积配箍率分别不应小于 0.8%，0.6%，0.4%，0.4%。框支柱宜采用复合螺旋箍或井字复合箍，其最小配箍特征值应比表 4-25 中数值增加 0.02，且体积配箍率不应小于 1.5%。剪跨比不大于 2 的柱，柱全高宜采用复合螺旋箍或井字复合箍，其体积配筋率不应小于1.2%，设防烈度为9度时不应小于1.5%。

柱子在其层高范围内剪力基本不变，并且柱基本上不受扭。因此，为避免柱箍筋加密区外抗剪能力突然降低很多而造成柱中段的破坏，在柱的非加密区，箍筋的体积配筋率不宜小于加密区配筋率的一半，箍筋间距对一、二级抗震不应大于10d，对三、四级抗震不宜大于15d，d为纵筋直径。

当柱中全部纵向受力钢筋的配筋率超过3%时，箍筋应焊成封闭环式。

表 4-25　柱箍筋加密区的箍筋最小配箍特征值 λ_v

抗震等级	箍筋形式	轴压比								
		≤0.3	0.4	0.5	0.6	0.7	0.8	0.9	1.0	1.05
一级	普通箍筋、复合箍筋	0.10	0.11	0.13	0.15	0.18	0.22	0.23	—	—
	螺旋箍筋、复合或连续复合螺旋箍	0.08	0.09	0.11	0.13	0.15	0.18	0.21	—	—
二级	普通箍筋、复合箍筋	0.08	0.09	0.11	0.13	0.15	0.17	0.19	0.22	0.24
	螺旋箍筋、复合或连续复合螺旋箍	0.06	0.07	0.09	0.11	0.13	0.15	0.17	0.20	0.22
三级四级	普通箍筋、复合箍筋	0.06	0.07	0.09	0.11	0.13	0.15	0.17	0.20	0.22
	螺旋箍筋、复合或连续复合螺旋箍	0.05	0.06	0.07	0.09	0.11	0.13	0.15	0.18	0.20

注：(1) 普通箍筋系指单个矩形箍筋和单个圆形箍筋；复合箍筋系指由矩形、多边形、圆形箍筋或拉筋组成的箍筋；复合螺旋箍指由螺旋箍与矩形、多边形、圆形箍筋或拉筋组成的箍筋；连续复合螺旋箍指全部螺旋箍为同一根钢筋加工成的箍筋；

(2) 计算复合螺旋箍筋的配筋特征值时，非螺旋箍筋的计算配筋特征值应乘以0.8，折算成螺旋箍筋后按表内螺旋箍一栏采用。

4.7.4　框架节点的抗震设计

1. 框架节点的破坏形态

在竖向荷载和地震作用下，框架梁柱节点主要承受柱传来的轴向力、弯矩、剪力和梁传来的弯矩、剪力，如图4-48所示。节点区的破坏形式为由主拉应力引起的剪切破坏。如果节点未设箍筋或箍筋不足，则由于其抗剪能力不足，节点区出现多条交叉斜裂缝，斜裂缝间混凝土被压碎，柱内纵向钢筋压屈。

2. 影响框架节点承载力和延性的因素

(1) 梁板对节点区的约束作用

试验表明，直交梁，即与框架平面相垂直且与节点相交的梁，对节点区具有约束作用，能提高节点区混凝土的抗剪强度。但如直交梁与柱面交界处有竖向裂缝，则这种作用就受到削弱。

四边有梁且带有现浇楼板的中柱节点，其混凝土的抗剪强度比不带楼板的节点有明显的提高。一般认为，对这种中柱节点，当直交梁的截面宽度不小于柱宽的1/2，且截面高度不小于框架梁截面高度的3/4时，在考虑了直交梁

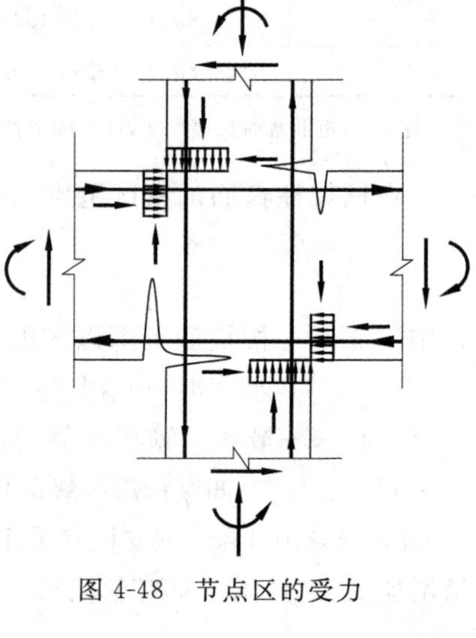

图 4-48　节点区的受力

开裂等不利影响后，节点区的混凝土抗剪强度比不带直交梁及楼板时要提高50%左右。试验还表明，对于三边有梁的边柱节点和两边有梁的角柱节点，直交梁和楼板的约束作用并不明显。

(2) 轴压力对节点区混凝土抗剪强度和节点延性的影响

当轴压力较小时，节点区混凝土的抗剪强度随着轴压力的增加而增加，且直到节点区被较多交叉斜裂缝分割成若干菱形块体时，轴压力的存在仍能提高其抗剪强度。但当轴压比大于0.6～0.8范围内的值时，节点混凝土抗剪强度反而随轴压力的增加而下降。

轴压力的存在会使节点区的延性降低。

(3) 剪压比和配箍率对节点区混凝土抗剪强度的影响

与其他混凝土构件类似，节点区的混凝土和钢筋是共同作用的。根据桁架模型或拉压杆模型，钢筋起拉杆的作用，混凝土则主要起压杆的作用。显然，节点破坏时可能钢筋先坏，也可能混凝土先坏。一般希望钢筋先坏，这就必须要求节点的尺寸不能过小，或节点区的配箍率不能过高。当节点区配箍率过高时，节点区混凝土将首先破坏，使箍筋不能充分发挥作用。因此，应对节点的最大配箍率加以限制。在设计中可采用限制节点水平截面上的剪压比来实现这一要求。试验表明，当节点区截面的剪压比大于0.35时，增加箍筋的作用已不明显，这时须增大节点水平截面的尺寸。

(4) 梁纵筋滑移对结构延性的影响

框架梁纵筋在中柱节点区通常以连续贯通的形式通过。在反复荷载作用下，梁纵筋在节点一边受拉屈服，而在另一边受压屈服。如此循环往复，将使纵筋的粘结迅速破坏，导致梁纵筋在节点区贯通滑移，使节点区受剪承载力降低，亦使梁截面后期受弯承载力和延性降低，使节点的刚度和耗能能力明显下降。试验表明，边柱节点梁的纵筋锚固比中柱节点的好，滑移较小。

为防止梁纵筋滑移，最好采用直径不大于1/25柱宽的钢筋，即使梁纵筋在节点区有不小于25倍其直径的锚固长度，也可以将梁纵筋穿过柱中心轴后再弯入柱内，以改善其锚固性能。

3. 节点的受剪承载力计算

(1) 节点剪力设计值

取某中间节点为隔离体，设梁端已出现塑性铰，则梁受拉纵筋的应力为 f_{yk}。不计框架梁的轴力，并不计直交梁对节点受力的影响，则节点的受力如图4-49(a)所示。设节点水平截面上的剪力为 V_j，则节点上半部的力合成 V_j：

$$V_j = C^l + T^r - V_c = f_{yk}A_s^b + f_{yk}A_s^t - V_c \tag{4-67}$$

取柱净高部分为脱离体，如图4-49(b)所示。由该柱的平衡条件得

$$V_c = \frac{M_c^b + M_c^t}{H_c - h_b} \tag{4-68}$$

式中 H_c——一层框架柱的高度；

h_b——框架梁的截面高度。

近似地取

$$M_c^b = M_c^u, \quad M_c^t = M_c^l \tag{4-69}$$

由节点的弯矩平衡条件得：

$$M_c^l + M_c^u = M_b^l + M_b^r \tag{4-70}$$

从而得

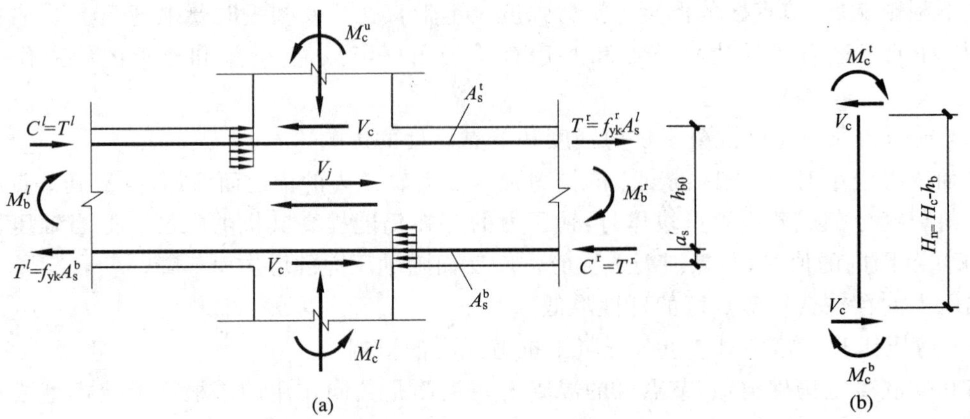

图 4-49　节点受力简图

$$V_c=\frac{M_b^l+M_b^r}{H_c-h_b}=\frac{(f_{yk}A_s^b+f_{yk}A_s^t)(h_{b0}+a_s')}{H_c-h_b} \tag{4-71}$$

把式(4-71)代入式(4-67)并引入承载力抗震调整系数 γ_{RE}，即得中间层节点的剪力设计值计算公式：

$$V_j=\frac{1}{\gamma_{RE}}f_{yk}(A_s^b+A_s^t)\left(1-\frac{h_{b0}-a_s'}{H_c-h_b}\right) \tag{4-72}$$

对于顶层节点，则有

$$V_j=\frac{1}{\gamma_{RE}}f_{yk}(A_s^b-A_s^t) \tag{4-73}$$

因为梁端弯矩可为逆时针或顺时针方向，二者的$(A_s^b+A_s^t)$是不同的，设计计算时应取其中较大的值，并且$(A_s^b+A_s^t)$应按实际配筋的面积计算。

GB 50010 规范在引入了强度增大系数后，规定设防烈度为 9 度且抗震等级为一级时，对顶层中间节点和端节点，取

$$V_j=\frac{1.15}{\gamma_{RE}}f_{yk}(A_s^b+A_s^t) \tag{4-74}$$

对其他层的中间节点和端节点，取

$$V_j=\frac{1.15}{\gamma_{RE}}f_{yk}(A_s^b+A_s^t)\left(1-\frac{h_{b0}-a_s'}{H_c-h_b}\right) \tag{4-75}$$

在其他情况下(设防烈度不为 9 度时)，可不按实际配筋求梁端极限弯矩，而直接按节点两侧梁端设计弯矩计算。对顶层中间节点和端节点，取

$$V_j=\eta_{fb}\frac{M_b^l+M_b^r}{h_{b0}-a_s'} \tag{4-76}$$

对于其他层中间节点和端节点，考虑柱剪力的影响，取：

$$V_j=\eta_{jb}\frac{M_b^l+M_b^r}{h_{b0}-a_s'}\left(1-\frac{h_{b0}-a_s'}{H_c-h_b}\right) \tag{4-77}$$

式中，η_{jb}为节点剪力增大系数，一级取 1.50，二级取 1.35，三级取 1.20。

同样，$(M_b^l+M_b^r)$有逆时针和顺时针两个值，应取其中较大的值。

对四级抗震等级的框架节点，可不进行抗剪计算，仅按构造配置箍筋即可。

在计算中，H_c取节点上柱和下柱反弯点之间的距离。当节点两侧梁高不相同时，h_{b0}和 h_b

取各自的平均值。

(2) 节点受剪承载力的设计要求

以上导出了节点区的剪力设计值 V_j。节点区抗剪承载力极限状态的设计要求：

$$V_j \leqslant V_{ju} \tag{4-78}$$

式中，V_{ju} 为节点受剪承载力设计值。

考虑直交梁和轴向压力对节点受剪承载力的有利影响，取

$$V_{ju}=\frac{1}{\gamma_{RE}}\left[1.1\eta_j f_t b_j h_j+0.05\eta_j N\frac{b_j}{b_c}+\frac{f_{yv}A_{svj}}{s}(h_{b0}-a'_s)\right] \tag{4-79}$$

对一级抗震等级的框架结构和设防烈度为 9 度时的一级抗震等级框架，则取

$$V_{ju}=\frac{1}{\gamma_{RE}}\left[0.9\eta_j f_t b_j h_j+\frac{f_{yv}A_{svj}}{s}(h_{b0}-a'_s)\right] \tag{4-80}$$

式中　N——考虑地震作用组合的节点上柱底部的轴向压力设计值，当 $N>0.5f_c b_c h_c$ 时，取 $N=0.5f_c b_c h_c$；当 N 为拉力时，取 $N=0$。

η_j——直交梁对节点的约束影响系数；当楼板为现浇，四侧各梁宽度不小于该侧柱截面宽度的 1/2 的中间节点，且直交梁的截面高度不小于较高框架梁截面高度的 3/4 时，取 $\eta_j=1.5$，9 度时，宜取 $\eta_j=1.25$；当不满足条件时，取 $\eta_j=1.0$。

b_c，h_c——框架柱截面的宽度(垂直框架平面的尺寸)和高度(平行框架平面的尺寸)。

b_j，h_j——框架节点水平截面的宽度和高度，当框架梁截面宽度 $b_b \geqslant b_c/2$ 时，可取 $b_j=b_c$；当 $b_b<b_c/2$ 时，可取 $b_j=\min(b_b+0.5h_c, b_c)$。此处，$b_b$ 为梁的截面宽度。当梁柱轴线有偏心距 e_0 时，e_0 不宜大于柱截面宽度的 1/4，此时应取 $b_j=\min(0.5b_c+0.5b_b+0.25h_c-e_0, b_b+0.5h_c, b_c)$。可取 $h_j=h_c$。

A_{svj}——配置在框架节点宽度 b_j 范围内同一截面箍筋各肢的全部截面面积。

(3) 节点受剪截面限制条件

为防止节点区混凝土承受过大的斜压应力而先于钢筋破坏，节点区的尺寸就不能太小。因此，框架节点受剪的水平截面应符合下列条件：

$$V_j=\frac{1}{\gamma_{RE}}(0.3\eta_j\beta_c f_c b_j h_j) \tag{4-81}$$

4. 框架节点的构造要求

框架节点区箍筋的配置不应低于表 4-24 对柱端箍筋加密区的构造要求。

柱中的纵向受力钢筋不宜在节点区截断。通常，顶层柱的纵筋宜锚入梁中。

框架梁上部纵向钢筋应贯穿中间节点；梁下部纵向钢筋伸入中间节点的锚固长度不应小于 l_{aE}，且伸过柱中心线不应小于 $5d$(图 4-50(a))。框架梁纵向钢筋在端节点内的锚固长度不应小于 l_{aE}，并应伸过节点中心线，当柱截面高度较小时，钢筋应伸至对面柱边后再向下或向上弯折，弯折前的水平锚固长度不应小于 $0.40l_{aE}$，如图 4-50(b)所示。

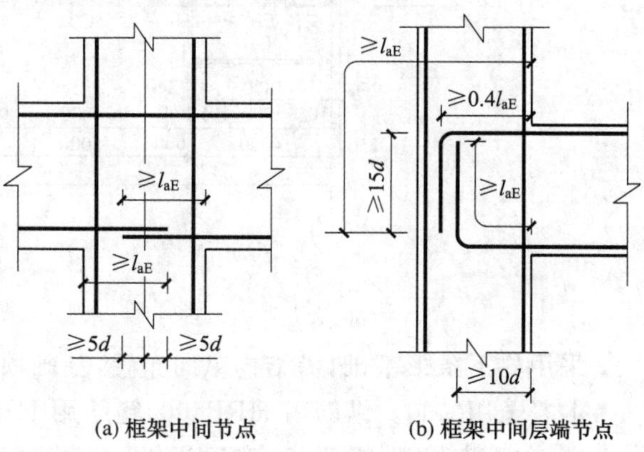

图 4-50　框架梁的纵向钢筋在节点区内的锚固

装配整体式框架节点，其承载力与延性不应低于现浇结构的节点。梁上部纵向受力钢筋的接头应采用焊接接头，且接头不宜设置在箍筋加密区范围内；梁下部纵向钢筋应采用可靠连接或锚入节点内。接头缝隙的后浇混凝土的强度等级应比预制构件的混凝土强度等级提高两级。

其余构造要求详见有关规范。

4.8　多层框架结构设计实例

【例 4-5】上海某百货商店，两跨五层，跨度 6.6m，长度 38m，柱距 6m，两端柱距 4m，房屋总高度 22.45m，底层层高为 4.5m，2～5 层层高均为 4.2m，平面图和剖面如图 4-51、图 4-52 所示。采用框架结构(图 4-53)，下部采用柱下条形基础，现浇单向板楼盖体系；抗震等级为三级，设防烈度为 7 度，场地土类别为Ⅳ类，设计地震分组为一组，建筑抗震设防类别为丙类，建筑物设计合理使用年限为 50 年，环境类别为二 a。地面粗糙度类别为 B 类。框架填充墙为焦渣空心砌块，混合砂浆强度等级为 M7.5。板厚 90mm，次梁截面 $b \times h = 200\text{mm} \times 400\text{mm}$，框架梁截面 $b \times h = 250\text{mm} \times 600\text{mm}$，框架柱截面尺寸为 500mm ×500mm。

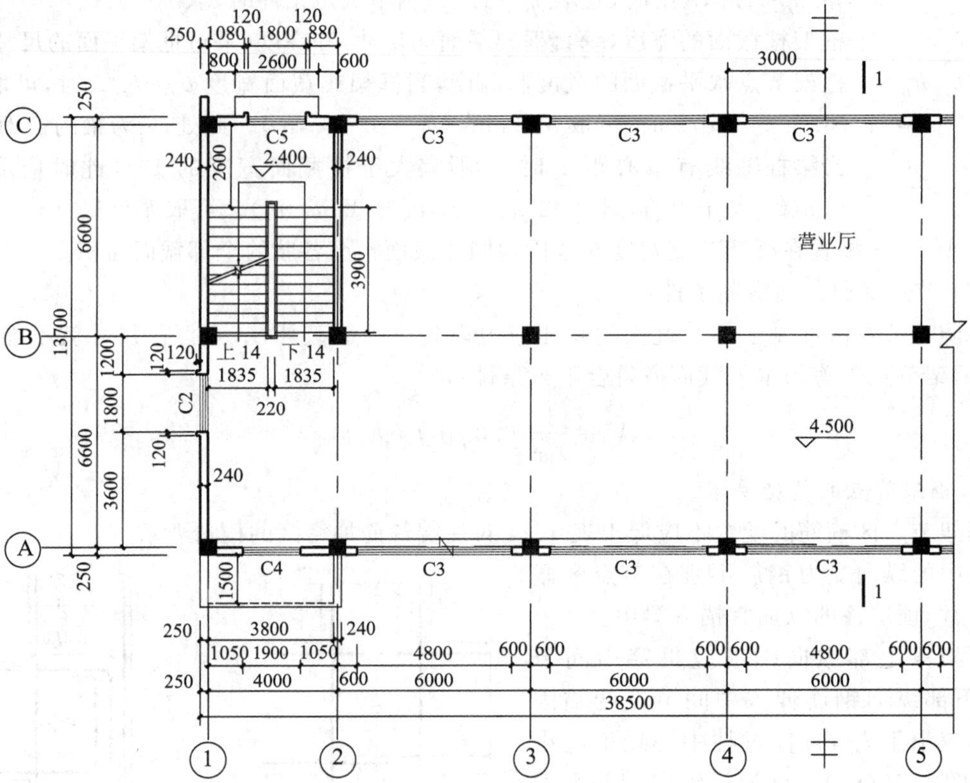

图 4-51　例 4-5 题二层平面图

采用柱下条形基础，沿结构纵向布置，基础顶面标高－1.000m，基础埋深 1.55m。

混凝土用 C30。纵筋用 HRB400，箍筋用 HRB335。

楼面恒载标准值为 2.905kN/m^2，活载标准值为 3.5kN/m^2。屋面恒载标准值为 4.495kN/m^2，活载标准值为 2.0kN/m^2。基本雪压为 0.2kN/m^2。楼屋盖底面用 15mm 厚混

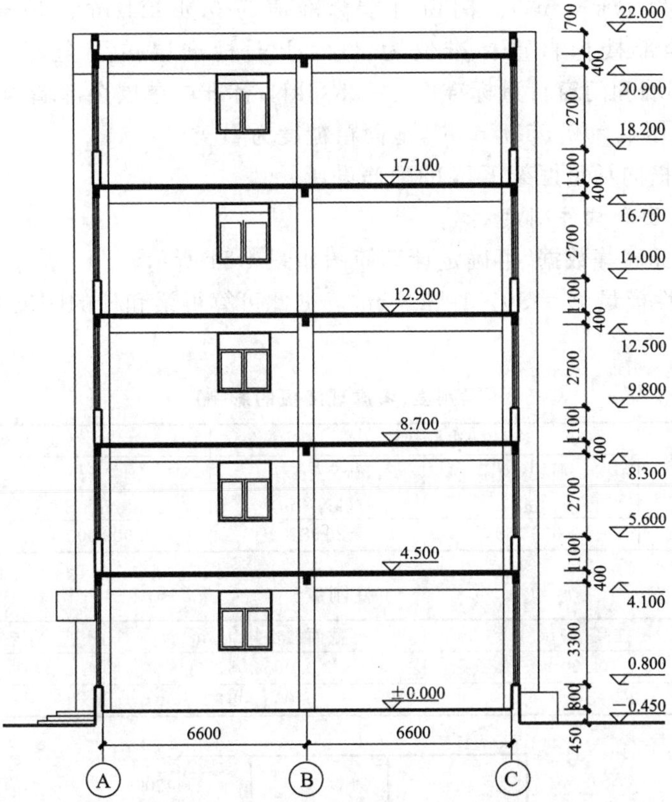

图 4-52 例 4-51 题 1—1 剖面

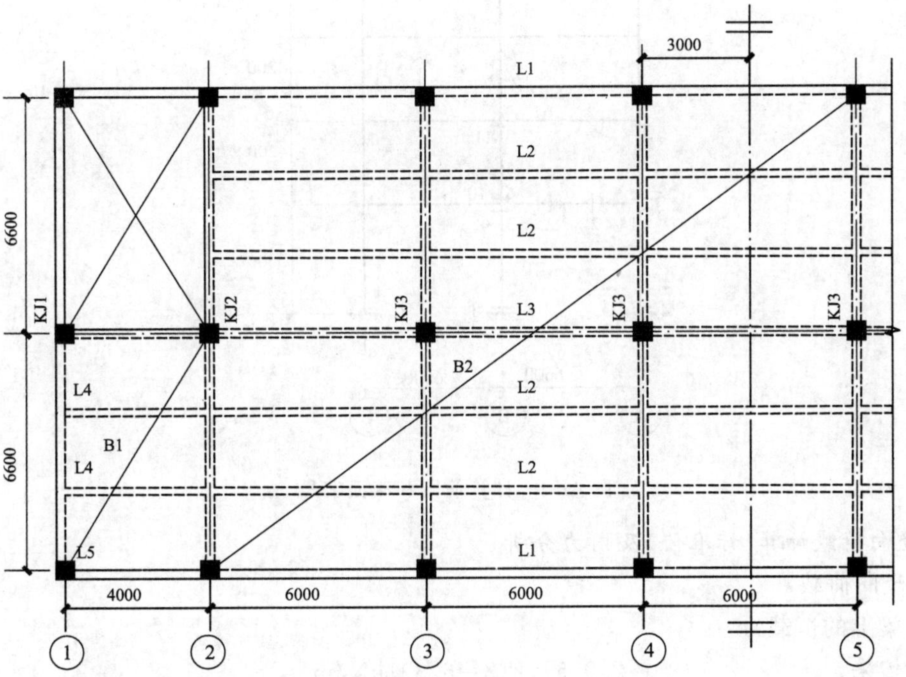

图 4-53 例 4-5 题结构布置图

合砂浆抹灰(容重为 $17kN/m^3$)。门窗自重标准值为 $0.4\ kN/m^2$。填充墙自重标准值为 $2.22kN/m^2$。底层全部楼梯自重标准值为 232.1kN,标准层单层全部楼梯自重标准值为 221.7kN。底层全部墙和门窗自重标准值为 725.6kN,标准层单层全部墙和门窗自重标准值为 656.5 kN。基本风压 $\omega_0=0.55N/mm^2$,地面粗糙度为B类。

要求进行4轴横向承重框架KJ3的配筋设计。

【解】1. 计算简图和构件刚度

根据基础顶面标高等数据,可确定计算简图如图4-54所示。

C30混凝土弹性模量 $E_c=30\times10^6kN/m^2$。据此可算得梁和柱的刚度分别如表4-26和表4-27所示。

表 4-26　　梁刚度(考虑现浇板的影响)

矩形截面惯性矩 I_0 /m^4	边框架梁		中框架梁	
	$I_b=1.5I_0$ /m^4	$i_b=EI_b/l$ /(kN·m)	$I_b=2I_0$ /m^4	$i_b=EI_b/l$ /(kN·m)
0.0045000	0.0067500	30682	0.0090000	40909

表 4-27　　柱刚度

构件名称	柱高 H/m	截面惯性矩 I_c/m^4	$i_c=EI_c/H$/(kN·m)
标准层柱	4.2	0.0052083	37292
底层柱	5.5	0.0052083	28409

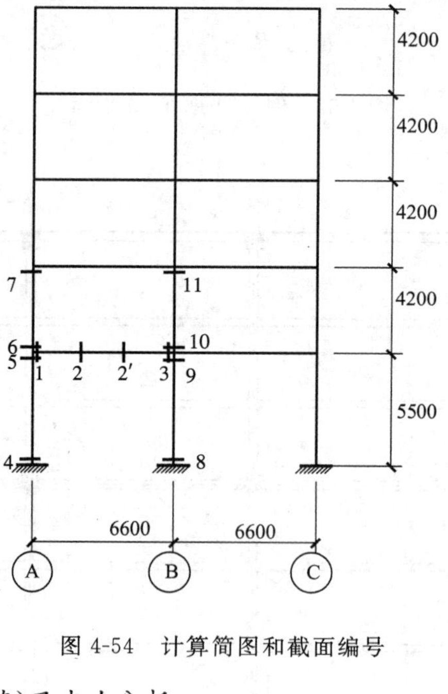

图4-54　计算简图和截面编号

2. 竖向荷载计算(标准值)及内力分析

(1) 竖向荷载

楼盖内次梁上的恒载:

楼板传来	$2.905\times2.2=6.391kN/m$
次梁自重	$25\times0.2\times(0.4-0.09)=1.55kN/m$
两侧抹灰	$1.2\times17\times0.015\times(0.4-0.09)\times2=0.1581kN/m$

总计 8.0991kN/m

楼盖内次梁上的活载：

楼板传来 3.5× 2.2=7.7kN/m

屋盖内次梁上的恒载： 4.495× 2.2 +1.55+0.1581=11.5971kN/m

屋盖内次梁上的活载： 2.0×2.2=4.4kN/m

楼盖边次梁上的恒载：

楼板和次梁重： 2.905×(1.1 + 0.25) + 1.55 + 0.1581=5.6299kN/m

纵墙荷载(含门窗)：

2.22× [(4.2−0.4)×(6−0.5)−4.8×2.7] + 0.4×4.8×2.7=22.8108kN

总计： 9.4317kN/m

楼盖边次梁上的活载：3.5×1.1=3.8500kN/m

屋盖边次梁上的恒载：

屋面板和次梁重：4.495× (1.1 + 0.25) + 1.55 + 0.1581=7.7764kN/m

女儿墙重：25×0.19×6×0.23 + 7×0.19×6×0.47 + 20×0.04×0.7×6=13.6656kN

总计： 10.0540kN/m

屋盖边次梁上的活载：2×1.1=2.2 kN/m

主梁自重(含两侧抹灰)：25×0.25×(0.6−0.09) + 17×0.015×(0.6−0.09)×2=3.4476kN/m

楼盖边次梁处集中恒载：9.4317×6=56.5902kN

相应的弯矩：56.5902×0.15=8.4885kN · m

楼盖边次梁处集中活载：3.85×6=23.1000kN

相应的弯矩：23.1× 0.15=3.4650kN · m

屋盖边次梁处集中恒载：10.054×6=60.3240kN

相应的弯矩：60.324×0.15=9.0486kN · m

屋盖边次梁处集中活载：2.2×6=13.2000kN

相应的弯矩：13.2×0.15=1.9800kN · m

楼盖内次梁处集中恒载： 8.0991× 6=48.5946kN

楼盖内次梁处集中活载：7.7000× 6=46.2000kN

屋盖内次梁处集中恒载：11.5971× 6=69.5826kN

屋盖内次梁处集中活载：4.4000× 6=26.4000kN

标准层柱重：25×0.5×0.5×4.2 + 17×0.015×4×0.5×4.2=28.3920kN

底层柱重：25×0.5×0.5 ×5.5 + 17×0.015×4×0.5 ×5.5=37.1800kN

由以上结果，考虑柱重，并把主梁重堆聚成集中荷载，得框架上的竖向恒载标准值和竖向活载标准值分别如图 4-55 和图 4-56 所示。

(2) 竖向荷载下的内力分析

用弯矩分配法，得竖向恒载作用下的弯矩图、剪力图和轴力图分别如图 4-57、图 4-58 和图 4-59 所示。竖向活载下的计算采用分层法。

活载作用在二层梁左跨时的弯矩图、剪力图和轴力图分别如图 4-60、图 4-61 和图 4-62。

活载作用在三层梁左跨时的弯矩图、剪力图和轴力图分别如图 4-63、图 4-64 和图 4-65。

活载作用在四、五层梁时，其内力与活载作用在三层梁时相同。

活载作用在屋盖梁左跨时的弯矩图、剪力图和轴力图分别如图 4-66、图 4-67 和图 4-68。

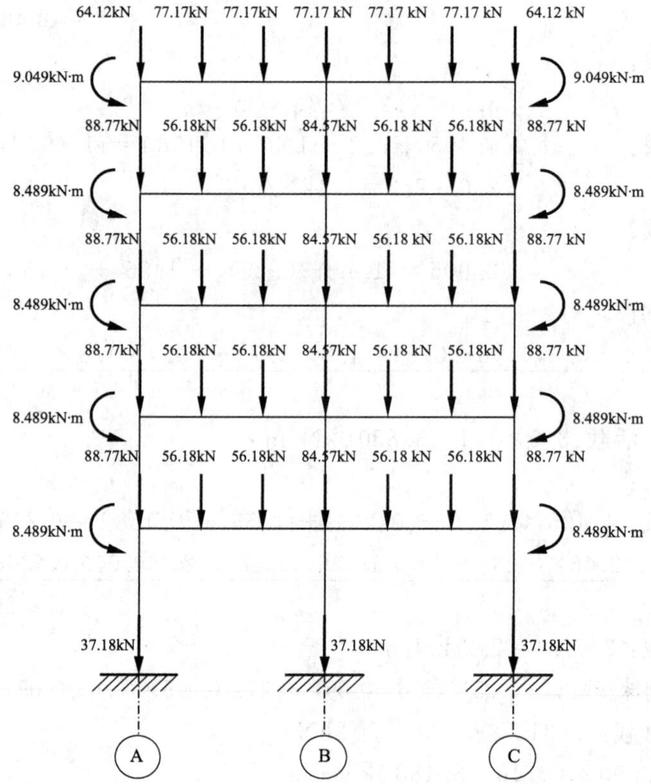

图 4-55　竖向恒载

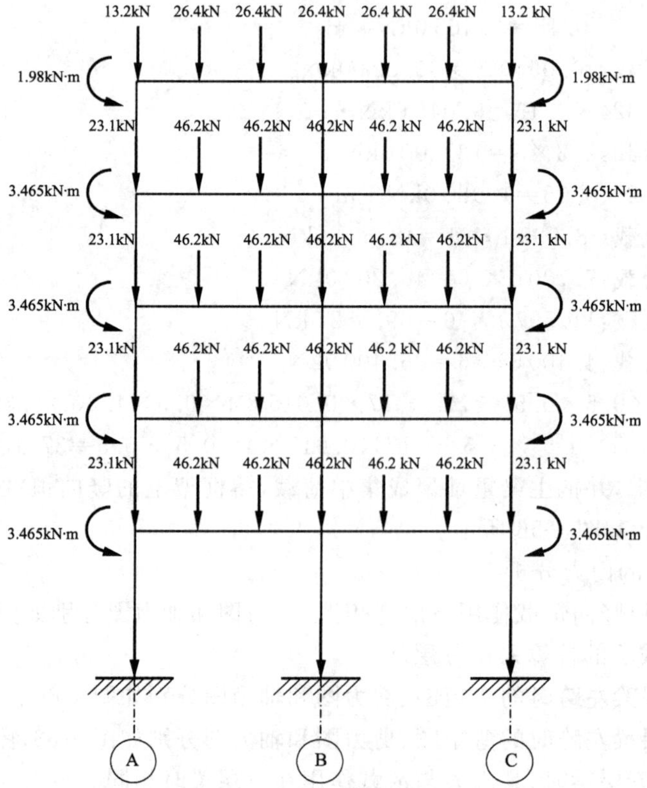

图 4-56　竖向活载

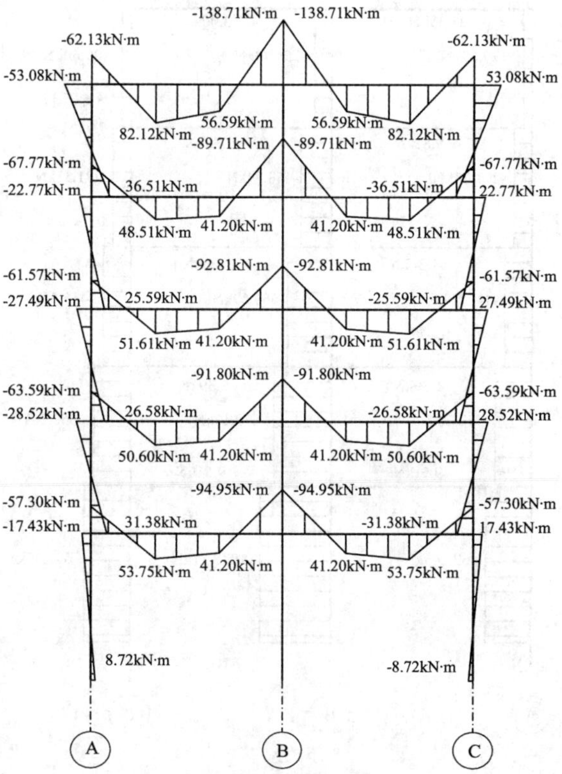

图 4-57 恒载弯矩图

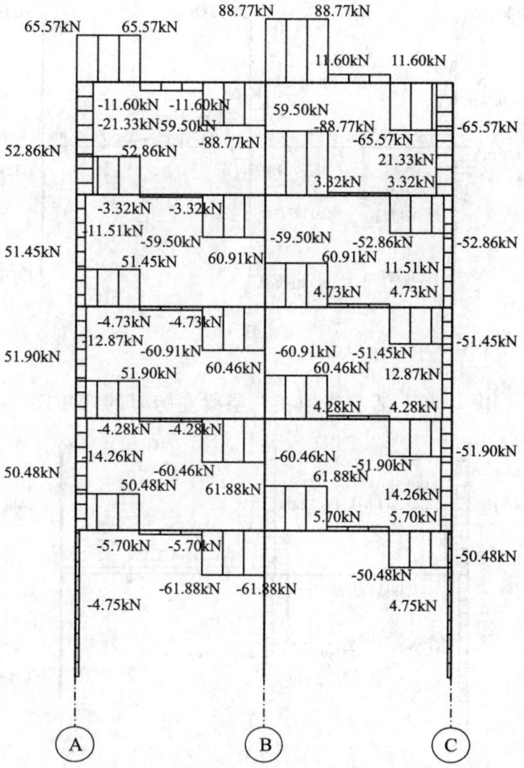

图 4-58 恒载剪力图

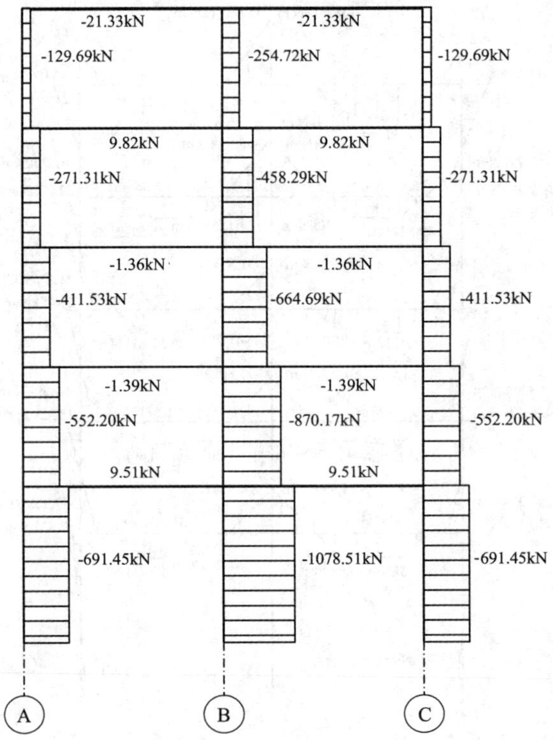

图 4-59　恒载轴力图

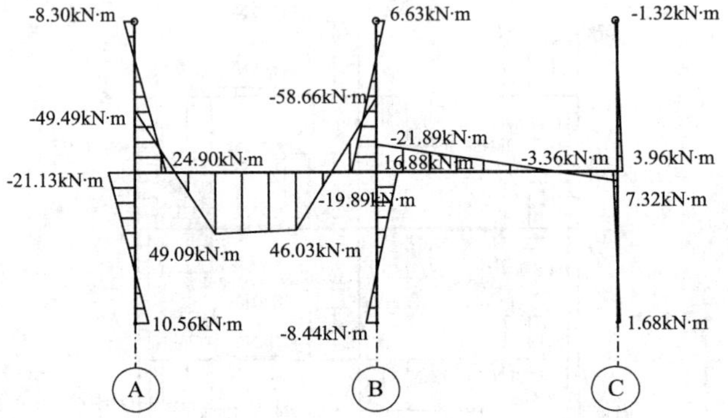

图 4-60　活载作用在二层梁左跨时的弯矩图

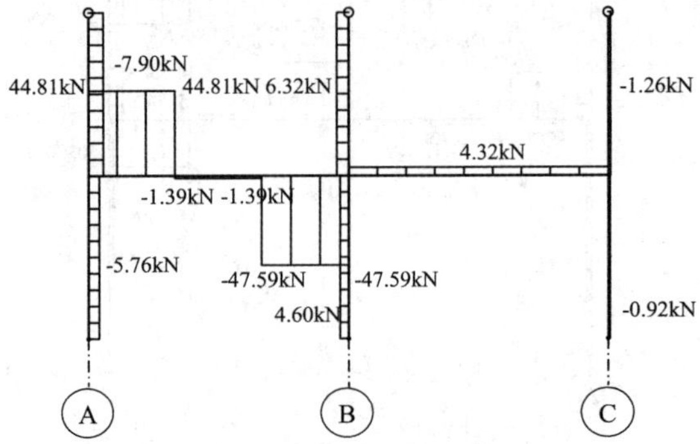

图 4-61　活载作用在二层梁左跨时的剪力图

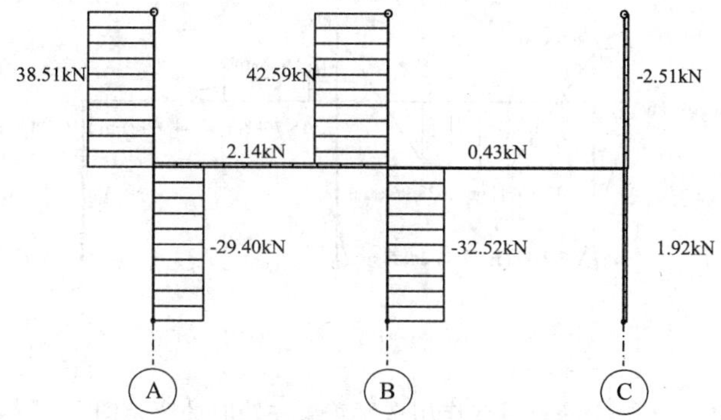

图 4-62　活载作用在二层梁左跨时的轴力图

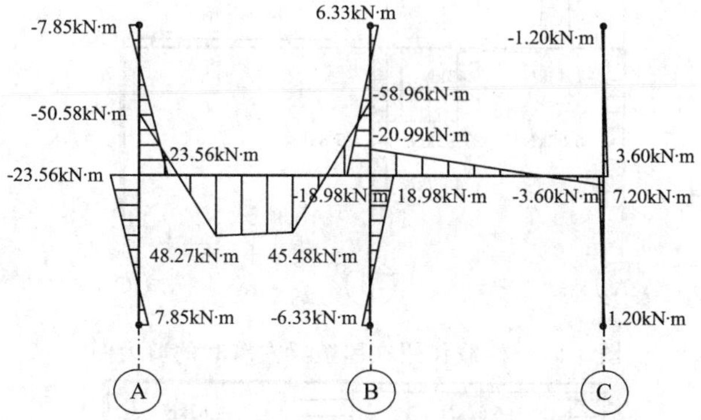

图 4-63　活载作用在三层梁左跨时的弯矩图

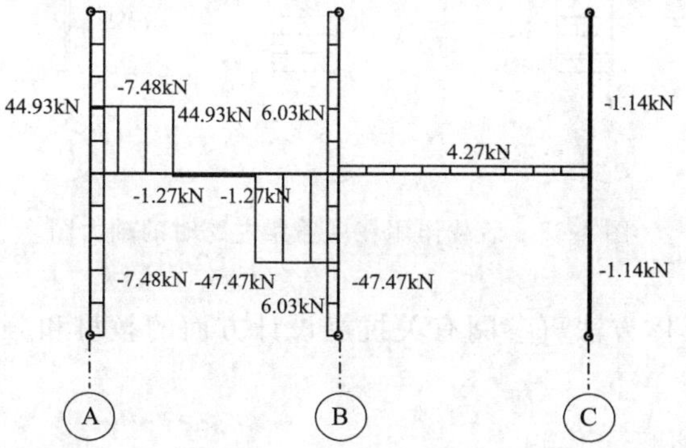

图 4-64　活载作用在三层梁左跨时的剪力图

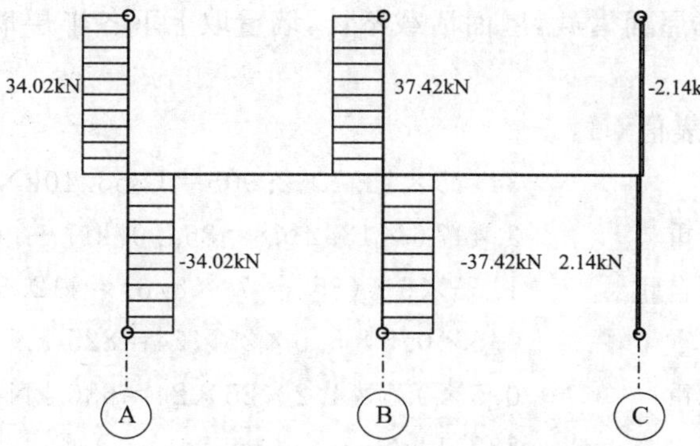

图 4-65　活载作用在三层梁左跨时的轴力图

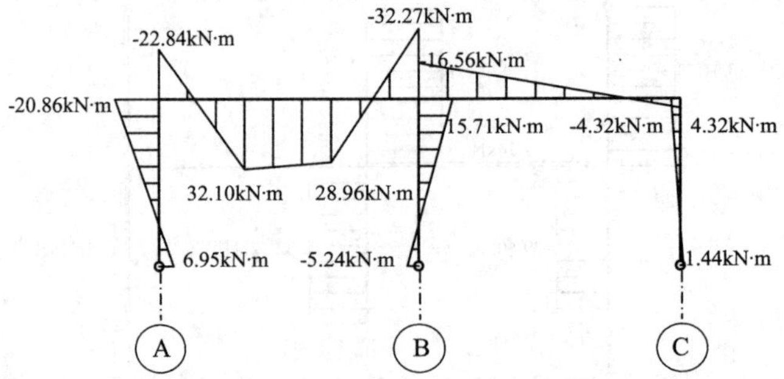

图 4-66　活载作用在屋盖梁左跨时的弯矩图

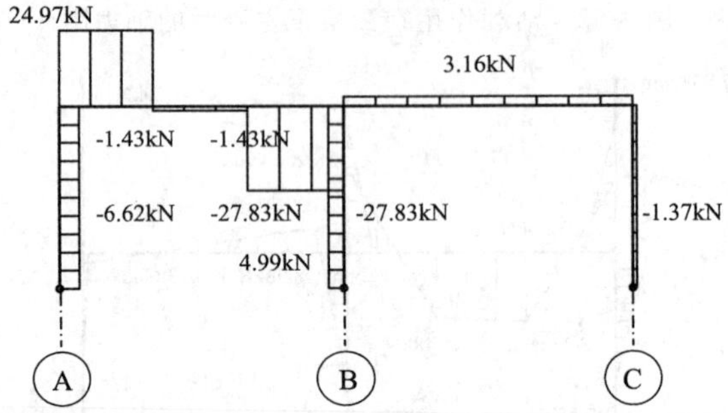

图 4-67　活载作用在屋盖梁左跨时的剪力图

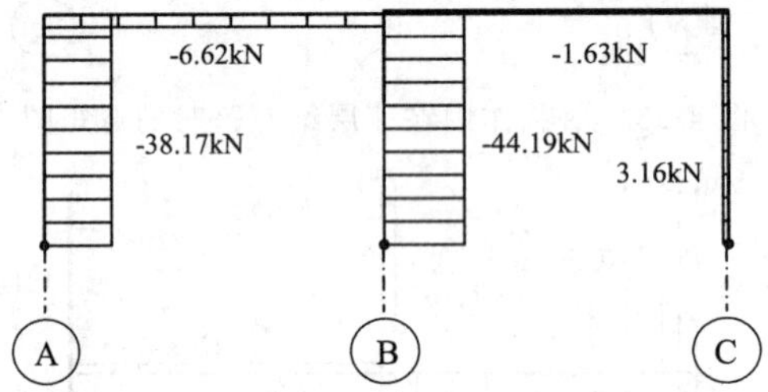

图 4-68　活载作用在屋盖梁左跨时的轴力图

3. 地震作用计算

采用底部剪力法(具体方法可参阅有关抗震设计方面的教材和著作)。地震作用计算模型如图 4-69 所示。

(1) 重力荷载代表值

集中在各楼层标高处的重力荷载代表值包括：楼面或屋面自重的标准值，50%楼面活载或 50%屋面雪载，屋面活载不计，墙重取上下各半层墙重的标准值之和。

① 底层重力荷载代表值 $G1$：

恒载：二层板重	34.25×13.7×2.905＝1 363.10kN
二层框架梁自重	3.447 6×13.2×8＝364.07kN
二层纵向次梁自重	1.55×6×(35 ＋ 7 ×8/6)＝412.30kN
一层框架柱自重	0.5×0.5×5.5×25×24＝825 kN
二层框架柱自重	0.5×0.5×4.2×25×24＝630 kN
一层楼梯自重	232.1 kN
二层楼梯自重	221.7 kN

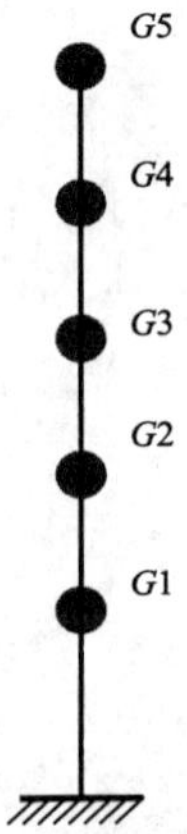

图 4-69　地震作用计算模型

一层墙和门窗重 725.6 kN

二层墙和门窗重 656.5 kN

活载:楼面活载 38×13.2×3.5×0.5=877.8kN

$G1=1\,363.1+364.1+412.3+(825+630)/2+(232.1+221.7)/2+(725.6+656.5)/2+877.8$
$=4\,662.75\text{ kN}$

② 标准层重力荷载代表值 $G2$,$G3$:

恒载:本层现浇板重 1 363.1 kN

本层框架梁自重 364.1 kN

本层纵向次梁自重 412.3 kN

本层框架柱自重 630 kN

本层楼梯自重 221.7 kN

本层墙和门窗重 656.5 kN

活载:楼面活载 877.8kN

$G2=G3=1\,363.1+364.1+412.3+630+221.7+656.5+877.8=4\,525.50\text{kN}$

$G4$ 处只有半层有楼梯,故

$G4=1\,363.1+364.1+412.3+630+221.7/2+656.5+877.8=4\,414.65\text{kN}$

③ 顶层重力荷载代表值 G5:

恒载

顶层板及保温防水重 38.5×13.7×4.495=2 370.89kN

顶层框架梁自重 364.1 kN

顶层纵向次梁自重 412.3 kN

下层框架柱自重 630 kN

下层墙和门窗重 656.5 kN

女儿墙重(25×0.19×0.23+7×0.19×0.47+20×0.04×0.7)× (38.25+13.45)×2=235.50kN

活载:屋面雪载 38.5×13.7×0.2×0.5=52.75kN

$G5=2\,370.89+364.1+412.3+630/2+656.5/2+235.50+52.75=4\,078.79\text{kN}$

建筑总重力荷载代表值

$G_{EK}=G1+G2+G3+G4+G5=4\,662.75+4\,525.50\times2+4\,414.65+4\,078.79=22\,207.19\text{kN}$

(2) 框架刚度

柱 D 值的计算见表 4-28。

(3)自振周期

用顶点位移法计算结构基本自振周期的公式为

$$T_1=1.7\alpha_0\sqrt{u_T}$$

式中 u_T——把重力荷载代表值水平作用于结构所得的结构顶点位移(以 m 计);

α_0——考虑填充墙影响的折减系数(此处取 0.6)。

结构顶点位移的计算如表 4-29 所示,得 $u_T=0.318\,2\text{m}$。从而得基本自振周期

$$T_1=1.7\times0.6\times\sqrt{0.318\,2}=0.575\,4\text{s}$$

表 4-28　　柱 *D* 值

框架的一层	层高/m	柱数	柱	$K=\frac{\sum i_b}{2i_c}$	$\alpha_c=\frac{K}{2+K}$	$D_0=\frac{12i_c}{h_i^2}$ /(kN·m^{-1})	$D=\alpha_c D_0$ /(kN·m^{-1})	$\sum D$ /(kN·m^{-1})	楼层 D /(kN·m^{-1})
上层中间框架	4.2	12	边柱	1.0996	0.35476	25307	8977.91	107735	239691
		6	中柱	2.1993	0.52373		13254.04	79524	
上层边框架		4	边柱	0.8247	0.29196		7388.63	29555	
		2	中柱	1.6495	0.45198		11438.26	22877	
$K=\frac{\sum i_b}{i_c}$，$\alpha_c=\frac{0.5+K}{2+K}$									
底层中间框架	5.5	12	边柱	1.4400	0.5640	11270	6356.28	76275	160647
		6	中柱	2.8800	0.6926		7805.60	46834	
底层边框架		4	边柱	1.0800	0.5130		5781.51	23126	
		2	中柱	2.1600	0.6394		7206.04	14412	

表 4-29　　结构顶点位移的计算

层次	G_i/kN	$\sum G_i$/kN	$\sum D$/(kN·m^{-1})	$u_i-u_{i-1}=\frac{\sum G_i}{\sum D}$/m	u_i/m
5	4078.79	4079	239691	0.017018	0.318196
4	4414.65	8493	239691	0.035433	0.301178
3	4525.50	13019	239691	0.054316	0.265745
2	4525.50	17544	239691	0.073194	0.211429
1	4662.75	22207	160647	0.138235	0.138235

(4) 水平地震作用

查表得特征周期 $T_g=0.65$s，地震影响系最大值 $\alpha_{max}=0.08$。从而 $\alpha_1=\alpha_{max}=0.08$。

结构总水平地震作用标准值为

$$F_{EK}=\alpha_1 G_{eq}=0.08\times0.85\times22\,207.19=1\,510.09\text{kN}$$

$$\sum_{j=1}^{5} G_j H_j=4\,662.75\times5.5+4\,525.50\times9.7+4\,525.50\times13.9+4\,414.65\times18.1+4\,078.79\times22.3$$

$$=303\,309\ \text{kN}\cdot\text{m}$$

$$F_i = \frac{G_i H_i}{\sum_{j=1}^{5} G_j H_j} F_{EK} = \frac{G_i H_i}{303\,309} \times 1\,510.09 = G_i H_i \times 0.004\,978\,7$$

从而算得各层的地震作用 F_i，剪力 V_i，层间相对位移 Δu_i 如表 4-30 所示。从表中可见，各层的 $V_i / \sum G_i$ 均大于抗震规范规定的最小值 0.016。

表 4-30　　框架各层地震力及弹性位移

层次	F_i/kN	V_i/kN	$\sum G_i$/kN	$\frac{V_i}{\sum G_i}$	D_i/(kN·m^{-1})	$\Delta u_i = \frac{V_i}{D_i}$/m
5	452.85	452.85	4 079	0.111 0	239 691	0.001 889 3
4	397.82	850.67	8 493	0.100 2	239 691	0.003 549 0
3	313.18	1 163.85	13 019	0.089 4	239 691	0.004 855 6
2	218.55	1 382.40	17 544	0.078 8	239 691	0.005 767 4
1	127.68	1 510.08	22 207	0.068 0	160 647	0.009 400 0

由表 4-30 可得底层的层间位移角为 0.009 400 0/5.5＝1/585，二层的层间位移角为 0.005 767 4/4.2＝1/728，均小于层间位移角的限值[1/550]。

整体结构上的水平地震作用应按柱侧向刚度的比例进行分配。先算出 6 个中间框架分得的地震力，再算出 4 轴框架分得的地震力。计算过程如表 4-31 所示，其中，上层总剪力分配至 6 个中间框架的分配系数为(107 735＋79 524)/239 691＝0.781 25，底层相应的分配系数为(76 275＋46 834)/160 647＝0.766 33。由 4 轴框架的层剪力可得其所受的水平地震作用如图 4-70 所示。

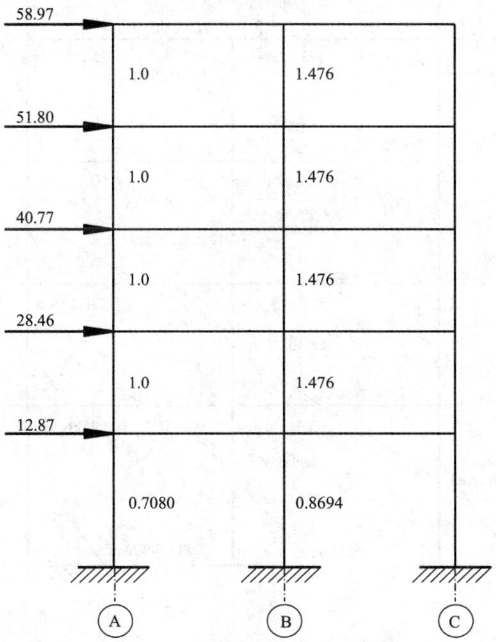

图 4-70　水平地震作用和柱的相对 D 值

表 4-31　　4 轴框架水平地震力计算

层次	1	2	3	4	5
6 个中间框架总层剪力/kN	1 157.22	1 080.00	909.26	664.59	353.79
4 轴框架分配到的层剪力/kN	192.87	180.00	151.54	110.77	58.97

(5)水平地震作用下的内力

用 D 值法计算水平地震作用下结构的内力。反弯点高度计算见表 4-32 所示，其中 y_0 系按倒三角形荷载由附录表 E-3 查得。

表 4-32　　柱的反弯点高度 yh_i

柱型	楼层	K	y_0	y_1	y_2	y_3	h_i/m	yh_i/m
边柱	5	1.0996	0.355	0	0	0	4.2	1.491
	4	1.0996	0.450	0	0	0	4.2	1.890
	3	1.0996	0.455	0	0	0	4.2	1.911
	2	1.0996	0.500	0	0	0	4.2	2.100
	1	1.4400	0.650	0	0	0	5.5	3.575
中柱	5	2.1993	0.410	0	0	0	4.2	1.722
	4	2.1993	0.460	0	0	0	4.2	1.932
	3	2.1993	0.500	0	0	0	4.2	2.100
	2	2.1993	0.500	0	0	0	4.2	2.100
	1	2.8800	0.562	0	0	0	5.5	3.091

柱的相对 D 值如图 4-70 所示。框架在地震作用下的弯矩图、剪力图和轴力图如图 4-71、图 4-72 和图 4-73 所示。

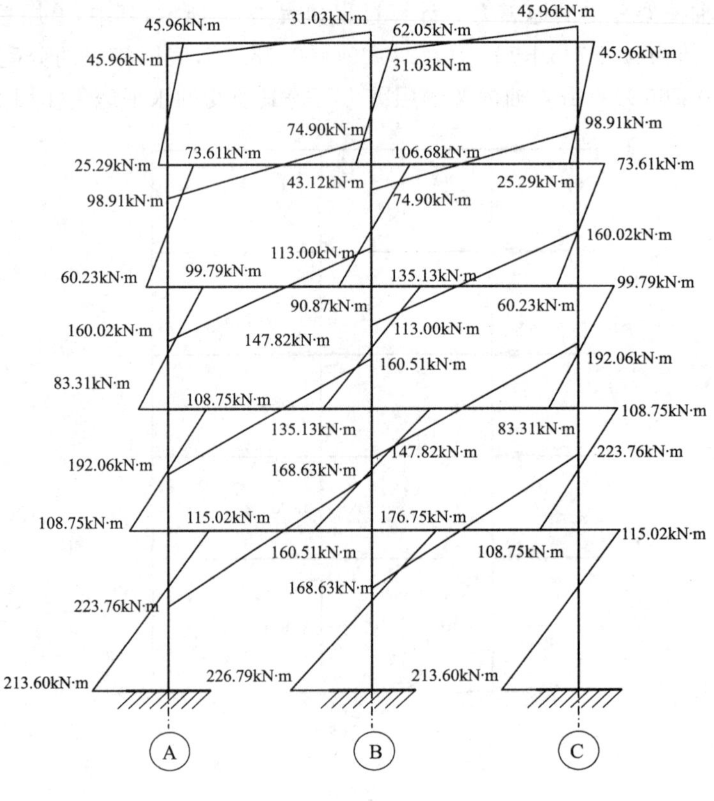

图 4-71　水平地震作用下的弯矩图

(6) 重力荷载代表值作用下的内力

重力荷载代表值荷载如图 4-74 所示。用弯矩分配法得相应的弯矩、剪力和轴力见图4-75、图 4-76 和图 4-77。从前面分层法的结果和恒载内力，用叠加原理也可得到这些内力的近似值。

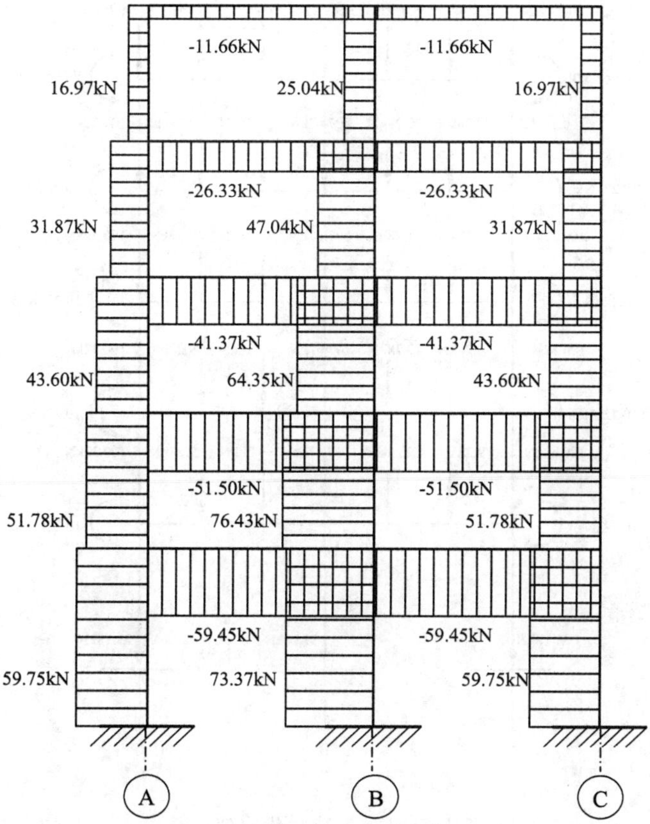

图 4-72 水平地震作用下的剪力图

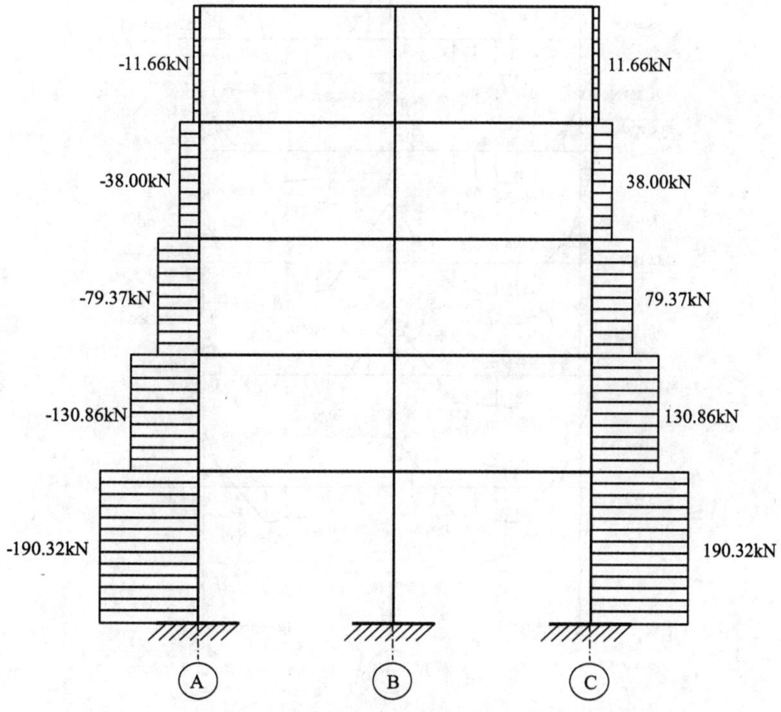

图 4-73 水平地震作用下的轴力图

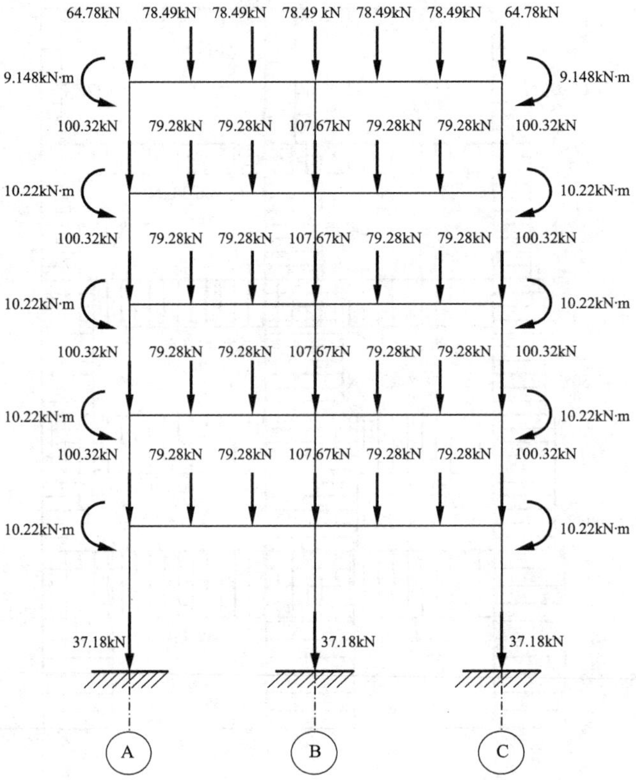

图 4-74　重力荷载代表值荷载

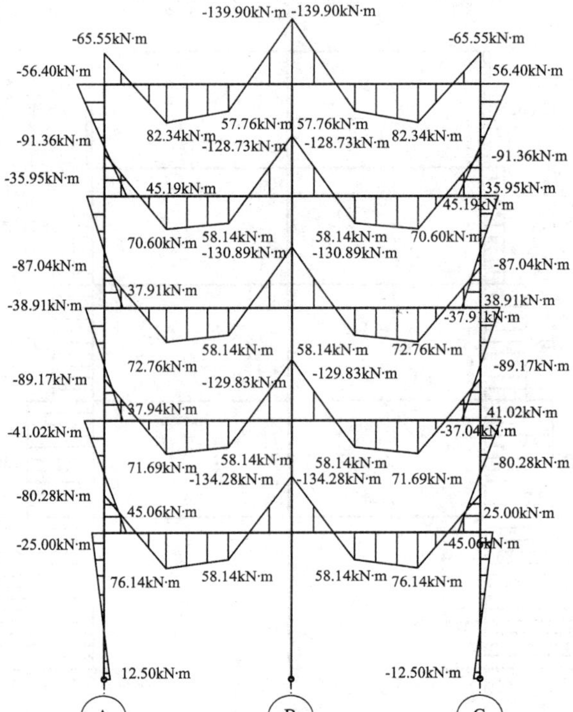

图 4-75　重力荷载代表值作用下的弯矩图

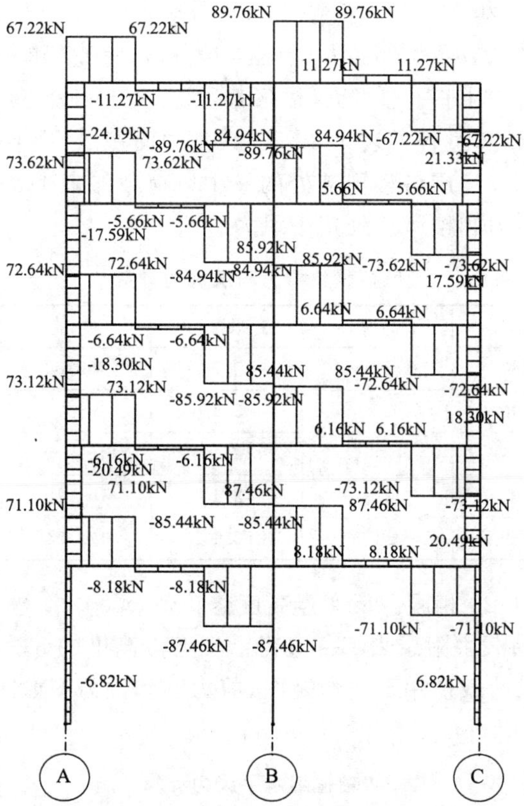

图 4-76 重力荷载代表值作用下的剪力图(单位:kN)

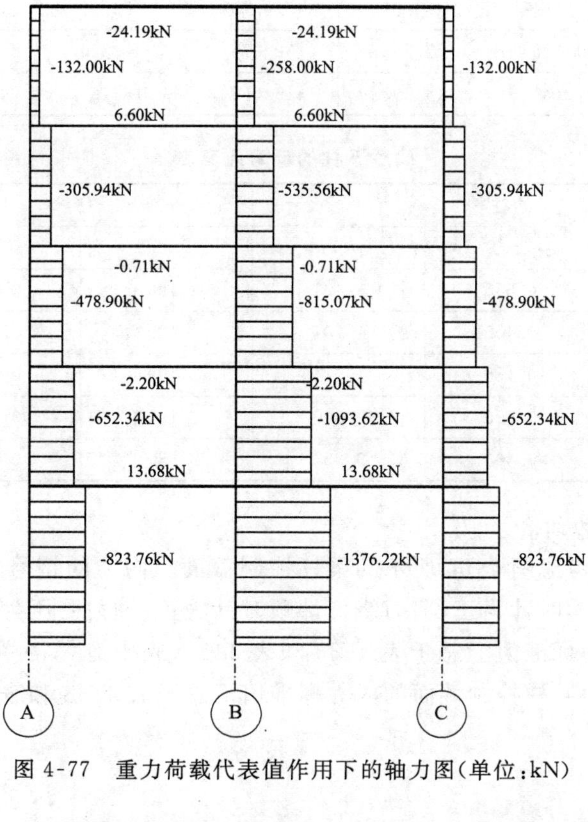

图 4-77 重力荷载代表值作用下的轴力图(单位:kN)

4. 风荷载作用下的内力

风压标准值计算公式为：$\omega_k=\beta_z\mu_s\mu_z\omega_0$。基本风压 $\omega_0=0.55\text{kN/m}^2$。因结构总高度小于30m，故风振系数 $\beta_z=1.0$。对于矩形平面，体形系数 $\mu_s=0.8+0.5=1.3$。将风荷载换算成作用于楼板处的集中荷载，计算过程如表 4-33 所示，其中面积 A=(下部高＋上部高)×房屋长，房屋长为 38.5m。得作用在房屋各楼屋盖处的集中风荷载如表 4-33 所示。表 4-34 进一步算出 4 轴框架分配到的层剪力和楼屋盖处集中风力。

表 4-33　　风荷载集中力和层剪力计算

层次	z/m	μ_z	下部高/m	上部高/m	A/m^2	层集中力/kN	层剪力/kN
5	21.75	1.280	2.1	0.7	107.80	98.66	98.66
4	17.55	1.196	2.1	2.1	161.70	138.28	236.94
3	13.35	1.094	2.1	2.1	161.70	126.48	363.42
2	9.15	1.00	2.1	2.1	161.70	115.62	479.04
1	4.95	1.00	2.475	2.1	176.14	125.94	604.98

柱的 D 值与前述表 4-28 相同。反弯点高度修正值 y_1，y_2，y_3 也与前述相同均为零。标准反弯点高度 y_0 则按均布荷载由附录表 E-2 查得。反弯点高度的计算见表 4-35。

从而可算得框架在风荷载作用下的弯矩图、剪力图和轴力图如图 4-78，图 4-79 和图 4-80 所示。

表 4-34　　4 轴框架水平风力计算

层次	1	2	3	4	5
6 个中间框架总层剪力/kN	463.61	374.25	283.92	185.11	77.08
4 轴框架分配到的层剪力/kN	77.268	62.375	47.320	30.852	12.847
4 轴框架楼屋盖处风力/kN	14.893	15.055	16.468	18.005	12.847

表 4-35　　风载下柱的反弯点高度

楼层	边柱			中柱		
	K	y_0	yh_i/m	K	y_0	yh_i/m
5	1.0996	0.355	1.491	2.1993	0.410	1.722
4	1.0996	0.405	1.701	2.1993	0.450	1.890
3	1.0996	0.455	1.911	2.1993	0.500	2.100
2	1.0996	0.500	2.100	2.1993	0.500	2.100
1	1.4400	0.606	3.333	2.8800	0.550	3.025

5. 荷载组合与内力组合

作为示例，此处仅考虑图 4-54 所示的梁柱控制截面。内力的符号规则：梁弯矩下部受拉为正；柱端弯矩绕杆端顺时针为正；剪力绕杆件顺时针为正；轴力受压为正。

梁控制截面的内力标准值汇总于表 4-36 和表 4-37(表中有关格中第 2 行的数据表示换算到支座边的相应内力)，柱控制截面的内力标准值汇总于表 4-38 和表 4-39。

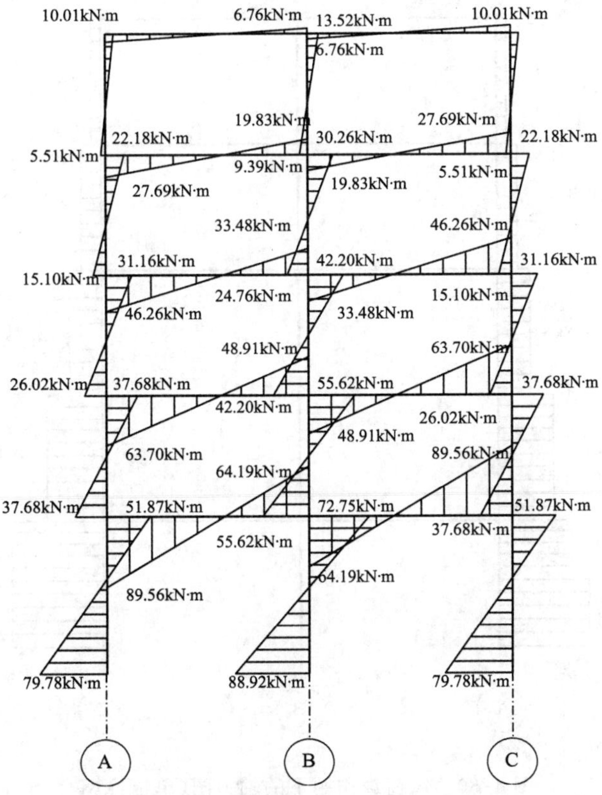

图 4-78　风荷载作用下的弯矩图

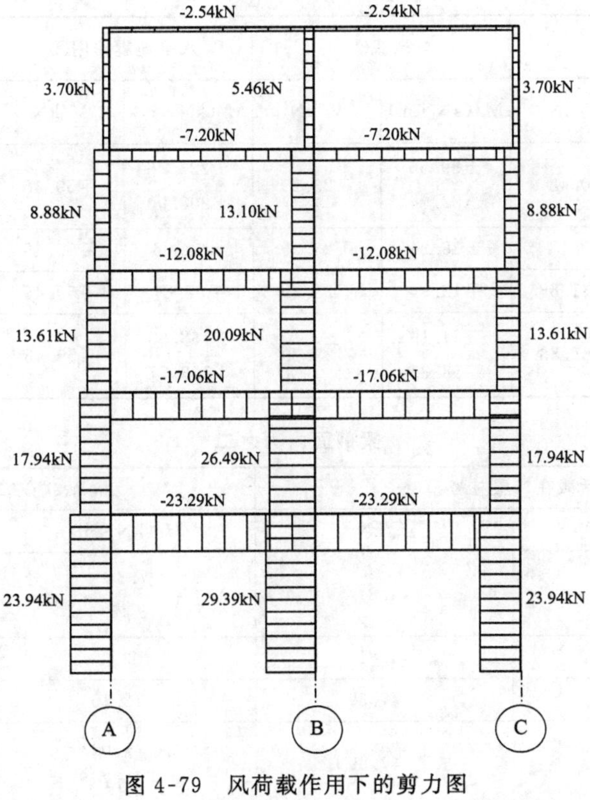

图 4-79　风荷载作用下的剪力图

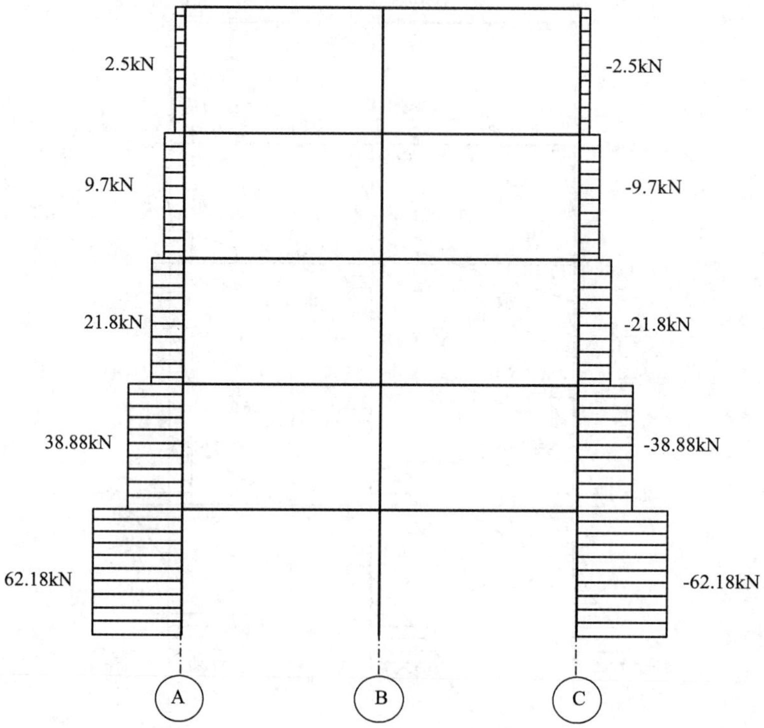

图 4-80　风荷载作用下的轴力图(单位:kN)

表 4-36　　**梁截面内力之一(标准值)**

梁截面	恒载①		风载②		水平地震作用③		重力荷载代表组④	
	$M/(\mathrm{kN\cdot m})$	V/kN	$M/(\mathrm{kN\cdot m})$	V/kN	$M/(\mathrm{kN\cdot m})$	V/kN	$M/(\mathrm{kN\cdot m})$	V/kN
1	−57.30 −44.68	50.48	±89.56 ±83.74	∓23.29	±223.76 ±208.90	∓59.45	−80.28 62.51	71.10
2	53.75	50.48	±38.31	∓23.29	±92.96	∓59.45	76.14	71.10
2′	41.20	−61.88	∓12.94	∓23.29	∓37.84	∓59.45	58.14	−87.46
3	−94.95 −79.48	−61.88	∓64.19 ∓58.37	∓23.29	∓168.63 ∓153,77	∓59.45	−134.28 −112.42	−87.46

表 4-37　　**梁截面内力之二**

梁截面	活载在二层左跨⑤		活载在二层右跨⑥	
	$M/(\mathrm{kN\cdot m})$	V/kN	$M/(\mathrm{kN\cdot m})$	V/kN
1	−49.49 −38.29	44.81	7.32 6.21	−4.43
2	49.09	44.81	−2.42	−4.43
2′	46.03	−47.59	−12.15	−4.43
3	−58.66 −46.76	−47.59	−21.89 −20.78	−4.43

表 4-38　柱截面内力之一

柱截面	恒载①			风载②			水平地震作用③			重力荷载代表值④		
	M/(kN·m)	N/kN	V/kN	M/(kN·m)	N/kN	V/kN	M/(kN·m)	N/kN	V/kN	M/(kN·m)	N/kN	V/kN
4	8.72	728.63	−4.75	∓79.78	62.18	±23.94	∓213.60	∓190.32	±59.75	12.50	860.94	−6.82
5	17.43	691.45	−4.75	∓51.87	62.18	±23.94	∓115.02	∓190.32	±59.75	25.00	823.76	−6.82
6	31.38	580.59	−14.26	∓37.68	38.88	±17.94	∓108.75	∓130.86	±51.78	45.06	680.73	−20.49
7	28.52	552.20	−14.26	∓37.68	38.88	±17.94	∓108.75	∓130.86	±51.78	41.02	652.34	−20.49
8	0	1115.69	0	∓88.92	0	±29.39	∓226.79	0	±73.37	0	1413.40	0
9	0	1078.51	0	∓72.75	0	±29.39	∓176.75	0	±73.37	0	1376.22	0
10	0	898.56	0	∓55.62	0	±26.49	∓160.51	0	±76.43	0	1130.80	0
11	0	870.17	0	∓55.62	0	±26.49	∓160.51	0	±76.43	0	1093.62	0

表 4-39　柱截面内力之二

柱截面	活载在二层左跨⑤			活载在二层右跨⑥			活载在三层左跨⑦			活载在三层右跨⑧		
	M/(kN·m)	N/kN	V/kN	M/(kN·m)	N/kN	V/kN	M/(kN·m)	N/kN	V/kN	M/(kN·m)	N/kN	V/kN
4	10.56	67.91	−5.76	−1.68	−4.43	0.92	0	68.04	0	0	−4.27	0
5	21.13	67.91	−5.76	−3.36	−4.43	0.92	0	68.04	0	0	−4.27	0
6	24.90	0	−7.90	−3.96	0	1.26	7.85	68.04	−7.48	−1.20	−4.27	1.14
7	8.30	0	−7.90	−1.32	0	1.26	23.56	68.04	−7.48	−3.60	−4.27	1.14
8	−8.44	75.11	4.60	8.44	75.11	−4.60	0	74.84	0	0	74.84	0
9	−16.88	75.11	4.60	16.88	75.11	−4.60	0	74.84	0	0	74.84	0
10	−19.89	0	6.32	19.89	0	−6.32	−6.33	74.84	6.03	6.33	74.84	−6.03
11	−6.63	0	6.32	6.63	0	−6.32	−18.98	74.84	6.03	18.98	74.84	−6.03

当活载作用在四层及以上时，对所考虑的柱截面仅有轴力影响，故还有下面两种情况：

类别	活载作用在四、五层及屋面左跨⑨	活载作用在四、五层及屋面右跨⑩
4,5,6,7 截面轴力 N/kN	174.25	−11.70
8,9,10,11 截面轴力 N/kN	193.87	193.87

考虑如下荷载组合：恒载＋活载；恒载＋风载；恒载＋0.9(活载＋风载)；恒载(为主)＋(0.7 活载＋0.6 风载)；重力荷载代表值＋地震作用(风荷载不起控制作用)。

恒载分项系数对可变荷载控制的场合取 1.2，对恒载控制的场合取 1.35(对结构有利时取 1.0)，可变荷载的分项系数取 1.4，重力荷载代表值分项系数取 1.2(对结构有利时取 1.0)，水平地震作用分项系数取 1.3。

(1) 梁截面内力组合

梁截面的荷载效应组合与内力组合示于表 4-40。组合前，梁的内力已先换算到支座边。在从表中选取控制内力时，对地震效应组合还应考虑承载力抗震调整系数 γ_{RE}。对梁抗弯，$\gamma_{RE}=0.75$；对梁抗剪，$\gamma_{RE}=0.85$。即地震作用组合的内力还应乘以 γ_{RE}。如此得到梁截面的控制内力示于表 4-41。

表 4-40　梁截面荷载效应组合与内力组合(设计值)

梁截面	M_{max}/(kN·m)		M_{min}/(kN·m)		$\|V\|_{max}$/kN	
	组合项	结果	组合项	结果	组合项	结果
	恒载+活载					
1	①⑥	−35.99	①⑤	−107.22	①⑤	123.31
2	①⑤	133.23	①⑥	50.36	①⑤	123.31
2′	①⑤	113.88	①⑥	24.19	①⑤⑥	−147.08
3	①	−79.48	①⑤⑥	−189.93	①⑤⑥	−147.08
	恒载+风载					
1	①②	72.56	①②	−170.85	①②	93.18
2	①②	118.13	①②	0.12	①②	93.18
2′	①②	67.56	①②	23.08	①②	−106.86
3	①②	2.24	①②	−177.09	①②	−106.86
	恒载+0.9(活载+风载)					
1	①②⑥	68.66	①②⑤	−207.37	①②⑤	146.38 147.86
2	①②⑤	174.62 177.05	①②⑥	2.43	①②⑤	146.38 147.86
2′	①②⑤	123.74 124.56	①②⑥	9.59	①②⑤⑥	−169.16 −170.62
3	①②	−5.93	①②⑤⑥	−254.02 −257.71	①②⑤⑥	−169.15 −170.62
	恒载(为主)+(0.7 活载+0.6 风载)					
1	—	—	①②⑤	−168.18	①②⑤	131.63
2	①②⑤	152.85	①②⑥	19.20	①②⑤	131.63
2′	①②⑤	111.60	①②⑥	18.42	①②⑤⑥	−154.08
3	—	—	①②⑤⑥	−222.52	①②⑤⑥	−154.08
	重力荷载代表值+地震作用					
1	④③	209.06 222.42	④③	−346.58 −359.94	④③	162.61
2	④③	212.22	④③	−44.71 −50.65	④③	162.61
2′	④③	118.96	④③	8.95 6.53	④③	−182.24
3	④③	87.48 97.32	④③	−334.81 −344.64	④③	−182.24

表 4-41　　梁截面的控制内力设计值(已考虑 γ_{RE})

梁截面	M_{max}/(kN·m)		M_{min}/(kN·m)		$\|V\|_{max}$/kN	
	数值	控制荷载组合	数值	控制荷载组合	数值	控制荷载组合
1	156.80 166.82	地震作用组合 (右震)	−259.94 −269.96	地震作用组合 (左震)	146.38 147.86 (167.79)	恒活风组合 (地震组合强剪)
2	174.62 177.05	恒活风组合	−33.53 −37.99	地震作用组合	146.38 147.86	恒活风组合
2′	123.74 124.56	恒活风组合	6.71 4.90	地震作用组合	−169.15 −170.62	恒活风组合
3	65.61 72.99	地震作用组合 (左震)	−254.02 −257.71	恒活风组合	−169.15 −170.62	恒活风组合

注:每格第二行数表示考虑 P-Δ 效应增大后的内力。

(2) 柱截面内力组合

C30 混凝土 $f_c=14.5\text{N/mm}^2$,钢筋用Ⅲ级钢,$f_y=f'_y=360\text{N/mm}^2$。

取 $\alpha_s=\alpha'_s=35\text{mm}$。

$$\xi_b=\frac{0.8}{1+\dfrac{f_y}{\varepsilon_{cu}E_s}}=\frac{0.8}{1+\dfrac{360}{0.0033\times2\times10^5}}=0.5176$$

故界限轴力设计值为

$$N_b=f_cbh_0\xi_b=14.5\times500\times460\times0.5176=1726196\text{N}=1726.20\text{kN}$$

按标准值计算有:

$$\xi_{bk}=\frac{0.8}{1+\dfrac{f_{yk}}{\varepsilon_{ci}E_s}}=\frac{0.8}{1+\dfrac{400}{0.0033\times2\times10^5}}=0.4981$$

$$N_{bk}=f_{ck}bh_0\xi_{bk}=20\times500\times460\times0.4981=2291260\text{N}=2291.26\text{kN}$$

根据 N_b 或 N_{bk} 可判断给定的轴力是有利还是不利。

轴压比为 0.15 时的设计轴力:

$$N_{0.15}=0.15f_cA=0.15\times14.5\times500\times500=543750\text{N}=543.75\text{kN}$$

柱截面的内力组合见表 4-42。柱截面受偏压时,当轴压比小于 0.15 时,承载力抗震调整系数 γ_{RE} 为 0.75;当轴压比不小于 0.15 时,γ_{RE} 为 0.8。显然,此处的轴压比是进行承载力抗震调整之前的轴压比。柱截面受剪时 γ_{RE} 为 0.85。从而得柱截面内力组合结果如表 4-43 所示,此表中的地震作用组合项已计入了 γ_{RE},方法是:对正截面内力,弯矩 M 和轴力 N 均乘以 γ_{RE};对抗剪计算中用到的剪力 V 和轴力 N,仅剪力 V 乘以 γ_{RE}。

表 4-42　　柱截面荷载效应组合与内力组合(力的单位为 kN;弯矩的单位为 kN·m)

截面	$\|M\|_{max}$			N_{max}			N_{min}			$\|V\|_{max}$		
	组合项	M	N	组合项	M	N	组合项	M	N	组合项	M	N
	恒载+活载											
4	①⑤⑧⑩	25.25	947.07	①⑤⑦⑨	25.25	1308.64	①⑥⑧⑩	8.11	845.80	①⑤⑧⑩	−13.76	947.07
5	①⑤⑧⑩	50.50	902.46	①⑤⑦⑨	50.50	1264.02	①⑥⑧⑩	16.21	801.18	①⑤⑧⑩	−13.76	902.46
6	①⑤⑦⑩	83.51	775.58	①⑤⑦⑨	83.51	1035.91	①⑤⑧⑩	70.84	674.34	—	—	—

续表

截面	$\vert M\vert_{max}$			N_{max}			N_{min}			$\vert V\vert_{max}$		
	组合项	M	N	组合项	M	N	组合项	M	N	组合项	M	N
	恒载+活载											
7	—	—	—	①⑤⑦⑨	78.83	1 001.84	①⑤⑧⑩	40.80	640.28	—	—	—
8	—	—	—	①⑤⑥⑦ ⑧⑨⑩	0.00	2 301.52	—	—	—	—	—	—
9	—	—	—	①⑤⑥⑦ ⑧⑨⑩	0.00	2 256.91	—	—	—	—	—	—
10	—	—	—	①⑥⑦ ⑧⑨⑩	27.85	1 830.66	—	—	—	—	—	—
11	—	—	—	①⑥⑦ ⑧⑨⑩	9.28	1 796.59	—	—	—	—	—	—
	恒载+风载											
4	—	—	—	—	—	—	—	—	—	—	—	—
5	—	—	—	—	—	—	—	—	—	—	—	—
6	—	—	—	—	—	—	—	—	—	—	—	—
7	—	—	—	—	—	—	—	—	—	—	—	—
8	—	—	—	—	—	—	①②	124.49 130.44	1 115.69	—	—	—
9	—	—	—	—	—	—	②	101.85 106.72	1 078.51	—	—	—
10	—	—	—	—	—	—	②	77.87 80.39	898.56	—	—	—
11	—	—	—	—	—	—	①②	77.87 80.39	870.17	—	—	—
	恒载+0.9(活载+风载)											
4	—	—	—	①②⑤ ⑦⑨	124.29 130.25	1 343.55	①②⑥ ⑧⑩	−105.32	624.58	—	—	—
5	—	—	—	①②⑤ ⑦⑨	112.90 116.77	1 298.94	①②⑥ ⑧⑩	—	587.40	—	—	—
6	—	—	—	①②⑤ ⑦⑨	126.40 128.34	1 050.98	①②⑤ ⑧⑩	—	511.48	—	—	—
7	—	—	—	①②⑤ ⑦⑨	121.84 123.79	1 016.91	①⑤⑧⑩	—	483.09	—	—	—
8	—	—	—	—	—	—	—	—	—	—	—	—
9	—	—	—	—	—	—	—	—	—	—	—	—
10	—	—	—	—	—	—	—	—	—	—	—	—
11	—	—	—	—	—	—	—	—	—	—	—	—
	重力荷载代表值+地震作用											
4	④③	292.68 309.02	1 280.54	④③	292.68 309.02	1 280.54	④③	−265.18 −281.52	613.52	④③	−85.86 −90.43	1 280.54
5	④③	179.53 188.32	1 235.93	④③	179.53 188.32	1 235.93	④③	−123.53 −133.32	576.34	④③	−85.86 −90.43	1 235.93
6	④③	195.45 201.03	986.99	④③	195.45 201.03	986.99	④③	−96.32 −101.90	510.61	④③	−91.90 −94.56	986.99
7	④③	190.60 196.18	952.93	④③	190.60 196.18	952.93	④③	−100.36 −105.94	482.22	④③	−91.90 −94.56	952.93
8	④③	294.83 312.16	1 413.40	④③	294.83 312.16	1 413.40	④③	294.83 312.16	1 413.40	④③	94.38 100.99	1 413.40
9	④③	229.78 243.29	1 376.22	④③	229.78 243.29	1 376.22	④③	229.78 243.29	1 376.22	④③	95.38 100.99	1 376.22
10	④③	208.66 216.91	1 130.80	④③	208.66 216.91	1 130.80	③	208.66 216.91	1 130.80	④③	99.36 103.29	1 130.80
11	④③	208.66 216.91	1 093.62	④③	208.66 216.91	1 093.62	③	208.66 216.91	1 093.62	④③	99.36 103.29	1 093.62

注：某项数据有两排时，第二排表示考虑 P-Δ 效应增大后的内力。

表 4-43　柱截面内力组合结果(力的单位为 kN;弯矩的单位为 kN · m;已计入 γ_{RE})

柱截面	$\|M\|_{max}$			N_{max}			N_{min}			$\|V\|_{max}$		
	组合	M	N	组合	M	N	组合	M	N	组合	M	N
4	地震	234.14 247.22	1024.43	恒活风	124.29 130.25	1343.55	地震	−212.14 −225.22	490.82	地震	−72.98 −76.87	1 280.54
5	地震	143.62 150.66	988.74	恒活风	112.90 116.77	1 298.94	地震	−99.62 −106.66	461.07	地震	−72.98 −76.87	1 235.93
6	地震	156.36 160.82	789.59	恒活风	126.40 128.34	1 050.98	地震	−72.24 −76.43	382.96	地震	−78.12 −80.38	986.99
7	地震	152.48 156.94	762.34	恒活风	121.84 123.79	1 016.91	地震	−75.27 −79.46	361.67	地震	−78.12 −80.38	952.93
8	地震	235.86 249.73	1 130.72	恒活	0.00	2 301.52	恒风	124.49 130.44	1 115.69	地震	81.07 85.84	1 413.40
9	地震	183.82 194.63	1 100.98	恒活	0.00	2 256.91	恒风	101.85 106.72	1 078.51	地震	81.07 85.84	1376.22
10	地震	166.93 173.53	904.64	恒活	27.85	1 830.66	恒风	77.87 80.39	898.56	地震	84.46 87.80	1 130.80
11	地震	166.93 173.53	874.90	恒活	9.28	1 796.59	恒风	77.87 80.39	870.17	地震	84.46 87.80	1 093.62

注:每格第二行数表示考虑 P-Δ 效应增大后的内力。

考虑 P-Δ 效应的弯矩增大计算

A 轴底层柱地震组合:

4 截面(标准值)　$M_{4ns}=12.50\text{kN}\cdot\text{m}$,$M_{4s}=\pm213.60\text{kN}\cdot\text{m}$

5 截面(标准值)　$M_{5ns}=25.00\text{kN}\cdot\text{m}$,$M_{5s}=\pm115.02\text{kN}\cdot\text{m}$

由表 4-28,该榀框架底层三柱侧向刚度之和 D:

$$D=0.6\times(2\times6\,356+7\,806)=12\,310.8\text{kN/m}$$

楼层柱轴力设计值之和:

$$\sum N=2\times(1.2\times860.94+1.3\times0)+1.2\times1\,413.4+1.3\times0=3\,762.336\text{kN}$$

$$\eta_s=\frac{1}{1-\dfrac{\sum N_j}{Dh_i}}=\frac{1}{1-\dfrac{3\,762.336}{12\,310.8\times5.5}}=1.058\,8$$

相应于 M_{max} 组合　$M_4=1.2\times12.5+1.058\,8\times1.3\times213.6=309.017\text{kN}\cdot\text{m}$

$M_5=1.2\times25+1.058\,8\times1.3\times115.02=188.323\text{kN}\cdot\text{m}$

相应于 N_{min} 组合　$M_4=12.5-1.058\,8\times1.3\times213.6=-281.517\text{kN}\cdot\text{m}$

$M_5=25-1.058\,8\times1.3\times115.02=-133.323\text{kN}\cdot\text{m}$

此结果列于表 4-42 相应位置的第二行。

B 轴底层柱地震组合:

8 截面(标准值)　$M_{8ns}=0$,$M_{8s}=\pm226.79\text{kN}\cdot\text{m}$

9 截面(标准值)　$M_{9ns}=0$,$M_{9s}=\pm176.75\text{kN}\cdot\text{m}$

η_s与上述相同。

$$M_8=\pm1.0588\times1.3\times226.79=\pm312.16\text{kN}\cdot\text{m}$$

$$M_9=\pm1.0588\times1.3\times176.75=243.29\text{kN}\cdot\text{m}$$

A 轴二层柱地震组合:

6 截面(标准值) $M_{6ns}=45.06\text{kN}\cdot\text{m}$,$M_{6s}=\pm108.75\text{kN}\cdot\text{m}$

7 截面(标准值) $M_{7ns}=41.02\text{kN}\cdot\text{m}$,$M_{7s}=\pm108.75\text{kN}\cdot\text{m}$

由表 4-28,二层三柱侧向刚度之和 D:

$$D=0.6\times(2\times8977.91+13254.04)=18725.9\text{kN}\cdot\text{m}$$

二层柱轴力设计值之和:

$$\sum N=2\times(1.2\times680.73+1.3\times0)+1.2\times1130.80+1.3\times0=2990.71\text{kN}$$

$$\eta_s=\frac{1}{1-\dfrac{\sum N_j}{Dh_i}}=\frac{1}{1-\dfrac{2990.71}{18725.9\times4.2}}=1.0395$$

相应于 M_{max}组合 $M_6=1.2\times45.06+1.0395\times1.3\times108.75=201.03\text{kN}\cdot\text{m}$

$M_7=1.2\times41.02+1.0395\times1.3\times108.75=196.18\text{kN}\cdot\text{m}$

相应于 N_{min}组合 $M_6=45.06-1.0395\times1.3\times108.75=-101.899\text{kN}\cdot\text{m}$

$M_7=41.02-1.0395\times1.3\times108.75=-105.939\text{kN}\cdot\text{m}$

B 轴二层柱地震组合:

10 截面(标准值) $M_{10ns}=0$,$M_{10s}=\pm160.51\text{kN}\cdot\text{m}$

11 截面(标准值) $M_{11ns}=0$,$M_{11s}=\pm160.51\text{kN}\cdot\text{m}$

η_s与上述相同,则

$$M_{10}=M_{11}=\pm1.0395\times1.3\times160.51=216.905\text{kN}\cdot\text{m}$$

A 轴底层柱恒活风 N_{max}组合:

4 截面(标准值) $M_{4ns恒}=8.72\text{kN}\cdot\text{m}$, $M_{4ns活}=10.56\text{kN}\cdot\text{m}$, $M_{4s}=\pm79.78\text{kN}\cdot\text{m}$

5 截面(标准值) $M_{5ns恒}=17.43\text{kN}\cdot\text{m}$, $M_{5ns活}=21.13\text{kN}\cdot\text{m}$, $M_{5s}=\pm51.87\text{kN}\cdot\text{m}$

由前述 $D=12310.8\text{kN}\cdot\text{m}$

楼层柱轴力设计值之和:

$$\sum N=2\times1.2\times728.63+1.2\times1115.69+1.4\times0.9$$
$$\times(67.91+68.04+174.25+74.84+193.87-4.43-4.27=11.70)=3791.26\text{kN}$$

$$\eta_s=\frac{1}{1-\dfrac{\sum N_j}{Dh_i}}=\frac{1}{1-\dfrac{3791.26}{12310.8\times5.5}}=1.0593$$

$$M_4=1.2\times8.72+1.4\times0.9\times10.56+1.0593\times1.4\times0.9\times79.78=130.25\text{kN}\cdot\text{m}$$

$$M_5=1.2\times17.43+1.4\times0.9\times21.13+1.0593\times1.4\times0.9\times51.87=116.77\text{kN}\cdot\text{m}$$

A 轴二层柱恒活风 N_{max}组合:

6 截面(标准值) $M_{6ns恒}=31.38\text{kN}\cdot\text{m}$,$M_{6ns活}=32.75\text{kN}\cdot\text{m}$,$M_{6s}=\pm37.68\text{kN}\cdot\text{m}$

7 截面(标准值) $M_{7ns恒}=28.52\text{kN}\cdot\text{m}$,$M_{7ns活}=31.86\text{kN}\cdot\text{m}$,$M_{7s}=\pm37.68\text{kN}\cdot\text{m}$

由前述 $D=18725.9\text{kN}\cdot\text{m}$

楼层柱轴力设计值之和:

$$\sum N=2\times1.2\times580.59+1.2\times898.56+1.4\times0.9\times(68.04+174.25+74.84+193.87-4.27-11.70)=3\,095.43\text{kN}$$

$$\eta_s=\frac{1}{1-\frac{\sum N_j}{Dh_i}}=\frac{1}{1-\frac{3\,095.43}{18\,725.9\times4.2}}=1.0410$$

$M_6=1.2\times31.38+1.4\,(0.9\times32.75+1.0410\times1.4\times0.9\times37.68=128.34\text{kN}\cdot\text{m}$

$M_7=1.2\times28.52+1.4\times0.9\times31.86+1.0410\times1.4\times0.9\times37.68=123.79\ \text{kN}\cdot\text{m}$

B 轴底层柱恒风 N_{min} 组合：

8 截面(标准值)　$M_{8ns恒}=0, M_{8s}=\pm88.92\text{kN}\cdot\text{m}$

9 截面(标准值)　$M_{9ns恒}=0, M_{9s}=\pm72.75\text{kN}\cdot\text{m}$

由前述 $D=12\,310.8\text{kN}\cdot\text{m}$

楼层柱轴力设计值之和：

$$\sum N=2\times1.2\times728.63+1.2\times1115.69=3\,087.54\text{kN}$$

$$\eta_s=\frac{1}{1-\frac{\sum N_j}{Dh_i}}=\frac{1}{1-\frac{3\,087.54}{12\,310.8\times5.5}}=1.0478\text{kN}$$

$M_8=1.0478\times1.4\times88.92=130.44\text{kN}\cdot\text{m}$

$M_9=1.0478\times1.4\times72.75=106.72\ \text{kN}\cdot\text{m}$

B 轴二层柱恒风 N_{min} 组合：

10 截面(标准值)　$M_{10ns恒}=0, M_{10s}=\pm55.62\text{kN}\cdot\text{m}$

11 截面(标准值)　$M_{11ns恒}=0, M_{11s}=\pm55.62\text{kN}\cdot\text{m}$

由前述 $D=18\,725.9\text{kN}\cdot\text{m}$

楼层柱轴力设计值之和：

$$\sum N=2\times1.2\times580.59+1.2\times898.56=2\,471.69\text{kN}$$

$$\eta_s=\frac{1}{1-\frac{\sum N_j}{Dh_i}}=\frac{1}{1-\frac{2\,471.69}{18\,725.9\times4.2}}=1.0324$$

$M_{10}=M_{11}=1.0324\times1.4\times55.62=80.39\text{kN}\cdot\text{m}$

由上述柱弯矩的增大可算出控制剪力的增大，结果列于表 4-42 中。

对于地震组合，各柱增大后的剪力如下：

底层 A 柱　$-85.86-|309.02-292.68+188.32-179.53|/5.5=-90.43\ \text{kN}$

二层 A 柱　$-91.90-|201.03-195.45+196.18-190.60|/4.2=-94.56\text{kN}$

底层 B 柱　$95.38+|312.16-294.83+243.29-229.78|/5.5=100.99\text{kN}$

二层 B 柱　$99.36+|216.91-208.66+216.91-208.66|/4.2=103.29\ \text{kN}$

梁内力由 P-Δ 效应引起的增大：

控制组合下二层梁的 P-Δ 效应增大系数：

地震组合的 η_s　$(1.0588+1.0395)/2=1.0492$

恒活风组合的 η_s　$(1.0593+1.0410)/2=1.0502$

地震组合：

1 截面 $M_{max}=-62.51+1.0492\times1.3\times208.9=222.42\text{kN}\cdot\text{m}$

1 截面 $M_{min}=-1.2\times62.51-1.0492\times1.3\times208.9=-359.44\text{kN}\cdot\text{m}$

2 截面 $M_{min}=76.14-1.0492\times1.3\times92.96=-50.65\text{kN}\cdot\text{m}$

2′截面 $M_{min}=58.14-1.0492\times1.3\times37.84=6.53\text{kN}\cdot\text{m}$

3 截面 $M_{max}=-112.42+1.0492\times1.3\times153.77=97.32\text{kN}\cdot\text{m}$

3 截面 $M_{min}=-1.2\times112.42-1.0492\times1.3\times153.77=-344.64\text{kN}\cdot\text{m}$

恒活风组合：

1,2 截面 $V_{max}=1.2\times50.48+1.4\times0.9\times(1.0502\times23.29+44.81)=147.86\text{kN}$

2′,3 截面 $V_{max}=-1.2\times61.88+1.4\times0.9\times(-1.0502\times23.29-47.59-4.43)=-170.62\text{kN}$

2 截面 $M_{max}=1.2\times53.75+1.4\times0.9\times(1.0502\times38.31+49.09)=177.05\text{kN}\cdot\text{m}$

2′截面 $M_{max}=1.2\times41.20+1.4\times0.9\times(1.0502\times12.94+46.03)=124.56\text{kN}\cdot\text{m}$

3 截面 $M_{min}=-1.2\times79.48+1.4\times0.9\times(-1.0502\times58.37-46.76-20.78)=-257.71\text{kN}\cdot\text{m}$

6. 配筋设计(环境类别为二 a)

(1) 梁正截面配筋计算

梁作为 T 形截面时的有效翼缘宽度：$l_0/3=6\,600/3=2\,200\text{mm}$；$b+S_n=6\,000\text{mm}$；$b+12h_f'=250+1\,290=1\,330\text{mm}$。故取有效翼缘宽度为 1 330mm。

截面正弯矩(截面底部)按单筋计算钢筋面积，结果见表 4-44。同理，可得负弯矩 F 的配筋如表 4-44 所示。

表 4-44 梁配筋计算结果

	截面	1	2	2′	3
纵筋	底部计算面积 /mm²	832	884	619	361
	底部实配面积 /mm²	3 ⌀ 20(942mm²)	3 ⌀ 200(942mm²)	3 ⌀ 20(942mm²)	3 ⌀ 20 (942mm²)
	顶部计算面积 /mm²	1 538	300(构造)	300(构造)	1 456
	顶部实配面积 /mm²	4 ⌀ 22(1 521mm²)	4 ⌀ 22(1 521mm²)	4 ⌀ 22(1 521mm²)	4 ⌀ 22(1 521mm²)
箍筋	计算(非加密) /(mm²/mm)	取 $\rho_{sv}=0.00114$，配⌀ 8@200			
	加密区	梁端 900 范围⌀ 8@150			

(2) 梁抗剪配筋计算

梁端底部和顶部钢筋面积比符合要求。

按 $V=\eta_{vb}(M_b^l+M_b^r)/l_n+V_{Gb}$ 计算梁剪力：

$\eta_v b=1.1$，$l_n=6.1\text{m}$

$V_{Gb}=1.2\times(71.1+87.46)/2=95.14\text{ kN}$

顺时针弯矩时：

$V=1.1\times(222.42+344.64)/6.1+95.14=197.397\text{kN}$

逆时针弯矩时：

$V=1.1\times(97.32+359.94)/6.1+95.14=177.597\text{kN}$

197.4×0.85=167.79，结果示于表 4-41。

由此表，取剪力设计值为 $V=170.62\text{kN}$。

$$0.25\beta_c f_c bh_0=0.25\times14.3\times250\times565=504\,968.76>V$$

$$0.7f_t bh_0+f_{yv}\frac{A_{sv}}{s}h_0=0.7\times1.43\times250\times565+300\times565\times A_{sv}/s=170\,620$$

得 $A_{sv}/s=0.172$。

$$\rho_{sv}=A_{sv}/bs=0.172/250=0.000\,69<0.24f_t/f_{yv}=0.24\times1.43/300=0.001\,14$$

取 $\rho_{sv}=0.001\,14$，采用双肢，⌀ 8，$A_{sv}=101\text{mm}^2$，则

$s=101/0.001\,14\times250=354.386$，取 $s=200$（箍筋的最大间距），用⌀ 8@200，如表 4-44 所示。

(3) 柱正截面配筋计算

A 轴底层柱

强柱弱梁调整：$\sum M_c=1.3\sum M_b$

左震时：

$1.3\sum M_b=1.3\times(-1.2\times80.28-1.0492\times1.3\times223.76)=-522.00\text{kN}\cdot\text{m}$

上柱相对线刚度：1×0.9/4.2=0.214 3

下柱相对线刚度：1/5.5=0.181 8

故下柱的分配系数：0.181 8/(0.181 8+0.214 3)=0.459 0

上柱的分配系数：0.214 3/(0.181 8+0.214 3)=0.541 0

下柱分得的弯矩：$0.459\times522=239.60\text{kN}\cdot\text{m}$

乘以承载力抗震调整系数后：

$0.8\times239.6=191.7\text{kN}\cdot\text{m}>150.66\ \text{kN}\cdot\text{m}$（5 截面弯矩）

故 M_{max} 组合下：5 截面弯矩改为 191.7 kN·m，4 截面弯矩改为 267.74kN·m。

右震时：

$1.3\sum M_b=1.3\times(-80.28+1.0492\times1.3\times223.76)=292.40\text{kN}\cdot\text{m}$

下柱分得的弯矩：$0.459\times292.40\times0.8=107.37\text{kN}\cdot\text{m}>106.66\ \text{kN}\cdot\text{m}$

故 N_{min} 组合下：5 截面弯矩改为 107.37 kN·m，4 截面弯矩改为 225.61kN·m。

M_{max} 组合：

$M_1=-191.7\ \text{kN}\cdot\text{m}$，$M_2=267.74\ \text{kN}\cdot\text{m}$，则 $M_1/M_2=-191.7/267.74=-0.716<0.9$

$i=0.288\,7h=0.288\,7\times500=144.35\text{mm}$

$l_c/i=5\,500/144.35=<34-12(M_1/M_2)=34-12\times(-0.716)=42.59$

故不考虑附加弯矩的影响，按 $M=267.74\ \text{kN}\cdot\text{m}$，$N=988.74\text{kN}$ 计算得 $A_s=702.16\text{mm}^2$。

N_{mim} 组合：

$M_1=-107.37\ \text{kN}\cdot\text{m}$，$M_2=225.61\ \text{kN}\cdot\text{m}$，$34+12(M_1/M_2)=39.39>38.1$

按 $M=225.61\text{kN}\cdot\text{m}$，$N=461.07\text{kN}$，算得 $A_s=876.62\text{mm}^2$。

由上可得，N_{mim} 组合起控制作用，单侧配 4 ⌀ 18（$A_s=1\,018\text{mm}^2$），侧边增配 2 ⌀ 16，满足总配筋率不应小于 0.75% 的要求。

A 轴二层柱

左震时：

柱底 $1.3\sum M_b$ 分来 $0.541\times522\times0.8=225.92\text{kN}\cdot\text{m}>160.82\ \text{kN}\cdot\text{m}$(6 截面弯矩 M_{max})，故取 6 截面 M_{max} 为 225.92 kN·m。

右震时：

柱底 $1.3\sum M_b$ 分来 $0.541\times292.4\times0.8=126.55\text{kN}\cdot\text{m}>76.43\ \text{kN}\cdot\text{m}$(6 截面弯矩)

柱顶处梁分来：

三层柱 $\sum N=1.2\times(2\times478.9+815.07)=2\,127.44\text{kN}$

$$\eta_s=\frac{1}{1-\dfrac{\sum N_j}{Dh_i}}=\frac{1}{1-\dfrac{2\,127.44}{18\,725.9\times4.2}}=1.027\,80$$

三层梁的 $\eta_s=(1.027\,8+1.039\,5)/2=1.033\,7$

左震时：

柱顶处梁的 $1.3\sum M_b=1.3\times(-1.2\times89.17-1.033\,7\times1.3\times192.06)=-464.62\text{kN}\cdot\text{m}$，

分给此柱 $0.5\times0.8\times474.62=189.85\text{kN}\cdot\text{m}>156.94\ \text{kN}\cdot\text{m}$(7 截面弯矩)

右震时：

柱顶处梁的 $1.3\sum M_b=1.3\times(-89.17+1.033\,7\times1.3\times192.06)=219.60\text{kN}\cdot\text{m}$，

分给此柱 $0.5\times0.8\times219.6=87.84\text{kN}\cdot\text{m}>79.46\ \text{kN}\cdot\text{m}$(7 截面弯矩)

M_{max} 组合(左震)：

$M_1=-189.85\ \text{kN}\cdot\text{m}$，$M_2=225.92\ \text{kN}\cdot\text{m}$，

$M_1/M_2=-189.85/225.92=-0.840\,3<0.9$

$l_c/i=4\,200/144.35=29.1<34-12(M_1/M_2)=44.08$，故不考虑附加弯矩的影响。

按 $M=225.92\ \text{kN}\cdot\text{m}$，$N=762.34\text{kN}$ 设计算的 $A_s=589.29\text{mm}^2$，配 4 ⌀ 16($A_s=804\text{mm}^2$)。

N_{min} 组合(右震)：

$M_1=-87.84\ \text{kN}\cdot\text{m}$，$M_2=126.55\text{kN}\cdot\text{m}$

因 $34+12(M_1/M_2)=42.329\,4>29.1$，故不考虑附加弯矩的影响。

按 $M=126.55\ \text{kN}\cdot\text{m}$，$N=361.67\text{kN}$ 设计算得 $A_s=361.91\text{mm}^2<\rho_{min}bh=500\text{mm}^2$，不起控制。

按总配筋率不小于 0.75% 的要求，最低全部钢筋为 12 ⌀ 16。

B 轴底层柱

左震时：

$1.3\sum M_b=1.3\times(-1.2\times0-1.0492\times1.3\times2\times168.63)=-598.01\text{kN}\cdot\text{m}$

上柱相对线刚度为：$1\times0.9/4.2=0.214\,3$

下柱相对线刚度为：$1/5.5=0.181\,8$

下柱的分配系数为：$0.181\,8/(0.181\,8+0.214\,3)=0.459\,0$

上柱的分配系数为：$0.214\,3/(0.181\,8+0.214\,3)=0.541\,0$

下柱分得的弯矩为：$0.459\times598.01\times0.8=219.59\text{kN}\cdot\text{m}>194.63\ \text{kN}\cdot\text{m}$(9 截面弯矩)

故 M_{max} 组合下：

9 截面弯矩改为 219.59 kN·m，8 截面弯矩改 262.21kN·m。

右震时：

$1.3\sum M_b = 1.3\times(0+1.0492\times1.3\times2\times168.63) = 598.01\text{kN}\cdot\text{m}$，

分给下柱为 219.59 kN·m，由对称性此不起控制。

M_{max}地震组合：

$M_1=-219.59\text{ kN}\cdot\text{m}$，$M_2=262.21\text{ kN}\cdot\text{m}$，$M_1/M_2<0.9$

$l_c/i=5\,500/144.35=38.1<=34+12\,(M_1/M_2)=44.05$，故不考虑附加弯矩的影响。

按 $M=262.21\text{ kN}\cdot\text{m}$，$N=1\,100.98\text{kN}$ 设计算得 $A_s=605.63\text{mm}^2$，配 4 ⌀ 16 ($A_s=804\text{mm}^2$)。

N_{max}恒活组合：

轴压，$N=2\,301.52\text{kN}$，

$l_0/i=5\,500/144.35=38.1$，$\varphi=0.96$

$0.9\times0.96\times14.3\times500\times500=3\,088\,800\text{N}>N$，不起控制。

B 轴二层柱

左震时：

柱底 $1.3\sum M_b$分来：

$0.541\times598.01\times0.8=258.82>173.53$(10 截面弯矩 M_{max})，故应取 10 截面 M_{max}为 258.82。

柱顶处梁分来：

三层梁的 $\eta_s=(1.027\,8+1.039\,5)/2=1.033\,7$

柱顶处梁的 $1.3\sum M_b=1.3\times(-1.2\times0-1.0337\times1.3\times2\times147.82)=-516.47\text{kN}\cdot\text{m}$

分给此柱 $0.5\times0.8\times516.47=206.59\text{kN}\cdot\text{m}>173.53\text{kN}\cdot\text{m}$ (11 截面弯矩)

右震时：

柱顶处梁的 $1.3\sum M_b=1.3\times(-0+1.033\,7\times1.3\times2\times147.82)=516.47\text{kN}\cdot\text{m}$，因对称不起控制。

M_{max}组合(左震)：

$M_1=-206.59\text{kN}\cdot\text{m}$，$M_2=258.82\text{kN}\cdot\text{m}$，$M_1/M_2<0.9$

$l_c/i=4\,200/144.35=29.1<34+12(M_1/M_2)=43.58$，故不考虑附加弯矩的影响。

按 $M=258.82\text{kN}\cdot\text{m}$，$N=874.9\text{kN}$ 设计算得 $A_s=717.84\text{mm}^2$，配 4 ⌀ 16 ($A_s=804\text{mm}^2$)。

N_{max}组合(恒活)：

$M_1=-9.28\text{kN}\cdot\text{m}$，$M_2=27.85\text{kN}\cdot\text{m}$，$M_1/M_2<0.9$

$34+12(M_1/M_2)=37.998\,6>29.1$，故不考虑附加弯矩的影响。

按 $M=27.85\text{kN}\cdot\text{m}$，$N=1\,830.66\text{kN}$ 设计算得 $A_s=1\,174.30\text{mm}^2$，不起控制。

(4) 柱抗剪计算

按构造，不应小于⌀ 8 @200

计算式：$V\leqslant\dfrac{1.75}{\lambda+1}f_t bh_0+f_{yv}\dfrac{A_{sv}}{s}h_0+0.06N$

$0.3f_cA=0.3\times14.3\times500\times500=1\,072\,500\text{N}$

A 轴底层柱

$V=76.87\text{kN}$，$N=1\,236\text{kN}$

$\lambda=H_n/(2h_0)=5\,200/2/465=5.59>3$，取 3

$V_c=1.75/4\times1.43\times500\times465=145\,457.81N>V$

可见，柱抗剪均按构造配箍，配⌀ 8@200。

(5) 柱端加密区箍筋计算

A 轴底层柱

柱箍筋加密区的体积配箍率 $\rho_{sv}\geqslant\lambda_v f_c/f_{yv}$，其中 f_c按 C35 算为 16.7MPa

柱轴压比为 $1\,343.55\times1\,000/(14.3\times500\times500)=0.375\,82$，查得 $\lambda_v=0.06\,8$

故 $\rho_{sv,min}=0.068\times16.7/300=0.003\,785<0.004$，故取 $\rho_{sv,min}=0.004$

采用井字复合箍，则 $\rho_{sv}=8\times450/500/500\times A_{sv1}/s=0.014\,40\,A_{sv1}/s$

令 $0.014\,4\,A_{sv1}/s=0.004$，解得 $A_{sv1}/s=0.277\,8$

取⌀ 8，$A_{sv1}=50.3$，则 $s=50.3/0.2778=181.07$，取⌀ 8@100。

B 轴底层柱

柱轴压比为 $2\,301.52\times1\,000/(14.3\times500\times500)=0.64$，查得 $\lambda_v=0.12$

$\rho_{sv,min}=0.12\times16.7/300=0.006\,680$，$A_{sv1}/s=0.006\,68/0.014\,4=0.463\,9$

用⌀ 8，$s=50.3/0.463\,9=108.43$，取⌀ 8@100。

柱配筋汇总于表 4-45。

节点区箍筋

$\lambda_v=0.08$，$\rho_{sv,min}=0.08\times16.7/300=0.004\,45>0.004$

令 $0.014\,4\,A_{sv1}/s=0.004\,45$，解得 $A_{sv1}/s=0.309\,0$

用⌀ 8，$s=50.3/0.309=162.78$，取⌀ 8@100。结果见表 4-45。

节点区受剪承载力计算

截面条件：$V_j\leqslant\dfrac{1}{\gamma_{RE}}(0.3\eta_j\beta_c f_c b_j h_j)$

承载力条件：$V_j\leqslant\dfrac{1}{\gamma_{RE}}\left(1.1\eta_j f_t b_j h_j+0.05\eta_j N\dfrac{b_j}{b_e}+f_{yv}A_{svj}\dfrac{h_{b0}-a_s'}{s}\right)$

其中，$V_j=\dfrac{\eta_{jn}\sum M_b}{h_{b0}-a_s'}\left(1-\dfrac{h_{b0}-a_s'}{H_c-h_b}\right)$

$\gamma_{RE}=0.85$，正交梁的约束影响系数 $\eta_i=1.0$，$\beta_c=1$，$b_j=500mm$，$h_j=500mm$，$b_c=500mm$，$h_{b0}=565mm$，$\eta_{ib}=1.20$，$H_c\approx(4\,200+5\,500)/2=4\,850.00mm$(偏安全)。

在所考虑的范围内，显然只需验算 B 轴二层节点。

对此节点，前已算出 $\sum M_b=598.01/1.3=460.01kN\cdot m$，从而

$V_j=1.2\times460.01\times10^6/(565-35)\times[1-(565-35)/(4\,850-600)]=911\,646.90N$

验算截面条件：

$(0.3\times14.3\times500\times500)/0.85=1\,261\,765>V_j$，可以。

按 4 肢⌀ 8@100 验算承载力条件：

$N=1\,130.8kN<0.5f_cb_ch_c=0.5\times14.3\times500\times500=1\,787\,500N$

$[1.1\times1.43\times500\times500+0.05\times1\,130\,800+300\times4\times50.3\times(565-35)/100]/0.85$

$=905\,527N<V_j$，不满足，说明上述对 H_c的估计过于安全。

现重算 H_c，由水平地震作用下的弯矩图得：

$H_c=4\,200/2+5\,500\,(176.75/(176.75+226.79)=4\,508.99$，相应

$V_j=900\,316\text{N}<905\,527\text{N}$，满足要求。

配筋图略。

表 4-45　　柱和节点配筋汇总

项目	A 柱底层	A 柱二层	B 柱底层	B 柱二层
纵筋	每边 4 ⌀ 18 ($A_s=1\,018\text{mm}^2$)，每侧增配 2 ⌀ 16	每边 4 ⌀ 16 ($A_s=804\text{mm}^2$)，每侧增配 2 ⌀ 16	每边 4 ⌀ 16 ($A_s=804\text{mm}^2$)，每侧增配 2 ⌀ 16	每边 4 ⌀ 16 ($A_s=804\text{mm}^2$) 每侧增配 2 ⌀ 16
箍筋	⌀ 8@200	⌀ 8@200	⌀ 8@200	⌀ 8@200
柱端箍筋加密区	柱上端 900mm 内及柱下端 1 800mm 内配 ⌀ 8@100	柱上下端 700mm 内配 ⌀ 8@100	柱上端 900mm 内及柱下端 1800mm 内配 ⌀ 8@100	柱上下端 700mm 内配 ⌀ 8@100
节点	⌀ 8@100		⌀ 8@100	

注：所有箍筋均为井字复合箍。

思考题

【4-1】 框架设计中要考虑哪些荷载？风荷载是怎样计算的？

【4-2】 框架结构的计算简图如何确定？

【4-3】 反弯点法与 D 值法的异同点是什么？D 值的意义是什么？

【4-4】 水平荷载作用下框架的变形有何特征？

【4-5】 框架结构的最不利内力组合中，确定活荷载的最不利位置有哪几种方法？

【4-6】 叠合梁的受力有哪些特点？叠合梁的受力要考虑哪几方面？

【4-7】 框架结构具有剪切型变形曲线，这与杆件的剪切变形有关吗？

【4-8】 用 D 值法分配框架结构总剪力时有两种方法：(1)先分配到每一榀框架，再分配到柱；(2)用每根柱的 D 值与 $\sum D$ 的比值将总剪力直接分配给柱。这两种方法的计算结果有何区别？

【4-9】 什么叫做强柱弱梁？强柱弱梁是否要求柱子的截面大于梁的截面？强柱弱梁是否要求柱子的线刚度大于梁的线刚度？

【4-10】 柱的轴力很大而截面不能满足轴压比限制条件时，解决办法有哪些？

习　题

【4-1】 某框架结构结构平面如图 4-81 所示，柱截面为方形，沿高度不变。设地震作用方向如图中箭头所指，各柱 D 值的代表值（相对值）示于图中各柱旁。要求计算结构的质量中心、刚度中心的位置及偏心距（楼板上重量为均匀分布）。

【4-2】 某框架按满布荷载法计算，梁上作用的荷载均为均布荷载。其中某一框架梁净跨长为 6m，其在恒载、活载和风载作用下的弯矩图如图 4-82 所示（其中梁端弯矩即为支座边弯矩，图中弯矩均未计入荷载分项系数）。试求此梁支座和跨中截面处的设计弯矩值，以及支座截面处的设计剪力值。

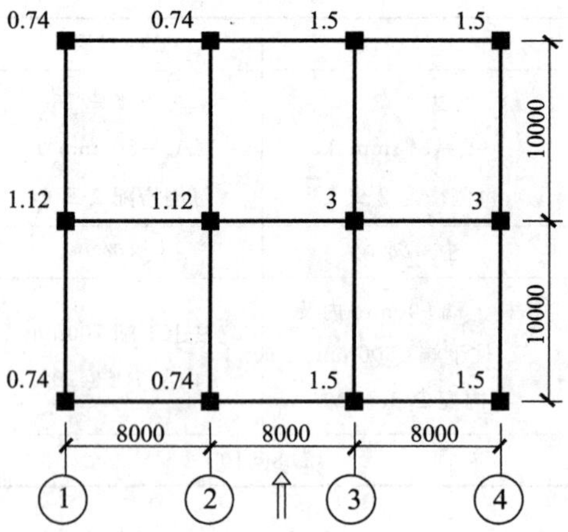

图 4-81　习题 4-1 图

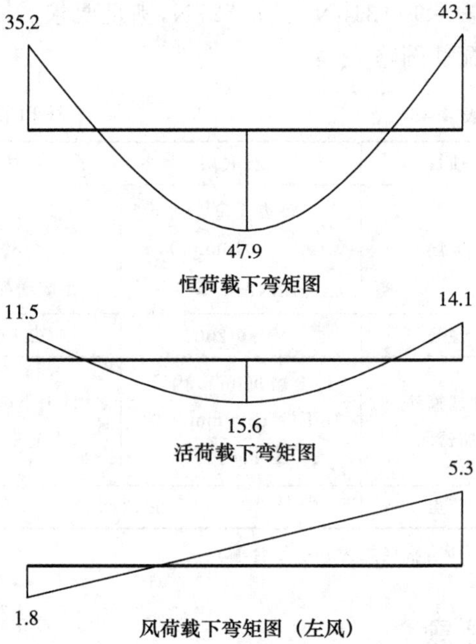

图 4-82　习题 4-2 图

5 高层建筑结构

5.1 概　述

关于高层建筑或高层建筑结构的定义，目前国内外尚无一致的标准。日本把 8 层以上或高度超过 31m 的房屋称为高层建筑；美国把 7 层以上或高度超过 22～25m 的房屋称为高层建筑；英国则把高度超过 24m 的房屋视为高层建筑。根据我国建筑设计防火规范，10 层以上的居住建筑和 24m 以上的其他民用建筑为高层建筑，而根据我国《高层建筑混凝土结构技术规程》(JGJ 3-2010)(以下简称《高规》)，10 层和 10 层以上或房屋高度大于 28m 的建筑物视作高层建筑。实际上，凡在设计、施工中需考虑与高度有关的因素，如风、地震、温度、作用等的计算且设置电梯设备的建筑，即可称为高层建筑。以后本章的叙述如无特别说明，均指按《高规》定义的高层建筑。

高层建筑是现代城市人口高度集中、土地不足而地价昂贵的产物。高层建筑作为城市发展的象征，首先是在美国大批出现的，迄今已有一百多年的历史了。1883 年出现了第一幢完全由钢框架承重的高层建筑——位于芝加哥的 11 层的家庭保险大厦(Home Insurance Building)；1931 年建成的纽约帝国大厦(Empire State Building，381m，102 层)、1972 年建成的纽约世界贸易中心姐妹楼(World Trade Center)(图 5-1)和 1974 年建成的芝加哥西尔斯大厦(Sears Tower，442m，110 层)是美国高层建筑的代表作。1985 年以来，亚洲的日本、韩国、马来西亚、新加坡、中国、阿联酋等建成了大量的高层建筑，其中，建于迪拜的迪拜塔(Burj Dubai，818m，200 层，图 5-2)是目前世界最高的高层建筑。已经建成的金茂大厦(420m、88 层)环球金融中心(492m，101 层)和即将建成的上海中心(580m，118 层)构成了上海浦东陆家嘴独特的天际线，是目前我国最高的高层建筑(图 1-3)。

图 5-1　纽约世界贸易中心姐妹楼

图 5-2　迪拜塔

我国高层建筑以混凝土结构为主。根据中国建筑学会建筑结构分会高层建筑委员会的统计，截至 2009 年年底，在中国内地已建成的 180m 以上的高层建筑共 104 幢，其中 53 幢为混凝土结构，49 幢为钢-混凝土组合结构，2 幢为钢结构。我国已建成的大量的高层居住建筑几乎全部采用混凝土结构。本章主要介绍混凝土高层建筑结构的设计特点及结构选型，讨论常见的剪力墙、框架-剪力墙以及筒体结构的简化分析方法和设计原则，限于篇幅，复杂高层建筑结构的设计不在此讨论。

5.2　高层建筑结构体系简介

常见的高层建筑结构体系有框架结构体系、剪力墙结构体系、框架-剪力墙结构体系、筒中筒结构体系、框架-核心筒结构体系和板柱-剪力墙结构体系等，下面分别予以介绍。

5.2.1　框架结构体系

所有荷载均由梁柱等构件组成的结构所承担的体系，称框架结构体系(图 5-3)。

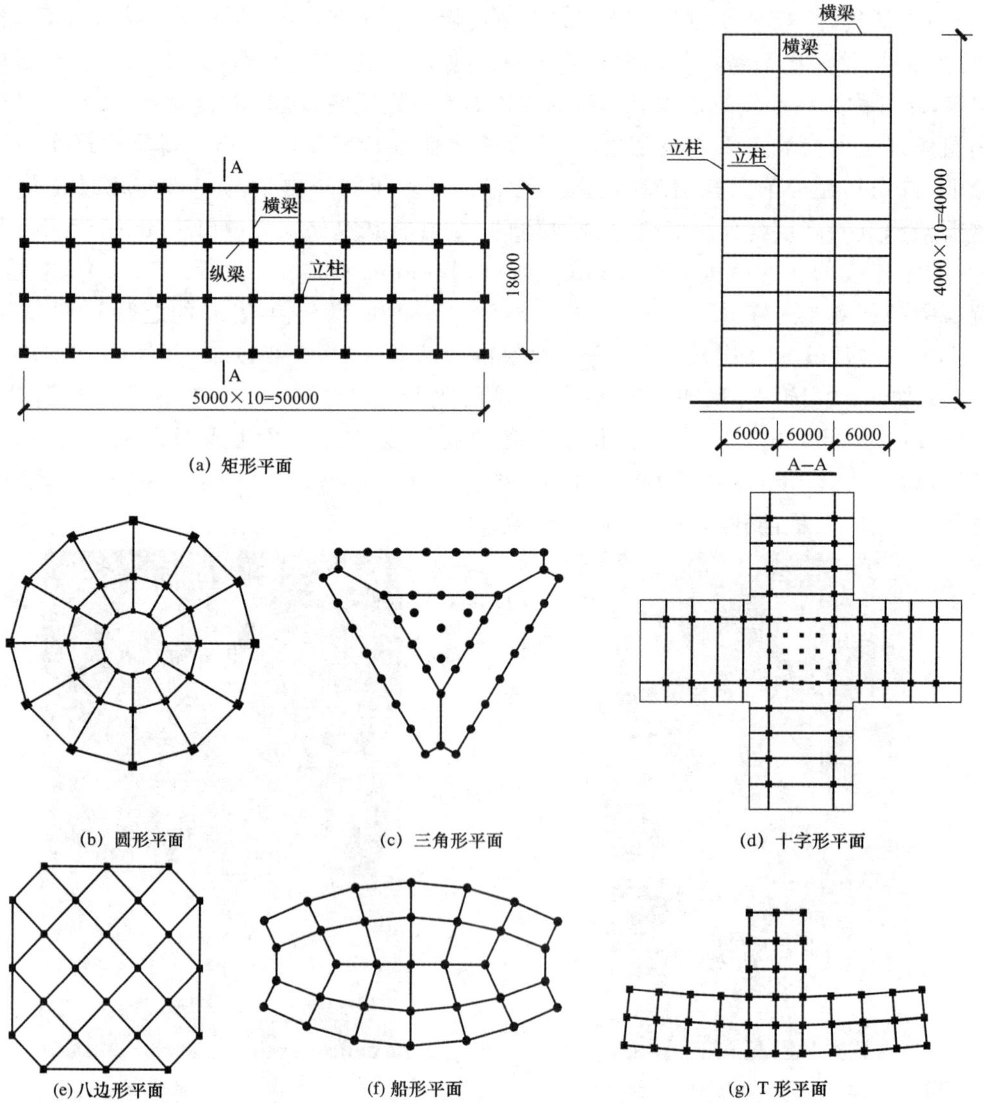

图 5-3　框架结构体系

框架梁柱通常为刚接，形成双向梁柱抗侧力体系。其优点是结构布置灵活，易满足建筑体形和内部空间使用等要求；其缺点是侧向刚度小、侧移大，不适于较高的房屋（例如高 70m 以上的房屋）。在较高烈度的抗震设防区，有时还会因侧移过大而引起隔墙或填充墙等非承重构件的损伤。

在侧向荷载作用下，框架结构的侧移曲线呈剪切型（图 5-4）。

高层框架结构的受力性能和设计方法与多层框架基本类似，不再介绍。

5.2.2 剪力墙结构体系

竖向和侧向荷载均由钢筋混凝土墙体承担的体系，称剪力墙结构体系。按建筑要求形成诸如矩形、井字形、风车形、Y 形等多种平面，如图 5-5 所示，并要求在各个主轴方向均需设有剪力墙，且相互整体连接，形

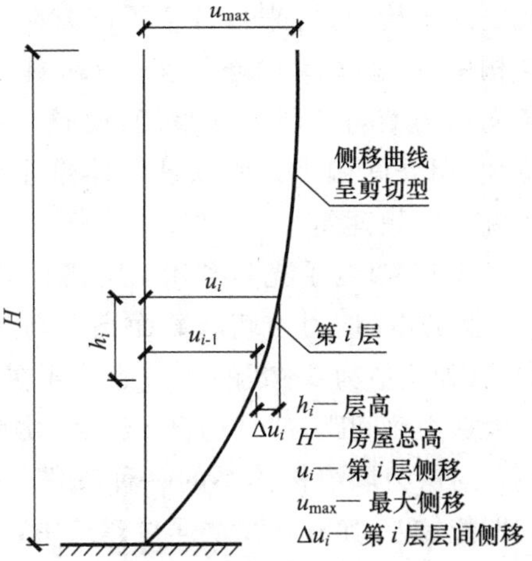

图 5-4 框架结构的侧移曲线

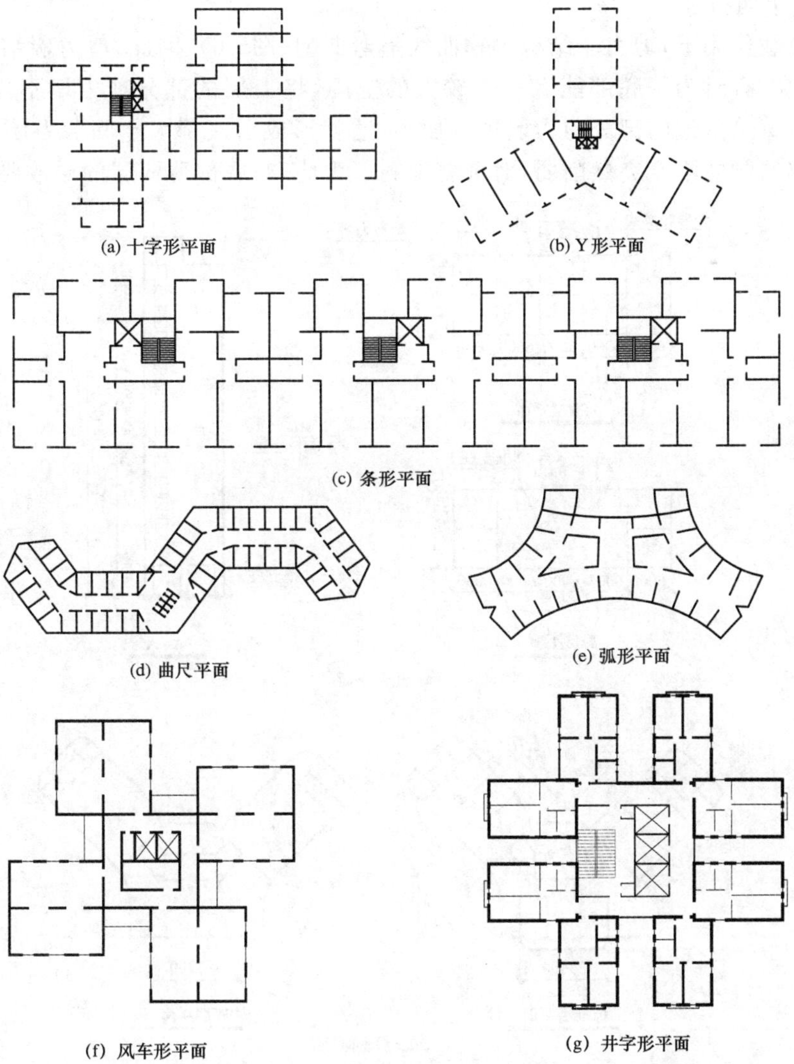

图 5-5 剪力墙结构体系

成空间结构，抵抗来自各个不同方向的侧向力作用。特别在抗震结构中，应避免单向布置剪力墙，并宜使两个方向刚度较接近。各向剪力墙与各层楼盖整浇，使整个结构体系整体性好、侧向刚度大，但开间偏小。所以这种体系主要适用于开间不大的住宅、医院和宾馆建筑。

近年来，为了充分利用剪力墙的承载力和侧向刚度的较大潜力，尽量减少剪力墙墙肢截面高度与其厚度的比值而形成短肢剪力墙（即比值为 5～8 的剪力墙），或在不增加楼板厚度的条件下，扩大剪力墙间距，使结构自重减轻，房屋的可利用空间增大。这无疑是对剪力墙结构体系的一种改进。但是，由于短肢剪力墙的抗震性能较差，尤其在高层居住建筑中，不应采用仅靠短肢剪力墙抵抗侧向力的结构体系，而应采用短肢剪力墙与一般剪力墙或筒体共同抗侧向力的结构体系。剪力墙不宜过少，墙肢不宜过短，更不应使剪力墙呈单向布置。

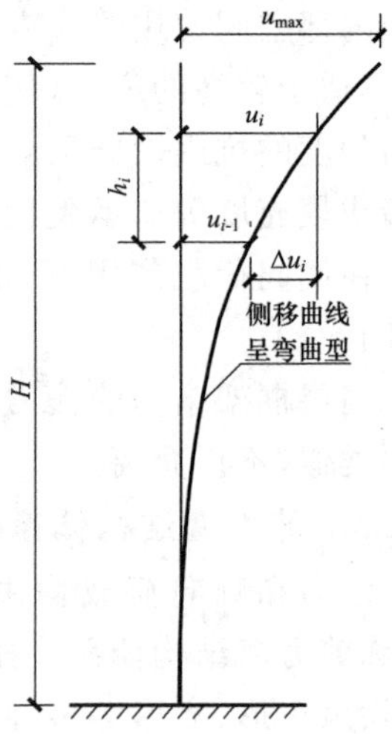

图 5-6　剪力墙结构的侧移曲线

在侧向荷载作用下，剪力墙结构侧移曲线呈弯曲型（图5-6）。因此，剪力墙结构可以应用于较高的房屋中。有时为了底部能有一个较大的空间，将上层的部分剪力墙不落地（以框架替代），同时又对直接落地的部分剪力墙进行加强，这就形成了底部大空间剪力墙结构（图 5-7）。此类结构底部的侧向刚度突然削弱，对抗震不利。为此，对底部薄弱层的层数要有限制。

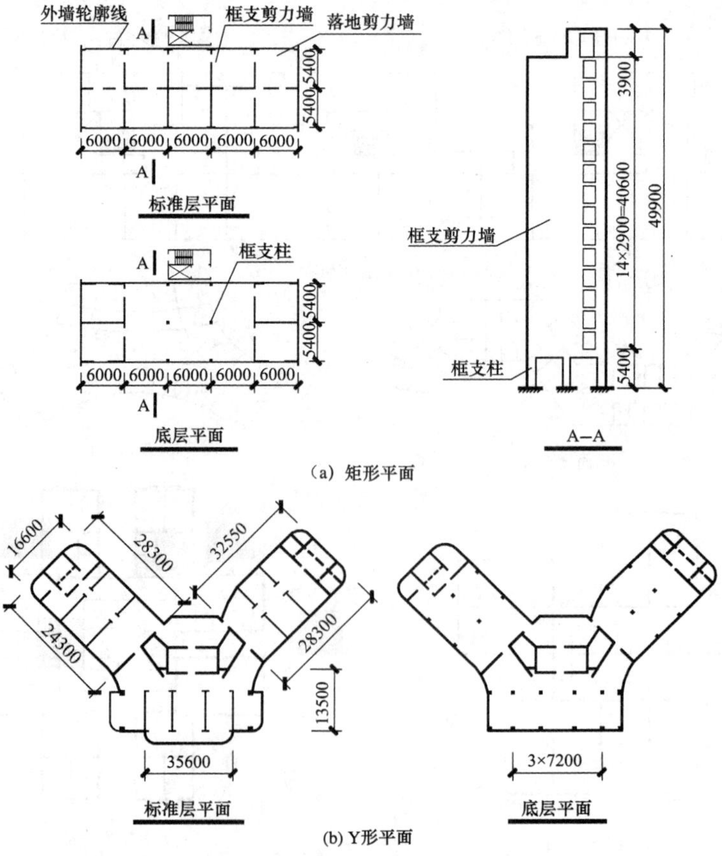

图 5-7　底部大空间剪力墙结构

5.2.3　框架-剪力墙结构体系

作用在房屋上的所有荷载均由框架和剪力墙共同承担，这种体系称为框架-剪力墙结构体系。框架和剪力墙借楼盖连成整体而共同抗侧向力，所以框架-剪力墙结构对楼面自身平面内的刚度要求较高。虽然剪力墙仅在某些轴线上布置，但由于剪力墙的刚度一般要比框架大得多，剪力墙在结构体系中仍居于主导地位。为了能使这种结构体系可承担来自各个方向的侧向力，要求在结构的各个主轴方向均布置剪力墙，以形成多个方向上的抗侧力体系。框架-剪力墙结构体系抗侧力性能的优劣关键在于剪力墙的平面布置。

在侧向荷载作用下框架-剪力墙结构的侧移曲线呈弯剪型（图 5-8）。

框架-剪力墙结构体系平面布置灵活，又可满足结构对侧向变形的要求，因而广泛地用于各种平面形状的宾馆和办公建筑中（图 5-9 和图 5-10）。

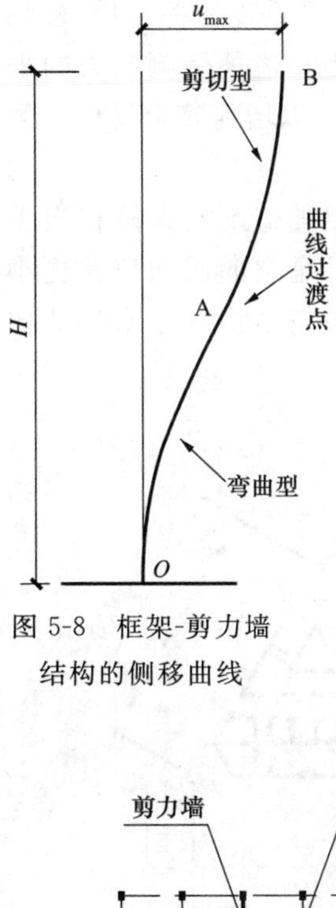

图 5-8　框架-剪力墙结构的侧移曲线

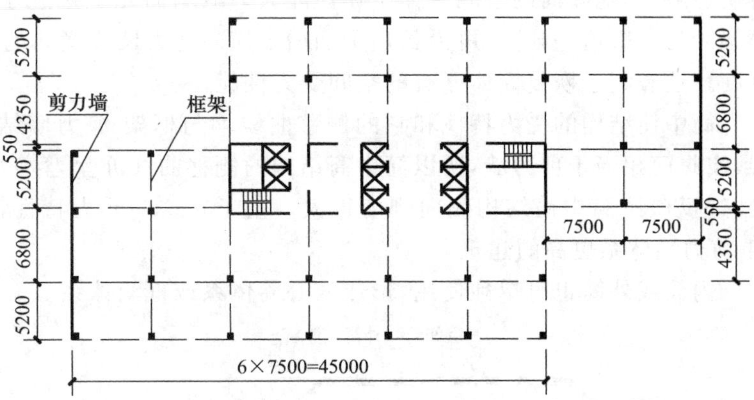

图 5-9　上海宾馆平面图（26 层，高 91.5m）

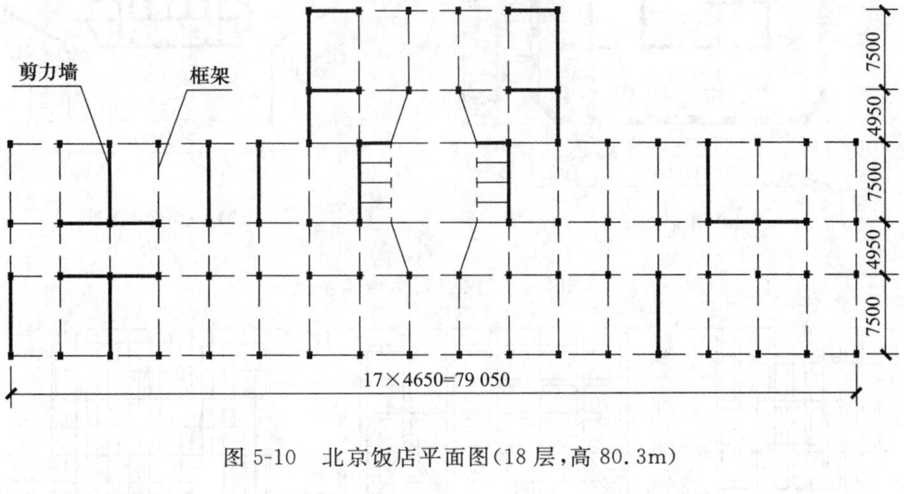

图 5-10　北京饭店平面图（18 层，高 80.3m）

5.2.4　筒中筒结构体系

由位于房屋中部的实腹筒（亦称内筒或核心筒）和房屋外围的空腹筒（又称外筒）通过各层楼盖连成整体而共同承担所有荷载的体系，称为筒中筒结构体系（图 5-11）。在实腹筒内，汇集了房屋的所有服务设施（包括楼梯、电梯、各种服务性房间和所有的各种管道与设备），而实腹筒与空腹筒之间的部分，则为既无柱又无剪力墙的整个使用空间。为了获取尽可能多的使用面积，在满足结构受力的前提下，要求核心筒所占面积为楼层面积的 15%～25%。楼愈高，则其所占比例也愈大。空腹筒则沿大楼的外围布置，由柱距 3～4m(不宜大于 4m)的密集柱和梁截面高度约为密集柱净距 1/4 的窗裙梁所组成。密集柱的截面长边沿筒壁方向布置。为保证空腹筒的筒结构的空间受力性能，要求窗洞面积不大于外墙面积的 60%。

筒中筒结构体系的主要优点在于它的使用面积大，建筑分隔十分方便，抗侧力和抗扭性能均佳。故适用于房屋高而平面又近于方形、圆形、正多边形和长短边边长之比不大于 1.5 的矩形大楼中。但其最大缺点是密集柱的柱距过小，难以满足建筑立面和建筑功能的要求。有时为了扩大底部密集柱的柱距而采用诸如预应力大梁、桁架或连续拱(图 5-12)等水平转换构件，将上层荷载有效地传到下层。若矩形平面的筒中筒结构的长短边边长之比大于 2.0，则此筒中筒结构在平行于短边方向的侧力作用下，位于长边中部的密集柱已难以发挥作用，柱轴力将明显减少，空腹筒的空间整体工作性能大为减弱而几乎接近于两侧短边承受侧向力的平面框架。为克服这一缺点，可沿长边中间增设横向剪力墙或横向的内柱，以增强整个筒体的侧向刚度。这有利于恢复筒体原有的空间受力性能。

筒中筒结构的受力特性和它的侧移曲线均与框架-剪力墙结构相类似。空腹筒相当于框架，实腹筒相当于剪力墙，所以筒中筒结构的侧移曲线亦呈弯剪型，只是它的层间位移更小而已，这反映了筒中筒结构侧向刚度很大。基于它这一受力特性，筒中筒结构可用来建造比框架-剪力墙体系更高的建筑。

内筒或外筒也可单独使用，形成核心筒体系或框筒体系。

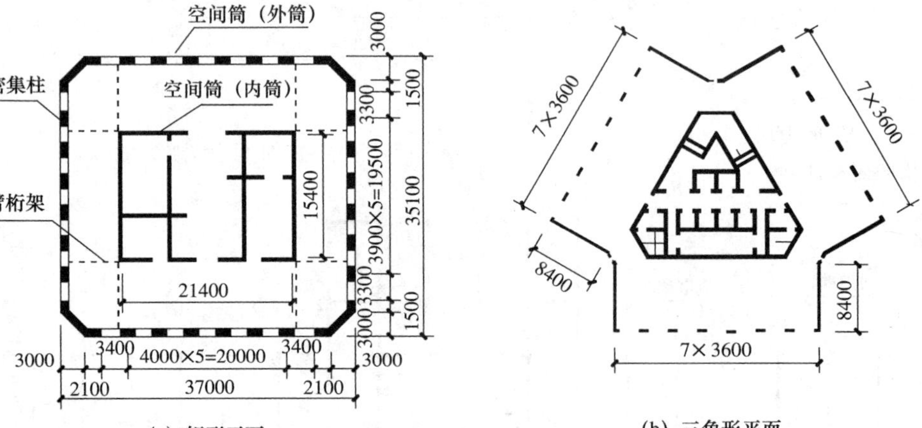

(a) 矩形平面　　(b) 三角形平面

图 5-11　筒中筒结构体系

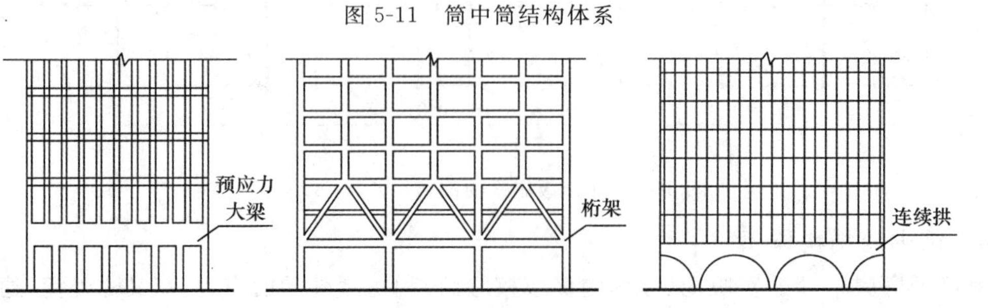

图 5-12　扩大底部柱间距的措施

5.2.5　框架-核心筒结构体系

通过楼盖将外围的框架和内部中心区域的核心筒连成整体并承受所有荷载的体系，称框架-核心筒结构体系(图 5-13)。其空间受力性能、侧向刚度等小于筒中筒结构。但近年来通过在房屋端部设置剪力墙或增设角筒，或利用高楼中的设备层、避难层设巨型伸臂构件以形成水平向加强层等措施，从而增强整个结构的空间工作性能，使这一结构体系同样也可用来建造很高的大楼。

框架-核心筒结构体系的最大优点是其外柱布置十分灵活，容易满足建筑的立面造型和平面轮廓变化的要求。侧向荷载主要由核心筒承担，竖向荷载则由框架和核心筒共同承受。与框架-剪力墙结构类似，框架-核心筒结构的侧移曲线呈弯剪型。

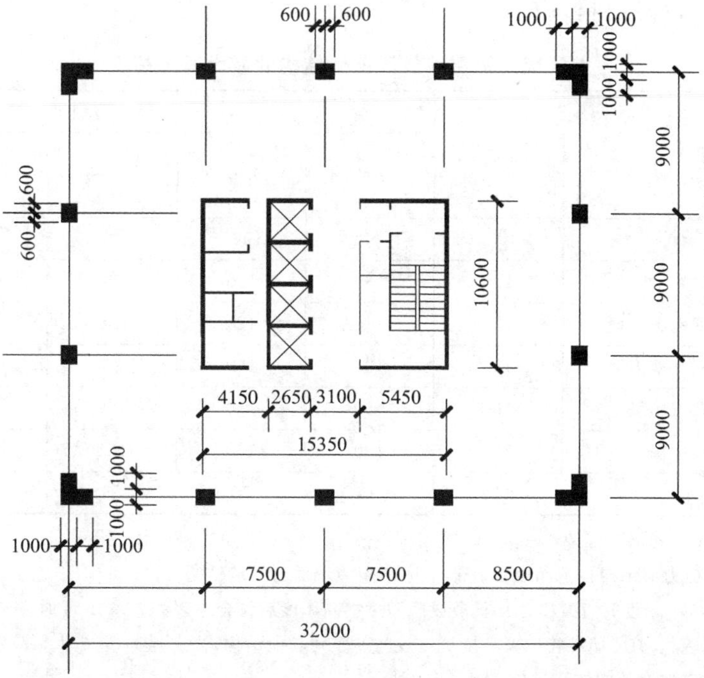

图 5-13　框架-核心筒结构体系(上海，联谊大楼，29 层，106.15m)

5.2.6　板柱-剪力墙结构体系

由无梁楼板与柱组成的板柱框架和剪力墙共同承受竖向和侧向荷载的结构体系，称板柱-剪力墙结构体系。该体系的优点在于楼盖基本无梁，楼层净高增加，使用和管道安装方便，平面布置灵活。其缺点是抗震性能逊于框架-剪力墙结构体系，板柱连接处是抗震的薄弱环节。由于板柱框架的抗侧能力很低，所以要求它在各主轴方向上均需设剪力墙，由剪力墙承担全部侧向力。板柱-剪力墙结构的受力特点基本与框架-剪力墙结构相类似。

5.3　结构布置的原则

5.3.1　适用最大高度及其高宽比限值

根据我国设计高层建筑结构的经验，最大适用高度及其适用最大高宽比分别如表 5-1、表 5-2、表 5-3 所示。表中的 A 级，表示目前应用最广、数量最多的混凝土结构高层建筑，一般不应超过表 5-1 的高度；框架-剪力墙、剪力墙及筒体结构超出表 5-1，但不超过表 5-2 所列的限值时，这类建筑称B级。由于B级超过常规高度，对抗震、抗风的要求均比A级高。因此，对B级高度的建筑，要有更详细的设计、更严格的计算和更可靠的构造措施，通过一定级别的专家审查复核后，才得实施。建筑高度超过表5-2所列限值的特殊工程，则应通过专门论证、审查和经多方面的计算分析，必要时还应进行相应的抗震、抗风等试验，找出薄弱部位，采取有效的、专门的加强构造措施。

5.3.2　结构平面布置

位于地震区的高层建筑，平面应尽可能简单、对称、规则；所谓"简单"，即平面图内任意两点的连线不与边界相交，因而它不具有需作加强处理的凹角(图5-14)。受力分析清楚了，就容易得出地震时的实际反应及其内力分布的真实情况。平面形状对称了，才有可能减少偏心距，减少扭转对房屋的不利影响。

表 5-1　　A级高度高层建筑混凝土结构的最大适用高度　　m

结构体系		非抗震设计	抗震设防烈度				
			6度	7度	8度		9度
					0.20g	0.30g	
框架		70	60	50	40	35	—
框架-剪力墙		150	130	120	100	80	50
剪力墙	全部落地剪力墙	150	140	120	100	80	60
	部分框支剪力墙	130	120	100	80	50	不应采用
筒　体	框架-核心筒	160	150	130	100	90	70
	筒中筒	200	180	150	120	100	80
板柱-剪力墙		110	80	70	55	40	不应采用

注：(1) 表中框架不含异形柱框架；
(2) 部分框支-剪力墙结构指地面以上有部分框支-剪力墙的剪力墙结构；
(3) 甲类建筑，6，7，8度时宜按本地区抗震设防烈度提高1度后符合本表的要求，9度时应专门研究；
(4) 框架结构、板柱-剪力墙结构以及9度抗震设防的表列其他结构，当房屋高度超过本表数值时，结构设计应有可靠依据，并采取有效的加强措施。

表 5-2　　B级高度高层建筑混凝土结构的最大适用高度　　m

结构体系		非抗震设计	抗震设防烈度			
			6度	7度	8度	
					0.20g	0.30g
框架-剪力墙		170	160	140	120	100
剪力墙	全部落地剪力墙	180	170	150	130	110
	部分框支剪力墙	150	140	120	100	80
筒　体	框架-核心筒	220	210	180	140	120
	筒中筒	300	280	230	170	150

注：(1) 部分框支剪力墙结构指地面以上有部分框支剪力墙的剪力墙结构；
(2) 甲类建筑，6度、7度时宜按本地区设防烈度提高1度后符合本表的要求，8度时应专门研究；
(3) 当房屋高度超过表中数值时，结构设计应有可靠依据，并采取有效措施。

表 5-3 高层建筑混凝土结构适用的最大高宽比

结构体系	非抗震设计	抗震设防烈度		
		6 度、7 度	8 度	9 度
框架	5	4	3	—
板柱-剪力墙	6	5	4	—
框架-剪力墙、剪力墙	7	6	5	4
框架-核心筒	8	7	6	4
筒中筒	8	8	7	5

所谓平面"规则",即在平面凸出部分的尺寸要符合表 5-4 的要求。平面的凸出部分是抗震的薄弱部位。特别是凸出部分的平面呈狭长形时(如图 5-14 的(c),(e)),凸出部分的两端在地震时将会出现变位不一的现象,伸出端的变位大,而受约束端的变位小,易引起凸出部分产生局部振动,从而使约束端部位极易损坏。如果建筑平面过于狭长,地震时,房屋两端地震波输入有相位差,容易产生不规则振动,发生震害。角部重叠和细腰形的平面图形(图 5-14(f)),在中央部位形成狭窄部分,地震中容易产生震害,尤其在凹角部位,因为应力集中容易使楼板开裂、破坏,设计中不宜采用。

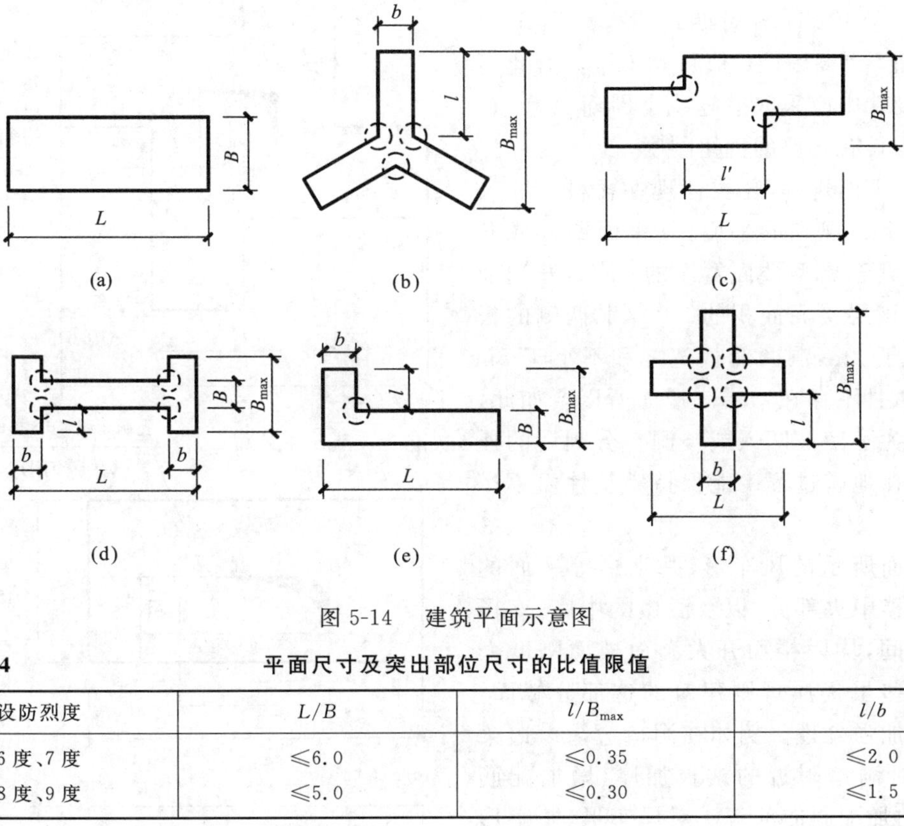

图 5-14 建筑平面示意图

表 5-4 平面尺寸及突出部位尺寸的比值限值

设防烈度	L/B	l/B_{max}	l/b
6 度、7 度	≤6.0	≤0.35	≤2.0
8 度、9 度	≤5.0	≤0.30	≤1.5

同样,对位于以风荷载为控制荷载地区的高层建筑平面,也宜简单、对称、规则,并选用风压较小的凸平面如圆形、椭圆形、正多边形、鼓形等。

平面规则还体现在扭转效应上。在考虑偶然偏心影响的规定水平地震作用下,楼层竖向构件最大的水平位移和层间位移,A 级高度高层建筑不大于该楼层平均值的 1.5 倍;B 级高度高层建筑不大于该楼层平均值的 1.4 倍(图 5-15);结构扭转为主的第一自振周期 T_t 与平动为主的第一自振周期 T_1 之比,A 级高度高层建筑不大于 0.9,B 级高度高层建筑不大于 0.85。符合这些要求才认为该平面是规则的。当 T_t 与 T_1 两者接近时,由于振动耦联的影响,结构的扭转效应明显增大。若周期比 T_t/T_1 小于 0.85,则相对扭转振动效应 $\theta r/u$ 一般较小(θ,r 分别为扭转角和结构的回转半径,θ_r 表示由于扭转产生的离质心距离为回转半径处的位移,u 为质心位移),即使结构的刚度偏心很大,偏心距 e 达到 $0.7r$,其相对扭转变形 θ_r/u 值亦仅为 0.2。而当周期比 T_t/T_1 大于 0.85 以后,相对扭振效应 $\theta r/u$ 值急剧增加。即使刚度偏心很小,偏心距 e 仅为 $0.1r$,当周期比 T_t/T_1 等于 0.85 时,相对扭转变形 $\theta r/u$ 值可达 0.25;当周期比 T_t/T_1 接近 1 时,相对扭转变形 $\theta r/u$ 值可达 0.5。由此可见,抗震设计中应采取措施减小周期比 T_t/T_1 值,使结构具有必要的抗扭刚度。

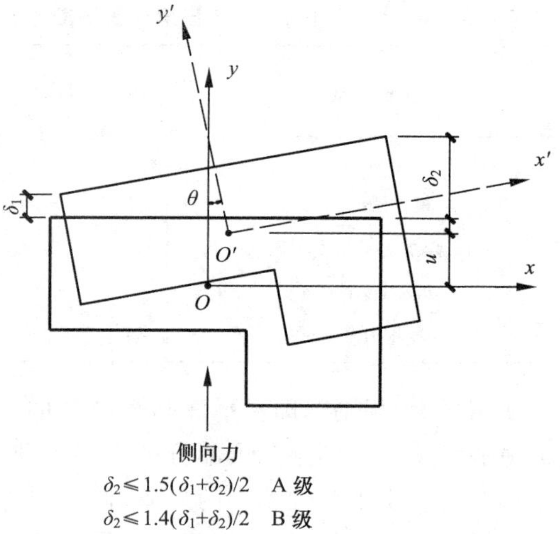

图 5-15　结构平面扭转规则要求

其次,平面规则,还要体现在楼板平面尺寸的变化上。规则的平面,其楼面凹入或开洞尺寸不大于典型楼面宽度的 50%,开洞面积不大于该层楼面面积的 30%,洞两侧的板宽各不小于 2m,洞两侧板宽之和不小于 5m(图 5-16),且不存在错层。楼面所以要如此,其目的是为了使被凹入或被洞口分割后的连接处楼面在地震过程中能保持完整性而不产生震害。

如前面所示的风车形、井字形等平面的高层住宅楼中央部分,以及酒楼的中庭、商场的共享空间,均因楼面开大洞而楼面刚度大减。对这些虽仍属规则建筑的这部分楼面,应作局部加强处理。例如在洞口边缘设边梁或暗梁,对洞口附近的楼板加厚,增加配筋量,洞口角加配斜向筋等。对风车形、井字形等外伸较长的建筑,必要时在外伸段凹槽处,还需设置连梁或连接板。

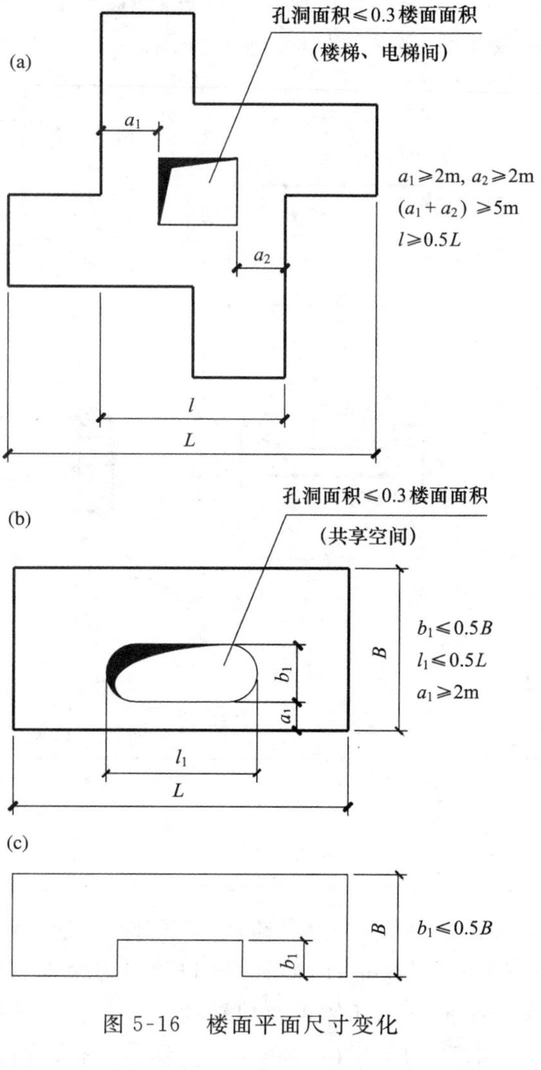

图 5-16　楼面平面尺寸变化

此外,为了减少扭转,对以风荷载为主的抗侧力结构,宜使结构的刚度中心尽可能地与风荷载的合力中心相接近；而对以地震作用为主的抗侧力结构，则宜将结构的刚度中心尽量地与房屋的质量中心相重合。

5.3.3　结构竖向布置

高层建筑的竖向体型宜规则、均匀、避免过大的外挑和内收。结构的侧向刚度宜下大上小、逐步均匀变化。以采用矩形、梯形、截锥形等均匀缓变的几何图形为佳，避免出现突变(例如阶梯形)，因为突变必然将使房屋在此发生质量和刚度的剧烈变动而引发对抗震不利。历次地震震害表明：结构刚度沿竖向突变、外形外挑或内收等，都会产生某些楼层的变形过分集中，出现严重震害甚至倒塌。1995 年日本阪神地震中，大阪和神户市不少建筑产生中部楼层严重破坏的现象，其中一个原因就是结构侧向刚度在中部楼层产生突变。柔弱底层建筑物的严重破坏在国内外的大地震中更是普遍存在。图 5-17 为 1989 年 10 月 17 日美国加州地震中一座房屋因底层刚度过小而导致的破坏。抗震设计时，对房屋的立面及其结构布置，至少应符合以下规定，才可认为该房屋的竖向是"规则"的。

图 5-17　底层剪力墙过少引起的等成破坏(1989 年 10 月 17 日，旧金山)

1. 立面收进部分的尺寸比值

当 $H_1/H>0.2$ 时，$B_1/B\geqslant 0.75$；上部楼层外挑时，$B/B_1\geqslant 0.9$，且 $a_1\leqslant 4\text{m}$(图 5-18)。

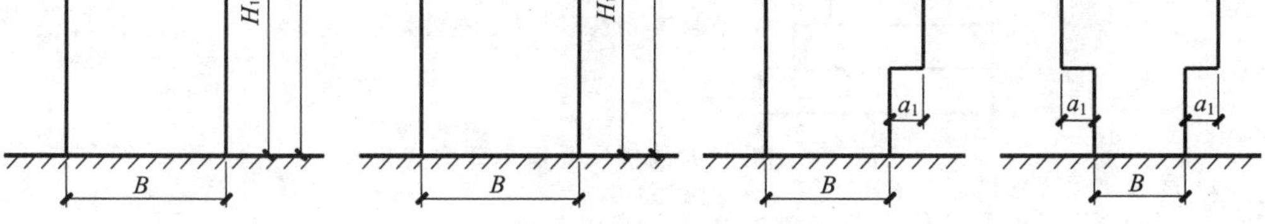

图 5-18　建筑立面收进与外挑

2. 沿竖向结构的侧向刚度及构件截面的变化

沿竖向，结构的侧向刚度变化宜均匀，构件截面由下至上逐渐减少，不突变。对框架结构，楼层与相邻上部楼层的侧向刚度比 γ_1 可按式(5-1)计算，且本层与相邻上层的刚度比值不小于0.7，与相邻上部三层的刚度比值的平均值不小于0.8(图 5-19)。

$$\gamma_1=\frac{V_i\Delta u_{i+1}}{V_{i+1}\Delta u_i} \tag{5-1}$$

式中　γ_1——楼层侧向刚度比；

V_i，V_{i+1}——第 i 层和第 $i+1$ 层的地震剪力标准值；

Δu_i，Δu_{i+1}——第 i 层和第 $i+1$ 层在地震作用标准值作用下的层间位移。

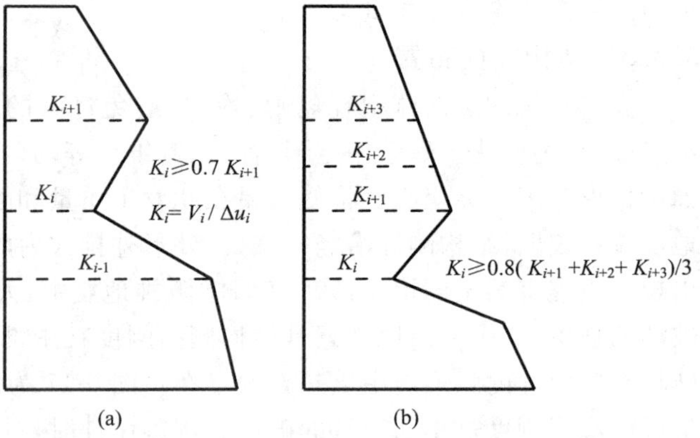

V_i——第 i 层的剪力；Δu_i——第 i 层的层间侧移，第 i 层为薄弱层。

图 5-19　沿竖向的侧向刚度变化

对框架-剪力墙、板柱-剪力墙结构、剪力墙结构、框架-核心筒结构、筒中筒结构，楼层与相邻上部楼层侧向刚度比 γ_2 可按式(5-2)计算，且本层与相邻上层的比值不宜小于0.9；当本层层高大于相邻上层层高的1.5倍时，该比值不宜小于1.1；对结构底部作为嵌固部位处，嵌固部位的下层(基础部位)与上层(上部结构部位)的比值不宜小于1.5。

$$\gamma_2=\frac{V_i\Delta u_{i+1}}{V_{i+1}\Delta u_i}\frac{h_i}{h_{i+1}} \tag{5-2}$$

式中　γ_2——考虑层高修正的楼层侧向刚度比；

h_i，h_{i+1}——相邻楼层上下层层高。

3. 楼层层间抗侧力结构的受剪承载力不突变

所谓楼层层间抗侧力结构的受剪承载力，是指在所考虑的水平地震作用方向上，该层全部柱及剪力墙的受剪承载力之和。A级高度高层建筑，楼层层间抗侧力结构的受剪承载力不宜小于其上一层受剪承载力的80%，不应小于其上层受剪承载力的65%；B级高度高层建筑楼层层间抗侧力结构的受剪承载力不应小于其上一层受剪承载力的75%(图 5-20)。楼层间抗侧力结构的受剪承载力的突变，极易形成薄弱层，产生明显的弹塑性变形集中，对抗震不利。

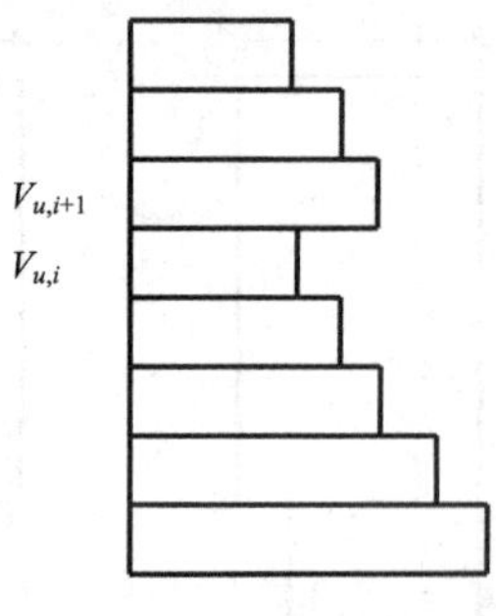

$V_{u,i}\geqslant 0.65\ V_{u,i+1}$　A级

$V_{u,i}\geqslant 0.75\ V_{u,i+1}$　B级

第 i 层为薄弱层，$V_{u,i}$ 和 $V_{u,i+1}$ 第 i 层和第 $i+1$ 层楼层层间抗侧力结构的受剪承载力。

图 5-20　沿竖向的楼层受剪承载力变化

4. 楼层质量

楼层质量沿高度均匀分布，楼层质量不大于相邻下部楼层质量的1.5倍。

5. 竖向抗侧力构件要连续

竖向抗侧力构件(柱、剪力墙)的内力,需通过水平转换构件(梁、桁架、拱等)向下传递的,即属于竖向抗侧力构件不连续的复杂高层建筑结构。这种结构的抗震性能较差。在南斯拉夫斯可比耶地震(1964 年)、罗马尼亚布加勒斯特地震(1977 年)中,底层全部为柱子、上层为剪力墙的结构大都严重破坏,因此在地震区不应采用这种结构。部分竖向抗侧力构件不连续,也易使结构形成薄弱部位,也有不少震害实例,抗震设计时应采取有效措施。

5.3.4 防震缝、沉降缝和伸缩缝的布置

当多层和高层建筑有抗震设防要求时,平面除应规整、均匀对称外,还应尽量减轻结构的自重。当房屋的平面较复杂或房屋有较大错层或部分结构的刚度、荷载相差悬殊而又未采取有效措施时,应设防震缝。防震缝的最小宽度宜满足附录 E 表 E-1 的要求。防震缝应沿房屋全高设置,基础可不设防震缝,但在防震缝处的基础应加强构造和连接。各结构单元之间或主楼和裙房之间不应采用牛腿托梁的做法设计防震缝。

当相邻部分基础、埋深不一致、地基土层变化很大或房屋层数、荷载相差悬殊时,应设沉降缝将相邻部分分开。基础在沉降缝处必须断开。

房屋的室内外温度不一致会导致房屋结构各构件的变形不均匀,从而在结构内部产生温度应力。另外,由于混凝土的收缩会在结构内部产生收缩应力。房屋越长,温度和混凝土收缩的影响越大。气温的变化也会在结构中产生温度应力。为此,当房屋的总长度超过一定数值时,可通过设置伸缩缝来减小温度应力或收缩应力。伸缩缝的最大间距一般可采用附录 D 表 D-1 所示的限值,但考虑到高层建筑的特殊性常选用表 5-5 中的限值。

表 5-5 伸缩缝的最大间距

结构体系	施工方法	最大间距/m
框架结构	现浇	55
剪力墙结构	现浇	45

注:(1) 框架-剪力墙的伸缩缝间距可根据结构的具体布置情况取表中框架结构与剪力墙结构之间的数值;
(2) 当屋面无保温或隔热措施、混凝土的收缩较大或室内结构因施工外露时间较长时,伸缩缝间距应适当减小;
(3) 位于气候干燥地区、夏季炎热且暴雨频繁地区的结构,伸缩缝的间距宜适当减小。

以上这三种缝的功能虽不同,但需统筹兼顾、统一规划,以决定设不设和怎样划分缝的问题。如果一旦决定设缝,则缝宽需按防震缝的要求设置,并必须留有足够的宽度,原则上应大于两侧结构所允许的地震水平位移之和。

欲增大伸缩缝最大间距,或甚至不设伸缩缝,其关键在于如何减少温度拉应力和混凝土的收缩拉应力,以及如何提高混凝土的构件的抗裂能力。

要减少温度拉应力,在已定建筑外形及其尺寸的条件下,应首先从构造处理入手而非急于直接增大构件截面。这时可与建筑立面装饰结合,在承重构件(特别是水平构件)的外露面,选用隔热效果好的材料或采用具有隔热效果的外装修构造;屋面可用架空隔热层等措施以减少温差,从而达到减少温度拉应力的目的。其次就是要设法放松阻碍结构变位的约束,使结构稍易变位。这时可设法减少结构的纵向刚度(适当减少框架柱或剪力墙在房屋纵向、即长向上的截面尺寸),也可适当降低框架梁柱节点在纵向的固结程度,还可在受温度影响较厉害的顶层纵向外墙上,设一层高的局部伸缩缝(或称音叉式温度缝,即本书第 4 章中所说的控制缝),将结构顶层外纵墙、分成长度较短的区段。

要减少混凝土的收缩拉应力，常用设置施工后浇带的办法来实施，从受力影响较小的部位通过，使后浇带两侧的混凝土各自自由地收缩，以消除混凝土的初始收缩拉应力；也可选用优化了的混凝土级配方案，控制水泥用量，采用收缩小的水泥品种和加强养护等措施。

要提高构件的抗裂能力，首先可在结构受温度变化影响较大部位适当增加配筋率。例如可在房屋的顶层、底层、山墙和内纵墙的端开间等部位适当增加配筋率（如剪力墙，建议其配筋率不小于 0.3%）。其次，在实施构造措施的同时，宜对结构进行温度拉应力的估算，使配筋率的增幅更有依据。

5.4　荷载与作用

施加于高层建筑上的荷载与作用包括：永久荷载（恒荷载）、楼面（屋面）活荷载，风荷载，地下水压力和土压力、地震作用、施工荷载以及由于材料体积变化受阻所产生的作用（例如温度作用、混凝土徐变与收缩所引起的作用）等。对高层建筑的地上结构而言，影响较大的有永久荷载、楼面（屋面）活荷载、风荷载和地震作用等。地震作用不在本章进行讨论。

5.4.1　竖向荷载

竖向荷载包括结构自重、使用活载（一般以楼面等均布荷载的形式表达）、雪荷载、屋面积灰荷载和施工检修荷载等。这些荷载值可根据《建筑结构荷载规范》(GB 50009)进行计算。

施工中采用附墙塔、爬塔等对结构受力有影响的起重机械或其他施工设备时，应根据具体情况确定对结构产生的施工荷载。旋转餐厅轨道和驱动设备的自重应按实际情况确定。擦窗机等清洗设备应按其实际情况确定其自重的大小和作用位置。

当建筑的顶部设置直升机停机坪时，直升机的荷载可按下式计算：

$$P = kG \tag{5-3}$$

式中　P——直升机的荷载，分布在轮子作用范围内，一般可按 2m×2m 考虑；

k——动力系数，可取 2.5～3.0 范围内的值；

G——直升机的重量，小型直升机的重量为 15～20kN。

在计算楼板或次梁传给框架梁的竖向荷载时，可不考虑楼板或次梁的连续性而按简支计算。在计算竖向荷载下结构的内力时，一般可以不考虑活荷载的不利布置，可以按满布考虑。在活荷载较大的情况下，可以把按满布荷载计算的梁跨中弯矩乘以 1.1～1.2 的放大系数。

5.4.2　风荷载

气流受阻，风速改变，在阻挡气流运动的房屋的表面上会形成风压，也就是风荷载。离地愈高，地表愈空旷，地形愈狭谷或风速愈大，则其相应的风压也愈大。因此，房屋的高度、所处的环境（包括房屋所处的地形、地面粗糙度、邻近高楼等）、外形、风向等都会影响其所受到的风载值，如图 5-21 所示。在第 4 章“单层厂房排架结构”中已介绍过风荷载的计算方法。本章针对高层建筑的特点加以介绍。

1. 风荷载标准值 w_k

由于风压是随机的，为了便于分析，可将实际的风压分解为稳定风压（即平均风压或称静止风压）与脉动风压（即不稳定风压）之和（图 5-22）。稳定风压对房屋只产生静力作用，而脉动风压将使房屋产生振动，从而增加结构的内力和侧移。作用在建筑物上的总风压（稳定风压和脉动风压之和）与稳定风压之比值称为风振系数，可以作为考虑脉动风压的一个标准。考虑了脉动风压影响后，作用于建筑物上的风荷载标准值 w_k 可按式(3-13)计算。

《高规》规定，对风荷载比较敏感的高层建筑，承载力设计时应按基本风压的 1.1 倍采用。对风荷载是否敏感，主要与高层建筑的体形、结构体系和自振特性有关，目前尚无实用的划分标准。一般情况下，对于房屋高度大于 60m 的高层建筑即可认为是对风荷载比较敏感的高层建筑。

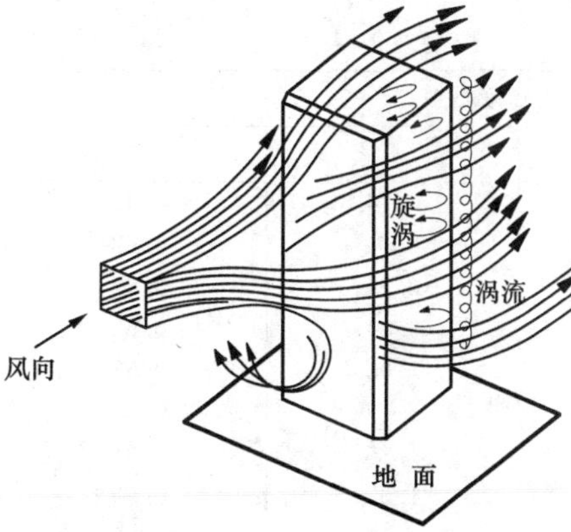

图 5-21 高层建筑物表面风流示意图

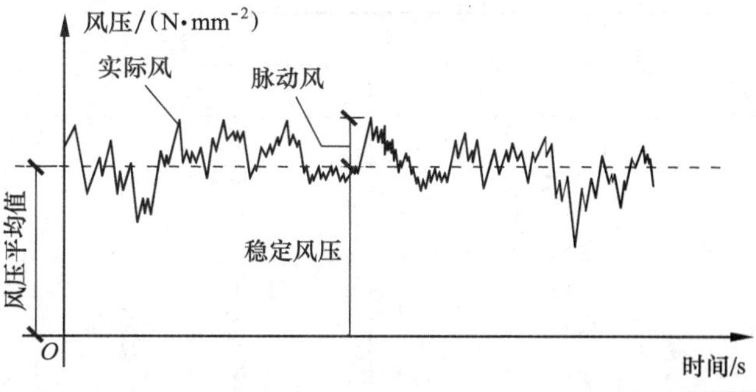

图 5-22 实际风压随时间的变化

2. 风荷载高度变化系数 μ_z

风压高度变化系数 μ_z 为任一高度处的风压与标准高度 10m 处的风压的比值。它与地面的粗糙度有关。地面粗糙度取决于地貌、树木、房屋等形成地表摩擦层。由于地表摩擦层的影响，越接近地表的风速越小，需在 300～450m 的高度时，才不受地表摩擦层的影响。显然，地面粗糙度愈大，对气流的干扰也愈厉害，则达到不受地表摩擦层影响时的最大风速 v_{max} 所需离地的高度也愈高。通常称风可自由流动的起点高度为梯度风高度。不同的地面粗糙度，梯度风高度以下的风速和风压也不完全相同。为方便计，我国也和其他国家一样，将地面粗糙度分成不同类别而分别考虑。我国《建筑结构荷载规范》(GB 50009)按粗糙程度将地面粗糙度分成四类，即 A 类——近海海面和海岛、海岸、湖岸及沙漠地区；B 类——田野、乡村、丛林、丘陵以及房屋比较稀疏的乡镇和城市郊区；C 类——有密集建筑群的城市市区；D 类——有密集建筑群、且房屋较高的城市市区。对应于每一类粗糙度，则有其不同的风压高度变化系数 μ_z 值，如表 5-6 所示。

3. 风荷载体形系数 μ_s

风荷载体形系数 μ_s，即建筑物表面受到的风压与大气中的来流风压之比，以反映房屋体形对风压的影响，可从《高规》的附录 A 中查得风荷载体形系数 μ_s 值。这个 μ_s 值，实为建筑物该表面上各点的 μ_s 值的平均值，用以计算结构的内力和侧移，而用各点的 μ_s 值中的最大值，去验算幕墙(玻璃幕墙及石材幕墙)及其连接件的强度和变形。

风荷载体形系数 μ_s，虽随建筑的平面形状不同而不同，但在理论上，还有如下规律可循：

(1) 迎风面总为正压，且在房屋的中部为最大，背风面总为负压，在房屋的角区为最大；平面形状愈接近流线型的，则气流愈畅，风压也愈小；反之，若迎风面是凹向于风向的，则气流难以流通，此迎风面上的风压值将增大。

(2) 圆形平面的建筑属流线型，它的风荷载体形系数 μ_s 值，在各种平面形状中是最小的；大多数其他平面形状的 μ_s 值，均介于 1.20～1.40 之间。如在矩形平面的角部略作处理，将角部做成圆角或斜角，即使做成凹槽，也可使其平面的角部略呈流线型，从而改善角部的风压分布。

(3) 风荷载群楼效应是由于两楼相近，致使两楼之间的空间骤小、风速增大，局部风压增加，有时还会引起房屋发生垂直于风向的水平变位及扭转。当两楼之间的净距小于楼宽的2倍时，这种群楼效应即会产生。这时的风压值，可由风洞试验确定。通常两楼之间的局部风压，有可能增大的值在30％～50％范围内取值。同样，连体建筑也会发生这一问题。

表5-6　风压高度变化系数 μ_z

离地面或海平面高度/m	地面粗糙度类别			
	A	B	C	D
5	1.17	1.00	0.74	0.62
10	1.38	1.00	0.74	0.62
15	1.52	1.14	0.74	0.62
20	1.63	1.25	0.84	0.62
30	1.80	1.42	1.00	0.62
40	1.92	1.56	1.13	0.73
50	2.03	1.67	1.25	0.84
60	2.12	1.77	1.35	0.93
70	2.20	1.86	1.45	1.02
80	2.27	1.95	1.54	1.11
90	2.34	2.02	1.62	1.19
100	2.40	2.09	1.70	1.27
150	2.64	2.38	2.03	1.61
200	2.83	2.61	2.30	1.92
250	2.99	2.80	2.54	2.19
300	3.12	2.97	2.75	2.45
350	3.12	3.12	2.94	2.68
400	3.12	3.12	3.12	2.91
≥450	3.12	3.12	3.12	3.12

计算主体结构的风荷载效应时，风荷载体形系数 μ_s 可按下列规定取值：

(1) 圆形平面建筑时取0.8；

(2) 正多边形及截角三角形平面建筑，由下式计算：

$$\mu_s = 0.8 + 1.2/\sqrt{n_L} \tag{5-4}$$

式中，n_L 为多边形的边数。

(3) 高宽比 H/B 不大于4的矩形、方形、十字形平面建筑取1.3；

(4) 下列情况风载体形系数取1.4：

① V形、Y形、弧形、双十字形、井字形平面建筑；

② L形、槽形和高宽比 H/B 大于4的十字形平面建筑；

③ 高宽比 H/B 大于4，长宽比 L/B 不大于1.5的矩形、鼓形平面建筑。

在需要更细致进行风荷载计算的场合，风荷载体形系数可按《高规》附录B的规定采用，或由风洞试验确定。

此外，对于檐口、雨篷、遮阳板、阳台等水平构件，计算局部上浮风荷载时，μ_z 不宜小于2.0。

4. 风振系数 β_z

风振是脉动风压对结构所产生的动力现象。有脉动风压作用下，结构不仅会发生顺风向振动，而且常会伴随着产生横风向振动，甚至还会出现扭转振动，但对结构的影响，主要是顺风向振动。

在脉动风作用下，结构自身的刚度愈小，即其基本自振周期 T_1 愈长，脉动风对结构的影响也愈大。当 $T_1 \geqslant 0.25$s 或当房屋的高度 $H>30$m，且高宽比 $H/B>1.5$ 时，脉动风对结构的影响就开始明显了。

风振对结构的影响，可由风洞试验测定，也可按随机振动理论，考虑结构的多个振型后得出。如果该高层建筑的外形和质量沿高度分布较均匀，可导出沿高度 Z 处该建筑的顺风向风振系数 β_z 表达式为

$$\beta_z = 1 + \frac{\xi v \varphi_z}{u_z} \tag{5-5}$$

式中 ξ——与结构的基本自振周期 T_1 相对应的脉动增大系数，按表 5-7 取用；

v——脉动影响系数，可由房屋总高与房屋迎风面的总宽的比值，按表 5-8 取用；

φ_z——振型系数，系指风致振动的振型的相对位移，可由结构动力学计算确定，计算时可仅考虑受力方向基本振型影响；对于质量和刚度沿高度分布较均匀的弯剪型结构，也可近似地取用振型计算点距室外地面高度 Z 与房屋高度的比值；

μ_z——风压高度变化系数。

表 5-7　　高层建筑的脉动增大系数 ξ

$w_0 T_1^2/(\text{kNs}^2 \cdot \text{m}^{-2})$	地面粗糙度类别			
	A 类	B 类	C 类	D 类
0.06	1.21	1.19	1.17	1.14
0.08	1.23	1.21	1.18	1.15
0.10	1.25	1.23	1.19	1.16
0.20	1.30	1.28	1.24	1.19
0.40	1.37	1.34	1.29	1.24
0.60	1.42	1.38	1.33	1.28
0.80	1.45	1.42	1.36	1.30
1.00	1.48	1.44	1.38	1.32
2.00	1.58	1.54	1.46	1.39
4.00	1.70	1.65	1.57	1.47
6.00	1.78	1.72	1.63	1.53
8.00	1.83	1.77	1.68	1.57
10.00	1.87	1.82	1.73	1.61
20.00	2.04	1.96	1.85	1.73
30.00	—	2.06	1.94	1.81

注：w_0 为基本风压，应按《高规》的相关规定采用。T_1 为结构基本自振周期，可由结构动力学计算确定，对比较规则的结构，也可采用近似公式计算：框架结构 $T_1=(0.08\sim0.1)n$，框架-剪力墙和框架-核心筒结构 $T_1=(0.06\sim0.08)n$，剪力墙结构和筒中筒结构 $T_1=(0.05\sim0.06)n$，此处 n 为结构层数。

表 5-8　　高层建筑的脉动影响系数 v

H/B	粗糙度类别	房屋总高度 H/m							
		≤30	50	100	150	200	250	300	350
≤0.5	A	0.44	0.42	0.33	0.27	0.24	0.21	0.19	0.17
	B	0.42	0.41	0.33	0.28	0.25	0.22	0.20	0.18
	C	0.40	0.40	0.34	0.29	0.27	0.23	0.22	0.20
	D	0.36	0.37	0.34	0.30	0.27	0.25	0.27	0.22

续表

H/B	粗糙度类别	房屋总高度 H/m							
		≤30	50	100	150	200	250	300	350
1.0	A	0.48	0.47	0.41	0.35	0.31	0.27	0.26	0.24
	B	0.46	0.46	0.42	0.36	0.36	0.29	0.27	0.26
	C	0.43	0.44	0.42	0.37	0.34	0.31	0.29	0.28
	D	0.39	0.42	0.42	0.38	0.36	0.33	0.32	0.31
2.0	A	0.50	0.51	0.46	0.42	0.38	0.35	0.33	0.31
	B	0.48	0.50	0.47	0.42	0.40	0.36	0.35	0.33
	C	0.45	0.49	0.48	0.44	0.42	0.38	0.38	0.36
	D	0.41	0.46	0.48	0.46	0.44	0.42	0.42	0.39
3.0	A	0.53	0.51	0.49	0.45	0.42	0.38	0.38	0.36
	B	0.51	0.50	0.49	0.45	0.43	0.40	0.40	0.38
	C	0.48	0.49	0.49	0.48	0.46	0.43	0.43	0.41
	D	0.43	0.46	0.49	0.49	0.48	0.46	0.46	0.45
5.0	A	0.52	0.53	0.51	0.49	0.46	0.44	0.42	0.39
	B	0.50	0.53	0.52	0.50	0.48	0.45	0.44	0.42
	C	0.47	0.50	0.52	0.52	0.50	0.48	0.47	0.45
	D	0.43	0.48	0.52	0.53	0.53	0.52	0.51	0.50
8.0	A	0.53	0.54	0.53	0.51	0.48	0.46	0.43	0.42
	B	0.51	0.53	0.54	0.52	0.50	0.49	0.46	0.44
	C	0.48	0.51	0.54	0.53	0.52	0.52	0.50	0.48
	D	0.43	0.48	0.54	0.53	0.55	0.55	0.54	0.53

5.4.3 荷载效应组合

非抗震设计时，持久设计状况和短暂设计状况下，当荷载与荷载效应按线性关系考虑时，荷载效应基本组合的设计值应按下式确定：

$$S_d = \gamma_G S_{G_k} + \gamma_L \psi_Q \gamma_Q S_{Q_k} + \psi_w \gamma_w S_{w_k} \tag{5-6}$$

式中　S_d——荷载效应组合的设计值；

γ_G——永久荷载分项系数，当其效应对结构承载力不利时，对由可变荷载效应控制的组合应取 1.2，对由永久荷载效应控制的组合应取 1.35；当其效应对结构承载力有利时，应取 1.0；

γ_Q——楼面活荷载分项系数，一般情况下应取 1.4；

γ_w——风荷载的分项系数，应取 1.4；

γ_L——考虑结构设计使用年限的活荷载调整系数，设计使用年限为 50 年时取 1.0，设计使用年限为 100 年时取 1.1；

S_{G_k}——永久荷载效应标准值；

S_{Q_k}——楼面活荷载效应标准值；

S_{w_k}——风荷载效应标准值；

ψ_Q，ψ_w——分别为楼面活荷载组合值系数和风荷载组合值系数，当永久荷载效应起控制作用时应分别取 0.7(0.9)和 0.0；当可变荷载效应起控制作用时应分别取 1.0 和 0.6 或 0.7(0.9)和 1.0。书库、档案库、储藏室、通风机房和电梯机房采用括号内数值。

抗震设计中的荷载效应组合和多层框架结构类似，详见第 4 章中的相关内容。

5.5　高层建筑结构简化计算分析的基本原则

5.5.1　结构的传力途径

高层建筑承重结构体系承担了高层建筑可能受到的各种荷载和作用，高层建筑的承重体系有多种，但其传力的途径、传递方式都是类似的。

1. 各构件在传力过程中所起的作用

(1) 楼板：直接承受与板平面相垂直的竖向荷载，如人群、货物、设备、自重等；此外还承受与板面向平行的侧向力，如风荷载和水平地震作用。

(2) 梁：作为框架的一个组成部分，承受着由楼板传来的竖向荷载和梁自身的重量；在水平方向上，还和楼板共同承受风荷载和水平地震作用，并将这些荷载和作用，传至与梁相连的框架柱或剪力墙上。

(3) 柱：主要承受由框架梁或板传来的竖向荷载和柱自身的重量，柱还承受着由框架梁或板传来的水平力。框架柱受荷后，主要发生压缩和弯曲，产生轴向压力、弯矩和剪力。

(4) 剪力墙：主要承受由楼板传来的竖向荷载和剪力墙自身的重量，并承受由楼面体系(包括楼板和梁)传来的方向与剪力墙平行的水平力。剪力墙受荷后，将主要发生压缩、弯曲和墙身平面内的剪切变形。

(5) 基础：将由框架柱、剪力墙等传来的竖向力、水平向的侧力等扩展到地基中去。

由此可见，楼面体系不但传递竖向荷载，还具有在水平向把各榀框架、各榀剪力墙连成一体，使之共同担负荷载的功能，并起到了保证整个结构的空间整体性。所以，要求楼面体系在其自身平面内需有一定的抗弯刚度，以协调各横向抗侧力结构间的侧移量。为此，《高规》规定：房屋高度超过 50m 时，框架-剪力墙结构、筒中筒结构及框架-核心筒结构应采用现浇楼面结构。同样，为了抵抗温度影响，增强楼面的整体性，提高结构的抗风、抗震能力，对屋面、转换层楼面以及开口过大的楼面也均应采用现浇楼(屋)面结构。

2. 竖向荷载的传递路径

高层建筑竖向荷载的传递路径是：

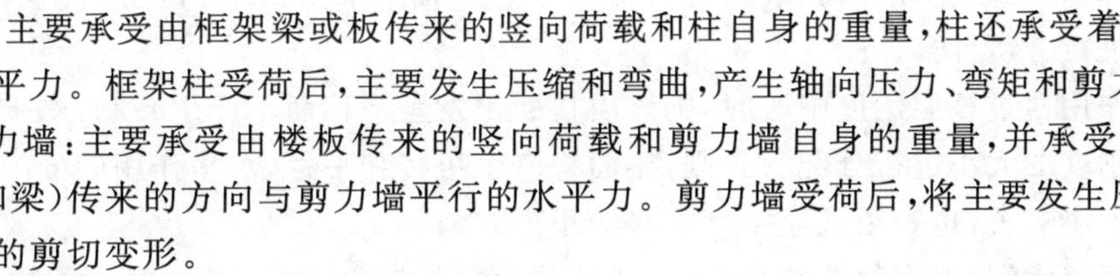

3. 水平向荷载(以风荷载为例)的传递路径

高层建筑水平向荷载(以风荷载为例)的传递路径是：

风荷载→幕墙或其他围护结构→楼面体系(楼板和楼面梁)→框架柱→柱基础→地基

风荷载→幕墙或其他围护结构→楼面体系(楼板和楼面梁)→剪力墙→剪力墙基础→地基

5.5.2 结构计算的一般原则

高层建筑构件多,结构复杂,承受荷载种类繁多,同时钢筋混凝土材料又具有很强的非线性,所以在实际计算时,需要做出某些假定,以简化计算。通常引入以下假定:

(1) 平面结构假定:可将结构视为由若干平面结构组成的体系,每一榀平面结构仅承担其自身平面的水平和垂直荷载,出平面刚度很小,不承担荷载。

(2) 刚性楼板假定:楼板在其自身平面内的刚度为无穷大,而出平面的刚度则可忽略不计。这个假定的满足需要在构造上采取相应的措施,如在楼面局部开洞或被削弱了的部位进行加强处理,以确保这一假定符合实际。

(3) 弹性小变形假定:即认为结构在荷载作用下,其内力和位移是可以叠加的。

利用上述三个假定,就可把一个空间结构体系复杂的规则高层建筑结构、转化成由绝对刚性的水平板(各层楼盖)相连的若干个平面抗侧力结构。利用这些平面抗侧力结构之间的水平向变位的协调关系,计算各个平面抗侧力结构在水平荷载或水平地震作用下的内力及变位。这种简化了的计算方式,常称平面抗侧力结构的空间协同工作分析法。同样基于上述三个假定,当高层建筑结构承受竖向荷载时,也可将其分解成若干个平面结构,按各自承担竖向荷载的面积大小进行分析计算。

当水平作用通过该层刚度中心时,则该层楼面仅发生平移而不产生转动,水平作用按各榀结构的抗侧刚度的大小进行分配。否则,楼面将产生扭转和平移,水平作用的分配和各榀结构抗侧刚度的大小有关,也和距该层刚度中心的距离有关。

当楼面开有大洞(如中庭的共享空间)或外伸段较长时,楼面在其自身平面内的无限大抗弯刚度的假定将不再适用。这时就宜按楼面自身平面内的实际抗弯刚度考虑,或对采用楼面刚度无限大假定所得的计算结构进行调整,使刚度较小的抗侧力结构所分配到的水平荷载或水平地震作用的值有所增大。

此外,对体型复杂、平面和竖向不规则的或无法划分成平面抗侧力结构计算的复杂结构,以及空间作用明显的结构(如筒体),则仍需采用空间整体工作分析法求其内力和变位。现常用有限元法、利用电脑完成计算。不同的计算模型,选取不同的计算单元,所得的结果会有差异。对梁单元来说,需考虑弯曲、剪切、扭转变形,当计及楼面内的变形时还有轴向变形;柱单元有弯曲、剪切、轴向及扭转变形。但当采用空间杆——薄壁杆系模型时,对剪力墙墙肢或筒壁即视作薄壁杆件,除考虑弯曲、剪切、轴向和扭转变形这些自由度外,还需要考虑翘曲变形。各设计软件在紧扣规范或规程要求的简化程度上、计算结果的精度上以及在编制软件的技巧和使用方便性上,都会有所不同。为此《高规》要求对体型复杂、结构布置复杂的高层建筑结构,鉴于其受力情况的复杂性,至少需采用两个不同力学模型的结构分析软件进行整体计算分析,以确保力学分析的可靠性;对受力复杂的结构构件,如竖向布置复杂的剪力墙、加强层构件、转换层构件、连接体及相关构件等,除对结构进行整体分析外,为可靠计,还需对上述构件进行有限元法的局部应力分析,以校核它的配筋设计和采取更有效的构造措施等。

5.5.3 侧向力在各榀抗侧力结构间的分配

当水平力通过刚度中心时,按式(5-7)进行剪力分配。

$$V_i=V\frac{D_i}{\sum D_i} \tag{5-7}$$

式中 V——总剪力；

D_i——第 i 榀结构的抗侧刚度；

V_i——第 i 榀结构分配得到的剪力。

5.6 剪力墙结构的设计

5.6.1 剪力墙结构的布置

在平面上应将剪力墙沿房屋的两个主轴方向布置，且相互整体连接、互为翼缘，以增大整个结构体系的侧向刚度；在每个方向上，剪力墙宜尽量拉通、对直、少曲折，至少应有 1～2 道剪力墙贯通该方向房屋的全长。剪力墙墙肢截面不宜长过 8m，如不满足要求可利用施工洞将长墙肢有意地划分成若干段，并宜以跨高比大于 6 的弱连梁与之相连，每个墙段的总高度与其截面高度之比不应小于 2.0，以使它在强震中不发生剪切破坏而是由受弯承载力控制。在剪力墙面上布置门洞时，应避免各墙肢刚度的过分悬殊，宜上下对齐、成列布置、形成明确的墙肢和连梁。这样，传力直接，受力明确，内力分布清楚，有利于抗震。为此，不宜采用一般错洞墙(图 5-23(a))，更不宜采用叠合错洞墙(图 5-23(b))，即使非抗震设计也不宜采用。

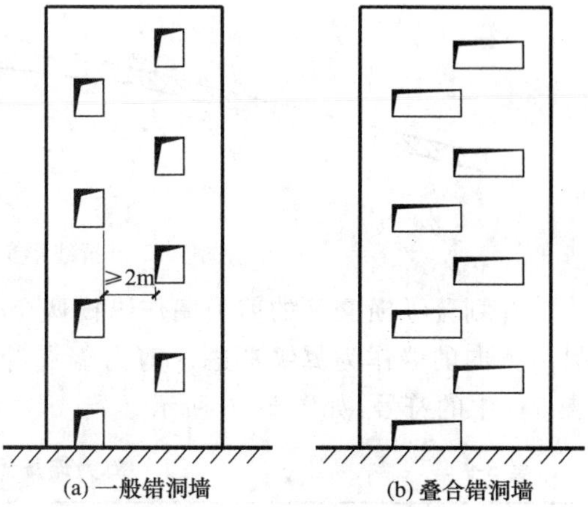

图 5-23 错洞墙

部分框支剪力墙结构的落地剪力墙体应加厚；框支柱周围楼板不应错层布置；落地剪力墙的洞口宜布置在墙体的中部；框支梁上一层墙体内不宜设置边门洞，也不宜在框支柱上方设置门洞。落地剪力墙的间距 l 应符合下列规定：

非抗震设计时，l 不宜大于 $3B$ 和 36 m；抗震设计时，当底部框支层为 1～2 层时，l 不宜大于 $2B$ 和 24m，当底部框支层为 3 层及 3 层以上时，l 不宜大于 $1.5B$ 和 20m。此处，B 为落地墙之间楼盖的平均宽度。

框支柱与相邻落地剪力墙间的距离，1～2 层框支层时不宜大于 12m，3 层及 3 层以上框支层时不宜大于 10 m。

5.6.2 剪力墙结构的受力分析

根据 5.5 节所述，剪力墙结构可简化为单榀的剪力墙进行近似计算。

1. 墙身平面位置的简化处理

在划定某一方向上的平面抗侧力结构时，常会遇到墙轴线错开的墙段(图 5-24)和折线形的剪力墙(图 5-25)。只要墙段轴线错开不大(例如不大于实体连接墙厚度的 8 倍、且不大于 2.5m)，在简化计算时，仍可将其视作一直线的平面剪力墙考虑，但对其等效侧向刚度应乘以折减系数 0.8，计算所得的内力应乘以增大系数 1.2。对折线的剪力墙各墙段的总转角不大于 15°时，仍可按平面剪力墙考虑(图 5-25)。

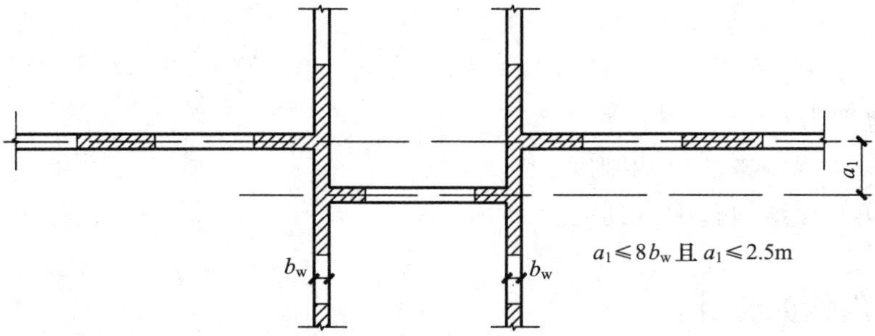

图 5-24　轴线错开的墙段仍可视作直线墙段

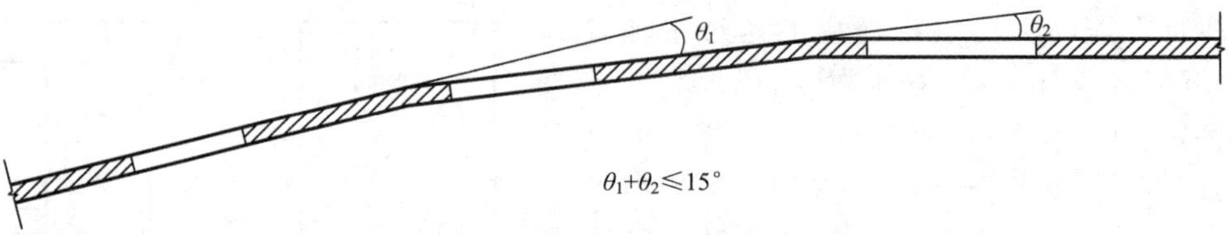

图 5-25　折线形剪力墙仍可视作直线形剪力墙

在划分纵横交叉的剪力墙作纵横两个方向上的平面结构进行分析时，可把与其相正交的另一方向的墙作为翼缘考虑。剪力墙翼缘的计算宽度 b_f，可取自表 5-9 所列各项中最小值。表 5-9 中的符号，如图 5-26 所示。

表 5-9　　剪力墙翼缘的计算宽度 b_f 或 b_f'

考虑条件	截面形式		考虑条件	截面形式	
	T 形或 I 形	L 形或[形		T 形或 I 形	L 形或[形
按剪力墙间距计算	$b_w+\frac{S_{01}}{2}+\frac{S_{02}}{2}$	$b_w+\frac{S_{03}}{2}$	按门窗洞口计算	b_{01}	b_{02}
按翼缘厚度计算	b_w+12h_f	b_w+6h_f	按房屋总高度 H 计算	$\frac{1}{10}H$	$\frac{1}{10}H$

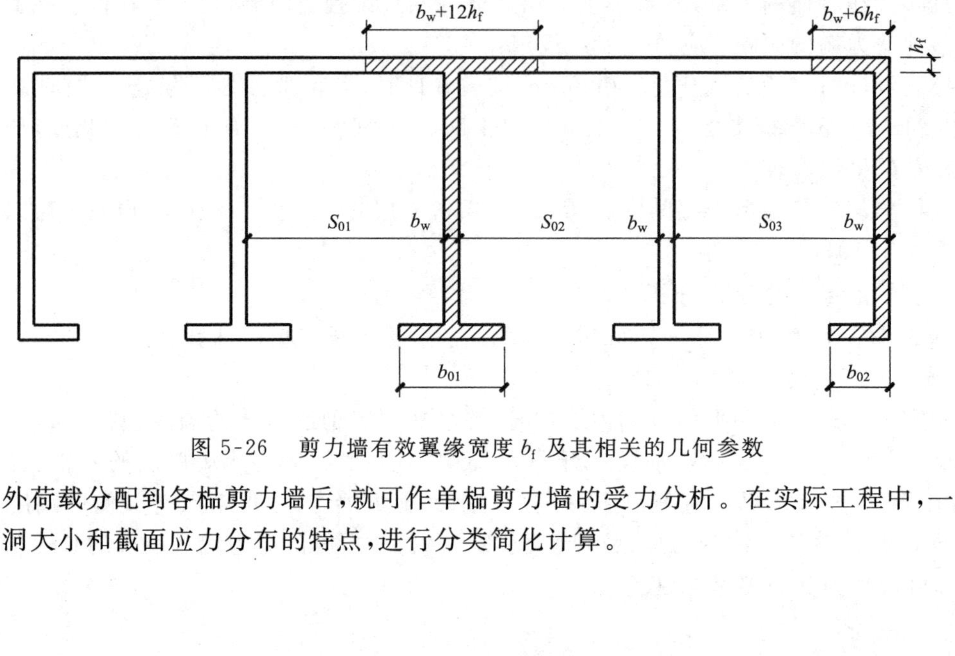

图 5-26　剪力墙有效翼缘宽度 b_f 及其相关的几何参数

将外荷载分配到各榀剪力墙后，就可作单榀剪力墙的受力分析。在实际工程中，一般根据墙上开洞大小和截面应力分布的特点，进行分类简化计算。

2. 整截面剪力墙的内力和位移计算

当墙面上的开洞面积与墙面面积之比不大于0.16，且孔洞净距及洞边至墙边距离大于孔洞的长边尺寸时，可认为开洞对内力的影响很小而忽略不计。这时，该单榀剪力墙犹如一整截面的悬臂受弯构件，截面中的正应力分布符合直线分布规律。这类可按材料力学公式作整截面计算的剪力墙，称整截面剪力墙(图5-27)。

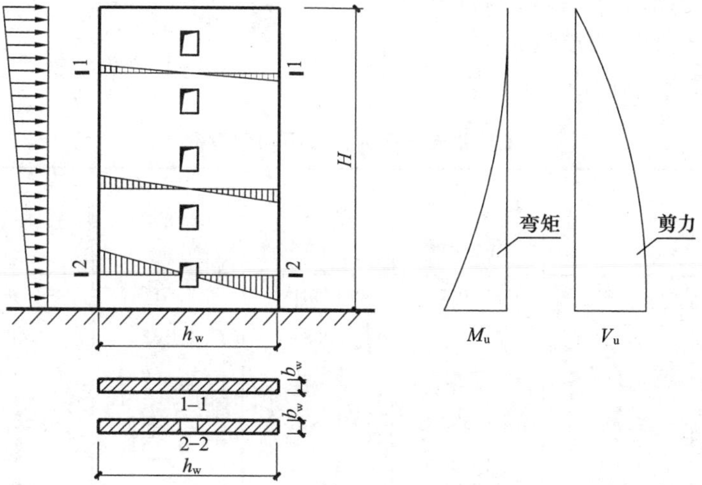

图5-27 整截面剪力墙及其内力

(1) 内力

整截面剪力墙的内力，可按材料力学的公式进行计算。

(2) 侧移

整截面剪力墙顶端处的位移，同样可由材料力学的公式算出。但因墙的截面宽度 h_w 较大，需要考虑剪力对位移的影响。当然，当开有孔洞时，还应考虑孔洞使位移增大的影响。整截面剪力墙的顶点侧移量，可按下列公式计算：

$$\left.\begin{aligned}&\text{当均布荷载作用时} && u_{max}=\frac{qH^4}{8E_cI_w}\left(1+\frac{4\mu E_cI_w}{GA_{w,eq}H^2}\right)\\&\text{三角形荷载作用时} && u_{max}=\frac{11q_{max}H^4}{120E_cI_w}\left(1+\frac{3.67\mu E_cI_w}{GA_{w,eq}H^2}\right)\\&\text{当顶端集中荷载作用时} && u_{max}=\frac{PH^3}{3E_cI_w}\left(1+\frac{3\mu E_cI_w}{GA_{w,eq}H^2}\right)\end{aligned}\right\}\tag{5-8}$$

式中 q，q_{max}，P——分别为均布荷载值、倒三角形分布荷载的最大值和墙顶集中荷载值；

H——剪力墙的总高度；

$A_{w,eq}$——考虑洞口影响后的剪力墙水平截面的折算面积，$A_{w,eq}=h_wb_w\left(1-1.25\sqrt{\frac{A_{op}}{A_f}}\right)$；

b_w，h_w——分别为剪力墙的厚度和截面高度(墙长)；

A_{op}，A_f——剪力墙洞口和剪力墙在立面上的面积；

μ——剪应力分布不均匀系数。对矩形截面，$\mu=1.2$；对I形截面，μ=全截面面积/腹板截面面积；对T形截面，其值如表5-10所示；

I_w——考虑洞口影响后的剪力墙水平截面的折算惯性矩，取有洞口截面与无洞口截面的惯性矩沿竖向的加权平均值，即 $I_w=\dfrac{\sum_{i=1}^{n} I_{wi}h_i}{\sum_{i=1}^{n} h_i}$；

I_{wi}——剪力墙沿竖向各段的截面惯性矩，无洞口段和有洞口段分别计算；

h_i——剪力墙沿竖向各段的高度；

G——混凝土的剪切模量；

E_c——混凝土的弹性模量。

表 5-10　　T 形截面剪应力分布不均匀系数

h_w/b_w \ b_f'/b_w	2	4	6	8	10	12
2	1.383	1.496	1.521	1.511	1.483	1.445
4	1.441	1.876	2.287	2.682	3.061	3.424
6	1.362	1.097	2.033	2.367	2.689	3.026
8	1.313	1.572	1.838	2.106	2.374	2.641
10	1.283	1.489	1.707	1.927	2.148	2.370
12	1.264	1.432	1.614	1.800	1.988	2.178
15	1.245	1.374	1.519	1.669	1.820	1.973
20	1.228	1.317	1.422	1.534	1.648	1.763
30	1.214	1.264	1.328	1.399	1.473	1.549
40	1.208	1.240	1.284	1.334	1.387	1.442

注：b_f'——T 形截面的翼缘宽度；h_w——剪力墙的截面高度；b_w——剪力墙的厚度。

为了计算方便，把弯曲变形和剪切变形统一成弯曲变形的形式表达。引入等效侧向刚度的概念，等效侧向刚度按式(5-9)计算。

$$E_cI_{eq}=\begin{cases}E_cI_w\Big/\left(1+\dfrac{4\mu E_cI_w}{GA_{w,eq}H^2}\right) & \text{(均布荷载)}\\ E_cI_w\Big/\left(1+\dfrac{3.67\mu E_cI_w}{GA_{w,eq}H^2}\right) & \text{(倒三角形荷载)}\\ E_cI_w\Big/\left(1+\dfrac{3\mu E_cI_w}{GA_{w,eq}H^2}\right) & \text{(顶端集中荷载)}\end{cases}\tag{5-9}$$

进一步简化，将式(5-9)中的系数取平均值，并令 $G=0.42E_c$，则可统一成下式

$$E_cI_{eq}=\frac{E_cI_w}{1+\dfrac{9\mu I_w}{A_{w,eq}H^2}}\tag{5-10}$$

3. 整体小开口剪力墙的内力和位移计算

门窗洞口沿竖向成列布置、洞口总面积虽超过了墙体总面积的 16%，但总体来说，洞口仍很小的开洞剪力墙称整体小开口剪力墙。整体小开口剪力墙在水平荷载作用下的受力性能接近于整截面剪力墙，墙肢洞口高度方向没有反弯点出现；截面受力后基本上保持为平面，正应力大体按直线分布，各墙肢中仅有少量的局部弯矩(图 5-28)。根据上述受力特点，只要做一

些修正，就能利用材料力学的有关公式来进行整体小开口剪力墙的内力和侧移计算。

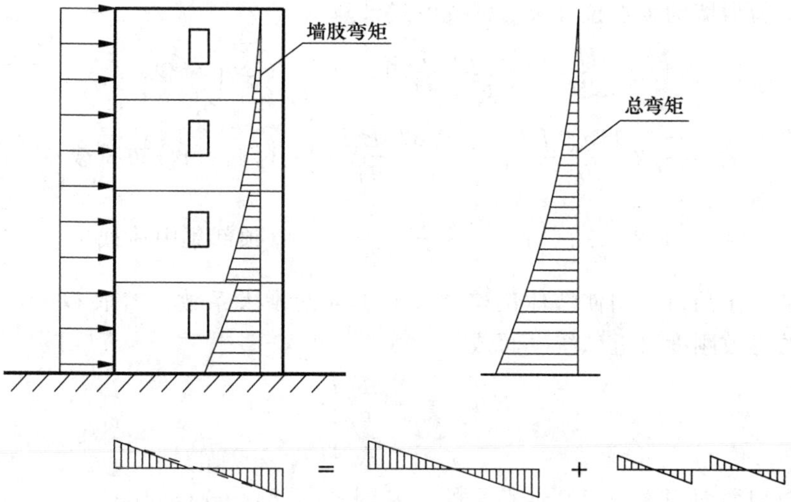

图 5-28　整体小开口剪力墙及其内力

整体小开口剪力墙的内力按下列公式计算：

墙肢弯矩：

$$M_j = 0.85M\frac{I_{wj}}{I_w} + 0.15M\frac{I_{wj}}{\sum I_{wj}} \tag{5-11}$$

墙肢轴力：

$$N_j = 0.85M\frac{A_{wj}y_{wj}}{I_w} \tag{5-12}$$

式中　M——外荷载在计算截面所产生的弯矩；

I_{wj}——第 j 墙肢的截面惯性矩(图 5-29)；

I_w——整个剪力墙截面对组合形心的惯性矩；

A_{wj}——第 j 墙肢截面积(图 5-29)；

y_{wj}——第 j 墙肢截面重心至组合截面重心的距离(图 5-29)。

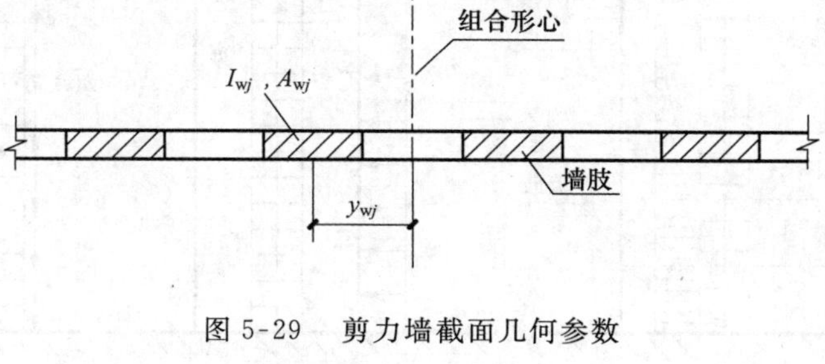

图 5-29　剪力墙截面几何参数

墙肢剪力：

$$\left.\begin{aligned} V_j &= V\frac{A_{wj}}{\sum A_{wj}} \quad &\text{(底层)} \\ V_j &= V\left(\frac{A_{wj}}{2\sum A_{wj}} + \frac{I_{wj}}{2\sum I_{wj}}\right) \quad &\text{(其他层)} \end{aligned}\right\} \tag{5-13}$$

式中,V 为水平荷载产生的总剪力。

整体小开口剪力墙的顶点位移 u_{max} 可按下式计算:

$$u_{max}=\begin{cases}1.2\dfrac{qH^4}{8E_cI_w}\left(1+\dfrac{4\mu E_cI_w}{GA_wH^2}\right) & \text{(均布荷载)}\\ 1.2\dfrac{11q_{max}H^4}{120E_cI_w}\left(1+\dfrac{3.67\mu E_cI_w}{GA_wH^2}\right) & \text{(倒三角分布荷载)}\\ 1.2\dfrac{PH^3}{3E_cI_w}\left(1+\dfrac{3\mu E_cI_w}{GA_wH^2}\right) & \text{(顶部集中荷载)}\end{cases} \tag{5-14}$$

系数 1.2 是由于洞口削弱使墙体位移增大而引入的增大系数。若取 $G=0.42E_c$,则整体小开口剪力墙的等效刚度可近似统一写成

$$E_cI_{eq}=\frac{0.8E_cI_w}{1+\dfrac{9\mu I_w}{A_wH^2}} \tag{5-15}$$

式中,A_w 为墙肢截面面积之和。其他符号的意义同式(5-8)—式(5-10)。

4. 联肢剪力墙的内力和位移计算

如果墙上的开洞面积较大,则剪力墙的受力性能与整截面剪力墙相距甚远。截面的正应力已不呈直线分布;墙肢的弯矩图除在系梁处有突变外,个别地方还出现了反弯点(图 5-30(a)),此类剪力墙称为联肢剪力墙。当开有一排洞口时,称为双肢剪力墙(简称双肢墙)。开有多排洞口时,称为多肢剪力墙(简称多肢墙)。

联肢剪力墙一般可用解微分方程的方法计算其内力和位移。现以双肢剪力墙为例作一简单的叙述。将仅在楼层标高处才有的有限连接点(连系梁和墙肢的连接点)看成是在整个高度上连续分布的无限个连接点(图 5-30(b)),并有假定:①忽略连系梁的轴向变形对墙肢水平位移的影响;② 各墙肢的变形曲线相似;③ 各连系梁的反弯点位于该梁的跨度中央。

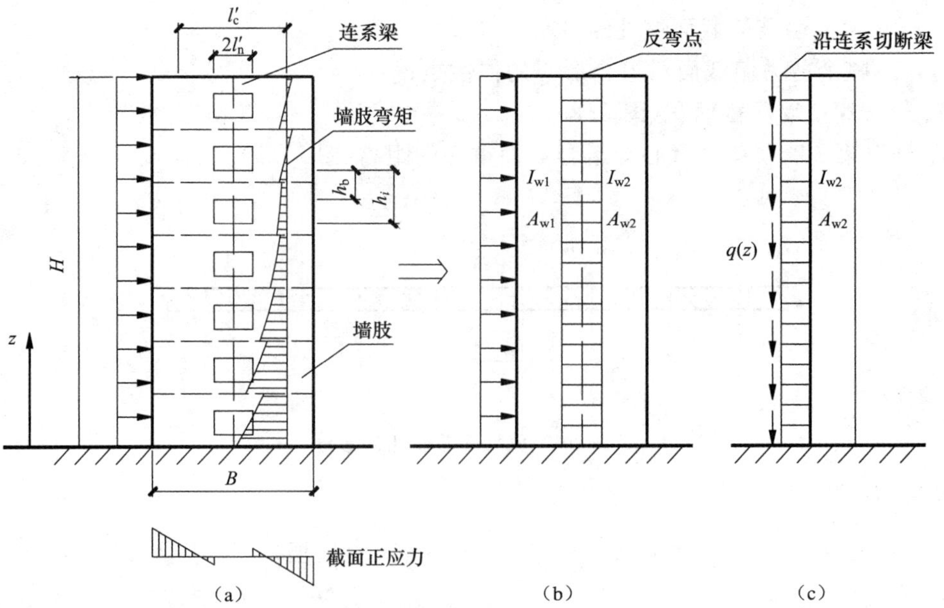

图 5-30　双肢剪力墙及其内力

若将连系梁沿跨中切开，则由于梁的梁中为反弯点，故切开后的截面上只有剪力集度，且中点处不发生竖向位移。连系梁中点处的竖向位移主要有墙肢的弯剪变形、轴向变形以及连系梁本身的弯剪变形所引起的位移。这些因素引起的连系梁中点处的竖向位移的代数和应该等于零。根据这一条件，便可以建立常微分方程，解此微分方程，则可求出双肢剪力墙的内力。再根据墙体内力和变形的关系可求剪力墙的位移。

将连系梁中点切开，建立基本体系，如图 5-30(c)所示。在切开处出现多余未知力—连续分布的剪力 $q(z)$。要进行墙体的内力分析，需求出 $q(z)$。为此，先来研究切开处的相容关系。

如图 5-31(a)所示，切开处由于连系梁的弯曲与剪切变形使切口两边产生的相对位移为

$$\delta_1(z)=-2q(z)\left(\frac{l_0'^3h_i}{3E_cI_b}+\frac{\mu l_0'h_i}{GA_b}\right)=-\frac{2}{3}\times\frac{l_0'^3h_i}{E_cI_b^*}q(z) \tag{5-16}$$

式中　l_0'——连系梁跨度的一半，$l_0'=l_n'+h_b/4$；

$q(z)$——连系梁的分布剪力；

A_b——连系梁截面积；

I_b——连系梁截面惯性矩；

h_b——连系梁的截面高度；

h_i——层高；

I_b^*——连系梁考虑剪切变形的等效惯性矩，取 $G=0.42E_c$，则 $I_b^*=\dfrac{I_b}{1+\dfrac{7\mu I_b}{l_0'^2A_b}}$。

如图 5-31(b)所示，外荷载作用下墙肢产生弯曲和剪切变形，由此引起的连系梁切口两边的相对位移为

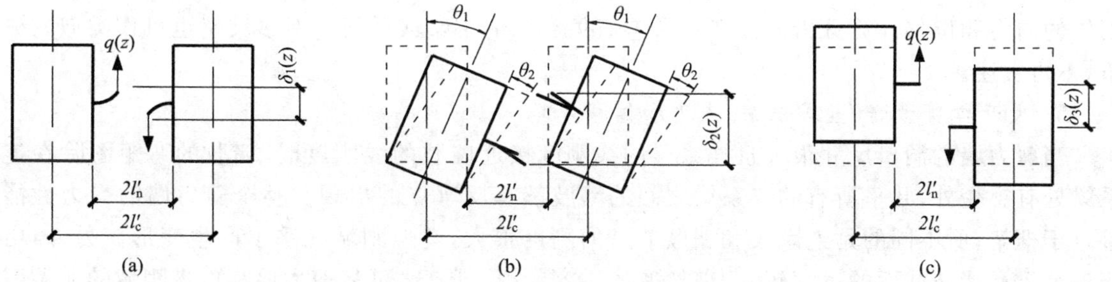

图 5-31　连梁跨中切断点处的相对位移

$$\delta_2(z)=2l_c'\theta_1+2l_n'\theta_2 \tag{5-17}$$

式中　θ_1——由于墙肢弯曲产生的转角；

θ_2——墙肢剪切变形而产生的剪切角，不考虑切变形时 $\theta_2=0$；

l_c'——墙肢轴线距离的一半。

如图 5-31(c)所示，墙肢轴向变形在连系梁切口两边产生的相对位移为

$$\delta_3(z)=-\frac{1}{E_c}\left(\frac{1}{A_{w1}}+\frac{1}{A_{w2}}\right)\int_0^z\int_z^H q(z)\mathrm{d}z\mathrm{d}z \tag{5-18}$$

根据切开处的连续条件，可知切口两边的相对位移应该为零。于是，得到下列相容方程：

$$\delta_1(z)+\delta_2(z)+\delta_3(z)=0 \tag{5-19}$$

将式(5-16)、式(5-17)、式(5-18)代入式(5-19)，微分两次，并引入 θ_1，θ_2 和外荷载的关系，得出下列微分方程：

$$m''(z)-\frac{\alpha_{w}^{2}}{H^{2}}m(z)=\begin{cases}-\frac{\alpha_{w1}^{2}}{H^{2}}V_{0}\left(1+2\gamma^{2}-\frac{z^{2}}{H^{2}}\right) & \text{(倒三角形荷载)}\\ -\frac{\alpha_{w1}^{2}}{H^{2}}V_{0}\left(1-\frac{z}{H}\right) & \text{(均布荷载)}\\ -\frac{\alpha_{w1}^{2}}{H^{2}}V_{0} & \text{(顶部集中荷载)}\end{cases} \tag{5-20}$$

式中　$m(z)$——连梁对墙肢的约束弯矩，$m(z)=q(z)\times 2l'_{c}$；

α_{w}^{2}——联肢墙的整体系数，反映了连梁的刚度与墙肢刚度中的比值，对双肢墙有

$$\alpha_{w}=H\sqrt{\frac{24I_{b}^{*}l'^{2}_{c}}{h_{i}(I_{w1}+I_{w2})l'^{3}_{0}}\times\frac{I_{w}}{I_{w}-I_{w1}-I_{w2}}} \tag{5-21}$$

I_{w}——组合截面对形心轴的惯性矩；

α_{w1}^{2}——几何特征系数，按下式计算：

$$\alpha_{w1}^{2}=\frac{6H^{2}}{h_{i}(I_{w1}+I_{w2})}\cdot\frac{l'^{2}_{c}I_{b}^{*}}{l'^{3}_{0}} \tag{5-22}$$

H——剪力墙的总高度；

V_{0}——基底 $z=0$ 处的总剪力；

γ^{2}——剪切参数，$\gamma^{2}\approx\frac{2.38\mu I_{w}}{H^{2}A_{w}}$；对于 $H/B\geqslant 4$ 的情况，可不考虑剪切变形的影响，取 $\gamma^{2}=0$；

A_{w}——墙肢总截面面积；

B——剪力墙的长度。

求解微分方程(5-20)，可求得约束弯矩 $m(z)$，从而求得分布剪力 $q(z)$。于是，便可进行墙体的内力和位移计算分析。读者可参考有关专门的书籍或手册。对多肢墙也可作类似的分析，不再赘述。

5. 大开口剪力墙(壁式框架)内力和位移计算

当剪力墙的洞口尺寸很大且连系梁的线刚度接近墙肢的线刚度时，墙肢的弯矩图除在连系梁处有突变外，几乎所有的连系梁之间的墙肢都有反弯点的出现。整个剪力墙的受力性能接近于框架，所不同的是连系梁和墙肢节点的刚度很大，类似刚域几乎不产生变形。另外，由于连系梁和墙肢截面的尺寸较大，剪切变形不容忽视。因此，可将剪力墙视作带刚域的所谓壁式框架来进行计算(图 5-32)。

壁式框架亦可采用 D 值法进行内力和位移计算，其原理和步骤同普通框架，只是由于刚域的存在及剪切变形的影响，要对 D 值和反弯点位置进行一些修正。求得修正后的 D 值和反弯点的位置即可采用第 4 章中类似的方法进行结构分析。

(1) 刚域的长度

试验和有限元分析均表明：刚域的长度不能取到洞口，应按式(5-23)选取，若计算出的刚域长度为负值，则取为 0。

$$\left.\begin{aligned}d_{b1}&=b_{1}-0.25h_{b}\\ d_{b2}&=b_{2}-0.25h_{b}\\ d_{c1}&=c_{1}-0.25h_{c}\\ d_{c2}&=c_{2}-0.25h_{c}\end{aligned}\right\} \tag{5-23}$$

式中，各符号的几何意义如图 5-32(c)所示。

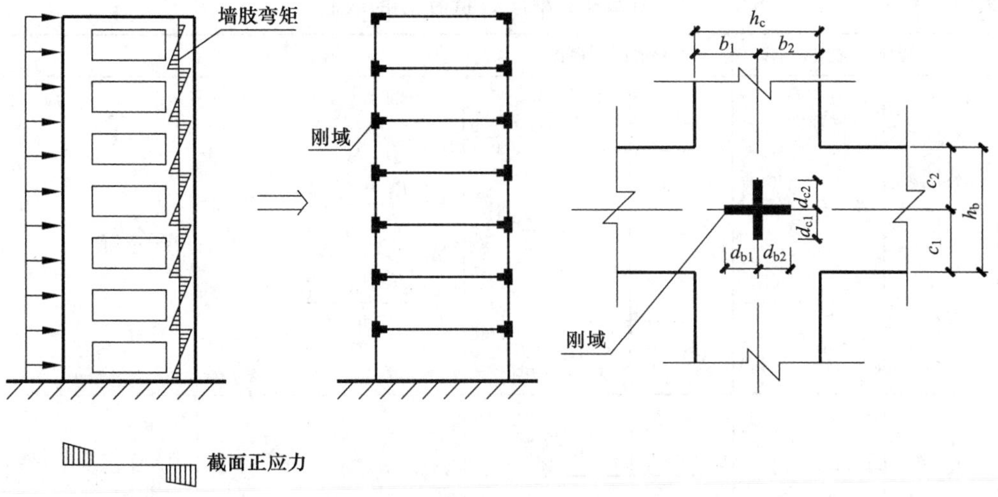

图 5-32　壁式框架及其内力

(2) 柱的抗侧刚度 D

应用结构力学中的方法可以推出图 5-33 所示的带刚域的杆单元的线刚度为

$$i'=\frac{c+c'}{2}i \tag{5-24a}$$

$$c=\frac{1+a_l-b_l}{(1+\beta)(1-a_l-b_l)^3} \tag{5-24b}$$

$$c'=\frac{1-a_l+b_l}{(1+\beta)(1-a_l-b_l)^3} \tag{5-24c}$$

式中　β——考虑剪切变形影响后的附加系数，$\beta=\frac{12\mu E_c I}{GAl'^2}$，当不考虑剪切变形时 $\beta=0$；

a_l, b_l, l'——几何参数，其几何意义如图 5-33 所示；

i——不考虑刚域影响时杆单元的线刚度。

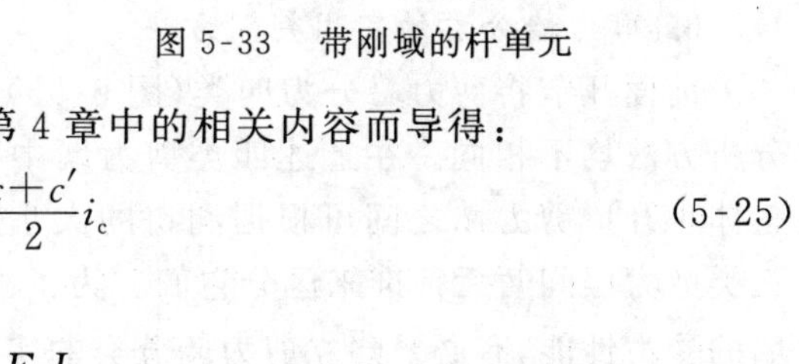

图 5-33　带刚域的杆单元

为此，带刚域的框架柱的抗侧刚度 D 可参照第 4 章中的相关内容而导得：

$$D=\alpha_c\frac{12}{h_i^2}\cdot\frac{c+c'}{2}i_c \tag{5-25}$$

式中　h_i——层高；

i_c——不考虑刚域影响时，柱的线刚度，$i_c=\frac{E_c I_c}{h_i}$。

α_c 值的计算公式见表 5-11。

(3) 带刚域柱的反弯点高度

第 4 章中曾定义一般框架的反弯点高度如下：

$$yh_i=(y_0+y_1+y_2+y_3)h_i \tag{5-26}$$

表 5-11　　计算壁式框架 D 值时 α_c 的取值

	情况①简图	情况②简图	K	α_c
一般层	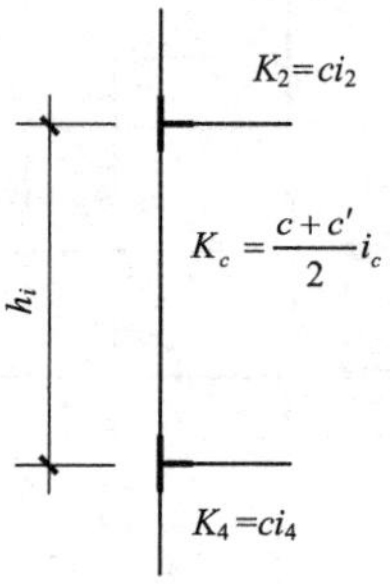	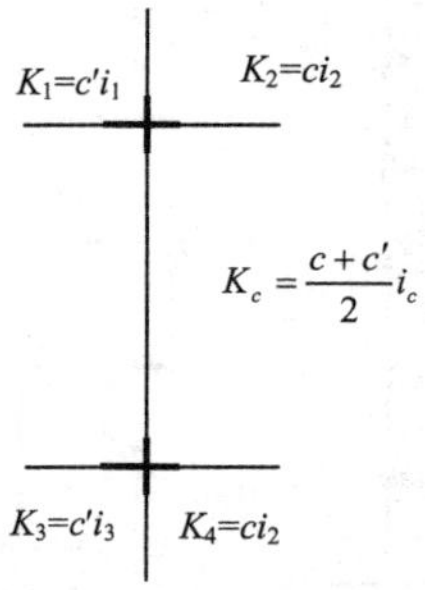	情况① $K=\frac{K_2+K_4}{2K_c}$ 情况② $K=\frac{K_1+K_2+K_3+K_4}{2K_c}$	$\alpha_c=\frac{K}{2+K}$
底层	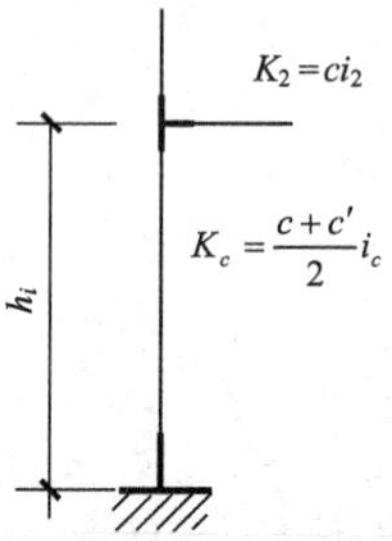	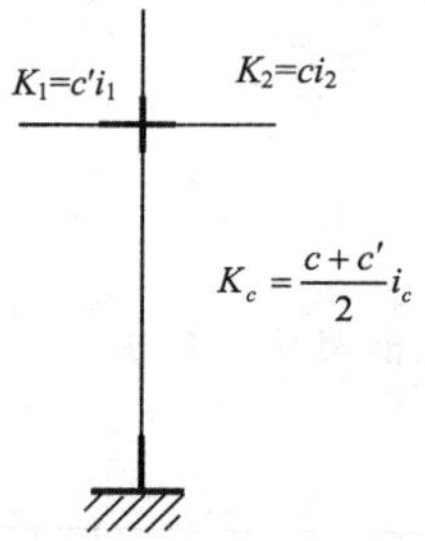	情况① $K=\frac{K_2}{K_c}$ 情况② $K=\frac{K_1+K_2}{K_c}$	$\alpha_c=\frac{0.5+K}{2+K}$

带刚域柱的反弯点高度可利用第 4 章中的相关表格对上式作一修正即可。如图 5-34 有

$$yh_i=(a_h+y_h y_0+y_1+y_2+y_3)h_i \tag{5-27}$$

式中　a_h——柱下端刚域长度与柱高之比；

y_h——无刚域部分柱长度与柱总高度之比，$y_h=h_i'/h_i$；

y_0——标准反弯点高度比，查表时，取 $K=y_h^2\times\frac{K_1+K_2+K_3+K_4}{2i_c}$，$i_c=\frac{E_c I_c}{h_i}$；

y_1——上、下层横梁线刚度比对 y_0 的修正值；

y_2——上层层高变化的修正值；

y_3——下层层高变化的修正值。

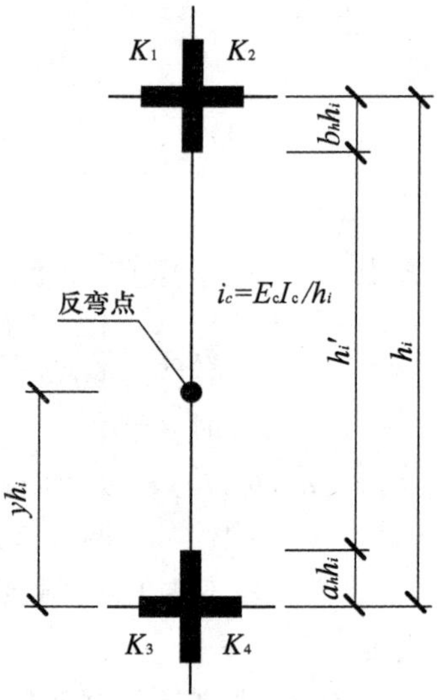

图 5-34　带刚域框架柱的反弯点高度

6. 剪力墙分类的实用判别方法

前面几节将剪力墙分为四类(图 5-35)，每类剪力墙的受力分析方法均不相同。在上述四类剪力墙中，除整截面剪力墙和整体小开口剪力墙之间可根据洞口的大小来加以区分外，其他三类剪力墙间暂无标准来区分它们。为了准确地分析开洞剪力墙的受力性能，有必要建立剪力墙分类的实用判别方法。

在介绍连肢剪力墙的内力和位移计算时，曾经引入了双肢墙的整体系数 α_w，如式(5-21)所示。将其扩展到多肢墙，则有

$$\alpha_w=H\sqrt{\frac{24}{\tau h_i\sum_{j=1}^{m+1}I_{wj}}\sum_{j=1}^{m}\frac{I_{bj}^{*}l_{cj}'^{2}}{l_{0j}'^{3}}} \tag{5-28}$$

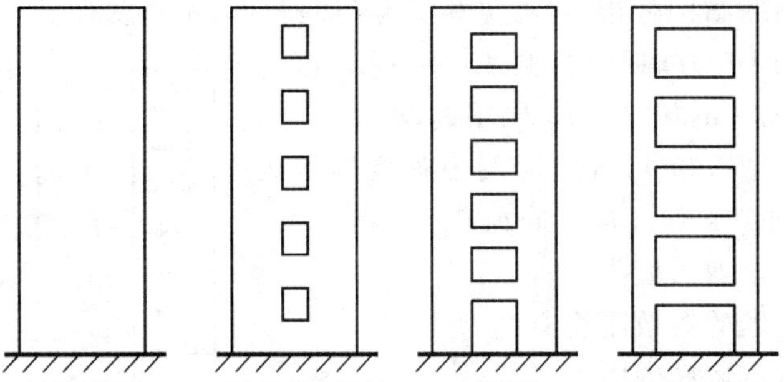

图 5-35 剪力墙的分类

式中 τ——轴向变形系数，3～4 肢时取为 0.8，5～7 肢时取为 0.85，8 肢以上时取为 0.95；

l'_{cj}——为第 j 列孔洞处，相邻墙肢中心线间墙距离的一半；

l'_{0j}——为第 j 列孔洞处，连梁跨度的一半，计算方法同式(5-16)中的 l'_0；

I_{wj}——为第 j 个墙肢的截面惯性矩；

I^*_{bj}——为第 j 列孔洞处连梁考虑剪切变形时的截面等效惯性矩；

m——孔洞列数。

由 α_w 的定义可知，它实际上反映了开洞剪力墙中连梁和肢墙刚度的相对比值，可以作为判别剪力墙类别的一个指标。但是，由于 α_w 只反映了连梁和墙肢刚度的相对比值，单靠该指标还不能完全确定剪力墙的类型。如图 5-35(b)，(d)所示的两种情况，前者连梁和墙肢的刚度均较大，后者连梁和墙肢的刚度均较小，而由式(5-28)算出的两者的 α_w 可能相当接近。因此，还需要引入另外一个指标：$I_{wA}=I_w-\sum_{j=1}^{m+1} I_{wj}$。其中，$I_w$ 为剪力墙对组合截面形心的惯性矩，则根据 I_{wA}/I_w 和 α_w 值的大小，可建立如下的判别准则：

当 $\alpha_w \geqslant 10$，且 $I_{wA}/I_w \leqslant \zeta_w$ 时，为整体小开口剪力墙；

当 $\alpha_w \geqslant 10$，且 $I_{wA}/I_w > \zeta_w$ 时，为壁式框架；

当 $1.0 < \alpha_w < 10$，且 $I_{wA}/I_w \leqslant \zeta_w$ 时，为连肢墙。

ζ_w 值见表 5-12 所示。

表 5-12 系数 ζ_w 的数值

层数 n / α_w	8	10	12	16	20	30
10	0.886	0.948	0.975	1.000	1.000	1.000
12	0.886	0.924	0.950	0.994	1.000	1.000
14	0.853	0.908	0.934	0.978	1.000	1.000
16	0.844	0.896	0.923	0.964	0.988	1.000
18	0.836	0.888	0.914	0.952	0.978	1.000
20	0.831	0.880	0.906	0.945	0.970	1.000
22	0.827	0.875	0.901	0.940	0.965	1.000
24	0.824	0.871	0.897	0.936	0.960	0.989
26	0.822	0.867	0.894	0.932	0.955	0.986
28	0.820	0.864	0.890	0.929	0.952	0.982
≥30	0.818	0.861	0.887	0.926	0.950	0.979

有关框支剪力墙的结构分析，可参见相关专门的著作，不再赘述。

【例 5-1】 某高层剪力墙结构，共 15 层，总高度为 41.1m，首层层高为 3.3m，第 2～15 层层高均为2.7m，墙厚度均为 180mm(图 5-36)，所用混凝土强度等级为 C30，并且该墙体受到 10kN/m 的均布荷载。

要求：(1)试判别该剪力墙类型；

(2)该剪力墙的等效刚度；

(3)计算首层墙肢内力。

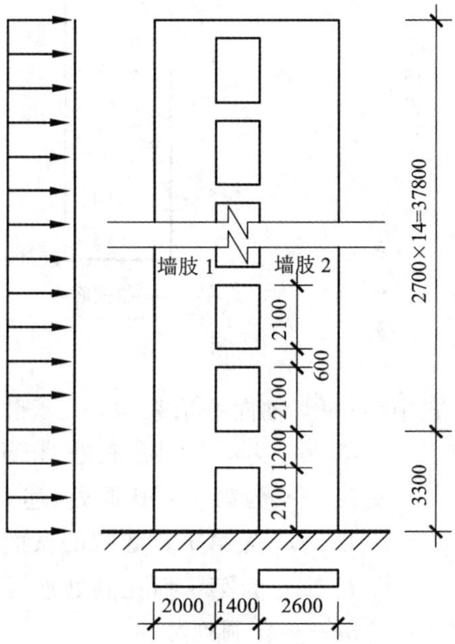

图 5-36 例 5-1 图

【解】 (1)剪力墙类型

首层计算：

由于连梁的截面尺寸 180mm×1 200mm

$$I_b=\frac{b_w h_b^3}{12}=\frac{0.18\times 1.2^3}{12}=0.025\,9\text{m}^4$$

连梁的截面等效惯性矩：

$$I_b^*=\frac{I_b}{1+\frac{7\mu I_b}{l'^2_0 A_b}}=\frac{0.025\,9}{1+\frac{7\times 1.2\times 0.025\,9}{1^2\times 0.18\times 1.2}}=0.012\,9\text{m}^4$$

墙肢：$I_{w1}=\frac{0.18\times 2^3}{12}=0.12\text{m}^4$

$$A_{w1}=0.18\times 2=0.36\text{m}^2$$

$$I_{w2}=\frac{0.18\times 2.6^3}{12}==0.264\text{m}^4$$

$$A_{w2}=0.18\times 2.6=0.468\text{m}^2$$

剪力墙对组合截面形心的惯性矩：

形心至左墙边距离：$y_w=\frac{0.18\times 2\times 1+2.6\times 0.18\times 4.7}{(2+2.6)\times 0.18}=3.09\text{m}$

所以，墙肢 1 至形心距 $y_{w1}=2.09\text{m}$，墙肢 2 至形心距 $y_{w2}=1.61\text{m}$。

$$I_w=I_{w1}+I_{w2}+A_{w1}y_{w1}^2+A_{w2}y_{w2}^2=0.12+0.264+0.36\times 2.09^2+0.468\times 1.61^2=3.17\text{m}^4$$

$$I_{wA}=I_w-(I_{w1}+I_{w2})=3.17-(0.12+0.264)=2.786\text{m}^4$$

剪力墙整体性系数 α_w 的计算：

墙肢 1 与墙肢 2 形心之间的距离 $2l'_c=1.0+1.4+1.3=3.7\text{m}$，$l'_c=1.35\text{m}$，于是

$$\alpha_w=H\sqrt{\frac{24I_b^* l'^2_c}{h_i(I_{w1}+I_{w2})l'^3_0}\times\frac{I_w}{I_{wA}}}=41.1\times\sqrt{\frac{24\times 0.012\,9\times 1.35^2}{3.3\times(0.12+0.264)\times 1^3}\times\frac{3.17}{2.786}}=29.254>10$$

当 $\alpha_w=29.254$ 时，层数为 15 层，查表 5-12 可知 $\zeta_w=0.919$，

而 $I_{wA}/I_w=2.786/3.17=0.879<\zeta_w$

底层属于整体小开口剪力墙。

2～15 层的计算：

由于连梁的截面尺寸为 180mm×600mm，

$$I_b=\frac{b_w h_b^3}{12}=\frac{0.18\times 0.6^3}{12}=0.003\,24\text{m}^4$$

连梁的等效惯性矩：

$$I_b^* = \frac{I_b}{1+\frac{7\mu I_b}{l'^2_0 A_b}} = \frac{0.0324}{1+\frac{7\times1.2\times0.0324}{0.85^2\times0.18\times0.6}} = 0.00240\text{m}^4$$

墙肢：

$$I_{w1} = \frac{0.18\times2^3}{12} = 0.12\text{m}^4,\ A_{w1} = 0.18\times2 = 0.36\text{m}^2$$

$$I_{w2} = \frac{0.18\times2.6^3}{12} = 0.264\text{m}^4,\quad A_{w2} = 0.18\times2.6 = 0.468\text{m}^2$$

剪力墙对组合截面形心的惯性矩：
形心对左墙边距离：

$$y_w = \frac{0.18\times2\times1+2.6\times0.18\times4.7}{(2+2.6)\times0.18} = 3.09\text{m}$$

所以，墙肢 1 至形心距 $y_{w1}=2.09\text{m}$，墙肢 2 至形心距 $y_{w2}=1.61\text{m}$。

$$I_w = I_{w1}+I_{w2}+A_{w1}y_{w1}^2+A_{w2}y_{w2}^2 = 0.12+0.36\times2.09^2+0.264+0.468\times1.61^2 = 3.17\text{m}^4$$

$$I_{wA} = I_w-(I_{w1}+I_{w2}) = 3.17-(0.12+0.264) = 2.786\text{m}^4$$

剪力墙整体性系数 α_w 的计算：

墙肢 1 与墙肢 2 形心之间距离 $2l'_c=3.7\text{m}$，$l'_c=1.35\text{m}$，于是

$$\alpha_w = H\sqrt{\frac{24I_b^* l'^2_c}{h_i(I_{w1}+I_{w2})l'^3_0}\times\frac{I_w}{I_{wA}}} = 41.1\times\sqrt{\frac{24\times0.00240\times1.35^2}{2.7\times(0.12+0.264)\times0.85^3}\times\frac{3.17}{2.786}} = 17.80>10$$

当 $\alpha_w=17.80$ 时，层数为 15 层，查表 5-12 可知 $\zeta_w=0.944$，

而 $I_{wA}/I_w=2.786/3.17=0.879<\zeta_w=0.944$

故 2～15 层剪力墙属于整体小开口墙。

由以上可知，整个剪力墙均可按整体小开口墙计算。

(2) 剪力墙的等效刚度计算

由式(5-15)得

$$E_c I_{eq} = \frac{0.8E_c I_w}{1+\frac{9\mu I_w}{A_w H^2}} = \frac{0.8\times3.0\times10^7\times3.17}{1+\frac{9\times1.2\times3.17}{0.828\times41.1^2}} = 7.480\times10^7\text{kN}\cdot\text{m}^2$$

(3) 首层墙肢内力

首层剪力为：$V_0=10\times41.1=411\text{kN}$，$M_0=\frac{1}{2}\times10\times41.1^2=8446\text{kN}\cdot\text{m}$

墙肢 1：

弯矩　$M_{01}=0.85M_0\frac{I_{w1}}{I_w}+0.15M_0\frac{I_{w1}}{I_{w1}+I_{w2}}$

$$=8446\times\left(0.85\times\frac{0.12}{3.17}+0.15\times\frac{0.12}{0.12+0.264}\right)=667.67\text{kN}\cdot\text{m}$$

轴力　$N_{01}=0.85M_0\frac{A_{w1}y_{w1}}{I_w}=0.85\times8446\times\frac{0.36\times2.09}{3.17}=1704\text{kN}$

剪力　$V_{01}=V_0\frac{A_{w1}}{\sum A_{wj}}=411\times\frac{0.36}{0.36+0.468}=179\text{kN}$

墙肢 2：

弯矩 $M_{02}=0.85M_0\dfrac{I_{w2}}{I_w}+0.15M_0\dfrac{I_{w2}}{I_{w1}+I_{w2}}$

$$=8\,446\times\left(0.85\times\frac{0.264}{3.17}+0.15\times\frac{0.264}{0.12+0.264}\right)=1\,468.87\text{kN}\cdot\text{m}$$

轴力 $N_{02}=0.85M_0\dfrac{A_{w2}y_{w2}}{I_w}=0.85\times8\,446\times\dfrac{0.468\times1.61}{3.17}=1\,706.41\text{kN}$

剪力 $V_{02}=V_0\dfrac{A_{w2}}{\sum A_{wj}}=411\times\dfrac{0.468}{0.36+0.468}=232\text{kN}$

5.6.3 剪力墙的截面设计与构造要求

1. 剪力墙的配筋形式

剪力墙中，常配有抵御偏心受拉或偏心受压的纵向钢筋 A_s 和 A'_s，抵抗剪力的水平分布钢筋 A_{sh} 和竖向分布钢 A_{sv} 筋，此外还配有箍筋和拉结筋。其中 A_s 和 A'_s 集中配置在墙肢的端部形成暗柱如图 5-37 所示。A_s，A'_s 和 A_{sv} 的用量一般根据正截面的承载能力来确定，A_{sh} 一般根据斜截面的承载力来确定，箍筋和拉结筋一般根据构造要求来确定。

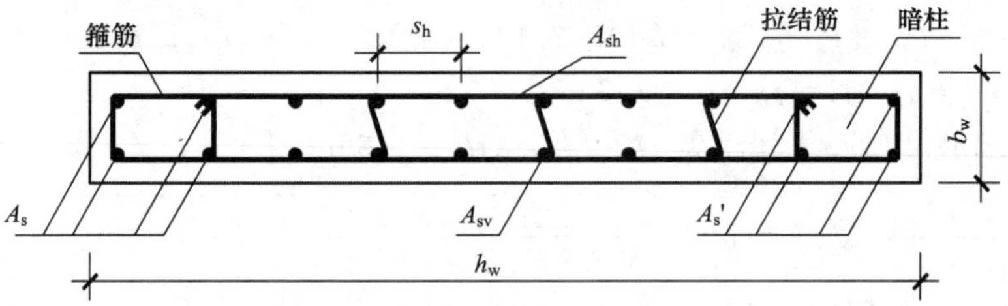

图 5-37 剪力墙的配筋形式

2. 剪力墙墙肢的正截面承载力计算

剪力墙墙肢的正截面承载力分别按偏心受压或偏心受拉构件进行计算。在集中荷载作用处，尚应进行局部受压承载力计算。与一般钢筋混凝土柱的不同之处在于：墙肢截面多为片状，腹部配有均匀的竖向分布钢筋(图 5-38)。通过试验可见，这些分布钢筋都能参与受力，对抵抗弯矩有一定作用，计算中应加以考虑。但是由于竖向分布钢筋都比较细，容易产生压屈现象，所以在受压区，不考虑竖向分布筋的作用，又由于中和轴附近竖向钢筋的应力比较小，为安全计，假定只在 $1.5x$(x 为名义压区的高度)范围以外的受拉竖向分布钢筋才参与工作并达到流限。在大偏心受压时，受拉及受压侧的端部钢筋均达 f_y，而其受拉区竖向分布钢筋也可达其钢筋的流限 f_{yw}。小偏心受压时，大部分的截面或全截面均受压，这时竖向分布钢筋不参与工作，受压一侧的端部钢筋可达流限 f_y，但受拉一侧或受压应力较小一侧的端部钢筋应力则达不到其流限，而仅为 σ_s。根据平衡条件，可得矩形、T 形、I 形偏心受压剪力墙墙肢的正截面承载力的公式如下：

$$N\leqslant A'_s f'_y-A_s\sigma_s-N_{sw}+N_c \tag{5-29}$$

$$N\left(e_0+h_{w0}-\frac{h_w}{2}\right)\leqslant A'_s f'_y(h_{w0}-a'_s)-M_{sw}+M_c \tag{5-30}$$

当 $x>h'_f$ 时

$$N_c=\alpha_1 f_c b_w x+\alpha_1 f_c(b'_f-b_w)h'_f \tag{5-31}$$

$$M_c=\alpha_1 f_c b_w x\left(h_{w0}-\frac{x}{2}\right)+\alpha_1 f_c(b'_f-b_w)h'_f\left(h_{w0}-\frac{h'_f}{2}\right) \tag{5-32}$$

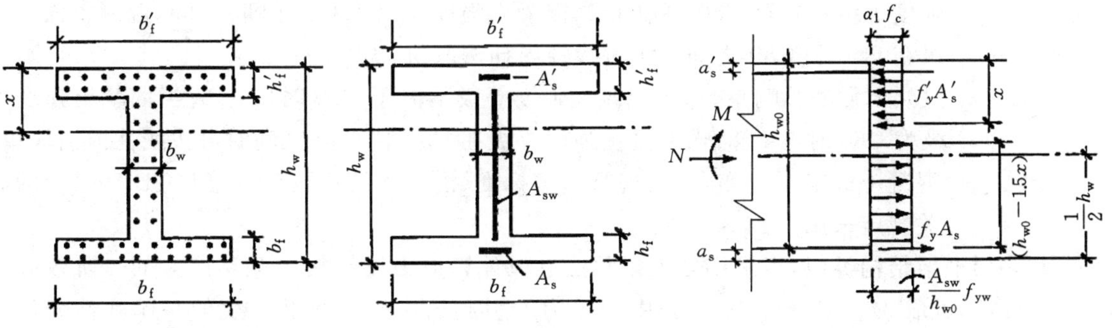

(a) I 形截面的配筋　(b) 几何尺寸简图　(c) 计算简图

图 5-38　大偏心受压墙肢截面的应力分布

当 $x \leqslant h'_f$ 时

$$N_c = \alpha_1 f_c b'_f x \tag{5-33}$$

$$M_c = \alpha_1 f_c b'_f x\left(h_{w0} - \frac{x}{2}\right) \tag{5-34}$$

当 $x \leqslant \xi_b h_{w0}$，即大偏心受压时

$$\sigma_s = f_y \tag{5-35}$$

$$N_{sw} = (h_{w0} - 1.5x) b_w f_{yw} \rho_w \tag{5-36}$$

$$M_{sw} = \frac{1}{2}(h_{w0} - 1.5x)^2 b_w f_{yw} \rho_w \tag{5-37}$$

式(5-37)在求解时，应符合 $x \geqslant 2a'$ 的条件，否则按 $x = 2a'$ 进行计算。

当 $x > \xi_b h_{w0}$，即小偏心受压时

$$\sigma_s = \frac{f_y}{\xi_b - \beta_c}\left(\frac{x}{h_{w0}} - \beta_c\right) \tag{5-38}$$

$$\left.\begin{aligned} N_{sw} &= 0 \\ M_{sw} &= 0 \end{aligned}\right\} \tag{5-39}$$

$$\xi_b = \frac{\beta_c}{1 + \dfrac{f_y}{E_s \varepsilon_{cu}}} \tag{5-40}$$

式中 a'_s——剪力墙受压区端部钢筋合力点到受压区边缘的距离；

b'_f——T 形或 I 形截面受压区翼缘宽度；

e_0——偏心距，$e_0 = M/N$；

M，N——分别为弯矩和轴力设计值；

f_y，f'_y——分别为剪力墙端部受拉、受压钢筋强度设计值；

f_{yw}——剪力墙墙体竖向分布钢筋强度设计值；

f_c——混凝土轴心抗压强度设计值；

h'_f——T 形或 I 形截面受压区翼缘的高度；

h_{w0}——剪力墙截面有效高度，$h_{w0} = h_w - a_s$；

ρ_w——剪力墙竖向分布钢筋配筋率；$\rho_w = A_{sw}/A_w$，A_{sw} 为剪力墙墙体竖向分布钢筋面积，A_w 为剪力墙截面面积；

ξ_b——界限相对受压区高度；

α_1——受压区混凝土矩形应力图的应力与混凝土轴心抗压强度设计值的比值，混凝土

强度等级不超过C50时取1.0,混凝土强度等级为C80时取0.94,混凝土强度等级在C50和C80之间时可按线性内插法取值；

β_c——混凝土强度影响系数,当混凝土强度等级不大于C50时取1.0;当混凝土强度等级为C80时取0.8;当混凝土强度等级在C50和C80之间时可按线性内插取用；

ε_{cu}——混凝土极限压应变,应按现行国家标准《混凝土结构设计规范》(GB 50010)的有关规定采用。

和多层框架结构类似,当采用增大系数法近似计算剪力墙结构因侧移产生的二阶效应时(P-Δ 效应),可取 $M=M_{ns}+\eta_s M_s$。其中,M_{ns} 为不引起结构侧移荷载产生的一阶弹性分析剪力墙中的弯矩设计值;M_s 为引起结构侧移的荷载或作用所产生的一阶弹性分析剪力墙中弯矩设计值;η_s 为 P-Δ 效应增大系数,按式(5-41)计算。

$$\eta_s=\frac{1}{1-0.14\dfrac{H^2\sum G}{E_c I_d}} \tag{5-41}$$

式中　$\sum G$——各楼层重力荷载设计值之和；

$E_c I_d$——与所设计结构等效的竖向等截面悬臂受弯构件的弯曲刚度,可按该悬臂受弯构件与所设计结构在倒三角形分布水平荷载下顶点位移相等的原则计算,位移计算时宜对剪力墙肢的弹性抗弯刚度 $E_c I_w$ 乘以0.45的折减系数。

矩形截面偏心受拉剪力墙的正截面受拉承载力应满足:

$$N\leqslant\frac{1}{\dfrac{1}{N_{0u}}+\dfrac{e_0}{M_{wu}}} \tag{5-42}$$

N_{0u}和M_{wu}可分别按下列公式计算:

$$N_{0u}=2A_s f_y+A_{sw} f_{yw} \tag{5-43}$$

$$M_{wu}=A_s f_y(h_{w0}-a_s')+A_{sw} f_{yw}\frac{(h_{w0}-a_s')}{2} \tag{5-44}$$

式中,A_{sw}为剪力墙竖向分布钢筋的截面面积。其余符号意义同上。

3. 剪力墙墙肢的斜截面承载力计算

墙肢中的混凝土和水平钢筋共同抗剪。水平钢筋可阻止斜裂缝的开展,维持混凝土的有效抗剪面积,对改善剪切破坏的脆性性质有利。

偏心受压时,剪力墙墙肢斜截面受剪承载力的设计计算公式为

$$V\leqslant\frac{1}{\lambda-0.5}\left(0.5f_t b_w h_{w0}+0.13N\frac{A_{w,w}}{A_w}\right)+f_{yh}\frac{A_{sh}}{s_v}h_{w0} \tag{5-45}$$

式中　V——剪力设计值；

N——与 V 相应的轴向压力设计值,$N>0.2f_c b_w h_w$ 时,应取 $0.2f_c b_w h_w$；

A_w——剪力墙全截面面积；

$A_{w,w}$——T形或I形截面剪力墙腹板的面积,矩形截面时应取 A_w；

λ——计算截面的剪跨比,$\lambda=M/Vh_0$,M 为与 V 相应的弯矩设计值,当计算截面与墙底之间的距离小于 $h/2$ 时,λ 应按距墙底 $h/2$ 处的弯矩值和剪力值计算,λ 小于1.5时应取1.5,λ 大于2.2时应取2.2,计算截面与墙底之间的距离小于 $0.5h_{w0}$ 时,λ 应按距墙底 $0.5h_{w0}$ 处的弯矩值与剪力值计算；

s_v——剪力墙水平分布钢筋间距。

A_{sh}——配置在同一水平截面的水平分布钢筋的全部截面面积；

f_{yh}——水平分布钢筋的抗拉强度设计值；

f_t——混凝土抗拉强度设计值。

若 $V \leqslant \frac{1}{\lambda - 0.5}\left(0.5 f_t b_w h_{w0} + 0.13 N \frac{A_{w,w}}{A_w}\right)$时，可以不进行计算只按构造要求配置水平分布钢筋。偏心受拉时，剪力墙墙肢斜截面受剪承载力的设计公式为

$$V \leqslant \frac{1}{\lambda - 0.5}\left(0.5 f_t b_w h_{w0} - 0.13 N \frac{A_{w,w}}{A_w}\right) + f_{yh} \frac{A_{sh}}{s_v} h_{w0} \tag{5-46}$$

式中 N——与 V 相应的轴向拉力设计值；

λ——计算截面处的剪跨比，计算方法同式(5-45)中的 λ。

当式(5-46)右边的计算值小于 $f_{yh}\frac{A_{sh}}{s_v}h_{w0}$ 时，应取等于 $f_{yh}\frac{A_{sh}}{s_v}h_{w0}$。

剪力墙受剪截面的尺寸还应符合下列条件：

$$V \leqslant 0.25 \beta_c f_c b_w h_{w0} \tag{5-47}$$

4. 连系梁的承载力计算

剪力墙洞口连系梁正截面可按受弯构件正截面承载力进行计算。连梁的跨高比$\frac{l_0}{h} \geqslant 5$时，斜截面受剪承载力按框架梁设计；当连梁的跨高比$\frac{l_0}{h} < 5$ 时，其斜截面受剪承载力的设计公式为

$$V \leqslant 0.7 f_t b_b h_{b0} + f_{yv} \frac{A_{sv}}{s} h_{b0} \tag{5-48}$$

式中 A_{sv}——同一横截面内箍筋的总截面面积；

s——箍筋的间距；

b_b——连梁截面宽度；

l_0——连梁的计算跨度；

h_{b0}——连梁截面有效高度；

f_{yv}——箍筋的抗拉强度设计值。

连系梁的斜截面的尺寸应满足下列条件：

$$V \leqslant 0.25 \beta_c f_c b_b h_{b0} \tag{5-49}$$

式中，β_c 为混凝土强度影响系数，取值同前。

5. 剪力墙的构造要求

(1) 材料

钢筋混凝土剪力墙的混凝土强度等级不宜低于 C20。墙中的分布钢筋和箍筋一般采用 HPB300 级钢筋，其他钢筋可用 HRB335 或 HRB400 钢筋。

(2) 截面尺寸

钢筋混凝土剪力墙的厚度不宜小于 140mm，同时不宜小于楼层高度的 1/25，且应满足下列稳定验算要求：

$$b_w \geqslant \sqrt[3]{\frac{10 q l_0^2}{E_c}} \tag{5-50}$$

式中　q——作用于墙顶组合的等效竖向均布荷载设计值；

E_c——剪力墙混凝土的弹性模量；

b_w——剪力墙墙肢截面厚度；

l_0——剪力墙墙肢计算长度，$l_0=\beta_w h_i$；

β_w——墙肢计算长度系数，按表 5-13 确定；

h_i——墙肢所在楼层的层高。

（3）墙肢纵向受力钢筋

剪力墙墙肢两端应配置竖向受力钢筋，并与墙内的竖向分布钢筋共同用于墙的正截面承载力计算。每端的竖向受力钢筋不宜少于 4 根直径不小于 12mm 或配置两根直径不小于 16mm 的钢筋，并沿该竖向钢筋方向配置直径不小于 6mm，间距 250mm 的箍筋或拉结筋，形成暗柱。

表 5-13　　墙肢计算长度系数

部位	单片独立墙肢按两边支承板计算	T 形、L 形、槽形和 I 形剪力墙的翼缘	T 形剪力墙的腹板	槽形和 I 形剪力墙的腹板
β_w	1	$\beta_w=\dfrac{1}{\sqrt{1+\left(\dfrac{h}{2b_f}\right)^2}}$ β_w 小于 0.25 时取 0.25； b_f 取下图中的大值	$\beta_w=\dfrac{1}{\sqrt{1+\left(\dfrac{h_i}{2h_{w,w}}\right)^2}}$	$\beta_w=\dfrac{1}{\sqrt{1+\left(\dfrac{3h_i}{2h_{w,w}}\right)^2}}$
图例	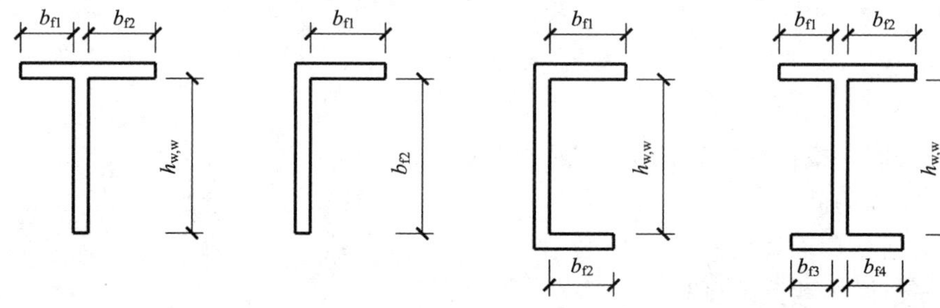			

（4）分布钢筋

钢筋混凝土剪力墙的水平或竖向分布钢筋的配筋率 ρ_{sh} 和 ρ_{sv}（$\rho_{sh}=\dfrac{A_{sh}}{bs_v}$，$\rho_{sv}=\dfrac{A_{sv}}{bs_h}$，$s_h$，$s_v$ 分别为竖向和水平分布钢筋的间距）不应小于 0.2%。重要部位的剪力墙，其水平和竖向分布钢筋的配筋宜适当提高。剪力墙中温度、收缩应力较大的部位，水平分布钢筋的配筋率宜适当提高。水平和竖向分布钢筋的直径不应小于 8mm，间距不应大于 300mm。

承受垂直于墙面的荷载的墙（如地下室）以及厚度大于 160mm 的重要部位的剪力墙应配置双排分布钢筋网。对于厚度小于 160mm 的剪力墙，最好也能配置双排分布钢筋网。双排分布钢筋网应沿墙的两个侧面布置，且应采用拉筋连系；拉筋直径不应小于 6mm，间距不应大于 600mm。对于重要部位的剪力墙，宜适当增加拉筋的数量。

当剪力墙端部无翼墙时，墙内的水平分布钢筋应伸到端部并向内弯折 15d 后截断，其中 d 为水平分布钢筋直径（图 5-39(a)）。

当墙较厚度较小时，亦可采用在墙端附近搭接的做法，搭接长度取 1.2l_a，其中 l_a 为受拉钢筋的锚固长度(图 5-39(b))。

当端部设有翼墙时,水平分布钢筋这应伸至翼墙外边并向两侧水平弯折,弯折后的长度取为 15d(图 5-39(c));对底部加强区的剪力墙,伸入翼墙的钢筋弯折前投影长度尚不宜小于 0.4l_{ab}。其中 l_{ab}为受拉钢筋的基本锚固长度。

在房屋角部,沿剪力墙外侧的水平分布钢筋宜沿外墙边连续弯入翼墙内(图 5-40(a))。当需要在纵横墙转角处设置搭接接头时,沿外墙的水平分布钢筋的总搭接长度不应小于1.3l_{ab}(图 5-40(b))。沿墙内边的水平分布钢筋的锚固要求与图 5-39 所示墙体 T 形水平接头处相同。

带边框的现浇剪力墙,水平和竖向分布钢筋应分别贯穿柱、梁或可靠地锚固在柱、梁内。

剪力墙每根水平分布钢筋的搭接接头与同排另一根水平分布钢筋的搭接接头以及上、下相邻的水平分布钢筋搭接接头之间的沿钢筋方向的净间距不宜小于 500mm;搭接长度不应小于 1.2l_a。

剪力墙竖向分布钢筋可在同一高度搭接,搭接长度不应小于 1.2l_a。

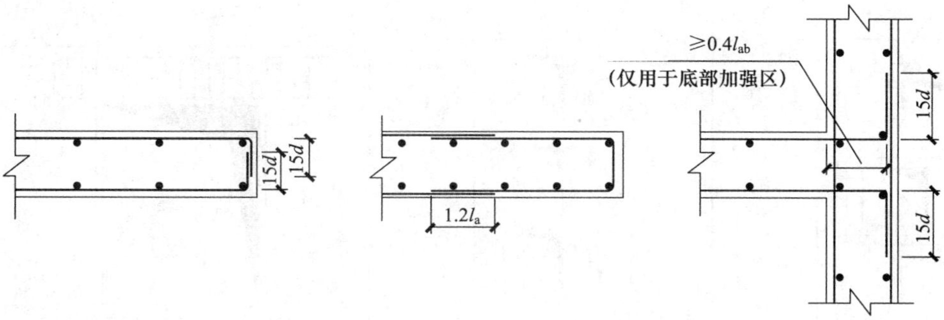

图 5-39　剪力墙端部水平分布筋的锚固

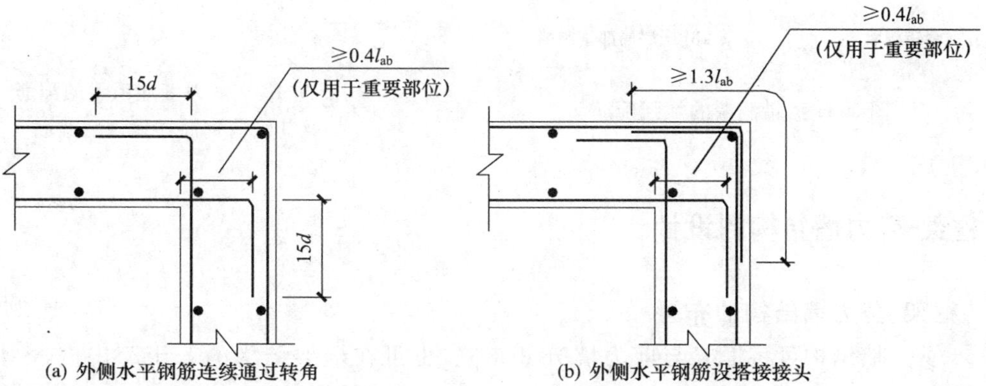

图 5-40　剪力墙转角处水平分布钢筋的配筋构造

(5) 剪力墙洞口的处理和连系梁的构造

在剪力墙的洞口周边,当不需要按剪力墙正截面承载力计算配置竖向钢筋或按剪力墙连系梁正截面承载力计算配置水平钢筋时,应在洞口每侧分别设置两根面积不小于 0.6A_{sv}和 0.6A_{sh}的竖向和水平构造钢筋,其中 A_{sv}和 A_{sh}分别为被洞口切断的竖向和水平分布钢筋的总截面面积。该钢筋直径不宜小于 12mm,自洞口伸入墙内的长度不小于受拉钢筋的锚固长度。

剪力墙中的门窗洞口宜上下对齐,洞口之间的连系梁除应满足正截面抗弯承载力及斜截面受剪承载力要求外，尚应满足剪力墙水平荷载的刚度要求。

剪力墙中不宜设置叠合错洞。当不得不采用叠合错洞时，应在洞周边增设暗框架钢筋骨架(图 5-41(a))。

当剪力墙底层设有局部错洞时，应在一、二层洞口两侧形成上、下连续的暗柱，并在一层洞口上部增设暗梁(图 5-41(b))。

剪力墙连系梁上、下纵向钢筋两端应伸入墙内，其锚固长度不应小于受拉钢筋锚固长度 l_a。连系梁应沿全梁配置箍筋，箍筋间距不应大于 150mm，直径不应小于 6mm(图 5-42)。

在顶层连系梁纵向钢筋伸入墙内的锚固长度范围内，应设置间距不大于 150mm 的箍筋，箍筋直径与该连系梁跨内箍筋直径相同。同时，门窗洞边竖向钢筋应妥善锚固在顶层连系梁高度范围内，其锚固方式和锚固长度和框架中间层端节点的梁上部钢筋锚固方式及锚固长度相同。

有关框支剪力墙的设计方法以及剪力墙的抗震设计和抗震构造要求方面的内容可参考相关的书籍和教材，不再作介绍。

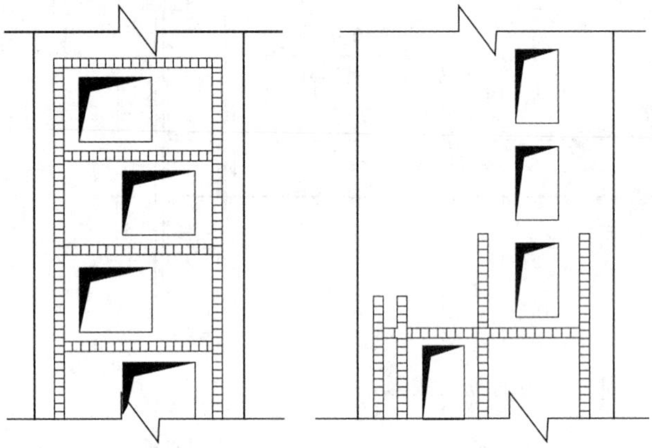

(a) 叠合错洞墙　　(b) 底层局部错洞墙

图 5-41　错洞墙的加强配筋

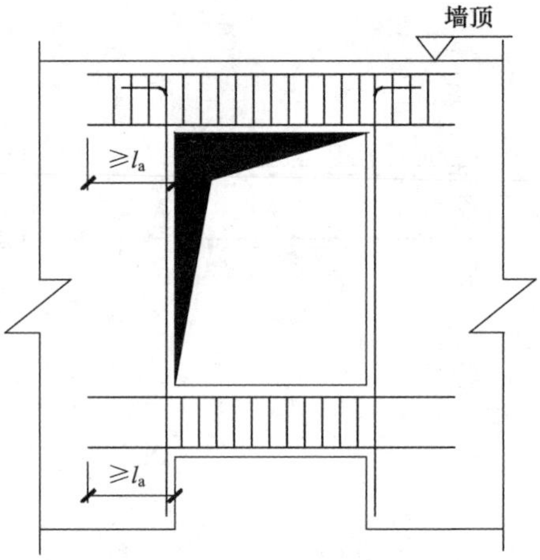

图 5-42　剪力墙连系梁的配筋及其纵向钢筋在墙内的锚固

5.7　框架-剪力墙结构的设计

5.7.1　框架-剪力墙结构的布置

框架-剪力墙结构可将框架与剪力墙分开布置，也可在框架结构的若干跨内嵌入剪力墙(带边框剪力墙)，或在单片抗侧力结构内连续分别布置框架和剪力墙，或采用上述两种或三种形式的混合。框架-剪力墙结构应设计成双向抗侧力体系，抗震设计时，结构两主轴方向均应布置剪力墙。框架-剪力墙结构中，主体结构构件之间除个别节点外不应采用铰接；梁与柱或柱与剪力墙的中线宜重合。

框架-剪力墙结构中剪力墙宜均匀布置在建筑物的周边附近、楼梯间、电梯间、平面形状变化及恒载较大的部位，剪力墙间距不宜过大；平面形状凹凸较大时，宜在凸出部分的端部附近布置剪力墙。纵、横剪力墙宜组成 L 形、T 形和[形等形式。单片剪力墙底部承担的水平剪力不应超过结构底部总水平剪力的 30%。剪力墙宜贯通建筑物的全高，宜避免刚度突变；剪力墙开洞时，洞口宜上下对齐。楼、电梯间等竖井宜尽量与靠近的剪力墙结合布置。抗震设计时，剪力墙的布置宜使结构各主轴方向的侧向刚度接近。

长矩形平面或平面有一部分较长的建筑中，其纵向剪力墙不宜集中布置在房屋的两尽端，横向剪力墙沿长方向的间距宜满足表 5-14 的要求，且当这些剪力墙之间的楼盖有较大开洞时，剪力墙的间距应适当减小。

表 5-14 **剪力墙间距** m

楼盖形式	非抗震设计（取较小值）	抗震设防烈度		
		6 度、7 度（取较小值）	8 度（取较小值）	9 度（取较小值）
现　浇	5.0B,60	4.0B,50	3.0B,40	2.0B,30
装配整体	3.5B,50	3.0B,40	2.5B,30	—

注：(1) 表中 B 为剪力墙之间的楼盖宽度，单位为 m；
(2) 装配整体式楼盖的现浇层厚度不应小于 50mm，并应双向配置直径不小于 6mm、间距不大于 200mm 的钢筋网，钢筋应锚固在梁或剪力墙内；
(3) 现浇层厚度大于 60mm 的叠合楼板可作为现浇板考虑；
(4) 当房屋端部未布置剪力墙时，第一片剪力墙与房屋端部的距离，不宜大于上表中剪力墙间距的 1/2。

5.7.2 框架-剪力墙结构的受力分析

1. 基本思路

框架-剪力墙结构是由框架和剪力墙这两类不同变形特征的抗侧力结构组成，框架以剪切型变形为主，而剪力墙则以弯曲变形为主。通过楼面结构，将两者联系在一起，共同承受竖向荷载和侧向力。

在竖向荷载作用下，可按各自受荷面积算出各榀框架、各榀剪力墙所承受的荷载，然后分别计算各自的内力。

在侧向力作用下，因框架和剪力墙的变形性质的不同，不宜将楼层剪力简单地按某一比例在框架与剪力墙之间分配。现虽常用三维空间法借电脑计算，但对大多数较规则的框架剪力墙结构，用近似的手算方法，也可得出较满意的结果。为此，作如下假定：(1) 楼面结构在其自身平面内的抗弯刚度为无限大。为保证这一假定符合实际情况，对横向剪力墙的间距要有一定要求，例如，抗震设防烈度为 7 度区内，横向剪力墙间距不大于 4 倍楼面的宽度。(2) 侧向力通过房屋的侧向刚度中心。这样，房屋在侧向力作用下，将只发生平移而不产生扭转。

在这两个基本假定的前提下，同一楼层标高处的框架、剪力墙的侧移量均相同。若房屋有扭转，那也可先作平移协同工作下的计算，然后再计及扭转的影响进行修正。

由于同一楼层标高处的框架、剪力墙的侧移量均相同，因此可将该同一区段内的所有框架和所有剪力墙各自综合在一起，分别合并成总框架和总剪力墙。然后，根据它们侧移相等的这一变形协调条件，将侧向力在总框架和总剪力墙之间进行分配。进而可求出总框架和总剪力墙的内力及其侧移。柱子的水平剪力，按各根柱子的侧向刚度 D 值进行再分配；剪力墙的内力，按各榀剪力墙的等效侧向刚度 $E_c I_{eq}$ 进行再分配。最终就得到了截面设计所需的内力。

考虑平面抗侧力结构(框架结构和剪力墙结构)空间协同工作时，计算简图有铰接和刚接两种形式，下面分别予以介绍。

2. 铰接体系在水平荷载下的计算分析

墙肢与墙肢之间没有连梁或墙肢之间的连梁截面高度小，使连梁对墙肢的约束作用很小

(例如剪力墙的整体性系数 $\alpha_w<1.0$,),以及当墙肢与框架之间没有连梁相连时,则总框架和总剪力之间仅靠楼面协同工作。此时,可采用铰接体系计算简图。以图 5-43 中横向抗侧力结构为例,7 榀框架可合并成一个总框架,2 榀剪力墙合并成一个总剪力墙。由于楼板在其平面外的抗弯刚度很小而一般常被略去不计,因此,楼板在这结构体系中,不对框架和剪力墙产生约束作用,可以简化成铰接的连杆(图 5-43(b))。

总剪力墙的抗弯刚度 E_cI_W 是每片墙抗弯刚度的总和,即 $E_cI_W=\sum E_cI_{eq}$。E_cI_{eq} 为每片墙的等效抗弯刚度,可按本章第六节中的相关内容进行计算。

总框架是所有梁、柱单元的总和,总框架的抗剪刚度是所有框架柱抗剪刚度的总和。总框架的抗剪刚度(或简称框架的刚度)定义为:产生单位层间变形所需的剪力 C_F(图 5-44(a))。C_F 值可以由框架的 D 值求出。由图 5-44 得:

$$C_F=h_i\sum D_{ij} \tag{5-51}$$

式中 $\sum D_{ij}$——第 i 层中总框架所有柱的 D 值之和;

h_i——第 i 层的层高。

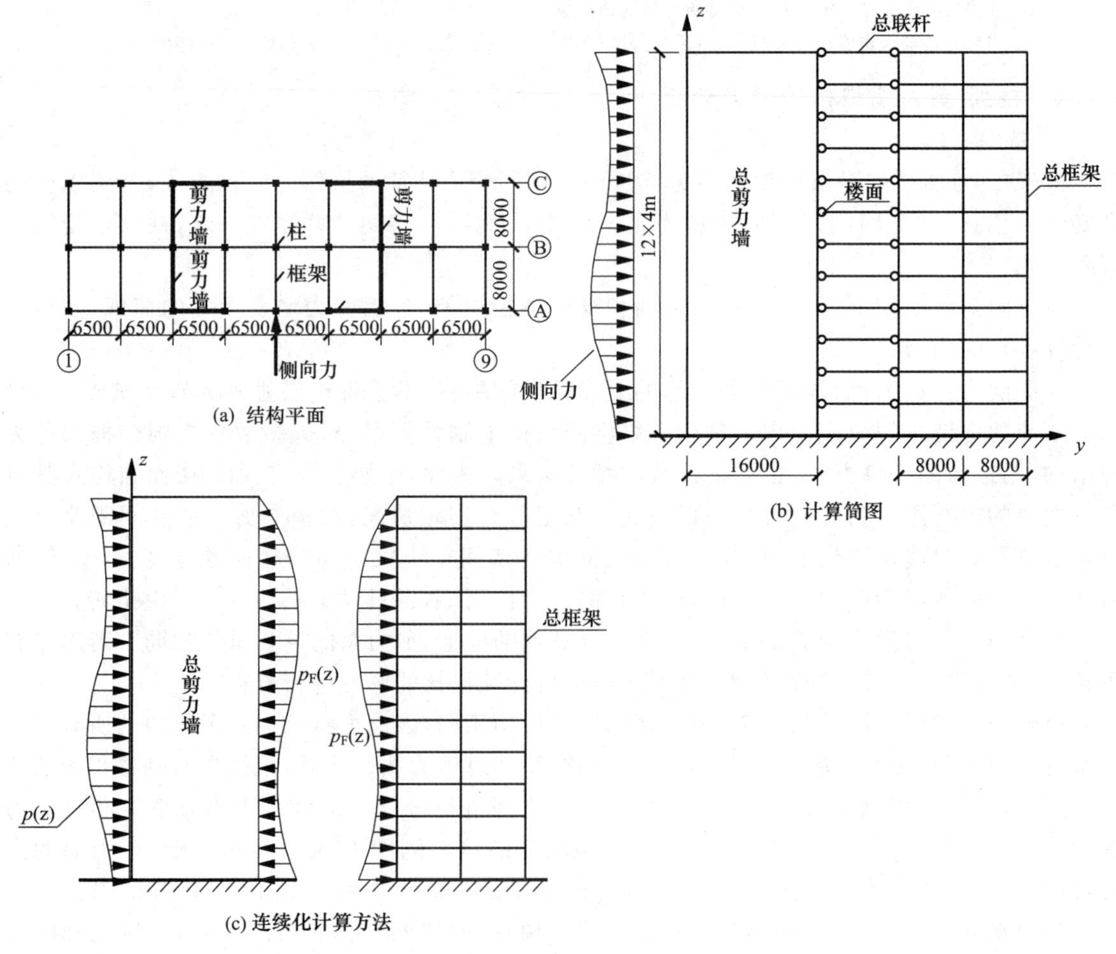

图 5-43　铰接体系时的框架-剪力墙结构

定义了刚度值后,便可进行结构分析。为了计算图 5-43(b)中侧向荷载在框架与剪力墙

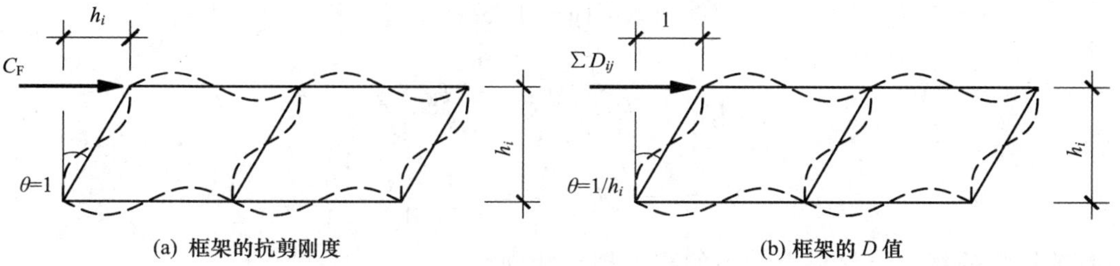

图 5-44 框架的抗剪刚度

之间的分配，仍可采用连续化的方法，即将刚性连杆沿高度方向连续化、切断，并代之以等代的分布力 $p_F(z)$，如图 5-43(c)所示。脱离以后的综合剪力墙可看成悬臂杆，受侧向分布荷载 $(p(z)-p_F(z))$ 的作用。由材料力学知识可得到：

$$\begin{cases} M_W=E_cI_W\dfrac{d^2y}{dz^2} \\ V_W=-E_cI_W\dfrac{d^3y}{dz^3} \\ p_W=p(z)-p_F(z)=E_cI_W\dfrac{d^4y}{dz^4} \end{cases} \tag{5-52}$$

对于综合框架，当变形为 $\theta(\theta=\dfrac{dy}{dz})$时，框架所受的剪力为：

$$V_F=C_F\theta=C_F\frac{dy}{dz} \tag{5-53}$$

对 z 微分一次，有

$$\frac{dV_F}{dz}=C_F\frac{d^2y}{dz^2} \tag{5-54}$$

因为$\dfrac{dV_F}{dz}=-p_F(z)$，将式(5-54)代入式(5-52)中的第 3 式得，

$$E_cI_W\frac{d^4y}{dz^4}-C_F\frac{d^2y}{dz^2}=p(z) \tag{5-55}$$

令 $\lambda_D^2=\dfrac{C_FH^2}{E_cI_W}$，$\xi=\dfrac{z}{H}$，$\xi$ 为相对坐标，H 为房屋总高，并以 u 代替 y，则上式可写成：

$$\frac{d^4u}{d\xi^4}-\lambda_D^2\frac{d^2u}{d\xi^2}=\frac{p(\xi)H^4}{E_cI_W} \tag{5-56}$$

上式即为框架-剪力墙结构铰接体系的基本微分方程。式中 $\lambda_D=H\sqrt{\dfrac{C_F}{E_cI_W}}$是一个无量纲的量，称为结构刚度特征值。$\lambda_D$ 是反映综合框架和综合剪力墙之间的刚度比值的一个参数，是影响框架-剪力墙结构受力和变形的主要参数。

式(5-56)为四阶常系数线性微分方程，其一般解为：

$$u=A\text{sh}\lambda_D\xi+B\text{ch}\lambda_D\xi+C_1+C_2\xi+u_1 \tag{5-57}$$

式中，u_1 是特解，由荷载形式确定；A,B,C_1,C_2 是四个积分常数，由综合剪力墙的边界条件确定。

求得侧移量 u 的表达式后，综合剪力墙上任一截面的转角 θ、弯矩 M_W、剪力 V_W 的表达式可由下列关系得到

$$\theta=\frac{\mathrm{d}y}{\mathrm{d}z}=\frac{1}{H}\frac{\mathrm{d}u}{\mathrm{d}\xi} \tag{5-58}$$

$$M_{\mathrm{W}}=-E_{\mathrm{c}}I_{\mathrm{W}}\frac{\mathrm{d}^2u}{\mathrm{d}z^2}=\frac{E_{\mathrm{c}}I_{\mathrm{W}}}{H^2}\frac{\mathrm{d}^2u}{\mathrm{d}\xi^2} \tag{5-59}$$

$$V_{\mathrm{W}}=-E_{\mathrm{c}}I_{\mathrm{W}}\frac{\mathrm{d}^3u}{\mathrm{d}z^3}=\frac{E_{\mathrm{c}}I_{\mathrm{W}}}{H^3}\frac{\mathrm{d}^3u}{\mathrm{d}\xi^3} \tag{5-60}$$

式中有关符号的规定与材料力学中的相关规定相同。

下面以均布荷载作用为例，给出框架-剪力墙结构内力与位移的计算公式。

在均布荷载 $p(\xi)=q$ 作用下，侧移 u 的一般解为

$$u=A\mathrm{sh}\lambda_{\mathrm{D}}\xi+B\mathrm{ch}\lambda_{\mathrm{D}}\xi+C_1+C_2\xi-\frac{qH^2}{2C_{\mathrm{F}}}\xi^2 \tag{5-61}$$

确定四个常数的边界条件为：当 $\xi=1$ 时，房屋顶点处的剪力值应为零，即 $V_{\mathrm{W}}+V_{\mathrm{F}}=0$；当 $\xi=0$ 时，房屋底部处的转角应为零，即：$\frac{\mathrm{d}u}{\mathrm{d}\xi}=0$；当 $\xi=1$ 时，综合剪力墙的弯矩应为零，即 $M_{\mathrm{W}}=0$，因而 $\frac{\mathrm{d}^2u}{\mathrm{d}\xi^2}=0$；当 $\xi=0$ 时，房屋底部处水平位移应为零，即 $u=0$。

利用上面四个边界条件，可解得四个积分常数 A,B,C_1,C_2 再代入式(5-61)，并整理，得：

$$\left.\begin{aligned}
&\text{总剪力墙的位移}\ u(\xi)=\frac{qH^2}{C_{\mathrm{F}}\lambda_{\mathrm{D}}^2}\left[\left(\frac{1+\lambda_{\mathrm{D}}\mathrm{sh}\lambda_{\mathrm{D}}}{\mathrm{ch}\lambda_{\mathrm{D}}}\right)(\mathrm{ch}\lambda_{\mathrm{D}}\xi-1)-\lambda_{\mathrm{D}}\mathrm{sh}\lambda_{\mathrm{D}}\xi+\lambda_{\mathrm{D}}^2\xi\left(1-\frac{\xi}{2}\right)\right]\\
&\text{总剪力墙的弯矩}\ M_{\mathrm{W}}(\xi)=\frac{qH^2}{\lambda_{\mathrm{D}}^2}\left[\left(\frac{1+\lambda_{\mathrm{D}}\mathrm{sh}\lambda_{\mathrm{D}}}{\mathrm{ch}\lambda_{\mathrm{D}}}\right)\mathrm{ch}\lambda_{\mathrm{D}}\xi-\lambda_{\mathrm{D}}\mathrm{sh}\lambda_{\mathrm{D}}\xi-1\right]\\
&\text{总剪力墙的剪力}\ V_{\mathrm{W}}(\xi)=\frac{qH}{\lambda_{\mathrm{D}}}\left[\lambda_{\mathrm{D}}\mathrm{ch}\lambda_{\mathrm{D}}\xi-\left(\frac{1+\lambda_{\mathrm{D}}\mathrm{sh}\lambda_{\mathrm{D}}}{\mathrm{ch}\lambda_{\mathrm{D}}}\right)\mathrm{sh}\lambda_{\mathrm{D}}\xi\right]\\
&\text{总框架的剪力}\quad V_{\mathrm{F}}(\xi)=V_{\mathrm{p}}(\xi)-V_{\mathrm{w}}(\xi)=\frac{C_{\mathrm{F}}}{H}\frac{\mathrm{d}u}{\mathrm{d}\xi}=qH\left[\left(\frac{\lambda_{\mathrm{D}}\mathrm{sh}\lambda_{\mathrm{D}}+1}{\mathrm{ch}\lambda_{\mathrm{D}}}\right)\frac{1}{\lambda_{\mathrm{D}}}\mathrm{sh}\lambda_{\mathrm{D}}\xi-\mathrm{ch}\lambda_{\mathrm{D}}\xi+(1-\xi)\right]
\end{aligned}\right\} \tag{5-62}$$

式中 λ_{D}——框架-剪力墙结构的刚度特征值；

H——框架-剪力墙结构的高度；

$V_{\mathrm{P}}(\xi)$——外荷载对框架-剪力墙结构所产生的总剪力。

对倒三角形荷载作用下及顶端集中荷载作用下的框架-剪力墙结构可以作类似的分析。现对总剪力墙的侧移 $u(\xi)$、弯矩 $M_{\mathrm{W}}(\xi)$、剪力 $V_{\mathrm{W}}(\xi)$，以 λ_{D} 及 ξ 为自变量，绘出在均布荷载、倒三角形荷载和顶端集中荷载作用下的相应曲线值，如图 5-45—图 5-47 所示。为使用方便，图中的值分别为$\frac{u(\xi)}{u_{\max}}$，$\frac{M_{\mathrm{W}}(\xi)}{M_0}$及$\frac{V_{\mathrm{W}}(\xi)}{V_0}$的相对值。这里的 $u_{\max}$，M_0 及 V_0，分别为总剪力墙顶端的侧移值、基底弯矩及基底剪力。例如在均布荷载时，$u_{\max}=\frac{qH^4}{8E_{\mathrm{c}}I_{\mathrm{w}}}$；$M_0=\frac{1}{2}qH^2$ 及 $V_0=qH$。总框架的内力可根据外荷载与剪力墙所受内力之差求得。

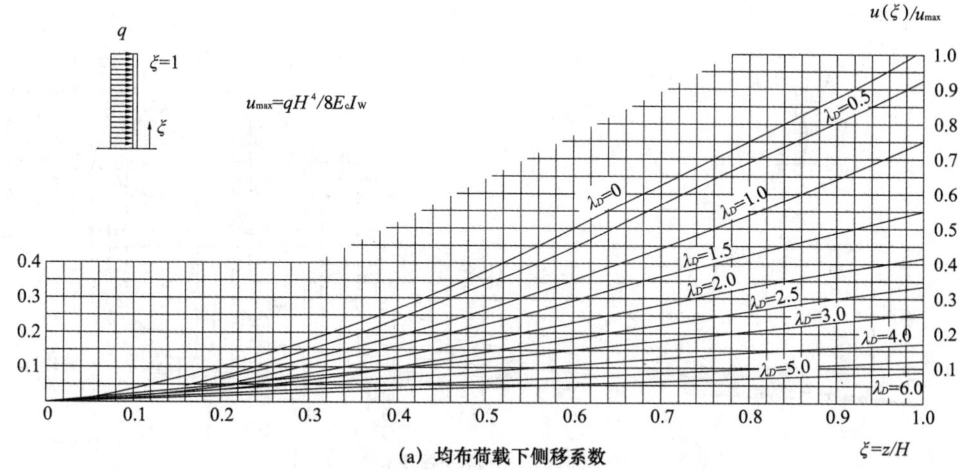

(a) 均布荷载下侧移系数

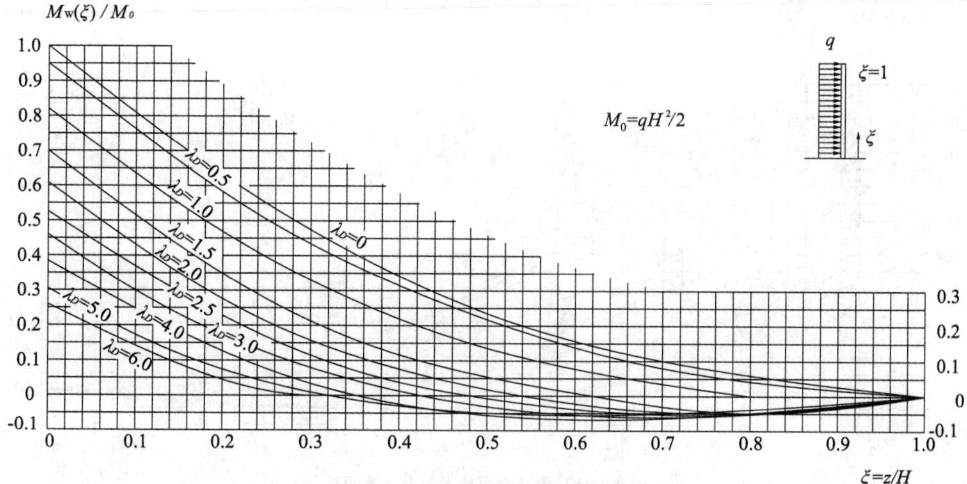

(b) 均布荷载下剪力墙弯矩系数

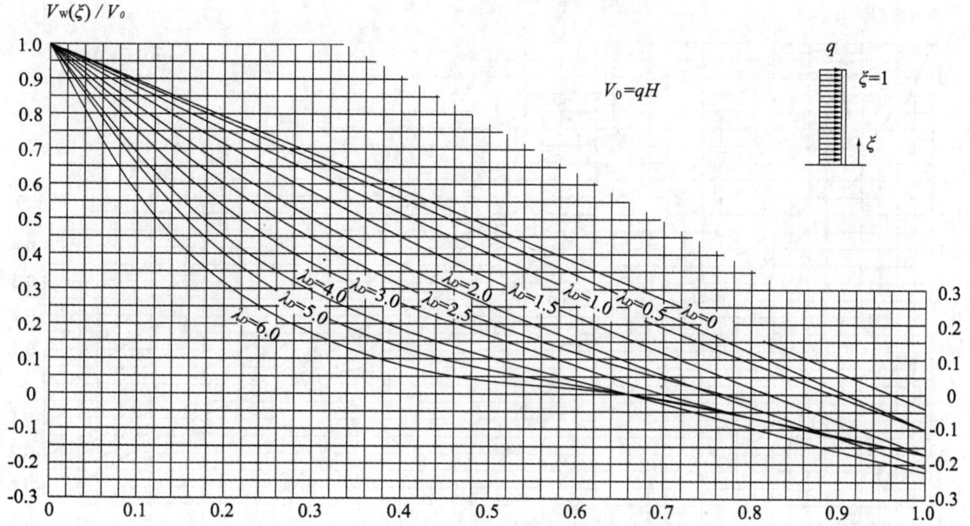

(c) 均布荷载下剪力墙剪力系数

图 5-45　均布荷载下的内力与侧移系数

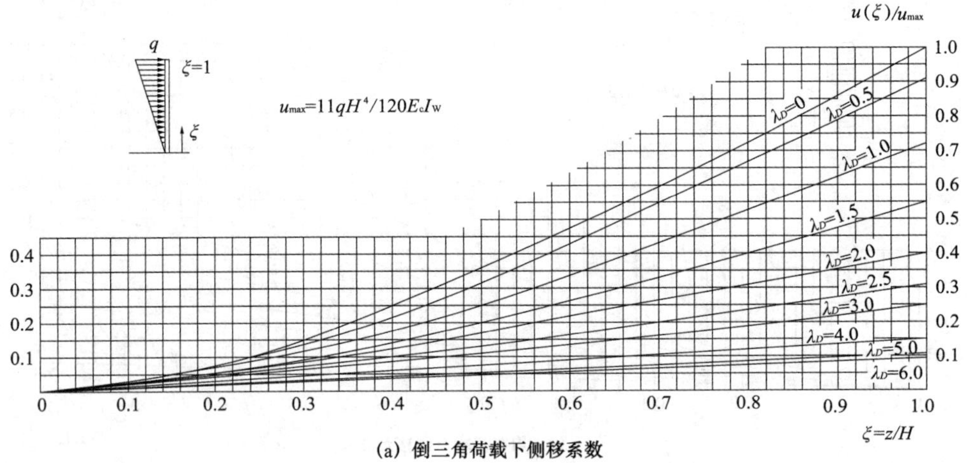

(a) 倒三角荷载下侧移系数

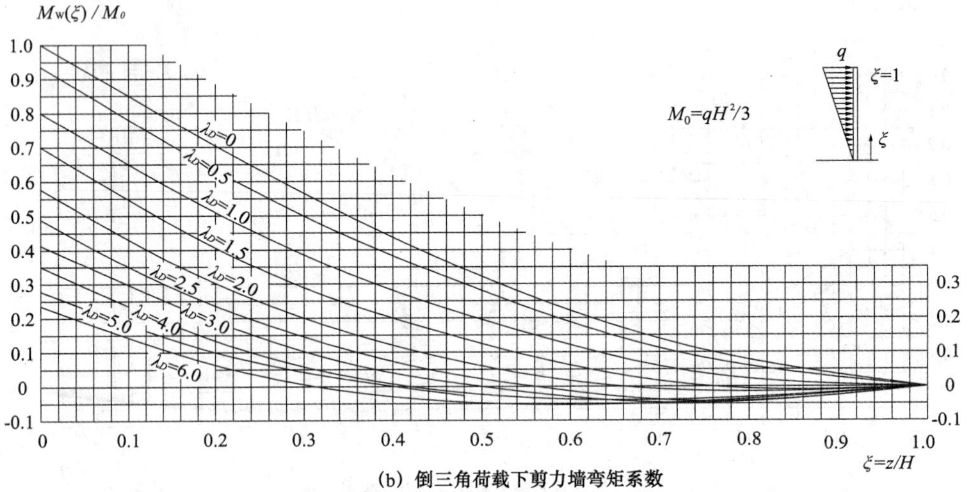

(b) 倒三角荷载下剪力墙弯矩系数

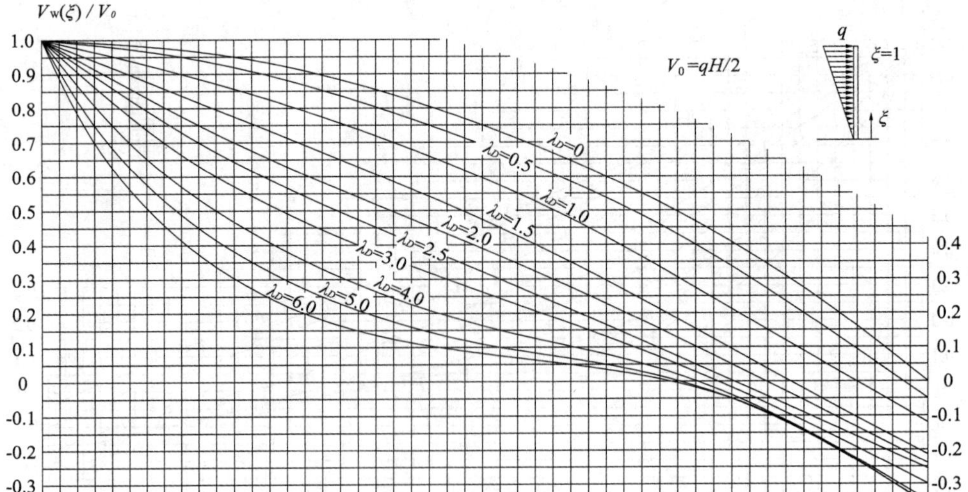

(c) 倒三角荷载下剪力墙剪力系数

图 5-46　倒三角荷载下的内力与侧移系数

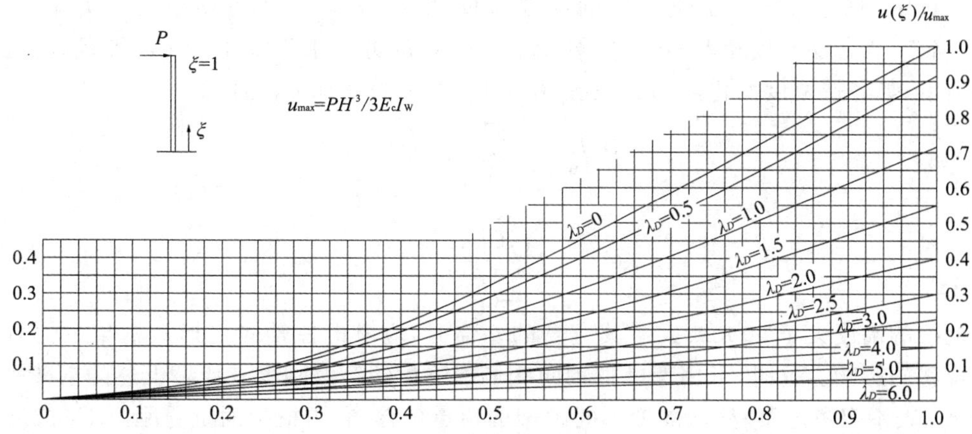

(a) 集中荷载下侧移系数

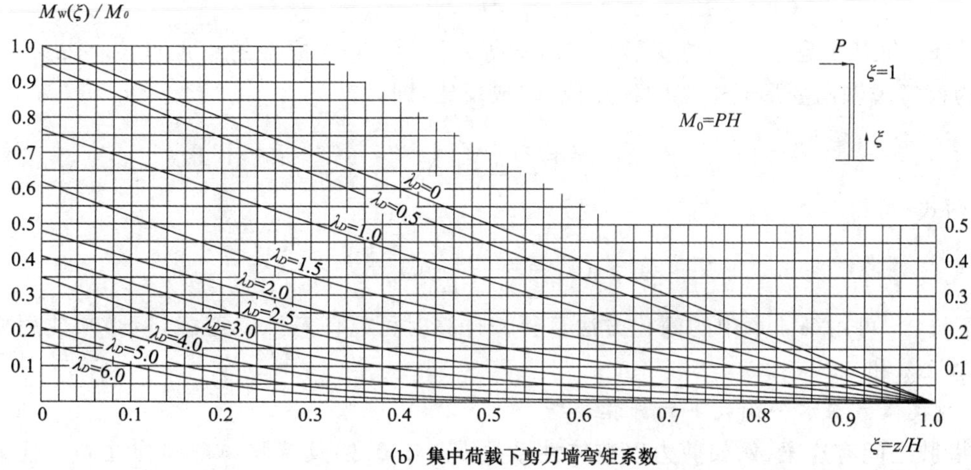

(b) 集中荷载下剪力墙弯矩系数

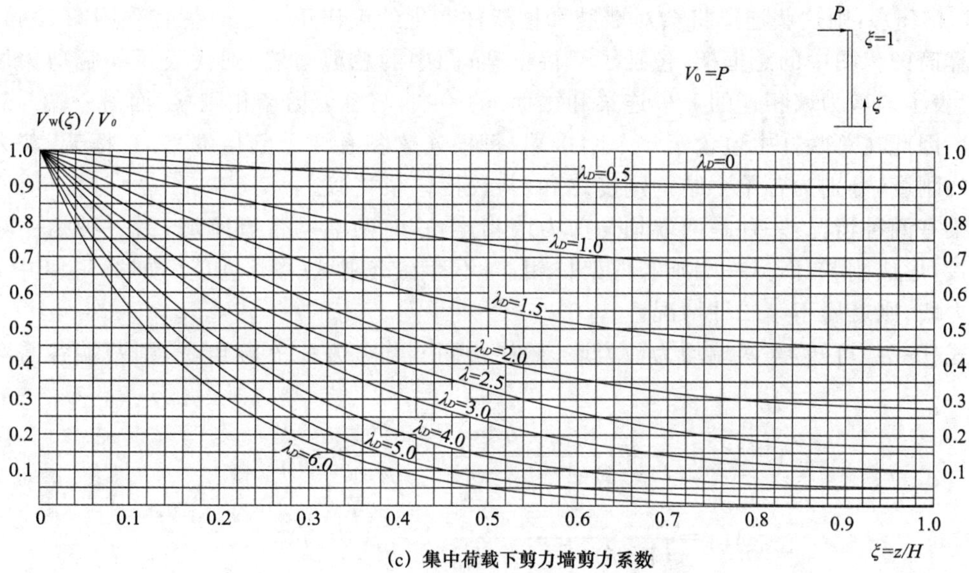

(c) 集中荷载下剪力墙剪力系数

图 5-47 集中荷载下的内力与侧移系数

在计算中，假定总框架、总剪力墙的各层的 C_F 值和 E_cI_W 值均是不变的。实际工程中并非层层一致。当各层刚度相差不大时，可用加权平均的方法求得其平均 C_F 和 E_cI_W 值，如式(5-63)所示；如各层刚度变化大，则本法并不适用，需另找其他方法计算。

$$\left.\begin{aligned} E_cI_W &= \frac{\sum E_cI_{Wi}h_i}{\sum h_i} \\ C_F &= \frac{\sum C_{Fi}h_i}{\sum h_i} \end{aligned}\right\} \tag{5-63}$$

当框架的高度大于 50m 或大于其宽度的 4 倍时，应考虑柱轴向变形对框架-剪力墙体系内力和位移的影响。这时，可用考虑柱轴向变形影响后的等效刚度来代替上述的框架刚度。

令 Δ_M 表示仅考虑梁、柱弯曲变形时框架的顶点位移，它与框架的抗剪刚度 C_F 成反比，即

$$\Delta_M \propto \frac{1}{C_F} \quad 或 \quad C_F \propto \frac{1}{\Delta_M} \tag{5-64}$$

类似地，框架考虑了柱轴向变形影响后的等效刚度 C_{F0} 与框架的总顶点位移 $\Delta_M+\Delta_N$（其中 Δ_N 为仅考虑轴向变形时框架的顶点位移）成反比，即

$$C_{F0} \propto \frac{1}{\Delta_M+\Delta_N} \tag{5-65}$$

由以上两式，可得

$$C_{F0} = \frac{\Delta_M}{\Delta_M+\Delta_N}C_F \tag{5-66}$$

Δ_M 和 Δ_N 可用第 4 章中的简化方法算得。计算时可以任意给定荷载，但必须使用相同的荷载计算 Δ_M 和 Δ_N。

3. 刚接体系在水平荷载下的计算分析

当墙肢之间有连梁（例如剪力墙整体性系数 $\alpha_w \geqslant 1.0$）以及墙肢与框架柱之间有连梁相连时（图 5-48(a)），则这些连梁将会对墙肢和框架柱产生约束作用。这时就宜采用图 5-44(b)所示的计算简图。图中的总框架，包括了 7 榀框架；图中的总剪力墙，则代表了 4 榀剪力墙。总联杆（代表了与剪力墙相连的 2 根连梁和楼面）的一端，与总剪力墙相刚接，而另一端与总框架相铰接。因此在总联杆中包含了 4 个刚接端（每根连梁各有 2 个刚接端）。总框架、剪力墙和总联杆的刚度，分别为各单个结构刚度之和，与铰接体系类似。

连梁有两种情况：一种是两端均与剪力墙相连，这时两端均带有刚域；另一种是一端与剪力墙相接，形成刚域，而另一端则与框架柱相连，不存在有刚域（图 5-49）。如图 5-48 中 AB 轴间无剪力墙，则就属于第二种情况。

由式(5-24)可知，当两端均为剪力墙，欲使梁两端均各发生 θ 转角时，则两端各需弯矩分别为

$$\left.\begin{aligned} M_{12} &= \frac{1+a_l-b_l}{(1+\beta)(1-a_l-b_l)^3} \times \frac{6E_cI}{l}\theta = m_{12}\theta \\ M_{21} &= \frac{1-a_l+b_l}{(1+\beta)(1-a_l-b_l)^3} \times \frac{6E_cI}{l}\theta = m_{21}\theta \end{aligned}\right\} \tag{5-67}$$

式中，$\beta = \dfrac{12\mu E_cI}{GA(l')^2}$。

当一端为剪力墙，欲使梁两端发生 θ 转角时，则所需的杆端弯矩为（令 $b_l=0$）

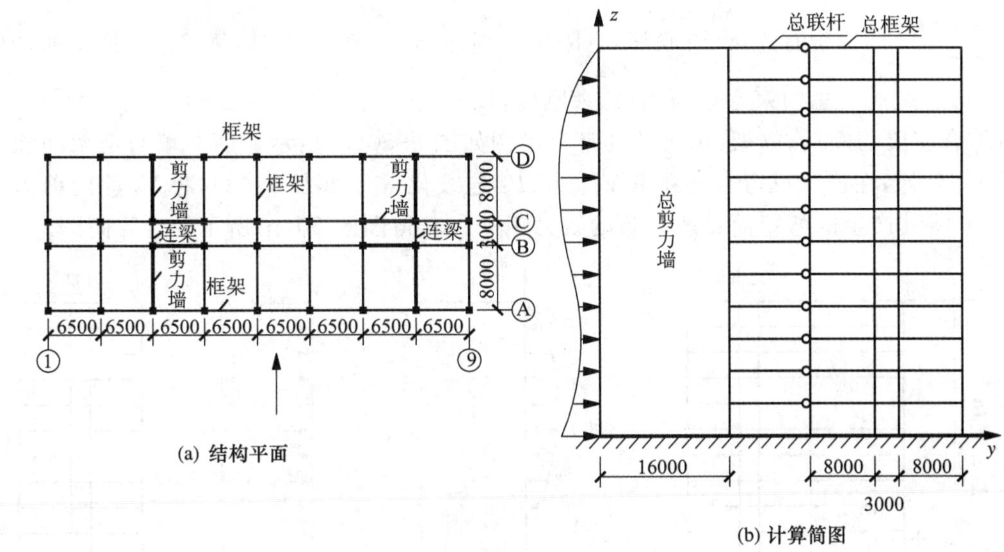

图 5-48 刚接体系的框架-剪力墙结构

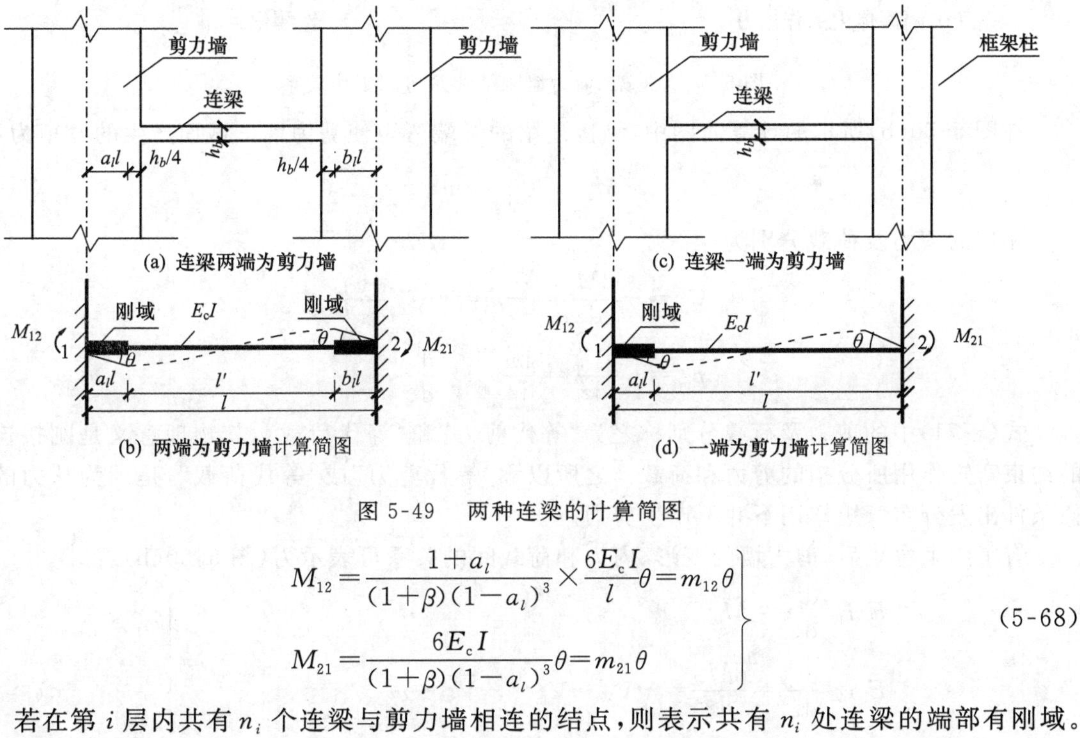

图 5-49 两种连梁的计算简图

$$\left.\begin{aligned}M_{12}&=\frac{1+a_l}{(1+\beta)(1-a_l)^3}\times\frac{6E_cI}{l}\theta=m_{12}\theta\\M_{21}&=\frac{6E_cI}{(1+\beta)(1-a_l)^3}\theta=m_{21}\theta\end{aligned}\right\}\tag{5-68}$$

若在第 i 层内共有 n_i 个连梁与剪力墙相连的结点，则表示共有 n_i 处连梁的端部有刚域。如果将连梁两端均有刚域时，杆端转动单位转角所需的约束弯矩 m_{12} 和 m_{21}，以及仅一端有刚域时的约束弯矩 m_{12}，统以弯矩 m_{ab} 表示并使连续化，且杆端转动 θ_i 角，该层总联杆(总连梁)单位高度上的约束弯矩为

$$m_i=\sum_{j=1}^{n_i}\frac{m_{abj}}{h_i}\theta_i\tag{5-69}$$

式中 m_{abj}——第 j 个结点处，杆端转动单位转角 $\theta=1$ 时所需的约束弯矩；

h_i——第 i 层的层高；

$\sum_{j=1}^{n_i}\frac{m_{abj}}{h_i}$——所有连梁(总联杆)有刚域的端部,当转角 $\theta=1$ 时,每单位高度上所产生的总约束弯矩,称总约束刚度,以 C_b 记之。

将综合连梁切断后,框架-剪力墙的计算简图如图 5-50(a)所示。剪力墙与框架间除有集中水平力 P_{Fi} 外,在连梁反弯点处还有 V_i。将 P_{Fi} 连续化得分布力 $p_F(z)$,将 V_i 移向剪力墙的轴线上,并将其产生的弯矩简化成分布的线力矩 $m(z)$,得图 5-50(b)所示的计算简图。

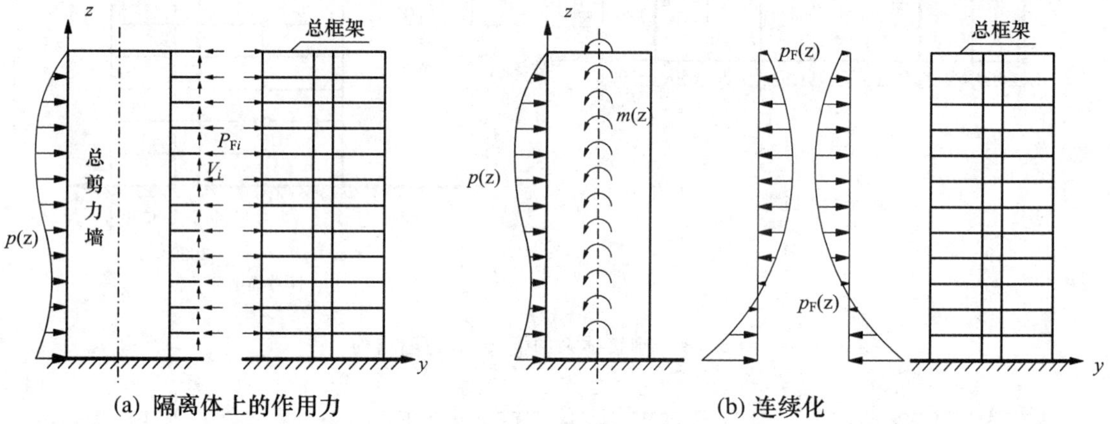

图 5-50 框架-剪力墙刚结体系协同工作关系

在图 5-50(b)所示的计算简图中,刚接连梁的梁端弯矩使剪力墙 z 截面产生的弯矩为:

$$M_m=-\int_z^H m\,dz \tag{5-70}$$

相应的剪力及荷载分别为:

$$\left.\begin{aligned} V_m&=-\frac{dM_m}{dz}=-m=-C_b\frac{dy}{dz}\\ p_m&=-\frac{dV_m}{dz}=\frac{dm}{dz}=C_b\frac{d^2y}{dz^2}\end{aligned}\right\} \tag{5-71}$$

式(5-71)中的剪力及荷载分别称之为“等代剪力”和“等代荷载”,其物理意义是刚接连梁的约束弯矩作用所分担的剪力和荷载。之所以称“等代剪力”或“等代荷载”,是因为从力的平衡条件出发分布弯矩作用下并不产生剪力。

有了约束弯矩后,剪力墙的变形、内力和荷载间的关系可表示为(图 5-50(b)):

$$\left.\begin{aligned} E_cI_W\frac{d^2y}{dz^2}&=M_W\\ E_cI_W\frac{d^3y}{dz^3}&=\frac{dM_W}{dz}=-V_W-V_m=-V_W+m\\ E_cI_W\frac{d^4y}{dz^4}&=\frac{-dV_W}{dz}+\frac{dm}{dz}=p_W+p_m=p(z)-p_F(z)+C_b\frac{d^2y}{dz^2}\end{aligned}\right\} \tag{5-72}$$

与无约束弯矩的剪力墙相比,后两式中均多了一项,即“等代剪力”和“等代荷载”。

由于总框架的受力仍与铰接体系相同,$p_F(z)$ 仍与前同,即 $p_F(z)=-\frac{dV_F}{dz}=-C_F\frac{d^2y}{dz^2}$。将其代入式(5-72)中的第 3 式得

$$E_cI_W\frac{d^4y}{dz^4}-(C_F+C_b)\frac{d^2y}{dz^2}=p(z) \tag{5-73}$$

令 $\xi=\dfrac{z}{H}$，则有：

$$\frac{d^4 y}{d\xi^4}-\frac{H^2(C_b+C_F)}{E_c I_W}\frac{d^2 y}{d\xi^2}=\frac{p(\xi)H^4}{E_c I_W} \tag{5-74}$$

令 $\lambda_D^2=\dfrac{H^2(C_b+C_F)}{E_c I_W}$，并以 u 代替 y，则上式可写成：

$$\frac{d^4 u}{d\xi^4}-\lambda_D^2\frac{d^2 u}{d\xi^2}=\frac{p(\xi)H^4}{E_c I_W} \tag{5-75}$$

上式即为框架剪力墙结构刚接体系的基本微分方程，其形式与铰接体系的基本微分方程式(5-56)完全一样。但须注意，二者 λ_D 的计算公式不同。

由于得出刚接体系的微分方程与铰接时的相同，因此，铰接体系中的微分方程式的解对刚接体系也是适用的。图 5-45～图 5-47 的结果对刚接体系均适用，但 λ_D 的计算方法不同，且应对剪力墙和框架的内力作必要调整。具体计算步骤如下：

① 由 $\lambda_D=H\sqrt{\dfrac{(C_b+C_F)}{E_c I_W}}$ 值及 ξ 值，查图 5-45—图 5-47 得出侧移 u、总剪力墙的弯矩 M_W 及总剪力墙的广义剪力 $\bar{V}_W$。由于连梁与剪力墙间的约束弯矩，总剪力墙的剪力值 V_W 并不等于 $\bar{V}_W$；

② 计算总框架的广义剪力 $\bar{V}_F$

根据力的平衡条件，任何高度处，总剪力墙的剪力 V_W 与总框架的剪力 V_F 之和，应与外荷载所产生的剪力 V_P 相等，即 $V_P=V_W+V_F=\bar{V}_W+\bar{V}_F$，于是有

$$\bar{V}_F=V_P-\bar{V}_W \tag{5-76}$$

③ 将 $\bar{V}_F$ 按总框架的抗侧刚度 C_F 及总联杆的总约束刚度 $\sum\limits_{j=1}^{n_i}\dfrac{m_{abj}}{h_i}$ 的比例进行分配，求 V_F 及 m

$$\left.\begin{aligned}&\text{总框架的层剪力}\qquad V_F=\frac{C_F}{C_F+\sum\limits_{j=1}^{n_i}\dfrac{m_{abj}}{h_i}}\bar{V}_F\\&\text{总联杆的约束弯矩}\quad m=\frac{\sum\limits_{j=1}^{m}m_{abj}}{C_F+\sum\limits_{j=1}^{n_i}\dfrac{m_{abj}}{h_i}}\bar{V}_F\end{aligned}\right\} \tag{5-77}$$

④ 计算总剪力墙的层剪力 V_W

$$V_W=\bar{V}_W+m \tag{5-78}$$

总剪力墙的内力 M_W，V_W 求得后，可按各榀剪力墙的等效侧向刚度 $E_c I_{eq}$ 进行分配；求得总框架的剪力 V_F 后，按各柱的侧向刚度 D 的比例分配，由此，再按一般的框架计算框架梁和框架柱；对刚接体系，求得总连杆的约束弯矩 m 后，乘以层高 h_i，得到梁端集中弯矩 M_{abi} 后，按 m_{abj} 的比例，分配到各连梁的梁端。

4. 框架-剪力墙结构受力分析计算实例

【例 5-2】某框架-剪力墙结构，平面布置如图 5-51 所示，其中，柱截面积为 400mm×600mm，梁截面均为 250mm×550mm，层高 2.8m，剪力墙洞口高 2.0m，墙厚 160mm，E_c＝26kN/mm²，立面尺寸见图 5-51(b)，为整体小开口剪力墙。承受均布侧向荷载 p＝50kN/m。

试求该框架-剪力墙结构中侧向荷载的分配。

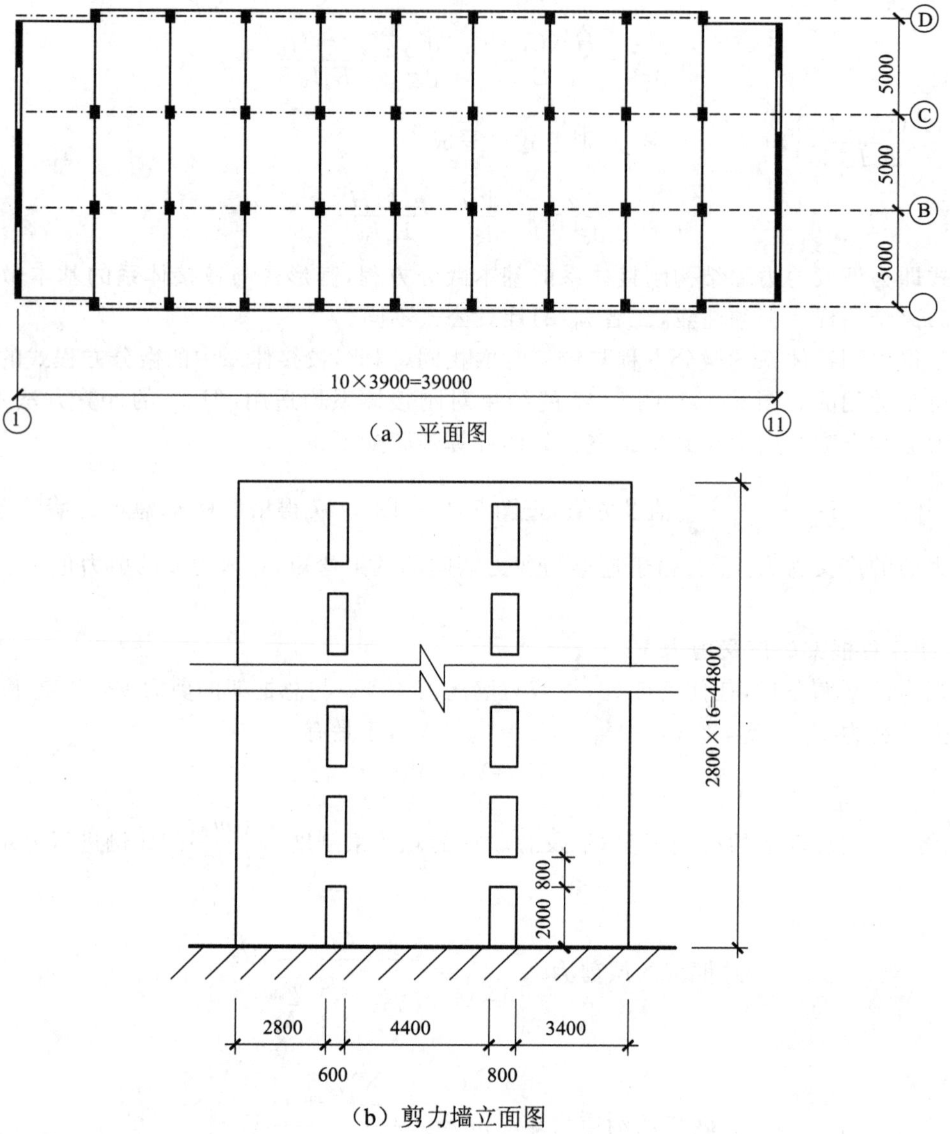

图 5-51　例 5-2 图

【解】根据平面图可以判断本例题为铰接体系。

(1) 框架抗侧刚度 C_F 计算

$$I_b=\frac{1}{12}\times 0.25\times 0.55^3=0.00347\text{m}^4,\ I_c=\frac{1}{12}\times 0.4\times 0.6^3=0.0072\text{m}^4$$

$$i_b=0.000693E_c(\text{m}^3),\ i_c=0.00257E_c(\text{m}^3)$$

中间层及顶层：

$$C_{Fi}=12\sum\alpha_c\frac{i}{h_i}=12\times(0.1189+0.2123+0.2123+0.1189)\times\frac{0.00257E_c}{2.8}=0.0073E_c$$

项目	边柱	中柱
顶层	$K=\frac{2\times 0.000693}{2\times 0.00257}=0.27$ $\alpha_c=\frac{0.27}{2+0.27}=0.1189$	$K=\frac{4\times 0.000693}{4\times 0.00257}=0.539$ $\alpha_c=\frac{0.539}{2+0.539}=0.2123$
中间层	$K=0.27$ $\alpha_c=0.1189$	$K=0.539$ $\alpha_c=0.2123$
底层	$K=\frac{0.000693}{0.00257}=0.27$ $\alpha_c=\frac{0.5+0.27}{2+0.27}=0.339$	$K=\frac{2\times 0.000693}{0.00257}=0.539$ $\alpha_c=\frac{0.5+0.539}{2+0.539}=0.409$

底层：

$$C_{F1}=12\sum \alpha_c \frac{i}{h_i}=12\times(0.339+0.409+0.409+0.339)\times\frac{0.00257E_c}{2.8}=0.0165E_c$$

每榀框架的总抗侧刚度

$$C_F=\frac{\sum C_{Fi}h_i}{\sum h_i}=\frac{15\times 0.0073E_c+0.0165E_c}{16}=0.00787E_c$$

综合框架的总抗侧刚度 $C_F=9\times 0.00787E_c=0.0709E_c$。

(2) 剪力墙等效抗弯刚度计算

剪力墙属整体小开口剪力墙。

剪力墙截面形心位置距墙左边缘

$$x=\frac{0.16\times(2.8\times 1.4+4.4\times 5.6+3.4\times 10.3)}{0.16\times(2.8+4.4+3.4)}=6.0\text{m}$$

剪力墙等效抗弯刚度 EI_W 的计算与整截面剪力墙相同，但在计算剪力墙截面惯矩时，应考虑洞口的影响予以折减。

$$I_w=0.16\times 2.8\times 4.6^2+\frac{1}{12}\times 0.16\times 2.8^3+0.16\times 4.4\times 0.4^2+\frac{1}{12}\times 0.16\times 4.4^3$$
$$+0.16\times 3.4\times 4.3^2+\frac{1}{12}\times 0.16\times 3.4^3=21.603\text{m}^4$$

$$A_w=\sum A_i=1.696\text{m}^4$$

$$I_{eq}=\frac{0.8I_w}{1+\frac{9\mu I_w}{A_w H^2}}=\frac{0.8\times 21.603}{1+\frac{9\times 1.2\times 21.603}{1.696\times(16\times 2.8)^2}}=16.174\text{m}^4$$

综合剪力墙的等效抗弯刚度

$$E_c I_W=2\times E_c\times 16.174=32.348E_c$$

(3) 结构刚度特征值 λ_D 计算

$$\lambda_D=H\sqrt{\frac{C_F}{EI_W}}=16\times 2.8\times\sqrt{\frac{0.0709}{32.348}}=2.10$$

(4) 综合框架与综合剪力墙的内力计算

$V_0=50\times 16\times 2.8=2240\text{kN}$

$$M_0=\frac{1}{2}\times 50\times(16\times 2.8)^2=50\,176\text{kN}\cdot\text{m}$$

$$u_{max}=\frac{pH^4}{8EI_W}=\frac{50\times(16\times 2.8)^4}{8\times 26\times 32.686\times 10^6}=0.029\,6\text{m}$$

查图 5-47，可列表计算求得 M_W，V_W，V_F 和 u 的值，如表 5-15 所示。

表 5-15　　框架-剪力墙结构内力计算表

层次	高度 z	ξ	$\frac{M_W}{M_0}$	M_W	$\frac{V_W}{V_0}$	V_W	$\frac{V_F}{V_0}$	V_F	$\frac{u}{u_{max}}$	u/mm
16	43.4	0.969	-0.005	-215	-0.185	-414.4	0.216	483.8	0.39	11.5
15	40.6	0.906	-0.025	-1254	-0.130	-219.2	0.224	501.8	0.365	10.8
14	37.6	0.844	-0.045	-2258	-0.070	-156.8	0.226	506.2	0.335	9.9
13	35	0.781	-0.045	-2258	-0.020	-44.8	0.239	535.4	0.31	9.2
12	32.2	0.719	-0.040	-2007	0.040	89.6	0.241	539.8	0.275	8.1
11	29.4	0.656	-0.030	-1505	0.100	244	0.244	546.6	0.240	7.1
10	26.6	0.594	-0.010	-502	0.160	358.4	0.246	551.0	0.215	6.4
9	23.8	0.531	0.010	502	0.220	492.8	0.249	557.8	0.180	5.3
8	21	0.469	0.040	2007	0.280	627.2	0.251	562.2	0.160	4.7
7	18.2	0.406	0.080	4014	0.350	784	0.244	546.6	0.125	3.7
6	15.4	0.344	0.130	6523	0.425	952	0.231	517.4	0.095	2.8
5	12.6	0.281	0.190	9533	0.510	1142.4	0.209	468.2	0.070	2.1
4	9.8	0.219	0.255	12795	0.605	1355.2	0.176	394.2	0.050	1.5
3	7	0.156	0.345	17311	0.710	1590.4	0.134	300.2	0.030	0.9
2	4.2	0.094	0.425	21325	0.810	1814.4	0.096	215.0	0.020	0.6
1	1.4	0.031	0.600	30106	0.930	2083.2	0.039	87.4	0.010	0.3

5. 框架-剪力墙结构体系受力特征分析

(1) 侧移曲线

由公式(5-62)和图 5-45—图 5-47 可知，当时 $\lambda_D\leqslant 1.0$，即总框架的抗侧刚度明显比总剪力墙的等效侧向刚度小很多时，这时的侧移曲线将呈弯曲型，说明房屋主要由剪力墙在起主导作用；反之，当 $\lambda_D\geqslant 6.0$ 时，侧移曲线的形状界于弯曲型和剪切型之间，上部略呈剪切型，下部又略呈弯曲型，即略呈弯剪型的特征。这说明房屋上部，以框架为主承担外荷载；房屋的下部，则以剪力墙为主。

另外，框架-剪力墙结构受框架和剪力墙的协同工作结果，促使它的侧移曲线曲率变化较小，即它的层间相对侧移量变化较小，侧移曲线较单独的框架结构或剪力墙结构的侧移曲线平直。这对设置幕墙是有利的。

(2) 剪力分配

整个房屋所受的剪力 $V_p(\xi)$，由总剪力墙和总框架所共同承担，但它的分配率却各层不同。房屋下部，主要由总剪力墙承担，而其上部，则主要由总框架承受。从 $V_p(\xi)$ 的图形(图 5-45(c)—图 5-47(c))可知：当 $\lambda_D\leqslant 1.0$ 时，图形大部由剪力墙的剪力 $V_W(\xi)$ 图形所覆盖，说明总剪力墙承担了大部分的剪力 $V_p(\xi)$；相反 $\lambda_D\geqslant 6.0$ 时，总框架承担了大部分的剪力 $V_p(\xi)$。

另外，在房屋的顶端，总剪力墙和总框架的剪力均不等于零。总剪力墙出现负剪力，总框架出现正剪力,两者之和等于零。总框架剪力的最大值 $V_F(\xi)$,发生房屋中部的某层($\xi=0.3\sim0.6$),且随 λ_D 值的增大而逐渐下移。这种框架-剪力墙结构受力工作的特点,正是由于框架和剪力墙在单独受力时的变形特征完全不同,而今楼面又把它们强连成一个整体所造成的。从发生总框架剪力最大值的该层开始到房屋的顶端,$V_F(\xi)$值分布趋于均匀。这将使框架-剪力墙结构中的框架梁和框架柱的各层截面尺寸和配筋量趋于一致,是十分有利的。

6. 内力调整

在实际设计中,有时为了减少连梁配筋,可对连梁的抗弯刚度 E_cI_b 予以折减,但折减系数不应小于 0.50,以折减后的抗弯刚度值进行框架-剪力墙结构体系的内力和位移的计算。

在求得内力后,还要对有抗震计算要求的框架-剪力墙结构的各层总框架剪力 $V_F(\xi)$进行调整,具体方法如下:

(1) 在规则建筑中,若该层的 $V_F(\xi)$值$\geqslant 0.2V_0$,则值不必调整,即可直接按 $V_F(\xi)$值进行构件的截面设计;若该层的 $V_F(\xi)$值$<0.2V_0$,则即需采用 $1.5V_{F,max}$和 $0.2V_0$ 中的较小值进行构件的截面设计。这里,V_0 为地震作用所产生的整个结构底部总剪力;$V_{F,max}$为各层总框架剪力 $V_F(\xi)$中最大值。

对于平面不规则,立面体型变化大的框架-剪力墙结构,宜按具体情况选用对总框架剪力的调整方法。例如对框架柱数量从下至上分段有规律变化的结构,这时可取每段最下一层整结构的总剪力和该段中各层总框架剪力的最大值,进行调整该段各层的总框架剪力 $V_F(\xi)$;

(2) 当屋面突出部分也采用框架-剪力墙结构时,突出部分的总框架剪力取本层总框架剪力值 $V_F(\xi)$的 1.5 倍考虑。

(3) 各层的总框架剪力调整后,按调整前后的比例调整各柱和梁的剪力及其端部弯矩,但对柱的轴向力不调整。

这里所以要对总框架的剪力 $V_F(\xi)$计算结果进行调整,主要是因在计算中假定了楼面结构在其自身平面内的抗弯刚度为无限大。但实际上,在侧向刚度不大的框架处,仍存在着一定的挠曲变形,致使该处框架受力增大;其次,在地震时,由于剪力墙的刚度往往大于框架,剪力墙承受了水平地震作用的大部分,开裂较早,刚度下降,从而将由剪力墙所卸下的水平地震作用又转移到框架上,使框架受力增大。

5.7.3 框架-剪力墙结构构件截面设计与构造要求

有关框架-剪力墙结构中的框架和剪力墙的截面设计与构造要求,均与框架和剪力墙结构类似。这里不再讨论。

5.8 筒体结构设计

5.8.1 筒体结构的布置

框架-筒体结构的布置类似于框架-剪力墙结构。筒中筒结构宜采用对称平面,优先采用圆形、正方形平面。采用矩形平面的长宽比不宜大于 2,当矩形平面长宽比大于 2 时,宜在平面内另设剪力墙或柱距较小的框架将筒体划分为若干个筒,各筒之间的刚度不宜相差太大。筒中筒结构的高宽比宜大于 3,高度不宜低于 80m。剪力墙内筒的边长宜为外筒边长的 1/3,如有另外的角筒和剪力墙时,内筒平面尺寸还可以适当减小。内筒宜贯穿建筑物全高,竖向刚度宜均匀变化。筒体角部附近不宜开洞,当不可避免时,筒角内壁至洞口的距离不应小于 500mm 和开洞墙的截面厚度。核心筒或内筒的外墙厚度不应小于 200mm,内墙厚度不应小于 160mm。核心筒或内筒的外墙不宜在水平方向连续开洞，洞间墙肢的截面高度不宜小于 1.2m；当洞间墙肢的截面高度与厚度之比小于 4 时，宜按框架柱进行截面设计。楼盖主梁不宜搁置在核心筒或内筒的连梁上。外筒柱距不宜大于层高，不宜大于 4m。外墙面洞口面积不宜大于墙面面积的 60%。外柱宜采用矩形或 T 形截面，外筒密柱到底层部分可通过转换梁、转换桁架、转换拱等扩大柱距(图 5-12)，但柱总截面面积不宜减小。需要抗震设防时应采取措施保证底层柱的延性要求。内筒和外筒之间的距离，非抗震设计时，不宜大于 15m；抗震设计时，不宜大于 12m。超过此限值时，宜另设承受竖向荷载的内柱或采用预应力混凝土楼面结构。

5.8.2 筒体结构的内力分析

筒体结构受力时，如同一根嵌固在地下的悬臂短梁。在水平荷载作用下，不仅平行于荷载方向的腹板起作用，垂直于荷载方向的翼缘也参加工作。理想筒体在水平力作用下，截面保持为平面，而空腹筒体(又称为框筒)中腹板柱和翼缘柱的轴力分布呈现曲线分布(图 5-52)。这种非线性的分布现象称为剪力滞后现象。剪力滞后与梁宽、荷载、弹性模量及侧板与翼缘的相对刚度等因素有关。剪力滞后现象给筒体结构的内力分析带来了很多麻烦。

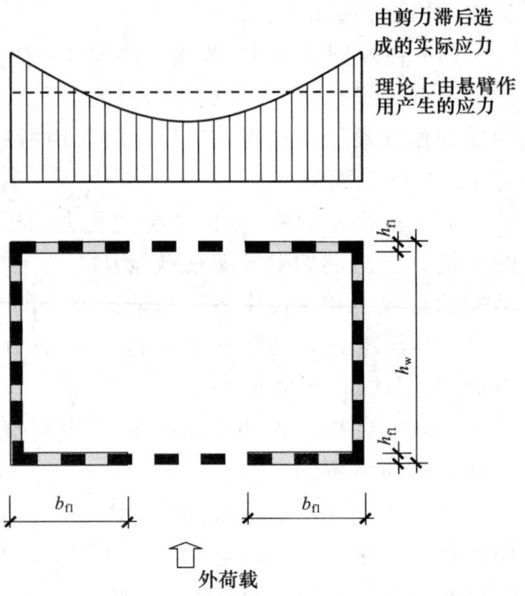

图 5-52 剪力滞后与双槽形计算简图

筒体结构内力分析计算一般是借助于电子计算机来完成的。计算方法有多种，如将筒体看成一空间杆件系而采用的矩阵位移法、将筒体展开为平面框架来近似计算的展开平面框架法、将开洞筒体等效连续化后而采用的平面有限元、有限条法等。亦可采用简化的计算方法，解题思路是按平面内抗侧刚度相同的原则将开洞筒体或空腹筒体等效成一个由正交异性弹性板组成的无孔筒体，再用弹性力学的方法求解水平荷载作用下无孔筒体的内力和位移。下面介绍两种简化计算方法：等效双槽形法和平面展开法。

1. 筒体结构计算的双槽形法

根据剪力滞后现象，把框筒抵抗倾覆力矩的有效外形简化为两个等效的槽形，由两个槽形梁抵抗外倾覆力矩。槽形梁的翼缘宽度 b_{f1} 可按表 5-13 取用，槽形梁内的框筒柱和梁的剪力可根据材料力学方法计算如下：

$$\begin{cases} N=\dfrac{M_p\cdot\dfrac{h_w-h_{f1}}{2}}{I_e}\cdot A_c \\ V=\dfrac{V_p\cdot S}{I_e}\cdot h_i \end{cases} \tag{5-79}$$

式中 M_p，V_p——水平荷载产生的弯矩和剪力；

A_c——柱梁截面面积；

S——柱子对框筒中性轴面积矩之和；

I_e——按等效槽形计算得到的有效惯矩；

h_i——层高。

其他符号的意义见图 5-52。上述计算为粗略计算，仅能供初步设计之用。

2. 平面展开分析法

由矩形平面的框筒结构和筒中筒结构的模型试验结果可知，在侧向力作用下，筒体结构的腹板部分主要抗剪，翼缘部分主要抗弯。筒体结构的各榀平面单元主要在其自身平面内受力、而在平面外的受力很小。因此，在计算中可采用平面结构假定和刚性楼板假定。

对于图 5-53 所示的典型的筒中筒结构，在对称侧向荷载作用下，整个结构不发生整体扭转，并且内外筒各榀结构出自身平面的作用以及外筒的梁柱构件各自的扭转作用与筒中筒结构的主要受力作用相比，均小得多而忽略不计。另外，又因楼盖结构出平面的刚度小而可略去它对内、外筒壁的变形约束作用。这样，就可进一步把内外筒分别展开到同一平面内，形成带刚域的平面壁式框架和带门洞的墙体，并相互借简化成楼盖连杆的楼面体系相连。从而把筒这一空间结构简化成平面结构（图 5-54）来分析，使计算大为简化。

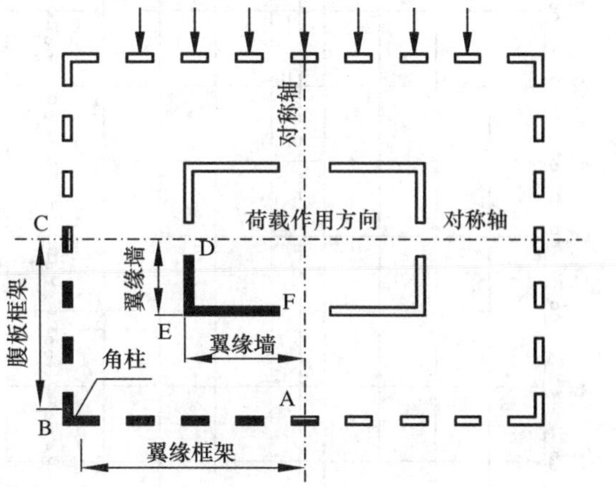

图 5-53　筒中筒结构平面

在这里有一个很重要的问题是在展开成平面结构时对角部的处理。随着空间结构的平面化，L 形角柱应展开成分属于两榀正交平面壁式框架的两根边柱（以下简称虚拟角柱）。角柱分开后，在每一楼层处用一仅能传递竖向剪力的虚拟机构（图 5-54）将它们连接起来，以保持两个虚拟角柱的竖向变形一致，而相互之间又不传递水平力及弯矩。同样，在内筒展开成平面结构时，在两相邻筒壁之间，在每一楼层外设置虚拟单元，以保证两相邻筒壁在原交结面上的竖向变形一致，而相邻之间又不传递水平力。

由于该筒中筒结构在双向都为轴对称，荷载也对称，因此，可取四分之一平面的结构来分析（如图 5-53 中涂黑部分）。而对称轴上的有关边界条件则需按筒中筒结构的变形及其受力特点来确定。

在对称侧向荷载作用下，翼缘框架的对称轴，即 A—A 轴处，在框架平面内既不产生水平位移，也不产生转角。只会出现竖向位移。因此，在各层的梁柱节点上，力学模式中应有两个约束。在内筒的翼缘墙的对称轴即 F—F 轴处，同样亦应设置图 5-54 所示的约束。

同理，在对称侧向荷载作用下的腹板框架的对称轴、即 C—C 轴处，由于腹板框架这时的变形及其受力情况都是反对称的，因此，在对称轴 C—C 处的柱的轴向力应为 0，但在此处会产生腹板框架平面内的侧向位移与相应的转角。因此，在各层的相应节点上，应设置一个竖向约束。同理，在内筒的腹板墙的对称轴 D—D 处，亦应设立相应的竖向约束。

由于楼盖结构在其自身平面内的刚度为无限大，且忽略了筒壁的出平面的作用，所以，作用在结构某层上的侧向荷载，其荷载作用点可简化到该层外筒的腹板框架或内筒的腹板墙的任一节点，如图 5-54 所示。

基于同样的理由，把楼盖结构简化成轴向刚度为无穷大的，与内外筒以铰相联的连杆，以保证内外筒结构的侧向位移在各楼层处相同。

在把实际角柱分成两个虚拟角柱以后，虚拟角柱刚度的取值可以有以下两种方法。第一

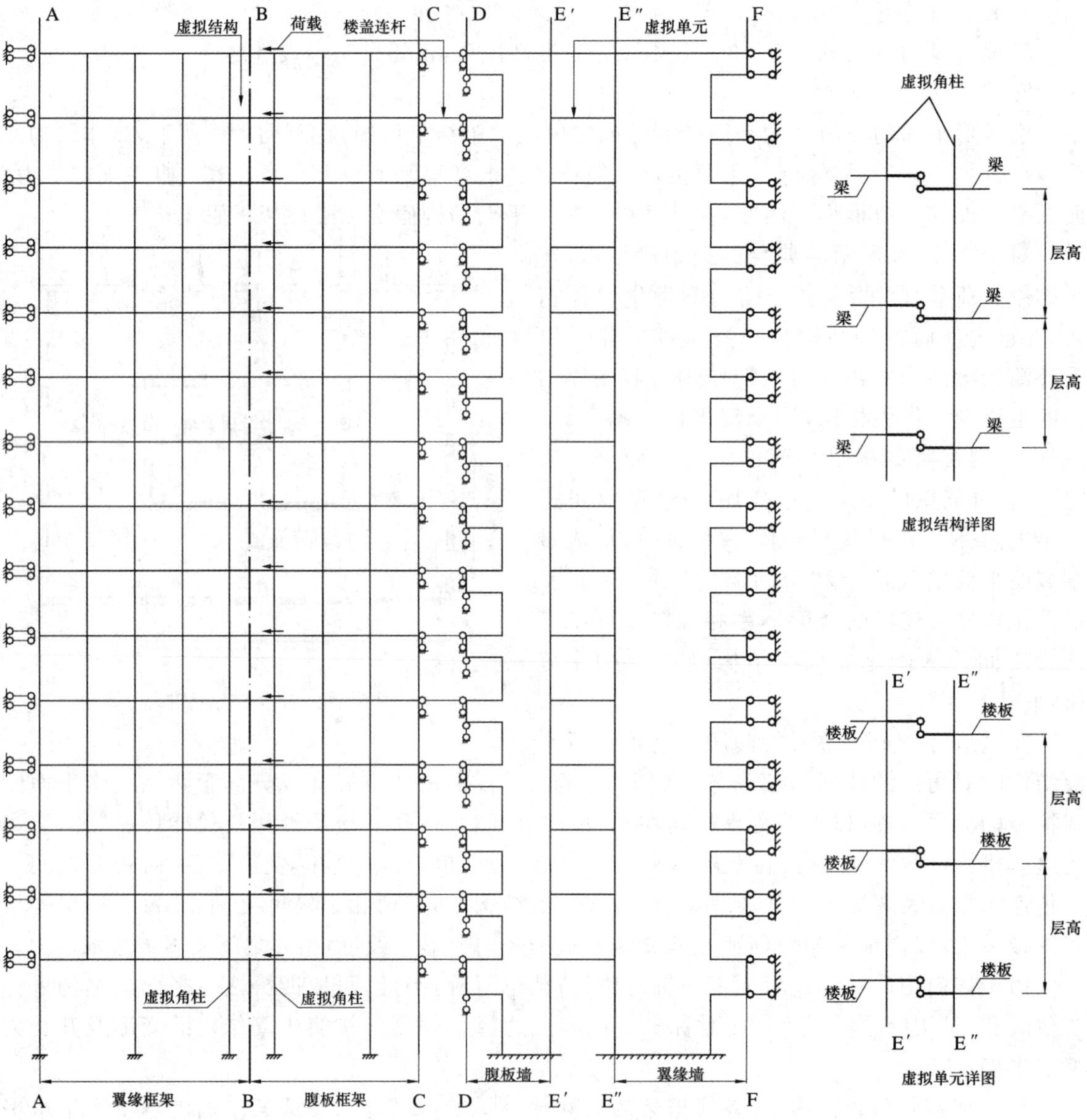

图 5-54　筒中筒结构简化力学模式

种方法是，当计算虚拟角柱的轴向刚度时，其截面积取真实角柱截面积的一半；当计算虚拟角柱的弯曲刚度时，其惯性矩可取真实角柱在相应方向上的惯性矩。第二种方法是，从虚拟角柱的简化力学模式，根据在相同荷载作用下变形相等的原则，导出虚拟角柱的轴向刚度与抗弯刚度的计算公式。

在把筒中筒这一空间结构等效成图 5-54 所示的平面结构以后，就可以利用分析平面结构的方法编制电算程序求解。

对于外筒部分，由于柱距较小，窗裙梁截面高度较大，所以应考虑梁柱杆端刚域的影响，刚臂长度的取值可参照本章壁式框架中的方法。

在实际工程中，筒体结构除受侧向荷载的作用，有时还会受到扭转荷载的作用。一般来说，当结构的变形较小时，结构的内力和位移是可以叠加的。例如，图 5-55(a)所示的结构上作

用有水平外荷载 P，距结构扭转中心 O 的距离为 e，则它的作用可等效为通过 O 的水平力 P 的作用，再叠加上一个纯扭矩 Pe 的作用。对图 5-55(b)所示的结构，可按图 5-54 所示的模型进行受力分析，下面将着重讨论图 5-55(c)所示的结构的计算分析方法，即筒体结构在纯扭荷载作用下的计算分析方法。

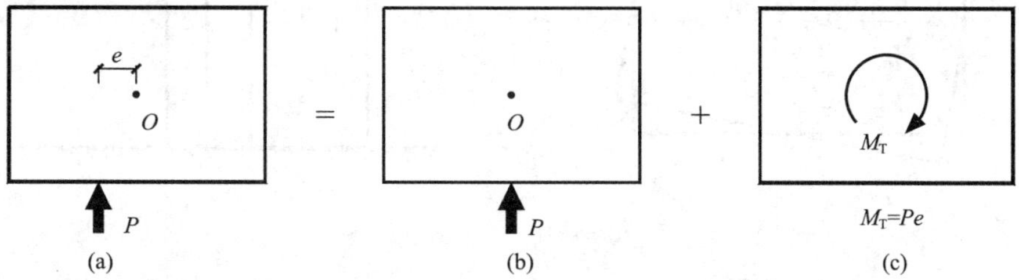

图 5-55 荷载的等效

根据刚性楼板假定，筒体结构在纯扭荷载作用下，将绕其扭转中心产生刚体转动(图 5-56)。如筒壁 i 及筒壁 j 为某筒体结构的任意二榀筒壁，则有：

$$\frac{\{\boldsymbol{\Delta}_i\}}{r_i}=\frac{\{\boldsymbol{\Delta}_j\}}{r_j}=\{\boldsymbol{\theta}_{\mathrm{T}}\} \tag{5-80}$$

式中 $\{\boldsymbol{\Delta}_i\},\{\boldsymbol{\Delta}_j\}$——分别为筒壁 i 和筒壁 j 的平面内水平位移列向量；

$\{\boldsymbol{\theta}_{\mathrm{T}}\}$——楼面结构的扭转角列向量；

r_i,r_j——分别为筒壁 i 和筒壁 j 至扭转中心 O 的距离。

将式(5-80)作变换，有

$$\{\boldsymbol{\Delta}_j\}=\frac{r_j}{r_i}\{\boldsymbol{\Delta}_i\}=\eta_j\{\boldsymbol{\Delta}_i\} \tag{5-81}$$

式中，$\eta_j=r_j/r_i$。

由平面结构假定知，可将筒体结构展开为平面结构来分析。记筒壁 i 中平面内节点位移量为 $\boldsymbol{U}_i$，筒壁 j 中的平面内节点位移向量 $\boldsymbol{U}_j$，如果将 $\boldsymbol{U}_j$ 中的水平位移分量 u_j 用 $\boldsymbol{U}_i$ 中的水平位移分量 u_i 来表示，即将筒壁 i 视为主参考筒壁，则有：

$$\begin{Bmatrix}u_j\\v_j\\\theta_j\end{Bmatrix}=\begin{bmatrix}\eta_j&0&0\\0&1&0\\0&0&1\end{bmatrix}\begin{Bmatrix}u_i\\v_i\\\theta_i\end{Bmatrix}$$

记为

$$\{\boldsymbol{U}_j\}=[\boldsymbol{TS}]\{\boldsymbol{U}_i\} \tag{5-82}$$

式(5-82)的物理意义就是，当第 j 片筒壁作一特殊处理后，其平面水平位移和筒壁 i 是相同的，也就是说，当把结构展开成平面以后，可以用一刚性水平连杆将筒壁 i 及筒壁 j 联系起来。如筒壁 i 和筒壁 j 相交，则在交线处还应保证垂直位移相协调。这样就可以得到结构的平面计算模式如图 5-57 所示。

由于在计算模式中，筒壁 j 的水平位移并不是真实位移，所以，按通常方法算出的筒壁 j 的刚度矩阵应作进一步处理。根据最小能量原理，知筒壁 j 的单元刚度矩阵为：

$$[\boldsymbol{k}]=[\boldsymbol{T}]^{\mathrm{T}}[\boldsymbol{k}]^{\theta}[\boldsymbol{T}] \tag{5-83}$$

式中 $[\boldsymbol{k}]$——计算模式中应有的单元刚度；

$[\boldsymbol{k}]^{\theta}$——按通常方法算出的在整体坐标下的单元刚度；

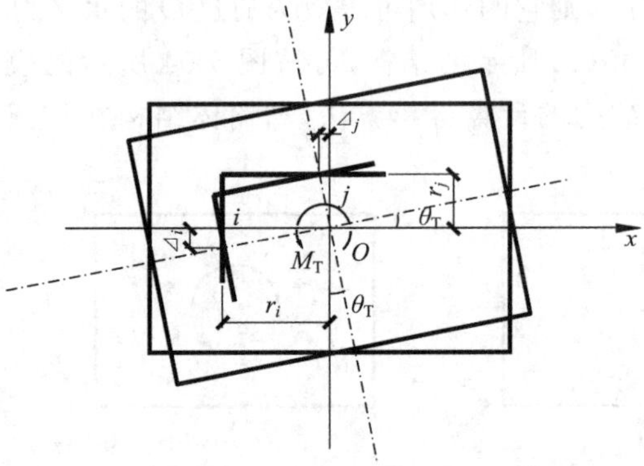

图 5-56　结构的刚体转动

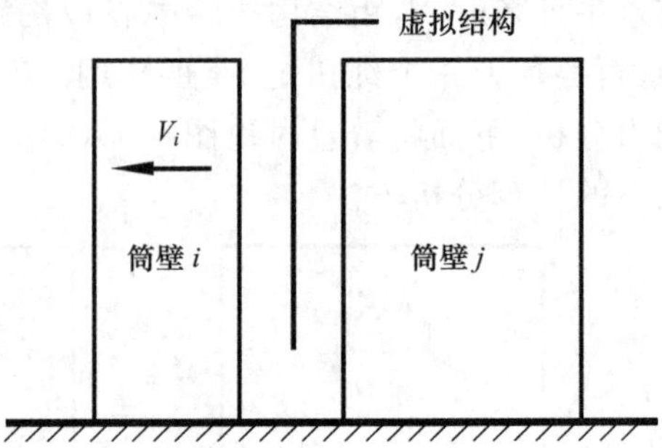

图 5-57　受扭拟平面计算模式

$[\boldsymbol{T}]$——转换矩阵，按式(5-84)计算。

$$[\boldsymbol{T}]=\begin{bmatrix}[\boldsymbol{TS}] & 0\\ 0 & [\boldsymbol{TS}]\end{bmatrix}\tag{5-84}$$

利用$[\boldsymbol{T}]$及$[\boldsymbol{TS}]$的对角性质，可得到筒壁 j 的拟平面刚度为：

$$[\boldsymbol{k}]=\begin{bmatrix}\eta_j^2 & k_{uu} & \eta_j & k_{uv} & \eta_j & k_{u\theta}\\ \eta_j & k_{vu} & & k_{vv} & & k_{v\theta}\\ \eta_j & k_{\theta u} & & k_{\theta v} & & k_{\theta\theta}\end{bmatrix}\tag{5-85}$$

对将筒壁 i，可取 $\eta_i=1$。

现在再来讨论一下荷载的计算。设在外扭矩 M_T 的作用下，在筒壁 i 上产生水平剪力 V_i，在筒壁 j 上产生水平剪力 V_j，则由内外力平衡条件，有

$$V_i\cdot r_i+V_j\cdot r_j=M_T\tag{5-86}$$

筒壁 j 的单元刚度根据式(5-83)变换后，图 5-57 计算模式中作用在筒壁 j 上的节点力相应地为：

$$\begin{Bmatrix}V_j\\ N_j\\ M_j\end{Bmatrix}=\begin{bmatrix}\eta_j & 0 & 0\\ 0 & 1 & 0\\ 0 & 0 & 1\end{bmatrix}\begin{Bmatrix}v_j\\ n_j\\ m_j\end{Bmatrix}$$

故

$$V_j=\eta_j\cdot v_j$$

对筒壁 i 及筒壁 j 一样应作变换，其变换关系为：

$$V_i=v_i$$

将以上关系代入式(5-85)，则有：

$$V_ir_i+\frac{1}{\eta_j}V_jr_j=M_T$$

即

$$V_i+V_j=\frac{1}{r_i}M_T$$

又因在拟平面计算模式中，筒壁 i 及筒壁 j 的水平位移相等，所以不必分别求出 V_i 和 V_j，而只要求出等效剪力

$$V=\frac{1}{r_i}M_T\tag{5-87}$$

作用于筒壁 i 或筒壁 j 即可。

采用上述方法编制计算机程序时，过程、步骤、原理与平面有限元程序相同。如果有现成的平面有限元程序，只要对其做少量修改即可。在单元刚度转化为整体坐标以后，增加一个子程序，对单元刚度进行如式(5-82)的处理，然后再叠加成结构总刚进行求解，这时的荷载为按式(5-86)算出的等效剪力。

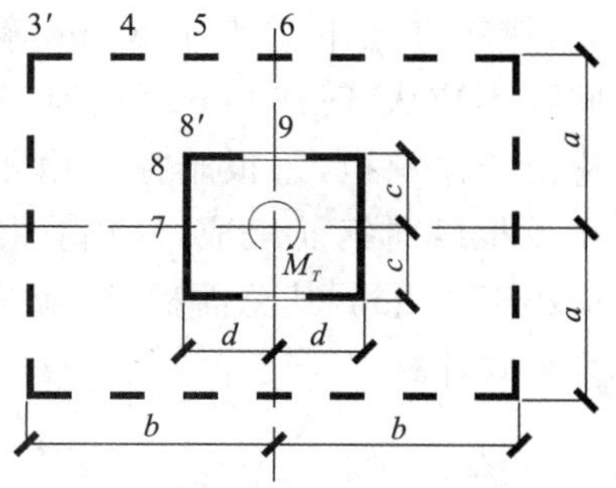

图 5-58　筒中筒结构平面

按上述方法计算的位移对筒壁 i 是正确的，但对筒壁 j，其水平位移还应进行如下变换

$$u_j = \eta_j u_i$$

才能得到筒壁 j 的真正位移，求出位移后，求解内力的过程可以参考有关的教科书。

举例来说明建模方法。对于图 5-58 所示的筒中筒结构，取筒壁 3′—6 为主参考筒壁，利用结构的对称性，取四分之一来计算，相应地等效剪力取 $\frac{1}{4a}M_T$，在对称轴处设置相应的边界条件。则拟平面分析模式如图 5-59 所示。

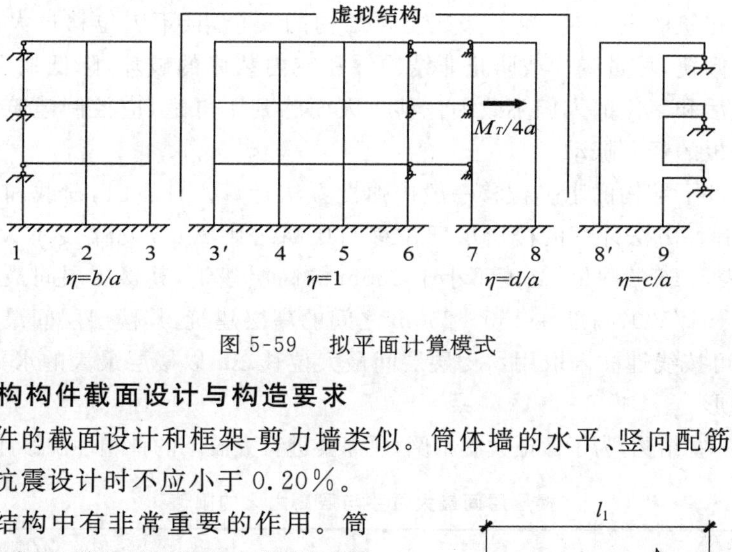

图 5-59　拟平面计算模式

5.8.3　筒体结构构件截面设计与构造要求

筒体结构构件的截面设计和框架-剪力墙类似。筒体墙的水平、竖向配筋不应少于两排，其最小配筋率非抗震设计时不应小于 0.20%。

楼盖在筒体结构中有非常重要的作用。筒体结构的楼盖外角宜设置双层双向钢筋(图 5-60)，单层单向配筋率不宜小于 0.3%，钢筋的直径不应小于 8mm，间距不应大于 150mm，配筋范围不宜小于外框架(或外筒)至内筒外墙中距的 1/3 和 3m。

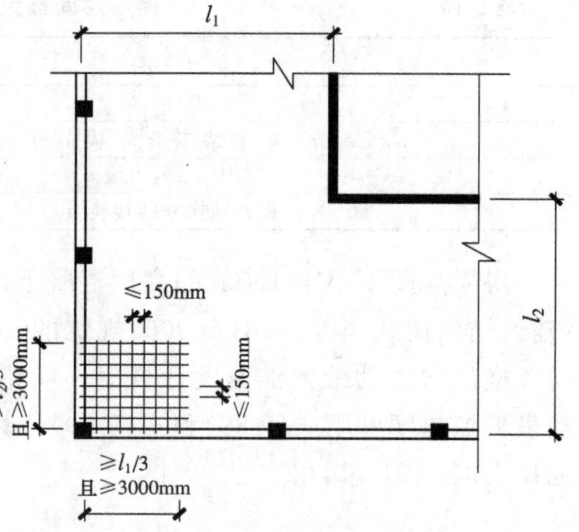

图 5-60　板角配筋

外框筒梁和内筒连梁的构造配筋应符合下列要求：跨高比不大于 2 的框筒梁和内筒连梁宜增配对角斜向钢筋。跨高比不大于 1 的框筒梁和内筒连梁宜采用交叉暗撑(图 5-61)，且梁的截面宽度不宜小于 400mm，纵筋伸入竖向构件的长度不应小于 l_a，两个方向暗撑的纵向钢筋

应采用矩形箍筋或螺旋箍筋绑成一体，箍筋直径不应小于 8mm，箍筋间距不应大于 150mm。全部剪力应由暗撑承担，每根暗撑应由不少于 4 根纵向钢筋组成，纵筋直径不应小于 14mm，其总面积 A_s 应按下列公式计算：

$$A_s \geqslant \frac{V_b}{2f_y \sin\theta} \tag{5-88}$$

式中 θ——暗撑与水平线的夹角；

V_b——梁中的剪力。

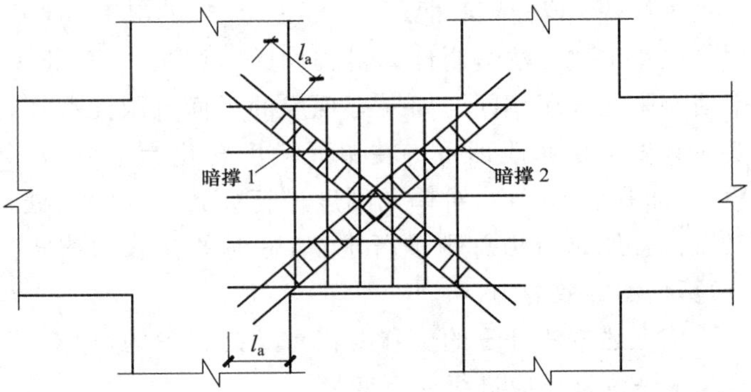

图 5-61　梁内交叉暗撑的配筋

非抗震设计时，箍筋直径不应小于 8mm，间距不应大于 150mm；框筒梁上、下纵向钢筋的直径均不应小于 16mm，腰筋的直径不应小于 10mm，腰筋间距不应大于 200mm。

5.9　高层建筑的位移与舒适度控制

在进行高层建筑的设计时，为了保证主要结构的安全，且不因位移过大而发生结构的开裂、破坏、失稳和倾覆，尽量减少或防止非结构件和室内装修的破坏，降低地震后的维修费用，使在建筑物内生活和工作的人们不致因位移过大而感到不舒适，应控制建筑物在水平荷载作用下的位移和楼板的竖向振动。

正常使用条件下结构的水平位移一般按弹性方法计算。计算时，荷载和地震分项系数均取为 1.0。且按弹性方法计算的楼层层间位移与层高之比 $\Delta u/h$ 对高度不大于 150m 的高层建筑，不宜超过表 5-16 的限值；高度不小于 250m 的高层建筑，其楼层层间最大位移与层高之比 $\Delta u/h$ 不宜大于 1/500；高度在 150～250m 之间的高层建筑，其楼层层间最大位移与层高之比 $\Delta u/h$ 的限值可按线性插入取用。楼层层间最大位移 Δu 以楼层最大的水平位移差计算，不扣除整体弯曲变形。

在地震区的一些结构，为了保证大震不倒，还需要进行大震下的弹塑性位移计算。不再介绍。

表 5-16　　楼层层间最大位移与层高之比的限值

结构体系	$\Delta u/h$ 限值
框架	1/550
框架-剪力墙、框架-核心筒、板柱-剪力墙	1/800
筒中筒、剪力墙	1/1 000
除框架结构外的转换层	1/1 000

房屋高度不小于 150m 的高层混凝土建筑结构应满足风振舒适度要求。在现行国家标准《建筑结构荷载规范》(GB 50009)规定的 10 年一遇的风荷载标准值作用下，结构顶点的顺风向和横风向振动最大加速度计算值不应超过表 5-17 的限值。结构顶点的顺风向和横风向振动最大加速度可用式(5-89)和式(5-90)计算，也可通过风洞试验结果判断确定，计算时结构阻尼比宜取 0.01～0.02。

$$a_w = \xi\nu\mu_s\mu_r w_0 \frac{A}{W_{tot}} \tag{5-89}$$

式中　a_w——建筑物顶点的顺风向最大加速度计算值；

μ_s——建筑物迎风面和背风面风荷载体型系数的绝对值之和；

μ_r——重现期调整系数即为由 50 年一遇的基本风压转换为 10 年一遇的风压时的转换值，取 $\mu_r=0.73$；

w_o——基本风压(kN/m^2)；

ξ,ν——分别为脉动增大系数和脉动影响系数；

A——建筑物的总迎风面积(m^2)；

W_{tot}——建筑物的总质量(t)。

建筑物顶点的横风向最大加速度按下式计算

$$a_{tr}=\frac{b_r}{T_t^2}\cdot\frac{\sqrt{BL}}{\gamma_B\sqrt{\xi_{t,cr}}}$$
$$b_r=2.05\times10^4\left(\frac{v_{n,m}T_1}{\sqrt{BL}}\right)^{3.3} \tag{5-90}$$

式中　a_{tr}——建筑物顶点的横风向最大加速度计算值(m/s^2)；

$v_{n,m}$——建筑物顶点的平均风速(m/s)；

T_t——建筑物横风向基本周期(s)；

B,L——分别为建筑物的平面的宽度和长度(m)；

γ_B——建筑物所受的平均重力(kN/m^3)；

$\xi_{t,cr}$——建筑物横向风的阻尼比值，对钢筋混凝土高层建筑，可取 $\xi_{t,cr}=0.04$；

μ_z——建筑物顶点处的风荷载高度变化系数。

表 5-17　结构顶点风振加速度限值 a_{lim}

使用功能	$a_{lim}/(m\cdot s^{-2})$
住宅、公寓	0.15
办公、旅馆	0.25

由于目前高层建筑楼盖结构的跨度日趋变大，其竖向的振动也会影响到舒适度。为保证楼盖具有适宜的舒适度，其竖向振动频率不宜小于 3Hz；竖向振动加速度峰值不应超过表 5-18 的限值。一般情况下，当楼盖结构竖向振动频率小于 3Hz 时，应验算其竖向振动加速度不超过限值。

楼盖结构的竖向振动加速度宜采用时程分析方法计算。人行走引起的楼盖振动峰值加速度可按下列公式近似计算：

$$a_p=\frac{F_p}{\beta w}g \tag{5-91}$$
$$F_p=p_0e^{-0.35f_n} \tag{5-92}$$
$$w=\overline{w}BL \tag{5-93}$$
$$B=CL \tag{5-94}$$

式中　a_p——楼盖振动峰值加速度(m/s^2)；

F_p——接近楼盖结构自振频率时人行走产生的作用力(kN)；

p_0——人行走产生的作用力(kN)，按表 5-19 采用；

f_n——楼盖结构竖向自振频率(Hz)；

β——楼盖结构阻尼比，按表 5-19 采用；

w——楼盖结构阻抗有效重量(kN)；

g——重力加速度，取 $9.8m/s^2$；

$\overline{w}$——楼盖单位面积有效重量(kN/m²)，取恒载和有效分布活荷载之和。楼层有效分布活荷载：对办公建筑可取 0.55 kN/m²；对住宅可取 0.3 kN/m²；

L——梁跨度(m)；

B——楼盖阻抗有效质量的分布宽度(m)；

C——垂直于梁跨度方向的楼盖受弯连续性影响系数，对边梁取 1，对中间梁取 2。

表 5-18 楼盖竖向振动加速度限值

人员活动环境	峰值加速度限值/(m·s⁻²)	
	竖向频率不大于 2Hz	竖向频率不小于 4Hz
住宅，办公	0.07	0.05
商场及室内连廊	0.22	0.15

注：结构竖向频率为 2～4Hz 时，峰值加速度限值可线性插值选取。

表 5-19 人行走作用力及楼盖结构阻尼比

人员活动环境	人员行走作用力 p_0/kN	结构阻尼比 β
住宅，办公，教堂	0.3	0.02～0.05
商场	0.3	0.02
室内人行天桥	0.42	0.01～0.02
室外人行天桥	0.42	0.01

注：(1) 表中阻尼比用于钢筋混凝土楼盖结构和钢-混凝土组合楼盖结构；

(2) 对住宅、办公、教堂建筑，阻尼比 0.02 可用于无家具和非结构构件情况，如无纸化电子办公区、开敞办公区和教堂；阻尼比 0.03 可用于有家具、非结构构件，带少量可拆卸隔断的情况；阻尼比 0.05 可用于含全高填充墙的情况；

(3) 对室内人行天桥，阻尼比 0.02 可用于天桥带干挂吊顶的情况。

思考题

【5-1】 高层建筑混凝土结构的结构体系有哪些？其优缺点和适用范围是什么？

【5-2】 如何进行高层建筑的结构布置？

【5-3】 剪力墙的种类和受力特征如何？如何确定剪力墙的种类？

【5-4】 水平侧向荷载作用下联肢剪力墙的内力分析步骤是什么？

【5-5】 剪力墙的配筋形式如何？

【5-6】 对错洞剪力墙应采取哪些加强措施？

【5-7】 框架-剪力墙结构的内力分析步骤是什么？

【5-8】 框架-剪力墙结构中的刚接体系和铰接体系的受力特征有何不同？

【5-9】 总框架、总剪力墙和总连梁的刚度如何计算？D 值和 C_F 值的物理意义有何不同？他们有什么关系？

【5-10】 什么是刚度特征值？它对框架-剪力墙结构的内力、位移有什么影响？请以图示之。

【5-11】 框架-剪力墙结构刚接体系中，$\bar{V}_w$ 和 V_w 有何区别？为什么 $V_w=\bar{V}_w+m$？为什么说刚接连梁的作用相当于一个“等代剪力”？

【5-12】 什么是剪力滞后？它对筒体结构的受力有什么影响？

【5-13】 为什么要控制高层建筑的水平位移？

习　题

【5-1】 有一钢筋混凝土框架-核心筒结构的建筑，如图 5-62 所示。外形和质量沿房屋高度方向均基本呈均匀分布，地面粗糙度为 D 类。房屋总高 $H=160\mathrm{m}$，通过动力特性分析，已知 $T_1=2.40$ 秒；房屋的平面 $L\times B=60\mathrm{m}\times 40\mathrm{m}$。现已知该地区按 50 年一遇的风压为 $0.48\mathrm{kN/m^2}$。试求该楼顶点处的风荷载标准值 ω_k，并计算基底处的倾覆力矩。

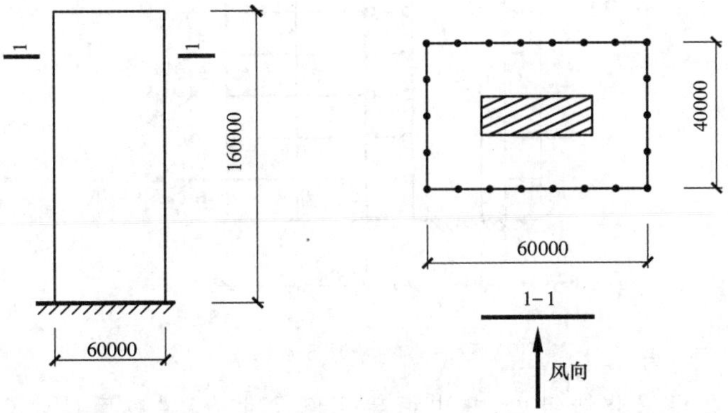

图 5-62　习题 5-1 图

【5-2】 某剪力墙截面尺寸如图 5-63 所示(单位：mm)，承受均布荷载 $P=4.0\mathrm{kN/m}$，混凝土的弹性模量 $E_c=26.0\mathrm{kN/mm^2}$，每层门洞高 2.6m，层高 3m，共 14 层，试求剪力墙内力(先判断属于哪一类剪力墙)。

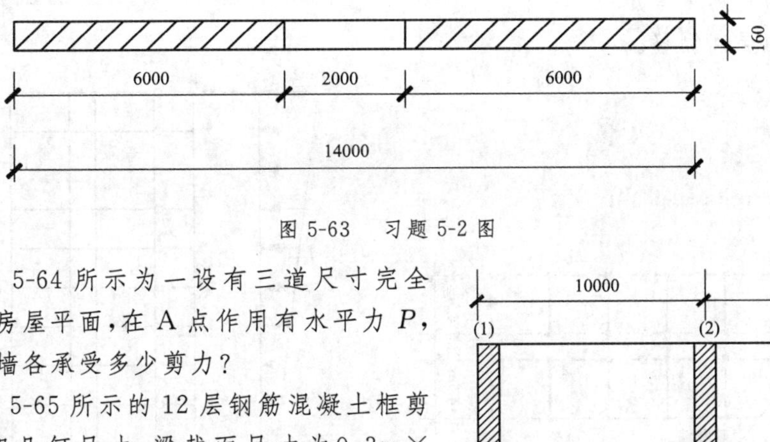

图 5-63　习题 5-2 图

【5-3】 图 5-64 所示为一设有三道尺寸完全相同剪力墙的房屋平面，在 A 点作用有水平力 P，试求三道剪力墙各承受多少剪力？

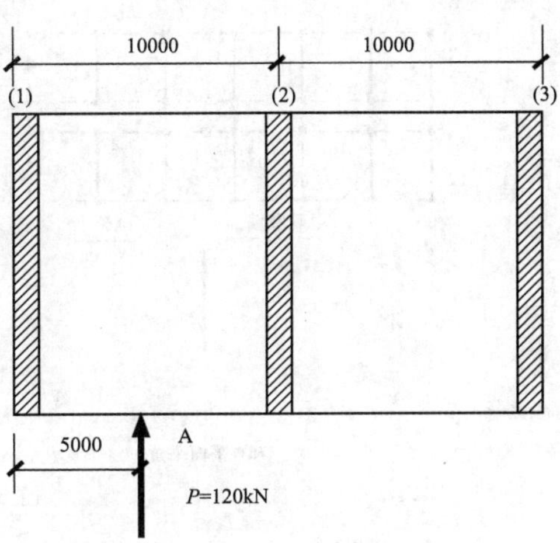

图 5-64　习题 5-3 图

【5-4】 图 5-65 所示的 12 层钢筋混凝土框剪结构，其中框架几何尺寸：梁截面尺寸为 $0.3\mathrm{m}\times 0.5\mathrm{m}$，柱截面尺寸为 $0.4\mathrm{m}\times 0.4\mathrm{m}$；剪力墙截面尺寸为 $0.18\mathrm{m}\times 0.5\mathrm{m}$。材料的弹性模量 $E_c=2.8\times 104\mathrm{MPa}$。试求：

(1) 剪力墙各层高处的弯矩；

(2) 各层框架柱的总剪力；

(3) 各层的层间侧移。

【5-5】 图 5-66 所示的 12 层钢筋混凝土框-剪

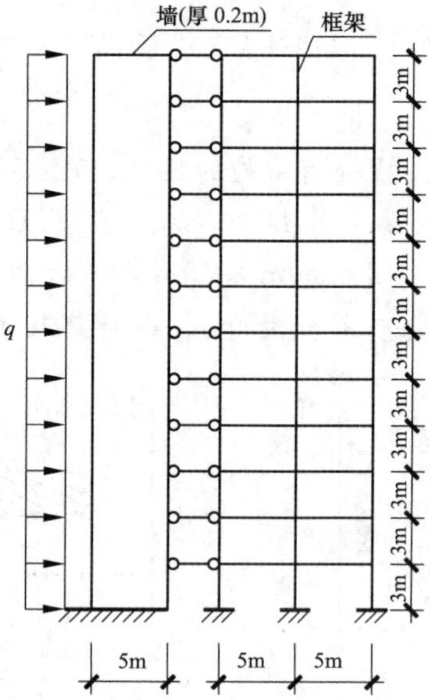

图 5-65　习题 5-4 图

结构,由 5 榀框架和 2 榀双肢墙组成,其中框架几何尺寸为:梁截面尺寸 0.25m×0.5m,柱截面尺寸 0.4m×0.4m;剪力墙尺寸为厚 0.16m,墙边框柱截面尺寸 0.4m×0.4m;连梁截面尺寸 0.16m×1.0m。材料的弹性模量 $E_c=2.8\times104$MPa。试求:

(1) 剪力墙各层高处的弯矩;

(2) 各层框架柱的总剪力;

(3) 连梁的总约束弯矩;

(4) 各层的层间侧移。

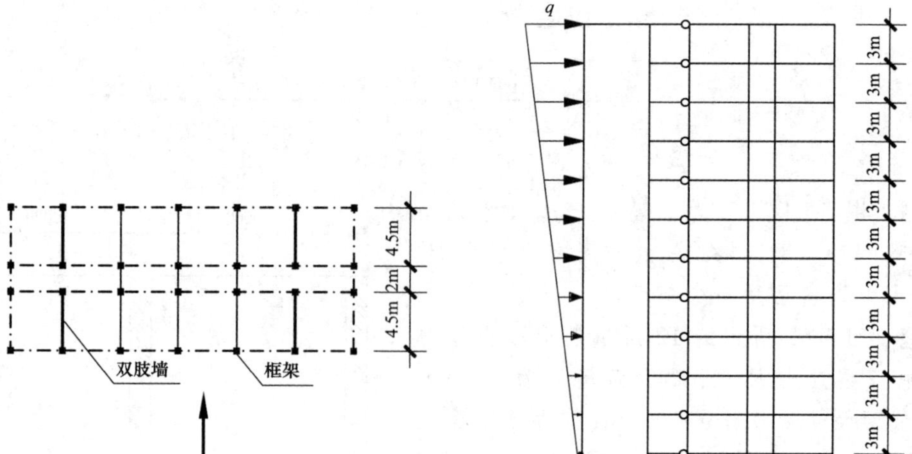

(a) 平面平置　　(b) 剖面示意和计算简图

图 5-66　习题 5-5 图

6 基础

6.1 基础形式

基础是建筑物与地基之间的连接部件，通常置于地面以下，故亦称其为下部结构。基础的作用是将建筑物中柱、墙、筒体等竖向结构构件传来的荷载扩散传递给地基。

设计基础时，除了要考虑基础本身的安全、正常使用和耐久性方面的要求外，还应同时考虑地基的承载能力和变形情况。应根据现场的工程地质与水文地质条件、上部结构的层数和荷载的大小、上部结构对地基土不均匀沉降以及倾斜的敏感程度、施工条件等因素，选择合理的基础形式。

柱下的基础一般可采用单独基础。当单独基础靠得较近，或由于场地局限而造成某些单独基础下的地基难以满足承载能力的要求时，可将若干个柱下的基础连通起来形成联合基础。

若采用单独基础方案会造成基础之间比较靠近甚至基础面积互相重叠，此时可将基础在一个方向或两个相互垂直的方向连通起来，形成条形基础(图 6-1(a))或交叉条形基础(图 6-1(b))。这样做可能比采用单独基础经济且施工方便，对减小基础间的不均匀沉降也有好处。当交叉基础中两个方向基础梁的截面高度及埋深相同时，可称其为井字基础。

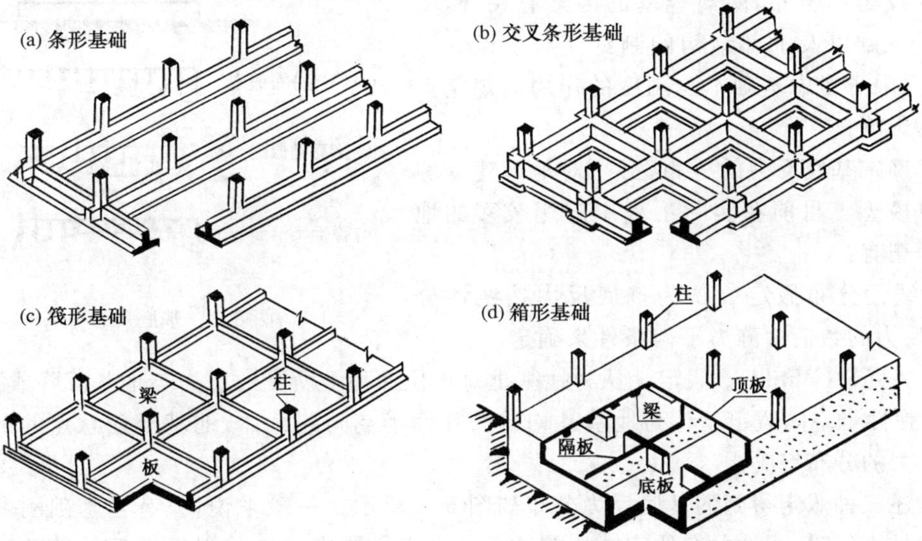

图 6-1　基础形式

墙体下的基础，一般采用条形基础。

若采用交叉条形基础方案会造成基础的底面积几乎覆盖甚至超过建筑物的全部底层面积时，则可将建筑物下的全部基础做成连通的底板形成筏形基础(图 6-1(c))。筏形基础可做成平板式或肋梁式。平板式片筏基础施工方便、建造快，但混凝土用量大。

若需进一步增大基础的刚度和减少沉降差时，可把基础做成箱形基础(图 6-1(d))。箱形基础是由钢筋混凝土底板、顶板和纵横交错的隔墙组成的一个空间整体结构，其整体刚度很大，可使建筑物的不均匀沉降大量减小。有时也利用地下室或地下设备层做箱形基础。由于它不需回填土，因而相应地提高了地基的有效承载力。

单独基础、联合基础、条形基础、交叉条形基础、筏形基础和箱形基础都属于浅埋基础，埋深一般不大于3～6m范围内的值，可以用普遍开挖基槽的方法建造。

当由于浅层内的土质太差，或由于建筑物的竖向荷载太大，或由于地下水位太高不便于开挖基槽等原因而无法采用浅埋基础时，通常采用桩基础。建筑物的荷载通过与桩顶联成一体的承台传至较深处的坚实土层或岩层上(图6-2)。

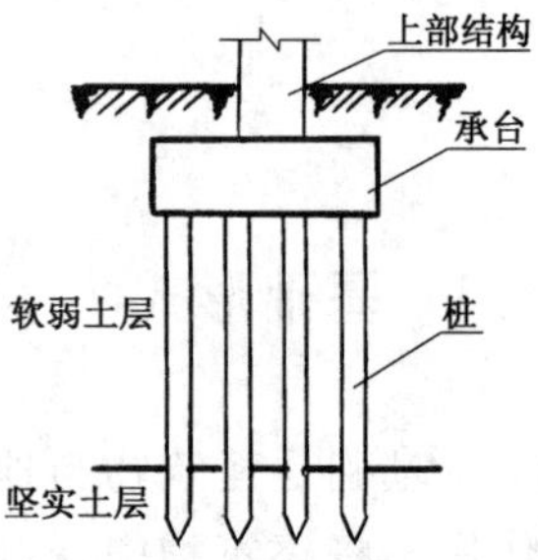

图6-2　桩基础

承台作为上部结构与桩基之间的连接部件，其作用与基础类似。承台的形式也可分为单独承台、条形承台、交叉条形承台、井字承台、筏形承台、箱形承台等多种。

浅埋基础比桩基础经济、施工简便、工期短。在可能的情况下，应尽量采用浅埋基础。

6.2　基底反力的分布及计算

6.2.1　地基计算模型

基础一方面承受上部结构传来的荷载，另一方面又受到基底反力的作用。只有确定基底反力的分布规律及其大小，才能计算基础结构的内力。基底反力的分布，除与地基的因素有关外，实际上还受基础以及上部结构的制约。对于设计计算，一般只限于考虑基础本身刚度的作用而忽略上部结构的影响。

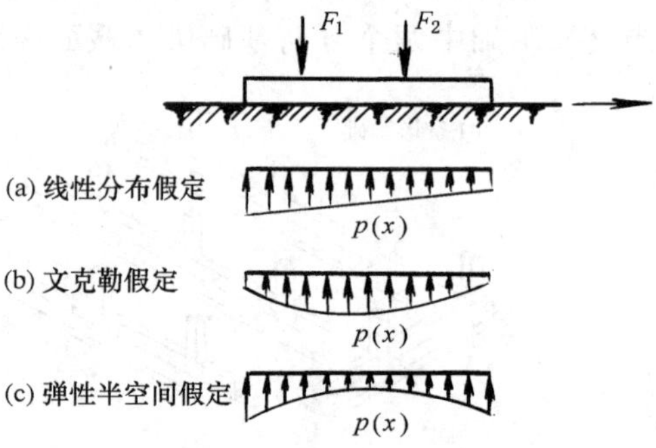

图6-3　基底反力分布

为了确定基底反力的分布，必须对地基建立假定的计算模型。目前在实际工程中应用较多的地基计算模型有：

(1) 线性分布假定　认为基底反力按线性分布，基底反力的数值由静力平衡条件来确定。

(2) 文克勒(Winkler)假定　认为地基土每单位面积上所受的压力与地基沉降成正比。

(3) 弹性半空间假定　认为地基是均质的弹性半空间连续体，地基上任意点的沉降与整个基底反力的分布有关。

按上述三种假定得到的基底反力分布如图6-3所示。一般来说，只有当基础刚度较大而地基较软且均匀时，线性分布假定才比较适用。文克勒假定与抗剪强度较低的地基(如淤泥、软黏土)比较相符。而弹性半空间假定则比较适用于抗剪强度较高的地基。

6.2.2　单独基础基底反力及底面积

1. 基底反力

为了防止地基产生过大的变形或相邻基础间产生过大的不均匀沉降，使得建筑物不能正常使用甚至造成严重的事故，基础底面产生的压力应不大于地基承载力设计值。

1) 轴心受压基础

假定基础底面压应力按线性分布。当基础承受轴心荷载作用时，基础底面的压力 p(图

6-4)应满足：

$$p=\frac{N+G}{A}\leqslant f \tag{6-1}$$

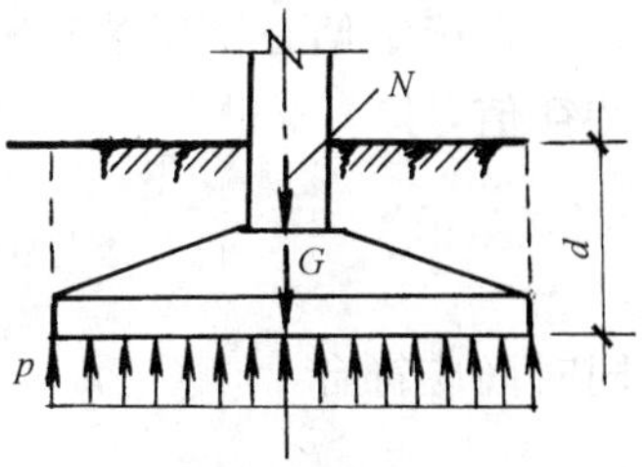

图 6-4 单独基础底面的压力

式中 N——相应于荷载效应标准组合时上部结构传至基础顶面的竖向力值(kN)；

G——基础自重设计值和基础上的土重标准值；

A——基础底面面积(m^2)；

f——修正后的地基承载力特征值(kN/m^2)。

设计时，可取基础和基础上土的平均重度为 $\gamma_m=20kN/m^3$，则 $G=\gamma_m Ad$，此处 d 为基础在室内地面(标高±0.000)下的埋置深度(m)，或为室内、外地面下平均埋置深度。将 G 代入上式，可得

$$A\geqslant\frac{N}{f-\gamma_m d} \tag{6-2}$$

2）偏心受压基础

当基础承受偏心荷载即同时承受轴力和弯矩时，按线性分布假定(图 6-5)可求得基底边缘处压力为

$$\left.\begin{matrix}p_{max}\\p_{min}\end{matrix}\right\}=\frac{N+G}{ab}\pm\frac{M_b}{W} \tag{6-3}$$

式中 p_{max}，p_{min}——相应于荷载效应标准组合时基础底面的最大和最小压应力值(kN/m^2)；

M_b——相应于荷载效应标准组合时作用于基础底面的弯矩值，$M_b=M+Vh$，其中 M，V 为基础顶面的弯矩和剪力设计值；

W——基础底面面积的弹性抵抗矩，$W=\frac{ba^2}{6}$(a 为基础底面弯矩作用方向的边长，b 为垂直于弯矩作用方向的边长)。

竖向力 $N+G$ 和弯矩 M_b 可合并成为一个偏心荷载，其偏心矩 $e=M_b/(N+G)$，则式(6-3)可写成

$$\left.\begin{matrix}p_{max}\\p_{min}\end{matrix}\right\}=\frac{N+G}{ab}\left(1\pm\frac{6e}{a}\right) \tag{6-4}$$

从上式可看出，当 $e>a/6$ 时，$p_{min}<0$，即基础底面积的一部分将产生拉应力，这是不符合实际的。此时，应假定这部分基础底面已脱离地基(图 6-5(c))，对基底反力重新进行计算。根据平衡条件，地基反力的合力应与 $N+G$ 大小相等，方向相反，并作用在一条直线上，即地基反力的三角形底边长度为 $3a'$，a'是 $N+G$ 作用点至基础底面最大压力边缘的距离，即 $a'=a/2-e$。由平衡条件得

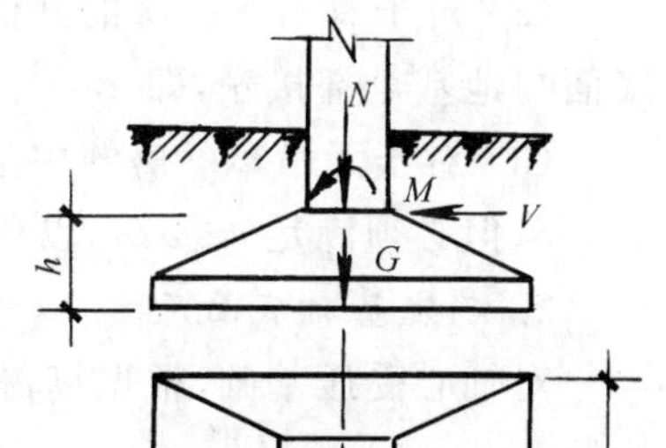

图 6-5 偏心受压基础的地基反力

$$N+G=\frac{1}{2}\times p_{max}\times 3a'\times b \tag{6-5}$$

即

$$p_{max}=\frac{2(N+G)}{3a'b} \tag{6-6}$$

在确定偏心受压基础底面尺寸时，基础底面的平均压应力不应超过修正后的地基承载力特征值，即

$$p=\frac{p_{\max}+p_{\min}}{2}\leqslant f \tag{6-7}$$

同时尚应符合

$$p_{\max}\leqslant 1.2f \tag{6-8}$$

3）厂房柱下单独基础

根据厂房设计和使用经验，为了避免不均匀压力作用对地基土的压缩造成基础倾斜，甚至影响厂房正常使用，设计时对基础底面压力分布除应按式(6-7)、式(6-8)予以限制外，尚应区别情况、符合下列规定：

(1) 对于厂房内吊车起重量 $Q\geqslant 750\text{kN}$ 的柱基础，以及对于露天吊车的柱基础，当吊车起重量 $Q>150\text{kN}$ 时，或者当地基承载力设计值 $f<175\text{kN/m}^2$，基础底面压力分布应限制为梯形，并应满足 $p_{\min}/p_{\max}>0.25$ 的条件。

(2) 对于有吊车厂房的其他情况，基础底面压力分布可以为梯形或三角形，但必须使基础底面与地基全部接触，即 $e\leqslant a/6$。

(3) 对于无吊车厂房的柱基础，当计入风荷载时，允许基础底面与地基局部脱开，即可以 $e>a/6$，但必须满足 $e\leqslant a/4$，以免基础转动过大。

2. 确定基础底面尺寸

对轴心受压基础，根据算得的基底面积 A，可容易地选定矩形基础底面的长边尺寸 a 和短边尺寸 b。

对偏心受压基础底面尺寸，可先按轴心受压情况计算底面积，然后视偏心矩大小将其增大10%～50%，初步选定长短边尺寸(通常 $a/b\leqslant 2$，一般取 1.5 左右)，然后验算是否满足式(6-7)和式(6-8)的要求。如不满足，再重新假定尺寸并进行验算，直至满足要求为止。

6.2.3 条形基础基底反力

如果假定基底反力为线性分布，用偏心受压公式便可确定基底反力为

$$\begin{matrix}p_{\max}\\p_{\min}\end{matrix}=\frac{\sum N}{BL}\pm\frac{6\sum M}{BL^2} \tag{6-9}$$

式中 $\sum N$——各竖向荷载的总和(kN)；

$\sum M$——各竖向荷载对基底形心的偏心力矩及外力矩的总和(kN·m)；

B,L——分别为基础的宽度和长度(m)。

基底反力计算用于验算地基承载力时，式(6-9)中的 $\sum N$ 包括自重 G；当基底反力计算用于计算基础内力时，因为基础(包括覆土)的自重不引起内力，式(6-9)中的 $\sum N$ 不包括自重，所得结果为净反力。

地基的反力分布图形对条形基础的内力影响很大。一般来说，只有当上部结构刚度较大，荷载分布较均匀，基础梁的高度大于 1/6 柱距，且地基比较均匀时，按线性分布确定的基底反力才能较好地反映实际情况。如果不符合上述条件，特别是地基的压缩性显著不均匀时，应按其他方法进行分析，如基于文克勒假定的弹性系数法和基于弹性半空间的链杆法等。详细方法可见有关地基与基础的教材，此处不予叙述。

6.2.4 交叉条形基础基底反力

对交叉条形基础的基底反力，当地基较软、分布较均匀且基础刚度较大时，可以按线性分布假定予以计算。

如果按基于文克勒假定的弹性系数法计算，则首先要解决节点处荷载在纵、横两个方向上的分配问题。当分配于纵、横两个方向条形基础上的荷载为已知时，即可分别按单向条形基础计算。

交叉条形基础节点处荷载的分配必须满足两个条件：第一个是静力平衡条件，即分配在纵、横梁上的两个力之和应等于作用在节点上的荷载；第二个是变形协调条件，即纵、横梁在交叉点处的沉降应相等。另外，为了简化计算，略去基础扭转变形的影响，即假定在十字交叉点处纵、横两个方向基础是上下简支的，即一个方向的条形基础有转角时，在另一个方向的条形基础内不引起内力，节点上两个方向的力矩分别由相应的纵梁和横梁承担。

图 6-6 所示为一交叉条形基础，任一节点 i 上作用有集中力 F_i。若按地基系数法考虑，可以近似地认为当节点间的间距大于 $1.8/\lambda_x$ 或 $1.8/\lambda_y$ 时，节点处的变形只与 F_i 有关。在中节点和角节点处，纵、横两个方向基础梁承担的集中力 F_{ix} 和 F_{iy} 为

$$F_{ix}=\frac{I_x\lambda_x^3}{I_x\lambda_x^3+I_y\lambda_y^3}F_i \quad F_{iy}=\frac{I_y\lambda_y^3}{I_x\lambda_x^3+I_y\lambda_y^3}F_i \tag{6-10}$$

在边节点处则为

$$F_{ix}=\frac{4I_x\lambda_x^3}{4I_x\lambda_x^3+I_y\lambda_y^3}F_i \quad F_{iy}=\frac{I_y\lambda_y^3}{4I_x\lambda_x^3+I_y\lambda_y^3}F_i \tag{6-11}$$

式中 I_x, I_y——分别为纵向(x 向)、横向(y 向)梁的截面惯性矩；

λ_x, λ_y——分别为纵向、横向无限长梁的柔度特征值：

$$\lambda_x=\sqrt[4]{\frac{kB_x}{4E_cI_x}},\lambda_y=\sqrt[4]{\frac{kB_y}{4E_cI_y}} \tag{6-12}$$

其中 B_x, B_y——分别为纵向、横向基础梁底面宽度；

k——地基系数；

E_c——基础梁弹性模量。

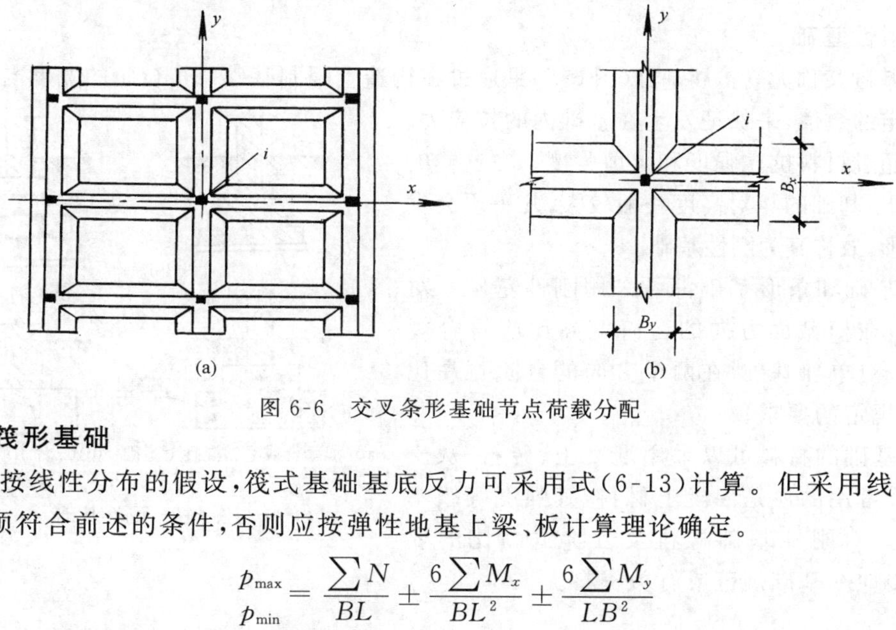

图 6-6 交叉条形基础节点荷载分配

6.2.5 筏形基础

如果按线性分布的假设，筏式基础基底反力可采用式(6-13)计算。但采用线性分布假定时，必须符合前述的条件，否则应按弹性地基上梁、板计算理论确定。

$$\begin{matrix}p_{max}\\p_{min}\end{matrix}=\frac{\sum N}{BL}\pm\frac{6\sum M_x}{BL^2}\pm\frac{6\sum M_y}{LB^2} \tag{6-13}$$

式中 $\sum N$——各竖向荷载的总和(kN)；

$\sum M_x$，$\sum M_y$——荷载对基底形心在 x，y 方向上的偏心力矩及外力矩的总和(kN·m)；

B，L——分别为基础的宽度和长度(m)。

为避免建筑物发生较大的倾斜，在确定筏式基础的平面尺寸时，可以调整底板各边的外挑长度，使基础接近中心受荷状态。

6.2.6 箱形基础

箱形基础的基底反力可根据《高层建筑箱形与筏形基础技术规范》(JGJ 6)提供的实用方法计算。

对于地基土比较均匀，上部结构为框架结构且荷载比较匀称，基础底板悬挑部分不超出0.8m，可以不考虑相邻建筑物的影响以及满足各项构造要求的单幢建筑物箱形基础，可以将基础底面划分成40个区格(纵向8格，横向5格)，某 i 区的基底反力按下式确定：

$$p_i = \frac{\sum P}{BL} \alpha_i \tag{6-14}$$

式中 $\sum P$——上部结构竖向荷载加箱形基础重；

B，L——分别为箱形基础的宽度和长度；

α_i——相应于 i 区格的基底反力系数，由JGJ 6规范附录C确定。

当纵横方向荷载不很匀称时，应分别求出由于荷载偏心产生的纵横向力矩引起的不均匀基底反力，并将该不均匀反力与由反力系数表计算的反力进行叠加。力矩引起的基底不均匀反力按直线变化计算。对于不符合地基反力系数法适用条件的情况可采用考虑地基与基础共同作用的方法计算。

6.3 基础设计

6.3.1 刚性基础

刚性基础又称无筋扩展基础(图6-7)是通过在构造上限制基础每个台阶的宽度与高度之比不超过规定的数值，来保证发生在基础内的拉应力、剪应力不超过材料抗拉强度和抗剪强度。在这样的限制条件下，基础的相对高度一般较大，几乎不会发生挠曲变形，故称其为刚性基础。

单独基础和条形基础都可采用刚性基础。对条形基础，在横截面方向的台阶宽高比应符合规定的要求；对单独基础，在两个方向的台阶宽高比都应符合规定的要求。

刚性基础的材料可以采用混凝土、砖石、灰土等，目前最常用的还是混凝土材料，其强度等级不低于C15。对刚性基础材料及台阶宽高比的要求，可查阅地基基础规范或有关资料。

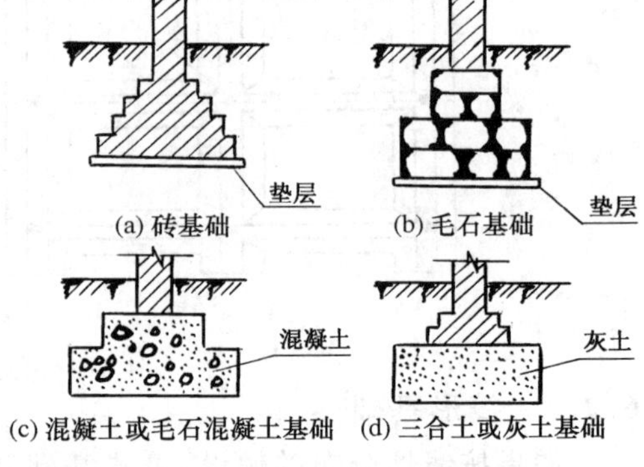

图6-7 刚性基础

当基础上的荷载较大或地基承载力较低时，所需基底宽度就会较大，若采用刚性基础，则相应的高度也较大，使基础用料多、自重大，对施工也可能造成不便。此时，宜采用钢筋混凝土扩展基础，以减小基础的高度。

6.3.2 单独基础

1. 单独基础形式

单独基础的常见形式为阶形基础和锥形基础。

对诸如单层厂房这类预制装配式结构，柱下单独基础的常用形式是杯形基础。杯形基础一般也常做成阶形(图 6-8(a))和锥形(图 6-8(b))两种。基础中预制的杯口部分供预制柱插入和连接用。当柱基由于地质条件所限制，或是附近有较深的设备基础或地坑而基础需深埋时，为了不使预制柱过长，可做成带短柱的高杯口基础(图 6-8(c))。

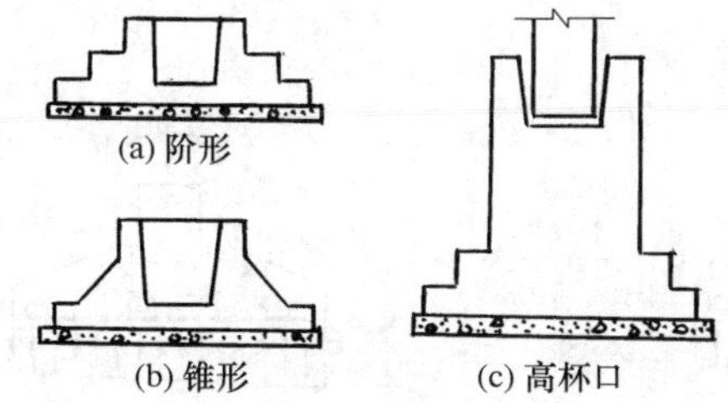

图 6-8 杯形基础

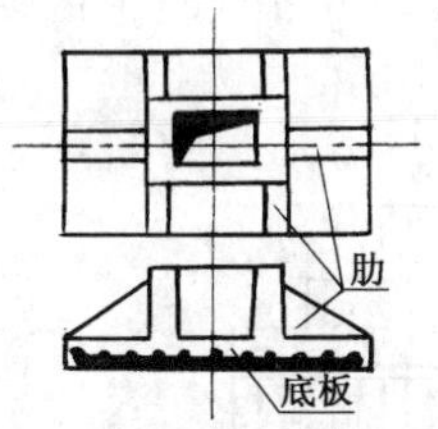

图 6-9 半装配式基础

为减少现场浇捣混凝土工程量，节约模板，加速施工进度，有的地区采用半装配式的板肋式基础。这种基础系将杯口和肋板预制，在现场与底板浇捣成整体(图 6-9)。

在地基土较坚实和均匀情况下，可采用无筋倒圆台基础(图 6-10)。这种基础的特点是将基础底面外圈设计成与水平面成 30°～35°的倾斜面，利用垂直此倾斜面的地基反力的水平分力来减小底板中的弯矩，使基础底面的拉应力小于混凝土的抗拉强度，因而可以不配钢筋。

在实际工程中，还有采用薄壳基础，图 6-11 是正锥形与倒锥形薄壳基础的外形。

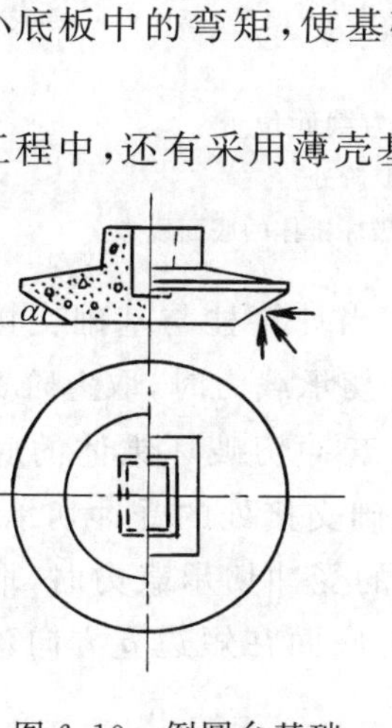

图 6-10 倒圆台基础

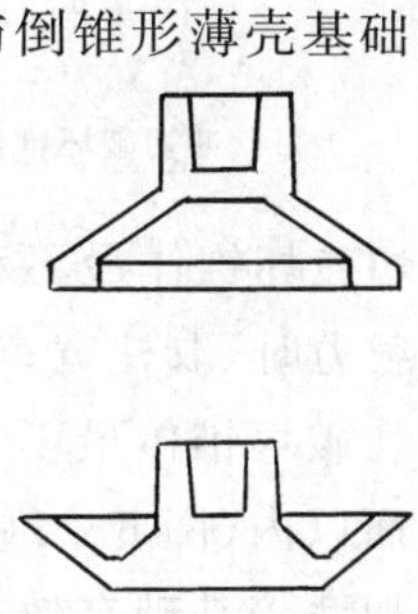

图 6-11 薄壳基础

在上部结构荷载大、地基土质差，对基础不均匀沉降要求较严的厂房中，一般采用桩基础。

在选定地基持力层和基础埋置深度、确定基础底面尺寸后，单独基础的设计还包括以下几方面内容：验算基础高度、计算底板钢筋、构造处理。

2. 基础高度

基础在承受柱传来的荷载时，如果沿柱周边(或变阶处)的高度不够，将会发生冲切破坏。为了保证不发生冲切破坏，GB50010 规范要求：

$$F_l \leqslant 0.7\beta_{hp} f_t b_m h_0 \qquad F_l = p_s A \qquad b_m = \frac{1}{2}(b_t + b_b) \tag{6-14}$$

式中　β_{hp}——受冲切承载力截面高度影响系数，当 h 不大于 800mm 时，β_{hp} 取 1.0；当 h 大于等于 2000mm 时，β_{hp} 取 0.9，其间按线性内插法取用；

h_0——基础冲切破坏锥体的有效高度；

p_s——在荷载设计值作用下基础底面单位面积上的地基反力（可不包括基础自重及其上填土重所产生的反力），当为轴心受压时，可取为净反力 $p_n = N/ab$；当为偏心受压时，可取用最大的地基净反力 $p_{n,max}$；

A——考虑冲切荷载时取用的多边形面积（图 6-12(a)，(b)中的阴影面积 $ABCDEF$ 或图 6-12(c)中的阴影面积 $ABCD$）；

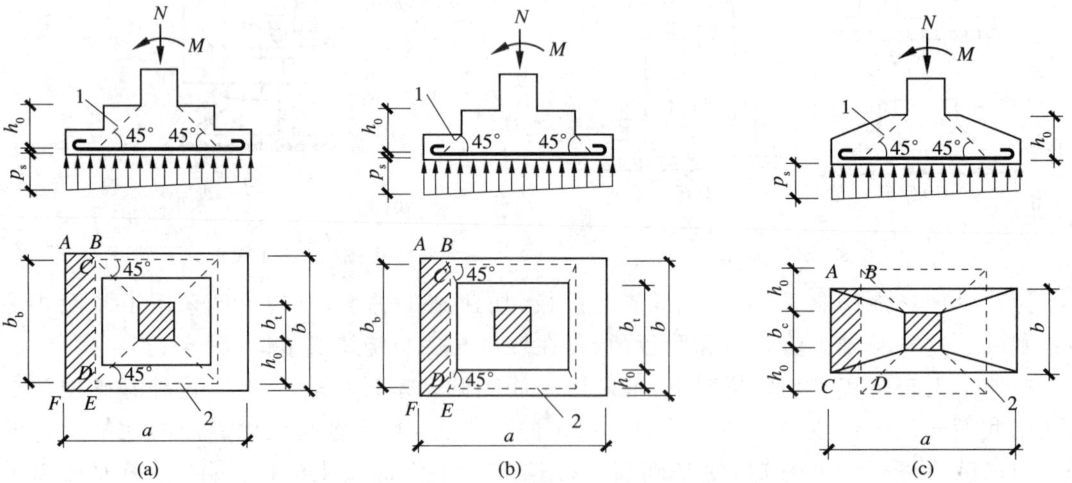

图 6-12　计算阶形基础的受冲切承载力截面位置

(a)，(c) 柱与基础交接处；(b) 基础变阶处

1—冲切破坏锥体最不利一侧的斜截面；2—冲切破坏锥体的底面线

b_t——冲切破坏锥体最不利一侧斜截面的上边长：当计算柱与基础交接处的受冲切承载力时，取柱宽；当计算基础变阶处的受冲切承载力时，取上阶宽；

b_b——冲切破坏锥体最不利一侧斜截面的下边长：若冲切破坏锥体的底面落在基础底面以内（图 6-12(a)，(b)），当计算柱与基础交接处的受冲切承载力时，取柱宽加两倍基础有效高度；当计算基础变阶处的受冲切承载力时，取上阶宽加两倍该处的基础有效高度。若冲切破坏锥体的底面在短边 b 方向落在基础底面以外，即 $a+2h_0 \geqslant b$ 时，取 $b_b = b$。

基础高度通常是受冲切承载力控制的。在设计时可根据构造要求先假定基础高度，然后验算其受冲切承载力，若不满足要求，则重新假定基础高度，直至受冲切承载力满足要求为止。

3. 基础底板配筋计算

基础底板在地基净反力作用下，在两个方向均产生向上弯曲，因此，需在底板下部双向配置受力钢筋。配筋计算的最危险截面一般取在柱与基础交接处和变阶处（对阶形基础）。计算两个方向的弯矩时，把基础看成是固定在柱子周边的四面挑出的倒悬臂板，计算简图如

图 6-13 所示。

对于轴心受压基础，沿长边 a 方向的截面 Ⅰ-Ⅰ处的弯矩 $M_{\rm I}$ 等于作用在梯形面积 $ABCD$ 上的总地基净反力与该面积形心到柱边截面 Ⅰ-Ⅰ的距离 $e_{\rm I}$ 相乘之积。因为

$$V_{\rm I}=p_{\rm n}\frac{1}{4}(b+b_{\rm c})(a-a_{\rm c}) \tag{6-15}$$

$$e_{\rm I}=\frac{2}{3}\left(\frac{2b+b_{\rm c}}{b+b_{\rm c}}\right)\frac{(a-a_{\rm c})}{2}\times\frac{1}{2}=\frac{(a-a_{\rm c})(2b+b_{\rm c})}{6(b+b_{\rm c})} \tag{6-16}$$

$$M_{\rm I}=V_{\rm I}e_{\rm I}=\frac{1}{24}p_{\rm n}(a-a_{\rm c})^2(2b+b_{\rm c}) \tag{6-17}$$

沿长边 a 方向的受力钢筋截面面积按下列近似公式计算：

$$A_{\rm sI}=\frac{M_{\rm I}}{0.9h_0f_{\rm y}} \tag{6-18}$$

式中，h_0 为截面 Ⅰ-Ⅰ的有效高度。

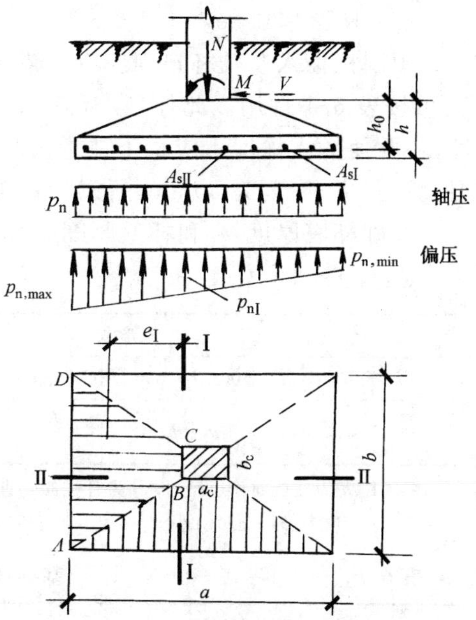

图 6-13　基础配筋计算简图

同理，在基础短边 b 方向，对柱边截面 Ⅱ-Ⅱ的弯矩 $M_{\rm II}$ 为

$$M_{\rm II}=\frac{1}{24}p_{\rm n}(b-b_{\rm c})^2(2a+a_{\rm c}) \tag{6-19}$$

沿短边方向的钢筋通常放在长边钢筋的上面，如果上、下两层钢筋的直径都为 d，则截面 Ⅱ-Ⅱ的有效高度为 h_0-d，由此得

$$A_{\rm sII}=\frac{M_{\rm II}}{0.9(h_0-d)f_{\rm y}} \tag{6-20}$$

对于偏心受压基础，底板钢筋计算仍可应用轴心受压时的公式，但应注意的是在计算 $M_{\rm I}$ 时需用 $(p_{\rm n,max}+p_{\rm nI})/2$ 代替 $p_{\rm n}$，这里 $p_{\rm nI}$ 为截面 Ⅰ-Ⅰ处的地基净反力；在计算 $M_{\rm II}$ 时需用 $(p_{\rm n,max}+p_{\rm n,min})/2$，即用平均净反力 N/A 代替 $p_{\rm n}$。

对于阶形基础变阶处截面（或杯形基础变阶处）亦应进行底板配筋计算，最后按钢筋面积较大者配筋。

4．构造要求

（1）一般要求

轴心受压基础一般做成方形，偏心受压基础则一般为矩形，通常边长比 $a/b\leqslant 2$，最大不超过 3。

锥形基础边缘高度不宜小于 200mm。阶形基础的每阶高度宜为 300～500mm。

基础受力钢筋一般配置在基础底面处，其最小直径不宜小于 10mm，间距不宜大于 200mm，也不宜小于 100mm。当基础边长≥2.5m 时，沿此方向的钢筋长度可减短 10%，并交错放置。

基础下面通常采用强度等级较低的混凝土做垫层（如 C10），厚度一般为 100mm。当有垫层时，钢筋保护层不宜小于 40mm；当土质较好且干燥时，可不做垫层，但这时保护层厚度不宜小于 70mm。

（2）杯形基础

预制柱插入基础杯口内应有足够的深度，使柱子与基础的连接为刚性连接。插入深度 h_1 可按表 6-1 选用。此外，h_1 还应满足柱纵筋锚固长度的要求。为保证柱子吊装时的稳定性，还要使插入深度不应小于柱子吊装时长度的 5%。杯口底部在柱子吊装就位之前用细石混凝土找平，厚度为 50mm，所以杯口深度应为 h_1+50mm。

基础杯底厚度 a_1 和杯壁厚度 t（图 6-14）可按表 6-2 选用。

表 6-1　　柱插入杯口深度 h_1　　mm

矩形或I形柱				单肢管柱	双肢柱
$h<500$	$500\leqslant h<800$	$800\leqslant h\leqslant 1000$	$h>1000$		
$h_1=(1\sim1.2)h$	$h_1=h$	$h_1=0.9h$，且 $\geqslant 800$	$h_1=0.8h$，且 $\geqslant 1000$	$h_1=1.5d_z$，且 $\geqslant 500$	$h_1=(1/3\sim2/3)h_a$ 或 $(1.5\sim1.8)h_b$

注：(1) h 为柱截面长边尺寸；d_z 为管柱的外直径；h_a 为双肢柱整个截面长边尺寸；h_b 为双肢柱整个截面短边尺寸；

(2) 柱轴心受压或小偏心受压时，h_1 可适当减小；偏心距 $e_0>2h$ 或 $e_0<2d$ 时，h_1 应适当加大。

表 6-2　　基础杯底厚度 a_1 和杯壁厚度 t　　mm

柱截面长边尺寸 h	杯底厚度 a_1	杯壁厚度 t
$h<500$	$\geqslant 150$	150～200
$500\leqslant h<800$	$\geqslant 200$	$\geqslant 200$
$800\leqslant h<1000$	$\geqslant 200$	$\geqslant 300$
$1000\leqslant h<1500$	$\geqslant 250$	$\geqslant 350$
$1500\leqslant h<2000$	$\geqslant 300$	$\geqslant 400$

注：(1) 双肢柱的 a_1 值可适当加大；

(2) 当有基础时，基础梁下的杯壁厚度应满足其支承宽度的要求；

(3) 柱插入杯口部分的表面应凿毛。柱与杯口之间的空隙，应用细石混凝土（比基础混凝土强度高一级）充填密实，其强度达到基础设计强度的 70% 以上（或采取其他相应措施）时，方能进行上部吊装。

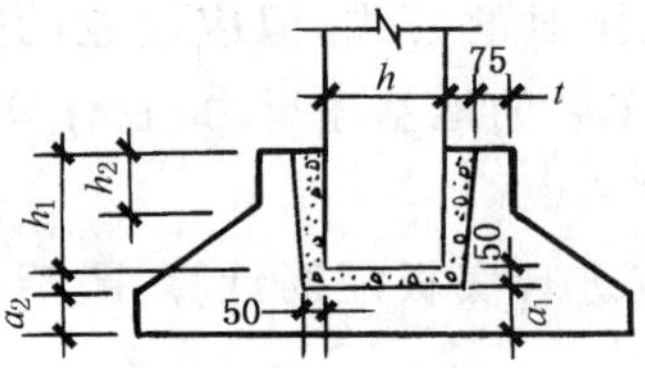

图 6-14　杯形基础构造要求

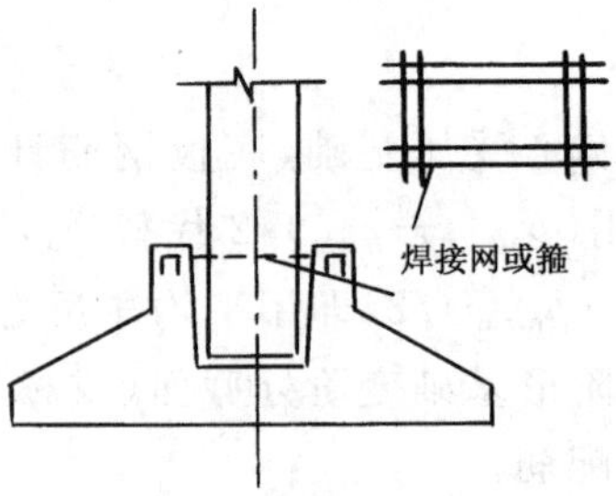

图 6-15　杯壁内配筋示意图

当柱为轴心或小偏心受压且 $t/h_2\geqslant 0.65$ 时，或大偏心受压且 $t/h_2\geqslant 0.75$ 时，杯壁内可不配筋。当柱为轴心或小偏心受压且 $0.5\leqslant t/h_2<0.65$ 时，杯壁内可按表 6-3 及图 6-15 的要求配筋。

表 6-3　　杯壁构造配筋

柱截面长边尺寸 h/mm	$h<1000$	$1000\leqslant h<1500$	$1500\leqslant h\leqslant 2000$
钢筋网的钢筋直径/mm	8～10	10～12	12～16

对于伸缩缝处双杯口基础，当两个杯口之间的宽度 $a_3<400$mm时，该处宜按图 6-16 的要求配筋。

对于杯形基础，如杯壁厚度 $t+75$mm 小于杯壁高度 h_2，说明上阶底落在冲切破坏角锥形以内，则对柱边可不作冲切验算，但需对变阶截面处作抗冲切验算。

(3) 基础梁

当柱下采用单独基础时，通常用基础梁来承托围护墙体并把荷载传给基础，这样可使墙与柱一起沉降，墙面不易开裂。

基础梁两端可支承在基础顶面或杯口上。如基础埋置深度较大时，可在基础顶面或杯口上加设混凝土垫块，将基础梁搁在加设的垫块上(图 6-17)。

是否采用基础梁应视工程的具体情况而定。当地基土较好、柱基础又埋得较浅时，也可不设基础梁，而采用砖石或混凝土的墙基础。

基础梁有钢筋混凝土和预应力混凝土两种，有标准图集可以直接选用。

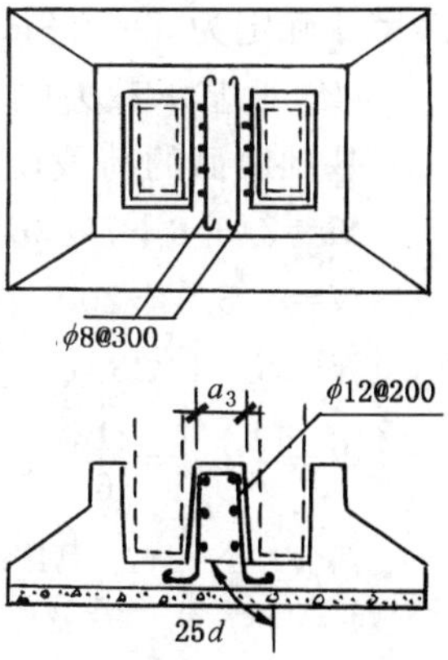

图 6-16　双杯口单独基础

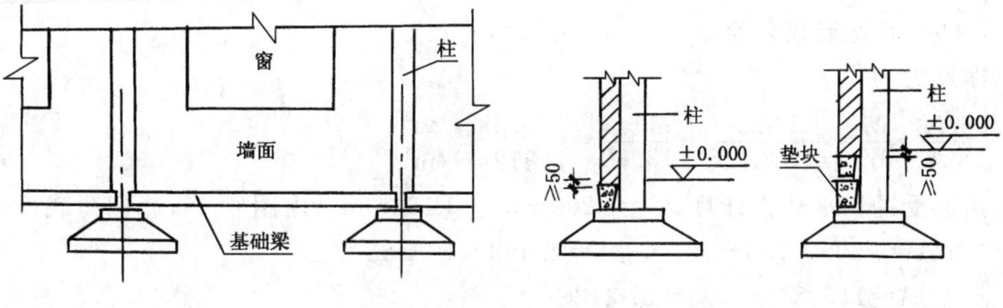

图 6-17　基础梁的搁置方式

5. 单独基础设计例题

【例 6-1】 某柱下单独基础(图 6-18)，基础顶面标高为－0.60m，基础底面标高－1.80m。柱传至基础顶面的内力设计值为 M_1＝746.6kN·m，N_1＝825.1kN，V_1＝79.36kN。基础梁传至基础顶面的竖向荷载(基础梁、墙、窗自重)设计值为 N_2＝200kN，该荷载至底面中心线的距离为0.65m。柱的截面尺寸为 500mm×1000mm。天然地面下1.2m处(标高－1.35m)为老土层，修正后的地基承载力为120kN/m²，常年平均地下水位在地面下 1.3m(标高－1.45m)，土及基础之平均重度 γ_m＝20kN/m³。基础采用 C30 混凝土，HPB300 钢筋。试设计此基础。

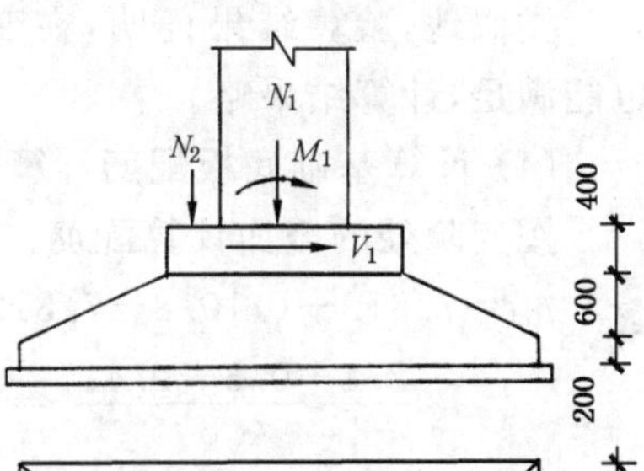

图 6-18　基础的荷载及埋深(例 6-1)

【解】(1) 确定基础底面积

先按轴心受压情况估算：

$$A \geqslant \frac{N}{f-\gamma_m d}$$

$$=\frac{825.1+200}{120-[20\times1.45+(20-10)\times0.35]}$$

$$=11.72\text{m}^2$$

可取底面积为(1.1～1.5)A＝12.89～17.57m²。将基础底

面尺寸确定为 $a=4.8\text{m}$，$b=3.6\text{m}$（$A=17.28\text{m}^2$）。

（2）地基承载力验算

基础底面的荷载设计值为

$M=746.6+79.36\times1.2-200\times0.65=711.8\text{kN}\cdot\text{m}$

$N=825.1+200.0=1\,025.1\text{kN}$

$N+G=1\,025.1+[20.0\times1.45+(20.0-10.0)\times0.35]\times4.8\times3.6=1\,587\text{kN}$

$$W=\frac{1}{6}ba^2=\frac{1}{6}\times3.6\times4.8^2=13.82\text{m}^3$$

$$\left.\begin{matrix}p_{\max}\\p_{\min}\end{matrix}\right\}=\frac{N+G}{A}\pm\frac{M}{W}=\frac{1\,587}{4.8\times3.6}\pm\frac{711.8}{13.82}=\begin{cases}143.3\text{kN/m}^2\\40.34\text{kN/m}^2\end{cases}$$

因为 $\dfrac{p_{\max}+p_{\min}}{2}=91.82<f=120\text{kN/m}^2$，且 $p_{\max}<1.2f=1.2\times120=144\text{kN/m}^2$，所以地基承载力满足要求。

（3）基础受冲切承载力验算

地基净反力为

$$\left.\begin{matrix}p_{\text{n,max}}\\p_{\text{n,min}}\end{matrix}\right\}=\frac{N}{A}\pm\frac{M}{W}=\frac{1\,025}{4.8\times3.6}\pm\frac{711.8}{13.82}=\begin{cases}110.8\text{kN/m}^2\\7.812\text{kN/m}^2\end{cases}$$

对柱边的受冲切承载力计算，$h_0=1\,200-35=1\,165\text{mm}$。由图 6-19，冲切荷载面积（图中阴影部分）为 $A=3\,600\times735-385\times385=2.498\times10^6\text{mm}^2$。

$F_l=p_{\text{n,max}}A=110.8\times2.498=276.8\text{kN}$

由于 $h=1\,200\text{mm}$，β_{hp} 按线性内插取 0.967。

$$0.7\beta_{\text{hp}}f_tb_mh_0=0.7\times0.967\times1.43\times\frac{500+2\,830}{2}\times1\,165=1.878\times10^6\text{N}>F_l$$

所以柱边的受冲切承载力满足。

类似地，验算结果证明，在变阶处的受冲切承载力也能满足，计算结果略。

（4）计算基础底板配筋计算

按变阶处的截面计算配筋。对长边方向：

$$p_{\text{nI}}=7.812+(110.8-7.812)\times\frac{2.4+0.5+0.425}{4.8}=79.15\text{kN/m}^2$$

$$\begin{aligned}M_{\text{I}}&=\frac{1}{24}p_{\text{n}}(a-a_c)^2(2b+b_c)\\&=\frac{1}{24}\times\frac{110.8+79.15}{2}\times(4.8-1.85)^2\times(2\times3.6+1.35)\\&=294.4\text{kN}\cdot\text{m}\end{aligned}$$

$$A_{\text{sI}}=\frac{M_{\text{I}}}{0.9h_0f_y}=\frac{294.4\times10^6}{0.9\times765\times270}=1584\text{mm}^2$$

$$\frac{A_{\text{sI}}}{b}=\frac{1584}{3.6}=439.9\text{mm}^2/\text{m}$$

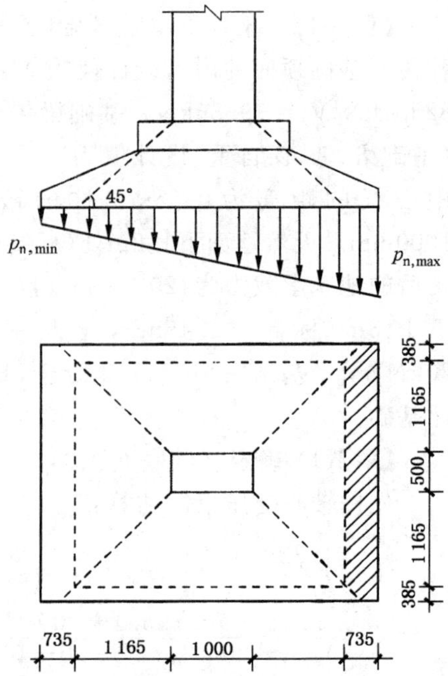

图 6-19　柱边处受冲切承载力验算（例 6-1）

取 $\phi 10$@180(436mm²/m)。

对短边方向：

$$M_{II}=\frac{1}{24}p_n(b-b_c)^2(2a+a_c)=\frac{1}{24}\times\frac{110.8+7.812}{2}\times(3.6-1.35)^2\times(2\times4.8+1.85)$$
$$=143.2\text{kN}\cdot\text{m}$$

$$A_{sII}=\frac{M_{II}}{0.9(h_0-d)f_y}=\frac{143.2\times10^6}{0.9\times(765-10)\times270}=781\text{mm}^2$$

$$\frac{A_{sII}}{a}=\frac{781}{4.8}=162.6\text{mm}^2/\text{m}$$，取 $\phi 8$@200(251mm²/m)。

6.3.3 柱下条形基础和交叉条形基础

1. 内力计算

工程实践中常用以下两种简化方法来计算柱下条形基础的内力：

(1) 静定分析法

求出基底反力分布后，基础上所有的作用力都已确定，便可按静力平衡条件计算出任一截面的弯矩和剪力。

(2) 倒梁法

将柱视作支座、基础梁视作倒置的多跨连续梁，土反力则作为荷载，来计算内力。

用倒梁法计算所得的支座反力与上部柱传下的荷载间可能会有较大的不平衡力，这主要是由于未考虑到基础梁挠度与地基土变形协调条件而造成的。对这个问题，实践上可采用反力的局部调整法予以解决，即将支座反力与柱传下的力间的差值(正或负的)均匀分布在相应支座两侧各1/3跨度范围内，作为地基反力的调整值，然后再进行一次连续梁分析。如果调整一次后的结果仍不满意，还可再次调整，使支座反力和柱传下的力基本接近。

对交叉条形基础，在解决了柱荷载在纵、横两组条形基础中的分配后，其内力计算可按两组条形基础对待。

2. 构造要求

柱下条形基础的构造要求如图6-20所示。基础的横截面一般做成倒T形，梁高 h 宜为柱距的1/4～1/8，其翼板厚度 h_f 不宜小于200mm。当 $h_f\leqslant250$mm 时，翼板做成等厚度；当 $h_f>250$mm 时，翼板可做成坡度 $i\leqslant1:3$ 的变截面。基础梁的肋高按计算确定，肋宽 b 应比墙或柱稍大些。当柱荷载较大时，接近柱旁的剪力较大，此时可在基础梁的支座处加腋(图6-20(b))。条形基础的两端端部应向外伸出，其长度宜为第一跨距的0.25～0.3倍，以增大基础的

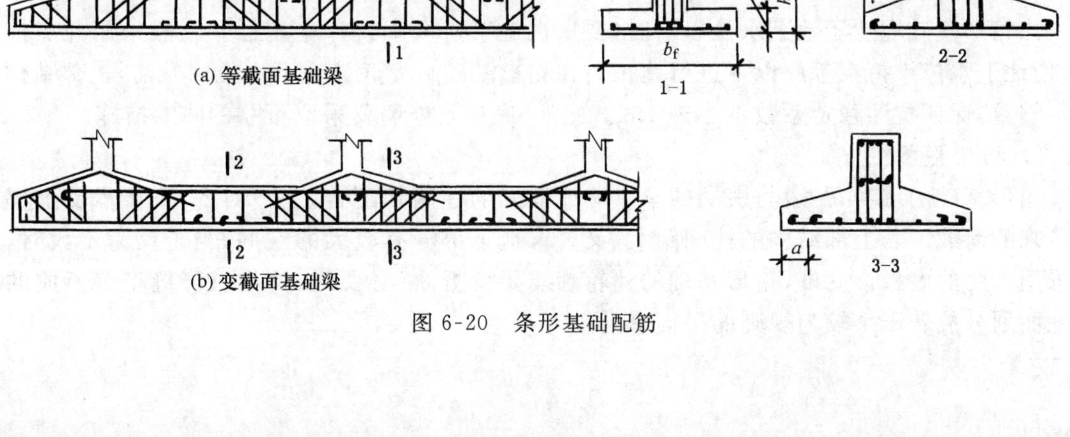

图6-20 条形基础配筋

底面积，并使基底反力分布比较合理。

肋中受力钢筋直径不小于10mm。翼板中受力钢筋直径不小于8mm，间距100～200mm。当翼板的悬伸长度 $l_f>750$mm时，翼板受力钢筋有一半可在距翼板边为 $a(a=0.5l_f-20d)$ 处切断。

箍筋直径不应小于8mm。当肋宽 $b\leqslant350$mm时，用双肢箍；当 $350<b\leqslant800$mm时，用四肢箍；当 $b>800$mm时，用六肢箍。在梁的中间0.4L范围内，箍筋的间距可以适当放大。箍筋应做成封闭式。当梁的高度大于700mm时，应在梁的侧面设置纵向构造钢筋。

柱下条形基础的混凝土强度等级不应低于C20。

6.3.4 筏形基础

1. 内力计算

基底反力确定后，实践中常用所谓的"倒楼盖"法对筏形基础的内力作分析计算。将筏形基础视为倒置的楼盖，以柱子为基础，地基的净反力为荷载。对平板式筏形基础，可按倒置的无梁楼盖计算；对梁板式筏形基础，可按倒置的肋梁楼盖计算。

当上部结构的整体刚度很大时，用"倒楼盖"法计算筏形基础的内力是比较合适的。当上部结构的整体刚度很小时(在房屋结构中这种情况不多)，筏形基础在柱位处的相对竖向位移不能忽略，此时按倒楼盖计算是不合理的，而应按地基上的板进行分析计算。

2. 构造要求

平板式筏形基础的底板厚度通常可取为1～3m。对梁板式筏形基础，纵、横两个方向的梁肋高度一般取成一样，底板厚度宜取200～400mm。

筏形基础的底板配筋构造要求与一般现浇楼盖相同，但为了抵抗混凝土的收缩和温度应力，在底板的上、下两面都宜布置双向的通长钢筋，每层每个方向不少于ϕ10@200，通常采用ϕ12@200或ϕ14@200。此外，在底板底面的四角，应放置45°斜向5ϕ12的钢筋。而多跨连续梁肋的配筋构造则与一般的连续梁相似，可参照其要求进行处理。

6.3.5 箱形基础

1. 设计计算

箱形基础常用以下两种方法进行计算：

(1) 把箱形基础当作绝对刚性板，不考虑上部结构的共同工作，用弹性理论确定地基反力和基础内力。计算箱形基础顶板和底板时，包括整体受弯及局部弯曲共同产生的内力。

(2) 把箱形基础作为建筑物的一个地下楼层，不考虑箱形基础整体受弯作用，只按局部弯曲来计算底板内力。地基内力假定为均匀分布，底板按倒楼盖计算。隔墙看作支座，顶板按支承在隔墙上的一般平面楼盖计算。

按第二种方法计算得到的底板较薄、配筋较少。高层建筑的箱形基础用第二种方法计算较为合理。

当箱形基础埋置于地下水位以下时，要重视施工阶段中抗浮稳定性。一般采用井点抽水法，使地下水位维持在基底以下进行施工。在箱形基础封完底让地下水位回升前，上部结构应有足够重，保证抗浮稳定系数不小于1.2。此外，底板及外墙要采取可靠的防渗措施。

2. 构造要求

箱形基础的墙身，一般与底层的承重墙或框架的柱网相配合，上下对齐，直接承受上部结构传来的荷载。若上部结构的柱间距大、又要求地下部分有较大的空间，当土反力不大时，也可采用带肋的底板。此外，箱形基础的外轮廓线要少折曲，必要时，可由沉降缝把多折曲的基础平面划分成若干个较为规则的平面来处理。

箱形基础在构造上要求平面形状简单，通常为矩形，基底的形心与主要荷载的合力尽量重合。通常，底板厚 300～600mm，顶板厚 200～400mm，外墙厚 300～400mm，内隔墙厚 200～300mm。隔墙应顺柱列设置。顶、底板之间的净高一般为 3～4m，以适合作地下室的要求。顶、底板的配筋率不宜超过 0.8%，由计算确定。隔墙的钢筋按经验配置，采用双层钢筋网，通常如下采用：内墙 ϕ10 @200，外墙 ϕ10～ϕ12 @150～200，纵向钢筋应伸入顶、底板内，以形成整体。

6.4 桩基承台设计

6.4.1 设计原则

承台通常呈三维块体状，其受力性能和破坏特征比较复杂。但考虑到我国工程技术人员的设计习惯，《建筑桩基技术规范》(JGJ 94—2008)、《钢筋混凝土承台设计规程》(CECS88:97)参照普通的混凝土结构构件的设计方法，对承台仍按弯曲、剪切、冲切、局部受压等几种假想的破坏形态分别进行承载力设计计算。

从国内外有关桩基承台的试验资料中发现，承台在达到承载能力极限状态时，大多以脆性的剪切型(冲切、剪切)破坏控制，在正常使用条件下的变形和裂缝宽度较小，对于承台的正常使用极限状态通常不予验算。

沉桩或承台施工完毕后，实际的桩位或承台尺寸与设计的情况难免存在一些偏差，《建筑地基基础工程施工质量验收规范》(GB 50202—2002)允许沉桩完毕后桩轴线偏差约为150mm。而承台的承载力对桩位和承台尺寸的变化较为敏感，像受冲切、受剪切承载力就是如此。必要的话，应根据沉桩完毕后的实际桩位和承台尺寸重新验算承台的承载力。

6.4.2 桩位布置

承台下布桩时应尽可能均匀、对称，桩群的承载力重心宜与长期荷载重心重合，并使桩基在受横向力和力矩较大方向有较大的抵抗矩。

对柱下条形承台及交叉条形承台，桩宜布置在柱附近；墙下条形承台及井字形承台，桩宜沿承台轴线均匀布置，且建筑物四角、墙体转角处、纵横墙相交处、沉降缝的两边均宜布桩，但在首层门窗洞下不宜布桩。

当桩数较少时，对于箱形承台或墙下筏式承台，宜将桩布置于墙下；对柱下筏式承台，宜将桩布置于柱下或附近；若筏形承台带有梁(肋)，可在梁(肋)下布桩。当箱形承台及筏形承台需要的桩数较多，又不能采用承载力更高的桩时，可采用满堂布桩。

6.4.3 单桩竖向力的计算

对承台的各种承载力的计算，都需要用到单桩竖向力设计值。在承台顶面荷载的作用下(图 6-21)，独立承台的单桩竖向力设计值可按下式计算：

$$N_i = \frac{F+G}{n} \pm \frac{M_x y_i}{\sum_1^n y_j^2} \pm \frac{M_y x_i}{\sum_1^n x_j^2} \quad (6\text{-}21)$$

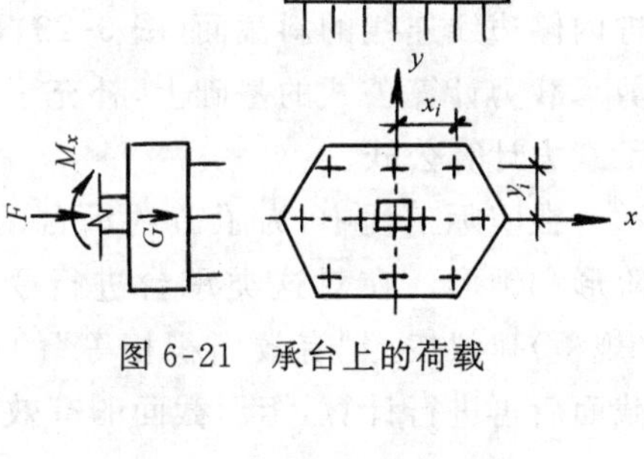

图 6-21 承台上的荷载

式中 N_i——第 i 根桩的单桩竖向力设计值；

n——承台底总的桩数；

F——承台顶面柱底传来的轴向力设计值；

G——承台自重和承台上土自重的设计值；

M_x, M_y——上部结构传给承台顶面的、对通过桩群形心的 x, y 轴的力矩设计值；

x_i, y_i——第 i 根桩至通过桩群形心的 y, x 轴线的距离。

若 M_x 或 M_y 在第 i 根桩中引起的竖向力为压力时，在式(6-21)中的相应项前用"＋"号，否则应用"－"号。

对有些情况，如承台的受冲切、受剪切承载力计算，若在式(6-21)中不计入 G 可能更为不利，这时可不考虑 G。而对另外一些情况，如承台的受弯承载力计算，则以考虑 G 较为安全；不过，若承台与下部土的接触确有保证时，为了使设计经济，也可不考虑 G。

6.4.4 承台设计计算

这里对承台的设计计算只作概括性的介绍，详细方法可参阅前面提及的《建筑桩基技术规范》(JGJ 94—2008)、《钢筋混凝土承台设计规程》(CECS88:97)。

1. 正截面受弯承载力

对多桩矩形承台(图 6-22)，弯矩计算截面取在柱边和承台高度变化处(杯口外侧或台阶边缘)。计算截面处的弯矩为

$$M_x = \sum N_i y_i \qquad M_y = \sum N_i x_i \quad (6\text{-}22)$$

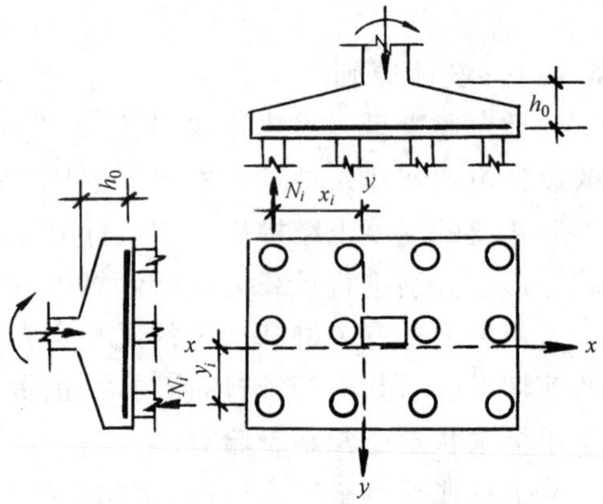

图 6-22 矩形承台弯矩计算截面

式中 M_x, M_y——垂直 y 轴、x 轴方向计算截面处的弯矩设计值；

x_i, y_i——垂直 y 轴、x 轴方向自桩中心到相应计算截面的距离；

N_i——在计算截面一侧的单桩竖向力设计值。

在计算截面的弯矩确定之后，即可按普通受弯构件正截面受弯承载力的设计计算方法确定纵筋的数量。

这种方法概念明确、计算方便，计算结果与现有的试验资料也比较相符。

对三桩承台和圆形、正多边形承台的受弯承载力计算方法，在有关规范(规程)中也有规定。

2. 斜截面受剪承载力计算

柱(墙)下桩基承台，应分别对柱(墙)边、变阶处和桩边联线形成的贯通承台的斜截面的受剪承载力进行验算。当承台悬挑边有多排桩形成多个斜截面时，应对每个斜截面的受剪承载力进行验算。

对无腹筋等厚度承台，规范(规程)取剪切破坏面为通过柱边和桩内侧边线连线的斜截面(图 6-23)，并在《混凝土结构设计规范》受剪承载力计算公式的基础上，补充了适用于剪跨比小于 1.4 的受剪承载力计算公式。

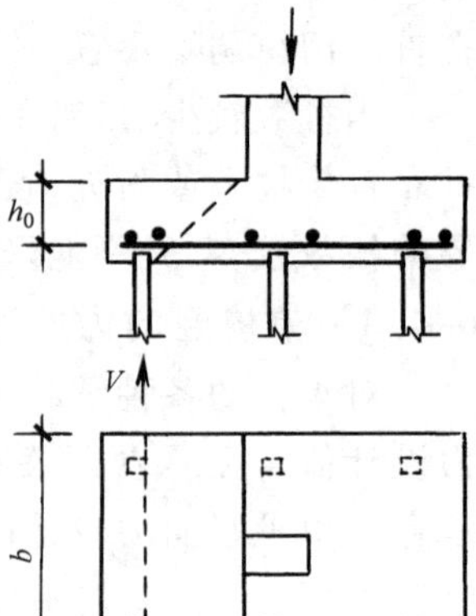

图 6-23 承台受剪切承载力计算截面

在实际工程中，为了节约承台的混凝土用量，常常将承台做成阶形和锥形。在对这类承台进行受剪切承载力设计计算时，规范(规程)建议按照"有效面积相等"的原则将截面换算成等效的矩形截面后再进行计算，矩形截面的有效高度取与原截面中的最大有效

高度相同。

在国内工程中，对单独承台配置腹筋的不多，但对于连续的条形承台一般是配置腹筋的。对于配置腹筋的承台，规范（规程）给出的受剪承载力计算公式也考虑箍筋、弯起钢筋对承载力的贡献。

3. 柱下承台受冲切承载力计算

桩基承台厚度应满足柱（墙）对承台的冲切和基桩对承台的冲切承载力要求。与普通混凝土板的冲切相比，承台的冲跨比（为冲切荷载与支承间的净距除以板的有效高度）往往较小。试验结果表明，冲跨比的减小对受冲切承载力有明显的提高作用。《混凝土结构设计规范》(GB 50010)中给出的受冲切承载力计算公式适用于冲跨比$\geqslant 1$的情况，若用其计算当冲跨比<1时，承台的受冲切承载力则过于保守。

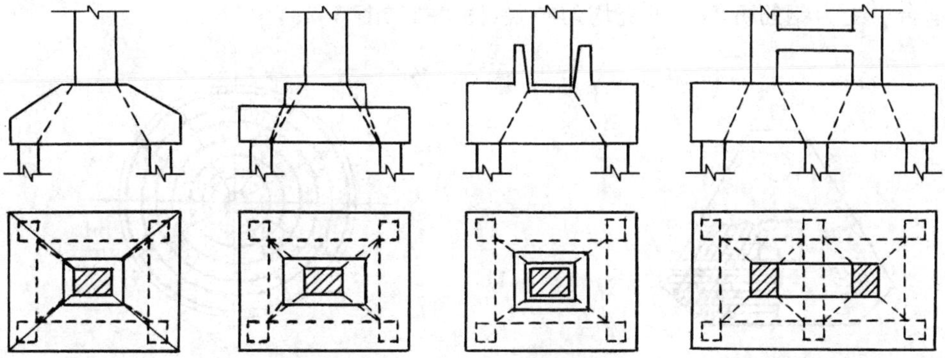

(a) 锥形承台　(b) 阶形承台　(c) 杯口形承台　(d) 双肢柱下承台

图 6-24　承台的柱下冲切破坏

当柱下承台发生冲切破坏时，其实际的破坏面形状比较复杂。为了适用于不同桩数和不同类型承台的设计，规范（规程）假定承台发生柱下冲切破坏时形成如图 6-24 所示的四棱锥台，据此给出了当冲跨比$\leqslant 1$时承台的受冲切承载力计算公式。

另外，对筏形承台或箱形承台的底板，还应按图 6-25 所设的冲切锥验算在群桩作用下承台的受冲切承载力，方法与前述相同。

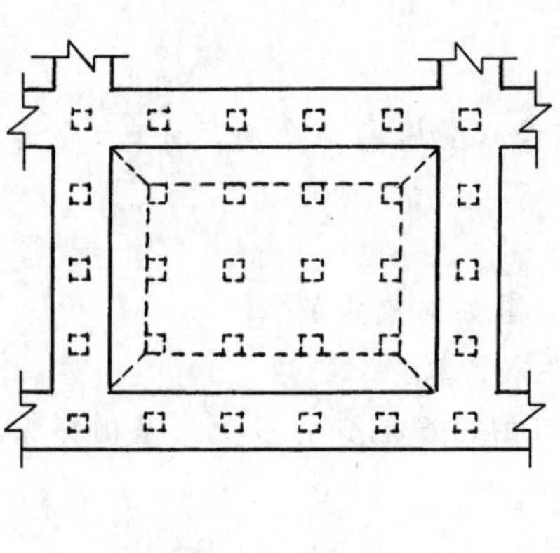

图 6-25　群桩对筏形承台的冲切

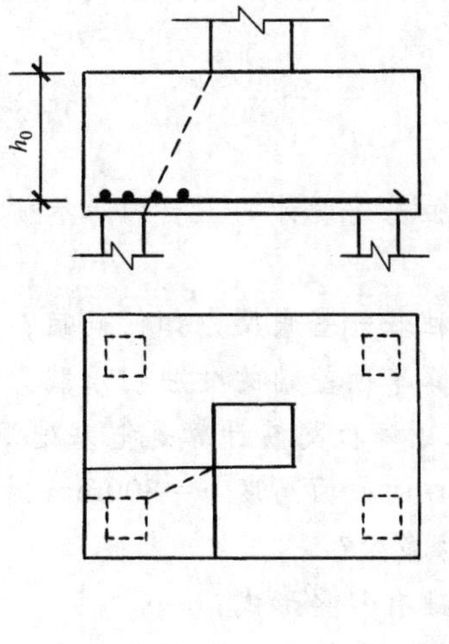

图 6-26　承台在角桩上的冲切破坏

4. 边、角桩上承台的受冲切承载力计算

由于边、角桩处承台所受剪力的不对称性，冲切破坏时临界周长上的剪应力明显低于柱下承台冲切破坏时的情况。因此，规范（规程）另外给出了边、角桩上承台的受冲切承载力计算公式，公式中也反映了冲跨比的影响。

对等厚度矩形承台，角桩上的冲切破坏锥如图 6-26 所示。

5. 局部受压承载力

在实际工程中，与承台相连接的柱或桩的混凝土强度等级往往高于承台的混凝土强度等级，对承台在柱下或桩上的局部受压承载力应进行验算。

6.4.5 构造要求

有些平面形式在基础中很少用，而承台中则较普遍，如三角形、正多边形、圆形等，在这些形式的承台中受力钢筋可不按正交均匀布置（图 6-27、图 6-28）。

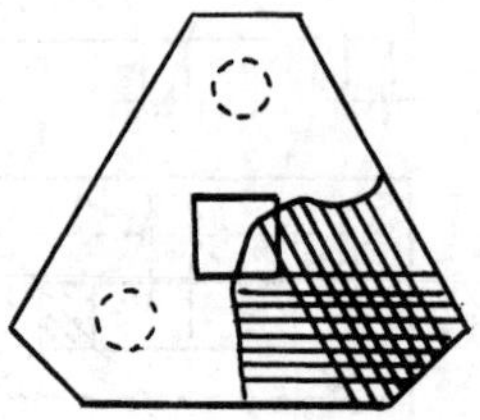

图 6-27　三角形承台的布筋

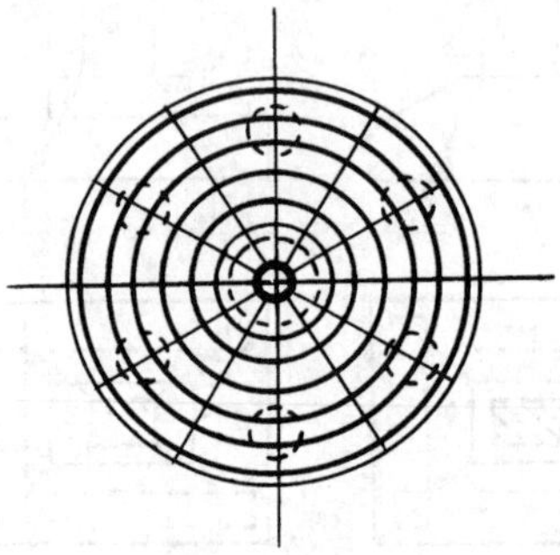

图 6-28　圆形承台的布筋

承台和与其形式相似的基础，在配筋构造上大体相似。但承台底部的支承条件与基础不同，因此在对纵向受力钢筋的构造要求上与基础有些细微的差别，如承台对纵筋在边桩外缘有锚固长度的要求。

柱与承台的连接、承台与承台的连接等构造要求，在基础中也有相似的规定。

规范（规程）对桩顶嵌入承台的长度、桩顶主筋在承台中的锚固长度等都有构造上的规定。桩不得从承台底部受力钢筋网片内穿过。

思考题

【6-1】 单独基础设计的主要内容有哪些？在确定偏心受压基础底面尺寸时，应满足什么要求？

【6-2】 单独基础基底反力如何确定？

【6-3】 计算单独基础的受冲切承载力时，冲切荷载是如何确定的？

【6-4】 基础底板配筋计算是把基础视作什么构件来计算？

【6-5】 当柱的截面高度 $h=800$mm 时，柱插入杯口的深度至少为多少？基础杯底厚度和杯壁厚度至少为多少？

【6-6】 基础有哪些形式？

【6-7】 条形基础和交叉条形基础的内力如何计算？

习 题

【6-1】 有一轴心受力钢筋混凝土柱下单独基础，埋深为2.0m，上部结构传至基础顶面的轴向力设计值N＝783.7kN，柱截面尺寸为400 mm×400mm；地基土承载力特征值为f＝200kN/m^2，土及基础之平均重度γ_m＝20kN/m^3；基础采用C20混凝土。试设计此基础（确定基础底面尺寸和各部分尺寸、验算高度、计算配筋）。

【6-2】 有一偏心受力钢筋混凝土柱下单独基础，埋深为2.1m，基础顶面承受轴向力设计值N＝1196kN，基础底面的弯矩设计值为M_b＝130.8kN·m，柱截面尺寸为400mm×600mm；地基承载力特征值为200kN/m^2，土及基础的平均重度γ_m＝20kN/m^3；基础的混凝土强度等级采用C20。试设计此基础。

附录A 混凝土结构基本构件设计

在学习混凝土结构设计之前，首先应掌握混凝土结构基本构件的设计。有关混凝土结构构件的基本理论是《混凝土结构基本原理》课程的学习内容，这里不再叙述。本章主要是遵照我国有关的国家标准、特别是《混凝土结构设计规范》(GB 50010)的规定，对混凝土结构基本构件的设计予以介绍。

A1 混凝土结构的基本设计原则

GB 50010 规范遵照《建筑结构可靠度设计统一标准》(GB 50068)所规定的原则，对建筑物和构筑物作结构设计时，采用以概率论为基础的极限状态设计方法。

GB 50068 标准将结构的极限状态分为承载能力极限状态和正常使用极限状态两类。这两种极限状态的设计表达式见本书第 1 章所述。

A2 受弯构件正截面受弯承载力设计计算

A2.1 单筋矩形截面受弯承载力计算

1. 基本计算公式及适用条件

单筋矩形截面(图 A-1)受弯承载力计算公式为

$$\alpha_1 f_c bx = f_y A_s \tag{A-1a}$$

$$M \leqslant \alpha_1 f_c bx\left(h_0 - \frac{x}{2}\right) \tag{A-1b}$$

式中 M——弯矩设计值；

f_c——混凝土轴心抗压强度设计值，按表 A-15 确定；

α_1——按等效矩形应力图形计算时混凝土抗压强度系数；当混凝土强度等级不超过 C50 时，α_1 取 1.0；当混凝土强度等级不超过 C80 时，α_1 取 0.94；其间按线性内插法确定；

f_y——受拉区纵向钢筋的强度设计值，按表 A-17 取用；

A_s——受拉区纵向钢筋的截面面积；

h_0——截面的有效高度。

对有屈服点的普通钢筋，公式(A-1)的适用条件是

$$\xi = \frac{x}{h_0} \leqslant \xi_b \tag{A-2a}$$

$$\xi_b = \frac{\beta_1}{1 + \dfrac{f_y}{E_s \varepsilon_{cu}}} \tag{A-2b}$$

且

$$A_s \geqslant \rho_{min} bh \tag{A-3}$$

式中 ξ——相对受压区高度；

ξ_b——相对界限受压区高度；

β_1——矩形应力图的受压区高度 x 与按截面应变保持平面的假定所确定的中和轴高度的比值，当混凝土强度等级不超过 C50 时，取 $\beta_1 = 0.8$；当混凝土强度等级不超过 C80 时，取 $\beta_1 = 0.74$；其间按线性内插法取用；

ε_{cu}——正截面处于非均匀受压时的混凝土极限压应变，可按式(A-4)计算；当计算值大于 0.003 3 时，

应取为 0.0033：

$$\varepsilon_{cu}=0.0033-(f_{cu,k}-50)\times10^{-5} \tag{A-4}$$

$f_{cu,k}$——混凝土立方体抗压强度标准值(当采用 N/mm^2 单位时，取其值为混凝土等级)；

f_y——纵向钢筋的强度设计值，按表 A-17 取用；

E_s——纵向钢筋的弹性模量，按表 A-18 取用；

ρ_{min}——最小配筋率，按 A-23 取用。

对无屈服点钢筋，取 $f_y/E_s=0.002$。

当 $\xi>\xi_b$ 时，纵筋不能达到屈服，式(A-1)中 f_y 应用实际的钢筋应力 σ_s 取代之，其值为

$$\sigma_s=\frac{\xi-\beta_1}{\xi_b-\beta_1}f_y \tag{A-5}$$

实际上，当 $\xi>\xi_b$ 时，可取 $x=\xi_b h_0$ 代入式(A-1)计算，这样做偏于安全。

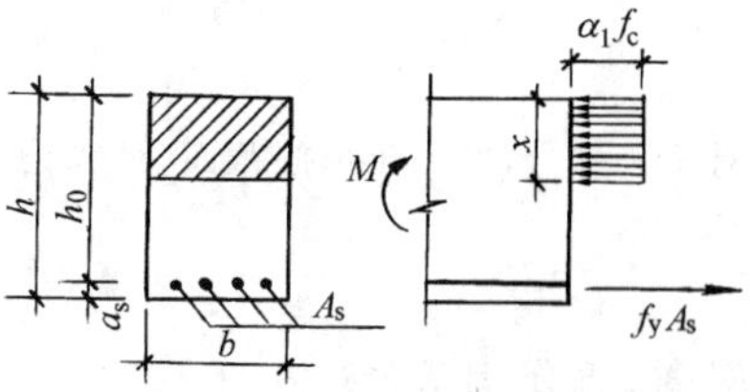

图 A-1　单筋矩形截面梁

2. 表格计算法

按式(A-1)进行截面设计时，为避免求解 x 时解一元二次方程，可将公式写成如下的形式：

$$M=\alpha_s\alpha_1 f_c bh_0^2 \tag{A-6a}$$

$$M=f_y A_s\gamma_s h_0 \tag{A-6b}$$

式中，α_s，γ_s 分别称为截面抵抗矩系数和内力臂系数，它们与相对受压区高度 ξ 之间存在一一对应关系，可将它们编制成计算系数表(表 A-20)，只要已知其中的任何一个系数，就可以查表得到其他的系数。截面设计时可先由式(A-6a)计算 α_s，然后查表 A-20 得 γ_s，ξ，再由式(A-6b)确定 A_s，并验算式(A-2)、式(A-3)要求的条件。

3. 条分法或网格法

对于任意截面(包括圆形及环形截面)的正截面受弯承载力计算，可将截面划分为有限多个混凝土单元(条带或网格)、纵向钢筋单元，通过数值积分方法反复迭代进行计算，详见《混凝土结构设计规范》(GB 50010)。

A2.2　双筋矩形截面受弯承载力计算

1. 基本公式

双筋矩形截面(图 A-2)受弯承载力的计算公式为

$$\alpha_1 f_c bx+f_y'A_s'=f_y A_s \tag{A-7a}$$

$$M=\alpha_1 f_c bx\left(h_0-\frac{x}{2}\right)+f_y'A_s'(h_0-a_s') \tag{A-7b}$$

除应满足式(A-2)和式(A-3)条件外，还要求 $x\geqslant2a_s'$。

式中　f_y'——受压区纵向钢筋的强度设计值，按表 A-17 取用；

A_s'——受压区纵向钢筋的截面面积。

a_s'——受压钢筋合力点至截面受压区边缘的距离。

其他未说明的符号意义同前述。

若 $x<2a_s'$，可取 $x=2a_s'$，A_s 可由下式确定：

$$M\leqslant f_y A_s(h_0-a_s') \tag{A-8}$$

2. 简化计算方法

为了简化计算，可将双筋矩形截面所承担的弯矩设计值 M 分解成两部分来考虑(图 A-2)。第一部分是由受压区混凝土和与其相应的一部分受拉钢筋 A_{s1} 所抵抗的弯矩设计值 M_1；第二部分是由受压钢筋 A_s' 和与其相对应的另一部分钢筋 A_{s2} 所抵抗的弯矩设计值 M_2。即

$$M=M_1+M_2 \tag{A-9a}$$

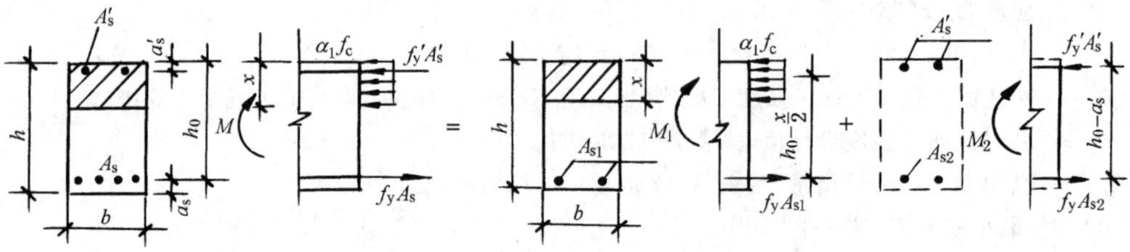

图 A-2　双筋矩形截面梁

$$A_s = A_{s1} + A_{s2} \tag{A-9b}$$

对第一部分，相当于单筋截面，计算公式为

$$\alpha_1 f_c bx = f_y A_{s1} \tag{A-10a}$$

$$M_1 = \alpha_1 f_c bx(h_0 - a_s) \tag{A-10b}$$

对第二部分，计算公式为

$$f_y' A_s' = f_y A_{s2} \tag{A-11a}$$

$$M_2 = f_y' A_s'(h_0 - a_s') \tag{A-11b}$$

当设计截面时，如果 A_s' 给定，需求 A_s 时，可先由式(A-11)算出 A_{s2}，然后由式(A-10)算出 A_{s1}。如果 A_s 和 A_s' 均未知时，可在式(A-10)中取 $x=\xi_b h_0$，算出 A_{s1}，然后由式(A-11)算出 A_{s2}，这样能使总配筋量较小。当然，计算时必须利用式(A-9a)和式(A-9b)的关系。

A2.3　T形截面受弯承载力计算

T形截面翼缘计算宽度应符合表 A-1 的规定。

表 A-1　　　　T形及L形截面受弯构件翼缘计算宽度 b_f'

考虑情况	T形截面		倒L形截面
	肋形梁(板)	独立梁	肋形梁(板)
按计算跨度 l_0 考虑	$l_0/3$	$l_0/3$	$l_0/6$
按梁(肋)净距 s_n 考虑	$b+s_n$	—	$b+s_n/2$
按翼缘高度 h_f' 考虑	$b+12h_f'$	b	$b+5h_f'$

注：(1) 表中 b 为梁的腹板宽度；

(2) 如肋形梁在梁跨内设有间距小于纵肋间距的横肋时，则可不遵守表列第三种情况的规定；

(3) 加腋的T形和倒L形截面，当受压区加腋的高度 h_h 不小于 h_f' 且加腋的宽度 b_h 不大于 h_h 时，则其翼缘计算宽度可按表列第三种情况规定分别增加 $2b_h$(T形截面)和 b_h(倒L形截面)；

(4) 独立梁受压区的翼缘板在荷载作用下经验算沿纵肋方向可能产生裂缝时，其计算宽度应取用腹板宽度 b。

按受压区高度 x 的不同，可将T形截面划分为两类：

(1) 第一类T形截面($x \leqslant h_f'$)

第一类T形截面(图 A-3)受弯承载力与宽度为 b_f' 的矩形截面相当，计算公式为

$$\alpha_1 f_c bx = f_y A_s \tag{A-12a}$$

$$M \leqslant \alpha_1 f_c b_f x\left(h_0 - \frac{x}{2}\right) \tag{A-12b}$$

式(A-12)应满足适用条件 $\rho = A_s/(bh) \geqslant \rho_{min}$(按表 A-23 确定)。

(2) 第二类T形截面($x > h_f'$)

第二类T形截面(图 A-4)受弯承载力的基本公式为

$$\alpha_1 f_c bx + \alpha_1 f_c(b_f' - b)h_f' = f_y A_s \tag{A-13a}$$

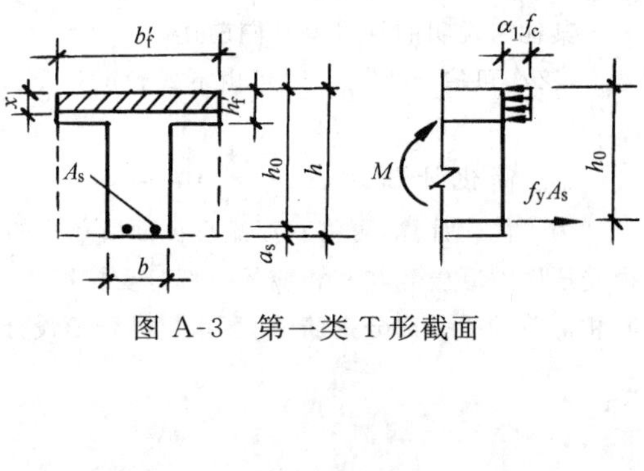

图 A-3　第一类T形截面

$$M \leqslant \alpha_1 f_c bx\left(h_0-\frac{x}{2}\right)+\alpha_1 f_c(b_f'-b)h_f'\left(h_0-\frac{h_f'}{2}\right) \tag{A-13b}$$

为了简化计算，可将 T 形截面所承担的弯矩设计值 M 分解为两部分来考虑（图 A-4）。第一部分是由腹板受压区混凝土和与其相应的一部分受拉钢筋 A_{s1} 所抵抗的弯矩设计值 M_1；第二部分是由受压翼缘混凝土和与其相应的另一部分钢筋 A_{s2} 所抵抗的弯矩设计值 M_2。即

$$M=M_1+M_2 \tag{A-14a}$$

$$A_s=A_{s1}+A_{s2} \tag{A-14b}$$

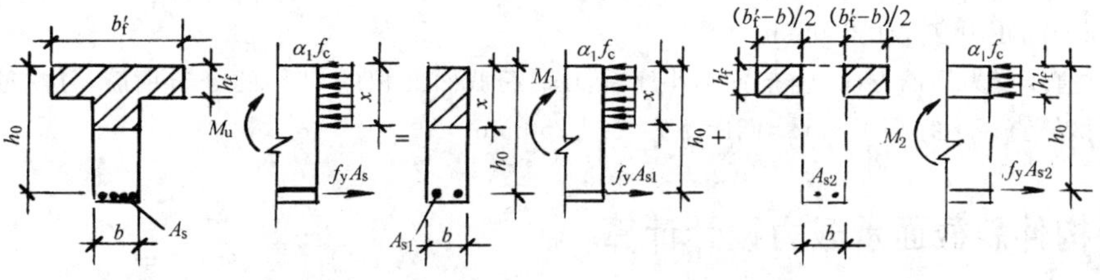

图 A-4　第二类 T 形截面

对第一部分，相当于单筋截面，计算公式为

$$\alpha_1 f_c bx=f_y A_{s1} \tag{A-15a}$$

$$M_1=\alpha_1 f_c bx\left(h_0-\frac{x}{2}\right) \tag{A-15b}$$

式中，x 应满足式（A-2）的条件。

对第二部分，计算公式为

$$\alpha_1 f_c(b_f'-b)h_f'=f_y A_{s2} \tag{A-16a}$$

$$M_2=\alpha_1 f_c(b_f'-b)h_f'\left(h_0-\frac{h_f'}{2}\right) \tag{A-16b}$$

当设计截面或计算 A_s 时，可先由式（A-16）算出 A_{s2}，然后由式（A-15）算出 A_{s1}。当然，在计算时必须利用式（A-14）的关系。

第二类 T 形截面的 A_s 一般能满足最小配筋率的要求。

A2.4　截面构造

1. 截面尺寸

梁的截面宽度 b 通常采用 150mm，180mm，200mm，220mm，250mm，250mm 以上以 50mm 为模数；梁高 h 一般以 50mm 为模数，且 $h \geqslant 200$m。梁截面的高宽比 h/b，对矩形一般取 2.0～3.5，对 T 形截面一般取 2.5～4.0。

现浇板的厚度 h 取 10mm 为模数。设计时板宽可取单位宽度 $b=1\,000$mm 进行计算。

2. 纵向受力钢筋

根据计算所需的纵向受拉钢筋面积，可按表 A-21 和表 A-22 确定钢筋的直径和数量。最小配筋率 ρ_{min} 可查阅表 A-23。

绑扎骨架的钢筋混凝土梁，其纵向受力钢筋的直径，当梁高 $h \geqslant 300$mm 时，不应小于 10mm；当 $h<300$mm 时，不应小于 8mm。梁上部纵向钢筋水平方向的净距不应小于 30mm 和 1.5d（d 为钢筋的最大直径）；下部纵向钢筋水平方向的净距不应小于 25mm 和 d。梁的下部纵向钢筋配置多于两层时，两层以上钢筋水平方向的中距应比下面两层的中距增大一倍。各层钢筋之间的净距不应小于 25mm 和 d。

伸入梁的支座范围内的纵向受力钢筋数量，当梁宽 $b \geqslant 100$mm 时，不应少于 2 根；当 $b<100$mm 时，可为 1 根。

板中受力钢筋直径通常采用 6～12mm。

当板中采用绑扎钢筋作配筋时，其受力钢筋的间距：当板厚 $h \leqslant 150$mm 时，不宜大于 200mm；当 $h>150$mm 时，不宜大于 1.5h，且不宜大于 250mm。

3. 截面有效高度 h_0

梁的截面有效高度，当纵向受拉钢筋按一排布置时，可取 $h_0=h-35$mm；当为双排布置时，可取 $h_0=h-$

(50～60mm)。

对于板，当 $h \leqslant 100$mm 时，可取 $h_0 = h - 20$mm；当 $h > 100$mm 时，可取 $h_0 = h - 25$mm。

4. 构造钢筋

梁内架立钢筋的直径，当跨度<4m 时，不宜小于 8mm；当梁的跨度等于 4～6m 时，不宜小于 10mm；当梁的跨度大于 6m 时，不宜小于 12 mm。

当梁扣除翼缘板厚度后的截面高度不小于 450mm 时，在梁的每个侧面应沿高度配置纵向构造钢筋，每侧纵向构造钢筋(不包括受力钢筋及架立钢筋)的截面面积不应小于扣除翼缘厚度后的梁截面面积的 0.1%。纵向构造钢筋的间距不宜大于 200mm。

在板内垂直于受力钢筋方向，应布置不小于受力钢筋截面面积的 15% 的分布钢筋，且配筋率不宜小于 0.15%；分布钢筋直径不宜小于 6mm，间距不宜大于 250mm。

A3　受弯构件斜截面承载力设计计算

A3.1　斜截面受剪承载力计算公式

1. 一般板类构件

不配置箍筋和弯起钢筋的一般板类受弯构件，其斜截面的受剪承载力按下列公式计算：

$$V \leqslant 0.7\beta_h f_t b h_0 \tag{A-17a}$$

$$\beta_h = \left(\frac{800}{h_0}\right)^{1/4} \tag{A-17b}$$

式中　V——构件斜截面上的最大剪力设计值；

β_h——截面高度影响系数，当 $h_0 < 800$mm 时，取为 800mm；当 $h_0 \geqslant 2\,000$mm 时，取为 2 000mm；

f_t——混凝土轴心抗拉强度设计值，按表 A-15 取用。

2. 当仅配有箍筋时

矩形、T 形和 I 形截面的一般受弯构件，其斜截面的受剪承载力计算公式为

$$V \leqslant V_{cs} \tag{A-18a}$$

$$V_{cs} = \alpha_{cv} f_t b h_0 + f_{yv}\frac{A_{sv}}{s}h_0 \tag{A-18b}$$

式中　V_{cs}——构件斜截面上混凝土和箍筋的受剪承载力设计值；

α_{cv}——截面混凝土受剪承载力系数，对于一般受弯构件取 0.7；对集中荷载作用下(包括作用有多种荷载，其中集中荷载对支座截面或节点边缘所产生的剪力值占总剪力的 75%以上的情况)的独立梁，取 α_{cv} 为 $\frac{1.75}{\lambda+1}$，λ 为计算截面的剪跨比，可取 λ 等于 a/h_0，当 $\lambda < 1.5$ 时，取 1.5，当 $\lambda > 3$ 时，取 3，a 取集中荷载作用点至支座截面或节点边缘的距离；

f_{yv}——箍筋抗拉强度设计值，可按表 A-17 取值；

A_{sv}——配置在同一截面内箍筋各肢的全部截面面积，$A_{sv} = nA_{sv1}$(n 为在同一个截面内箍筋的肢数，A_{sv1} 为单肢箍筋的截面面积)；

s——沿构件长度方向箍筋的间距。

3. 配有弯起钢筋

矩形、T 形和 I 形截面的受弯构件，当配有箍筋和弯起钢筋时，其斜截面的受剪承载力计算公式为

$$V \leqslant V_{cs} + V_{sb} \tag{A-19a}$$

$$V_{sb} = 0.8 f_y A_{sb} \sin\alpha_s \tag{A-19b}$$

式中　V_{sb}——弯起钢筋的受剪承载力设计值；

A_{sb}——同一弯起平面内的弯起钢筋截面面积。

A3.2 公式适用范围

1. 截面限值条件

当$\frac{h_w}{b}\leqslant 4$时

$$V\leqslant 0.25\beta_c f_c bh_0 \tag{A-20a}$$

当$\frac{h_w}{b}\geqslant 6$时

$$V\leqslant 0.2\beta_c f_c bh_0 \tag{A-20b}$$

当$4<\frac{h_w}{b}<6$时，按线性内插法取用。

式中 β_c——混凝土强度影响系数，当混凝土强度不超过C50，取$\beta_c=1.0$；当混凝土强度等级为C80时，取$\beta_c=0.8$，其间按线性内插法取用；

h_w——截面的腹板高度，矩形截面取有效高度h_0；T形截面取有效高度减去翼缘高度；I形和箱形截面取腹板净高。

2. 抗剪箍筋的最小配筋率

梁中抗剪箍筋的配筋率应满足

$$\rho_{sv}=\frac{A_{sv}}{bs}\geqslant\rho_{sv,\min} \tag{A-21a}$$

$$\rho_{sv,\min}=0.24\frac{f_t}{f_{yv}} \tag{A-21b}$$

A3.3 钢筋的构造要求

1. 钢筋的锚固

(1) 纵向受拉钢筋的锚固长度

当计算中充分利用钢筋的强度时，混凝土结构中纵向受拉钢筋的锚固应按下式公式计算：

$$l_{ab}=\alpha\frac{f_y}{f_t}d \tag{A-22a}$$

式中 l_{ab}——受拉钢筋的基本锚固长度；

f_y——锚固钢筋的抗拉强度设计值；

f_t——锚固区混凝土的抗拉强度设计值；

d——锚固钢筋的直径；

α——锚固钢筋的外形系数，按表A-2取用。

表A-2 **锚固钢筋的外形系数**

钢筋类型	光面钢筋	带肋钢筋	螺旋肋钢筋	三股钢绞线	七股钢绞线
α	0.16	0.14	0.13	0.16	0.17

注：光面钢筋末端应做180°标准弯钩弯后平直段长度不应小于$3d$，但做受压钢筋时可不做弯钩。

受拉钢筋的锚固长度应根据具体锚固条件按下列公式计算，且不应小于200mm：

$$l_a=\zeta_a l_{ab} \tag{A-22b}$$

式中 l_a——受拉钢筋的锚固长度；

ζ_a——锚固长度修正系数，应根据钢筋的锚固条件按下列规定取用：

① 当多于一项时，可按连乘计算，但不应小于0.6；

② 当带肋钢筋的公称直径大于25mm时取1.10；

③ 环氧树脂涂层带肋钢筋取1.25；

④ 施工过程中易受扰动的钢筋取1.10；

⑤ 当纵向受力钢筋的实际配筋面积大于其设计计算面积时，修正系数取设计计算面积与实际配筋面积的比值，但对有抗震设防要求及直接承受动力荷载的结构构件，不应考虑此项修正；

⑥ 锚固区保护层厚度为 $3d$ 时修正系数可取 0.80，保护层厚度为 $5d$ 时修正系数可取 0.70，中间按内插取值，此处 d 为纵向受力带肋钢筋的直径。

(2) 纵向受压钢筋的锚固长度

当计算中充分利用钢筋的受压强度时，受压钢筋的锚固长度不应小于式(A-22)给出的受拉锚固长度的 0.7 倍。

(3) 钢筋末端的弯钩和机械锚固

当纵向受拉普通钢筋末端采用钢筋弯钩或机械锚固措施时，包括弯钩或锚固端头在内的锚固长度（投影长度）可取为基本锚固长度 l_{ab} 的 0.6 倍。钢筋弯钩和机械锚固的形式和技术要求应符合表 A-3 及图 A-5 的规定。

表 A-3　　钢筋弯钩和机械锚固的形式和技术要求

锚固形式	技术要求
90°弯钩	末端 90°弯钩，弯后直段长度 $12d$
135°弯钩	末端 135°弯钩，弯后直段长度 $5d$
一侧贴焊锚筋	末端一侧贴焊长 $5d$ 同直径钢筋，焊缝满足强度要求
两侧贴焊锚筋	末端两侧贴焊长 $3d$ 同直径钢筋，焊缝满足强度要求
焊端锚板	末端与厚度 d 的锚板穿孔塞焊，焊缝满足强度要求
螺栓锚头	末端旋入螺栓锚头，螺纹长度满足强度要求

注：(1) 锚板或锚头的承压净面积应不小于锚固钢筋计算截面积的 4 倍；
(2) 螺栓锚头产品的规格、尺寸应满足螺纹连接的要求，并应符合相关标准的要求；
(3) 螺栓锚头和焊接锚板的间距不大于 $3d$ 时，宜考虑群锚效应对锚固的不利影响；
(4) 截面角部的弯钩和一侧贴焊锚筋的布筋方向宜向内偏置。

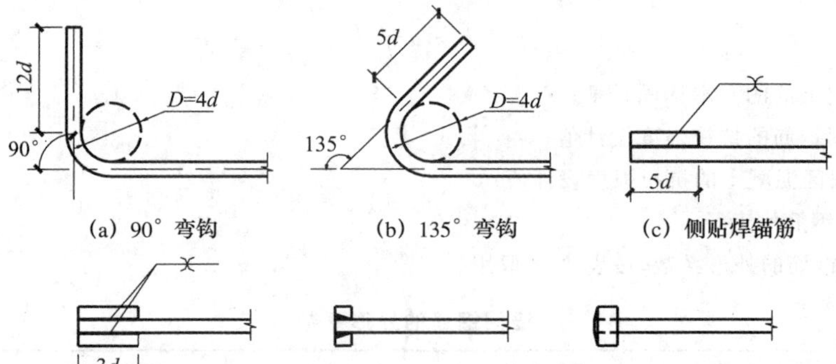

(a) 90° 弯钩　(b) 135° 弯钩　(c) 侧贴焊锚筋
(d) 两侧贴焊锚筋　(e) 穿孔塞焊锚板　(f) 螺栓锚头

图 A-5　钢筋弯钩和机械锚固的形式和技术要求

2. 纵向钢筋在支座处的锚固

(1) 在简支板或连续板支座处，下部纵向受力钢筋深入支座的锚固长度 l_a 不应小于 $5d$。

当采用焊接网配筋时，其末端至少应有 1 根横向钢筋配置在支座边缘内（图 A-6a）；当不能符合上述要求时，应将受力钢筋末端制成弯钩（图 A-6b）或在受力钢筋末端加焊附加的横向锚固钢筋（图 A-6c）。

当 $V > 0.7f_t bh_0$ 时，配置在支座边缘内的焊接网横向锚固钢筋不应少于 2 根，其直径不应小于纵向受力钢筋的一半。

(2) 简支梁和连续梁简支端的下部纵向受力钢筋伸入梁支座范围内的锚固长度 l_a（图 A-7）应符合下列规定：

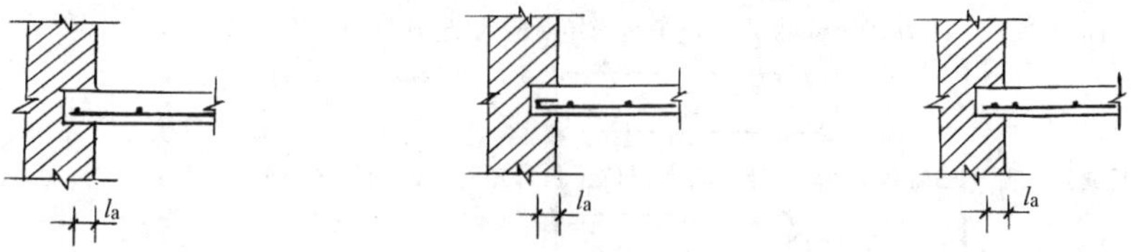

(a) (b) (c)

图 A-6 焊接网在板的自由支座上的锚固

当 $V\leqslant 0.7f_tbh_0$ 时

$$l_{as}\geqslant 5d \tag{A-23a}$$

当 $V>0.7f_tbh_0$ 时

$$\begin{aligned} l_{as}&\geqslant 12d \quad (\text{带肋钢筋}) \\ l_{as}&\geqslant 15d \quad (\text{光圆钢筋}) \end{aligned} \tag{A-23b}$$

式中，d 为钢筋的直径。

如纵向受力钢筋伸入梁支座范围内的锚固长度不符合上述规定时，应采取在钢筋上加焊锚固钢板或将钢筋端部焊接在梁端的预埋件上等有效锚固措施。

在纵向受力钢筋锚固长度范围内应配置箍筋。箍筋直径不应小于锚固钢筋直径的1/4，间距不应大于锚固钢筋直径的10倍，在采用机械锚固措施时，尚不应大于锚固钢筋直径的5倍。在整个锚固长度内，箍筋不应少于3个。

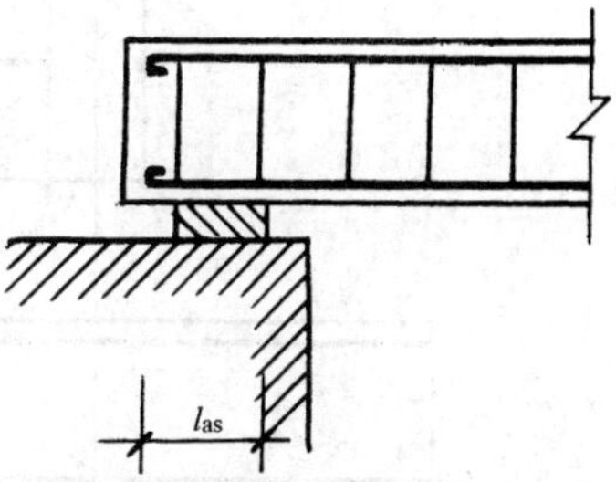

图 A-7 纵筋在梁支座内的锚固

如焊接骨架中采用光面钢筋作为纵向受力钢筋时，则在锚固长度 l_a 内应加焊横向钢筋；当 $V\leqslant 0.7f_tbh_0$ 时，至少一根；当 $V>0.7f_tbh_0$ 时，至少2根；横向钢筋直径不应小于纵向受力钢筋直径的一半；同时，加焊在最外边的横向钢筋，应靠近纵向钢筋的末端。

混凝土等级小于或等于C25的简支梁，在距支座边 $1.5h$ 范围内作用有集中荷载（包括作用有多种荷载，且其中集中荷载对支座截面所产生的剪力占总剪力值的75%以上的情况），且 $V>0.7f_tbh_0$ 时，对热轧带肋钢筋宜采用附加锚固措施，或取锚固长度不小于 $15d$。

3. 纵向受拉钢筋的截断

(1) 梁支座截面负弯矩纵向受拉钢筋

钢筋混凝土梁支座截面负弯矩纵向受拉钢筋不宜在受拉区截断，当需要截断时，应符合以下规定(图 A-8)：

① 当 V 不大于 $0.7f_tbh_0$ 时，应延伸至按正截面受弯承载力计算不需要该钢筋的截面以外不小于 $20d$ 处截断，且从该钢筋强度充分利用截面伸出的长度不应小于 $1.2l_a$；

② 当 V 大于 $0.7f_tbh_0$ 时，应延伸至按正截面受弯承载力计算不需要该钢筋的截面以外不小于 h_0，且不小于 $20d$ 处截断，且从该钢筋强度充分利用截面伸出的长度不应小于 $1.2l_a+h_0$；

③ 若按以上①和②中确定的截断点仍位于负弯矩对应的受拉区内，则应延伸至按正截面受弯承载力计算不需要该钢筋的截面以外不小于 $1.3h_0$ 且不小于 $20d$ 处截断，且从该钢筋强度充分利用截面伸出的延伸长度不应小于 $1.2l_a+1.7h_0$(图 A-8)。

(2) 悬臂梁中的受拉钢筋

在悬臂梁中，应有不少于两根上部纵向钢筋全部伸至悬臂梁外端并向下弯折不小于 $12d$ 后切断。其余钢筋不应在梁上部截断，而应按钢筋弯起的要求向下弯折，并在梁的下边锚固。

(3) 梁跨中正弯矩钢筋

梁跨中正弯矩钢筋不应在受拉区截断。

4. 纵向受拉钢筋的弯起

在梁的受拉区中，弯起钢筋的弯起点可设在按正截面受弯承载力计算不需要该钢筋截面之前；但弯起钢

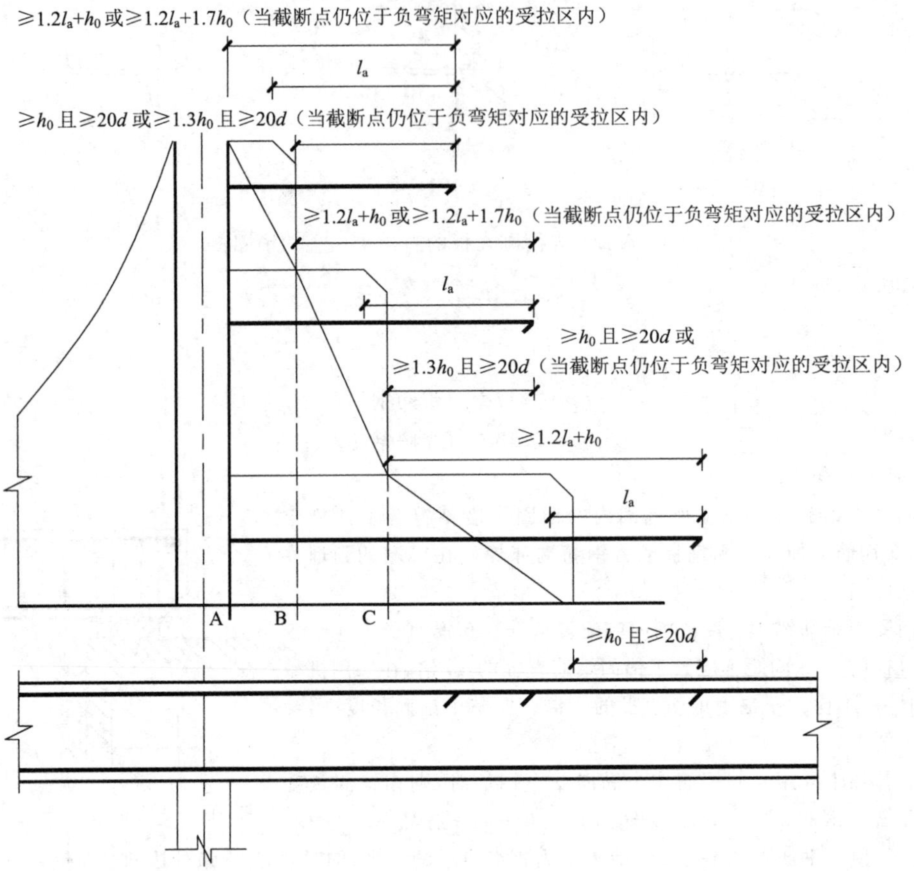

A— 计算最大负弯矩截面和第一批钢筋的充分利用截面；B—按计算不需要第一批钢筋的截面和第二批钢筋的充分利用截面；C—按计算不需要第二批钢筋的截面和第三批钢筋的充分利用截面

图 A-8　承担支座负弯矩的梁纵向受拉钢筋的延伸长度

筋与梁中心线的交点，应在不需要该钢筋的截面之外（图 A-9）；同时，弯起点与按计算充分利用该钢筋的截面之间的距离不应小于 $h_0/2$。

当按计算需设置弯起钢筋时，前一排（对支座而言）的弯起点至后一排的弯起点的距离不应大于表 A-5 中 $V>0.7f_tbh_0$ 栏的规定；对需要进行疲劳验算的梁，当按计算需设置弯起钢筋时，其距离尚不应大于 $h_0/2$。

弯起钢筋不应采用浮筋。

5. 钢筋的连接

钢筋的接头可采用机械连接接头，也可采用焊接接头和绑扎的搭接接头。但轴心受拉及小偏心受拉杆件的受力钢筋不得采用绑扎的搭接接头。当受拉钢筋直径大于 25mm 及受压钢筋的直径大于 28mm 时，不宜采用绑扎的搭接接头。

同一构件中相邻纵向受力钢筋的绑扎搭接接头宜互相错开。

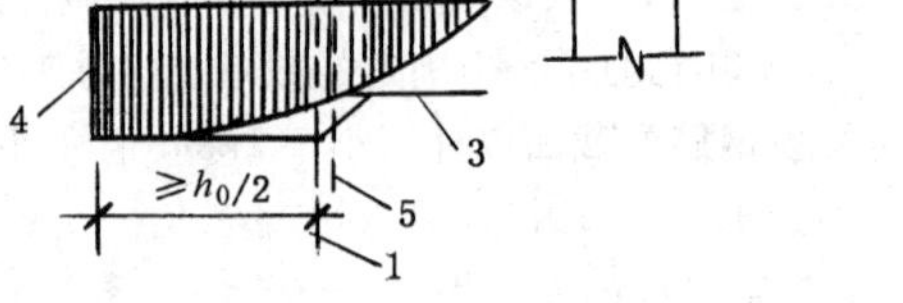

1—在受拉区中的弯起点或弯下点；2—按计算不需要钢筋“b”的截面；3—正截面受弯承载力图；4—按计算充分利用钢筋强度的截面；5—按计算不需要钢筋“a”的截面

图 A-9　弯起钢筋弯起点与弯矩图的关系

钢筋绑扎搭接接头连接区段的长度为 1.3 倍搭接长度，凡搭接接头中点位于该连接区段长度内的搭接接头均属于同一连接区段(图 A-10)。同一连接区段内纵向受力钢筋搭接接头面积百分率为该区段内有搭接接头的纵向受力钢筋与全部纵向受力钢筋截面面积的比值。当直径不同的钢筋搭接时,按直径较小的钢筋计算。

受拉钢筋绑扎搭接接头的搭接长度应根据位于同一连接区段内的搭接钢筋面积百分率按下式计算,且不应小于 300mm:

$$l_l=\zeta l_a \tag{A-25}$$

式中　l_l——受拉钢筋的搭接长度;

l_a——受拉钢筋的锚固长度,按式(A-22)确定;

ζ——受拉钢筋搭接长度修正系数,按表 A-4 取用。

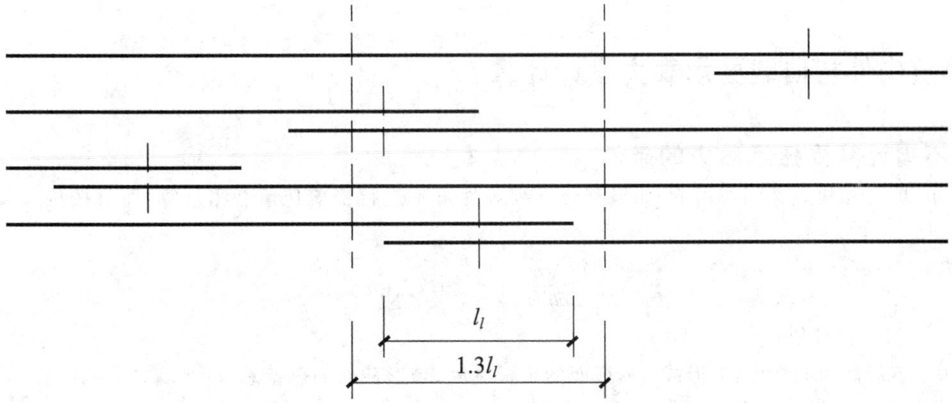

注:图中所示同一连接区段内的搭接接头钢筋为两根,当钢筋直径相同时,钢筋搭接接头面积百分率为 50%。

图 A-10　同一连接区段内纵向受拉钢筋的绑扎搭接接头

表 A-4　　受拉钢筋搭接长度修正系数 ζ

同一区段内搭接钢筋面积百分率/%	≤25	50	100
搭接长度修正系数 ζ	1.2	1.4	1.8

注:同一区段内搭接钢筋面积百分率按图 A-10 的规定,取为在同一连接区段内有搭接接头的受力钢筋与全部受力钢筋面积之比。

位于同一连接区段内的受拉钢筋搭接接头面积百分率:对梁类、板类及墙类构件,不宜大于 25%;对柱类构件,不宜大于 50%。当工程中确有必要增大受拉钢筋搭接接头面积百分率时,对梁类构件,不宜大于 50%;对板、墙、柱及预制构件的拼接处,可根据实际情况放宽。

并筋采用绑扎搭接连接时,应按每根单筋错开搭接的方式连接。接头面积百分率应按同一连接区段内所有的单根钢筋计算。并筋中钢筋的搭接长度应按单筋分别计算。

构件中的纵向受压钢筋当采用搭接连接时,其受压搭接长度不应小于纵向受拉钢筋搭接长度的 0.7 倍,且不应小于 200mm。

6. 箍筋的构造要求

按计算不需要箍筋的梁

(1) 当截面高度 $h<150$mm 时,可不设置箍筋;

(2) 当 150mm$\leqslant h \leqslant$300mm 时,可仅在构件端部各 1/4 跨度范围内设置箍筋,但当在构件中部 1/2 跨度范围内有集中荷载作用时,应沿梁全长设置箍筋;

(3) 当 $h>300$mm 时,应沿梁全长设置箍筋。

箍筋的最大间距可参考表 A-5 确定。

最小箍筋直径可参考表 A-6 取值。当梁中配有计算需要的纵向受压钢筋时,箍筋直径尚不应小于 $d/4$(d 为纵向受压钢筋中的最小直径)。

表 A-5 梁中箍筋最大间距 s_{max} mm

梁高 h/mm	$150<h\leqslant300$	$300<h\leqslant500$	$500<h\leqslant800$	$h>800$
$V\leqslant0.7f_tbh_0$	200	300	350	400
$V>0.7f_tbh_0$	150	200	250	300

表 A-6 梁中箍筋最小直径

梁高/mm	$h\leqslant800$	$h>800$
箍筋直径/mm	6	8

A4 受扭构件扭曲截面承载力设计计算

A4.1 不需计算受扭承载力的条件

在弯矩、剪力和扭矩共同作用下，如果符合下列条件可不进行受剪扭承载力计算，而仅按构造要求配置箍筋：

$$\frac{V}{bh_0}+\frac{T}{W_t}\leqslant0.7f_t \tag{A-26}$$

式中 T——扭矩设计值；

b——矩形截面的宽度，T形或I形截面的腹板宽度，箱形截面的侧壁总厚度 $2t_w$；

h_0——截面有效高度；

W_t——受扭构件的截面受扭塑性抵抗矩。

受扭构件的截面受扭塑性抵抗矩 W_t 可按下列公式计算：

矩形截面

$$W_t=\frac{b^2}{6}(3h-b) \tag{A-27}$$

式(A-27)中的 h 和 b 应分别表示矩形截面的长边尺寸和短边尺寸。

T形和I形截面

$$W_t=W_{tw}+W'_{tf}+W_{tf} \tag{A-28a}$$

其中腹板部分

$$W_{tw}=\frac{b^2}{6}(3h-b) \tag{A-28b}$$

式(A-28b)中的 h 和 b 应分别表示矩形截面腹板的长边尺寸和短边尺寸。

受压及受拉翼缘部分

$$W'_{tf}=\frac{h_f'^2}{2}(b'_f-b) \tag{A-28c}$$

$$W_{tf}=\frac{h_f^2}{2}(b_f-b) \tag{A-28d}$$

式中 b——腹板宽度；

b'_f,b_f——截面受压区、受拉区的翼缘宽度，取用的翼缘宽度应符合 $b'_f\leqslant b+6h'_f$ 及 $b_f\leqslant b+6h_f$；

h'_f,h_f——截面受压区、受拉区的翼缘宽度。

箱形截面

$$W_t=\frac{b_h^2}{6}(3h_b-b_h)-\frac{(b_h-2t_w)^2}{6}[3h_w-(b_h-2t_w)] \tag{A-28e}$$

式中 b_h,h_h——分别为箱形截面短边和长边的尺寸；

t_w——箱形截面壁厚，其值不小于 $b_h/7$；

h_w——腹板净高。

A4.2　纯扭构件的受扭承载力计算公式

1. 矩形截面纯扭构件

矩形截面纯扭构件的受扭承载力应按下列公式计算：

$$T \leqslant 0.35 f_t W_t + 1.2\sqrt{\zeta} f_{yv} \frac{A_{st1} A_{cor}}{s} \tag{A-29}$$

$$\zeta = \frac{f_y \times A_{stl} \times s}{f_{yv} \times A_{st1} \times u_{cor}} \tag{A-30}$$

式中　ζ——受扭构件纵向钢筋与箍筋的配筋强度比值，其值尚应符合 $0.6 \leqslant \zeta \leqslant 1.7$，当 $\zeta > 1.7$ 时，取 $\zeta = 1.7$；

A_{stl}——受扭计算中取对称布置的全部纵向钢筋截面面积；

A_{st1}——受扭计算中沿截面周边所配置箍筋的单肢截面面积；

f_{yv}——箍筋的抗拉强度设计值，可按表 A-17 取用；

A_{cor}——截面核芯部分的面积，$A_{cor} = b_{cor} h_{cor}$（$b_{cor}$ 和 h_{cor} 分别为从箍筋内表面计算的截面核芯部分的短边和长边的尺寸）；

u_{cor}——截面核芯部分的边长，$u_{cor} = 2(b_{cor} + h_{cor})$。

设计时取 $\zeta = 1.2$ 左右较为理想。

2. T 形和 I 形截面纯扭构件

T 形和 I 形截面纯扭构件，可将其截面划分为几个矩形截面，分别按式(A-29)、式(A-30)计算。其中各个部分的扭矩设计值可按下列公式确定：

$$T_w = \frac{W_{tw}}{W_t} T \tag{A-31a}$$

$$T'_f = \frac{W'_{tf}}{W_t} T \tag{A-31b}$$

$$T_f = \frac{W_{tf}}{W_t} T \tag{A-31c}$$

式中　T——构件截面所承受的扭矩设计值；

T_w——腹板所承受的扭矩设计值；

T'_f，T_f——受压翼缘、受拉翼缘所承受的扭矩设计值。

A4.3　剪扭构件的受剪扭承载力计算

1. 简化计算规定

在弯矩、剪力和扭矩共同作用下的矩形、T 形、I 形和箱形截面混凝土弯剪扭构件，可按下列规定进行计算：

(1) 对符合式(A-18)应用条件的构件，当符合下列条件时，可仅按受弯构件的正截面受弯承载力和纯扭构件的受扭承载力分别进行计算：

$$V \leqslant 0.35 f_t b h_0 \tag{A-32a}$$

或

$$V \leqslant 0.875 f_t b h_0 / (\lambda + 1) \tag{A-32b}$$

(2) 当符合下列条件时，可仅按受弯构件的正截面受弯承载力和斜截面受剪承载力别进行计算：

$$T \leqslant 0.175 f_t W_t \tag{A-33a}$$

或

$$T \leqslant 0.175 \alpha_h f_t W_t \tag{A-33b}$$

式中，α_h 为矩形截面壁厚影响系数，当 α_h 大于 1.0 时，取 1.0。

2. 矩形截面剪扭构件

(1) 对一般剪扭构件，受剪承载力可按下式计算：

$$V \leqslant 0.7(1.5 - \beta_t) f_t b h_0 + f_{yv} \frac{A_{sv}}{s} h_0 \tag{A-34}$$

式中，A_{sv} 为受剪承载力所需的箍筋截面面积。

受扭承载力可按下式计算：

$$T \leqslant 0.35\beta_t f_t W_t + 1.2\sqrt{\zeta} f_{yv} \frac{A_{st1} \times A_{cor}}{s} \tag{A-35}$$

此处 ζ 应按式(A-30)计算。

混凝土受扭承载力降低系数 β_t 应按下列公式计算：

$$\beta_t = \frac{1.5}{1 + 0.5\dfrac{VW_t}{Tbh_0}} \tag{A-36}$$

当 β_t 小于 0.5 时，取 0.5；当 β_t 大于 1.0 时，取 1.0。

(2) 对集中荷载作用下独立的混凝土剪扭构件，公式(A-34)应改为

$$V \leqslant (1.5 - \beta_t)\frac{1.75}{\lambda + 1} f_t b h_0 + f_{yv}\frac{A_{sv}}{s} h_0 \tag{A-37}$$

且式(A-37)中的剪扭构件混凝土受扭承载力降低系数应改为按下列公式计算：

$$\beta_t = \frac{1.5}{1 + 0.2(\lambda + 1)\dfrac{VW_t}{Tbh_0}} \tag{A-38}$$

式中，λ 为计算截面的剪跨比。

受扭承载力仍应按公式(A-35)计算，但其中 β_t 应按式(A-37)计算。

3. T 形和 I 形截面的受剪扭承载力

(1) 受剪承载力

按式(A-34)、式(A-36)或式(A-37)、式(A-38)进行计算，但计算时应将 T 及 W_t 分别以 T_w 及 W_{tw} 代替。

(2) 受扭承载力

可按式(A-31)的规定将截面划分为几个矩形截面分别进行计算。对腹板部分，可按式(A-35)和式(A-36)或式(A-38)进行计算，但在计算时应将 T 及 W_t 分别以 T_w 及 W_{tw} 代替；对受压翼缘和受拉翼缘可按式(A-29)计算，但计算时应将 T 及 W_t 分别以 T'_f 及 W'_{tf} 或 T_f 及 W_{tf} 代替。

根据以上承载力计算公式分别算得受剪和受扭所需的箍筋数量，进行叠加，得到总的箍筋需要量。

4. 箱形截面的受剪扭承载力

箱形截面的受剪扭承载力的计算公式同矩形截面类似，只需将公式中的 W_t 用 $\alpha_h W_t$ 代替即可。

A4.4 弯剪扭构件承载力计算

在弯矩、剪力和扭矩共同作用下的矩形、T 形、I 形和箱形截面钢筋混凝土构件，纵向钢筋应按受弯构件正截面的承载力和剪扭构件的受扭承载力分别计算后所需的钢筋截面面积和相应的位置进行配置，箍筋应按剪扭构件受剪承载力和受扭承载力分别计算后所需的箍筋截面面积和相应的位置进行配置。

A4.5 截面限制条件

在弯矩、剪力和扭矩共同作用下，对 $h_w/b \leqslant 4$ 的矩形、T 形、I 形截面和 $h_w/t_w \leqslant 4$ 的箱形截面混凝土构件，其截面应符合如下条件：

$$\frac{V}{bh_0} + \frac{T}{0.8W_t} \leqslant 0.25\beta_c f_c \tag{A-39a}$$

当 h_w/b(或 h_w/t_w)$=6$ 时

$$\frac{V}{bh_0} + \frac{T}{0.8W_t} \leqslant 0.2\beta_c f_c \tag{A-39b}$$

当 $4 < h_w/b$(或 h_w/t_w)< 6 时，按线性插值。

式中，β_c 的意义见式(A-20)说明。

A4.6 钢筋的构造要求

1. 箍筋

在弯剪扭构件中，剪扭箍筋的最小配筋率为

$$\rho_{sv,min}=\frac{A_{sv,min}}{bs}=0.28\frac{f_t}{f_{yv}} \tag{A-40}$$

箍筋间距应符合表 A-5 的规定。其中受扭所需的箍筋必须为封闭式，且应沿截面周边布置；当采用绑扎骨架时，受扭所需箍筋的末端应做成 135°弯钩，弯钩端头平直段长度不应小于 $10d$（d 为箍筋直径）。

2. 纵向钢筋

梁内弯曲受拉钢筋的最小配筋率按表 A- 23 取用。

受扭纵向受力钢筋的最小配筋率为

$$\rho_{tl,min}=\frac{A_{stl,min}}{bh}=0.6\sqrt{\frac{T}{Vb}}\frac{f_t}{f_y} \tag{A-41}$$

式中，b 为矩形截面的宽度或 T 形截面、I 形截面的腹板宽度。当 $T/(Vb)>2$ 时，取为 2。受扭纵向受力钢筋的间距不应大于 200mm 和梁截面宽度；在截面四角必须设置受扭纵向受力钢筋，并沿截面周边均匀对称布置。

在弯剪扭构件中，弯曲受拉边纵向受拉钢筋的最小配筋量不应小于按弯曲受拉钢筋最小配筋率计算出的钢筋截面面积与按受扭纵向受力钢筋最小配筋率计算并分配到弯曲受拉边的钢筋截面面积之和。

A5　受压构件的承载力设计计算

A5.1　轴心受压构件的承载力计算

1. 普通箍筋柱

钢筋混凝土轴心受压构件（图 A-11），当配有箍筋或在纵向钢筋上焊有横向钢筋时，其正截面受压承载力应按下列公式计算：

$$N\leqslant 0.9\varphi(f_cA+f'_yA'_s) \tag{A-42}$$

式中　N——轴向力设计值；

φ——钢筋混凝土构件的稳定系数，按表 A-7 采用；

f_c——混凝土轴心抗压强度设计值，按表 A-15 确定；

A——构件截面面积；

A'_s——全部纵向钢筋的截面面积。

当纵向钢筋配筋率大于 3%时，式中 A 应改用 $(A-A'_s)$ 代替。

2. 螺旋箍筋柱

钢筋混凝土轴心受压构件，当采用螺旋式或焊接环式间接钢筋时（图 A-12），其正截面受压承载力应按下列公式计算：

$$N\leqslant 0.9(f_cA_{cor}+f'_yA'_s+2\alpha f_yA_{ss0}) \tag{A-43a}$$

$$A_{ss0}=\frac{\pi d_{cor}A_{ss1}}{s} \tag{A-43b}$$

式中　A_{cor}——构件的核芯截面面积；

f_y——间接钢筋的抗拉强度设计值；

d_{cor}——构件的核芯直径（可按环筋的内直径计算）；

A_{ss0}——间接钢筋的换算截面面积；

A_{ss1}——螺旋式或焊接环式单根间接钢筋的截面面积；

s——沿构件轴线方向间接钢筋的间距；

α——间接钢筋对混凝土约束的折减系数，当混凝土强度等级不超过 C50 时，取 1.0；当混凝土强度等级为 C80 时，取 0.85；其间按线性内插法取用。

按式（A-43）算得的构件受压承载力设计值不应大于按式（A-42）算得的构件受压承载力设计值的 1.5 倍。

表 A-7　　钢筋混凝土轴心受压构件的稳定系数 φ

l_0/b	≤8	10	12	14	16	18	20	22	24	26	28
l_0/d	≤7	8.5	10.5	12	14	15.5	17	19	21	22.5	24
l_0/i	≤28	35	42	48	55	62	69	76	83	90	97
φ	1.0	0.98	0.95	0.92	0.87	0.81	0.75	0.70	0.65	0.60	0.56
l_0/b	30	32	34	36	38	40	42	44	46	48	50
l_0/d	26	28	29.5	31	33	34.5	37.5	38	40	41.5	43
l_0/i	104	111	118	125	132	139	146	153	160	167	174
φ	0.52	0.48	0.44	0.40	0.36	0.32	0.29	0.26	0.23	0.21	0.19

注：表中 l_0 为构件的计算长度；b 为矩形截面的短边尺寸；d 为圆形截面的直径；i 为截面最小回转半径。

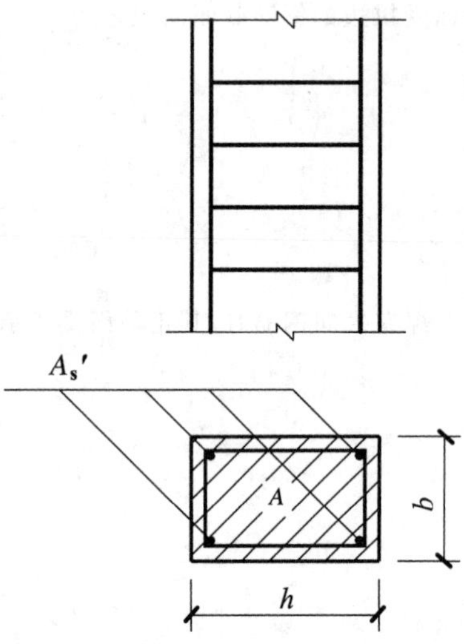

图 A-11　配置箍筋的轴心受压构件截面

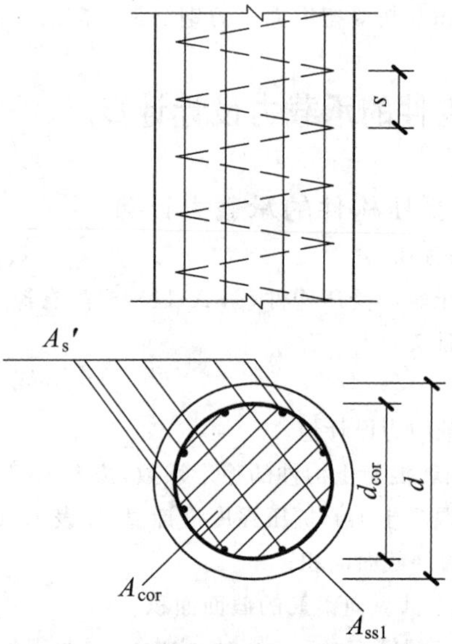

图 A-12　配置螺旋式间接钢筋的轴心受压构件截面

当遇到下列任意一种情况时，不考虑间接钢筋的影响，而按式(A -42)进行计算：

(1) 当 $l_0/d>12$ 时(l_0 为柱的计算长度，d 为柱的直径)；

(2) 当按式(A-43)算得的受压承载力小于按式(A-42)算得的受压承载力时；

(3) 当间接钢筋的换算截面面积 A_{ss0} 小于纵向钢筋的全部截面面积的 25%时。

A5.2　矩形截面偏心受压构件的承载力计算

1. 正截面受压承载力计算

偏心受压构件正截面受压承载力计算可分为图 A-13 所示的两种情况。可以根据相对受压区高度 $\xi=x/h_0$ 判别截面破坏形态，当 $\xi\leqslant\xi_b$ 时为大偏心受压构件，当 $\xi>\xi_b$ 时为小偏心受压构件。ξ_b 由式(A-2b)确定。

偏心受压构件正截面受压承载力计算公式为

$$N\leqslant\alpha_1 f_c bx+f'_y A'_s-\sigma_s A_s \tag{A-44a}$$

$$Ne\leqslant\alpha_1 f_c bx\left(h_0-\frac{x}{2}\right)+f'_y A'_s(h_0-a'_s) \tag{A-44b}$$

$$e=e_i+\frac{h}{2}-a \tag{A-44c}$$

$$e_i=e_0+e_a \tag{A-44d}$$

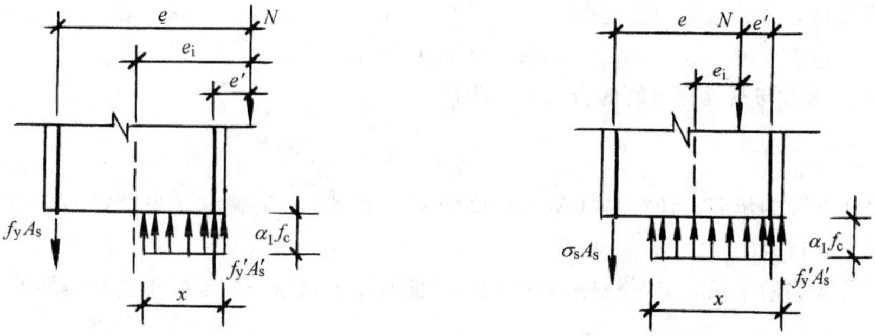

(a) 大偏心受压　　　　(b) 小偏心受压

图 A-13　偏心受压构件截面

式中　e——轴向力作用点至截面远侧钢筋(A_s)的合力点之间的距离；

σ_s——受拉边或受压较小边的纵向普通钢筋应力；

e_i——初始偏心距，$e_i=e_0+e_a$；

e_0——轴向力对截面重心的偏心距，$e_0=M/N$；

e_a——附加偏心距，其值应取 20mm 和 $h/30$(h 为偏心方向截面尺寸)两者中的较大值。

当需要考虑轴向压力在挠曲杆件中产生的二阶效应时，控制截面弯矩设计值应按下列公式计算：

$$M=C_m\eta_s M_2 \tag{A-45a}$$

$$C_m=0.7+0.3\frac{M_1}{M_2} \tag{A-45b}$$

$$\eta_s=1+\frac{1}{1\,300(M_2/N+e_a)/h_0}\left(\frac{l_c}{h}\right)^2\zeta_c \tag{A-45c}$$

$$\zeta_c=\frac{0.5f_cA}{N} \tag{A-45d}$$

当 $C_m\eta_s$ 小于 1.0 时取 1.0；对剪力墙肢类及核心筒墙肢类构件，可取 $C_m\eta_{ns}$ 等于 1.0。

式中　C_m——构件端截面偏心距调节系数，当小于 0.7 时取 0.7；

η_s——弯矩增大系数；

M_1，M_2——分别为偏心受压构件两端截面按结构分析确定的对同一主轴的组合弯矩设计值，绝对值较大端为 M_2，绝对值较小端为 M_1，当构件按单曲率弯曲时，M_1/M_2 取正值，否则取负值；

N——与弯矩设计值 M_2 相应的轴向压力设计值；

ζ_c——截面曲率修正系数，当计算值大于 1.0 时取 1.0；

h——截面高度：对环形截面，取外直径；对圆形截面，取直径；

h_0——截面有效高度；

A——构件截面面积；

l_c——构件计算长度，可近似取偏心受压构件相应主轴方向上下支撑点之间的距离。

排架结构柱 P-Δ 效应增大系数 η_s 按下式计算

$$\eta_s=1+\frac{1}{1\,500e_i/h_0}\left(\frac{l_0}{h}\right)^2\zeta_c \tag{A-45e}$$

式中，l_0 为排架柱计算长度，按表 3-9 选用。

弯矩作用平面内截面对称的偏心受压构件，当同一主轴方向杆端弯矩比$\dfrac{M_1}{M_2}$不大于 0.9 且设计轴压比不大于 0.9 时，若构件的长细比满足式(A-45f)的要求，可不考虑二阶效应的影响。

$$l_c/i\leqslant 34-12(M_1/M_2) \tag{A-45f}$$

对大偏心受压截面的承载力计算，在式(A-44a)中取 $\sigma_s=f_y$。

对大偏心受压截面，受压区高度应满足 $x>2a_s'$；若不满足，可近似地取 $x=2a_s'$，此时离压力远侧的钢筋面积可直接由下式计算：

$$Ne'=f_yA_s(h_0-a_s') \tag{A-46a}$$

其中，e'为轴向压力与其近侧钢筋的合力点的距离：

$$e'=e_i-\frac{h}{2}+a_s' \tag{A-46b}$$

对小偏心受压截面的承载力计算，式(A-44a)中的 σ_s 可按式(A-5)确定。当求得 $x>h$ 时，应以 $x=h$ 代入式(A-44a)、式(A-44b)。

对采用非对称配筋的小偏心受压构件，尚应验算离偏心压力较远一侧混凝土先被压坏的情况(图 A-14)，计算公式如下：

$$Ne'\leqslant\alpha_1f_cbx\left(h_0-\frac{x}{2}\right)+f_y'A_s(h_0-a_s') \tag{A-47a}$$

$$e'=\frac{h}{2}-a_s'-(e_0-e_a) \tag{A-47b}$$

式中，e'为轴向力作用点至轴向力近侧钢筋的合力点之间的距离；e_0 和 e_a 的意义同式(A-44)。

对于小偏心受压构件垂直于弯矩作用平面，应将 b 取为截面高度，并按(A-42)验算轴心受压承载力。

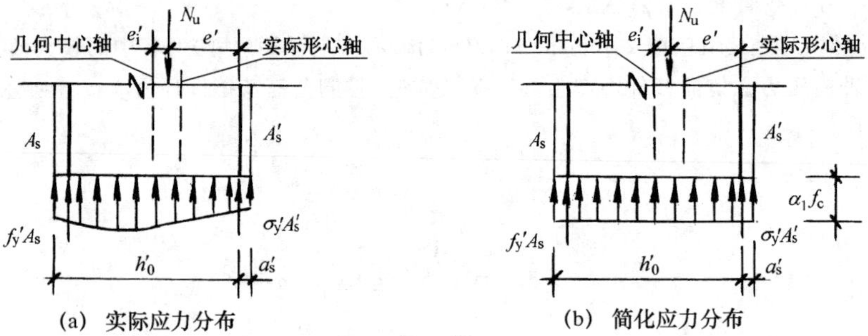

图 A-14　小偏心受压离压力较远一侧先压坏的情况

2. 不对称配筋的截面设计

(1) 大、小偏心受压的判别

在设计截面前，需先对截面的大、小偏心情况进行判别。

当 $\eta_se_i<0.3h_0$ 时，可按小偏心受压计算；当 $\eta_se_i\geqslant0.3h_0$ 时，可先按大偏心受压计算，待求得受压区高度 x 后再判断截面的确切情况。

(2) 大偏压截面设计

对大偏心受压截面，可取 $x=\xi_bh_0$，既方便了计算，求得的(A_s+A_s')总量也较小。

(3) 小偏压截面设计

对小偏心受压截面，可取 $A_s=\rho_{min}bh_0$，ρ_{min} 按表 A-23 确定。

受压区高度 x 可通过对下式求解而得：

$$Ne'=\alpha_1f_cbx\left(\frac{x}{2}-a_s'\right)+\sigma_sA_s(h_0-a_s') \tag{A-48a}$$

$$e'=\frac{h}{2}-e_i-a_s' \tag{A-48b}$$

式中，σ_s 仍按式(A-5)确定。

3. 对称配筋的截面设计计算

(1) 大、小偏压的判别

对于对称配筋的偏心受压构件，即

$$A_s=A_s',\ f_y=f_y' \tag{A-49}$$

当发生界限破坏时，截面上的压力为

$$N_b=\alpha_1f_cb\xi_bh_0 \tag{A-50}$$

当 $N<N_b$ 时属大偏心受压；当 $N>N_b$ 时属小偏心受压。

(2) 对称配筋截面的设计

对大偏心受压，利用式(A-49)的对称配筋条件，计算方法与不对称截面相似。

对小偏心受压，可近似地将式(A-44b)简化为

$$Ne=0.43f_c bh_0^2+f'_y A'_s(h_0-a'_s) \tag{A-51}$$

联立式(A-44a)和式(A-51)，求得相对受压区高度为

$$\xi=\frac{N-\xi_b\alpha_1 f_c bh_0}{\dfrac{Ne-0.43\alpha_1 f_c bh_0^2}{(\beta_1-\xi_b)(h_0-a'_s)}+\alpha_1 f_c bh_0}+\xi_b \tag{A-52a}$$

钢筋截面面积为

$$A'_s=A_s=\frac{Ne-\xi(1-0.5\xi)\alpha_1 f_c bh_0^2}{f'_y(h_0-a'_s)} \tag{A-52b}$$

A5.3　I 形截面偏心受压构件的正截面承载力计算

1. 大偏压时的计算公式

(1) 当 $x\leqslant h'_f$ 时(图 A-15a)

$$N=\alpha_1 f_c b'_f x+f'_y A'_s-f_y A_s \tag{A-53a}$$

$$Ne=\alpha_1 f_c b'_f x\left(h_0-\frac{x}{2}\right)+f'_y A'_s(h_0-a'_s) \tag{A-53b}$$

式(A-53)应满足适用条件 $x>2a'_s$。

(2) 当 $x>h'_f$ 时(图 A-15b)

$$N=\alpha_1 f_c bx+\alpha_1 f_c(b'_f-b)h'_f+f'_y A'_s-f_y A_s \tag{A-54a}$$

$$Ne=\alpha_1 f_c bx\left(h_0-\frac{x}{2}\right)+\alpha_1 f_c(b'_f-b)h'_f\left(h_0-\frac{h'_f}{2}\right)h'_f+f'_y A'_s(h_0-a'_s) \tag{A-54b}$$

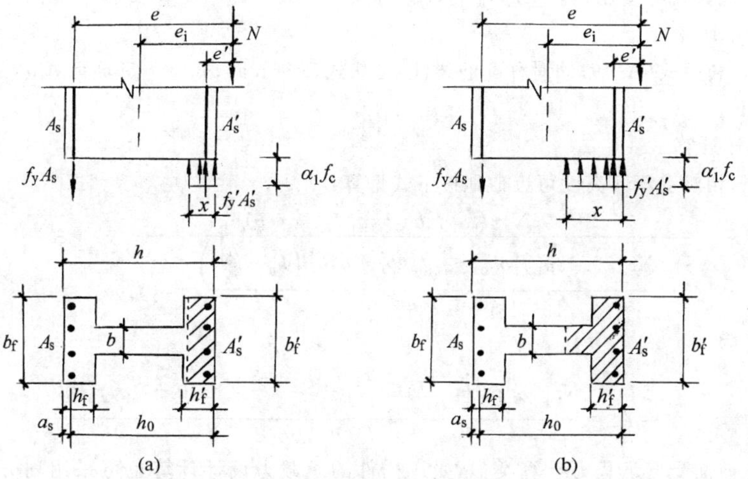

图 A-15　大偏心受压工字形截面

2. 小偏压时的计算公式

(1) 当 $h'_f<x\leqslant h-h_f$ 时(图 A-16a)

$$N=\alpha_1 f_c bx+\alpha_1 f_c(b'_f-b)h'_f+f'_y A'_s-\sigma_s A_s \tag{A-55a}$$

$$Ne=\alpha_1 f_c bx\left(h_0-\frac{x}{2}\right)+\alpha_1 f_c(b'_f-b)h'_f\left(h_0-\frac{h'_f}{2}\right)+f'_y A'_s(h-a'_s) \tag{A-55b}$$

(2) 当 $x>h-h'_f$ 时(图 A-16b)

$$N=\alpha_1 f_c bx+\alpha_1 f_c(b'_f-b)h'_f+\alpha_1 f_c(b_f-b)(x-h+h_f)+f'_y A'_s-\sigma_s A_s \tag{A-56a}$$

$$Ne=\alpha_1 f_c bx\left(h_0-\frac{x}{2}\right)+\alpha_1 f_c(b_f'-b)h_f'\left(h_0-\frac{h_f'}{2}\right)$$

$$+\alpha_1 f_c(b_f-b)(x-h+h_f)\left(\frac{h_f+h-x}{2}-a_s\right)+f_y'A_s'(h_0-a_s') \tag{A-56b}$$

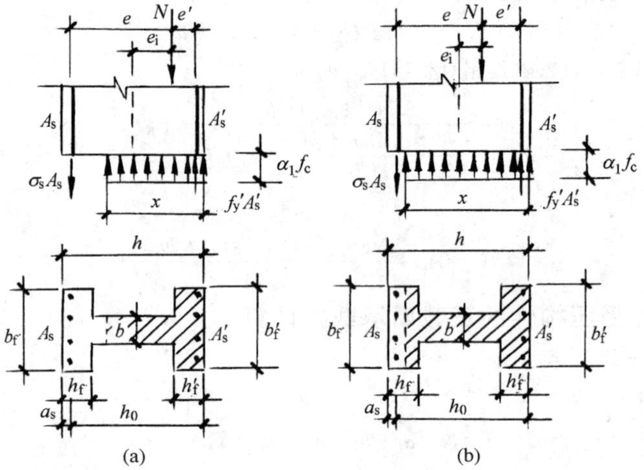

图 A-16　小偏心受压 I 形截面

3. 计算方法

(1) 截面判别

在实际工程中，I 形柱一般采用对称配筋。

当发生界限破坏时，截面上的压力为：

$$N_b=\alpha_1 f_c b\xi_b h_0+\alpha_1 f_c(b_f'-b)h_f' \tag{A-57}$$

当 $N<N_b$ 时，属大偏心受压；当 $N>N_b$ 时，属小偏心受压。

(2) 大偏心受压计算

对大偏心受压，利用式(A-49)的对称配筋条件，可从式(A- 53a)、式(A- 54a)计算 x，然后从式(A-53b)、式(A- 54b)算得 A_s'。

(3) 小偏心受压计算

对小偏心受压，相对受压区高度可近似地按下式计算：

$$\xi=\frac{N-\xi_b\alpha_1 f_c bh_0-\alpha_1 f_c(b_f'-b)h_f'}{\dfrac{Ne-0.43\alpha_1 f_c bh_0^2-\alpha_1 f_c(b_f'-b)h_f'\left(h_0-\dfrac{h_f'}{2}\right)}{(\beta_1-\xi_b)(h_0-a_s')}+\alpha_1 f_c bh_0}+\xi_b \tag{A-58a}$$

钢筋截面面积为

$$A_s'=A_s=\frac{Ne-\alpha_1 f_c(b_f'-b)h_f'\left(h_0-\dfrac{h_f'}{2}\right)-\xi(1-0.5\xi)\alpha_1 f_c bh_0^2}{f_y'(h_0-a_s')} \tag{A-58b}$$

与受弯构件正截面受弯承载力计算类似，受压构件的承载力设计计算也可采用划分单元的方法，详见《混凝土结构设计规范》(GB 50010)。

A5.4　偏心受压构件的斜截面受剪承载力计算

矩形截面的钢筋混凝土偏心受压构件，其斜截面受剪承载力计算公式为

$$V=\frac{1.75}{\lambda+1}f_t bh_0+f_{yv}\frac{A_{sv}}{s}h_0+0.07N \tag{A-59}$$

式中，N 为与剪力设计值 V 相应的轴向压力设计值；当 $V>0.3f_cA$（A 为构件的截面面积）时，取 $V=0.3f_cA$。

计算截面的剪跨比应按下列规定取用：

(1) 对框架结构的柱，可取 $\lambda=H_n/(2h_0)$；对框架-剪力墙结构的柱，可取 $\lambda=M/(Vh_0)$；当 $\lambda<1$ 时，取 $\lambda=1$；当 $\lambda>3$ 时，取 $\lambda=3$；此处，H_n 为柱净高，M 为计算截面上与剪力设计值相应的弯矩设计值。

(2) 对其他偏心受压构件，当承受均布荷载时，取 $\lambda=1.5$；当承受集中荷载时(包括作用有多种荷载且集中简载对支座截面或节点边缘所产生的剪力值占总剪力值的75%以上的情况)，取 $\lambda=a/h_0$；当 $\lambda<1.5$ 时，取 $\lambda=1.5$；当 $\lambda>3$ 时，取 $\lambda=3$；此处 a 为集中荷载至支座或节点边缘的距离。

A5.5 受压构件的构造要求

1. 截面形式和尺寸

对轴心受压截面，长细比一般控制在 $l_0/b\leqslant30$ 及 $l_0/h\leqslant25$(b 为矩形截面短边，h 为长边)。

偏心受压构件通常采用矩形截面，其长短边的比值一般为1.5～3，长边应设在弯矩作用方向。当截面长边超过600～800mm时，宜采用I形截面。I形柱的翼缘厚度不宜小于120mm，腹板厚度不宜小于100 mm。当边长不大于800mm时，尺寸以50mm为模数；当边长大于800mm时，可以100mm为模数。

2. 纵向钢筋

纵向受力钢筋直径不宜小于12mm. 全部纵向钢筋配筋率不宜超过5%；圆柱中纵向钢筋应沿周边均匀布置，且不应少于6根(以不少于8根为宜)。

当偏心受压柱的截面高度 $h\geqslant600$mm时，在侧面应设置直径为10～16mm的纵向构造钢筋，并相应地设置复合箍筋或拉筋。

柱内纵向钢筋的净距不应小于50mm；对水平浇筑的预制柱，其纵向钢筋的最小净距可按对梁的有关规定取用。

在偏心受压柱中，垂直于弯矩作用平面的纵向受力钢筋以及轴心受压柱中各边的纵向受力钢筋，其中距不应大于300mm。

纵向钢筋的最小配筋率见表A-23。

3. 箍筋

在柱中及其他受压构件中的箍筋应为封闭式。

箍筋直径不应小于 $d/4$(d 为纵向钢筋的最大直径)，且不应小于6mm。

箍筋间距不应大干400mm，且不应大于构件截面的短边尺寸；同时，在绑扎骨架中，不应大于 $15d$。

当柱中全部纵向钢筋的配筋率超过3%时，箍筋直径不宜小于8mm，间距不应大于纵向钢筋最小直径的10倍，且不应大于200mm。箍筋应焊成封闭环式，或在箍筋末端做成不小于135°的弯钩，弯钩末端平直段长度不应小于10倍箍筋直径。

当柱截面短边大于400mm且各边纵向钢筋多于3根时，或当柱截面短边未超过400mm但各边纵向钢筋多于4根时，应设置复合箍筋。

在配有螺旋式或焊接环式间接钢筋的柱中，如计算中考虑间接钢筋的作用，则间接钢筋的间距不应大于80 mm及 $d_{cor}/5$(d_{cor} 为按间接钢筋内表面确定的直径)，且不应小于40mm。

A6 受拉构件的承载力设计计算

A6.1 轴心受拉构件的正截面承载力计算

轴心受拉构件的正截面受拉承载力计算公式为

$$A\leqslant f_sA_s \tag{A-60}$$

式中，A_s 为钢筋的全部截面面积。

A6.2 矩形截面偏心受拉构件的正截面承载力计算

1. 大小偏心受拉的界限

区分大小偏心受拉的方法比较简单。当 N 作用于 A_s 与 A_s' 之间(即 $e_0<h/2-a_s$)时，为小偏心受拉(图A-17a)；当 N 作用于 A_s 与 A_s' 范围以外(即 $e_0>h/2-a_s$)时，为大偏心受拉(图A-17b)。

2. 小偏心受拉构件正截面承载力计算

对小偏心受拉构件，截面两侧的钢筋 A_s 及 A_s' 可从以下两式求得：

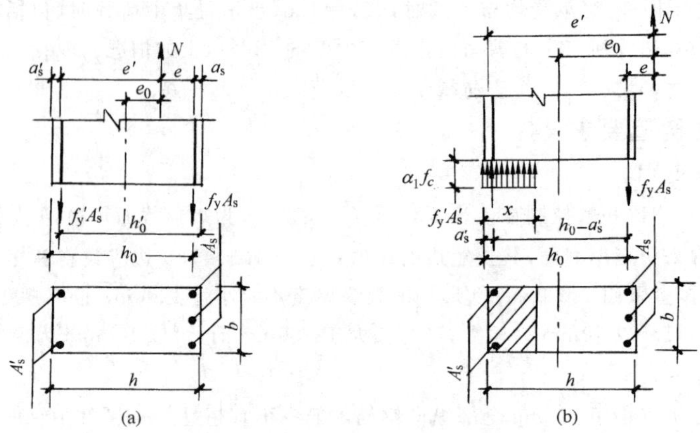

图 A-17 两类偏心受拉构件

$$Ne\leqslant f_y A_s'(h_0-a_s') \tag{A-61a}$$

$$Ne'\leqslant f_y A_s(h_0'-a_s) \tag{A-61b}$$

其中
$$e=\frac{h}{2}-e_0-a_s \tag{A-61c}$$

$$e'=\frac{h}{2}+e_0-a_s' \tag{A-61d}$$

3. 大偏心受拉构件正截面承载力计算

$$N\leqslant f_y A_s-f_y' A_s'-\alpha_1 f_c bx \tag{A-62a}$$

$$Ne\leqslant \alpha_1 f_c bx\left(h_0-\frac{x}{2}\right)+f_y' A_s'(h_0-a_s') \tag{A-62b}$$

其中
$$e=e_0-\frac{h}{2}+a_s \tag{A-62c}$$

上述公式的适用条件为 $x\leqslant\xi_b h_0$ 和 $x\geqslant 2a_s'$。

在设计截面时，若在上述公式中取 $x=\xi_b h_0$，则能使求得的 A_s 和 A_s' 的总用钢量较少。若算得的 $A_s'<\rho_{\min}' bh$，则取 $A_s'=\rho_{\min}' bh$，然后根据式(A-63)重新计算 A_s。当算得 $x<2a_s'$ 时，可近似地取 $x=2a_s'$，此时 A_s 可直接从下式算出：

$$Ne'=f_y A_s(h_0-a_s') \tag{A-63a}$$

其中
$$e'=\frac{h}{2}+e_0-a_s' \tag{A-63b}$$

A6.3 偏心受拉构件的斜截面承载力计算

矩形截面的钢筋混凝土偏心受拉构件，其斜截面受剪承载力计算公式为

$$V_{cs}=\frac{1.75}{\lambda+1}f_t bh_0+f_{yv}\frac{A_{sv}}{s}h_0-0.2N \tag{A-64}$$

式中，N 为与剪力设计值 V 相应的轴向拉力设计值。

当式(A-64)右边的计算值小于 $f_{yv}\frac{A_{sv}}{s}h_0$ 时，应取等于 $f_{yv}\frac{A_{sv}}{s}h_0$，且 $f_{yv}\frac{A_{sv}}{s}h_0$ 值不得小于 $0.36f_t bh_0$。

A7 混凝土构件裂缝宽度和挠度的验算

A7.1 裂缝宽度验算

1. 裂缝宽度控制要求

钢筋混凝土构件的最大裂缝宽度按荷载准永久组合并考虑长期作用影响的效应计算，预应力混凝土构

件的最大裂缝宽度按荷载标准组合并考虑长期作用影响的效应计算。最大裂缝宽度,应满足下列规定:

$$w_{max} \leqslant w_{lim} \tag{A-65}$$

式中 w_{lim}——最大裂缝宽度限值,见表 A-8;

w_{max}——按荷载准永久组合或标准组合,并考虑长期作用影响的计算最大裂缝宽度。

表 A-8　结构构件的裂缝控制等级及最大裂缝宽度的限值　mm

环境类别	钢筋混凝土结构		预应力混凝土结构	
	裂缝等级控制	w_{lim}	裂缝等级控制	w_{lim}
一	三级	0.30(0.40)	三级	0.20
二 a		0.20		0.10
二 b			二级	—
三 a,三 b			一级	—

注:(1) 表中的规定适用于采用热轧钢筋的钢筋混凝土构件和采用预应力钢丝、钢绞线及预应力螺纹钢筋的预应力混凝土构件;当采用其他类别的钢丝或钢筋时,其裂缝控制要求可按专门标准确定;

(2) 对处在年平均相对湿度小于 60% 地区一级环境下的受弯构件,其最大裂缝宽度限值可采用括号内的数值;

(3) 在一类环境下,对钢筋混凝土屋架、托架及需作疲劳验算的吊车梁.其最大裂缝宽度限值应取为 0.20mm;对钢筋混凝土屋面梁和托梁,其最大裂缝宽限值应取为 0.30mm;

(4) 在一类环境下,对预应力混凝土屋架、托架及双向板体系,应按二级裂缝控制等级进行验算;对一类环境下的预应力混凝土屋面梁、托梁、单向板,按表中二级环境的要求进行验算;在一类和二类环境下需作疲劳验算的预应力混凝土吊车梁,应按一级裂缝控制等级进行验算;

(5) 表中规定的预应力混凝土构件的裂缝控制等级和最大裂缝宽度限值仅适用于正截面的验算;预应力混凝土构件的斜截面裂缝控制验算应符合 GB 50010 规范第 7 章的要求;

(6) 对于烟囱、筒仓和处于液体压力下的结构构件,其裂缝控制要求应符合专门标准的有关规定;

(7) 对于处于四、五类环境下的结构构件,其裂缝控制要求应符合专门标准的有关规定;

(8) 混凝土保护层厚度较大的构件,可根据实践经验对表中最大裂缝宽度限值适当放宽。

混凝土结构的环境类别划分应符合表 A-9 的要求。

2. 最大裂缝宽度 w_{max} 计算公式

在矩形、T 形、倒 T 形和 I 形截面的钢筋混凝土受拉、受弯和偏心受压构件中,纵向受拉钢筋截面重心处混凝土侧表面的最大裂缝宽度 w_{max}(按 mm 计)可按下列公式计算:

$$w_{max} = \alpha_{cr}\psi\frac{\sigma_s}{E_s}\left(1.9c + 0.08\frac{d_{eq}}{\rho_{te}}\right) \tag{A-66a}$$

$$\psi = 1.1 - 0.65\frac{f_{tk}}{\rho_{te}\sigma_s} \tag{A-66b}$$

$$d_{eq} = \frac{\sum n_i d_i^2}{\sum n_i \nu_i d_i} \tag{A-66c}$$

$$\rho_{te} = \frac{A_s}{A_{te}} \tag{A-66d}$$

式中 α_{cr}——构件受力特征系数,对受弯、偏心受压钢筋混凝土构件,取为 1.9;对偏心受拉钢筋混凝土构件,取为 2.4;对轴心受拉钢筋混凝土构件,取为 2.7;预应力混凝土受弯、偏心受压构件,取为 1.5;对预应力混凝土轴心受拉构件取为 2.2;

ψ——裂缝间纵向受拉钢筋应变不均匀系数,当 $\psi<0.2$ 时,取 $\psi=0.2$;当 $\psi>1.0$ 时,取 $\psi=1.0$;对直接承受重复荷载的构件,取 $\psi=1.0$;

c——最外层纵向受拉钢筋外边缘至受拉区底边的距离(mm),当 $c<20$ 时,取 $c=20$,当 $c>65$ 时,取 $c=65$;

表 A-9 混凝土结构的环境类别

环境类别	条件
一	室内干燥环境
	无侵蚀性净水浸没环境
二 a	室内潮湿环境
	非严寒和非寒冷地区的露天环境
	非严寒和非寒冷地区与无侵蚀性的水或土壤直接接触的环境
	严寒和寒冷地区的冰冻线以下与无侵蚀性的水或土壤直接接触的环境
二 b	干湿交替环境
	水位频繁变动环境
	严寒和寒冷地区的露天环境
	严寒和寒冷地区的冰冻线以上与无侵蚀性的水或土壤直接接触的环境
三 a	严寒和寒冷地区冬季水位变动区环境
	受除冰盐影响环境
	海风环境
三 b	盐渍土环境
	受除冰盐作用环境
	海岸环境
四	海水环境
五	受人为或自然的侵蚀性物质影响的环境

注:(1) 室内潮湿环境是指构件表面经常处于结露或湿润状态的环境;

(2) 严寒和寒冷地区的划分应符合国家现行标准《民用建筑热工设计规范》(GB 50176)有关规定;

(3) 海岸环境和海风环境宜根据当地情况,考虑主导风向及结构所处迎风、背风部位等因素的影响,由调查研究和工程经验确定;

(4) 受除冰盐影响环境为受到除冰盐盐雾影响的环境;受除冰盐作用环境指被除冰盐溶液溅射的环境以及使用除冰盐地区的洗车房、停车楼等建筑。

ρ_{te}——按有效受拉混凝土截面面积计算的纵向受拉钢筋配筋率;在最大裂缝宽度计算中,当 $\rho_{te}<0.01$ 时,取 $\rho_{te}=0.01$;

A_{te}——有效受拉混凝土截面面积,可按下列规定取用:对轴心受拉构件,取构件截面面积;对受弯、偏心受压和偏心受拉构件,取 1/2 腹板截面面积与受拉翼缘截面面积之和;

A_s——纵向受拉钢筋的截面面积;

d_{eq}——纵向受拉钢筋的等效直径(mm);

d_i——第 i 种纵向受拉钢筋的公称直径(mm);

n_i——第 i 种纵向受拉钢筋的根数;

ν_i——第 i 种纵向受拉钢筋的相对粘结特性系数:对光面钢筋,取为 0.7;对带肋钢筋,取为 1.0;对预应力筋可参见 GB 50010 规范的相关规定。

σ_s——按荷载准永久组合计算的钢筋混凝土构件纵向受拉钢筋的应力或按标准组合计算的预应力混凝土纵向受拉钢筋的等效应力。

在荷载的准永久组合或标准组合下,钢筋混凝土构件纵向受拉钢筋应力或预应力混凝土构件受拉区纵向钢筋的等效应力可按下列公式计算:

对轴心受拉构件

$$\sigma_{sq}=\frac{N_q}{A_s} \tag{A-67}$$

对偏心受拉构件

$$\sigma_{sq}=\frac{N_q e'}{A_s(h_0-a'_s)} \tag{A-68}$$

对受弯构件

$$\sigma_{sq}=\frac{M_q}{0.87h_0 A_s} \tag{A-69}$$

对偏心受压构件

$$\sigma_{sq}=\frac{N_q(e-z)}{A_s z} \tag{A-70a}$$

$$z=\left[0.87-0.12(1-\gamma'_f)\left(\frac{h_0}{e}\right)^2\right]h_0 \tag{A-70b}$$

$$e=\eta_s e_0+y_s \tag{A-70c}$$

$$\gamma'_f=\frac{(b'_f-b)h'_f}{bh_0} \tag{A-70d}$$

$$\eta_s=1+\frac{1}{4\,000e_0/h_0}\left(\frac{l_0}{h}\right)^2 \tag{A-70e}$$

式中　A_s——纵向受拉钢筋截面面积，对轴心受拉构件，取全部纵向钢筋截面面积；对偏心受拉构件，取受拉较大边的纵向钢筋截面面积；对受弯、偏心受压构件，取受拉区纵向钢筋截面面积；

e'——轴向拉力作用点至受压区或受拉较小边纵向钢筋合力点的距离；

e——轴向压力作用点至纵向受拉钢筋合力点的距离；

z——纵向受拉钢筋合力点至受压区合力点之间的距离，且不大于 $0.87h_0$；

η_s——使用阶段的轴向压力偏心距增大系数；当 $l_0/h\leqslant 14$，取 $\eta_s=1.0$；

y_s——截面重心至纵向受拉钢筋合力点的距离；

γ'_f——受压翼缘截面面积与腹板有效截面面积的比值（其中 b'_f，h'_f 为受压区翼缘的宽度、高度）；当 $h'_f>0.2h_0$ 时，取 $h'_f=0.2h_0$；

N_q，M_q——按荷载准永久组合计算的轴向力值、弯矩值，对偏心受压构件不考虑二阶效应的影响。

A7.2　受弯构件的挠度验算

1．挠度控制的要求

钢筋混凝土受弯构件在正常使用极限状态下的挠度应按荷载准永久组合并考虑荷载长期作用影响进行计算。挠度计算可采用结构力学的方法，挠度计算值应满足：

$$f_{max}\leqslant f_{lim} \tag{A-71}$$

式中　f_{max}——按荷载准永久组合并考虑荷载长期作用影响计算的最大挠度值；

f_{lim}——受弯构件的挠度限值，见表 A-24。

在等截面构件中，可假定各同号弯矩区段内的刚度相等，并取用该区段内最大弯矩处的刚度。当计算跨度内的支座截面刚度不大于跨中截面刚得的 2 倍或不小于跨中截面刚度的 1/2 时，该跨也可按等刚度构件进行计算，其构件刚度可取跨中最大弯矩截面的刚度。

2．受弯构件的刚度 B

按裂缝控制等级要求的荷载组合作用下，钢筋混凝土受弯构件的短期刚度 B_s 可按下列公式计算：

$$B_s=\frac{E_s A_s h_0^2}{1.15\psi+0.2+\frac{6\alpha_E\rho}{1+3.5\gamma'_f}} \tag{A-72}$$

式中　ψ——裂缝间纵向受拉钢筋应变不均匀系数，按式（A-68b）计算；当 $\psi<0.2$ 时，取 $\psi=0.2$；当 $\psi>1.0$ 时，取 $\psi=1.0$；对直接承受重复荷载的构件，取 $\psi=1.0$；

α_E——钢筋弹性模量与混凝土弹性模量的比值；

ρ——纵向受拉钢筋配筋率，$\rho=A_s/(bh_0)$；

γ_f'——受压翼缘截面面积与腹板有效截面面积的比值，按式(A-70d)计算(其中 b_f'，h_f' 为受压区翼缘的宽度、高度)；当 $h_f'>0.2h_0$ 时，取 $h_f'=0.2h_0$。

对矩形、T形、倒T形和I形截面受弯构件，考虑荷载长期作用影响的刚度 B 可按下列公式计算：

(1) 采用荷载效应标准组合时

$$B=\frac{M_k}{M_q(\theta-1)+M_k}B_s \tag{A-73a}$$

(2) 采用荷载准永久组合时

$$B=\frac{B_s}{\theta} \tag{A-73b}$$

式中 M_k——按荷载的标准组合计算的弯矩值，取计算区段内的最大弯矩值；

M_q——按荷载的准永久组合计算的弯矩值，取计算区段内的最大弯矩值；

θ——考虑荷载的长期作用对挠度增大的影响系数，对钢筋混凝土受弯构件，当 $\rho'=0$ 时，取 $\theta=2.0$；当 $\rho'=\rho$ 时，取 $\theta=1.6$；当 ρ' 为中间数值时，θ 按线性内插法取用。此处，$\rho'=A'_s/(bh_0)$，$\rho=A_s/(bh_0)$。

A8 预应力混凝土构件的设计计算

A8.1 一般规定

1. 计算原则

预应力混凝土构件除应根据使用条件进行承载力计算及变形、抗裂、裂缝宽度和应力验算外，尚应按具体情况对制作、运输及吊装等施工阶段进行验算。

在验算时，若将预应力作为荷载考虑，则应在荷载组合中加入预应力效应，即按下列组合进行设计：

$$\gamma_0 S+\gamma_p S_p$$

式中 γ_0——结构构件的重要性系数，对承载能力极限状态，按表1-1取用；对正常使用极限状态，取1.0；

S——《建筑结构荷载规范》(GB 50009)中的荷载效应组合设计值；

S_p——预应力效应，按扣除相应阶段预应力损失后的预应力钢筋的合力 N_p 计算；

γ_p——预应力的荷载分项系数，对承载能力极限状态，当预应力效应对结构有利时，取1.0；不利时取1.2；对正常使用极限状态，取1.0。

2. 张拉控制应力 σ_{con}

预应力筋的张拉控制应力值 σ_{con} 应符合下列规定，且不宜小于 $0.4f_{pyk}$：

(1) 钢丝、钢绞线

$$\sigma_{con}\leqslant 0.75f_{ptk} \tag{A-74a}$$

(2) 预应力螺纹钢筋

$$\sigma_{con}\leqslant 0.85f_{ptk} \tag{A-74b}$$

当符合下列情况之一时，上述张拉控制应力限值可提高 $0.05f_{pyk}$：

(1) 要求提高构件在施工阶段的抗裂性能，而在使用阶段受压区内设置的预应力钢筋；

(2) 要求部分抵消由于应力松弛、摩擦、钢筋分批张拉以及预应力钢筋与张拉台座之间的温差因素产生的预应力损失。

3. 预应力损失值的组合

预应力构件在各阶段的预应力损失值宜按表A-10的规定进行组合。当计算求得的预应力总损失值小于下列数值时，则按下列数值取用：对先张法构件，100N/mm²；对后张法构件，80N/mm²，各项预应力损失值的计算见下述。

4. 预应力筋的传递长度及锚固长度

先张法预应力混凝土构件，预应力的传递不能在端部集中地突然完成，必须经过一定的传递长度才能在相应的混凝土截面建立有效的预压应力 σ_{pc}。先张法构件预应力筋的预应力传递长度 l_{tr}，应按下式计算：

$$l_{tr}=\alpha\frac{\sigma_{pc}}{f'_{tk}}d \tag{A-75}$$

式中　σ_{pc}——放张时预应力筋的有效预应力值；

d——预应力钢丝、钢绞线的公称直径；

α——预应力筋的外形系数，按表 A-2 的规定确定；

f'_{tk}——与放张时混凝土立方体抗压强度 f'_{cu} 相应的抗拉强度标准值，可按表 A-15 以线性内插法采用。

表 A-10　　各阶段预应力损失值的组合

预应力损失值的组合	先张法构件	后张法构件
混凝土预压前(第Ⅰ批)的损失	$\sigma_{l1}+\sigma_{l2}+\sigma_{l3}+\sigma_{l4}$	$\sigma_{l1}+\sigma_{l2}$
混凝土预压后(第Ⅱ批)的损失	σ_{l5}	$\sigma_{l4}+\sigma_{l5}+\sigma_{l6}$

注：先张法构件由于钢筋应力松弛引起的损失值 σ_{l4} 在第一批和第二批损失中所占的比例，如需区分，可根据实际情况确定。

当采用骤然放松的施工工艺时，对光面预应力钢丝，l_{tr} 的起点应从距构件末端 $0.25l_{tr}$ 处开始计算。

计算先张法预应力混凝土构件端部锚固区的正截面和斜截面受弯承载力时，锚固区内的预应力筋抗拉强度设计值在锚固点处应取零，在锚固终点处应取 f_{py}，两点之间可按线性内插法取值。

预应力筋的锚固长度应按式(A-22)计算。

5. 构件端部锚固区的局部承压验算

(1) 局部受压区的截面尺寸验算

配置间接钢筋的混凝土结构构件，其局部受压区的截面尺寸应符合下列要求：

$$F_l\leqslant 1.35\beta_c\beta_l f_c A_{ln} \tag{A-76a}$$

$$\beta_l=\sqrt{\frac{A_b}{A_l}} \tag{A-76b}$$

式中　F_l——局部受压面上作用的局部荷载或局部压力设计值，在后张法预应力混凝土构件中的锚头局压区，应取 1.2 倍张拉控制力；在无粘结预应力混凝土构件中，尚应与 $f_{ptk}A_p$ 值相比较，取其中的较大值；

β_c——混凝土强度影响系数，当混凝土强度等级不超过 C50 时，取 $\beta_c=1.0$；当混凝土强度等级为 C80 时，取 $\beta_c=0.8$，其间按线性内插法取用；

β_l——混凝土局部受压时的强度提高系数；

A_l——混凝土局部受压面积；

A_{ln}——混凝土局部受压净面积，对后张法构件，应在混凝土局部受压面积中扣除孔道、凹槽部分的面积；

A_b——局部受压时的计算底面积，可由局部受压面积与计算底面积按同心、对称的原则确定，一般的情况可按图 A-18 计算。

(3) 局部受压承载力计算

当配置方格网式或螺旋式间接钢筋且其核芯面积 $A_{cor}\geqslant A_b$ 时(图 A-19)，局部受压承载力应按下列公式计算：

$$F_l\leqslant 0.9(\beta_c\beta_l f_c+2\alpha\rho_v\beta_{cor}f_y)A_{ln} \tag{A-77a}$$

当为方格网配筋时(图 A-19a)，其体积配筋率应按下列公式计算：

$$\rho_v=\frac{n_1A_{s1}l_1+n_2A_{s2}l_2}{A_{cor}s} \tag{A-77b}$$

此时，在钢筋网两个方向的单位长度内，其钢筋截面面积相差不应大于 1.5 倍。

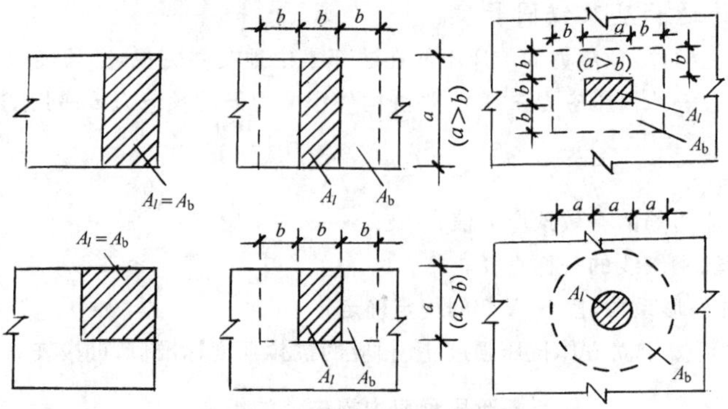

图 A-18　确定局部受压计算底面积 A_b

当为螺旋钢筋时(图 A-19b),其体积配筋率应按下列公式计算:

$$\rho_v = \frac{4A_{ss1}}{d_{cor}s} \tag{A-77b}$$

式中　β_{cor}——配置间接钢筋的局部受压承载力提高系数,仍按式(A-76b)计算,但应以 A_{cor} 代替 A_b;

α——间接钢筋对混凝土约束的折减系数,与式(A-43)的规定相同;

A_{cor}——配置方格网或螺旋式间接钢筋内表面范围以内的混凝土核芯面积,但不应大于 A_b 且其重心应与 A_l 的重心重合;

ρ_v——间接钢筋的体积配筋率(核芯面积 A_{cor} 范围内单位混凝土体积所含间接钢筋体积);

n_1, A_{s1}——方格网沿 l_1 方向的钢筋根数、单根钢筋的截面面积;

n_2, A_{s2}——方格网沿 l_2 方向的钢筋根数、单根钢筋的截面面积;

A_{ss1}——螺旋式单根间接钢筋的截面面积;

d_{cor}——配置螺旋式间接钢筋范围以内的混凝土直径;

s——方格网或螺旋式间接钢筋的间距。

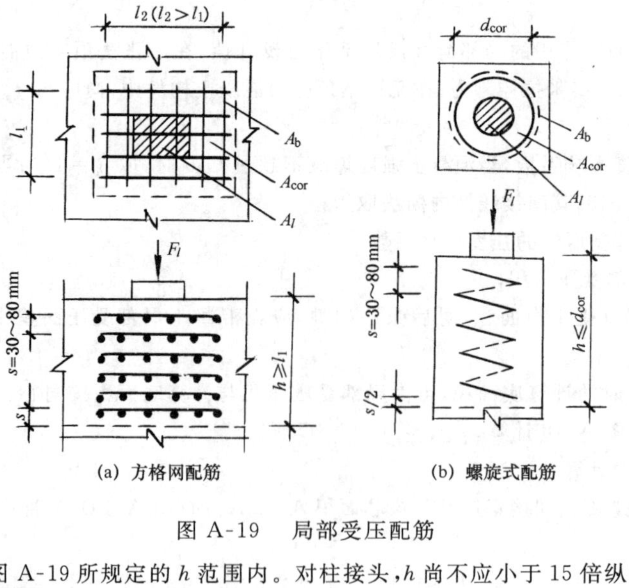

图 A-19　局部受压配筋

间接钢筋应配置在图 A-19 所规定的 h 范围内。对柱接头,h 尚不应小于 15 倍纵向钢筋直径。配置方格网钢筋不应少于 4 片,配置螺旋式钢筋不应少于 4 圈。

A8.2　预应力损失值的计算

1. 预应力损失 σ_1

直线预应力筋由于锚具变形和预应力筋内缩引起的预应力损失 σ_{l1},可按下式计算:

$$\sigma_{l1}=\frac{a}{l}E_s \tag{A-78}$$

式中　a——张拉端锚具变形和预应力筋内缩值，可按表 A-11 的规定采用；

l——张拉端至锚固端之间的距离(mm)。

块体拼成的结构，其预应力损失尚应计及块体间填缝的预压变形。当采用混凝土或砂浆为填缝材料时，每条填缝的预压变形值应取 1mm。

后张法构件预应力曲线或由于锚具变形和预应力筋内缩引起的预应力损失值 σ_{l1} 的计算方法，在 GB 50010 规范中也作了建议。限于篇幅，此处不予介绍。

表 A-11　锚具变形和预应力筋内缩值 α　mm

锚具类别		a
支承式锚具等	螺帽缝隙	1
	每块后加垫板的缝隙	1
夹片式锚具	有顶压时	5
	无顶压时	8～10

注：(1) 表中的锚具变形和钢筋内缩值也可根据实测数据确定；

(2) 其他类型的锚具变形和钢筋内缩值应根据实测数据确定。

2. 预应力损失 σ_{l2}

由预应力钢筋与孔道之间的摩擦引起的预应力损失 σ_{l2}（图 A-20），宜按下式计算：

$$\sigma_{l2}=\sigma_{con}\left(1-\frac{1}{e^{\kappa x+\mu\theta}}\right) \tag{A-79a}$$

当($\kappa x+\mu\theta$)不大于 0.3 时，σ_{l2} 可按下列公式近似计算：

$$\sigma_{l2}=\sigma_{con}(\kappa x+\mu\theta) \tag{A-79b}$$

式中　x——从张拉端至计算截面的孔道长度，亦可近似取该段孔道在纵轴上的投影长度(m)；

θ——从张拉端至计算截面曲线孔道部分切线的夹角(rad)；

κ——考虑孔道每米长度局部偏差的摩擦系数，可按表 A-12 采用；

μ——预应力筋与孔道壁之间的摩擦系数，可按表 A-12 采用。

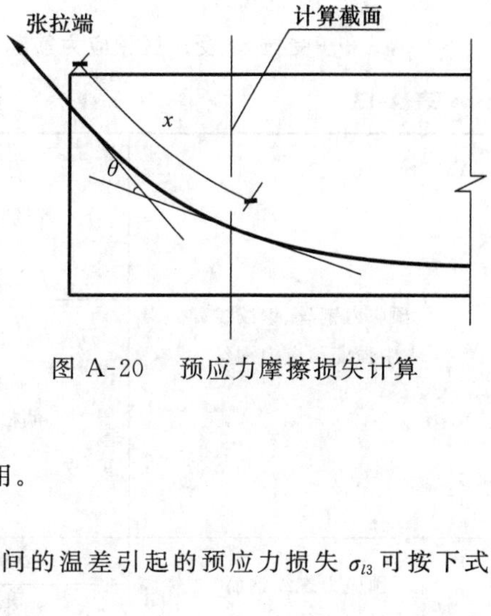

图 A-20　预应力摩擦损失计算

3. 预应力损失 σ_{l3}

混凝土加热养护时，受张拉的预应力筋与承受拉力的设备之间的温差引起的预应力损失 σ_{l3} 可按下式计算：

$$\sigma_{l3}=2\Delta t(\mathrm{N/mm^2}) \tag{A-80}$$

式中，Δt 为受张拉的预应力筋与承受拉力的设备之间的温差。

表 A-12　钢丝束、钢绞线摩擦系数

孔道成型方式	κ	μ	
		钢绞线、钢丝束	预应力螺纹钢筋
预埋金属波纹管	0.0015	0.25	0.50
预埋塑料波纹管	0.0015	0.15	—
预埋钢管	0.0010	0.30	—
抽芯成型	0.0014	0.55	0.60
无粘结预应力钢绞线	0.0040	0.09	—

注：当有可靠的实验数据资料时，表中系数值可根据实测数据确定。

4. 预应力损失 σ_{l4}

由预应力筋的应力松弛引起的顶应力损失 σ_{l4} 可按表 A-13 的规定计算。

5. 预应力损失 σ_{l5}，σ'_{l5}

混凝土收缩、徐变引起的受拉区和受压区预应力筋的预应力损失 σ_{l5}，σ'_{l5} 一般可按下列公式计算：

对先张法构件

$$\sigma_{l5}=\frac{60+340\frac{\sigma_{pc}}{f'_{cu}}}{1+15\rho} \tag{A-81a}$$

$$\sigma'_{l5}=\frac{60+340\frac{\sigma'_{pc}}{f'_{cu}}}{1+15\rho'} \tag{A-81b}$$

对后张法构件

$$\sigma_{l5}=\frac{55+300\frac{\sigma_{pc}}{f'_{cu}}}{1+15\rho} \tag{A-82a}$$

$$\sigma'_{l5}=\frac{55+300\frac{\sigma'_{pc}}{f'_{cu}}}{1+15\rho'} \tag{A-82b}$$

式中 σ_{pc}，σ'_{pc}——受拉区、受压区预应力钢筋在各自合力点处混凝土法向压应力；

f'_{cu}——施加预应力时的混凝土立方体抗压强度(需经计算确定，且不宜低于设计的混凝土强度等级的 75%)；

ρ，ρ'——受拉区、受压区预应力筋和非预应力钢筋的配筋率。

表 A-13　　预应力筋的应力松弛 σ_{l4}

预应力钢丝、钢绞线、中强度预应力钢丝	普通松弛	$0.4\psi\left(\frac{\sigma_{con}}{f_{ptk}}-0.5\right)\sigma_{con}$ 一次张拉　$\psi=1$ 超张拉　$\psi=0.9$
	低松弛	当 $\sigma_{con}\leqslant 0.7f_{ptk}$ 时 $0.125\left(\frac{\sigma_{con}}{f_{ptk}}-0.5\right)\sigma_{con}$ 当 $0.7f_{ptk}<\sigma_{con}\leqslant 0.8f_{ptk}$ 时 $0.20\left(\frac{\sigma_{con}}{f_{ptk}}-0.575\right)\sigma_{con}$
预应力螺纹钢筋	一次张拉	$0.04\sigma_{con}$
	超张拉	$0.03\sigma_{con}$

注：(1) 当取表中超张拉的应力松弛损失值时，张拉程序应符合现行固家标准《混凝土结构工程施工及验收规范》(GB 50204)的要求；

(2) 预应力钢丝、钢绞线当 $\sigma_{con}/f_{ptk}\leqslant 0.5$ 时，预应力钢筋的应力松弛损失值应取为零。

对先张法构件

$$\rho=\frac{A_p+A_s}{A_0},\quad \rho'=\frac{A'_p+A'_s}{A_0} \tag{A-83}$$

对后张法构件

$$\rho=\frac{A_p+A_s}{A_n},\quad \rho'=\frac{A'_p+A'_s}{A_n} \tag{A-84}$$

式中 A_0——混凝土换算截面面积(包括扣除孔道、凹槽等削弱部分以外的混凝土全部截面面积以及全部纵向预应力钢筋和非预应力钢筋截面面积换算成混凝土的截面面积；对由不同混凝土强度等级组成的截面，应根据混凝土弹性模量比值换算成同一混凝土强度等级的截面面积）；

A_n——净截面面积（换算截面面积减去全部纵向预应力钢筋截面面积换算成混凝土的截面面积）；

A_p，A'_p——受拉区、受压区的预应力筋的截面面积；

A_s，A'_s——受拉区、受压区的非预应力钢筋的截面面积。

对于对称配置预应力钢筋和非预应力钢筋的构件，取 $\rho=\rho'$，此时配筋率应按其钢筋总截面面积的一半进行计算。

当需要考虑施加预应力时混凝土龄期的影响，以及需要考虑松弛、收缩、徐变损失随时间的变化和较精确计算时，可按 GB 50010 规范的有关规定计算。

6. 预应力损失 σ_{l6}

用螺旋式预应力筋作配筋的环形构件，当直径 $d\leqslant 3\text{m}$ 时，由于混凝土的局部挤压引起的预应力损失取为 $\sigma_{l6}=30\text{N/mm}^2$。

A8.3　预应力产生的截面应力

由预加应力产生的混凝土法向应力及相应阶段预应力筋的应力，可分别按表 A-14 中所列的公式计算。

A8.4　预应力混凝土构件的截面承载力计算

GB 50010 对预应力混凝土构件给出了截面承载力的计算公式，其实质如下：

(1) 当计算轴心受拉构件的正截面受拉承载力时，将截面面积为 A_p 的全部预应力筋视作强度为 f_{py} 的普通钢筋；

(2) 当计算受弯构件、偏心受拉构件、偏心受压构件的正截面承载能力时，将截面面积为 A_p 的受拉区纵向预应力筋视作强度为 f_{py} 的普通钢筋，将截面面积为 A'_p 的受压区纵向预应力筋视作强度为（f'_{py}，σ'_{p0}）的普通钢筋；

(3) 预加压力能提高截面的受剪承载力和受扭承载力。

限于篇幅，此处不再罗列具体的计算公式。

A8.5　预应力混凝土构件的正常使用极限状态验算

1. 抗裂度验算

对严格要求不出现裂缝的预应力混凝土构件，在荷载标准组合下，构件受拉边缘混凝土不产生拉应力，即

$$\sigma_{ck}-\sigma_{pc}\leqslant 0 \tag{A-85a}$$

式中　σ_{ck}——荷载的标准组合下抗裂验算边缘的混凝土法向应力；

σ_{pc}——扣除全部预应力损失后在抗裂验算边缘混凝土的预加应力，按表 A-14 的公式计算。

对一般要求不出现裂缝的预应力混凝土构件，要求荷载标准组合下构件受拉边缘混凝土拉应力不应大于混凝土抗拉强度标准值，即

$$\sigma_{ck}-\sigma_{pc}\leqslant f_{tk} \tag{A-85b}$$

对预应力混凝土受弯构件斜截面的抗裂度验算，主要是验算截面上的主拉应力 σ_{tp} 和主压应力 σ_{cp} 不超过一定的限值。

对制作、运输及安装等施工阶段不允许出现裂缝的构件或预压时全截面受压的构件，GB 50010 规范规定，在预加应力、自重及施工荷载作用下（必要时应考虑动力系数），截面边缘的混凝土法向应力应不超过一定的限值。

2. 裂缝宽度验算

对允许出现裂缝的预应力混凝土构件，应对裂缝宽度进行验算。计算时采用荷载标准组合，详见 GB 50010规范，此处从略。

3. 挠度验算

预应力受弯构件的刚度仍采用式（A-72）和式（A-73）计算，其中考虑荷载的长期作用对挠度增大的影响系数 θ 应取 2.0。

表 A-14　由预加应力产生的混凝土法向应力及相应阶段预应力筋的应力

先张法	后张法
预应力筋和非预应力钢筋的合力	
$N_{p0}=\sigma_{p0}A_p+\sigma'_{p0}A'_p-\sigma_{l5}A_s-\sigma'_{l5}A'_s$	$N_p=\sigma_{pe}A_p+\sigma'_{pe}A'_p-\sigma_{l5}A_s-\sigma'_{l5}A'_s$
截面重心至预应力筋及非预应力钢筋合力点的距离	
$e_{p0}=\dfrac{\sigma_{p0}A_py_p-\sigma'_{p0}A'_py'_p-\sigma_{l5}A_sy_s+\sigma'_{l5}A'_sy'_s}{N_{p0}}$	$e_{pn}=\dfrac{\sigma_{pe}A_py_{pn}-\sigma'_{pe}A'_py'_{pn}-\sigma_{l5}A_sy_{sn}+\sigma'_{l5}A'_sy'_{sn}}{N_p}$
由预加力产生的混凝土法向应力	
$\sigma_{pc}=\dfrac{N_{p0}}{A_0}\pm\dfrac{N_{p0}\times e_{p0}}{I_0}y_0$	$\sigma_{pc}=\dfrac{N_p}{A_n}\pm\dfrac{N_p\times e_{pn}}{I_n}y_n\pm\dfrac{M_2}{I_n}y_n$
相应阶段预应力筋的有效预应力	
$\sigma_{pe}=\sigma_{con}-\sigma_l-\alpha_E\sigma_{pe}$	$\sigma_{pe}=\sigma_{con}-\sigma_l$
预应力钢筋合力点处混凝土法向应力等于零时的预应力筋应力	
$\sigma_{p0}=\sigma_{con}-\sigma_l$	$\sigma_{p0}=\sigma_{con}-\sigma_l-\alpha_E\times\sigma_{pc}$

注：I_0，I_n——换算截面惯性矩、净截面惯性矩；

y_0，y_n——换算截面重心，净截面重心至所计算纤维处的距离；

y_p，y'_p——受拉区、受压区的预应力合力点至换算截面重心的距离；

y_s，y'_s——受拉区，受压区的非预应力钢筋重心至换算截面重心的距离；

y_{pn}，y'_{pn}——受拉区、受压区预应力台力点至净截面重心的距离；

y_{sn}，y'_{sn}——受拉区、受压区的非预应力钢筋重心至净截面重心的距离；

σ_l——相应阶段的预应力损失值，按表 A-10 的规定计算。

由荷载标准组合下构件产生的挠度减去预应力产生的反拱，即为预应力受弯构件的挠度。对预应力混凝土受弯构件在使用阶段的预加应力反拱值计算，在 GB 50010 规范中也给出了建议性的计算方法。

A8.6　构造要求

1. 先张法预应力筋的布置

先张法预应力筋(包括热处理钢筋、钢丝和钢绞线)之间的净距应根据浇灌混凝土、施加预应力及钢筋锚固等要求确定。先张法预应力筋的净间距应不小于其公称直径的 2.5 倍和粗骨料粒径的 1.25 倍，且应符合下列规定：先张法预应力钢丝不应小于 15 mm；三股钢绞线不应小于 20mm；七股钢绞线不应小于 25mm。

2. 后张法构件的预留孔道

对预制构件，后张法预应力钢丝束(包括钢绞线)的预留孔道之间的水平净间距不宜小于 50 mm 且不宜小于粗骨料粒径的 1.25 倍；孔道至构件边缘的净距不宜小于 30mm，且不宜小于孔道直径的一半。

在现浇混凝土梁中，预留孔道在竖直方向的净间距不应小于 1 倍孔径的外径，水平方向的净间距不应小于 1.5 倍孔径的外径；从孔壁算起的混凝土保护层厚度，梁底不宜小于 50 m，梁侧不宜小于 40mm。

预留孔道的直径应比预应力钢丝束外径及需穿过孔道的连接器具外径大 6～15mm。

其他构造要求详见《混凝土结构设计规范》(GB 50010)。

表 A-15　　**混凝土强度标准值、设计值、弹性模量**　　N/mm^2

混凝土强度等级	混凝土强度标准值		混凝土强度设计值		弹性模量 E_c
	轴心抗压 f_{ck}	轴心抗拉 f_{tk}	轴心抗压 f_c	轴心抗拉 f_t	
C15	10.0	1.27	7.2	0.91	2.20×10^4
C20	13.4	1.54	9.6	1.10	2.55×10^4
C25	16.7	1.78	11.9	1.27	2.80×10^4
C30	20.1	2.01	14.3	1.43	3.00×10^4
C35	23.4	2.20	16.7	1.57	3.15×10^4
C40	26.8	2.40	19.1	1.71	3.25×10^4
C45	29.6	2.51	21.2	1.80	3.35×10^4
C50	32.4	2.65	23.1	1.89	3.45×10^4
C55	35.5	2.74	25.3	1.96	3.55×10^4
C60	38.5	2.85	27.5	2.04	3.60×10^4
C65	41.5	2.93	29.7	2.09	3.65×10^4
C70	44.5	2.99	31.8	2.14	3.70×10^4
C75	47.4	3.05	33.8	2.18	3.75×10^4
C80	50.2	3.11	35.9	2.22	3.80×10^4

表 A-16　　**钢筋强度标准值及极限应变**

种类	符号	公称直径 d/mm	屈服强度 $f_{yk}/(N\cdot mm^{-2})$	抗拉强度 $f_{stk}/(N\cdot mm^{-2})$	总伸长率 $\delta_{gt}/\%$
HPB300	ϕ	6～22	300	420	不小于 10.0
HRB355，HRBF335	Φ，Φ^F	6～50	335	455	不小于 7.5
HRB400，HRBF400，RRB400	Φ Φ^F，Φ^R	6～50	400	540	
HRB500，HRBF500	Φ，Φ^F	6～50	500	630	

注：当采用直径大于 40mm 的钢筋时，应经相应的试验检验或有可靠的工程经验。

表 A-17　　**钢筋强度设计值**　　N/mm^2

种类	f_y	f'_y
HPB300	270	270
HRB355，HRBF335	300	300
HRB400，HRBF400，RRB400	360	360
HRB500，HRBF500	435	435

注：(1) 用作受剪、受扭、受冲切承载力计算的箍筋，抗拉设计强度 f_{yv} 按表中 f_y 的数值取用，但其数值不应大于 $360N/mm^2$；

(2) 用作局部承压的间接配筋，以及受压构件约束混凝土配置的箍筋，抗拉设计强度 f_y 按表中的数值取用。

表 A-18　钢筋的弹性模量　N/mm^2

种　类	弹性模量 E_s
HRB300 钢筋	2.10
HRB335,HRB400,HRB500 钢筋 HRBF335,HRBF400,HRBF500 钢筋 RRB400 钢筋 精轧螺纹钢筋、中强度预应力钢丝	2.00
消除应力钢丝	2.05
钢绞线	1.95

注:必要时可通过试验采用实测的弹性模量。

表 A-19a　预应力筋强度标准值及极限应变

种　类		符号	直径/mm	屈服强度 f_{pyk} /(N·mm^{-2})	抗拉强度 f_{ptk} /(N·mm^{-2})	总伸长率 δ_{gt}/%
中强度预应力钢丝	光面螺旋肋	ϕ^{PM} ϕ^{HM}	5,7,9	620	800	3.5
				780	970	
				980	1 270	
消除应力钢丝	光面螺旋肋	ϕ^{P} ϕ^{H}	5	1 380	1 570	
				1 640	1 860	
			7	1 380	1 570	
			9	1 290	1 470	
				1 380	1 570	
钢绞线	(三股)	ϕ^{S}	8.6,10.8,12.9	1 410	1 570	
				1 670	1 860	
				1 760	1 960	
	(七股)		9.5,12.7,15.2,17.8	1 540	1 720	
				1 670	1 860	
				1 760	1 960	
			21.6	1 590	1 720	
				1 670	1 860	
预应力螺纹钢筋	螺旋纹	ϕ^{T}	18,25,32,40,50	785	980	
				930	1 080	
				1 080	1 230	

注:强度为 1 960MPa 级的钢绞线采用后张预应力配筋时,应有可靠的工程经验。

表 A-19b　预应力筋强度设计值　N/mm^2

种类	f_{ptk}	f_{py}	f'_{py}
中强度预应力钢丝	800	510	410
	970	650	
	1 270	810	

续表

种类	f_{ptk}	f_{py}	f'_{py}
消除应力钢丝	1 470	1 040	410
	1 570	1 110	
	1 860	1 320	
钢绞线	1 570	1 110	390
	1 720	1 220	
	1 860	1 320	
	1 960	1 390	
预应力螺纹钢筋	980	650	435
	1 080	770	
	1 230	900	

注：(1) 当预应力筋的强度标准值不符合表中的规定时，其强度设计值应进行相应的比例换算；

(2) 无粘结预应力筋不考虑抗压强度 f'_{py}。

表 A-20　　矩形截面受弯构件正截面受弯承载力计算系数表

ξ	β_s	γ_s	α_s	ξ	β_s	γ_s	α_s
0.01	10.00	0.995	0.010	0.32	1.93	0.840	0.269
0.02	7.12	0.990	0.020	0.33	1.90	0.835	0.275
0.03	5.82	0.985	0.030	0.34	1.88	0.830	0.282
0.04	5.05	0.980	0.039	0.35	1.86	0.825	0.289
0.05	4.53	0.975	0.048	0.36	1.84	0.820	0.295
0.06	4.15	0.970	0.058	0.37	1.82	0.815	0.301
0.07	3.85	0.965	0.067	0.38	1.80	0.810	0.309
0.08	3.61	0.960	0.077	0.39	1.78	0.805	0.314
0.09	3.41	0.955	0.085	0.40	1.77	0.800	0.320
0.10	3.24	0.950	0.095	0.41	1.75	0.795	0.326
0.11	3.11	0.945	0.104	0.42	1.74	0.790	0.332
0.12	2.98	0.940	0.113	0.43	1.72	0.785	0.337
0.13	2.88	0.935	0.121	0.44	1.71	0.780	0.343
0.14	2.77	0.930	0.130	0.45	1.69	0.775	0.349
0.15	2.68	0.925	0.139	0.46	1.68	0.770	0.354
0.16	2.61	0.920	0.147	0.47	1.67	0.765	0.359
0.17	2.53	0.915	0.155	0.48	1.66	0.760	0.365
0.18	2.47	0.910	0.164	0.49	1.64	0.755	0.370
0.19	2.41	0.905	0.172	0.50	1.63	0.750	0.375
0.20	2.36	0.900	0.180	0.51	1.62	0.745	0.380
0.21	2.31	0.895	0.188	0.52	1.61	0.740	0.385
0.22	2.26	0.890	0.196	0.53	1.60	0.735	0.390
0.23	2.22	0.885	0.203	0.54	1.59	0.730	0.394
0.24	2.17	0.880	0.211	0.55	1.58	0.725	0.400
0.25	2.14	0.875	0.219	0.56	1.58	0.720	0.403
0.26	2.10	0.870	0.226	0.57	1.57	0.715	0.408
0.27	2.07	0.865	0.234	0.58	1.56	0.710	0.412
0.28	2.04	0.860	0.241	0.59	1.55	0.705	0.416
0.29	2.01	0.855	0.248	0.60	1.54	0.700	0.420
0.30	1.98	0.850	0.255	0.61	1.54	0.695	0.424
0.31	1.95	0.845	0.262	0.62	1.53	0.690	0.428

注：表中各系数的关系：

$$M=\alpha_s\alpha_1 f_c bh_0^2,\ \xi=\frac{x}{h_0}=\frac{f_y A_s}{\alpha_1 f_c b h_0},\ h_0=\beta_s\sqrt{\frac{M}{\alpha_1 f_c b}},\quad A_s=\frac{M}{\gamma_s f_y h_0}\text{或}A_s=\xi\frac{\alpha_1 f_c}{f_y}bh_0。$$

表 A-21　　钢筋截面面积 A_s (mm^2) 及钢筋排成一行时梁的最小宽度 b(mm)

钢筋直径 d/mm	一根	二根	三根		四根		五根		六根	七根	八根	九根
	A_s	A_s	A_s	b	A_s	b	A_s	b	A_s	A_s	A_s	A_s
2.5	4.9	9.8	14.7		19.6		24.5		29.5	34.4	39.3	44.2
3	7.1	14.1	21.2		28.3		35.3		42.4	49.5	56.5	63.6
4	12.6	25.1	37.7		50.3		62.8		75.4	87.9	101	113
5	19.6	39.3	58.9		78.5		98.2		118	137	157	177
6	28.3	56.5	34.8		113		141		170	198	226	255
8	50.3	101	151		201		251		302	352	402	452
9	63.6	127	191		254		318		382	445	509	573
10	78.5	157	236		314		393		471	550	628	707
12	113.1	226	339	150	452	200/180	565	250/220	679	792	905	1 018
14	153.9	308	462	150	615	200/180	770	250/220	924	1 078	1 232	1 385
16	201.1	402	603	180/150	804	200	1 005	250	1 206	1 407	1 608	1 810
18	254.5	509	763	180/150	1 018	220/200	1 272	300/250	1 527	1 781	2 036	2 290
20	314.2	628	942	180	1 256	220	1 570	300/250	1 885	2 199	2 513	2 827
22	380.1	760	1 140	180	1 520	250/220	1 900	300	2 281	2 661	3 041	3 421
25	490.9	982	1 473	200/180	1 964	250	2 454	300	2 945	3 436	3 927	4 418
28	615.8	1 232	1 847	200	2 463	250	3 079	350/300	3 695	4 310	4 926	5 542
30	706.9	1 414	2121		2 827		3 534		4 241	4 948	5 655	6 362
32	804.2	1 609	2 413	220	3 217	300	4 021	350	4 826	5 630	3 434	7 238
36	1 017.9	2 036	3 054		4 072		5 089		6 107	7 125	8 143	9 161
40	1 256.6	2 513	3 770		5 027		6 283		7 540	8 796	10 053	11 310

注：表中梁最小宽度为分数时，斜线以上数字表示钢筋在梁顶部时所需宽度，斜线以下数字表示钢筋在梁底部时所需宽度。

表 A-22　　每米板宽各种钢筋间距的钢筋截面面积　　mm^2

钢筋间距/mm	钢筋直径/mm													
	3	4	5	6	6/8	8	8/10	10	10/12	12	12/14	14	14/16	16
70	101	180	280	404	561	719	920	1 121	1 369	1 616	1 907	2 199	2 536	2 872
75	94.2	168	262	377	524	671	859	1 047	1 277	1 508	1 780	2 052	2 367	2 681
80	88.4	157	245	354	491	629	805	981	1 198	1 414	1 669	1 924	2 218	2 513
85	83.2	148	231	333	462	592	758	924	1 127	1 331	1 571	1 811	2 088	2 365
90	78.5	140	218	314	437	559	716	872	1 064	1 257	1 483	1 710	1 972	2 234
95	74.5	132	207	298	414	529	678	826	1 008	1 190	1 405	1 620	1 868	2 116
100	70.6	126	196	283	393	503	644	785	958	1 131	1 335	1 539	1 775	2 011
110	64.2	114	178	257	357	457	585	714	871	1 028	1 214	1 399	1 614	1 828
120	58.9	105	163	236	327	419	537	654	798	942	1 113	1 283	1 480	1 676
125	56.5	101	157	226	314	402	515	628	766	905	1 068	1 231	1 420	1 608
130	54.5	96.6	151	218	302	387	495	604	737	870	1 027	1 184	1 366	1 547
140	50.5	89.8	140	202	281	359	460	561	684	808	954	1 099	1 268	1 436
150	47.1	83.8	131	189	262	335	429	523	639	754	890	1 026	1 183	1 340
160	44.1	78.5	123	177	246	314	403	491	599	707	834	962	1 110	1 257
170	41.5	73.9	115	166	231	296	379	462	564	665	785	905	1 044	1 183
180	39.2	69.8	109	157	218	279	358	436	532	628	742	855	985	1 117
190	37.2	66.1	103	149	207	265	339	413	504	595	703	810	934	1 058
200	35.3	62.8	98.2	141	196	251	322	393	479	565	668	770	888	1 005

续表

钢筋间距/mm	钢筋直径/mm													
	3	4	5	6	6/8	8	8/10	10	10/12	12	12/14	14	14/16	16
220	32.1	57.1	89.2	129	179	229	293	357	436	514	607	700	807	914
240	29.4	52.4	81.8	118	164	210	268	327	399	471	556	641	740	838
250	28.3	50.3	78.5	113	157	201	258	314	383	452	534	616	710	804
260	27.2	48.3	75.5	109	151	193	248	302	369	435	513	592	682	773
280	25.2	44.9	70.1	101	140	180	230	280	342	404	477	550	634	718
300	23.6	41.9	65.5	94.2	131	168	215	262	319	377	445	513	592	670
320	22.1	39.3	61.4	88.4	123	157	201	245	299	353	417	481	554	628

注：表中 6/8，8/10，…等系指该两种直径的钢筋交替放置。

表 A-23　　混凝土构件中纵向受力钢筋的最小配筋率 ρ_{min}　　%

受力类型			最小配筋百分率
受压构件	全部纵向钢筋	强度级别 $500N/mm^2$	0.50
		强度级别 $400N/mm^2$	0.55
		强度级别 $300N/mm^2$，$335\ N/mm^2$	0.60
	一侧纵向钢筋		0.20
受弯构件、偏心受拉、轴心受拉构件一侧的受拉钢筋			0.20 和 $45f_t/f_y$ 中的较大值

注：(1) 受压构件全部纵向钢筋最小配筋百分率，当采用 C60 及以上强度等级的混凝土时，应按表中规定增加 0.10；

(2) 板类受弯构件的受拉钢筋，当采用强度级别 $400N/mm^2$，$500N/mm^2$ 的钢筋时，其最小配筋百分率应允许采用 0.15 和 $45f_t/f_y$ 中的较大值；

(3) 偏心受拉构件中的受压钢筋，应按受压构件一侧纵向钢筋考虑；

(4) 受压构件的全部纵向钢筋和一侧纵向钢筋的配筋率以及轴心受拉构件和小偏心受拉构件一侧受拉钢筋的配筋率均应按构件的全截面面积计算；

(5) 受弯构件、大偏心受拉构件一侧受拉钢筋的配筋率应按全截面面积扣除受压翼缘面积 $(b_f'-b)h_f'$ 后的截面面积计算；

(6) 当钢筋沿构件截面周边布置时，“一侧纵向钢筋”系指沿受力方向两个对边中一边布置的纵向钢筋。

表 A-24　　受弯构件的挠度限值

构件类型	允许挠度（以计算跨度 l_0 计算）
吊车梁：手动吊车	$l_0/500$
电动吊车	$l_0/600$
屋盖、楼盖及楼梯构件：	
当 $l_0<7m$ 时	$l_0/200(l_0/250)$
当 $7\leqslant l_0\leqslant 9m$ 时	$l_0/250(l_0/300)$
当 $l_0>9m$ 时	$l_0/300(l_0/400)$

注：(1) 如果构件制作时预先起拱，且使用上也允许，则在验算挠度时，可将计算所得的挠度值减去起拱值，预应力混凝土构件尚可减去预加应力所产生的反拱值；

(2) 表中括号中的数值适用于使用上对挠度有较高要求的构件；

(3) 计算悬臂构件的允许挠度值时，其计算跨度 l_0 按实际悬臂长度的 2 倍取用；

(4) 当构件对使用功能和外观有较高要求时，设计可对挠度限值适当加严。

附录B 混凝土结构课程设计任务书

B1 混合结构房屋的设计

B1.1 设计要求

通过对本工程的设计，初步掌握一般混合结构和混凝土结构房屋设计的步骤及方法，使所学的结构计算方法及有关的构造知识得到综合运用，要求达到如下几点：

(1) 掌握房屋静力计算方案的一般原则。

(2) 掌握楼面结构布置的一般原则。

(3) 掌握钢筋混凝土连续梁、板的设计方法。

(4) 掌握墙体的设计方法。

(5) 掌握墙下条形基础及柱下独立基础的设计方法。

(6) 学习工程计算书的书写格式。

(7) 学习结构施工图的画法。

(8) 每位学生必须按工程师的要求进行基本训练：

① 计算书务必字迹端正，书写整洁，便于校对；

② 施工图要求图面布置匀称美观，线条清晰，字体端正，尺寸详细，符合施工图要求。

B1.2 设计题目

某多层仓库采用混合结构方案。楼盖为现浇钢筋混凝土单向板肋形楼盖，现浇钢筋混凝土柱及砖墙作为承重体系，现浇钢筋混凝土柱下单独基础及墙下条形基础。

B1.3 设计任务

1. 按建筑平、立、剖面图进行结构平面布置

2. 按选定的结构方案进行结构计算

(1) 估计钢筋混凝土柱截面尺寸。

(2) 楼盖结构计算。

① 板及次梁按塑性方法计算；

② 主梁按弹性方法计算。

(3) 钢筋混凝土楼梯的计算。

(4) 承重外墙验算：

① 确定结构静力计算方案；

② 验算墙体高厚比；

③ 验算底层墙体承载力。

(5) 墙下条形基础设计。

3. 绘制施工图(2 号图纸两张，其中要求一张为手工绘制)

(1) 基础平面布置图及基础配筋图。

(2) 楼盖结构平面布置图(包括连续板配筋)。

(3) 次梁配筋图。

(4) 主梁配筋图。

B1.4 设计资料

1. 建筑图

建筑平、立、剖面图如图 B-1、图 B-2、图 B-3 所示，房屋的层数及主梁布置方向按表 B-1 选用

2. 荷载

二毡三油加绿豆砂	0.35kN/m^2
石灰砂浆容重(天花板抹灰)	17kN/m^3
水泥砂浆容重	20kN/m^3
钢筋混凝土容重	25kN/m^3
细石混凝土容重	24kN/m^3
砖墙容重	19kN/m^3
钢窗自重	0.45kN/m^2
屋面活荷载	0.7kN/m^2

楼面活荷载见表 B-1 所示，请选取表 B-1 中的一种情况进行设计，同学间尽量不要重复。

表 B-1　不同活荷载、主梁布置及层数的结构

楼面活荷载/(kN·m^{-2})	3	4	5	6	7	8	9	10	11	12
主梁沿横向布置										
主梁沿纵向布置										
层　数	4	4	4	3	3	3	2	2	2	2

3. 地质情况

根据地质报告，室外地坪以下 1.5m 处为老土层，地基承载力按 100kN/m^2 考虑(标准值)，地下水位在地面以下 0.5m 处。

B1.5　参考资料

[1]　中华人民共和国国家标准(GB 50010—2010). 混凝土结构设计规范[S]. 北京：中国建筑工业出版社，2010.

[2]　中华人民共和国国家标准(GB 50009—2001). 建筑结构荷载规范[S]. 北京：中国建筑工业出版社，2002.

[3]　中华人民共和国国家标准(GB 50007—2002). 建筑地基基础设计规范[S]. 北京：中国建筑工业出版社，2003.

[4]　中华人民共和国国家标准(GB 50003—2010). 砌体结构设计规范[S]. 北京：中国建筑工业出版社，2010.

[5]　天津大学，同济大学，东南大学. 混凝土结构(上、下册)[M]. 北京：中国建筑工业出版社，2001.

[6]　苏小卒. 砌体结构设计[M]. 上海：同济大学出版社，2002.

[7]　顾祥林. 混凝土结构基本原理[M]. 2 版. 上海：同济大学出版社，2011.

B2　单层工业厂房排架结构的设计

B2.1　设计要求

(1) 初步掌握单层厂房结构布置和结构选型的原则；

(2) 掌握单层厂房荷载效应组合的方法；

(3) 掌握装配式结构计算的特点及节点构造设计；

(4) 熟悉装配式房屋施工图的绘制方法。

B2.2　设计题目

某煅工车间为一单层单跨钢筋混凝土装配式结构，跨度 18m，长度 66m。选用两台 A4 级桥式吊车，轨顶标高 9.8m，考虑散热通风要求，需设置天窗和挡风板。

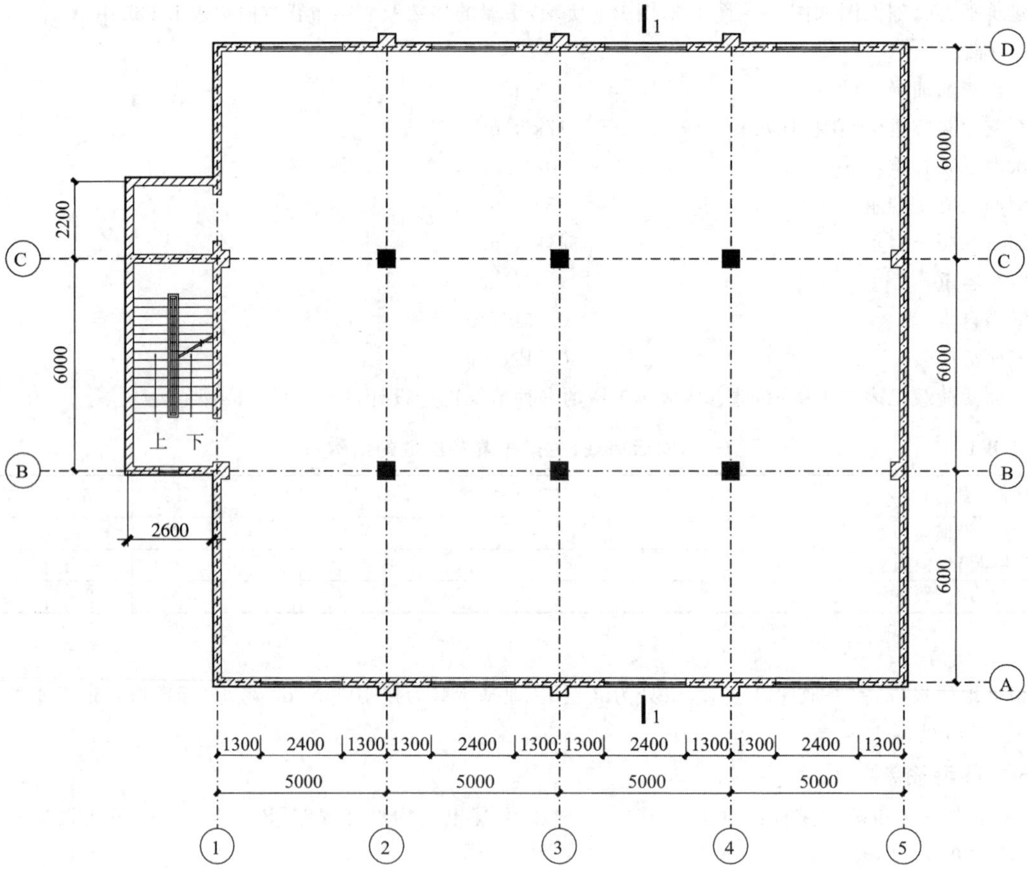

图 B-1　平面图

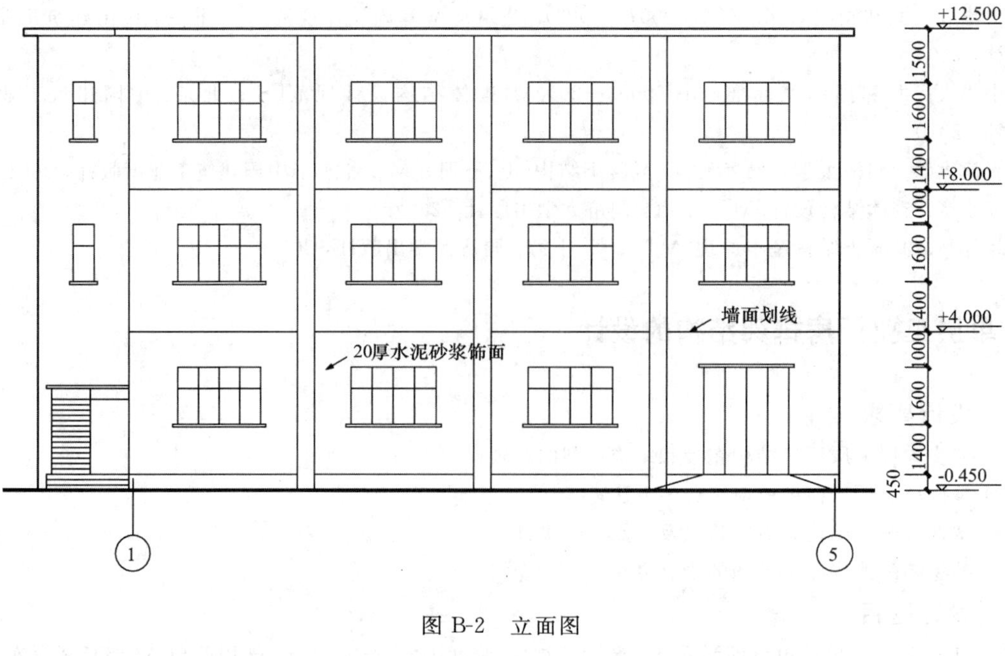

图 B-2　立面图

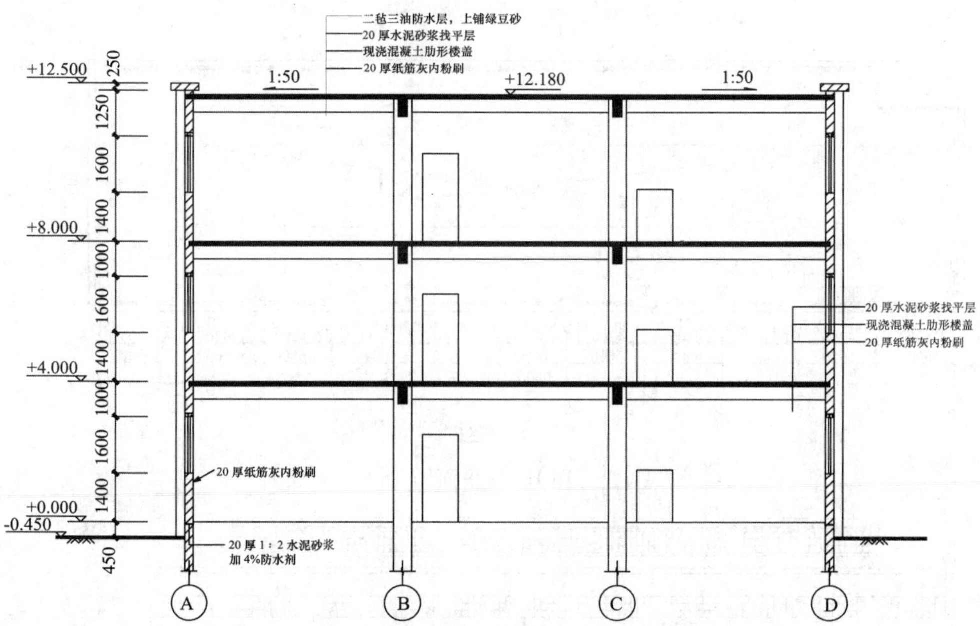

图 B-3　1—1 剖面图

B2.3　设计任务

完成屋面板、屋架、天窗架、天沟、吊车梁、基础梁等构件的选型，并初步确定排架柱的截面尺寸。

(1) 进行结构布置(包括支撑布置)。

(2) 排架荷载计算。

(3) 排架内力计算。

(4) 排架内力组合。

(5) 柱子配筋设计(包括牛腿)。

(6) 柱下单独基础设计。

(7) 绘制施工图(1 号图纸及 2 号图纸各一张，其中一张要求为手工绘制)，内容包括：

① 基础平面布置图及基础配筋图；

② 屋盖结构布置及结构平面布置图；

③ 柱子配筋图。

B2.4　设计资料

1. 建筑图

建筑平、立、剖面图见图 B-4—图 B-6。

2. 荷载

钢筋混凝土容重	25kN/m^3
一砖墙(单面粉刷)	4.92kN/m^2
20mm 水泥砂浆找平层	0.4kN/m^2
钢门窗自重	0.4kN/m^2
钢轨及垫层	0.6kN/m
二毡三油防水层	0.35kN/m^2(沿斜面)
屋面活荷载	0.5kN/m^2(沿水平面)
屋面积灰荷载	0.5kN/m^2(沿水平面)
施工活荷载	0.5kN/m^2(沿水平面)

风荷载、屋面雪荷载及吊车荷载见表 B-2，选取表 B-2 中的一种情况进行设计，同学间尽量不要重复。

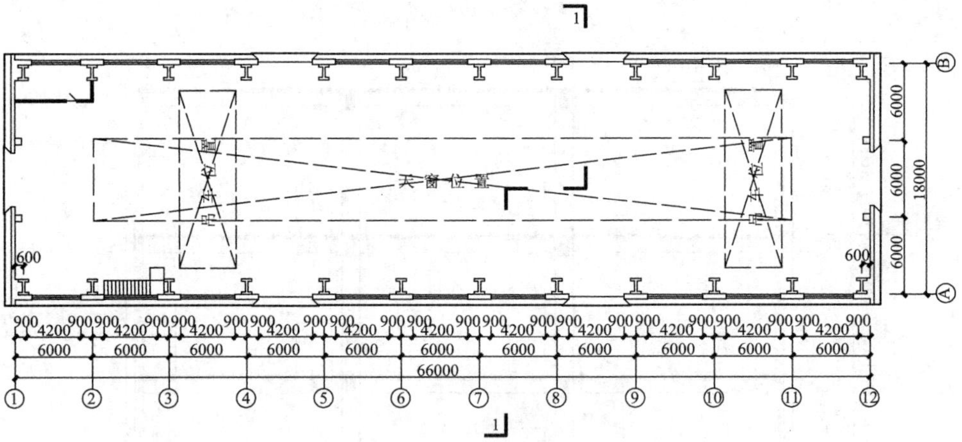

图 B-4　平面图

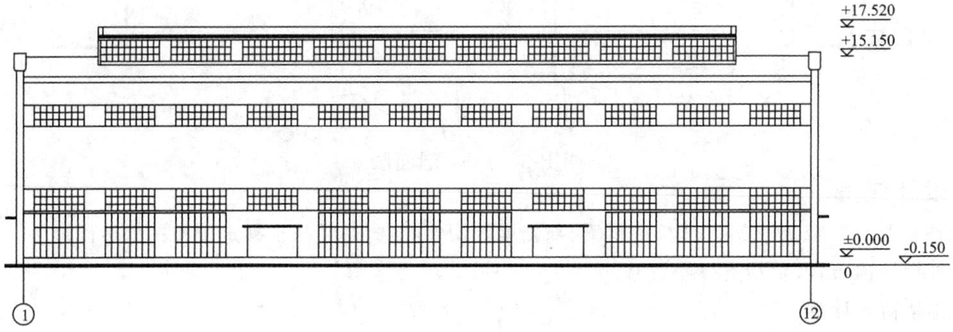

图 B-5　立面图

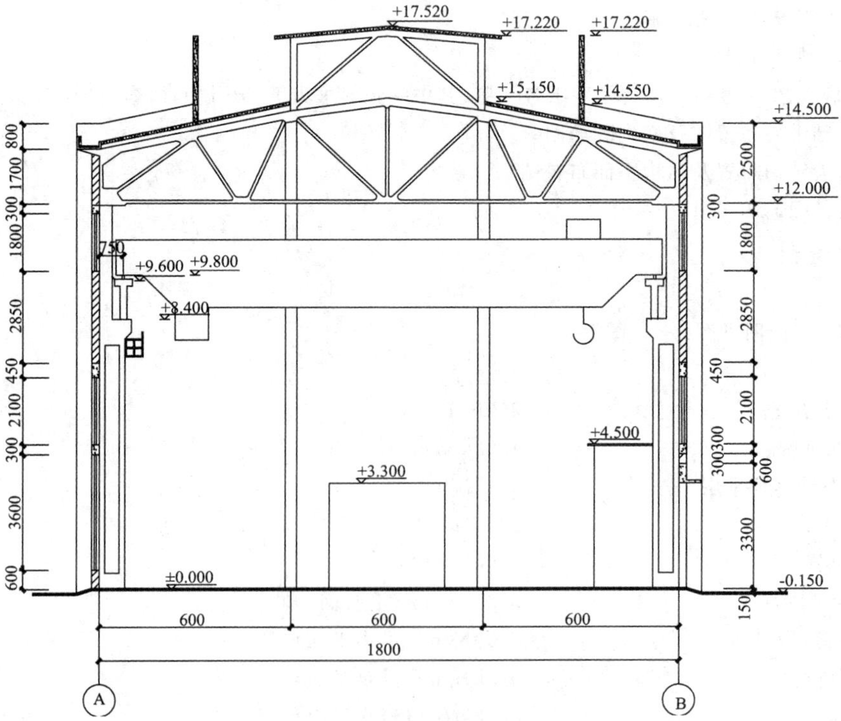

图 B-6　剖面图

风载体形系数见图B-7，吊车规格见表B-3。

各种构件的重量按所选类型确定(参见图B-8—图B-12)。

表B-2 风、雪及吊车荷载

地区	厦门	佳木斯	乌鲁木齐	上海	大连	长春	沈阳	包头	抚顺	南昌	济南	哈尔滨
基本风压 w_0(kN/m^2)	0.75	0.45	0.60	0.55	0.50	0.50	0.45	0.45	0.45	0.40	0.40	0.40
基本雪压 s_0(kN/m^2)	0	0.70	0.60	0.20	0.40	0.35	0.40	0.25	0.45	0.30	0.20	0.45
吊车荷载(两台)	5t,15/3t			5t,20/3t		10t,20/3t			15/3t,20/3t			

表B-3 吊车规格

吊车跨度 L_k=16.5m					
额定起重量 Q/t	吊车宽度 B/m	轮距 K/m	吊车总重 G/kN	小车重 g/kN	最大轮压 P_{max}/kN
5	4.3	3.4	134	22.8	74
10	5.0	4.1	147	29.9	101
15/3	5.16		215	66.1	148
20/3	5.16		225	70.1	183

注：(1) 本资料摘自《起重机械产品样本》，1978第一机械工业部编。

(2) 5～10t为电动单钩桥式起重机，15/3—20/3为电动双钩桥式起重机，属上海起重机运输机械产品。

3. 工程地质资料

根据钻探报告，天然地面下1.2m处为老土层，修正后的地基承载力为120kN/m^2，地下水位在地面下1.3m(标高−1.45m)。

4. 材料

混凝土：柱C30，基础C20。

钢筋：受力筋为HRB400级钢筋，钢箍、预埋件及吊钩为HPB300级钢筋。

砌体：M5砖，M2.5砂浆。

B2.5 参考资料

[1] 中华人民共和国国家标准(GB 50010—2010). 混凝土结构设计规范[S]. 北京：中国建筑工业出版社，2010.

[2] 中华人民共和国国家标准(GB 50009—2001). 建筑结构荷载规范[S]. 北京：中国建筑工业出版社，2002.

[3] 中华人民共和国国家标准(GB 50007—2002). 建筑地基基础设计规范[S]. 北京：中国建筑工业出版社，2003.

[4] 罗福午. 单层工业厂房结构设计[M]. 北京：清华大学出版社，1990.

[5] 天津大学，同济大学，东南大学. 混凝土结构(上、下册)[M]. 北京：中国建筑工业出版社，2001.

[6] 顾祥林. 混凝土结构基本原理[M]. 2版. 上海：同济大学出版社，2011.

[7] 标准图集如下：

(a) 1.5m×6m预应力钢筋混凝土屋面板[G410(一)、(二)]

(b) 天沟[G410(三)]

(c) 预应力钢筋混凝土折线形屋架[G415(一)]

(d) 门型钢筋混凝土天窗架(G316)

(e) 钢筋混凝土吊车梁(G425)

(f) 钢筋混凝土基础梁(G320)

(g) 柱间支撑图集(G320)

(h) 起重机产品样本,第一机械工业部编,1978 年

(i) 吊车轨道联系(G159)

B2.6　构件选型参考型号

1. 屋面板

板自重 1.3kN/m^2(沿屋架斜面),嵌缝 0.1kN/m^2(沿屋架斜面)。

2. 天沟板

天沟板如图 B-8 所示,重 17.4kN/块(包括积水重)。

3. 天窗架

门型钢筋混凝土天窗架如图 B-9 所示。

4. 屋架

预应力钢筋混凝土折线型屋架的型号为:YMJA-18-xBb(图 B-10、图 B-11)。

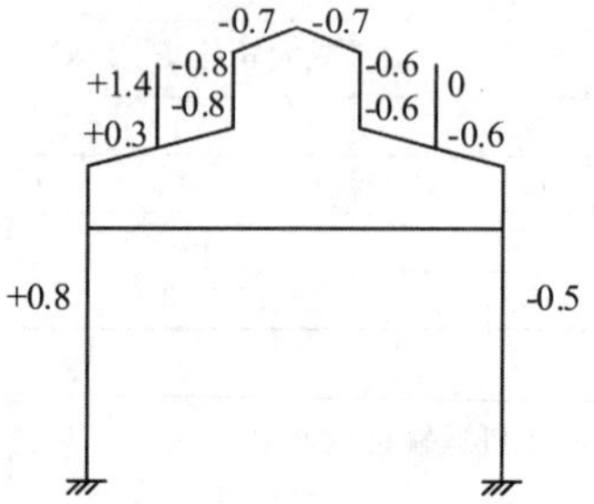

图 B-7　风载体形系数

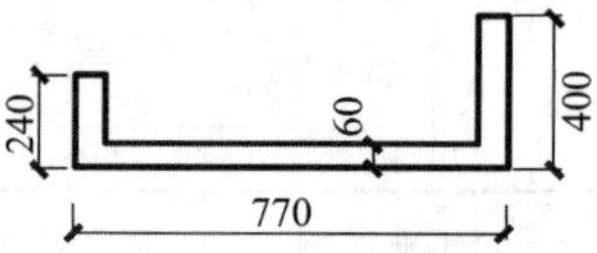

图 B-8　天沟板

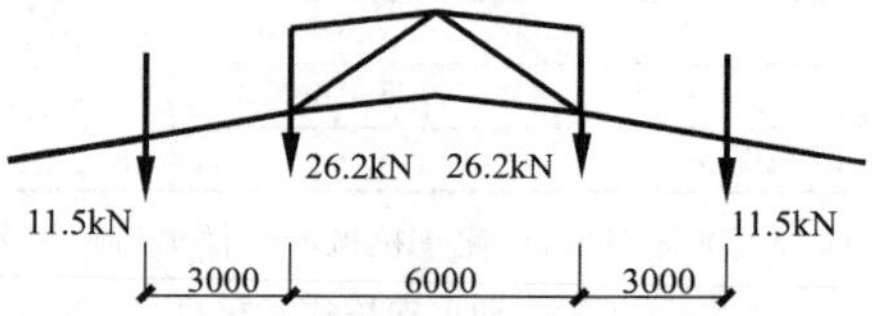

图 B-9　天窗架及挡风板集中荷载

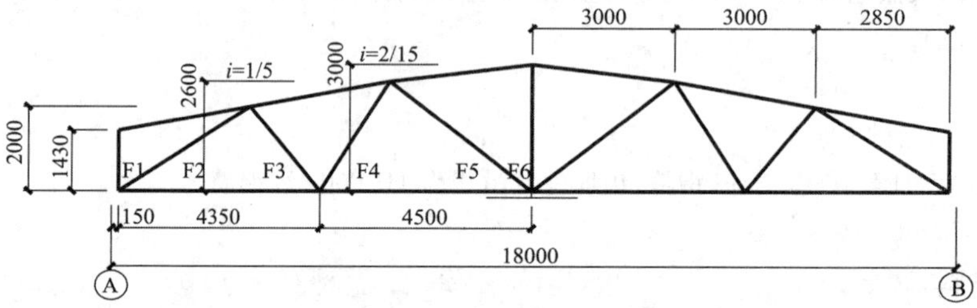

图 B-10　屋架轴线图几何尺寸

上弦杆　$b \times h = 240\text{mm} \times 220\text{mm}$

下弦杆　$b \times h = 240\text{mm} \times 220\text{mm}$

腹　杆　$b \times h = 120\text{mm} \times 240\text{mm}$ (F1)

$b \times h = 200\text{mm} \times 240\text{mm}$ (F2)

$b \times h = 120\text{mm} \times 120\text{mm}$ (F3-F6)

屋架自重:60.5kN/榀。

5. 屋盖支撑

屋盖支撑 0.05kN/m^2(沿水平面)。

6. 梁、柱和基础

吊车梁重 44.2kN/根(高 1 200mm);

基础梁重 15.7kN/根(高 450mm);

连系梁、过梁均为矩形截面,尺寸见剖面图;

排架柱建议尺寸:上柱为矩形 400mm×400mm;

下柱为 I 形 400mm×800mm(图 B-12);

基础采用单独杯形基础或条形基础,基础顶面标高为－0.6m。

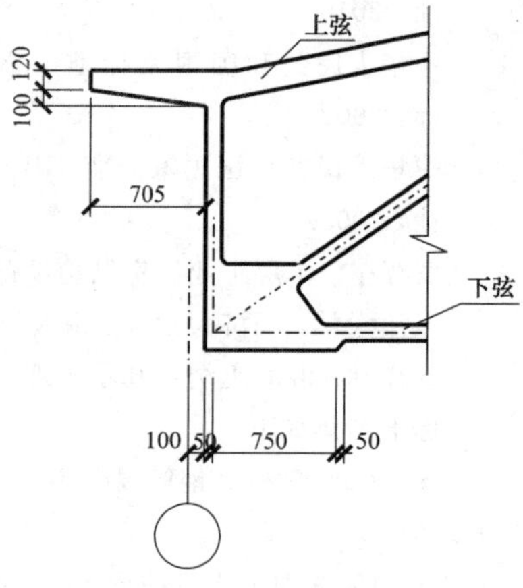

图 B-11　屋架端头

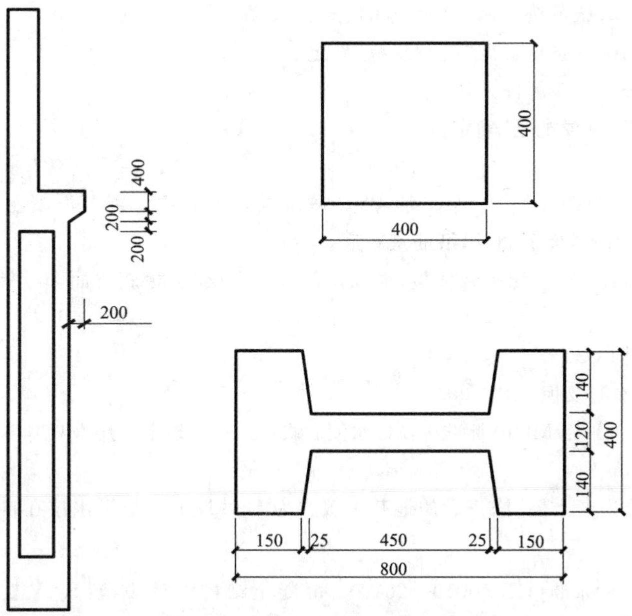

图 B-12　排架柱建议截面尺寸

B3　多层混凝土框架结构的设计

B3.1　设计要求

(1) 掌握混凝土多层框架结构布置的一般原则；

(2) 掌握框架结构内力与水平位移的计算方法；

(3) 掌握框架内力组合方法；

(4) 结构构件设计；

(5) 框架结构施工图的画法。

B3.2　设计题目

某办公楼，上部结构为多层框架结构，采用柱下独立基础，要求进行主体结构的结构设计。

B3.3　设计任务

1. 按建筑功能要求确定结构方案

2. 按确定的结构方案进行结构设计

(1) 初步确定各构件截面尺寸；

(2) 框架荷载计算；

(3) 框架内力计算；

(4) 框架内力组合；

(5) 框架配筋设计；

(6) 绘制结构施工图。

B3.4　设计资料

1. 建筑图

建筑物平面图、立面图及剖面图见图 B-13。横向柱距可为 5.6/2.2/5.6m，6/2.5/6m，6.2/2.5/6.2m，6.6/2.5/6.6m和 7.2/2.5/7.2m 等，纵向可为 5.6，6.2，6.6 和 7.2m 等，层数可为 2～4 层，图 B-13 仅给出了一种情况。同学间尽量不要重复。

2. 荷载

(1) 基本风压及基本雪压可按上海、北京或重庆地区采用。

(2) 常用建筑材料和构件自重参照"荷载规范"确定。

(3) 屋面使用荷载按不上人屋面采用。

(4) 楼面活荷载根据"荷载规范"确定。

3. 楼屋面做法

(1) 屋面(自上往下):细砂面层,二布三油 PVC 防水层,40 厚 C20 细石混凝土找平层(双向配筋 ϕ4@200),现浇钢筋混凝土屋面板,板下 20 厚纸筋灰粉底。

(2) 楼面(自上往下):30 厚水泥砂浆面层,现浇钢筋混凝土梁板,板底梁面 20 厚纸筋灰粉面。

4. 材料

(1) 混凝土:上部结构 C30

(2) 纵筋 HRB400,箍筋及板 HPB300

(3) 墙体:±0.000 以下采用 MU10 标准砖,M5 水泥砂浆;±0.000 以上采用 MU10 多孔砖,M5 混合砂浆。

5. 工程地质资料

室外地坪下 1.5m 处为老土层,修正后的地基承载力为 120kN/m^2,地下水位在自然地表以下 0.8 m。

B3.5 参考资料

[1] 中华人民共和国国家标准(GB 50010—2010). 混凝土结构设计规范[S]. 北京:中国建筑工业出版社,2010.

[2] 中华人民共和国国家标准(GB 50009—2001). 建筑结构荷载规范[S]. 北京:中国建筑工业出版社,2002.

[3] 顾祥林. 混凝土结构基本原理[M]. 2 版. 同济大学出版社,2011.

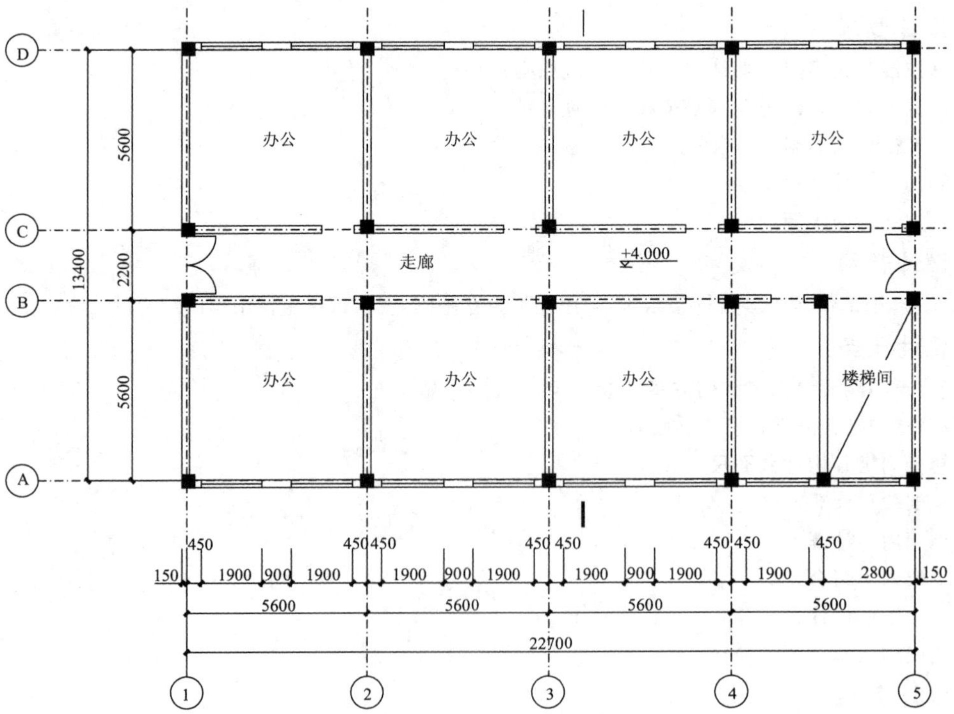

图 B-13 底层平面图

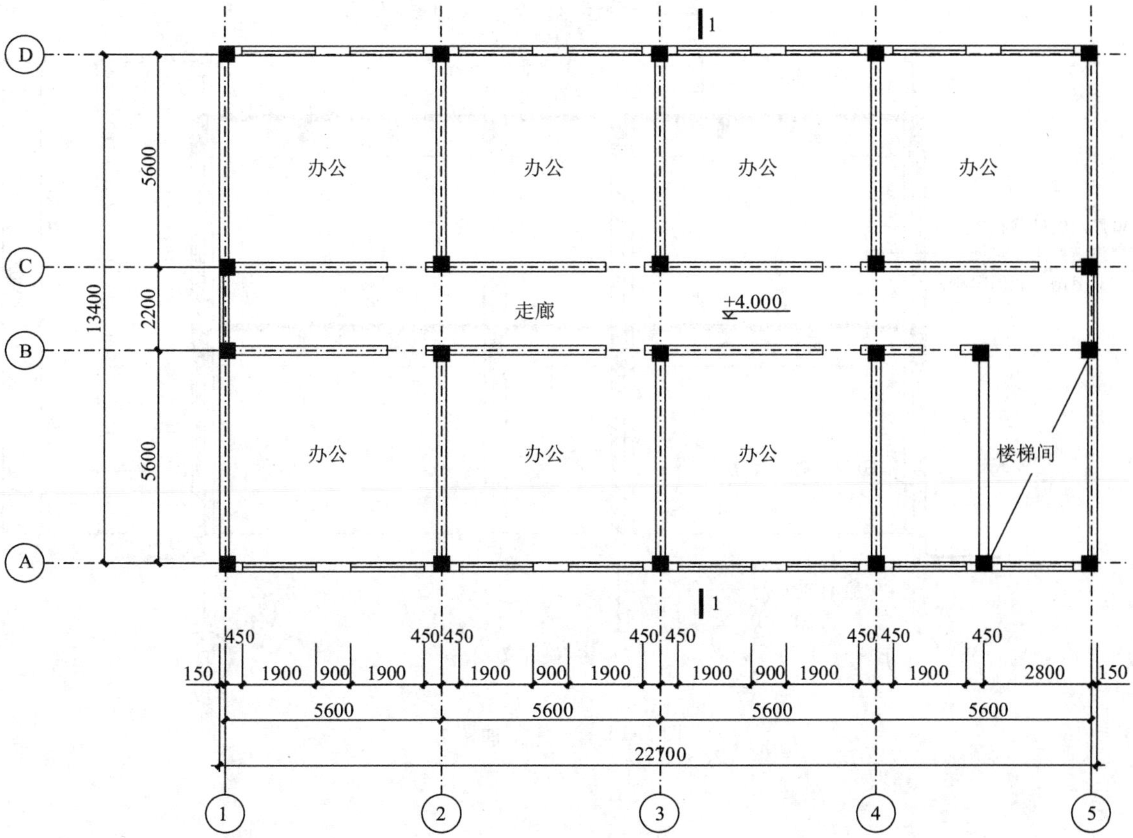

图 B-14　二层平面图

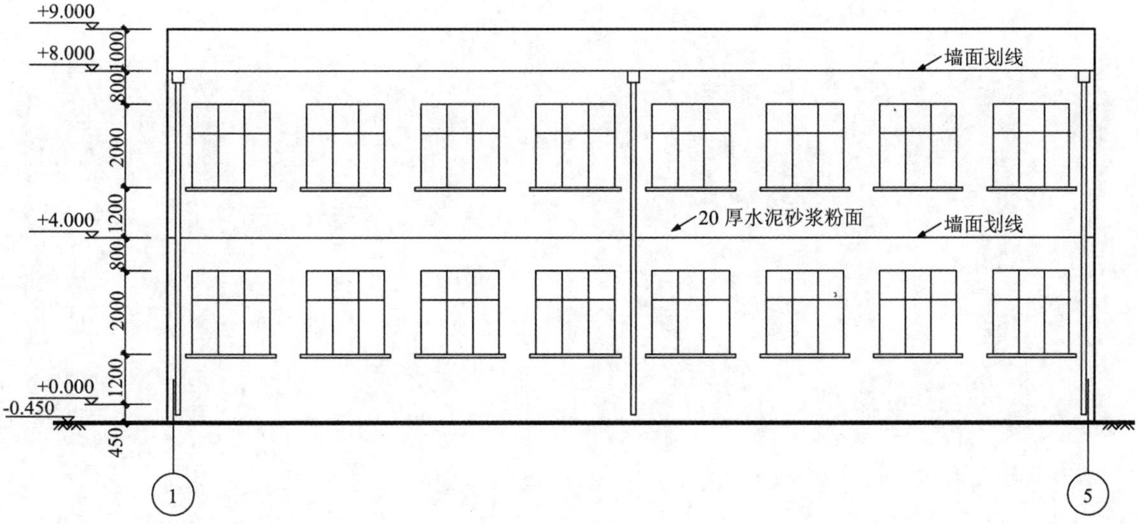

图 B-15　立面图

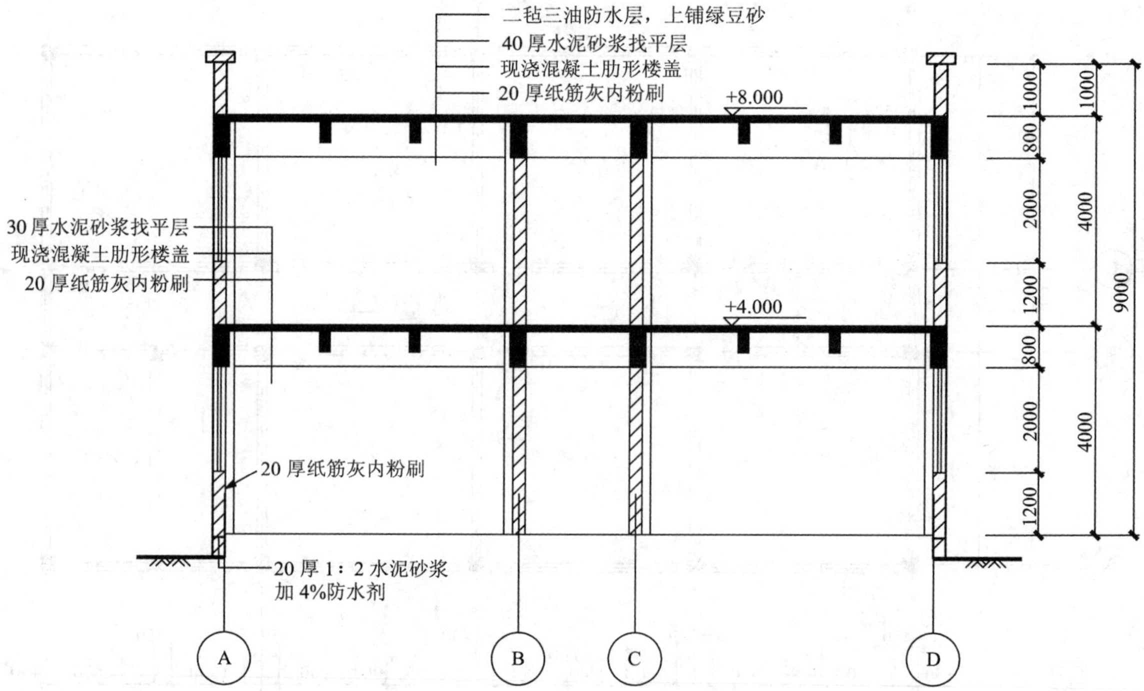
二毡三油防水层，上铺绿豆砂
40 厚水泥砂浆找平层
现浇混凝土肋形楼盖
20 厚纸筋灰内粉刷
+8.000
30 厚水泥砂浆找平层
现浇混凝土肋形楼盖
20 厚纸筋灰内粉刷
+4.000
20 厚纸筋灰内粉刷
20 厚 1：2 水泥砂浆
加 4%防水剂
1000
800
2000
1200
800
2000
1200
1000
4000
4000
9000
A
B
C
D

图 B-16　1—1 剖面图

附录C 梁、板结构内力

C1 等截面等跨连续梁在常用荷载作用下的内力系数表

1. 在均布及三角形荷载作用下：　$M=$ 表中系数 $\times ql_0^2$；

　$V=$ 表中系数 $\times ql_0$；

2. 在集中荷载作用下：

　$M=$ 表中系数 $\times Pl_0$；

　$V=$ 表中系数 $\times P$；

3. 内力正负号规定：

　M——使截面上部受压、下部受拉为正；

　V——对邻近截面所产生的力矩沿顺时针方向者为正。

4. 符号说明

　V^l，V^r——支座截面左侧、右侧的剪力。

表 C-1　　　　**两 跨 梁**

荷载图	跨内最大弯矩		支座弯矩	剪力		
	M_1	M_2	M_B	V_A	V_B^l V_B^r	V_C
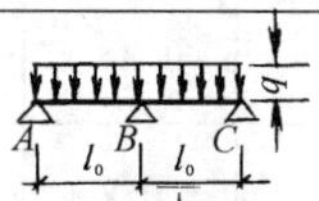	0.070	0.0703	−0.125	0.375	−0.625 0.625	−0.375
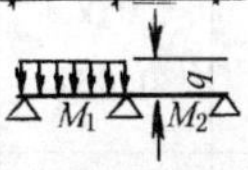	0.096	—	−0.063	0.437	−0.563 0.063	0.063
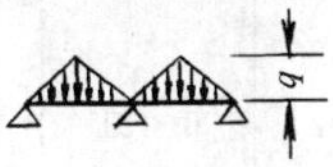	0.048	0.048	−0.078	0.172	−0.328 0.328	−0.172
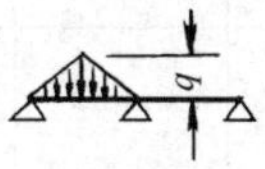	0.064	—	−0.039	0.211	−0.289 0.039	0.039
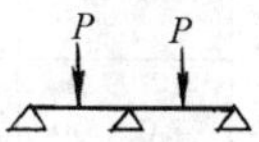	0.156	0.156	−0.188	0.312	−0.688 0.688	−0.312
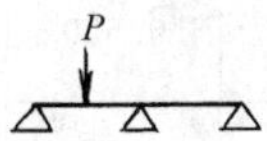	0.203	—	−0.094	0.406	−0.594 0.094	0.094
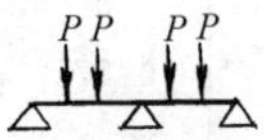	0.222	0.222	−0.333	0.667	−1.333 1.333	−0.667
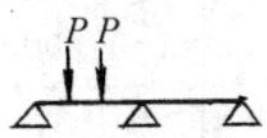	0.278	—	−0.167	0.833	−1.167 0.167	0.167

表 C-2　　三　跨　梁

荷载图	跨内最大弯矩		支座弯矩		剪　力			
	M_1	M_2	M_B	M_C	V_A	V_B^l V_B^r	V_C^l V_C^r	V_D
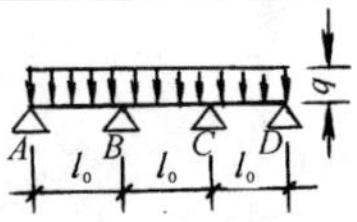	0.080	0.025	−0.100	−0.100	0.400	−0.600 0.500	−0.500 0.600	−0.400
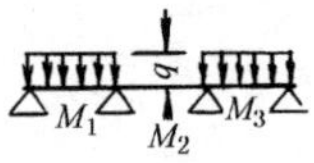	0.101	—	−0.050	−0.050	0.450	−0.550 0	0 0.550	−0.450
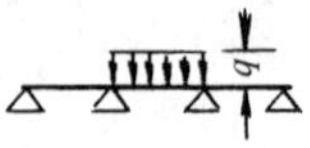	—	0.075	−0.050	−0.050	0.050	−0.050 0.500	−0.500 0.050	0.050
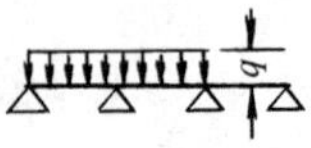	0.073	0.054	−0.117	−0.033	0.383	−0.617 0.583	−0.417 0.033	0.033
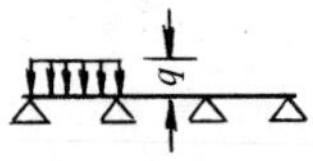	0.094	—	−0.067	0.017	0.433	−0.567 0.083	0.083 −0.017	−0.017
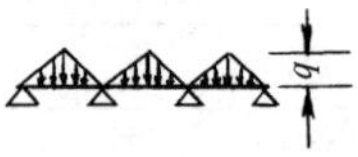	0.054	0.021	−0.063	−0.063	0.183	−0.313 0.250	−0.250 0.313	−0.188
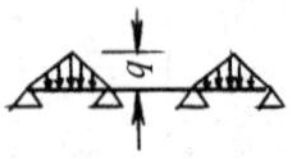	0.068	—	−0.031	−0.031	0.219	−0.281 0	0 0.281	−0.219
	—	0.052	−0.031	−0.031	0.031	−0.031 0.250	−0.250 0.031	0.031
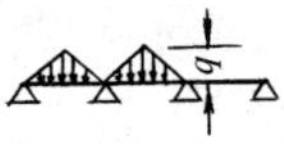	0.050	0.038	−0.073	−0.021	0.177	−0.323 0.302	−0.198 0.021	0.021
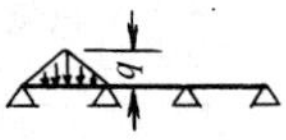	0.063	—	−0.042	0.010	0.208	−0.292 0.052	0.052 −0.010	−0.010
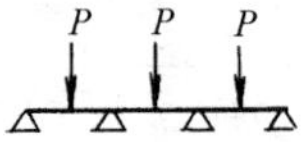	0.175	0.100	−0.150	−0.150	0.350	−0.650 0.500	−0.500 0.650	−0.350
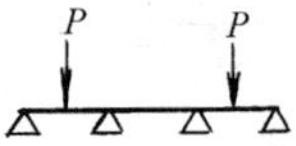	0.213	—	−0.075	−0.075	0.425	−0.575 0	0 0.575	−0.425
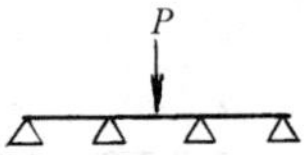	—	0.175	−0.075	−0.075	−0.075	−0.075 0.500	−0.500 0.075	0.075
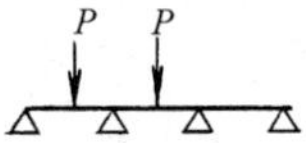	0.162	0.137	−0.175	−0.050	0.325	−0.675 0.625	−0.375 0.050	0.050

续表

荷载图	跨内最大弯矩		支座弯矩		剪力			
	M_1	M_2	M_B	M_C	V_A	V_B^l V_B^r	V_C^l V_C^r	V_D
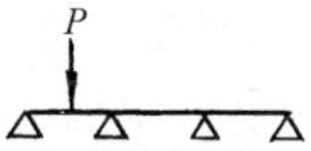	0.200	—	−0.100	0.025	0.400	−0.600 0.125	−0.125 −0.025	−0.025
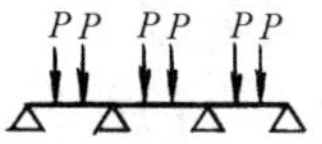	0.244	0.067	−0.267	−0.267	0.733	−1.267 1.000	−1.000 1.267	−0.733
	0.289	—	0.133	−0.133	0.866	−1.134 0	0 1.134	−0.866
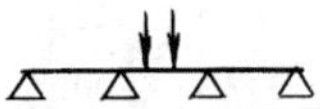	—	0.200	−0.133	0.133	−0.133	−0.133 1.000	−1.000 0.133	0.133
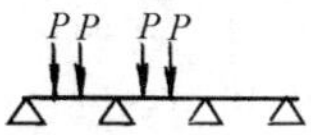	0.229	0.170	−0.311	−0.089	0.689	−1.311 1.222	−0.778 0.089	0.089
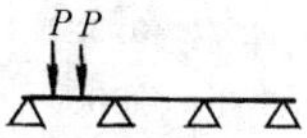	0.274	—	0.178	0.044	0.822	−1.178 0.222	0.222 −0.044	−0.044

表 C-3　　**四　跨　梁**

荷载图	跨内最大弯矩				支座弯矩			剪力				
	M_1	M_2	M_3	M_4	M_B	M_C	M_D	V_A	V_B^l V_B^r	V_C^l V_C^r	V_D^l V_D^r	V_E
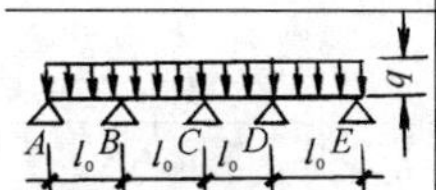	0.077	0.036	0.036	0.077	−0.107	−0.071	−0.107	0.393	−0.607 0.536	−0.464 0.464	−0.536 0.607	−0.393
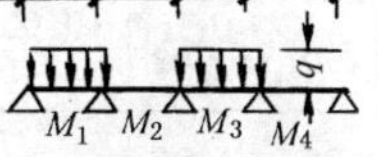	0.100	—	0.081	—	−0.054	−0.036	−0.054	0.446	−0.554 0.018	0.018 0.482	−0.518 0.054	0.054
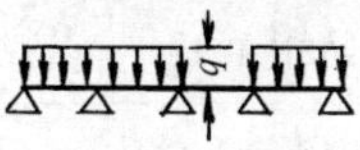	0.072	0.061	—	0.098	−0.121	−0.018	−0.058	0.380	−0.620 0.603	−0.397 −0.040	−0.040 0.558	−0.442
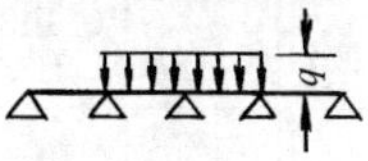	—	0.056	0.056	—	0.036	−0.107	−0.036	−0.036	−0.036 0.429	−0.571 0.571	−0.429 0.036	0.036
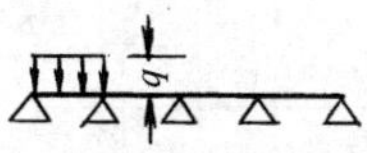	0.094	—	—	—	−0.067	0.018	−0.004	0.433	−0.567 0.085	0.085 −0.022	0.022 0.004	0.004
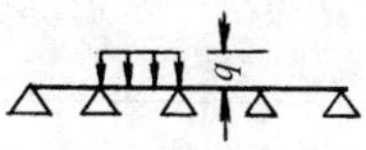	—	0.071	—	—	−0.049	−0.054	0.013	−0.049	−0.049 0.496	−0.504 0.067	0.067 −0.013	−0.013
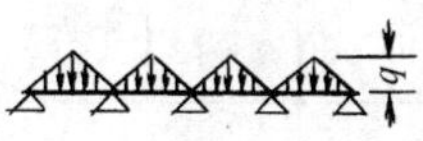	0.052	0.028	0.028	0.052	−0.067	−0.045	−0.067	0.183	−0.317 0.272	−0.228 0.228	−0.272 0.317	−0.183
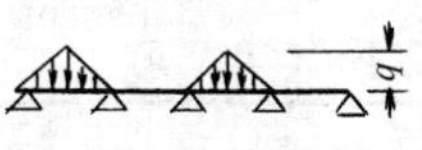	0.067	—	0.055	—	−0.034	−0.022	−0.034	0.217	−0.284 0.011	0.011 0.239	−0.261 0.034	0.034

续表

荷载图	跨内最大弯矩				支座弯矩			剪力				
	M_1	M_2	M_3	M_4	M_B	M_C	M_D	V_A	V_B^l V_B^r	V_C^l V_C^r	V_D^l V_D^r	V_E
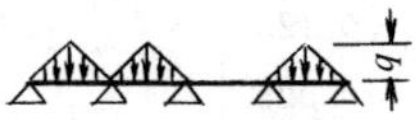	0.049	0.042	—	0.066	−0.075	−0.011	−0.036	0.175	−0.325 0.314	−0.186 0.025	−0.025 0.286	−0.214
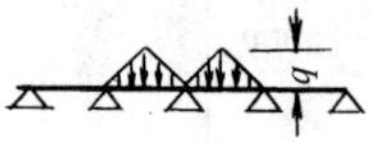	—	0.040	0.040	—	−0.022	−0.067	−0.022	−0.022	−0.022 0.205	−0.295 0.295	−0.205 0.022	0.022
	0.063	—	—	—	−0.042	0.011	−0.003	0.208	−0.292 0.053	0.053 −0.014	−0.014 0.003	0.003
	—	0.051	—	—	−0.031	−0.034	0.008	−0.031	−0.031 0.247	−0.253 0.042	0.042 −0.008	−0.008
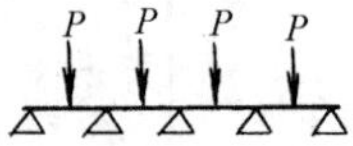	0.169	0.116	0.116	0.169	−0.161	−0.107	−0.161	0.339	−0.661 0.554	−0.446 0.446	−0.554 0.661	−0.339
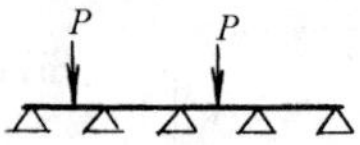	0.210	—	0.183	—	−0.080	−0.054	−0.080	0.420	−0.580 0.027	0.027 0.473	−0.527 0.080	0.080
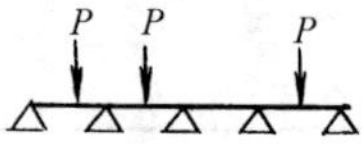	0.159	0.146	—	0.206	−0.181	−0.027	−0.087	0.319	−0.681 0.654	−0.346 −0.060	−0.060 0.587	−0.413
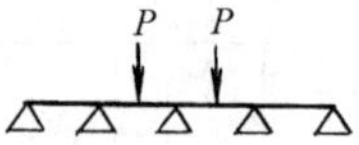	—	0.142	0.142	—	−0.054	−0.161	−0.054	0.054	−0.054 0.393	−0.607 0.607	−0.393 0.054	0.054
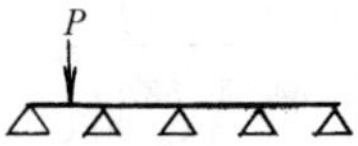	0.200	—	—	—	−0.100	0.027	−0.007	0.400	−0.600 0.127	0.127 −0.033	−0.033 0.007	0.007
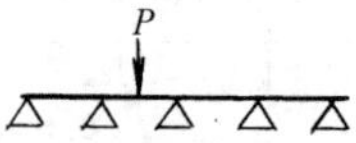	—	0.173	—	—	−0.074	0.080	0.020	−0.074	−0.074 0.493	−0.507 0.100	0.100 −0.020	−0.020
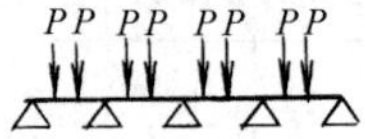	0.238	0.111	0.111	0.238	−0.286	−0.191	−0.286	0.714	1.286 1.095	−0.905 0.905	−1.095 1.286	−0.714
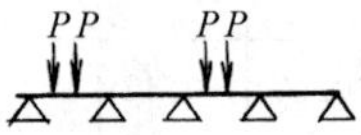	0.286	—	0.222	—	−0.143	−0.095	−0.143	0.857	−1.143 0.048	0.048 0.952	−1.048 0.143	0.143
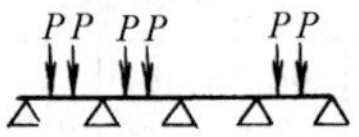	0.226	0.194	—	0.282	−0.321	−0.048	−0.155	0.679	−1.321 1.274	−0.726 −0.107	−0.107 1.155	−0.845
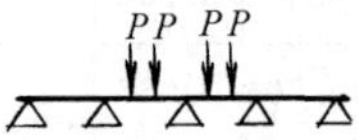	—	0.175	0.175	—	−0.095	−0.286	−0.095	−0.095	0.095 0.810	−1.190 1.190	−0.810 0.095	0.095
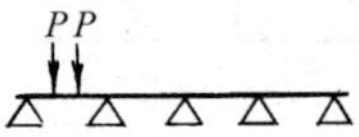	0.274	—	—	—	−0.178	0.048	−0.012	0.822	−1.178 0.226	0.226 −0.060	−0.060 0.012	0.012
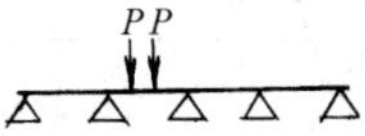	—	0.198	—	—	−0.131	−0.143	0.036	−0.131	−0.131 0.988	−1.012 0.178	0.178 −0.036	−0.036

表 C-4

五 跨 梁

荷载图	跨内最大弯矩			支座弯矩				剪力					
	M_1	M_2	M_3	M_B	M_C	M_D	M_E	V_A	V_B^l V_B^r	V_C^l V_C^r	V_D^l V_D^r	V_E^l V_E^r	V_F
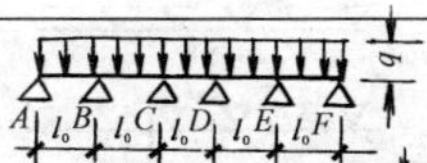	0.078	0.033	0.046	−0.105	−0.079	−0.079	−0.105	0.394	−0.606 0.526	−0.474 0.500	−0.500 0.474	−0.526 0.606	−0.394
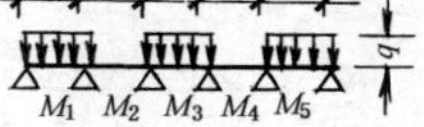	0.100	—	0.085	−0.053	−0.040	−0.040	−0.053	0.447	−0.553 0.013	0.013 0.500	−0.500 −0.013	−0.013 0.553	−0.447
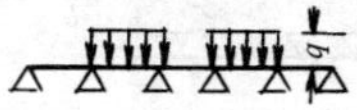	—	0.079	—	−0.053	−0.040	−0.040	−0.053	−0.053	−0.053 0.513	−0.487 0	0 0.487	−0.513 0.053	0.053
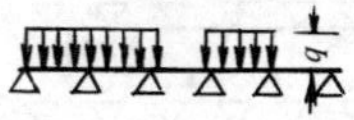	0.073	②0.059/0.078	—	−0.119	−0.022	−0.044	−0.051	0.380	−0.620 0.598	−0.402 −0.023	−0.023 0.493	−0.507 0.052	0.052
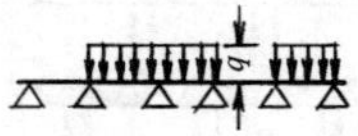	①—/0.098	0.055	0.064	−0.035	−0.111	−0.020	−0.057	0.035	0.035 0.424	0.576 0.591	−0.409 −0.037	−0.037 0.557	−0.443
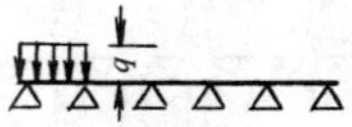	0.094	—	—	−0.067	0.018	−0.005	0.001	0.433	0.567 0.085	0.085 0.023	0.023 0.006	0.006 −0.001	0.001
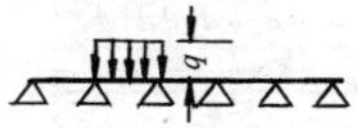	—	0.074	—	−0.049	−0.054	0.014	−0.004	0.019	−0.049 0.495	−0.505 0.068	0.068 −0.018	−0.018 0.004	0.004
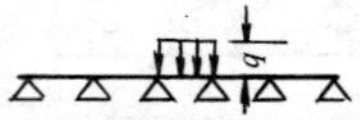	—	—	0.072	0.013	0.053	0.053	0.013	0.013	0.013 −0.066	−0.066 0.500	−0.500 0.066	0.066 −0.013	0.013
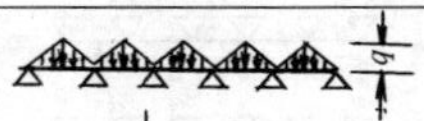	0.053	0.026	0.034	−0.066	−0.049	0.049	−0.066	0.184	−0.316 0.266	−0.234 0.250	−0.250 0.234	−0.266 0.316	0.184
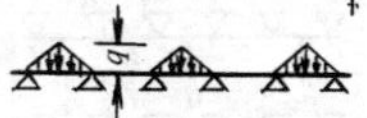	0.067	—	0.059	−0.033	−0.025	−0.025	0.033	0.217	0.283 −0.008	0.008 0.250	−0.250 −0.008	−0.008 0.283	0.217
	—	0.055	—	−0.033	−0.025	−0.025	−0.033	0.033	−0.033 0.258	−0.242 0	0 0.242	−0.258 0.033	0.033
	0.049	②0.041/0.053	—	−0.075	−0.014	−0.028	−0.032	0.175	0.325 0.311	−0.189 −0.014	−0.014 0.246	−0.255 0.032	0.032
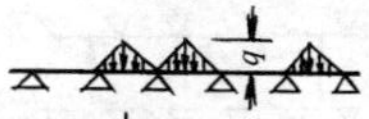	①—/0.066	0.039	0.044	−0.022	−0.070	−0.013	−0.036	−0.022	−0.022 0.202	−0.298 0.307	−0.193 −0.023	−0.023 0.286	−0.214
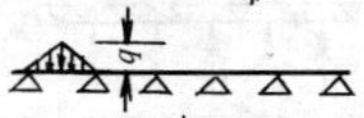	0.063	—	—	−0.042	0.011	−0.003	0.001	0.208	−0.292 0.053	0.053 −0.014	−0.014 0.004	0.004 −0.001	−0.001
	—	0.051	—	−0.031	−0.034	0.009	−0.002	−0.031	−0.031 0.247	−0.253 0.043	0.043 −0.011	−0.011 0.002	0.002
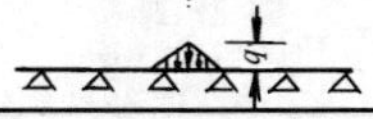	—	—	0.050	0.008	−0.033	−0.033	0.008	0.008	0.008 −0.041	−0.041 0.250	−0.250 0.041	0.041 −0.008	−0.008

表中:①分子及分母分别为 M_1 及 M_5 的弯矩系数;②分子及分母分别为 M_2 及 M_4 的弯矩系数。

续表

荷载图	跨内最大弯矩			支座弯矩				剪力					
	M_1	M_2	M_3	M_B	M_C	M_D	M_E	V_A	V_B^l V_B^r	V_C^l V_C^r	V_D^l V_D^r	V_E^l V_E^r	V_F
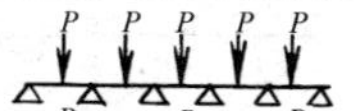	0.171	0.112	0.132	−0.158	−0.118	−0.118	−0.158	0.342	−0.658 0.540	−0.460 0.500	−0.500 0.460	−0.540 0.658	−0.342
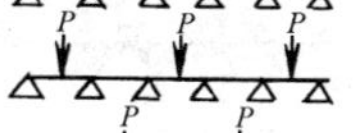	0.211	—	0.191	−0.079	−0.059	−0.059	−0.079	0.421	−0.579 0.020	0.020 0.500	−0.500 −0.020	−0.020 0.579	0.421
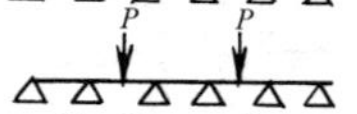	—	0.181	—	−0.079	−0.059	−0.059	−0.079	−0.079	−0.079 0.520	−0.480 0	0 0.480	−0.520 0.079	0.079
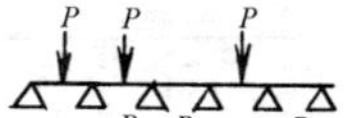	0.160	②0.414/0.178	—	−0.179	−0.032	−0.066	−0.077	0.321	−0.679 0.647	−0.353 −0.034	−0.034 0.489	−0.511 0.077	0.077
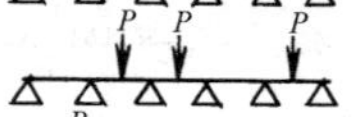	①—/0.207	0.140	0.151	−0.052	−0.167	−0.031	−0.086	−0.052	−0.052 0.385	−0.615 0.637	−0.363 −0.056	−0.056 0.586	−0.414
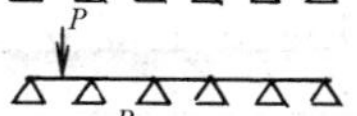	0.200	—	—	−0.100	0.027	−0.007	0.002	0.400	−0.600 0.127	0.127 −0.031	−0.034 0.009	0.009 −0.002	−0.002
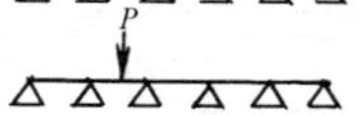	—	0.173	—	−0.073	−0.081	0.022	−0.005	−0.073	−0.073 0.493	−0.507 0.102	0.102 −0.027	−0.027 0.005	0.005
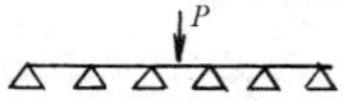	—	—	0.171	0.020	−0.079	−0.079	0.020	0.020	0.020 −0.099	−0.099 0.500	−0.500 0.099	0.099 −0.020	−0.020
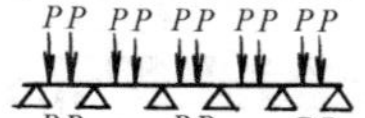	0.240	0.100	0.122	−0.281	−0.211	0.211	−0.281	0.719	−1.281 1.070	−0.930 1.000	−1.000 0.930	1.070 1.281	−0.719
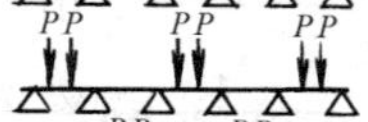	0.287	—	0.228	−0.140	−0.105	−0.105	−0.140	0.860	−1.140 0.035	0.035 1.000	1.000 −0.035	−0.035 1.140	−0.860
	—	0.216	—	−0.140	−0.105	−0.105	−0.140	−0.140	−0.140 1.035	−0.965 0	0.000 0.965	−1.035 0.140	0.140
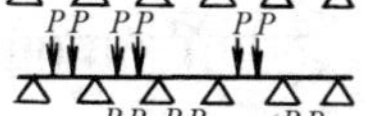	0.227	②0.189/0.209	—	−0.319	−0.057	−0.118	−0.137	0.681	−1.319 1.262	−0.738 −0.061	−0.061 0.981	−1.019 0.137	0.137
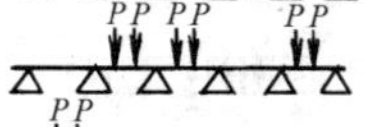	①—/0.282	0.172	0.198	−0.093	−0.297	−0.054	−0.153	−0.093	−0.093 0.796	−1.204 1.243	−0.757 −0.099	−0.099 1.153	−0.847
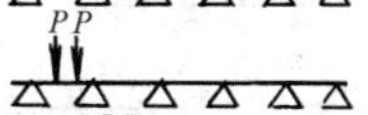	0.274	—	—	−0.179	0.048	−0.013	0.003	0.821	−1.179 0.227	0.227 −0.061	−0.061 0.016	0.016 −0.003	−0.003
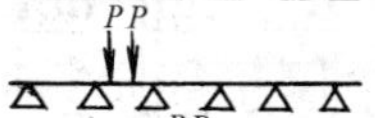	—	0.198	—	−0.131	−0.144	0.038	−0.010	−0.131	−0.131 0.987	−1.013 0.182	0.182 −0.048	−0.048 0.010	0.010
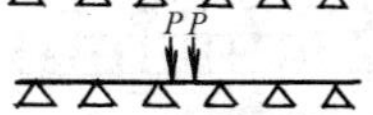	—	—	0.193	0.035	−0.140	−0.140	0.035	0.035	0.035 −0.175	−0.175 1.000	−1.000 0.175	0.175 −0.035	−0.035

表中：①分子及分母分别为 M_1 及 M_5 的弯矩系数；②分子及分母分别为 M_2 及 M_4 的弯矩系数。

C2　双向板计算系数表

符号说明

$$B_c=\frac{Eh^3}{12(1-\nu^2)}\quad（刚度）$$

式中　E——弹性模量；

h——板厚；

ν——泊桑比。

f，f_{max}——分别为板中心点的挠度和最大挠度；

m_x，m_{xmax}——分别为平行于 l_{0x} 方向板中心点单位板宽内的弯矩和板跨内最大弯矩；

m_y，m_{ymax}——分别为平行于 l_{0y} 方向板中心点单位板宽内的弯矩和板跨内最大弯矩；

m_x'——固定边中点沿 l_{0x} 方向单位板宽内的弯矩；

m_y'——固定边中点沿 l_{0y} 方向单位板宽内的弯矩。

———— 代表自由边；- - - - - - 代表简支边；

⊔⊔⊔⊔ 代表固定边；

正负号的规定：

弯矩——使板的受荷面受压者为正；

挠度——变位方向与荷载方向相同者为正。

①

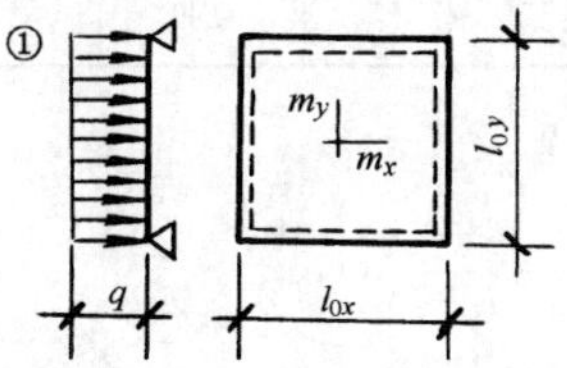

挠度＝表中系数×$\frac{ql_0^4}{B_c}$；

$\nu=0$，弯矩＝表中系数×ql_0^2。

式中，l_0 取用 l_{0x} 和 l_{0y} 中之较小者。

表 C-5

l_{0x}/l_{0y}	f	m_x	m_y	l_{0x}/l_{0y}	f	m_x	m_y
0.50	0.01013	0.0965	0.0174	0.80	0.00603	0.0561	0.0334
0.55	0.00940	0.0892	0.0210	0.85	0.00547	0.0506	0.0348
0.60	0.00867	0.0820	0.0242	0.90	0.00496	0.0456	0.0358
0.65	0.00796	0.0750	0.0271	0.95	0.00449	0.0410	0.0364
0.70	0.00727	0.0683	0.0296	1.00	0.00406	0.0368	0.0368
0.75	0.00663	0.0620	0.0317				

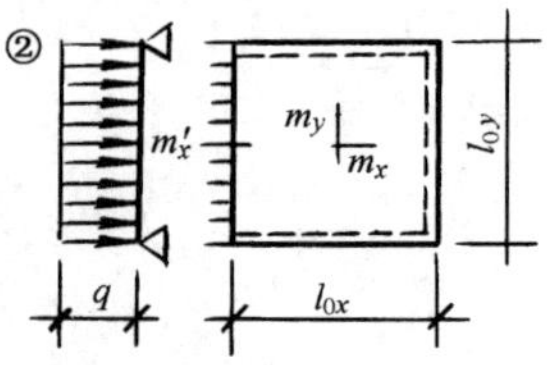

挠度=表中系数×$\frac{ql_0^4}{B_c}$；

$\nu=0$，弯矩=表中系数×ql_0^2。

式中，l_0 取用 l_{0x} 和 l_{0y} 中之较小者。

表 C-6

l_{0x}/l_{0y}	l_{0y}/l_{0x}	f	f_{max}	m_x	m_{xmax}	m_y	m_{ymax}	m'_x
0.50		0.00488	0.00504	0.0583	0.0646	0.0060	0.0063	−0.1212
0.55		0.00471	0.00492	0.0563	0.0618	0.0081	0.0087	−0.1187
0.60		0.00453	0.00472	0.0539	0.0589	0.0104	0.0111	−0.1158
0.65		0.00432	0.00448	0.0513	0.0559	0.0126	0.0133	−0.1124
0.70		0.00410	0.00422	0.0485	0.0529	0.0148	0.0154	−0.1087
0.75		0.00388	0.00399	0.0457	0.0496	0.0168	0.0174	−0.1048
0.80		0.00365	0.00376	0.0428	0.0463	0.0187	0.0193	−0.1007
0.85		0.00343	0.00352	0.0400	0.0431	0.0204	0.0211	−0.0965
0.90		0.00321	0.00329	0.0372	0.0400	0.0219	0.0226	−0.0922
0.95		0.00299	0.00306	0.0345	0.0369	0.0232	0.0239	−0.0880
1.00	1.00	0.00279	0.00285	0.0319	0.0340	0.0243	0.0249	−0.0839
	0.95	0.00316	0.00324	0.0324	0.0345	0.0280	0.0287	−0.0882
	0.90	0.00360	0.00368	0.0328	0.0347	0.0322	0.0330	−0.0926
	0.85	0.00409	0.00417	0.0329	0.0347	0.0370	0.0378	−0.0970
	0.80	0.00464	0.00473	0.0326	0.0343	0.0424	0.0433	−0.1014
	0.75	0.00526	0.00536	0.0319	0.0335	0.0485	0.0494	−0.1056
	0.70	0.00595	0.00605	0.0308	0.0323	0.0553	0.0562	−0.1096
	0.65	0.00670	0.00680	0.0291	0.0306	0.0627	0.0637	−0.1133
	0.60	0.00752	0.00762	0.0268	0.0289	0.0707	0.0717	−0.1166
	0.55	0.00838	0.00848	0.0239	0.0271	0.0792	0.0801	−0.1193
	0.50	0.00927	0.00935	0.0205	0.0249	0.0880	0.0888	−0.1215

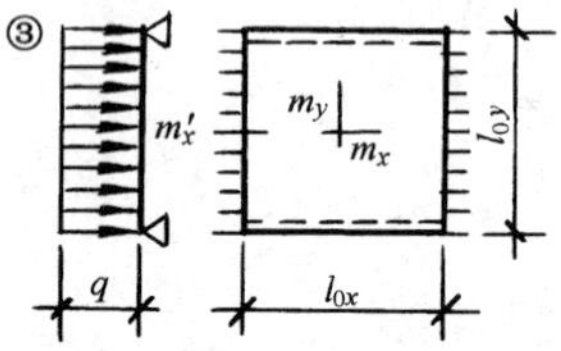

挠度=表中系数×$\frac{ql_0^4}{B_c}$；

$\nu=0$，弯矩=表中系数×ql_0^2。

式中，l_0 取用 l_{0x} 和 l_{0y} 中之较小者。

表 C-7

l_{0x}/l_{0y}	l_{0y}/l_{0x}	f	m_x	m_y	m'_x
0.50		0.00261	0.0416	0.0017	−0.0843
0.55		0.00259	0.0410	0.0028	−0.0840
0.60		0.00255	0.0402	0.0042	−0.0834
0.65		0.00250	0.0392	0.0057	−0.0826
0.70		0.00243	0.0379	0.0072	−0.0814
0.75		0.00236	0.0366	0.0088	−0.0799
0.80		0.00228	0.0351	0.0103	−0.0782
0.85		0.00220	0.0335	0.0118	−0.0763
0.90		0.00211	0.0319	0.0133	−0.0743
0.95		0.00201	0.0302	0.0146	−0.0721
1.00	1.00	0.00192	0.0285	0.0158	−0.0698
	0.95	0.00223	0.0296	0.0189	−0.0746
	0.90	0.00260	0.0306	0.0224	−0.0797
	0.85	0.00303	0.0314	0.0266	−0.0850
	0.80	0.00354	0.0319	0.0316	−0.0904
	0.75	0.00413	0.0321	0.0374	−0.0959
	0.70	0.00482	0.0318	0.0441	−0.1013
	0.65	0.00560	0.0308	0.0518	−0.1066
	0.60	0.00647	0.0292	0.0604	−0.1114
	0.55	0.00743	0.0267	0.0698	−0.1156
	0.50	0.00844	0.0234	0.0798	−0.1191

④
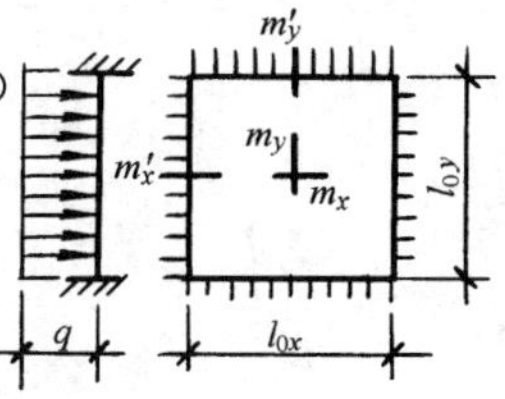

挠度＝表中系数×$\frac{ql_0^4}{B_c}$；

$\nu=0$，弯矩＝表中系数×ql_0^2。

式中，l_0 取用 l_{0x} 和 l_{0y} 中之较小者。

表 C-8

l_{0x}/l_{0y}	f	m_x	m_y	m'_x	m'_y
0.50	0.00253	0.0400	0.0038	−0.0829	−0.0570
0.55	0.00246	0.0385	0.0056	−0.0814	−0.0571
0.60	0.00236	0.0367	0.0076	−0.0793	−0.0571
0.65	0.00224	0.0345	0.0095	−0.0766	−0.0571
0.70	0.00211	0.0321	0.0113	−0.0735	−0.0569
0.75	0.00197	0.0296	0.0130	−0.0701	−0.0565
0.80	0.00182	0.0271	0.0144	−0.0664	−0.0559
0.85	0.00168	0.0246	0.0156	−0.0626	−0.0551
0.90	0.00153	0.0221	0.0165	−0.0588	−0.0541
0.95	0.00140	0.0198	0.0172	−0.0550	−0.0528
1.00	0.00127	0.0176	0.0176	−0.0513	−0.0513

⑤
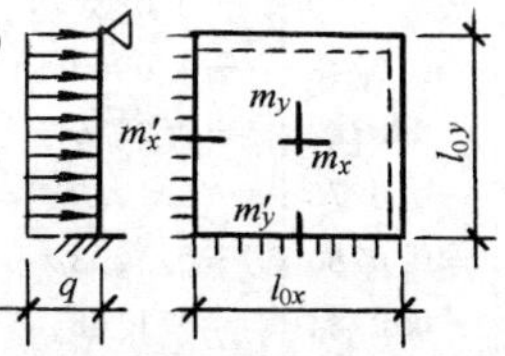

挠度＝表中系数×$\frac{ql_0^4}{B_c}$；

$\nu=0$，弯矩＝表中系数×ql_0^2。

式中，l_0 取用 l_{0x} 和 l_{0y} 中之较小者。

表 C-9

l_{0x}/l_{0y}	f	f_{max}	m_x	m_{xmax}	m_y	m_{ymax}	m'_x	m'_y
0.50	0.00468	0.00471	0.0559	0.0562	0.0079	0.0135	−0.1179	−0.0786
0.55	0.00445	0.00454	0.0529	0.0530	0.0104	0.0153	−0.1140	−0.0785
0.60	0.00419	0.00429	0.0496	0.0498	0.0129	0.0169	−0.1095	−0.0782
0.65	0.00391	0.00399	0.0461	0.0465	0.0151	0.0183	−0.1045	−0.0777
0.70	0.00363	0.00368	0.0426	0.0432	0.0172	0.0195	−0.0992	−0.0770
0.75	0.00335	0.00340	0.0390	0.0396	0.0189	0.0206	−0.0938	−0.0760
0.80	0.00308	0.00313	0.0356	0.0361	0.0204	0.0218	−0.0883	−0.0748
0.85	0.00281	0.00286	0.0322	0.0328	0.0215	0.0229	−0.0829	−0.0733
0.90	0.00256	0.00261	0.0291	0.0297	0.0224	0.0238	−0.0776	−0.0716
0.95	0.00232	0.00237	0.0261	0.0267	0.0230	0.0244	−0.0726	−0.0698
1.00	0.00210	0.00215	0.0234	0.0249	0.0234	0.0249	−0.0677	−0.0677

⑥

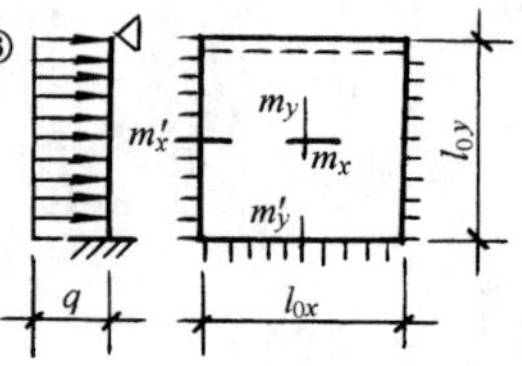

挠度＝表中系数×$\frac{ql_0^4}{B_c}$；

$\nu=0$，弯矩＝表中系数×ql_0^2。

式中，l_0 取用 l_{0x} 和 l_{0y} 中之较小者。

表 C-10

l_{0x}/l_{0y}	l_{0y}/l_{0x}	f	f_{max}	m_x	m_{xmax}	m_y	m_{ymax}	m_x'	m_y'
0.50		0.00257	0.00258	0.0408	0.0409	0.0028	0.0089	−0.0836	−0.0569
0.55		0.00252	0.00255	0.0398	0.0399	0.0042	0.0093	−0.0827	−0.0570
0.60		0.00245	0.00249	0.0384	0.0386	0.0059	0.0105	−0.0814	−0.0571
0.65		0.00237	0.00240	0.0368	0.0371	0.0076	0.0116	−0.0796	−0.0572
0.70		0.00227	0.00229	0.0350	0.0354	0.0093	0.0127	−0.0774	−0.0572
0.75		0.00216	0.00219	0.0331	0.0335	0.0109	0.0137	−0.0750	−0.0572
0.80		0.00205	0.00208	0.0310	0.0314	0.0124	0.0147	−0.0722	−0.0570
0.85		0.00193	0.00196	0.0289	0.0293	0.0138	0.0155	−0.0693	−0.0567
0.90		0.00181	0.00184	0.0268	0.0273	0.0159	0.0163	−0.0663	−0.0563
0.95		0.00169	0.00172	0.0247	0.0252	0.0160	0.0172	−0.0631	−0.0558
1.00	1.00	0.00157	0.00160	0.0227	0.0231	0.0168	0.0180	−0.0600	−0.0550
	0.95	0.00178	0.00182	0.0229	0.0234	0.0194	0.0207	−0.0629	−0.0599
	0.90	0.00201	0.00206	0.0228	0.0234	0.0223	0.0238	−0.0656	−0.0653
	0.85	0.00227	0.00233	0.0225	0.0231	0.0255	0.0273	−0.0683	−0.0711
	0.80	0.00256	0.00262	0.0219	0.0224	0.0290	0.0311	−0.0707	−0.0772
	0.75	0.00286	0.00294	0.0208	0.0214	0.0329	0.0354	−0.0729	−0.0837
	0.70	0.00319	0.00327	0.0194	0.0200	0.0370	0.0400	−0.0748	−0.0903
	0.65	0.00352	0.00365	0.0175	0.0182	0.0412	0.0446	−0.0762	−0.0970
	0.60	0.00386	0.00403	0.0153	0.0160	0.0454	0.0493	−0.0773	−0.1033
	0.55	0.00419	0.00437	0.0127	0.0133	0.0496	0.0541	−0.0780	−0.1093
	0.50	0.00449	0.00463	0.0099	0.0103	0.0534	0.0588	−0.0784	−0.1146

附录D　伸缩缝的最大间距、单阶柱反力和位移

D1　钢筋混凝土结构伸缩缝最大间距

表 D-1　　钢筋混凝土结构伸缩缝最大间距　　m

结构类别		室内或土中	露天
排架结构	装配式	100	70
框架结构	装配式	75	50
	现浇式	55	35
剪力墙结构	装配式	65	40
	现浇式	45	30
挡土墙、地下室墙壁等类结构	装配式	40	30
	现浇式	30	20

注：① 如有充分依据和可靠措施，表中数值可予以增减。
② 装配整体式结构房屋的伸缩缝间距，可根据结构的具体情况取表中装配式结构与现浇结构之间的数值。
③ 框架-剪力墙结构或框架-核心筒结构房屋的伸缩缝间距应根据结构的具体布置情况按表中介于框架结构与剪力墙结构间的数值取用。
④ 当屋面板上部无保温或隔热措施时，对框架、剪力墙结构的伸缩缝间距，宜按表中露天栏的数值取用；对排架结构的伸缩缝间距，可按表中室内栏的数值适当减小。
⑤ 排架结构的柱高(从基础顶面算起)低于 8 m 时，宜适当减小伸缩缝间距。
⑥ 外墙装配内墙现浇的剪力墙结构，其伸缩缝最大间距宜按现浇式一栏的数值取用。滑模施工的剪力墙结构，宜适当减小伸缩缝间距。现浇墙体在施工中应采取措施减小混凝土收缩应力。
⑦ 位于气候干燥地区、夏季炎热且暴雨频繁地区的结构或经常处于高温作用下的结构，可按照使用经验适当减小伸缩缝间距。
⑧ 伸缩缝间距尚应考虑施工条件的影响，必要时(如材料收缩较大或室内结构因施工外露时间较长)，宜适当减小伸缩缝间距。
⑨ 现浇挑檐，雨罩等外露结构宜沿纵向设置温度伸缩缝，间距不宜大于 12m。

D2 单阶柱柱顶反力与位移系数表

柱顶单位集中荷载作用下系数 C_0 的数值

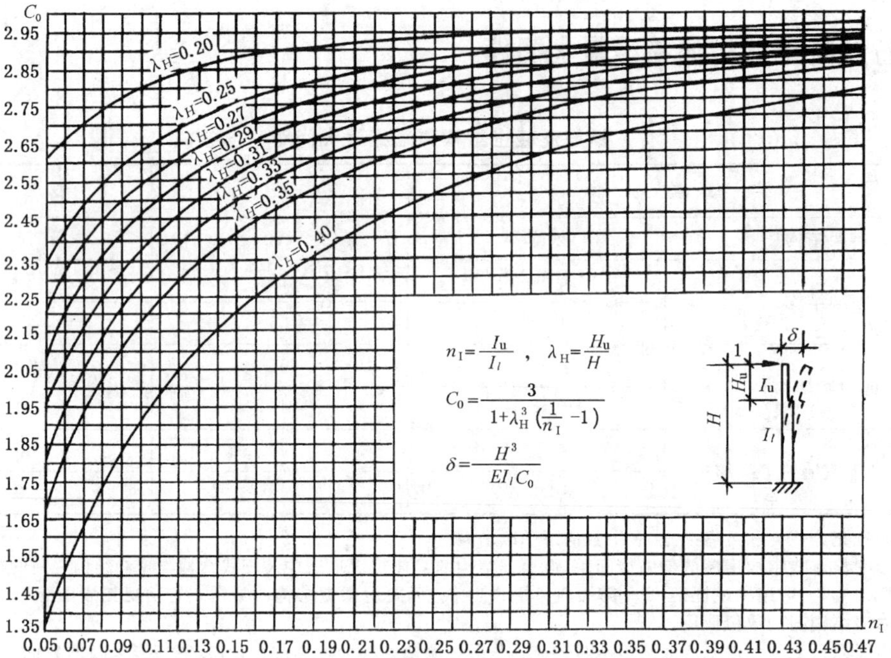

图 D-1

力矩作用在柱顶时系数 C_1 的数值

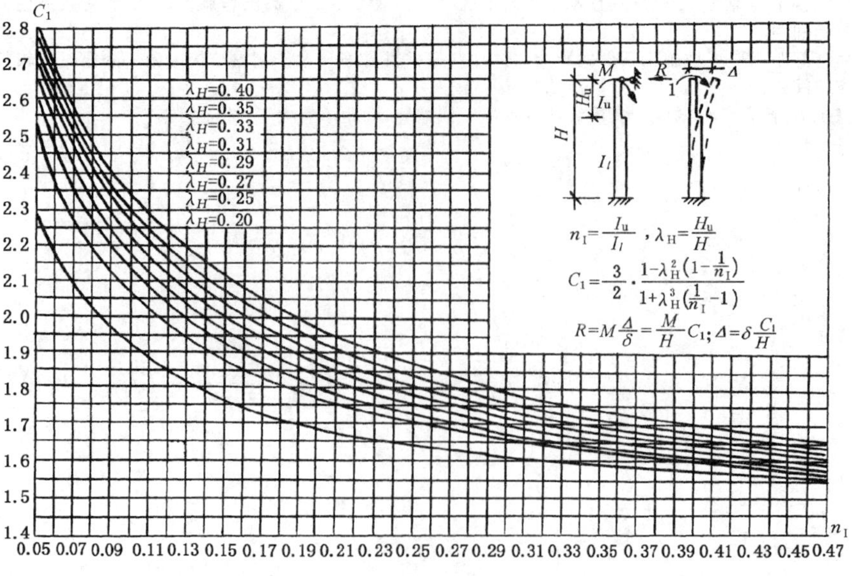

图 D-2

力矩作用在上柱（$y=0.4H_u$）系数 C_2 的数值

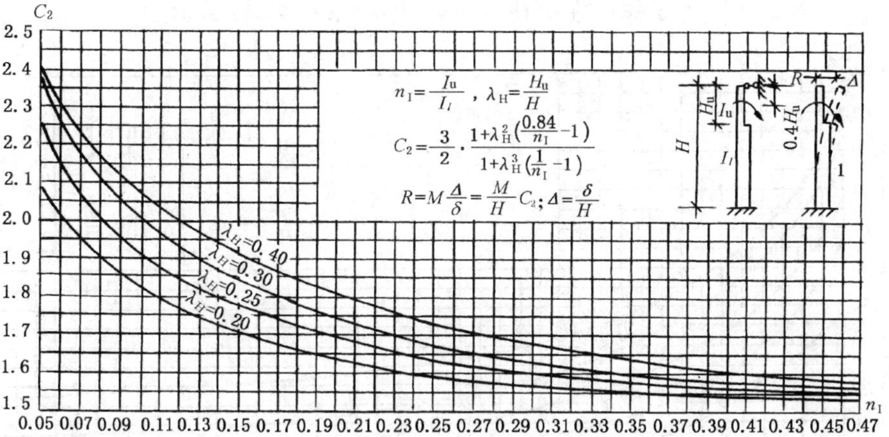

图 D-3

力矩作用在上柱（$y=0.6H_u$）系数 C_2 的数值

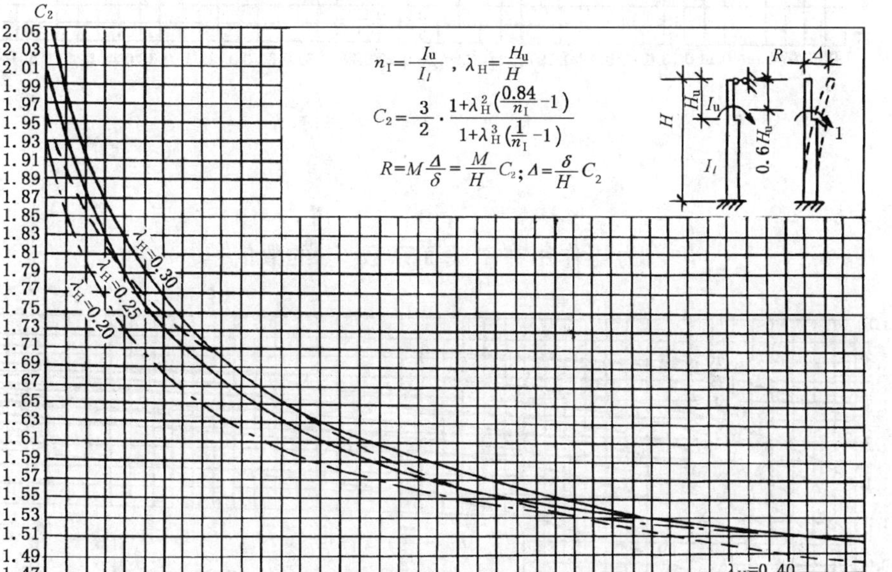

图 D-4

力矩作用在上柱（$y=0.8H_u$）系数 C_2 的数值

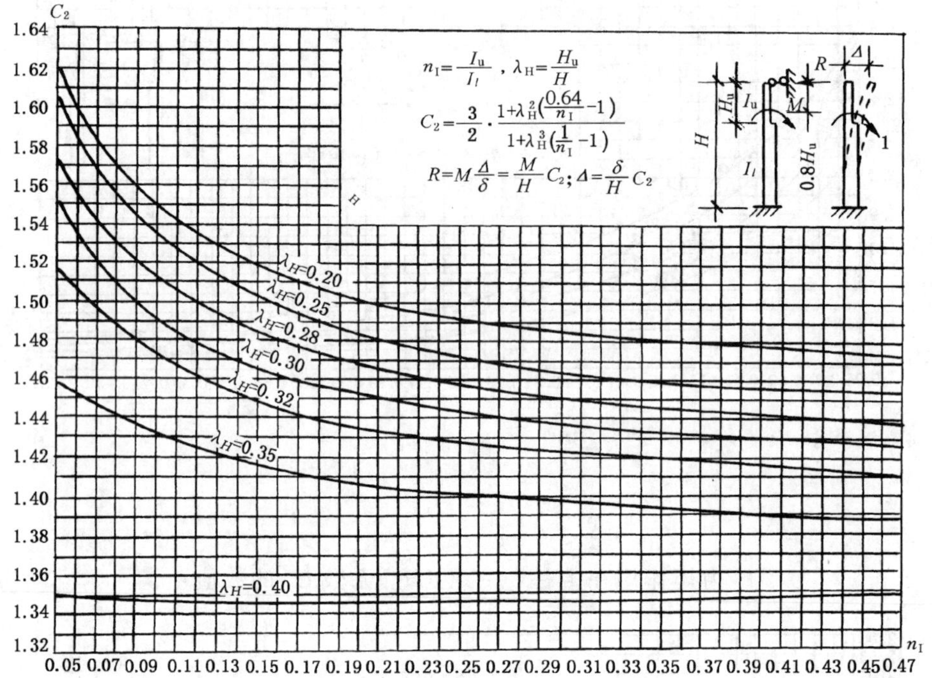

图 D-5

力矩作用在牛腿面系数 C_3 的数值

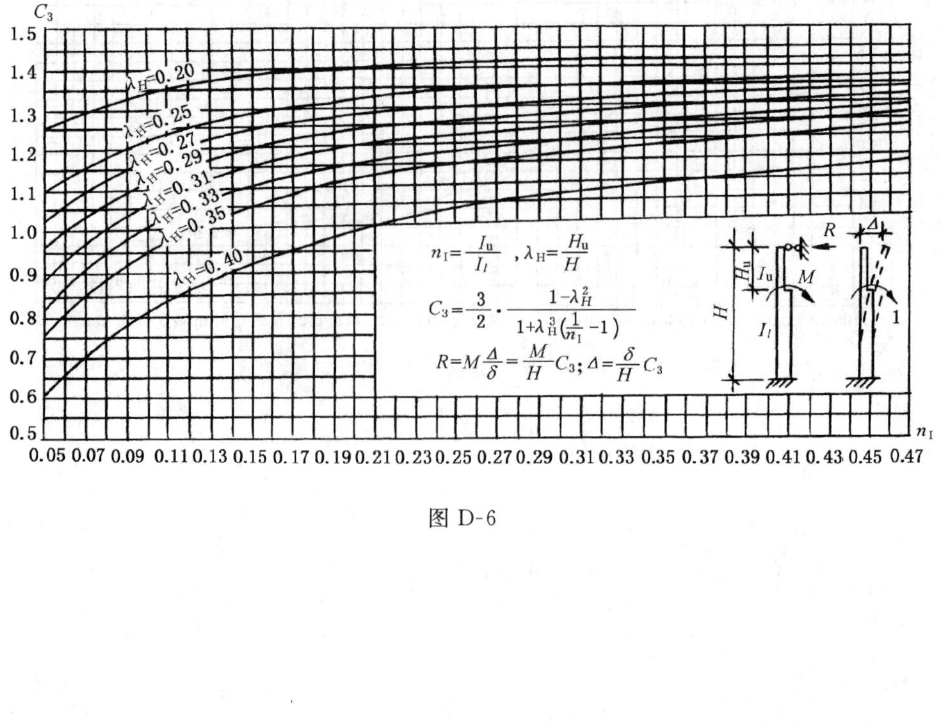

图 D-6

力矩作用在下柱($y=0.8H_l$)系数 C_4 的数值

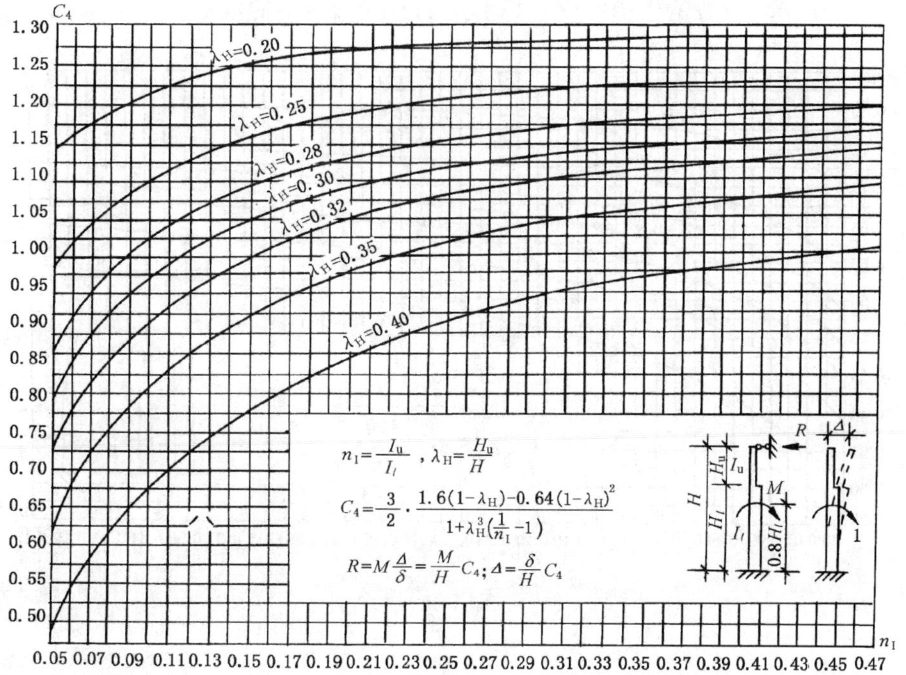

图 D-7

力矩作用在下柱($y=0.6H_l$)系数 C_4 的数值

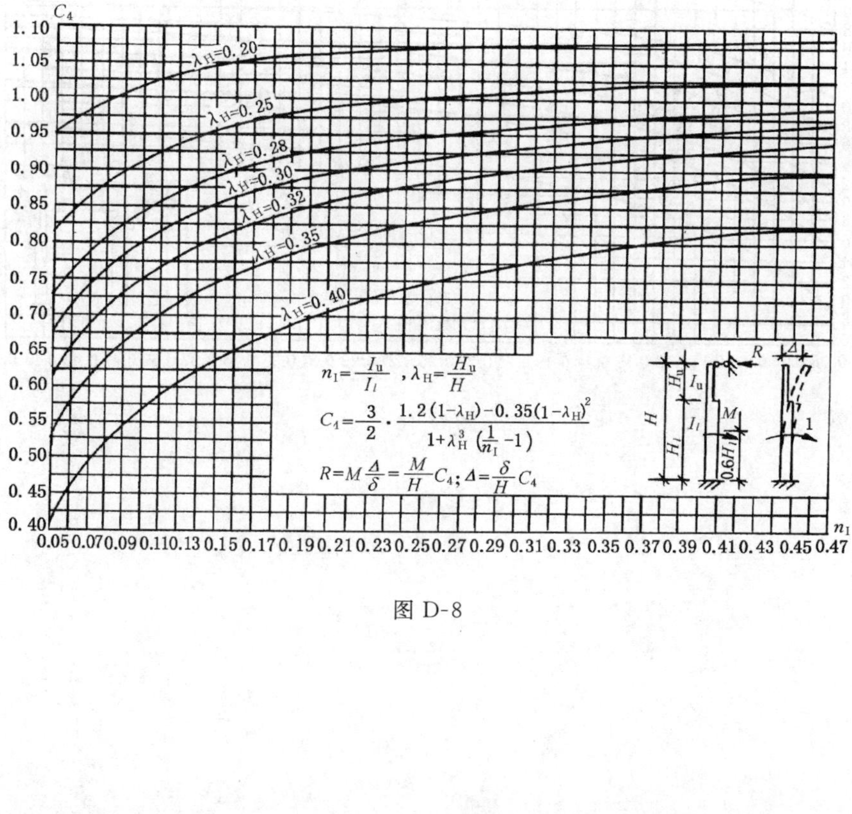

图 D-8

力矩作用在下柱($y=0.4H_l$)系数 C_4 的数值

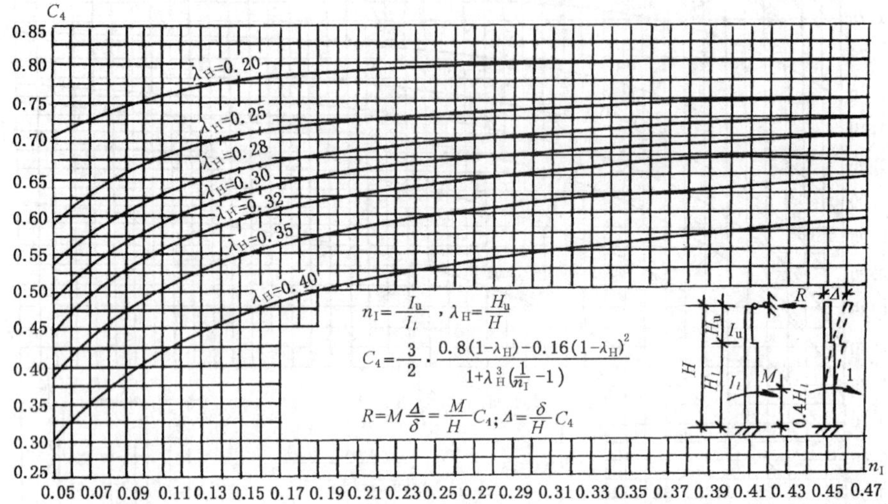

图 D-9

集中荷载作用在上柱($y=0.5H_u$)系数 C_5 的数值

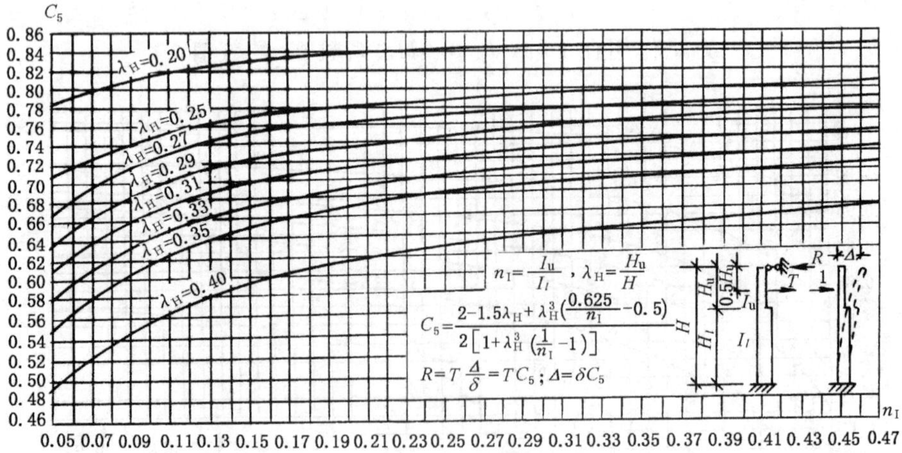

图 D-10

集中荷载作用在上柱($y=0.6H_u$)系数 C_5 的数值

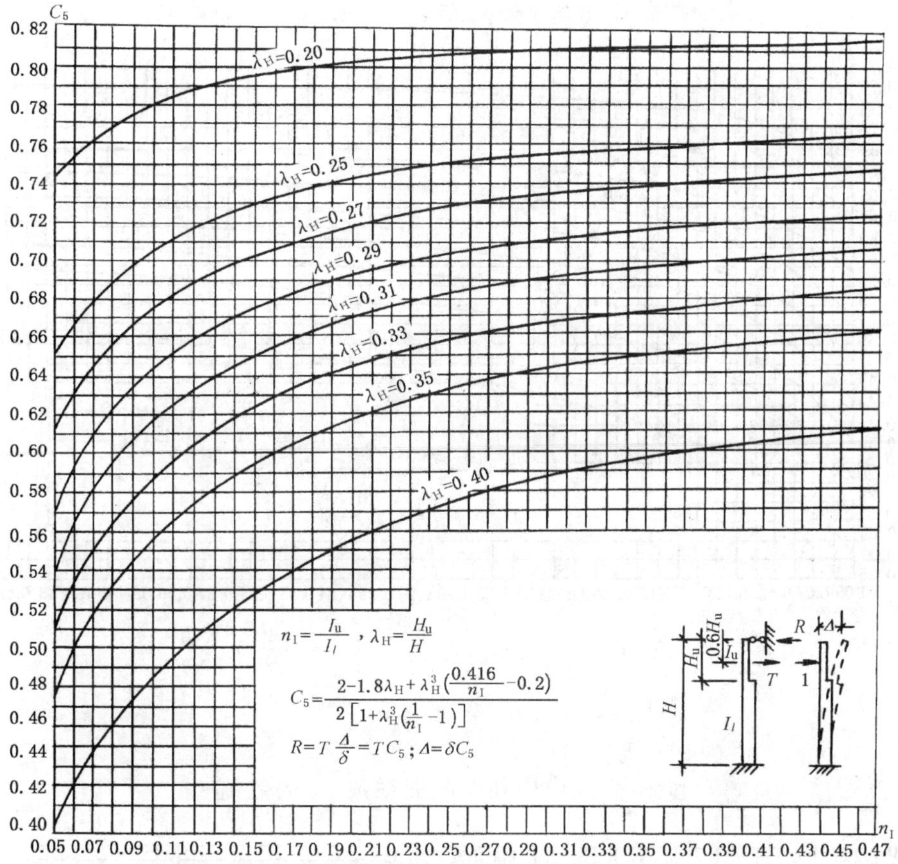

图 D-11

集中荷载作用在上柱($y=0.7H_u$)系数 C_5 的数值

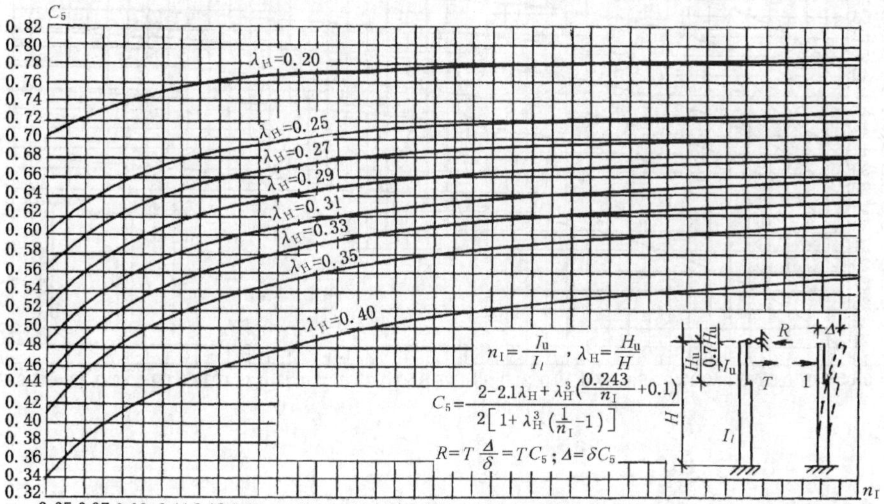

图 D-12

集中荷载作用在上柱（$y=0.8H_u$）系数 C_5 的数值

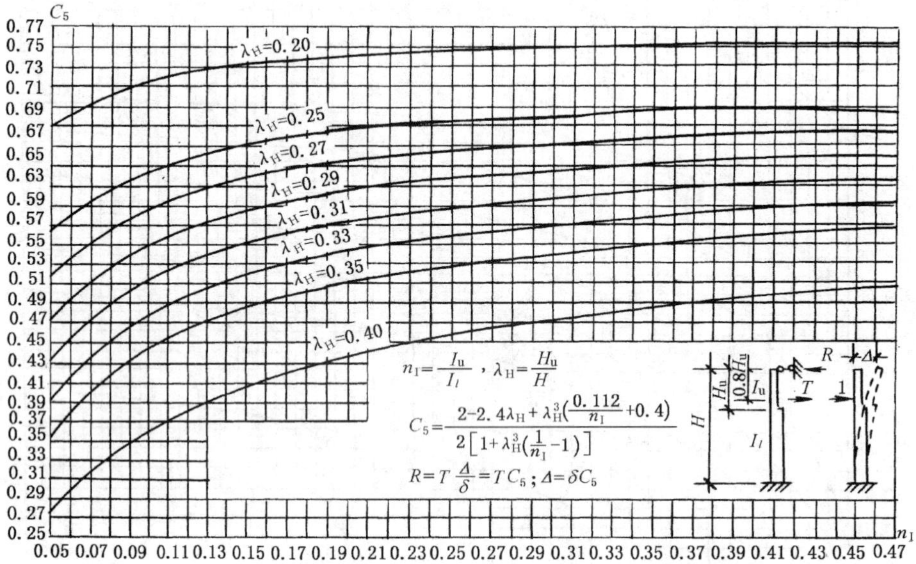

图 D-13

集中荷载作用在牛腿面系数 C_6 的数值

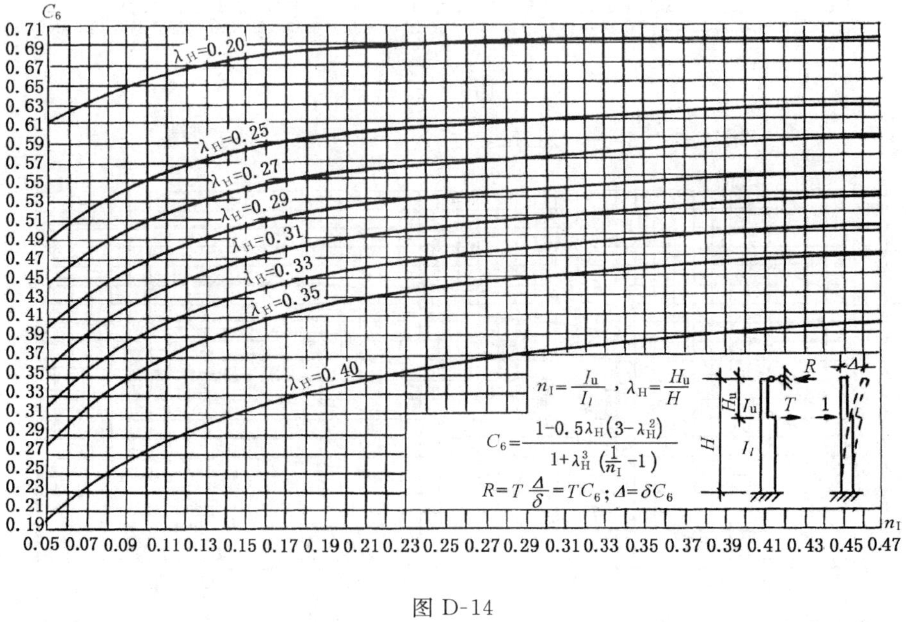

图 D-14

集中荷载作用在下柱（$y=0.8H_l$）系数 C_7 的数值

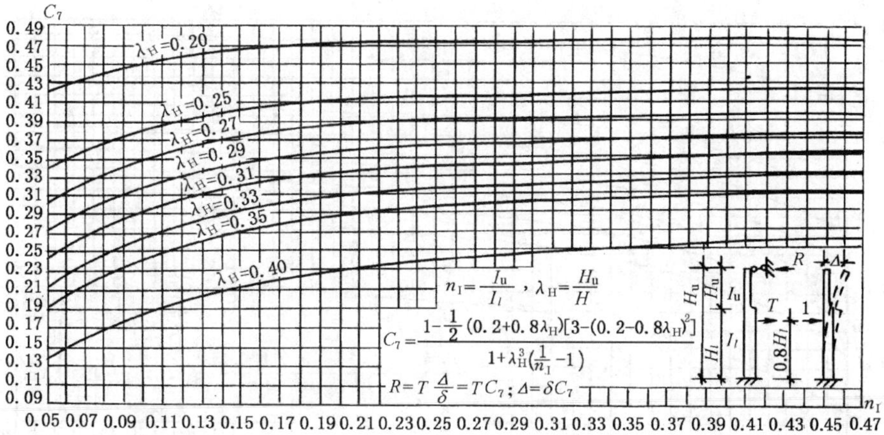

图 D-15

集中荷载作用在下柱（$y=0.6H_l$）系数 C_7 的数值

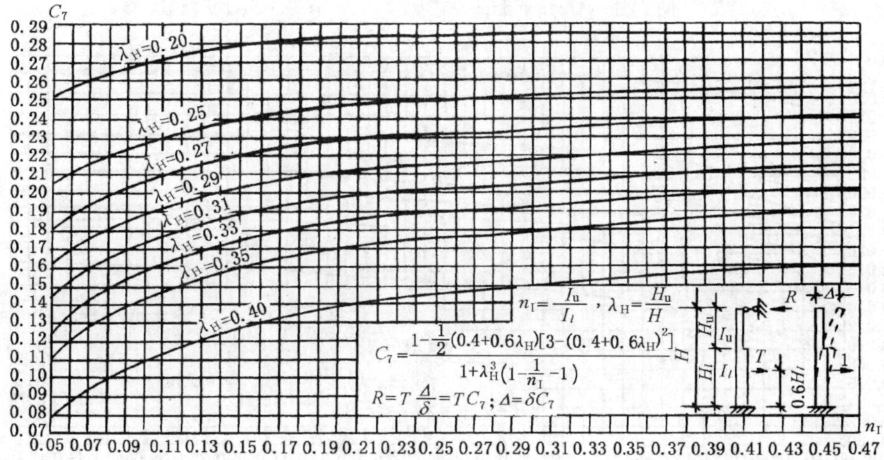

图 D-16

集中荷载作用在下柱（$y=0.4H_l$）系数 C_7 的数值

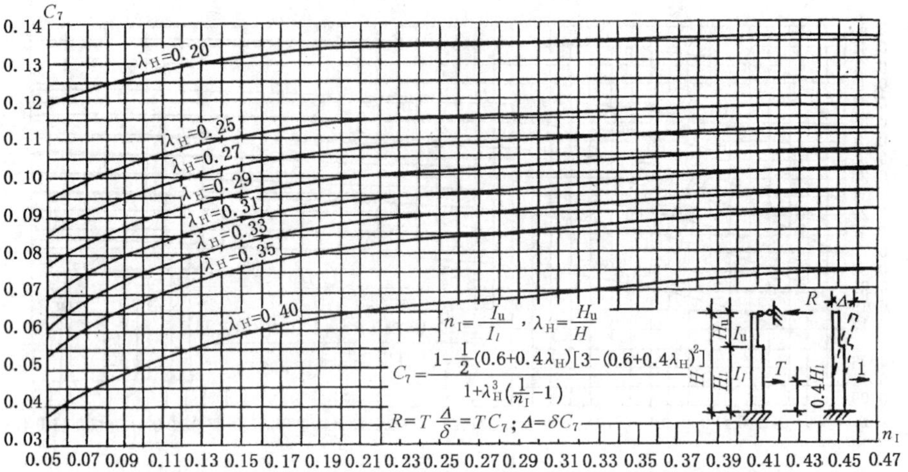

图 D-17

集中荷载作用在下柱（$y=0.2H_l$）系数 C_7 的数值

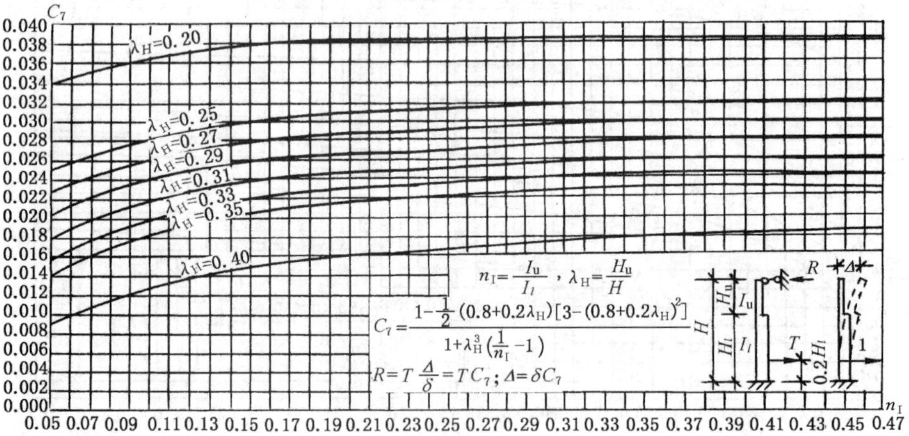

图 D-18

均布荷载作用在上柱($y=0.4H_u$)系数 C_8 的数值

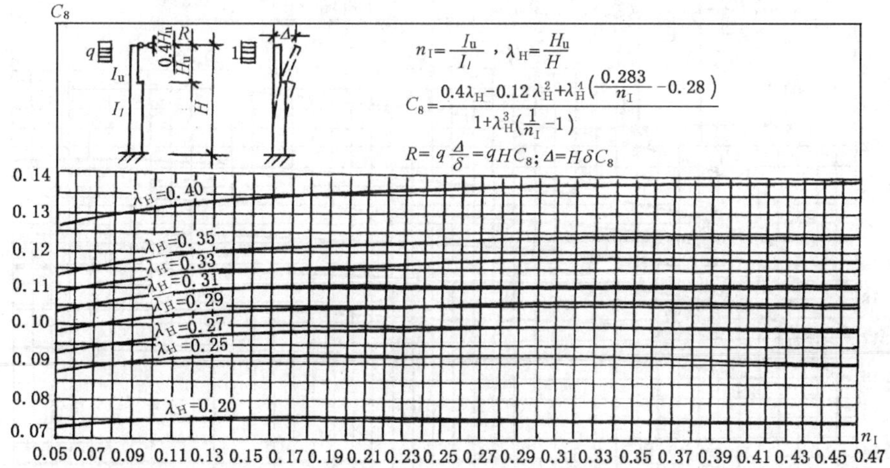

图 D-19

均布荷载作用在上柱($y=0.6H_u$)系数 C_8 的数值

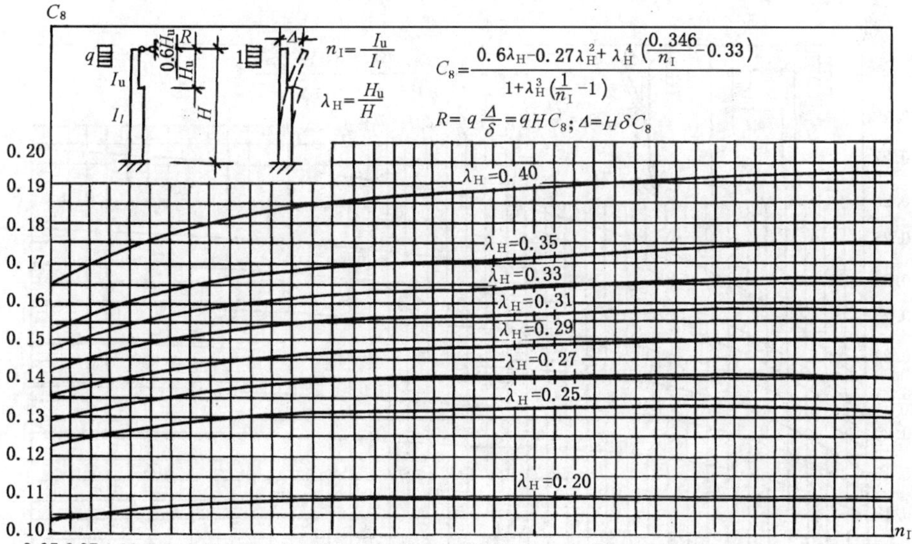

图 D-20

均布荷载作用在上柱（$y=0.8H_u$）系数 C_8 的数值

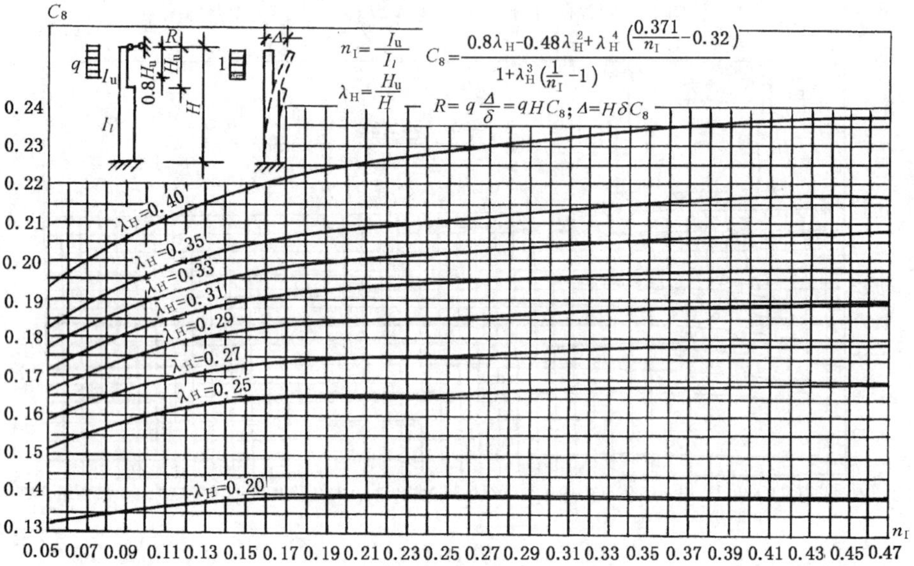

图 D-21

均布荷载作用在整个上柱系数 C_9 的数值

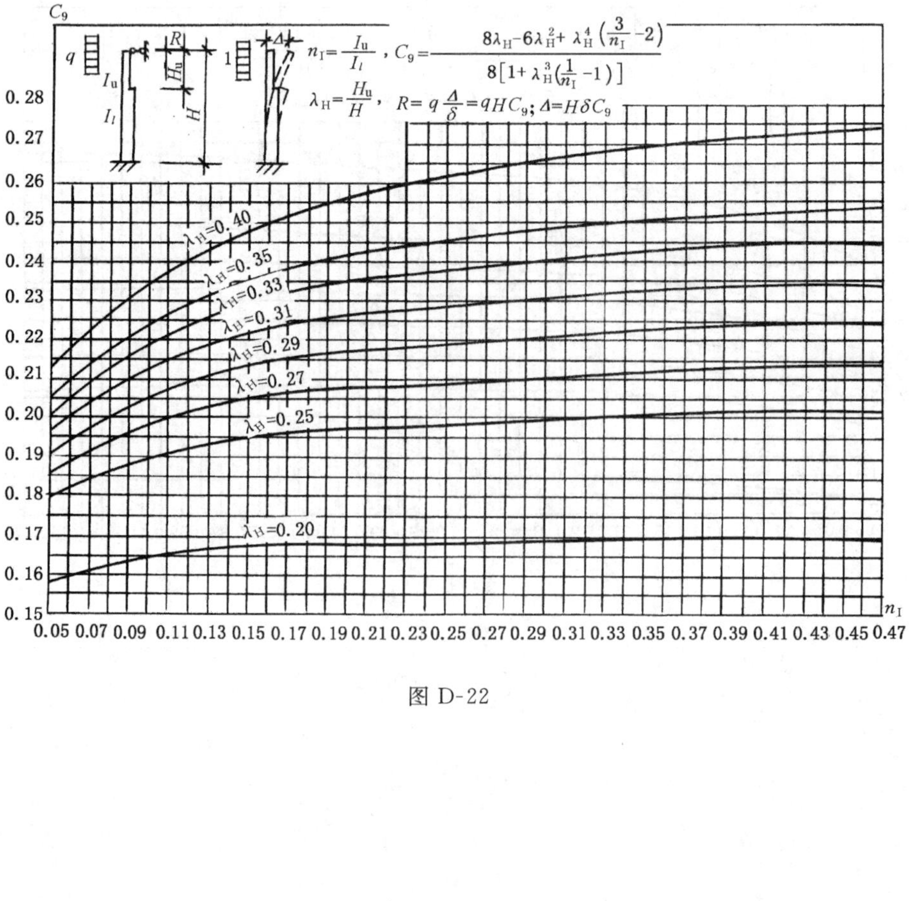

图 D-22

均布荷载作用在上、下柱($y=0.8H_l$)系数 C_{10} 的数值

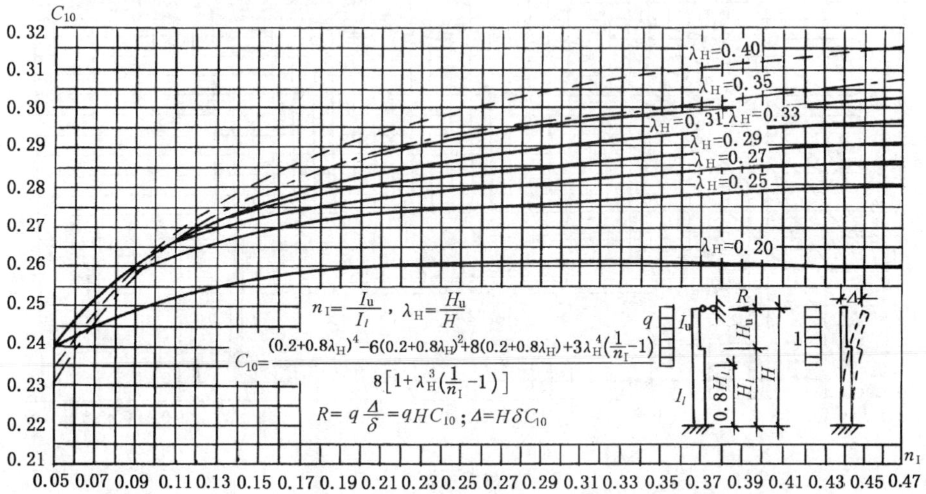

图 D-23

均布荷载作用在上、下柱($y=0.6H_l$)系数 C_{10} 的数值

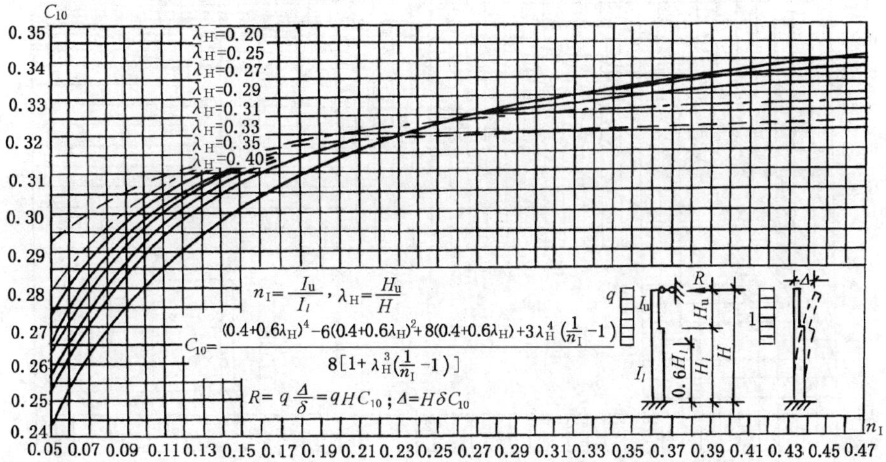

图 D-24

均布荷载作用在上、下柱（$y=0.4H_l$）系数 C_{10} 的数值

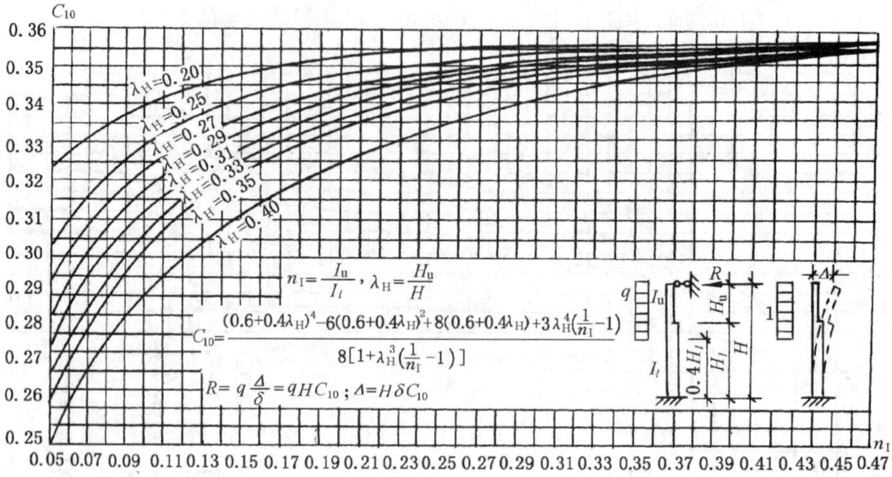

图 D-25

均布荷载作用在整个上、下柱系数 C_{11} 的数值

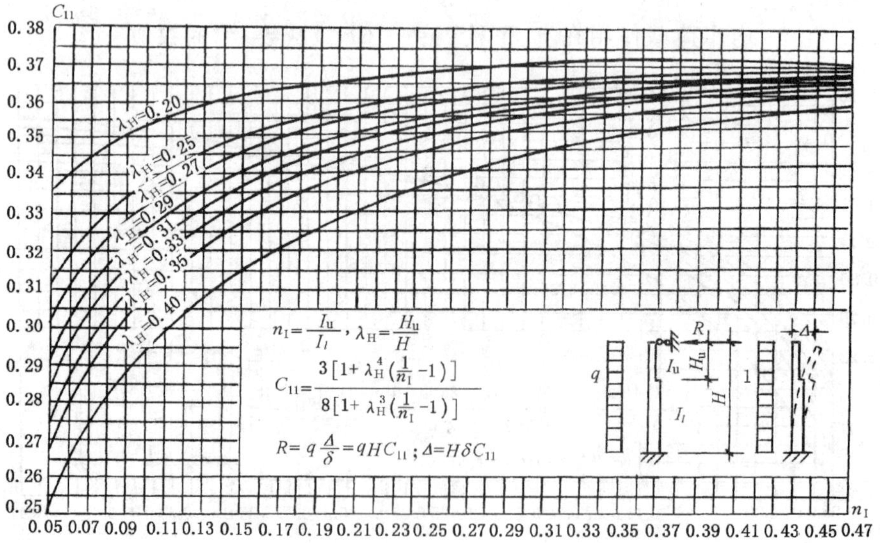

图 D-26

均布荷载作用在整个下柱系数 C_{12} 的数值

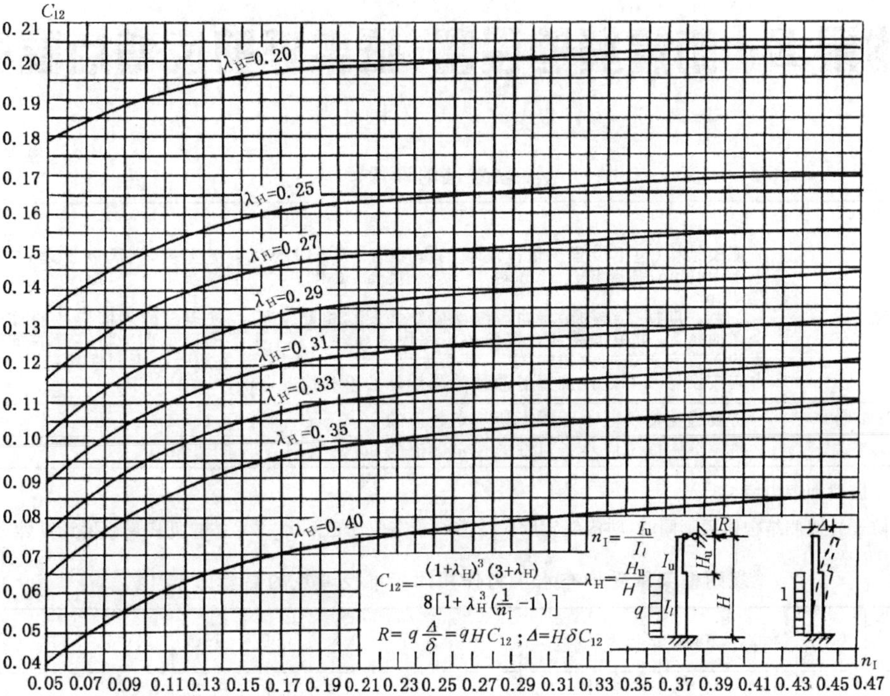

图 D-27

附录 E　防震缝的设置、框架柱的反弯点高度

表 E-1　　防震缝的设置

结构类型	防震缝宽度
框架	框架结构(包括设置少量抗震墙的框架结构)房屋的防震缝宽度,当高度不超过 15m 时不应小于 100mm;高度超过 15m 时,6 度、7 度、8 度和 9 度分别每增加高度 5m,4m,3m 和 2m,宜加宽 20mm。 8 度、9 度框架结构房屋防震缝两侧结构层高相差较大时,防震缝两侧框架柱的箍筋应沿房屋全高加密,并可根据需要在缝两侧沿房屋全高各设置不少于两道垂直于防震缝的抗撞墙。抗撞墙的布置宜避免加大扭转效应,其长度可不大于 1/2 层高,抗震等级可同框架结构;框架构件的力应按设置和不设置抗撞墙两种计算模型的不利情况取值
框架-抗震墙	防震缝宽度不应小于对框架规定数值的 70%,且不宜小于 100mm
抗震墙	防震缝宽度不应小于对框架规定数值的 50%,且不宜小于 100mm

注:(1) 抗震墙即剪力墙。

(2) 防震缝两侧结构体系不同时,防震缝宽度应按需要较宽的规定采用,并可按较低房屋高度计算缝宽。

表 E-2　　规则框架承受均布水平力作用时标准反弯点的高度比 y_0 值

n	i \ K	0.1	0.2	0.3	0.4	0.5	0.6	0.7	0.8	0.9	1.0	2.0	3.0	4.0	5.0
1	1	0.80	0.75	0.70	0.65	0.65	0.60	0.60	0.60	0.60	0.55	0.55	0.55	0.55	0.55
2	2	0.45	0.40	0.35	0.35	0.35	0.35	0.40	0.40	0.40	0.40	0.45	0.45	0.45	0.45
	1	0.95	0.80	0.75	0.70	0.65	0.65	0.65	0.60	0.60	0.60	0.55	0.55	0.55	0.50
3	3	0.15	0.20	0.20	0.25	0.30	0.30	0.30	0.35	0.35	0.35	0.40	0.45	0.45	0.45
	2	0.55	0.50	0.45	0.45	0.45	0.45	0.45	0.45	0.45	0.45	0.45	0.50	0.50	0.50
	1	1.00	0.85	0.80	0.75	0.70	0.70	0.65	0.65	0.65	0.60	0.55	0.55	0.55	0.55
4	4	−0.05	0.05	0.15	0.20	0.25	0.30	0.30	0.35	0.35	0.35	0.40	0.45	0.45	0.45
	3	0.25	0.30	0.30	0.35	0.35	0.40	0.40	0.40	0.40	0.45	0.45	0.50	0.50	0.50
	2	0.65	0.55	0.50	0.50	0.45	0.45	0.45	0.45	0.45	0.45	0.50	0.50	0.50	0.50
	1	1.10	0.90	0.80	0.75	0.70	0.70	0.65	0.65	0.65	0.60	0.55	0.55	0.55	0.55
5	5	−0.20	0.00	0.15	0.20	0.25	0.30	0.30	0.30	0.35	0.35	0.40	0.45	0.45	0.45
	4	0.10	0.20	0.25	0.30	0.35	0.35	0.40	0.40	0.40	0.40	0.45	0.45	0.50	0.50
	3	0.40	0.40	0.40	0.40	0.40	0.45	0.45	0.45	0.45	0.45	0.50	0.50	0.50	0.50
	2	0.65	0.55	0.50	0.50	0.50	0.50	0.50	0.50	0.50	0.50	0.50	0.50	0.50	0.50
	1	1.20	0.95	0.80	0.75	0.75	0.70	0.70	0.65	0.65	0.65	0.55	0.55	0.55	0.55
6	6	−0.30	0.00	0.10	0.20	0.25	0.25	0.30	0.30	0.35	0.35	0.40	0.45	0.45	0.45
	5	0.00	0.20	0.25	0.30	0.35	0.35	0.40	0.40	0.40	0.40	0.45	0.45	0.50	0.50
	4	0.20	0.30	0.35	0.35	0.40	0.40	0.40	0.45	0.45	0.45	0.45	0.50	0.50	0.50
	3	0.40	0.40	0.40	0.45	0.45	0.45	0.45	0.45	0.45	0.45	0.50	0.50	0.50	0.50
	2	0.70	0.60	0.55	0.50	0.50	0.50	0.50	0.50	0.50	0.50	0.50	0.50	0.50	0.50
	1	1.20	0.95	0.85	0.80	0.75	0.70	0.70	0.65	0.65	0.65	0.55	0.55	0.55	0.55
7	7	−0.35	−0.05	0.10	0.20	0.20	0.25	0.30	0.30	0.35	0.35	0.40	0.45	0.45	0.45
	6	−0.10	0.15	0.25	0.30	0.35	0.35	0.35	0.40	0.40	0.40	0.45	0.45	0.50	0.50
	5	0.10	0.25	0.30	0.35	0.40	0.40	0.40	0.45	0.45	0.45	0.45	0.50	0.50	0.50
	4	0.30	0.35	0.40	0.40	0.40	0.45	0.45	0.45	0.45	0.45	0.50	0.50	0.50	0.50
	3	0.50	0.45	0.45	0.45	0.45	0.45	0.45	0.45	0.45	0.45	0.50	0.50	0.50	0.50
	2	0.75	0.60	0.55	0.50	0.50	0.50	0.50	0.50	0.50	0.50	0.50	0.50	0.50	0.50
	1	1.20	0.95	0.85	0.80	0.75	0.70	0.70	0.65	0.65	0.65	0.55	0.55	0.55	0.55
8	8	−0.35	−0.15	0.10	0.15	0.25	0.25	0.30	0.30	0.35	0.35	0.40	0.45	0.45	0.45
	7	−0.10	0.15	0.25	0.30	0.35	0.35	0.40	0.40	0.40	0.40	0.45	0.50	0.50	0.50
	6	0.05	0.25	0.30	0.35	0.40	0.40	0.40	0.45	0.45	0.45	0.45	0.50	0.50	0.50
	5	0.20	0.30	0.35	0.40	0.40	0.45	0.45	0.45	0.45	0.45	0.50	0.50	0.50	0.50
	4	0.35	0.40	0.40	0.45	0.45	0.45	0.45	0.45	0.45	0.45	0.50	0.50	0.50	0.50
	3	0.50	0.45	0.45	0.45	0.45	0.45	0.45	0.45	0.50	0.50	0.50	0.50	0.50	0.50
	2	0.75	0.60	0.55	0.55	0.50	0.50	0.50	0.50	0.50	0.50	0.50	0.50	0.50	0.50
	1	1.20	1.00	0.85	0.80	0.75	0.70	0.70	0.65	0.65	0.65	0.55	0.55	0.55	0.55

续 表

n	K i	0.1	0.2	0.3	0.4	0.5	0.6	0.7	0.8	0.9	1.0	2.0	3.0	4.0	5.0
9	9	−0.40	−0.05	0.10	0.20	0.25	0.25	0.30	0.30	0.35	0.35	0.45	0.45	0.45	0.45
	8	−0.15	0.15	0.20	0.30	0.35	0.35	0.35	0.40	0.40	0.40	0.45	0.45	0.50	0.50
	7	0.05	0.25	0.30	0.35	0.40	0.40	0.40	0.45	0.45	0.45	0.45	0.50	0.50	0.50
	6	0.15	0.30	0.35	0.40	0.40	0.45	0.45	0.45	0.45	0.45	0.50	0.50	0.50	0.50
	5	0.25	0.35	0.40	0.40	0.45	0.45	0.45	0.45	0.45	0.45	0.50	0.50	0.50	0.50
	4	0.40	0.40	0.40	0.45	0.45	0.45	0.45	0.45	0.45	0.45	0.50	0.50	0.50	0.50
	3	0.55	0.45	0.45	0.45	0.45	0.45	0.45	0.45	0.50	0.50	0.50	0.50	0.50	0.50
	2	0.80	0.65	0.55	0.55	0.50	0.50	0.50	0.50	0.50	0.50	0.50	0.50	0.50	0.50
	1	1.20	1.00	0.85	0.80	0.75	0.70	0.70	0.65	0.65	0.65	0.55	0.55	0.55	0.55
10	10	−0.40	−0.05	0.10	0.20	0.25	0.30	0.30	0.30	0.35	0.35	0.40	0.45	0.45	0.45
	9	−0.15	0.15	0.25	0.30	0.35	0.35	0.40	0.40	0.40	0.40	0.45	0.45	0.50	0.50
	8	0.00	0.25	0.30	0.35	0.40	0.40	0.40	0.45	0.45	0.45	0.45	0.50	0.50	0.50
	7	0.10	0.30	0.35	0.40	0.40	0.45	0.45	0.45	0.45	0.45	0.50	0.50	0.50	0.50
	6	0.20	0.35	0.40	0.40	0.45	0.45	0.45	0.45	0.45	0.45	0.50	0.50	0.50	0.50
	5	0.30	0.40	0.40	0.45	0.45	0.45	0.45	0.45	0.45	0.50	0.50	0.50	0.50	0.50
	4	0.40	0.40	0.45	0.45	0.45	0,45	0,45	0,45	0.45	0.50	0.50	0.50	0.50	0.50
	3	0.55	0.50	0.45	0.45	0.45	0.50	0.50	0.50	0.50	0.50	0.50	0.50	0.50	0.50
	2	0.80	0.65	0.55	0.55	0.55	0.50	0.50	0.50	0.50	0.50	0.50	0.50	0.50	0.50
	1	1.30	1.00	0.85	0.80	0.75	0.70	0.70	0.65	0.65	0.65	0.60	0.55	0.55	0.55
11	11	−0.40	0.05	0.10	0.20	0.25	0.30	0.30	0.30	0.35	0.35	0.40	0.45	0.45	0.45
	10	−0.15	0.15	0.25	0.30	0.35	0.35	0.40	0.40	0.40	0.40	0.45	0.45	0.50	0.50
	9	0.00	0.25	0.30	0.35	0.40	0.40	0.40	0.45	0.45	0.45	0.45	0.50	0.50	0.50
	8	0.10	0.30	0.35	0.40	0.40	0.45	0.45	0.45	0.45	0.45	0.50	0.50	0.50	0.50
	7	0.20	0.35	0.40	0.45	0.45	0.45	0.45	0.45	0.45	0.45	0.50	0.50	0.50	0.50
	6	0.25	0.35	0.40	0.45	0.45	0.45	0.45	0.45	0.45	0.45	0.50	0.50	0.50	0.50
	5	0.35	0.40	0.40	0.45	0.45	0.45	0.45	0.45	0.45	0.50	0.50	0.50	0.50	0.50
	4	0.40	0.45	0.45	0.45	0.45	0.45	0.45	0.50	0.50	0.50	0.50	0.50	0.50	0.50
	3	0.55	0.50	0.50	0.50	0.50	0.50	0.50	0.50	0.50	0.50	0.50	0.50	0.50	0.50
	2	0.80	0.65	0.60	0.55	0.55	0.50	0.50	0.50	0.50	0.50	0.50	0.50	0.50	0.50
	1	1.30	1.00	0.85	0.80	0.75	0.70	0.70	0.65	0.65	0.65	0.60	0.55	0.55	0.55
12以上	↓1	−0.40	−0.05	0.10	0.20	0.25	0.30	0.30	0.30	0.35	0.35	0.40	0.45	0.45	0.45
	2	−0.15	0.15	0.25	0.30	0.35	0.35	0.40	0.40	0.40	0.40	0.45	0.45	0.50	0.50
	3	0.00	0.25	0.30	0.35	0.40	0.40	0.40	0.45	0.45	0.45	0.50	0.50	0.50	0.50
	4	0.10	0.30	0.35	0.40	0.40	0.45	0.45	0.45	0.45	0.45	0.50	0.50	0.50	0.50
	5	0.20	0.35	0.40	0.40	0.45	0.45	0.45	0.45	0.45	0.45	0.50	0.50	0.50	0.50
	6	0.25	0.35	0.40	0.45	0.45	0.45	0.45	0.45	0.45	0.45	0.50	0.50	0.50	0.50
	7	0.30	0.40	0.40	0.45	0.45	0.45	0.45	0.45	0.50	0.50	0.50	0.50	0.50	0.50
	8	0.35	0.40	0.45	0.45	0.45	0.45	0.45	0.50	0.50	0.50	0.50	0.50	0.50	0.50
	中间	0.40	0.40	0.45	0.45	0.45	0.45	0.50	0.50	0.50	0.50	0.50	0.50	0.50	0.50
	4	0.45	0.45	0.45	0.45	0.50	0.50	0.50	0.50	0.50	0.50	0.50	0.50	0.50	0.50
	3	0.60	0.50	0.50	0.50	0.50	0.50	0.50	0.50	0.50	0.50	0.50	0.50	0.50	0.50
	2	0.80	0.65	0.60	0.55	0.55	0.50	0.50	0.50	0.50	0.50	0.50	0.50	0.50	0.50
	↑1	1.30	1.00	0.85	0.80	0.75	0.70	0.70	0.65	0.65	0.65	0.55	0.55	0.55	0.55

注：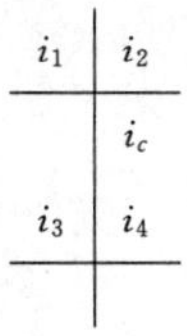

$K=\frac{i_1+i_2+i_3+i_4}{2i_c}$；$n$ 表示总层；i 表示所计算层。

表 E-3　　规则框架承受倒三角形分布水平力作用时标准反弯点的高度比 y_0 值

n	i \ K	0.1	0.2	0.3	0.4	0.5	0.6	0.7	0.8	0.9	1.0	2.0	3.0	4.0	5.0
1	1	0.80	0.75	0.70	0.65	0.65	0.60	0.60	0.60	0.60	0.55	0.55	0.55	0.55	0.55
2	2	0.50	0.45	0.40	0.40	0.40	0.40	0.40	0.40	0.40	0.45	0.45	0.45	0.45	0.50
	1	1.00	0.85	0.75	0.70	0.70	0.65	0.65	0.65	0.60	0.60	0.55	0.55	0.55	0.55
3	3	0.25	0.25	0.25	0.30	0.30	0.35	0.35	0.35	0.40	0.40	0.45	0.45	0.45	0.50
	2	0.60	0.50	0.50	0.50	0.50	0.45	0.45	0.45	0.45	0.45	0.50	0.50	0.50	0.50
	1	1.15	0.90	0.80	0.75	0.75	0.70	0.70	0.65	0.65	0.65	0.60	0.55	0.55	0.55
4	4	0.10	0.15	0.20	0.25	0.30	0.30	0.35	0.35	0.35	0.40	0.45	0.45	0.45	0.45
	3	0.35	0.35	0.35	0.40	0.40	0.40	0.40	0.45	0.45	0.45	0.45	0.50	0.50	0.50
	2	0.70	0.60	0.55	0.50	0.50	0.50	0.50	0.50	0.50	0.50	0.50	0.50	0.50	0.50
	1	1.20	0.95	0.85	0.80	0.75	0.70	0.70	0.70	0.65	0.65	0.55	0.55	0.55	0.55
5	5	−0.05	0.10	0.20	0.25	0.30	0.30	0.35	0.35	0.35	0.35	0.40	0.45	0.45	0.45
	4	0.20	0.25	0.35	0.35	0.40	0.40	0.40	0.40	0.40	0.45	0.45	0.50	0.50	0.50
	3	0.45	0.40	0.45	0.45	0.45	0.45	0.45	0.45	0.45	0.45	0.50	0.50	0.50	0.50
	2	0.75	0.60	0.55	0.55	0.50	0.50	0.50	0.50	0.50	0.50	0.50	0.50	0.50	0.50
	1	1.30	1.00	0.85	0.80	0.75	0.70	0.70	0.65	0.65	0.65	0.65	0.55	0.55	0.55
6	6	−0.15	0.05	0.15	0.20	0.25	0.30	0.30	0.35	0.35	0.35	0.40	0.45	0.45	0.45
	5	0.10	0.25	0.30	0.35	0.35	0.40	0.40	0.40	0.45	0.45	0.45	0.50	0.50	0.50
	4	0.30	0.35	0.40	0.40	0.45	0.45	0.45	0.45	0.45	0.45	0.50	0.50	0.50	0.50
	3	0.50	0.45	0.45	0.45	0.45	0.45	0.45	0.45	0.45	0.50	0.50	0.50	0.50	0.50
	2	0.80	0.65	0.55	0.55	0.55	0.55	0.50	0.50	0.50	0.50	0.50	0.50	0.50	0.50
	1	1.30	1.00	0.85	0.80	0.75	0.70	0.70	0.65	0.65	0.65	0.60	0.55	0.55	0.55
7	7	−0.20	0.05	0.15	0.20	0.25	0.30	0.30	0.35	0.35	0.35	0.45	0.45	0.45	0.45
	6	0.05	0.20	0.30	0.35	0.35	0.40	0.40	0.40	0.40	0.45	0.45	0.50	0.50	0.50
	5	0.20	0.30	0.35	0.40	0.40	0.45	0.45	0.45	0.45	0.45	0.50	0.50	0.50	0.50
	4	0.35	0.40	0.40	0.45	0.45	0.45	0.45	0.45	0.45	0.45	0.50	0.50	0.50	0.50
	3	0.55	0.50	0.50	0.50	0.50	0.50	0.50	0.50	0.50	0.50	0.50	0.50	0.50	0.50
	2	0.80	0.65	0.60	0.55	0.55	0.55	0.50	0.50	0.50	0.50	0.50	0.50	0.50	0.50
	1	1.30	1.00	0.90	0.80	0.75	0.70	0.70	0.70	0.65	0.65	0.60	0.55	0.55	0.55
8	8	−0.20	0.05	0.15	0.20	0.25	0.30	0.30	0.35	0.35	0.35	0.45	0.45	0.45	0.45
	7	0.00	0.20	0.30	0.35	0.35	0.40	0.40	0.40	0.40	0.45	0.45	0.50	0.50	0.50
	6	0.15	0.30	0.35	0.40	0.40	0.45	0.45	0.45	0.45	0.45	0.50	0.50	0.50	0.50
	5	0.30	0.40	0.40	0.45	0.45	0.45	0.45	0.45	0.45	0.45	0.50	0.50	0.50	0.50
	4	0.40	0.45	0.45	0.45	0.45	0.45	0.45	0.50	0.50	0.50	0.50	0.50	0.50	0.50
	3	0.60	0.50	0.50	0.50	0.50	0.50	0.50	0.50	0.50	0.50	0.50	0.50	0.50	0.50
	2	0.85	0.65	0.60	0.55	0.55	0.55	0.50	0.50	0.50	0.50	0.50	0.50	0.50	0.50
	1	1.30	1.00	0.90	0.80	0.75	0.70	0.70	0.70	0.65	0.65	0.60	0.55	0.55	0.55

续　表

n	i \ K	0.1	0.2	0.3	0.4	0.5	0.6	0.7	0.8	0.9	1.0	2.0	3.0	4.0	5.0
9	9	-0.25	0.00	0.15	0.20	0.25	0.30	0.30	0.35	0.35	0.40	0.45	0.45	0.45	0.45
	8	0.00	0.20	0.30	0.35	0.35	0.40	0.40	0.40	0.40	0.45	0.45	0.50	0.50	0.50
	7	0.15	0.30	0.35	0.40	0.40	0.45	0.45	0.45	0.45	0.45	0.50	0.50	0.50	0.50
	6	0.25	0.35	0.40	0.40	0.45	0.45	0.45	0.45	0.45	0.50	0.50	0.50	0.50	0.50
	5	0.35	0.40	0.45	0.45	0.45	0.45	0.45	0.45	0.50	0.50	0.50	0.50	0.50	0.50
	4	0.45	0.45	0.45	0.45	0.45	0.50	0.50	0.50	0.50	0.50	0.50	0.50	0.50	0.50
	3	0.60	0.50	0.50	0.50	0.50	0.50	0.50	0.50	0.50	0.50	0.50	0.50	0.50	0.50
	2	0.85	0.65	0.60	0.55	0.55	0.55	0.55	0.50	0.50	0.50	0.50	0.50	0.50	0.50
	1	1.35	1.00	0.90	0.80	0.75	0.75	0.70	0.70	0.65	0.65	0.60	0.55	0.55	0.55
10	10	-0.25	0.00	0.15	0.20	0.25	0.30	0.30	0.35	0.35	0.40	0.45	0.45	0.45	0.45
	9	-0.10	0.20	0.30	0.35	0.35	0.40	0.40	0.40	0.40	0.45	0.45	0.50	0.50	0.50
	8	0.10	0.30	0.35	0.40	0.40	0.40	0.45	0.45	0.45	0.45	0.50	0.50	0.50	0.50
	7	0.20	0.35	0.40	0.40	0.45	0.45	0.45	0.45	0.45	0.50	0.50	0.50	0.50	0.50
	6	0.30	0.40	0.40	0.45	0.45	0.45	0.45	0.45	0.45	0.50	0.50	0.50	0.50	0.50
	5	0.40	0.45	0.45	0.45	0.45	0.45	0.45	0.50	0.50	0.50	0.50	0.50	0.50	0.50
	4	0.50	0.45	0.45	0.45	0.50	0.50	0.50	0.50	0.50	0.50	0.50	0.50	0.50	0.50
	3	0.60	0.55	0.50	0.50	0.50	0.50	0.50	0.50	0.50	0.50	0.50	0.50	0.50	0.50
	2	0.85	0.65	0.60	0.55	0.55	0.55	0.55	0.50	0.50	0.50	0.50	0.50	0.50	0.50
	1	1.35	1.00	0.90	0.80	0.75	0.75	0.70	0.70	0.65	0.65	0.60	0.55	0.55	0.55
11	11	-0.25	0.00	0.15	0.20	0.25	0.30	0.30	0.30	0.35	0.35	0.45	0.45	0.45	0.45
	10	-0.05	0.20	0.25	0.30	0.35	0.40	0.40	0.40	0.40	0.45	0.45	0.50	0.50	0.50
	9	0.10	0.30	0.35	0.40	0.40	0.40	0.45	0.45	0.45	0.45	0.50	0.50	0.50	0.50
	8	0.20	0.35	0.40	0.40	0.45	0.45	0.45	0.45	0.45	0.45	0.50	0.50	0.50	0.50
	7	0.25	0.40	0.40	0.45	0.45	0.45	0.45	0.45	0.45	0.50	0.50	0.50	0.50	0.50
	6	0.35	0.40	0.45	0.45	0.45	0.45	0.45	0.50	0.50	0.50	0.50	0.50	0.50	0.50
	5	0.40	0.45	0.45	0.45	0.45	0.50	0.50	0.50	0.50	0.50	0.50	0.50	0.50	0.50
	4	0.50	0.50	0.50	0.50	0.50	0.50	0.50	0.50	0.50	0.50	0.50	0.50	0.50	0.50
	3	0.65	0.55	0.50	0.50	0.50	0.50	0.50	0.50	0.50	0.50	0.50	0.50	0.50	0.50
	2	0.85	0.65	0.60	0.55	0.55	0.55	0.55	0.50	0.50	0.50	0.50	0.50	0.50	0.50
	1	1.35	1.05	0.90	0.80	0.75	0.75	0.70	0.70	0.65	0.65	0.60	0.55	0.55	0.55
12以上	↓1	-0.30	0.00	0.15	0.20	0.25	0.30	0.30	0.30	0.35	0.35	0.40	0.45	0.45	0.45
	2	-0.10	0.20	0.25	0.30	0.35	0.40	0.40	0.40	0.40	0.40	0.45	0.45	0.45	0.50
	3	0.05	0.25	0.35	0.40	0.40	0.40	0.45	0.45	0.45	0.45	0.45	0.50	0.50	0.50
	4	0.15	0.30	0.40	0.40	0.45	0.45	0.45	0.45	0.45	0.45	0.45	0.50	0.50	0.50
	5	0.25	0.35	0.50	0.45	0.45	0.45	0.45	0.45	0.45	0.45	0.50	0.50	0.50	0.50
	6	0.30	0.40	0.50	0.45	0.45	0.45	0.45	0.50	0.50	0.50	0.50	0.50	0.50	0.50
	7	0.35	0.40	0.55	0.45	0.45	0.45	0.50	0.50	0.50	0.50	0.50	0.50	0.50	0.50
	8	0.35	0.45	0.55	0.45	0.50	0.50	0.50	0.50	0.50	0.50	0.50	0.50	0.50	0.50
	中间	0.45	0.45	0.55	0.45	0.50	0.50	0.50	0.50	0.50	0.50	0.50	0.50	0.50	0.50
	4	0.55	0.50	0.50	0.50	0.50	0.50	0.50	0.50	0.50	0.50	0.50	0.50	0.50	0.50
	3	0.65	0.55	0.50	0.50	0.50	0.50	0.50	0.50	0.50	0.50	0.50	0.50	0.50	0.50
	2	0.70	0.70	0.60	0.55	0.55	0.55	0.55	0.50	0.50	0.50	0.50	0.50	0.50	0.50
	↑1	1.35	1.05	0.90	0.80	0.75	0.70	0.70	0.70	0.65	0.65	0.60	0.55	0.55	0.55

注：同表 E-2 的注。

表 E-4　　上、下层横梁线刚度比对 y_0 的修正值 y_1

I \ K	0.1	0.2	0.3	0.4	0.5	0.6	0.7	0.8	0.9	1.0	2.0	3.0	4.0	5.0
0.4	0.55	0.40	0.30	0.25	0.20	0.20	0.20	0.15	0.15	0.15	0.05	0.05	0.05	0.05
0.5	0.45	0.30	0.20	0.20	0.15	0.15	0.15	0.10	0.10	0.10	0.05	0.05	0.05	0.05
0.6	0.30	0.20	0.15	0.15	0.10	0.10	0.10	0.10	0.05	0.05	0.05	0.05	0	0
0.7	0.20	0.15	0.10	0.10	0.10	0.10	0.05	0.05	0.05	0.05	0.05	0	0	0
0.8	0.15	0.10	0.05	0.05	0.05	0.05	0.05	0.05	0.05	0	0	0	0	0
0.9	0.05	0.05	0.05	0.05	0	0	0	0	0	0	0	0	0	0

注：

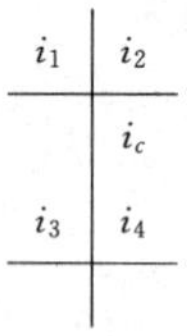

$I=\dfrac{i_1+i_2}{i_3+i_4}$；当 $i_1+i_2>i_3+i_4$ 时，则 I 取倒数，即 $I=\dfrac{i_3+i_4}{i_1+i_2}$，并且 y_1 值取负值。

$K=\dfrac{i_1+i_2+i_3+i_4}{2i_c}$

表 E-5　　上、下层层高变化对 y_0 的修正值 y_2 和 y_3

a_2	a_3 \ K	0.1	0.2	0.3	0.4	0.5	0.6	0.7	0.8	0.9	1.0	2.0	3.0	4.0	5.0
2.0		0.25	0.15	0.15	0.10	0.10	0.10	0.10	0.10	0.05	0.05	0.05	0.05	0.0	0.0
1.8		0.20	0.15	0.10	0.10	0.10	0.05	0.05	0.05	0.05	0.05	0.05	0.0	0.0	0.0
1.6	0.4	0.15	0.10	0.10	0.05	0.05	0.05	0.05	0.05	0.05	0.05	0.0	0.0	0.0	0.0
1.4	0.6	0.10	0.05	0.05	0.05	0.05	0.05	0.05	0.05	0.05	0.0	0.0	0.0	0.0	0.0
1.2	0.8	0.05	0.05	0.05	0.0	0.0	0.0	0.0	0.0	0.0	0.0	0.0	0.0	0.0	0.0
1.0	1.0	0.0	0.0	0.0	0.0	0.0	0.0	0.0	0.0	0.0	0.0	0.0	0.0	0.0	0.0
0.8	1.2	−0.05	−0.05	−0.05	0.0	0.0	0.0	0.0	0.0	0.0	0.0	0.0	0.0	0.0	0.0
0.6	1.4	−0.10	−0.05	−0.05	−0.05	−0.05	−0.05	−0.05	−0.05	−0.05	0.0	0.0	0.0	0.0	0.0
0.4	1.6	−0.15	−0.10	−0.10	−0.05	−0.05	−0.05	−0.05	−0.05	−0.05	−0.05	0.0	0.0	0.0	0.0
	1.8	−0.20	−0.15	−0.10	−0.10	−0.10	−0.05	−0.05	−0.05	−0.05	−0.05	−0.05	0.0	0.0	0.0
	2.0	−0.25	−0.15	−0.15	−0.10	−0.10	−0.10	−0.10	−0.10	−0.05	−0.05	−0.05	−0.05	0.0	0.0

注：

y_2——按照 K 及 a_2 求得，上层较高时为正值；
y_3——按照 K 及 a_3 求得。

参考文献

[1] 中国建筑科学研究院. GB 50010—2010 混凝土结构设计规范[S]. 北京:中国建筑工业出版社，2011.

[2] 中华人民共和国住房和城乡建设部. GB 50011—2010 建筑抗震设计规范[S]. 北京:中国建筑工业出版社，2010.

[3] 中华人民共和国建设部. GB 50009—2001 建筑结构荷载规范(2006 年版)[S]. 北京:中国建筑工业出版社，2006.

[4] 中华人民共和国机械工业部. GBJ 6—86，厂房建筑模数协调标准[S]. 北京:中国计划出版社，1986.

[5] 中华人民共和国机械工业部. JBJ 8—97，机械工厂结构设计规范[S]. 北京:机械工业出版社，1997.

[6] 中国建筑科学研究院. JGJ 3—2010，高层建筑混凝土结构技术规程(报批稿)[S]. 北京:中国建筑工业出版社，2011.

[7] 中国建筑科学研究院. GB 5007—2002，建筑地基基础设计规范[S]. 北京:中国建筑工业出版社，2002.

[8] 中国建筑科学研究院. JGJ 94—2008，建筑桩基技术规范[S]. 北京:中国建筑工业出版社，2008.

[9] 中国建筑科学研究院. JGJ 6—99，高层建筑箱形与筏形基础技术规范[S]. 北京:中国建筑工业出版社，1999.

[10] 顾祥林. 混凝土结构基本原理[M]. 2 版. 上海：同济大学出版社，2011.

[11] 建筑结构设计手册. 排架计算[M]. 北京：中国建筑工业出版社，1971.

[12] 多层及高层房屋结构设计编写组. 多层及高层房屋结构设计[M]. 上海：上海科学技术出版社，1979.

[13] 天津大学，同济大学，南京工学院. 钢筋混凝土结构(下册)[M]. 北京：中国建筑工业出版社，1980.

[14] 余安东. 升板结构设计原理[M]. 上海：上海科学技术出版社，1981.

[15] 丁大钧. 钢筋混凝土结构学[M]. 上海：上海科学技术出版社，1985.

[16] 潘亦培，朱伯钦. 结构动力学(下册)[M]. 北京：高等教育出版社，1987.

[17] 建筑园林城市规划委员会. 中国大百科全书——建筑·园林·城市规划[M]. 北京：中国大百科全书出版社，1987.

[18] 中国大百科全书编写组. 中国大百科全书——土木工程 [M]. 北京：中国大百科全书出版社，1987.

[19] 罗福午. 单层工业厂房结构设计 [M]. 2 版. 北京：清华大学出版社，1990.

[20] 范家骥，高莲娣，喻永言. 钢筋混凝土结构[M]. 北京：中国建筑工业出版社，1991.

[21] 程文瀼，李爱群. 混凝土楼盖设计[M]. 北京：中国建筑工业出版社，1998.

[22] 徐金声，薛立红. 现代预应力混凝土楼盖结构[M]. 北京：中国建筑工业出版

社，1998.

[23] 朱聘儒. 双向板无梁楼盖[M]. 北京：中国建筑工业出版社，1999.

[24] 朱伯龙. 混凝土结构设计原理(下册)[M]. 上海：同济大学出版社，1993.

[25] 天津大学，同济大学，东南大学. 混凝土结构(下册)[M]. 4 版. 北京：中国建筑工业出版社，2008.

[26] 周旺华. 现代混凝土叠合结构[M]. 北京：中国建筑工业出版社，1998.

[27] 陈载赋. 钢筋混凝土建筑结构与特种结构手册(上)[M]. 2 版. 四川：四川科学技术出版社，1997.

[28] 周起敬. 混凝土结构构造手册[M]. 北京：中国建筑工业出版社，1994.

[29] 滕智明. 混凝土结构及砌体结构学习指导[M]. 北京：清华大学出版社，1994.

[30] 包世华. 新编高层建筑结构[M]. 北京：中国水利水电出版社，2001.

[31] 赵鸣，屠成松. 筒体结构内力与变形的拟平面法[J]. 四川建筑科学研究，2006，26(4)：11－13.

[32] 中国建筑学会建筑结构分会高层建筑结构委员会. 我国大陆 2009 年底已建成 180m 以上高层建筑统计[J]. 土木工程学报，2010，43(5)：149－153.

[33] Park R，Paulay T. Reinforced Concrete Structures[M]. New York：John Wiley & Sons，1975.

[34] MacGregor J G. Reinforced Concrete - Mechanics & Design[M]. 2nd ed. New Jersey，USA：Prentice Hall，Englewood Cliffs，1998.

[35] Taranath B S. Steel，Concrete & Composite Design of Tall Building[M]. New York：McGraw - Hill，1998.

[36] 周克荣，顾祥林，苏小卒. 混凝土结构设计[M]. 上海：同济大学出版社，2000.

[37] 袁聚云，李镜培，楼晓明. 基础工程设计原理[M]. 上海：同济大学出版社，2007.